UG NX10.0+3D-Coat4.5

实木家具设计从入门到精通

（配视频教程）

王　浩　高　力◎编著

電子工業出版社

Publishing House of Electronics Industry

北京 • BEIJING

内容简介

本书是以UG NX10.0和3D-Coat4.5为操作平台，以欧式实木家具为案例来进行讲解的。书中囊括了当今家具设计领域的所有流程，从结构到外观，从制图到渲染，涵盖全面。

本书以3D-Coat配合UG制作立体浮雕的步骤，不仅仅在家具行业，即使在整个工业设计领域也是首创。而且本书是目前国内第一本关于3D-Coat软件的书，也是当下市面上为数不多的以中文来讲授“数字雕塑”的实例教程。

正文中还简略地讲解了KeyShot、JDSoft、AutoCAD等软件的精华部分，涉及多个专业和领域。本书适合家具行业的设计人员、游戏影视动漫行业的建模师以及从事与雕塑有关的所有行业的爱好者。

图书在版编目（CIP）数据

UG NX10.0+3D-Coat4.5 实木家具设计从入门到精通：配视频教程 / 王浩，高力编著 .—北京：电子工业出版社，2017.2

ISBN 978-7-121-30918-2

Ⅰ.① U… Ⅱ.①王… ②高… Ⅲ.①家具－计算机辅助设计－应用软件－教材
Ⅳ.① TS664.01-39

中国版本图书馆 CIP 数据核字（2017）第 024529 号

策划编辑：管晓伟
责任编辑：管晓伟
特约编辑：王欢 等
印 刷：北京捷迅佳彩印刷有限公司
装 订：北京捷迅佳彩印刷有限公司
出版发行：电子工业出版社
北京市海淀区万寿路 173 信箱 邮编：100036
开 本：787×1092 1/16 印张：25.5 字数：653 千字
版 次：2017 年 2 月第 1 版
印 次：2023 年 9 月第 2 次印刷
定 价：79.80 元

凡所购买电子工业出版社图书有缺损问题，请向购买书店调换。若书店售缺，请与本社发行部联系，联系及邮购电话：（010）88254888，88258888。

质量投诉请发邮件至 zlts@phei.com.cn，盗版侵权举报请发邮件至 dbqq@phei.com.cn。

本书咨询联系方式：（010）88254460；guanphei@163.com；197238283@qq.com。

前言 PREFACE

我在以前的著作中曾经将家具设计归纳为工业设计一类。因为工业设计的对象是批量生产的产品，区别于手工业时期单件制作的手工艺品。它要求必须将设计与制造、销售和制造加以分离，实行严格的劳动分工，以适应高效批量生产。这时，设计师便随之产生了。所以工业设计是现代化大生产的产物，研究的是现代工业产品，满足现代社会的需求。

如果再进行细分的话，现在中国的家具行业应该属于第二产业中的轻工业，发展时期是介于“手工业”和“机械大工业”之间，还没有达到“现代工业”的阶段。

或者我们可以这样理解，比如家具和家电是密不可分的。就拿电视机来说，电视机也属于轻工业，不过电视机的制造已经达到了“现代工业”的阶段。

而电视机的诞生到现在还不到100年的时间。但是家具却随着人类文明的进程，其历史可以追溯到数千年以前。

而仅仅以我个人的记忆将家具和电视机做个对比。比如20世纪80年代的农村经常是一个村子的人挤成一堆看一台14英寸的黑白电视机，到20世纪90年代彩色电视的普及和21世纪初背投的流行，再到如今的液晶和3D电视的风靡。电视和手机、电脑等“现代工业”产品一样经历了翻天覆地的变化。

而家具却不一样，将今天的家具和30年前的家具对比，大家可能觉得没什么区别，包括功能、材质、用途等方面都没有什么改变。甚至有人会觉得年代久远的家具做工会更好，更有收藏价值。

家具行业的更新更多是在风格样式、色彩搭配方面，以及制造过程中生产设备的升级和工艺方法的改变。现今中国所有的家具厂都是手工和机械相结合生产的，正从以前那种老木匠作坊式的加工逐渐过渡到全机械操作。

如今的很多家具设计师大都偏向艺术系一类。他们考虑最多的是如何把握当今家具流行趋势，比如去年流行中式，今年又提倡简约；房地产大热的时候欧式实木大行其道，经济萧条的时候物美价廉的板式定制又成为人们的首选。

家具行业入门简单，并没有什么核心技术，对知识产权的意识也相对淡薄，很多款式一旦大卖，抄袭跟风者肯定不计其数。所以很多企业并不愿意花费精力来研发设计，因为抄袭是最快最省事的，所以就导致了家具行业这几十年来始终原地徘徊，没有什么革命性的技术诞生。而所有的企业每年都在追寻自己所理解的“流行趋势”，使整个行业陷入了一个周而复始、徘徊不前的死结。也印证了当代一位伟大的哲学家与思想启蒙家说过的话——“这是一种循环”。

也有人说家具只是传统行业，并没有什么空间可以发展。其实不然。最早的手机也只有通话功能，后来有人将其植入简单的游戏，再后来发展到摄像头、视频播放、移动上网……再到如今手机操作系统包含的所有功能!

据不完全统计，中国的家具制造企业非常零散，行业内人士有一说，说全行业至少有6万家企业，而以上统计的成规模企业，数量也有5000家左右。所以家具行业的整合势在必行。

整合的关键就是企业要掌握核心技术从而打破这种循环。就拿手机行业作为比对，苹果只开发出了一个IOS系统，就占领了了手机行业的半壁江山。而之前的通信市场则是百花齐放，百家争鸣。10年前很多知名的手机品牌，现在几乎消失殆尽。

家具行业亦是如此，古语有云："穷则变，变则通，通则久。"不管是企业还是个人，想要在一个行业生存，必须要有危机意识和学习精神。现在的科技发展迅速，技术随时都在更新，我写的这本书也是如此。大家现在看我这部书可能觉得我的理念和方法太超前了。但是过个三五年再看，说不定又会觉得怎么还会有人用这么out的方法。

科学技术类的书籍不是什么诗词小说（可以流传几百上千年），它的"保质期"是很短的。大家千万不要抱着"一本通书看到老"的心态。因为没有什么东西是永恒不变的，唯一不变的只有永恒的变化。

本书由王浩、高力编著，参加编写工作的还有余秀芬、余奎、袁高敏、何洋、王怀玉、高宏川、余游、余洪波、王淑君、王秀君、何元松、何秀、张金泉和余朝植等。由于编写时间仓促，本书难免有疏漏之处，恳请广大读者批评指正。

编者

2017年春

目录
CONTENTS

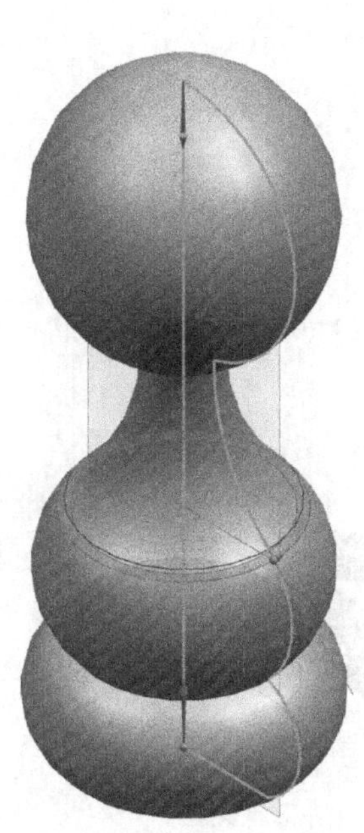

CHAPTER 01

第 1 章 软件的介绍

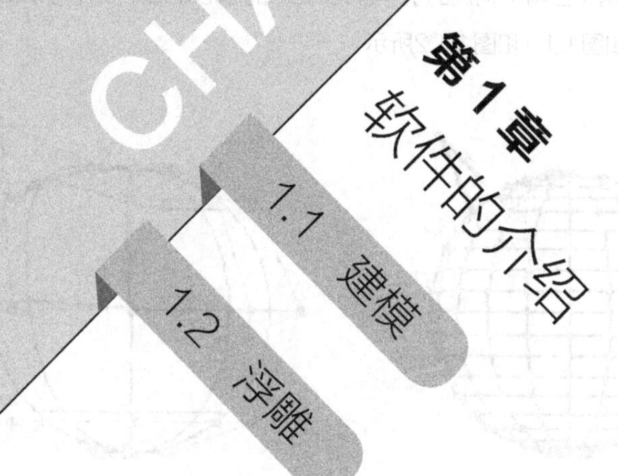

1.1 建模

1.2 浮雕

1.1 建模

在以前的作品中，我曾经以行业对建模进行了划分，大概可以分为以下几种：建筑BIM建模、游戏动漫建模和工业设计建模。

而本书将再次以类型和方法对建模进行划分和讲解。因为本书设计的家具已经涉及立体浮雕，而单一的建模方式是无法完成这种建模的。

如果以类型来划分可以分为曲面（NURBS）建模和网格（Mesh/Poly）建模。

其中Mesh是三角网格建模，Poly是多边形网格建模。Poly可以看作Mesh的升级版。后面我的网格建模全部用Poly（多边形网格建模）来代表。

Polygon思路是三维物体都可以细分为若干空间内闭合的多边形（一般是三角形，图例上是四边形，可以想象为是由两个三角形构成的），而NURBS的思想是三维物体可以由若干函数曲线构成（非均匀有理B样条），如图1.1.1和图1.1.2所示。

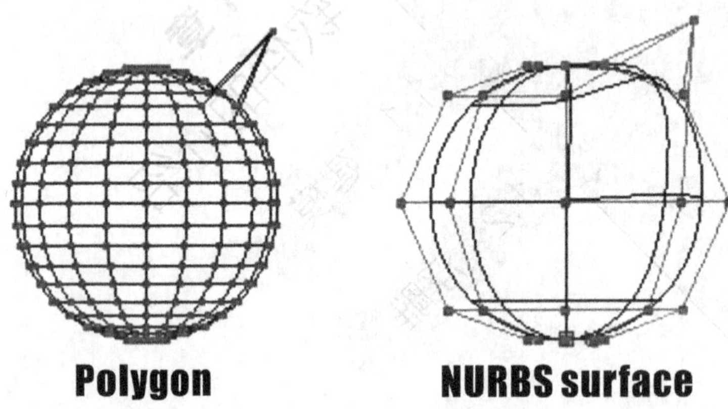

图1.1.1　Poly和Nurbs球形建模

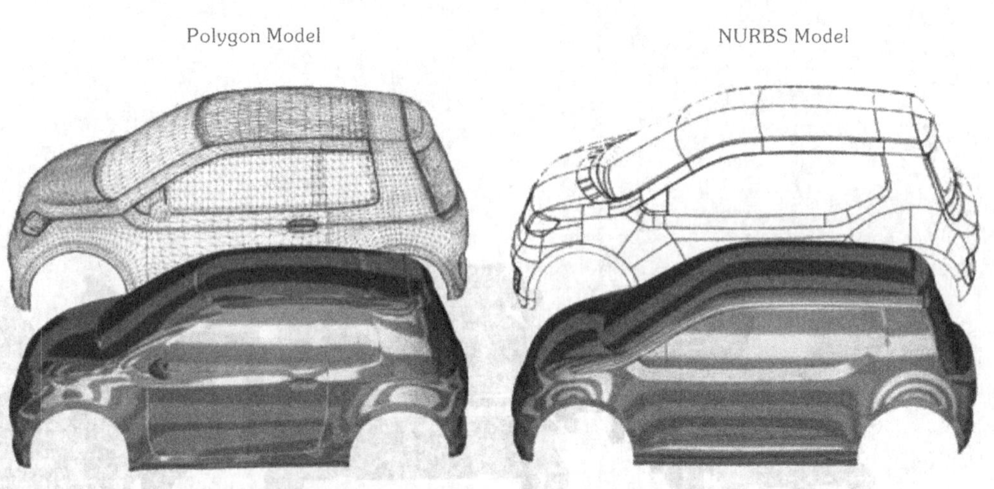

图1.1.2　Poly和Nurbs汽车外形建模

首先，从定义方式就可以看出，这两种建模方式几乎没有任何可比性，Polygon里面基本上找不到任何NURBS建模意义相关的参数，NURBS里面也一样，因为描绘世界的根本思路不同。

哪个更好呢，结果是各有优缺点。从图片可以看出来，同样是要描绘一个球体，Polygon用到了比NURBS更多的数据量，因为由多边形构成的曲线是不连续的，越是为了逼近一个球体，必然要用越多的顶点和多边形来产生平滑的效果。而NURBS由于本身就是连续的函数曲线，所以描绘球体这样的物体轻而易举，只用了3个闭合的圆形，也就是3条NURBS曲线。这种效果可以在图1.1.2的汽车外壳模型上更直观地看到差异。试想，一个三维物体，如果用Polygon建模，远看可能没什么，稍微一拉近，就只能是一堆瓷砖样的面和片，而NURBS在设定好的度数和连续度下，无论如何放大，始终都是完美的。

如果我们再用形象一点的例子来比喻，比如平面设计软件。Poly就是位图软件PhotoShop，而NURBS则是矢量图软件CorelDraw。

当然两者还各有其他一些优缺点，例如图1.1.1当中Polygon构建的圆球，轻松地拖动一个顶点，这个圆球就变成了一个有尖的球体，里面的任意一个顶点都可以随时修改。而NURBS就没办法了，拖动里面的样条曲线控制点，只能让这个圆球曲率发生一些变化，要达到Polygon那个有尖的球体，基本上就只有毁掉重做。

对于某些模型，NURBS永远无法达到Polygon的细节，而对某些模型来讲，Polygon永远也无法达到NURBS一样的精度。

而本书是以欧式实木家具来进行教学，欧式家具有一个非常重要的组成部分，那就是浮雕。首先不管是平面浮雕还是立体浮雕，都是属于Poly建模。而UG则是属于NUBRS建模。如果将Poly的模型导入到UG，那UG就会统称这些模型为“小平面体”，并且以点云的形式显示。如果要将这些点云转换为NURBS曲面，那这个过程有一个大家耳熟能详的名字——逆向工程，如图1.1.3所示。

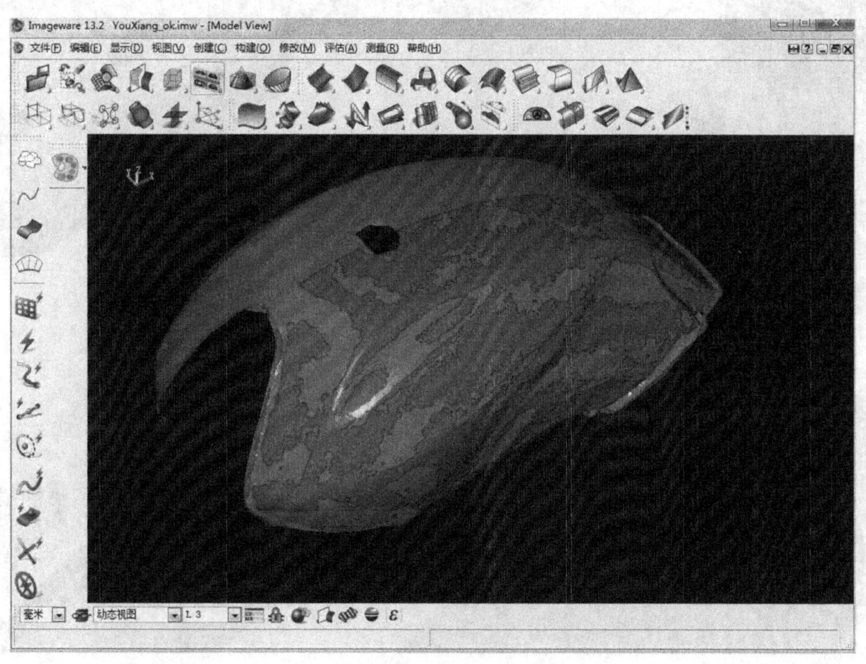

图1.1.3 Imageware逆向建模

但是本书并不涉及逆向工程的内容，首先将复杂的浮雕换成曲面是非常困难的事情，因为我们做模型的目的只有3个。

第一：效果图渲染。

第二：投影工程图。

第三：CNC机床加工。

前面两个我已经在以前作品中仔细地讲解过，但是第三个CNC加工我却一直没有提及。因为UG虽然本身自带加工模块，但是却并不能加工小平面体。

虽然UG没有，但是不代表别的软件没有。比如POWERMILL这个软件，虽然本身没有建模模块，只有CNC编程的功能。但是却能同时识别Poly和NURBS两种建模类型。已经有很多做实木的高端的家具厂在使用这个软件了。

其实CNC编程加工并不难学，重点是在建模上面。比如欧式实木家具中这种浮雕脚（见图1.1.4）。大部分家具厂的设计师都没有能力直接建出这种模型。他们都是采用逆向工程的办法，先让车间里的雕刻师傅雕刻一个样品，然后通过专用的设备扫描出点云。最后通过软件生成模型再进行加工。

图1.1.4　欧式实木脚CNC加工

而本书的内容正是教大家直接建立这种欧式立体浮雕。大家不要被这种复杂的模型吓到而失去信心。我可以很负责任地告诉大家，这是很简单的。只需要两章大家就可以完全搞懂。

不过前提是大家要有一定的建模基础，或者阅读过我以前的著作。在此之前我曾经出版过两本关于UG家具设计的入门书籍，分别是设计板式家具和板木结合家具。而本书是UG家具设计的中高级教程，涉及的是复杂的实木家具。

特别是在第二本书的最后一章我已经涉及平面浮雕，采用的建模方式是本书的主题——混合建模。

而什么是混合建模呢，下面就为大家讲解。上面我们是以“建模类型”来区分出了NURBS建模和Poly建模。

如果我们以“建模方式”来区分的话就可以分为以下几种：直接建模、几何建模、特征建模、参数建模、顺序建模、同步建模和混合建模。

读过我以前作品的朋友可能对同步建模并不陌生。因为我第二本书就是全书围绕同步建模进行教学的。这里我还是依次为大家讲解这些建模方式。

但是这种建模方式每个软件的叫法不同，比如Creo里面的直接建模跟UG里面的同步建模其实是一码事。而Catia只有参数建模这个概念。所以下面的内容只是按照我个人的理解来区分。

直接建模：由点、线、面直接构成模型的过程就叫作直接建模。比如我们在AutoCAD里面的建模。先绘制三个点，然后用三个点构建3条直线，再用3条直线面域出一个面，最后用面拉伸出一个实体，如图1.1.5所示。

AutoCAD就是最简单的直接建模软件。AutoCAD的建模空间没有任何参数关联，模型与模型之间不会相互影响和约束。

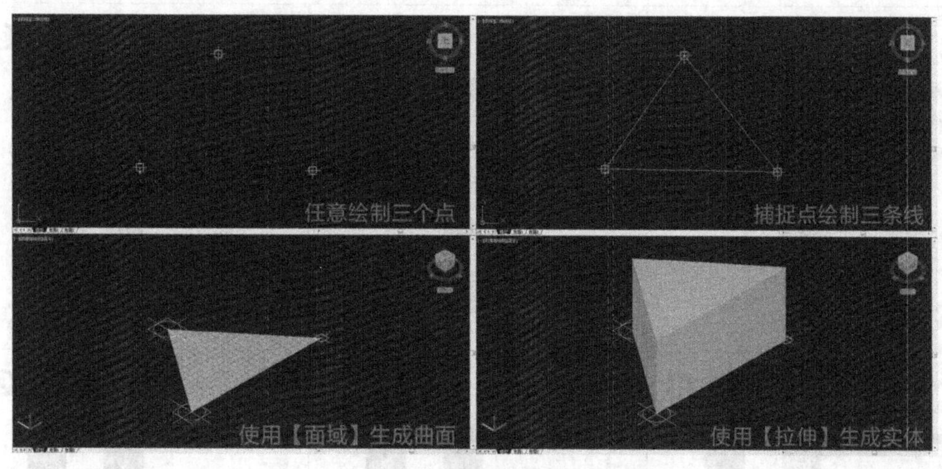

图1.1.5　直接建模的基本步骤

几何建模：也可以叫特征建模。直接调用软件自带的几何体生成三维模型的过程就叫作几何建模。比如说大家常用的AutoCAD和3DMAX等软件都自带一些基本的结合形状，比如球体、螺旋体、长方体、圆柱体、圆环体等。

其中3DMAX还自带茶壶的模型。还有一些比较专业的软件，比如daz3d和poser之类还自带人体和动物模型，用户直接调用即可，如图1.1.6所示。

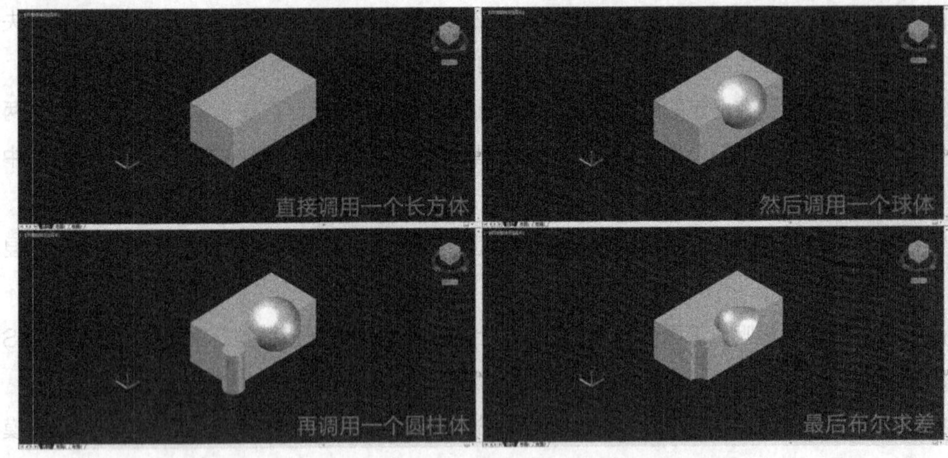

图1.1.6 几何建模的基本步骤

参数建模：参数建模和顺序建模其实是一个概念，我们这里只用参数建模来表示。参数建模单从字面上来分析可以理解为“参考+数据”建模。我们首先讲“数据建模”。

数据建模：利用数字、公式和函数来创建几何模型的过程就叫作数据建模。

比如我以前书中经常使用UG插入长方体来创建模型。板式家具其实直接使用几何建模就可以构建出基本的框架结构，如图1.1.7所示。

而很多工厂使用的板式家具拆单软件，比如圆方、治木、海迅、2020等都是属于这种数据建模，不过它们大多是基于AutoCAD的二次开发，只能设计结构简单的板式家具，对板木结合或者全实木家具就无能为力了。

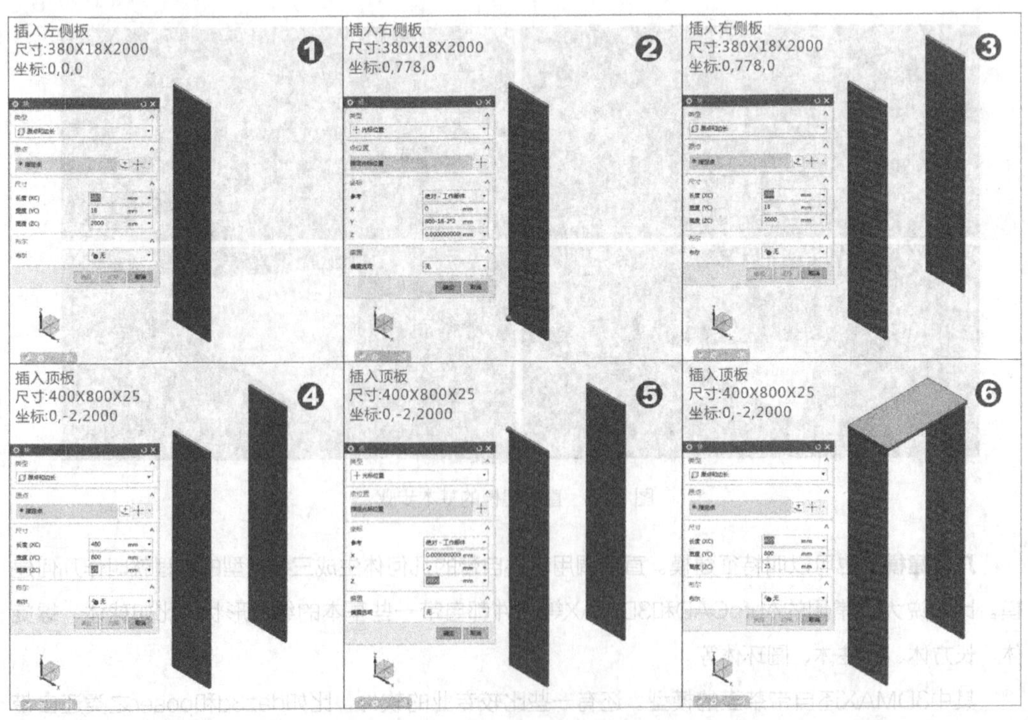

图1.1.7 数据建模的基本步骤

参考建模：首先参考建模这个名词是我在本书发明的，以前是没有这个名词的，我只是为了将它和上面的数据建模予以区分和对比。我这里参考建模指的就是大家经常说的顺序建模。

所谓的顺序建模就是指模型特征之间存在相互的约束和关联。比如我们先建立一个长方体，然后在长方体的顶面绘制一个圆并且拉伸出一个圆柱体。而这个长方体和圆柱体就会存在“父子关系”。其中长方体是“父特征”，圆柱体则是“子特征”。如果直接删除“子特征”那不会对“父特征”产生影响。但是如果直接删除“父特征”，那“子特征”也会随之被删除。

而且“父子特征”还会存在一个尺寸约束，比如圆柱体是在长方体顶面中心的位置。这个尺寸约束就如同是502胶水一样，将两个实体暂时黏合在了一起。我们移动任何一个都会影响到另外一个，如图1.1.8所示。

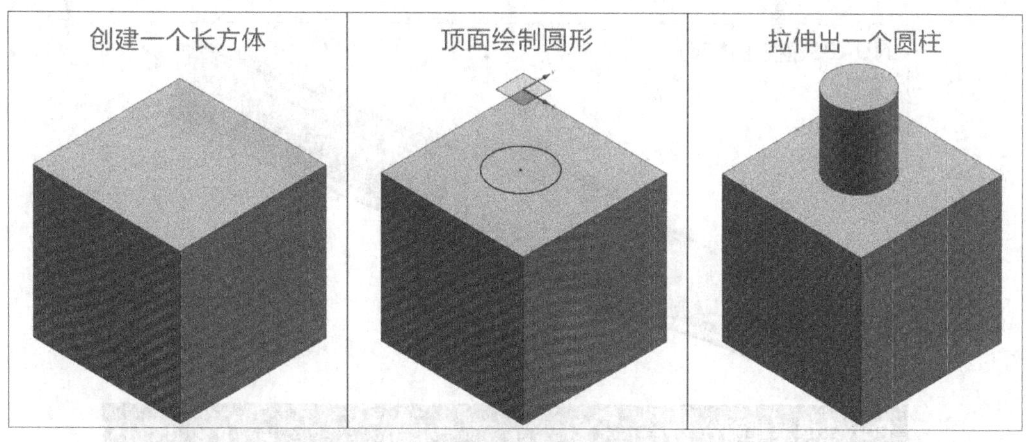

图1.1.8　顺序建模的基本步骤

同步建模：如果用一句话来概括的话，那就是能直接编辑有关联特征和尺寸约束的模型。

打个比方来说，如果我们想要单独移动上步的圆柱体到正方体的边缘位置。

有3种方法：第一种是删除重画。第二种是移除参数，再进行移动。第三种是同步建模。这时候可能有读者要问了：这么简单的模型，删除重画是最简单的。干吗用什么同步建模？

当然这个模型是非常简单，凸显不出同步建模的优势。但是假如我们已经将圆柱和长方体进行布尔合并，并且在上面创建了一系列的特征。这种情况下我们难道还要重画吗（见图1.1.9）？

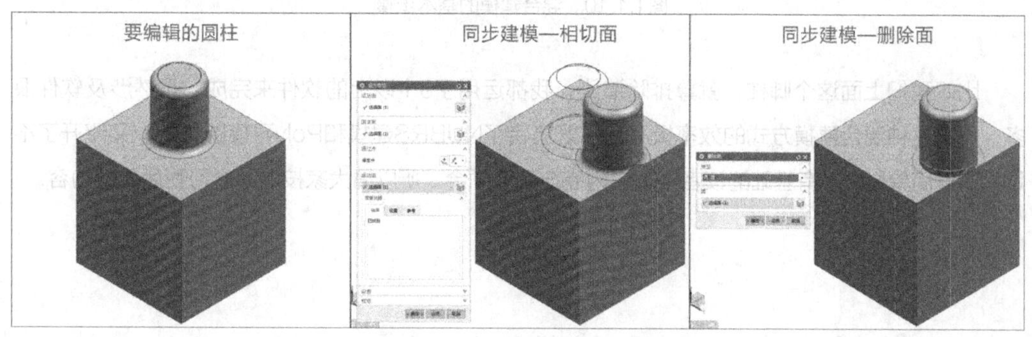

图1.1.9　同步建模的基本步骤

混合建模：这个专业名词我也不知道是谁最早提出的，我请教过很多专家，都没有一个统一的说法，那我在本书中就大胆地给出一个解释和概括。

同一个模型部件中使用了两种及其以上的建模类型或方式，我们就可以称之为混合建模。

打个比方来说，我们上步中UG先插入一个长方体就属于数据建模，在长方体表面绘制圆形并拉伸就属于直接建模，在有参数特征的情况下直接编辑模型又属于同步建模。也就是说我们使用了三种以上建模方式。

如今市面上几乎所有的设计软件都属于混合建模。就算是AutoCAD也有直接建模和几何建模。

但是本书的混合建模并不是以建模方式来区分，而是以建模类型来区分。

也就是说，我们的模型要同时包含NUBRS和Poly两种类型，如图1.1.10所示。

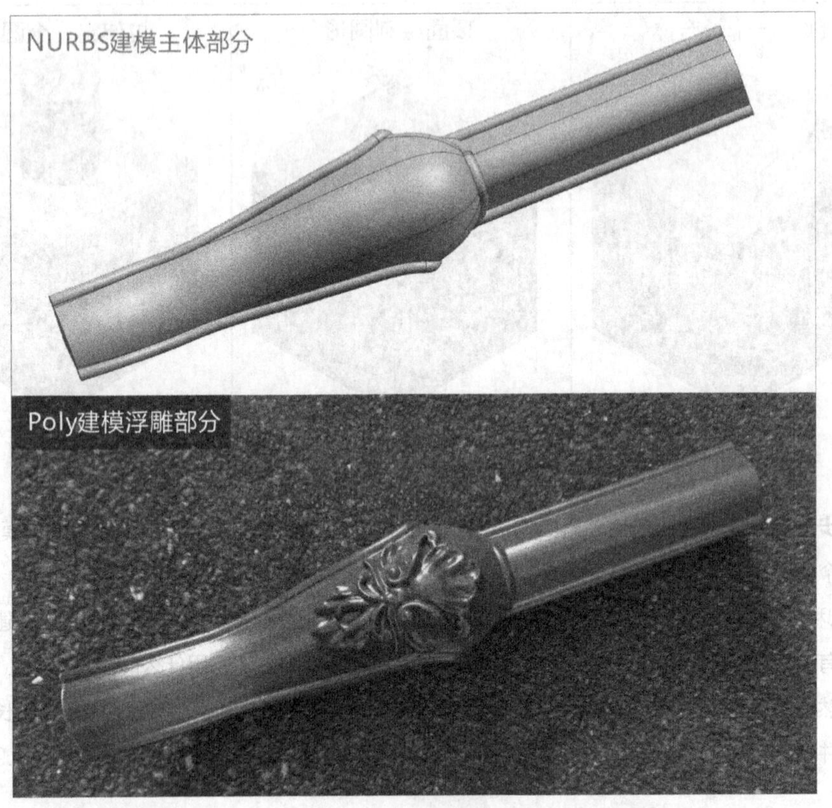

图1.1.10　混合建模的基本步骤

比如我们上面这个脚柱，就算排除渲染，我都运用了3个以上的软件来完成。虽然涉及软件很多，但是这种混合建模方式的效率极高。它既集合了NUBRS建模和Poly建模的长处，又避开了不足。而且简单易学，有基础的读者半天之内完全可以学会。所以请大家按顺序学习我后面的内容。

1.2 浮雕

浮雕有平面浮雕和立体浮雕之分，广泛地运用在建筑、机械、影视、游戏动漫等行业。比如古建筑中的墙上的壁画就属于平面浮雕，而3D游戏中的人物场景就属于立体浮雕。

但是不管什么行业，这些浮雕都属于网格（Poly/Mesh）建模。

首先我们来介绍平面浮雕，当今市面上专业做平面浮雕的软件有很多种。比如说：北京精雕JDpaint，英国Delcam公司的ArtCAM，以及法国的Type3 等，如图1.2.1所示。

而且平面浮雕在国内起步较早，素材很多。比如平面浮雕软件都可以生成各个软件之间通用的灰度图，易于保存，下载方便。这就是我们经常说的资源优势。而本书就是要教大家如何利用这些资源，并且收为己用。

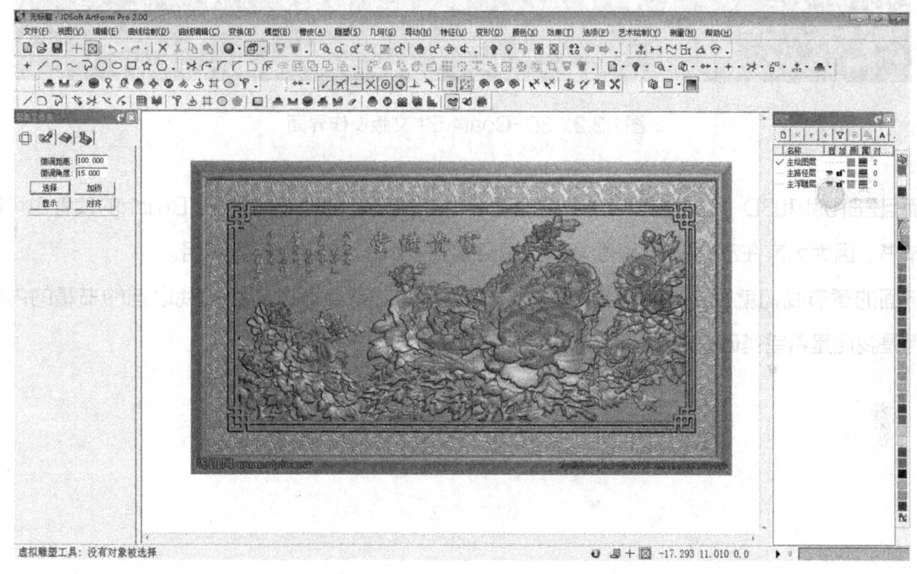

图1.2.1 JDSoft ArtForm_Pro V2.0操作界面

而立体浮雕软件现在的市面上就更多了，只要是属于网格建模的三维软件都可以制作立体浮雕。

比如大家熟悉的3DMAX、Maya、CINEMA 4D、Rhinoceros等，这些软件不仅可以运用在游戏以及影视动漫等行业，近年来在工业设计领域也是大行其道。

但是以上的软件做立体浮雕的效率都不高。于是又有公司开发出了专门的立体浮雕制作软件，比如ZBrush、3D-Coat、Modo、MUDBOX等。这些软件都有非常实用的笔刷造型工具，能像手工雕塑一样对模型进行编辑，制作出栩栩如生的立体浮雕。

其中以ZBrush和3D-Coat的功能最为强大。但是ZBrush由于其核心架构问题几乎是不可能支持中文，除非重新研发，所以在国内推广有一些难度。

而3D-Coat是由乌克兰开发的数字雕塑软件，有自带的中文版，而且功能不在ZBrush之下。很多ZBrush的设计师都在慢慢地接触3D-Coat。所以为了教学的方便，本书就选择了3D-Coat和UG来进行配合使用，如图1.2.2所示。

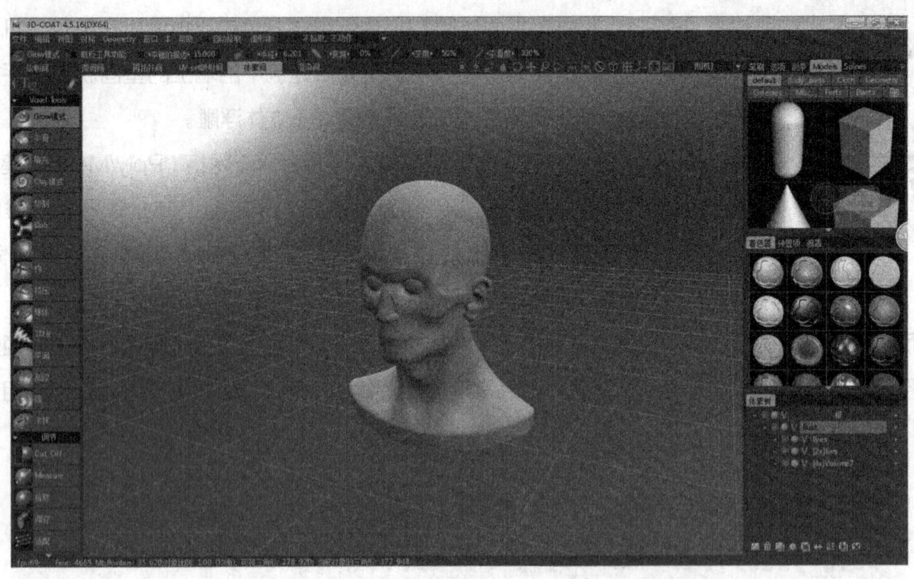

图1.2.2　3D-Coat4.5中文版操作界面

而且ZBrush和3D-Coat的设计方法和理念都非常接近。那些专门学习ZBrush的读者也可以观看这本书。因为大家在3D-Coat里面学到的思路换到ZBrush其实也一样实用。

下面的章节我们就开始按部就班地进行学习。有些知识点可以能会和我以前的书籍的内容重复。但是我还是希望基础差的读者不要跳课，按顺序来学习本书。

CHAPTER 02
第 2 章
写字台的制作
2.1 概述
2.2 建模
2.3 用 KeyShot6.0 渲染写字台

2.1 概述

本章我们来制作一个实木的写字台，写字台的所有模型部分都是在UG里面完成的，如图2.1.1所示。

由于这个写字台在欧式实木中属于简约类型，跟后面内容中的案例相比没有太复杂的雕花和造型，所以作为本书的第一个实例教学。而这个写字台的难点部分大家一看就知道是在脚柱的造型上。

我在以前的书籍中也教过大家制作类似的脚柱，但是结构远没有这个复杂。所以大家也会学习到更多新的命令。而且有些命令比较复杂，大家一定要结合视频来学习。我会在视频中为大家详细地讲解。

为了方便教学，我还是准备了AutoCAD的二维图纸给大家作为参照，请大家在光盘的对应目录中打开，如图2.1.2所示。

图2.1.1　实木写字台模型

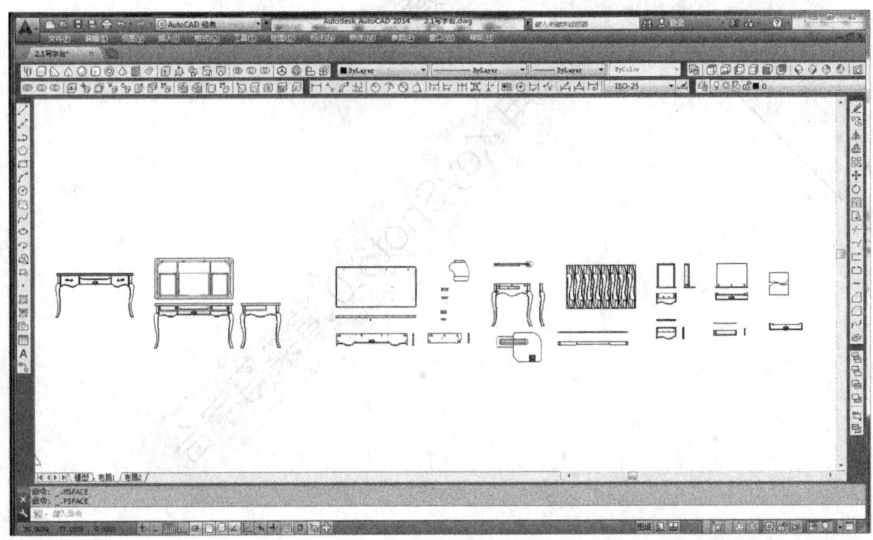

图2.1.2　实木写字台图纸

2.2 建模

启动UG NX10.0，直接打开光盘对应目录下的CAD文件，如图2.2.1所示。

使用PMI标注找到三视图中模型的尺寸，如图2.2.2所示。

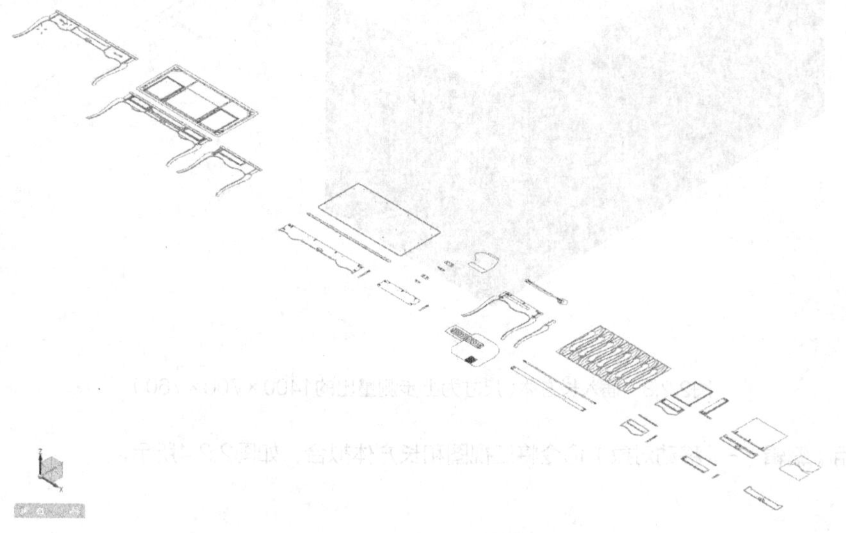

图2.2.1　打开CAD文件（AutoCAD二维图形）

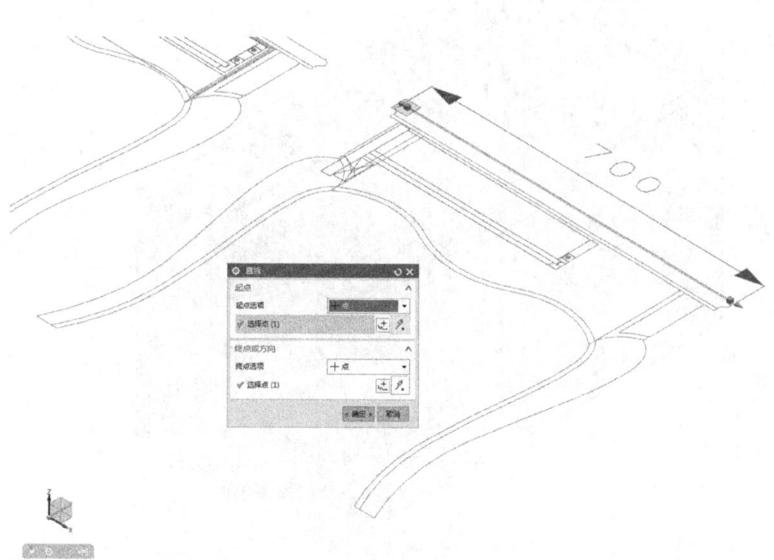

图2.2.2　找到模型尺寸（将需要捕捉定位线段重新绘制，以保证精确）

由于本书是我家具设计的第三本教程，许多以前讲过的内容本书不会重复提及。比如UG NX10.0中PMI标注如何设置在我以前的作品中就有详细的讲解。

大家如果不明白的地方请参考我以前的作品。或者观看本书对应光盘目录下的视频教程，里面也有完整的演示步骤。

使用〖插入〗-〖设计特征〗-〖长方体〗，如图2.2.3所示。

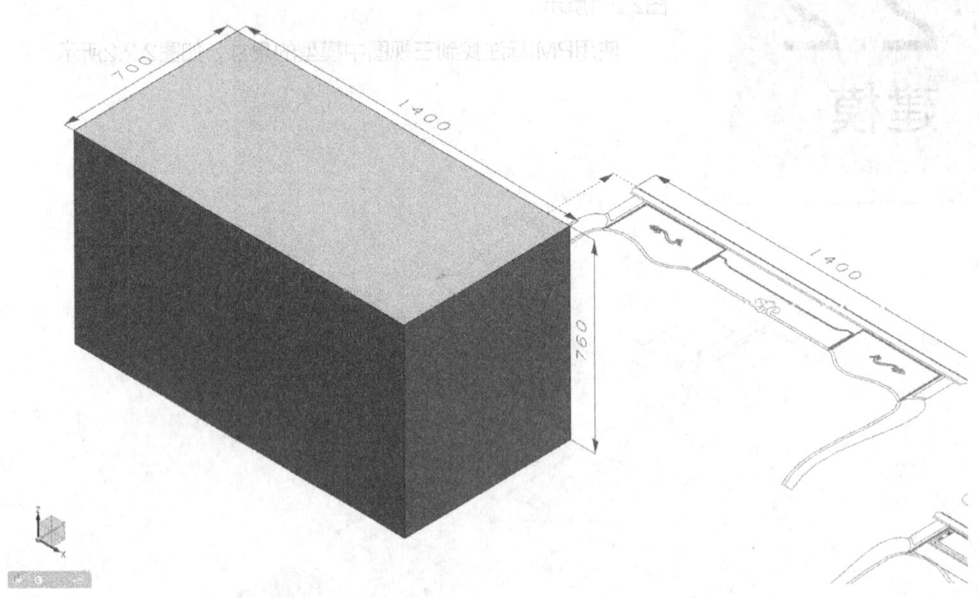

图2.2.3　插入长方体（尺寸为上步测量出的1400×700×760）

使用〖编辑〗-〖移动对象〗命令将三视图和长方体拟合，如图2.2.4所示。

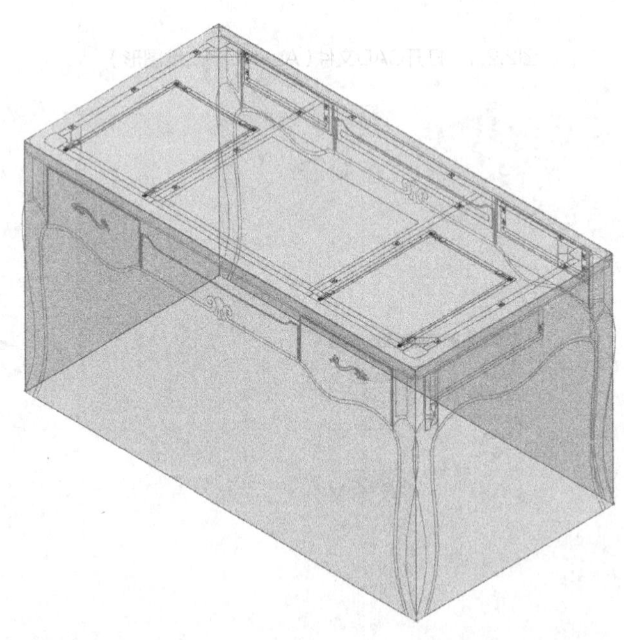

图2.2.4　将三视图和长方体拟合（〖移动对象〗的快捷命令是按“Ctrl+T”键。我们选择里面的〖点到点〗捕捉线段的中点和长方体的中点进行拟合对齐）

因为三视图是在CAD里面绘制的，导入UG的时候可能会导入样条线，而样条线是无法捕捉中点的，所以我们要将一些样条线删除。然后使用〖直线和圆弧〗里面的〖直线（点-点）〗重新绘制。

UG中双击线条就可以查看其属性，分辨出是样条线还是直线。

使用〖偏置面〗选择长方体的顶面向下偏置35mm，如图2.2.5所示。

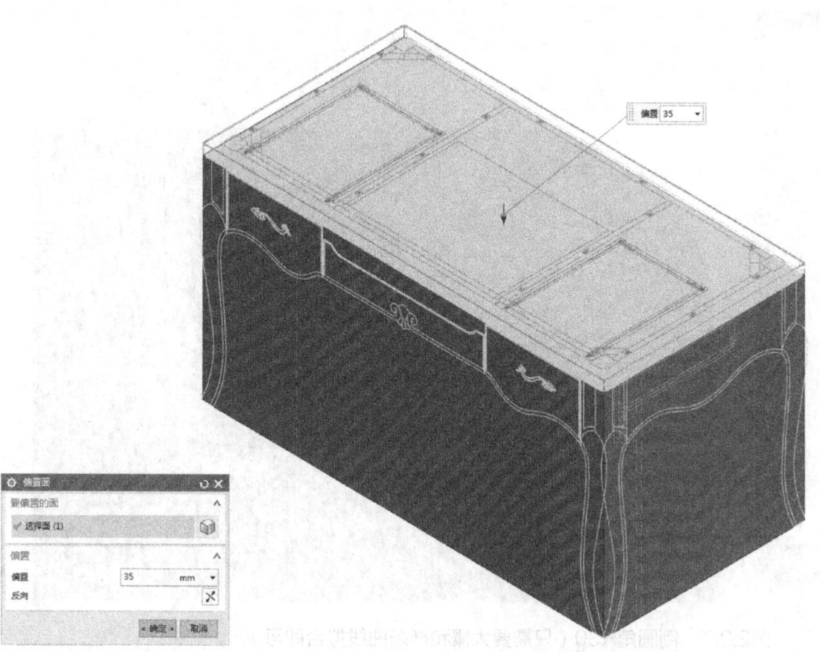

图2.2.5　顶面向下偏置（大家也可以用〖分析〗-〖测量〗得出图形的尺寸）

使用〖拉伸〗选择长方体的顶面4边向上拉伸35mm，如图2.2.6所示。

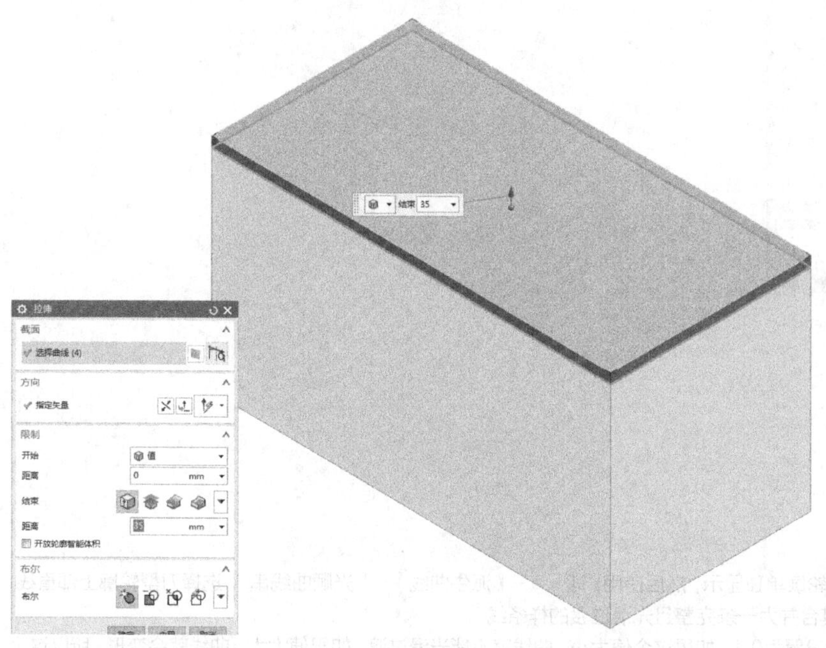

图2.2.6　顶面四边向上拉伸35mm（〖拉伸〗命令的快捷方式为“X”键）

因为我们从CAD导入的图形中，顶板的二维轮廓导入的是两条样条曲线。而样条曲线拉伸出来的实体是没有平面和圆弧等基本特征的。所以为了后续的操作我们要将顶板重新绘制。

使用〖边倒圆〗选择上步长方体的4个角点倒圆角R30，如图2.2.7所示。

图2.2.7　倒圆角R30（只需要大概和样条曲线拟合即可）

使用〖显示和隐藏〗将顶板的刀型轮廓单独显示，如图2.2.8所示。

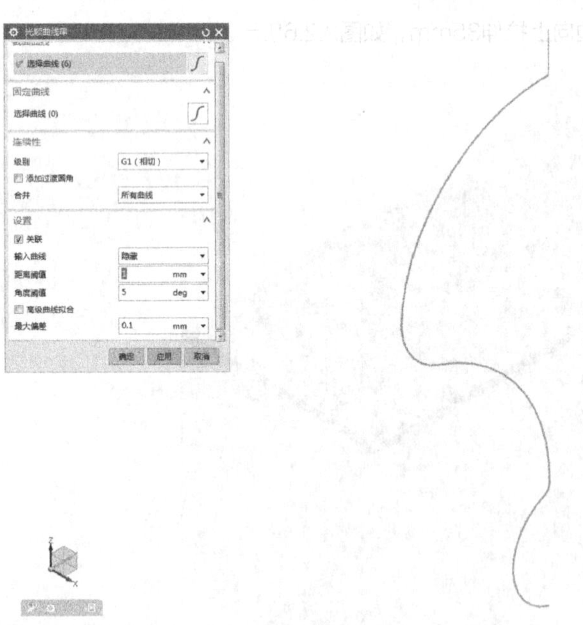

图2.2.8　将顶板刀型轮廓单独显示，然后使用〖插入〗-〖派生曲线〗-〖光顺曲线串〗。选择刀型轮廓上部直线以外的所有曲线。将其合并为一条完整且光滑过渡的样条线
其中〖最大偏差〗我们设置为0.1。如果这个值太小，曲线就不能光滑过渡。如果值太大，曲线就会变形。所以这个值要根据曲线的形状随机调整

〖编辑〗菜单下的〖显示和隐藏〗中几个组合命令大家一定要记住快捷键，我以前书籍中已经多次提及了，这里就不再重复了。

使用〖拉伸〗选择顶板的侧面为草绘平面，如图2.2.9所示。

图2.2.9 选择草绘平面（在〖草图工具〗先使用〖投影曲线〗。将上步的样条进行投影。然后使用〖直线〗命令将刀型进行封闭。下步的转角我们是为了方便捕捉定位）

点击〖完成草图〗，回到〖拉伸〗界面，如图2.2.10所示。

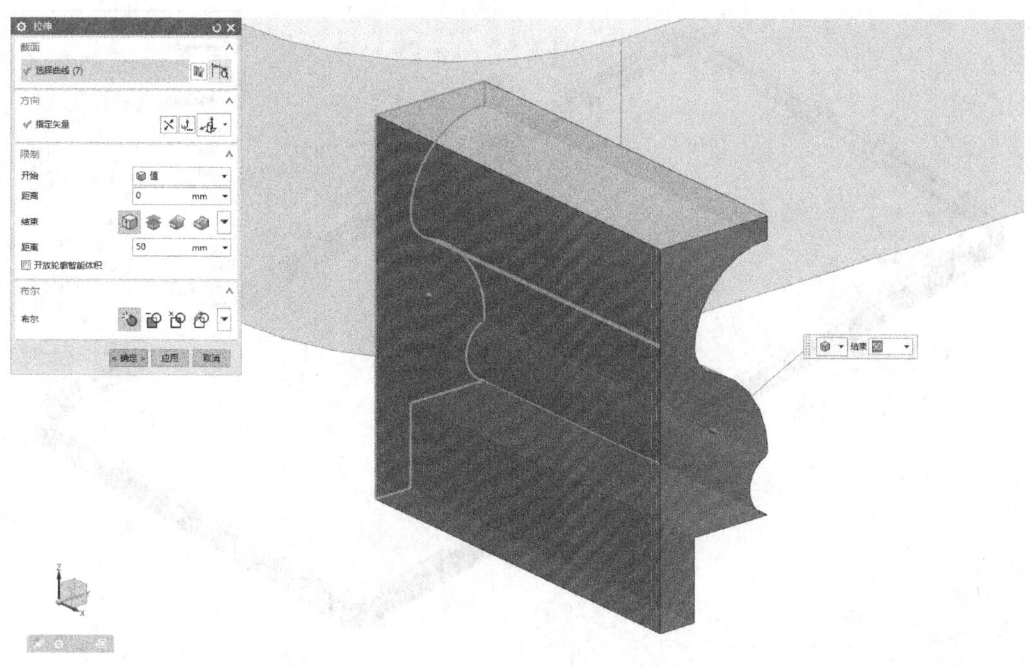

图2.2.10 回到〖拉伸〗界面（任意设置一个距离，比如50mm）

使用〖编辑〗-〖特征〗-〖移除参数〗将实体去除参数，如图2.2.11所示。

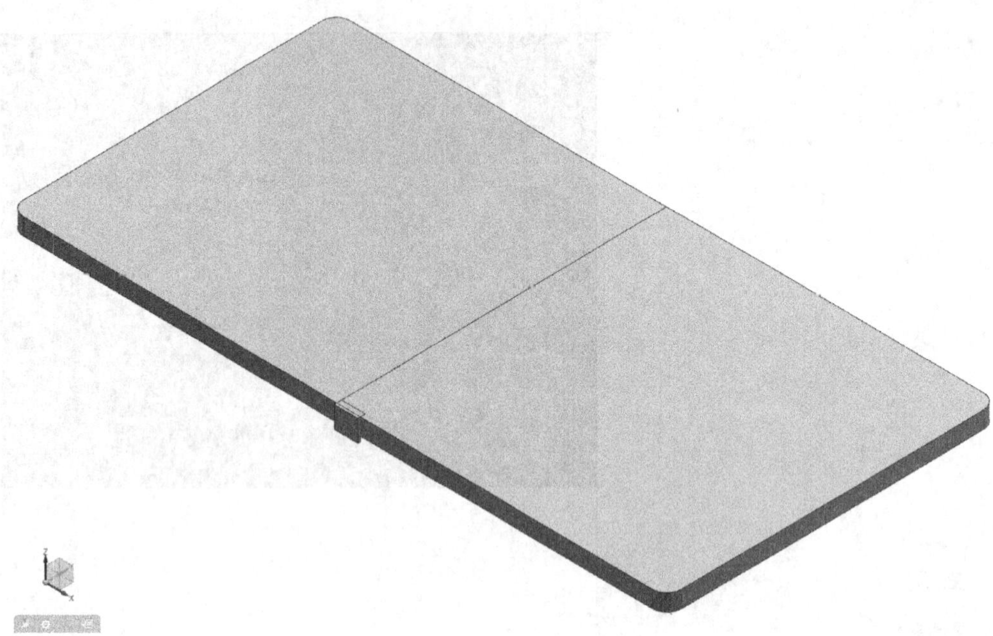

图2.2.11　去除参数（首先使用〖拆分体〗将面板从两侧分拆分，然后使用〖移动对象〗中的〖点到点〗将刀具体的下部角点定位到面板的外形的下部中点）

使用〖插入〗-〖扫掠〗-〖沿引导线扫掠〗，如图2.2.12所示。

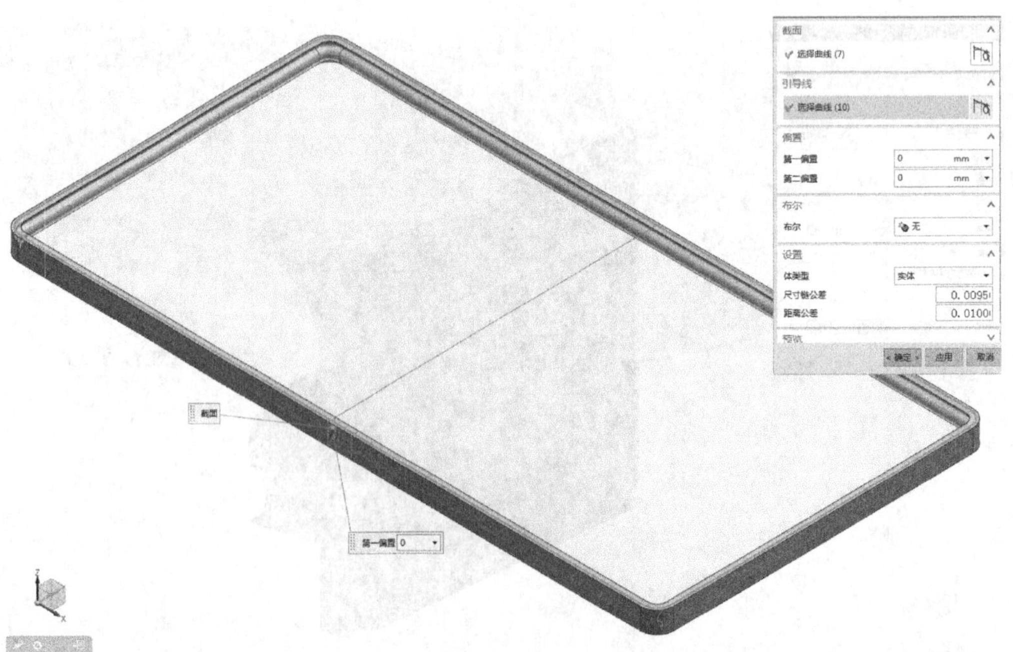

图2.2.12　使用〖沿引导线扫掠〗命令（〖截面〗选择刀具体上的截面线，〖引导线〗选择面板的轮廓线。选择〖引导线〗时，需要在〖选择条〗中设置为〖单条曲线〗，然后按照顺序逐一选择面板外形轮廓）

使用〖特征〗-〖组合下拉菜单〗，如图2.2.13所示。

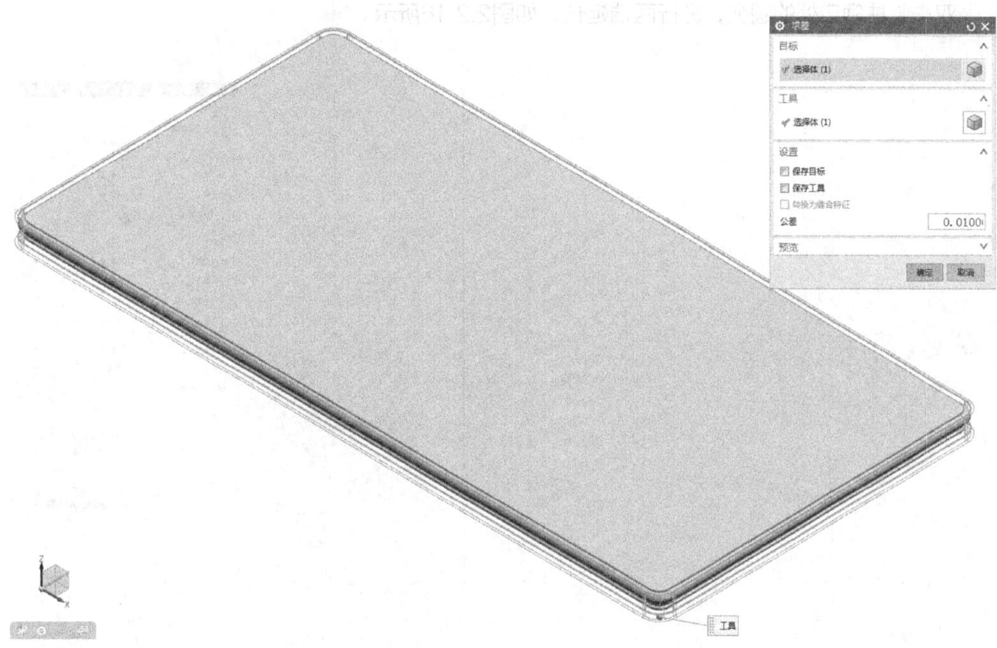

图2.2.13　使用〖组合下拉菜单〗命令（先将两块拆分的面板进行〖合并〗，然后再用面板〖减去〗上步扫掠成型的刀具体）

由于我们的图形并不是十分精确，所以在布尔运算的时候，目标体和刀具体没有完全相交，而导致目标体的一小段过切。

使用〖同步建模〗-〖删除面〗，如图2.2.14所示。

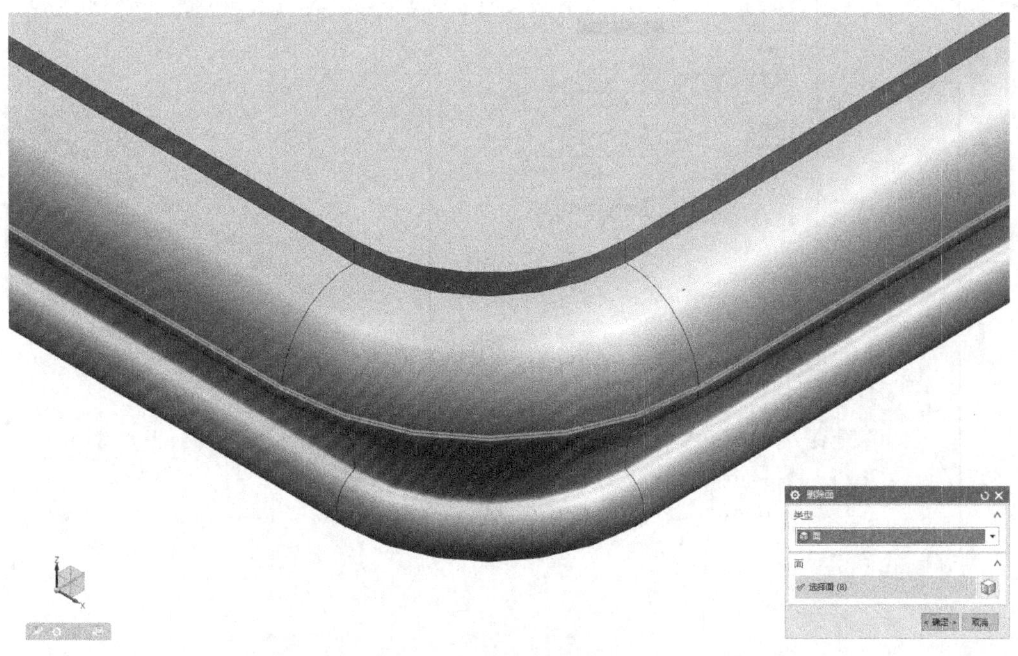

图2.2.14　使用〖删除面〗命令（直接选择面板四周过切的面，将其删除）

使用〖显示和隐藏〗将脚柱的外形单独显示，如图2.2.15所示。

双击脚柱领口处的圆弧，进行两端延长，如图2.2.16所示。

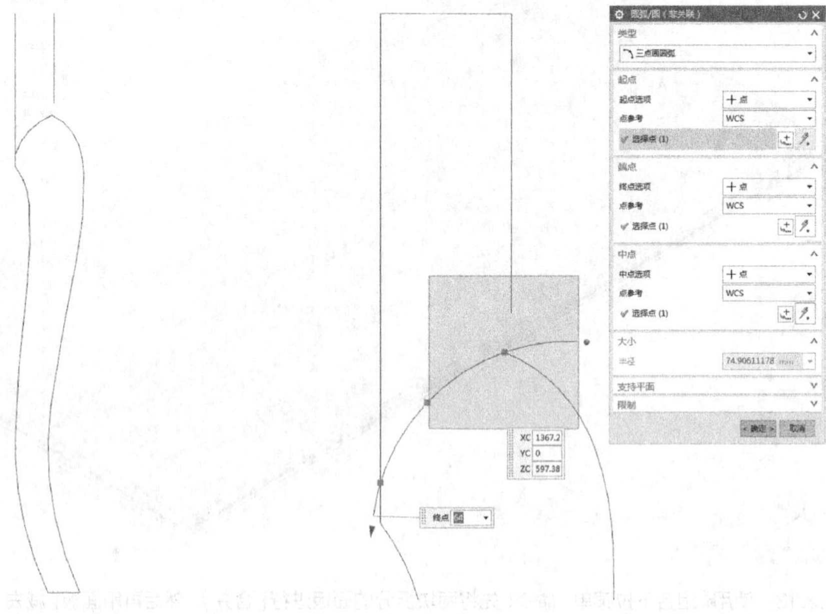

图2.2.15　脚柱的轮廓

图2.2.16　进行两端延长（拖动箭头和圆球进行控制）

双击脚柱右侧的直线，进行下部延长，如图2.2.17所示。

使用〖编辑曲线〗中的〖分割曲线〗在交点处打断，如图2.2.18所示。

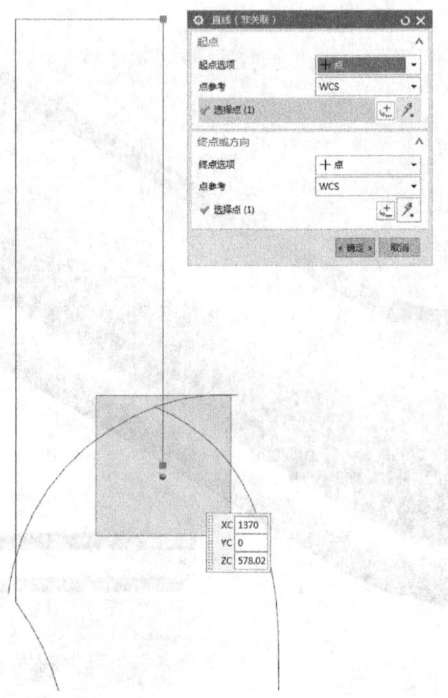

图2.2.17　进行下部延长（穿过圆弧线）

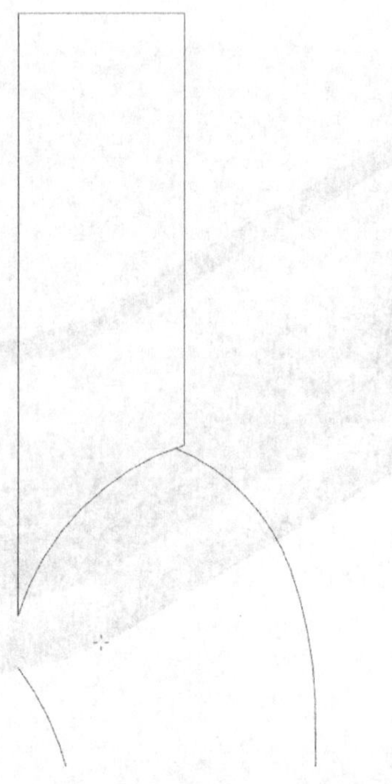

图2.2.18　在交点处打断（然后删除多余的线段）

使用X键〖拉伸〗命令，选择上步封闭的轮廓，如图2.2.19所示。

使用〖变换〗-〖同步一平面镜像〗命令，选择拉伸的实体，如图2.2.20所示。

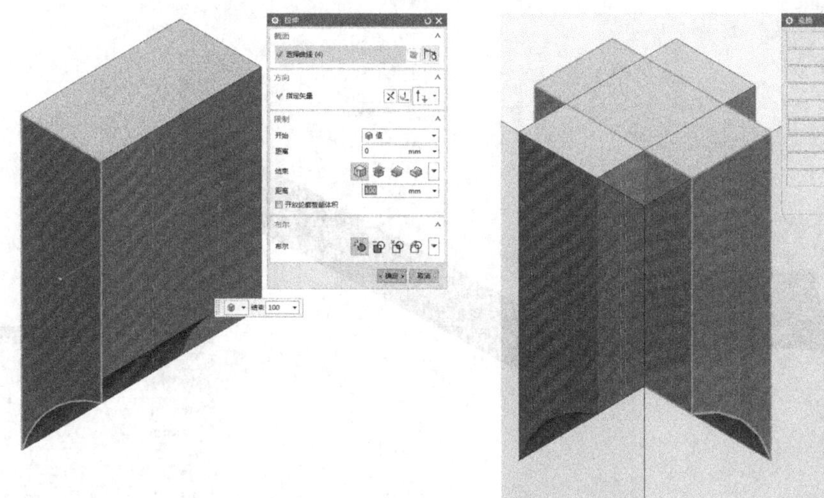

图2.2.19 使用〖拉伸〗命令（向内侧拉伸100mm）　　图2.2.20 顶面夹角面为中分面

使用〖特征〗-〖组合下拉菜单〗-〖相交〗命令，如图2.2.21所示。

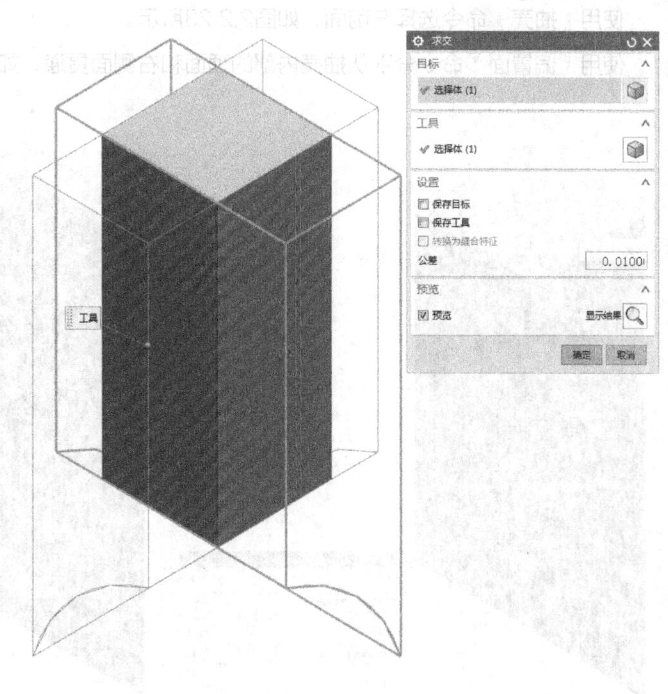

图2.2.21 使用〖相交〗命令（将两个实体求交出一个实体）

使用〖同步建模〗-〖替换面〗命令，如图2.2.22所示。

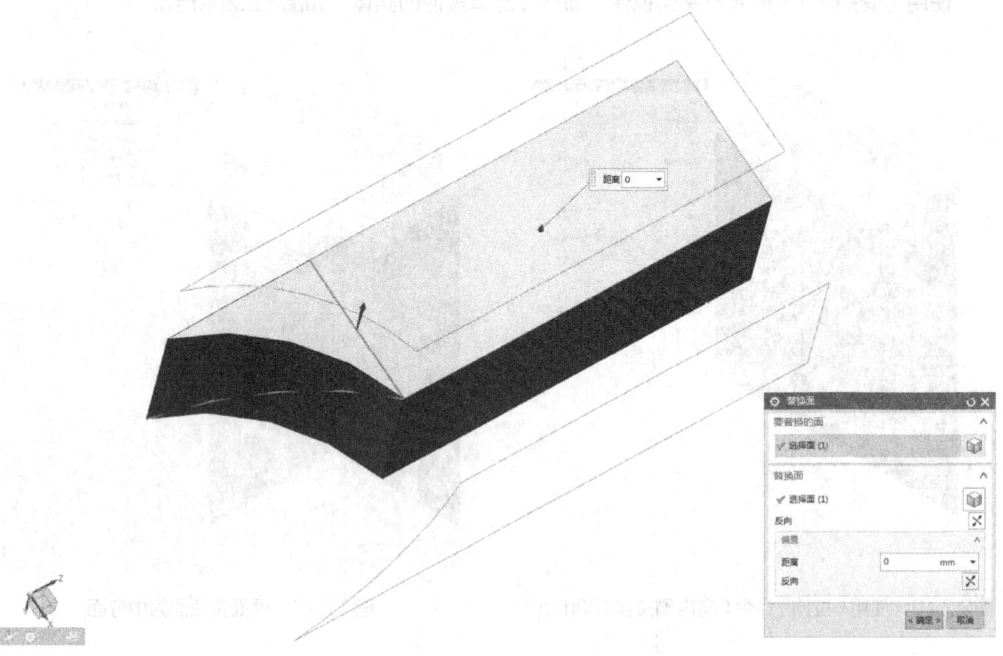

图2.2.22　使用〖替换面〗命令（将左下的圆弧面替换为平面）

使用〖抽壳〗命令选择左前面，如图2.2.23所示。

使用〖偏置面〗命令分别从抽壳内部的顶面和右侧面贯通，如图2.2.24所示。

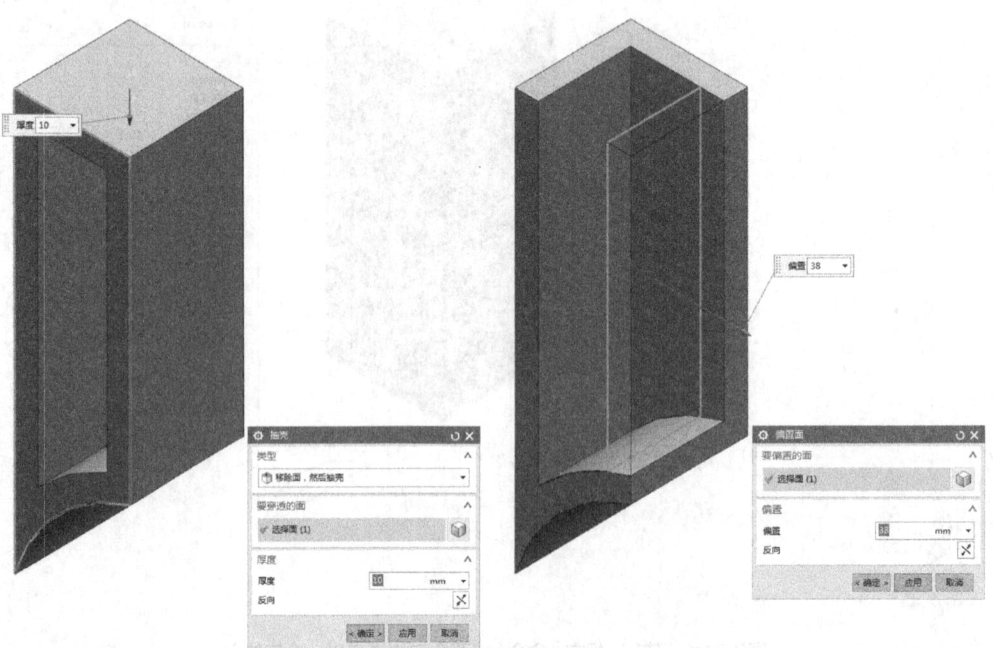

图2.2.23　使用〖抽壳〗命令（壁厚10mm）　　图2.2.24　使用〖偏置面〗命令（距离超过壁厚即可）

使用X键〖拉伸〗命令，选择内部的截面，如图2.2.25所示。

使用〖拆分体〗命令，将两个实体对称拆分，如图2.2.26所示。

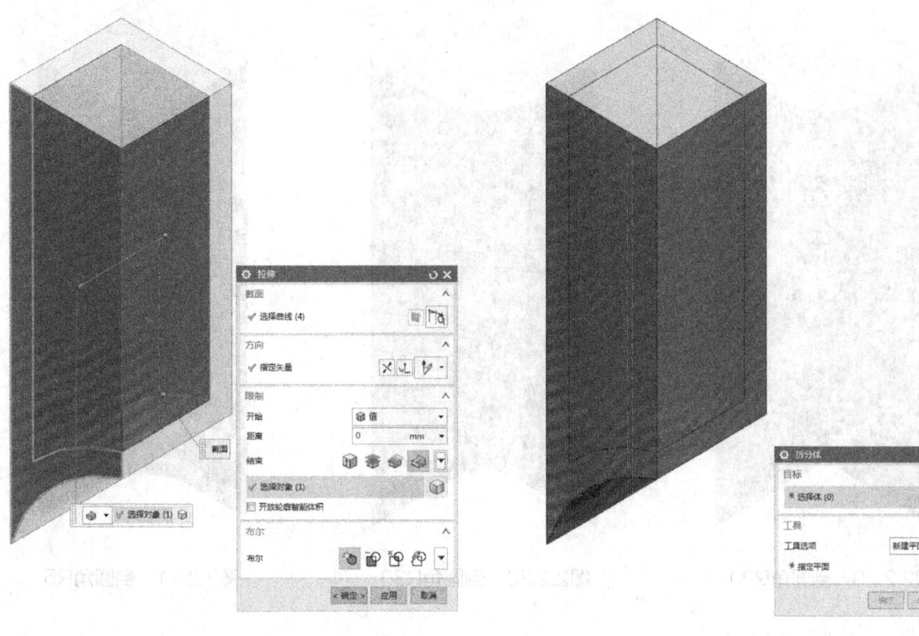

图2.2.25　使用〖拉伸〗命令（选择〖直至延伸部分〗）　　图2.2.26　对称拆分实体（夹角面为中分平面）

使用〖编辑〗-〖特征〗-〖移除参数〗命令，如图2.2.27所示。

使用〖特征〗-〖组合下拉菜单〗-〖合并〗命令，如图2.2.28所示。

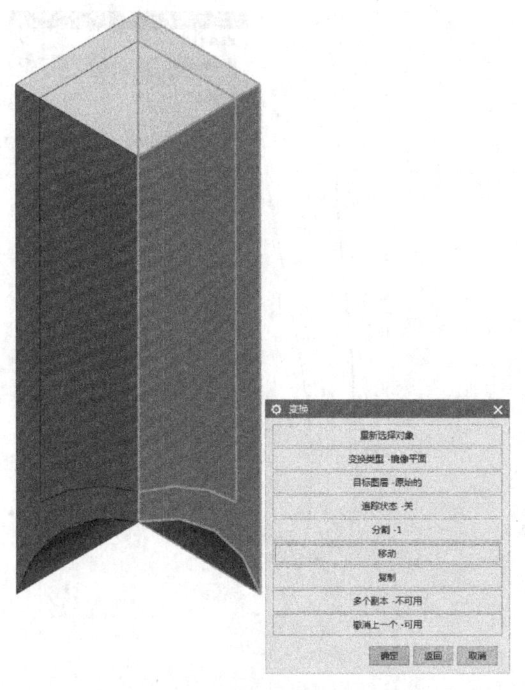

图2.2.27　使用〖移除参数〗命令
（删除右边后镜像左边的实体）

图2.2.28　使用〖合并〗命令
（将内外的实体分别合并）

使用〖边倒圆〗对实体进行倒圆角，然后进行〖合并〗，如图2.2.29~图2.2.31所示。

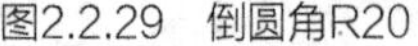

图2.2.29　倒圆角R20

图2.2.30　倒圆角R30

图2.2.31　倒圆角R5

使用〖显示和隐藏〗命令将脚柱的下部外形单独显示，如图2.2.32所示。

使用〖编辑曲线〗命令中的〖分割曲线〗在交点处打断，如图2.2.33所示。

使用〖插入〗-〖派生曲线〗-〖光顺曲线串〗命令，如图2.2.34所示。

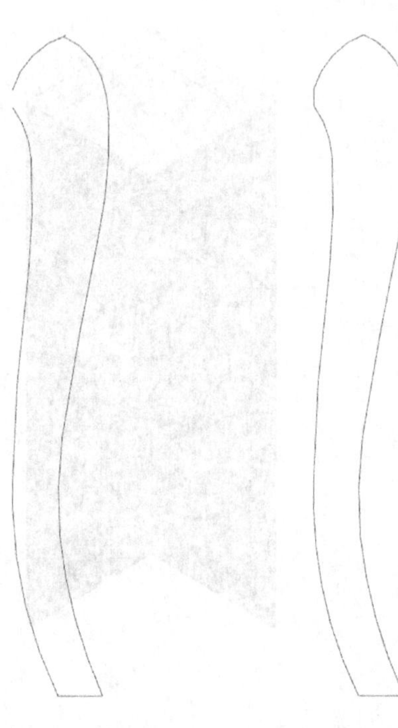

图2.2.32　单独显示（脚下轮廓）

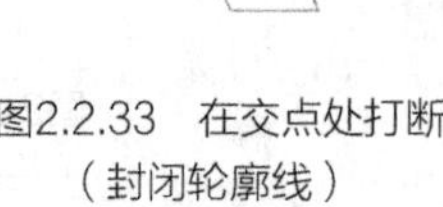

图2.2.33　在交点处打断（封闭轮廓线）

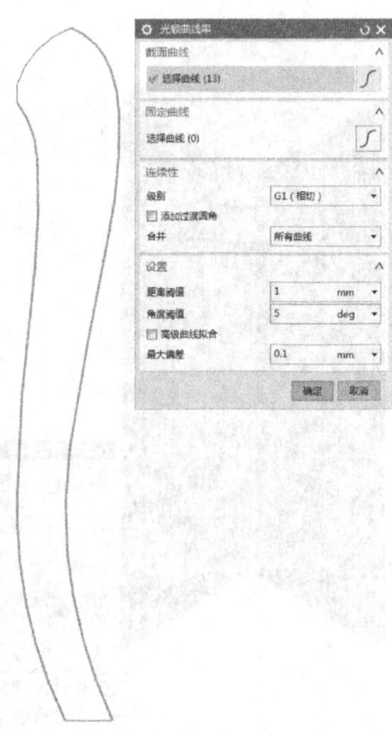

图2.2.34　使用〖光顺曲线串〗命令（最大偏差0.1）

使用X键〖拉伸〗命令，选择上部封闭的截面，如图2.2.35所示。

使用〖变换〗-〖同步一平面镜像〗命令，选择拉伸的实体，如图2.2.36所示。

使用〖特征〗-〖组合下拉菜单〗-〖相交〗命令，如图2.2.37所示。

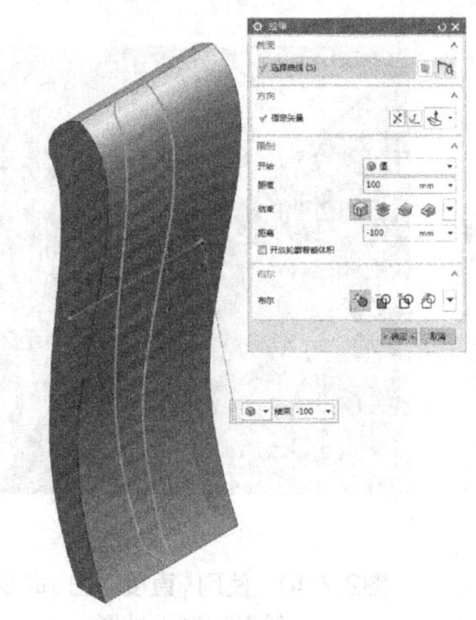

图2.2.35 使用〖拉伸〗命令（对称拉伸100mm）

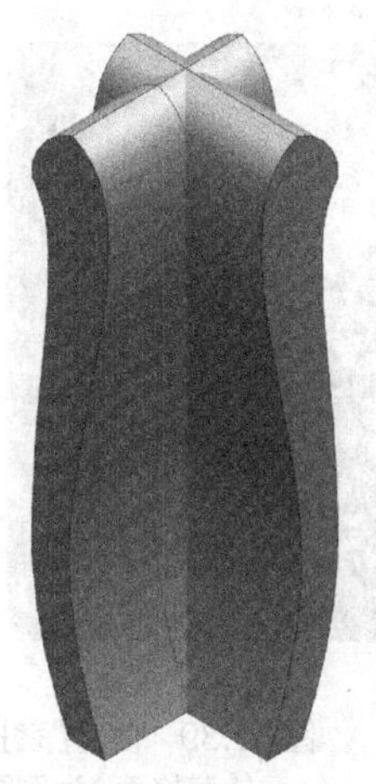

图2.2.36 使用〖同步一平面镜像〗命令（夹角面中分）

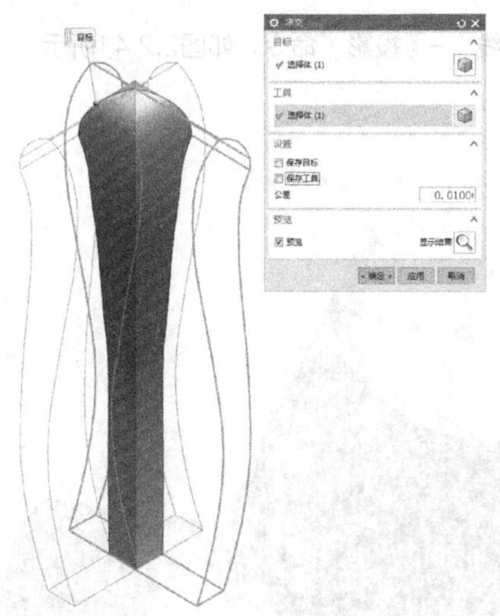

图2.2.37 使用〖相交〗命令（求交出实体）

使用〖特征〗-〖组合下拉菜单〗-〖求差〗命令，如图2.2.38所示。

图2.2.38 使用〖求差〗命令（〖目标〗为下部，〖工具〗为上部，勾选〖保存工具〗）

使用〖同步建模〗-〖替换面〗命令选择三个碎面，如图2.2.39所示。

使用〖直接草图〗命令绘制出上部顶面为草图平面，如图2.2.40所示。

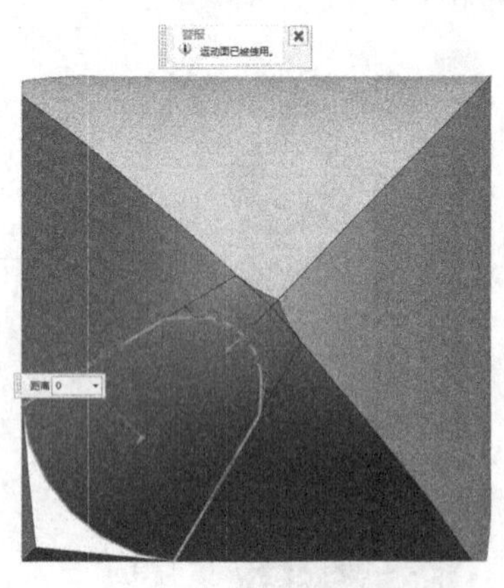

图2.2.39 使用〖替换面〗命令（〖替换面〗为倒圆面）

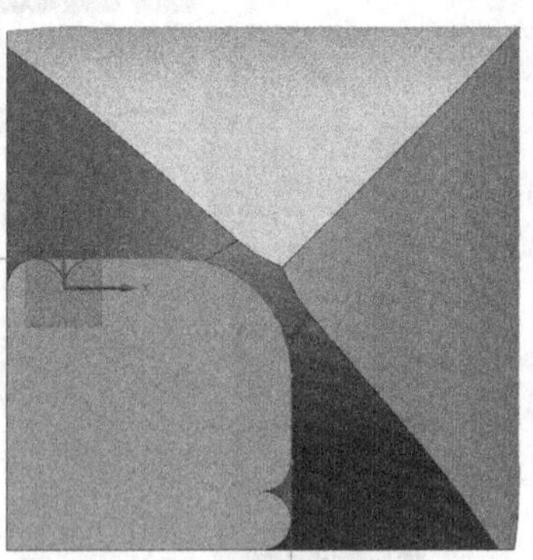

图2.2.40 使用〖直接草图〗命令绘制出截面外形

使用〖插入〗-〖派生曲线〗-〖投影〗命令，如图2.2.41所示。

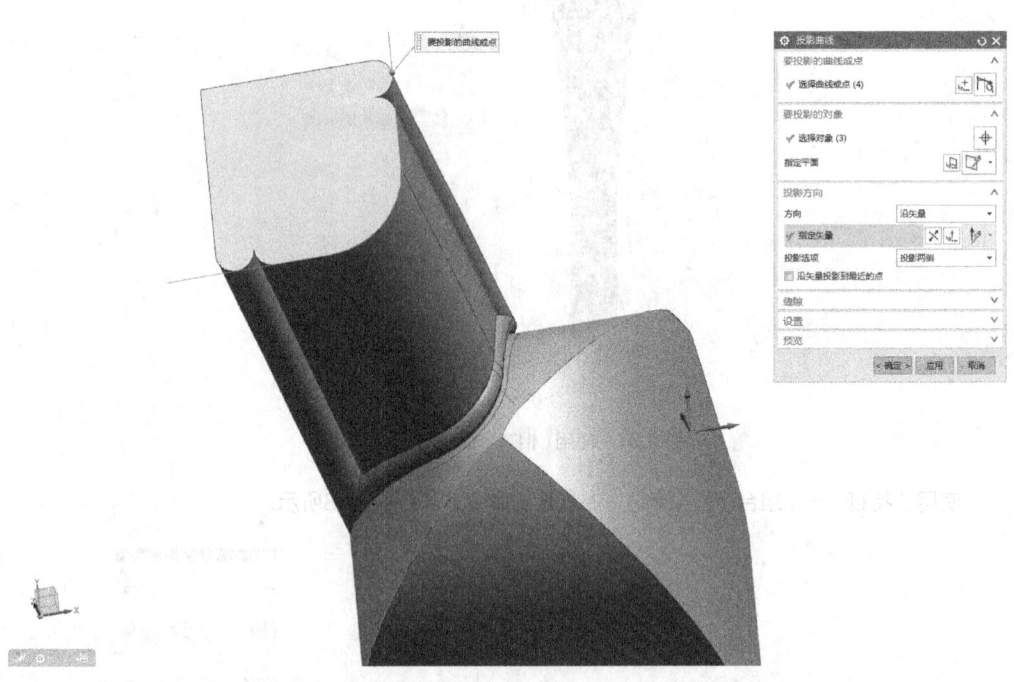

图2.2.41 使用〖投影〗命令（〖要投影的曲线或点〗选择为上步的草图，〖要投影的对象〗选择为内侧上部三个相切面。〖指定矢量〗为Z轴，〖投影选项〗设置为〖投影两侧〗）

使用〖边倒圆〗命令，选择下部实体的脊线，〖半径1〗为30，如图2.2.42所示。

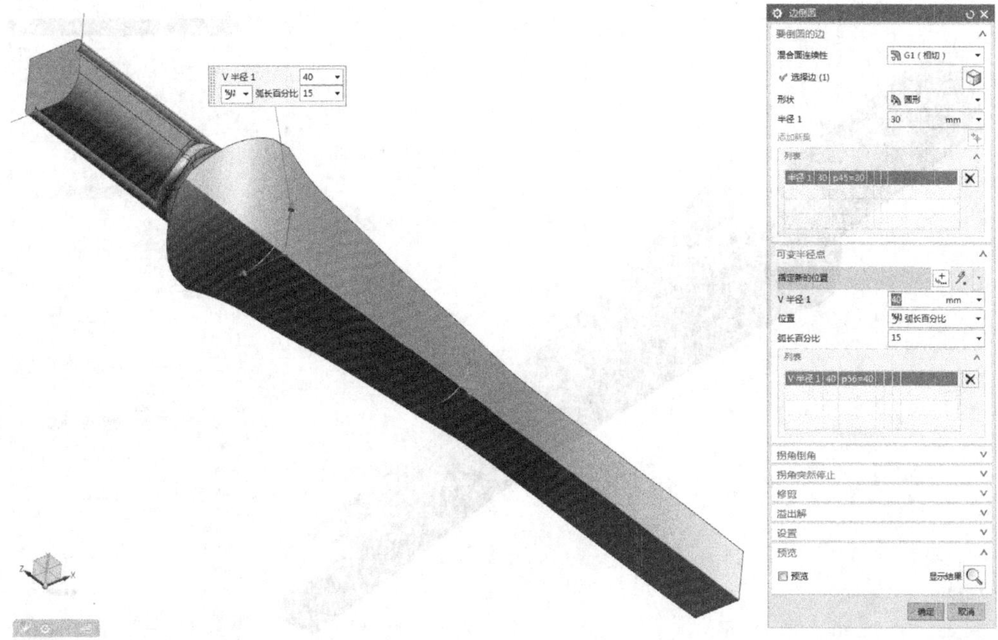

图2.2.42　使用〖边倒圆〗命令（〖可变半径点〗中选择〖指定新的位置〗大概点击脊线段上部的点，设置〖V半径1〗为40mm，〖弧长百分比〗为15）

继续设置第二个可变圆角的半径，如图2.2.43所示。

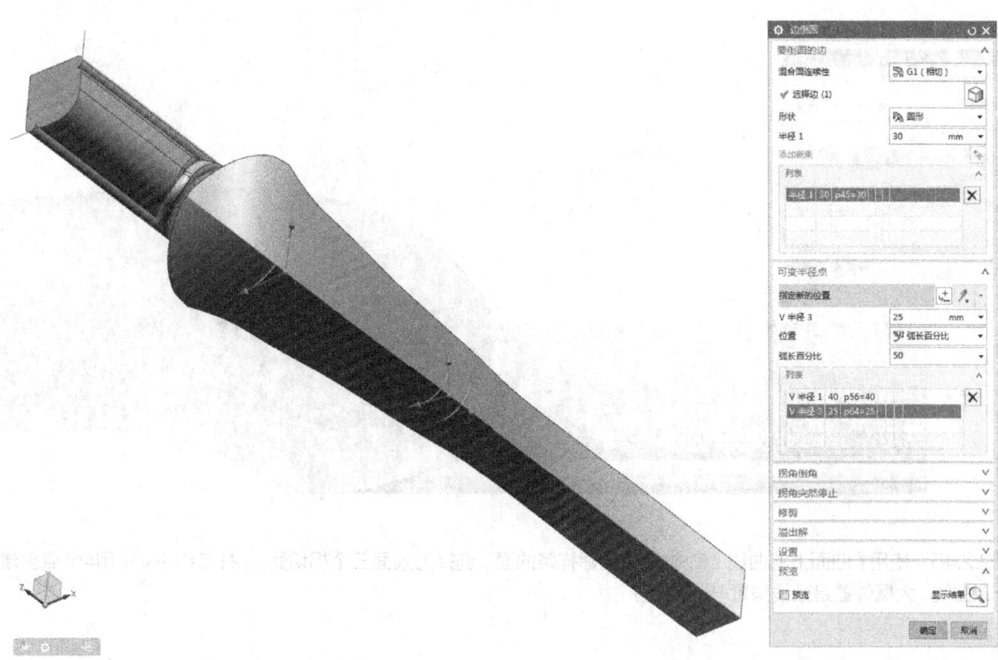

图2.2.43　继续设置第二个可变圆角的半径（〖可变半径点〗中选择〖指定新的位置〗大概点击脊线段中部的点，设置〖V半径3〗为25mm，〖弧长百分比〗为50）

继续设置第三个可变圆角的半径，如图2.2.44所示。

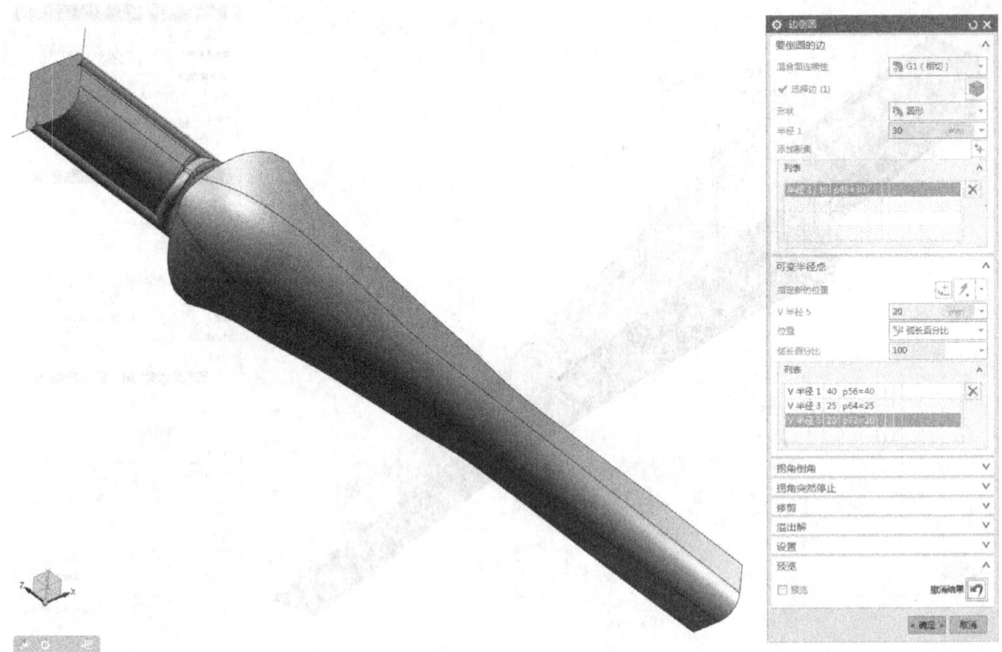

图2.2.44　继续设置第三个可变圆角的半径（〖可变半径点〗中选择〖指定新的位置〗，点击脊线段最下面尾部的端点，设置〖V半径3〗为20mm，〖弧长百分比〗为100。点击〖确定〗按钮完成倒圆）

使用〖插入〗-〖曲线〗-〖曲面上的曲线〗命令，如图2.2.45所示。

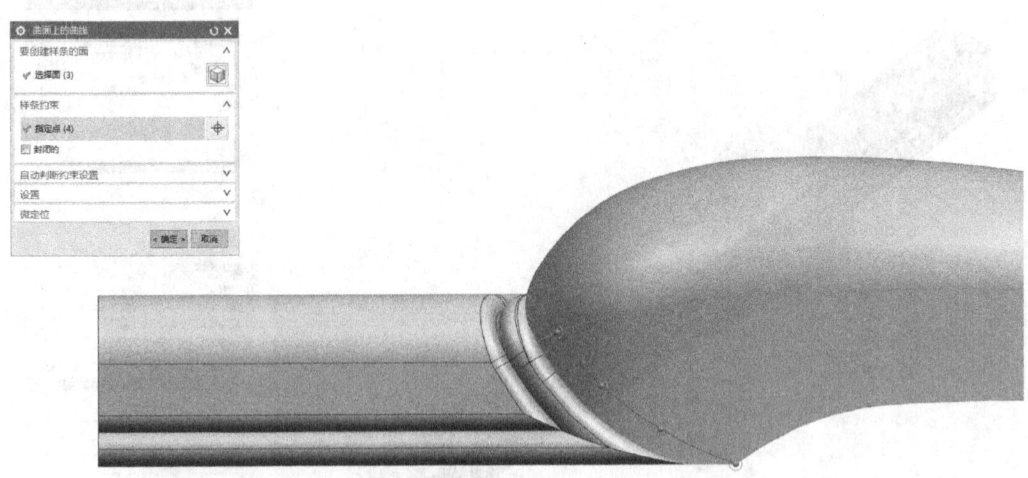

图2.2.45　使用〖曲面上的曲线〗命令（〖要创建样条的面〗选择为前面三个相切面，〖样条约束〗中用4个点创建一条曲线。大概位置是颈线偏置15mm处）

在曲面上绘制样条，要在〖选择条〗中勾选〖曲线上的点〗和〖面上的点〗，其中首尾的两个端点要控制在线上，中间的两个点要控制在面上。

继续使用〖曲面上的曲线〗命令绘制第二条曲线，如图2.2.46所示。

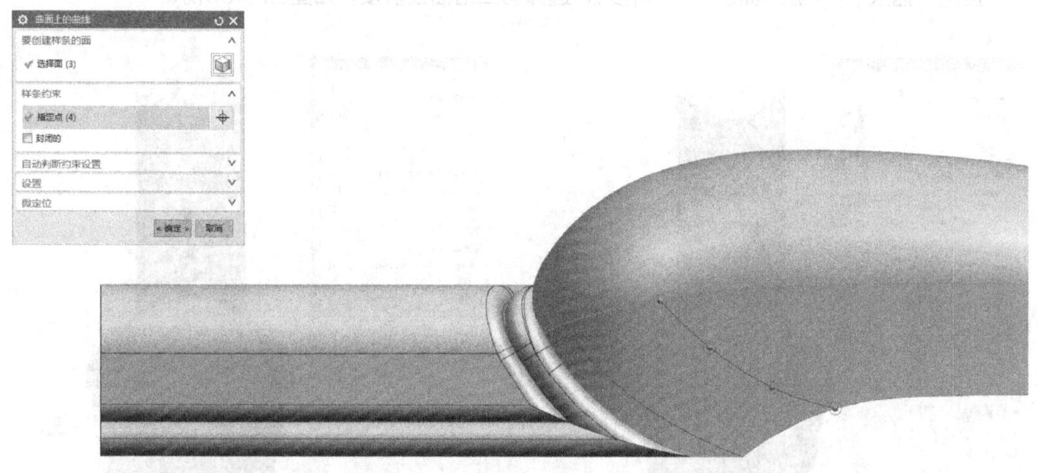

图2.2.46　绘制第二条曲线（〖要创建样条的面〗选择为前面三个相切面，〖样条约束〗中用4个点创建一条曲线。大概位置是颈线偏置50mm处）

使用〖变换〗-〖通过一平面镜像〗命令，选择两条样条线，如图2.2.47所示。

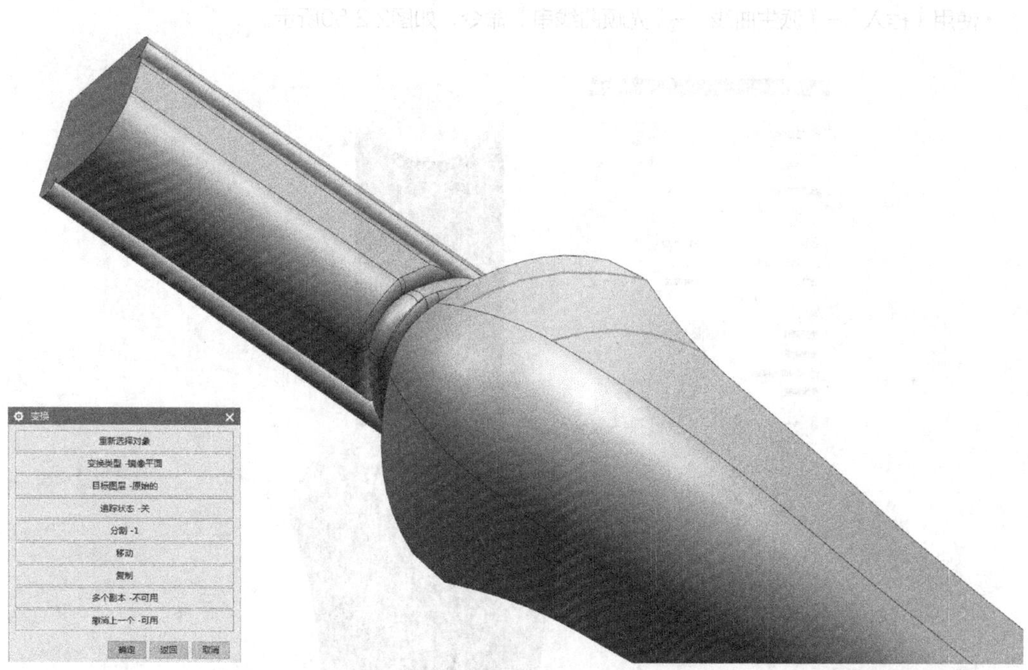

图2.2.47　使用〖通过一平面镜像〗命令（选择上部实体后面的2个夹角的中分面为镜像平面）

大家在绘制样条线的时候，第一条样条线和第二条样条线之间要预留一定的距离，否则曲面不能光滑过渡，从而影响后面的倒圆角等步骤。而距离太大的话则不能形成过渡。所以这个距离大家要自己随机把握。

使用〖插入〗-〖派生曲线〗-〖桥接〗，选择第一组曲线桥接，如图2.2.48所示。

使用〖插入〗-〖派生曲线〗-〖桥接〗，选择第二组曲线桥接，如图2.2.49所示。

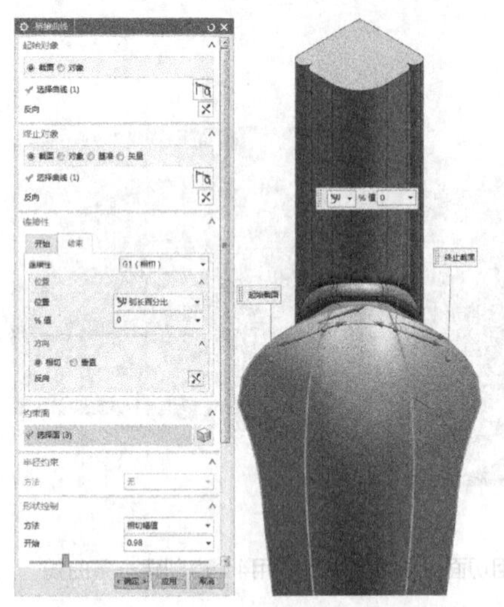

图2.2.48 选择第一组曲线桥接（〖约束面〗为3个相切面）

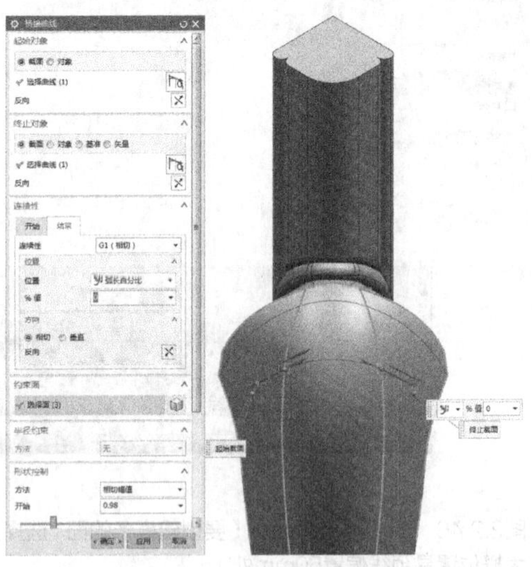

图2.2.49 选择第二组曲线桥接（〖约束面〗为3个相切面）

使用〖插入〗-〖派生曲线〗-〖光顺曲线串〗命令，如图2.2.50所示。

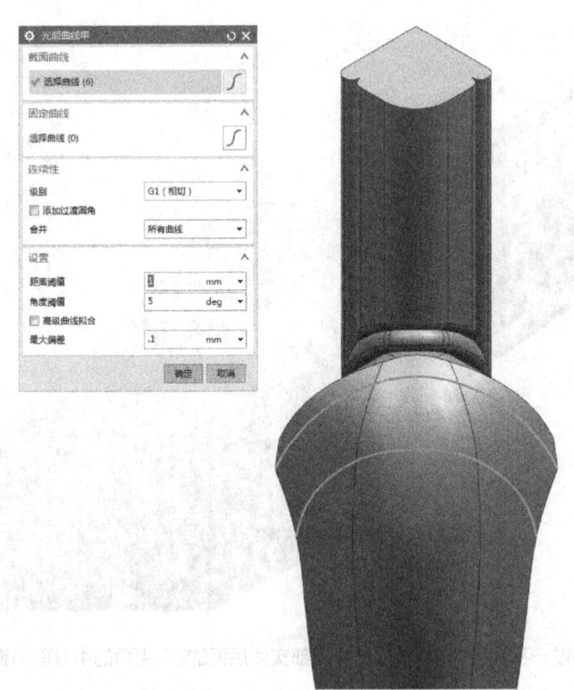

图2.2.50 使用〖光顺曲线串〗命令（同时选择上部桥接的两组曲线，〖最大偏差〗为0.1）

光顺曲线能很好地掩盖线段之间的节点，在生成曲面或实体以及后续操作的时候能最大限度地避免破面的产生。

下面我们就要使用〖软倒圆〗这个命令来完整这个脚柱颈部曲面的过渡，但是在NX10.0的版本中，〖软倒圆〗这个命令是处于隐藏状态的，所以我们就要在〖帮助〗-〖命令查找器〗中进行搜索。而我们会发现〖软倒圆〗这个命令在后面显示“(即将失效)”，意思就是说这个命令在下个版本就会取消或者整合到其他的命令中。

所以大家可以明白为什么UG并不像其他软件一样能将部件另存为低版本的格式，因为UG每个版本的命令都不相同。很可能另存不同的版本之后出现无法识别这个命令的情况。

使用〖软倒圆〗命令，设置〖选择步骤〗，如图2.2.51所示。

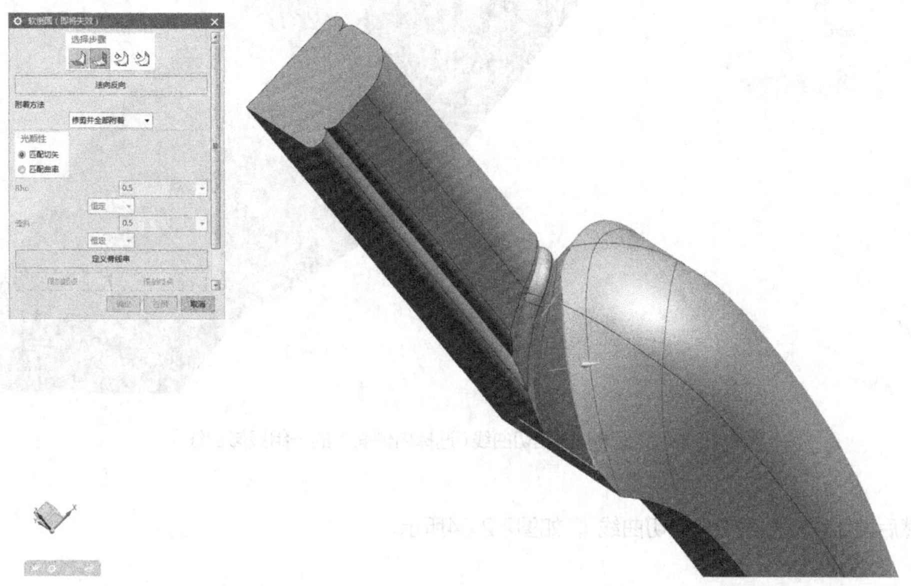

图2.2.51 使用〖软倒圆〗命令(〖第一组〗选择内侧的3个相切面)

〖第二组〗选择外侧的3个相切面，如图2.2.52所示。

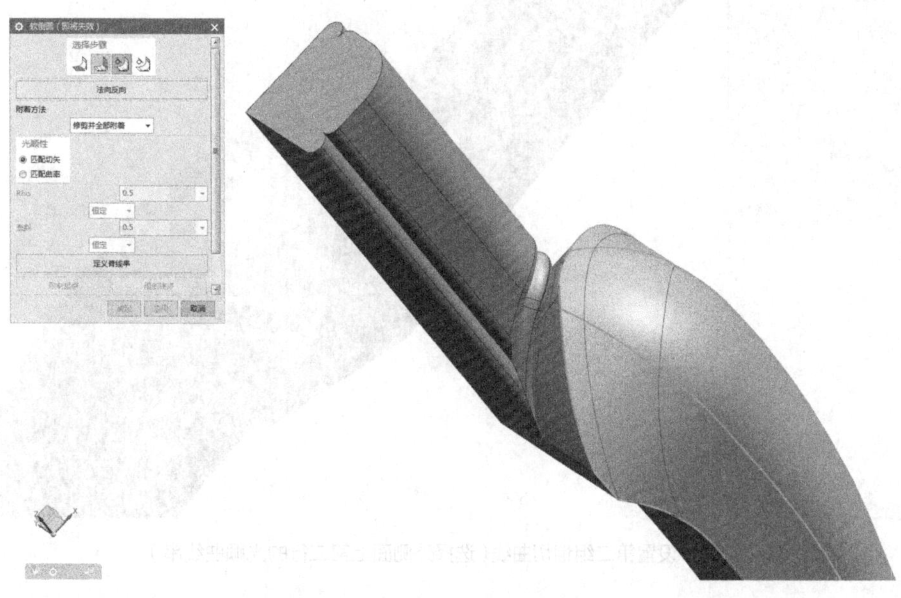

图2.2.52 使用外侧3个相切面(其余保持默认)

按顺序继续设置〖第一组相切曲线〗，如图2.2.53所示。

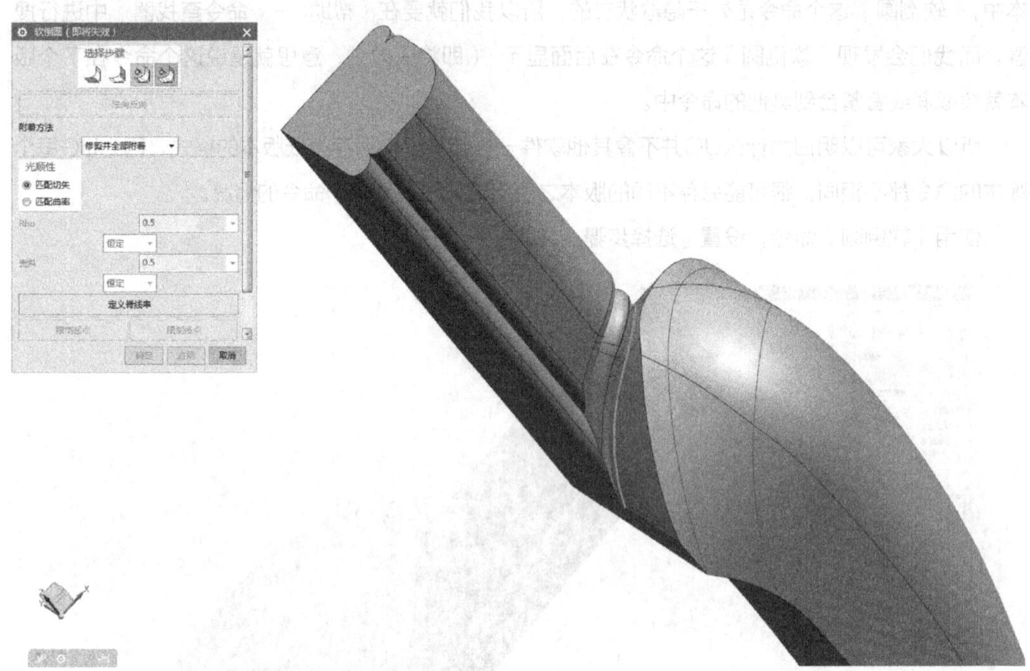

图2.2.53　设置第一组相切曲线（选择内侧面上的一组投影曲线）

然后继续设置〖第二组相切曲线〗，如图2.2.54所示。

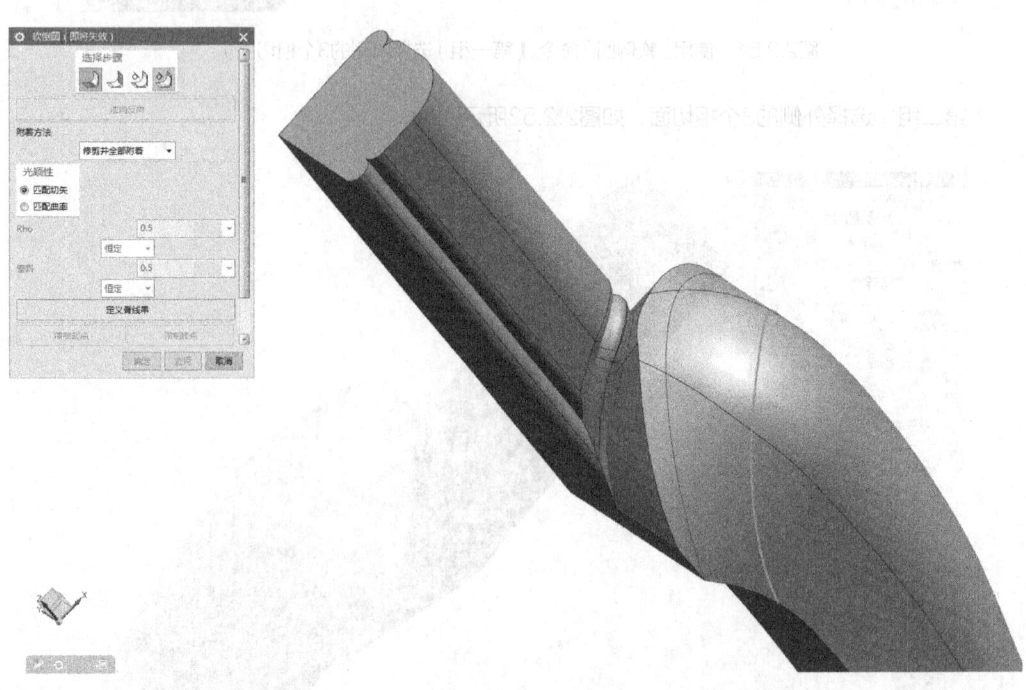

图2.2.54　设置第二组相切曲线（选择外侧面上第二行的光顺曲线串）

最后选择〖定义脊线串〗命令，如图2.2.55所示。

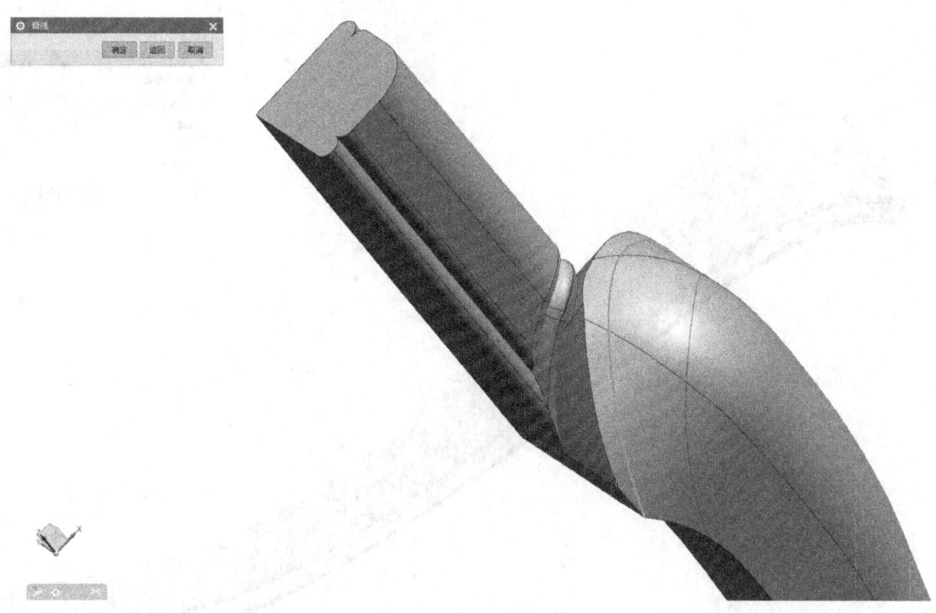

图2.2.55　使用〖定义脊线串〗命令（选择外侧面上第一行的光顺曲线串）

〖公差〗设置为1，如图2.2.56所示。

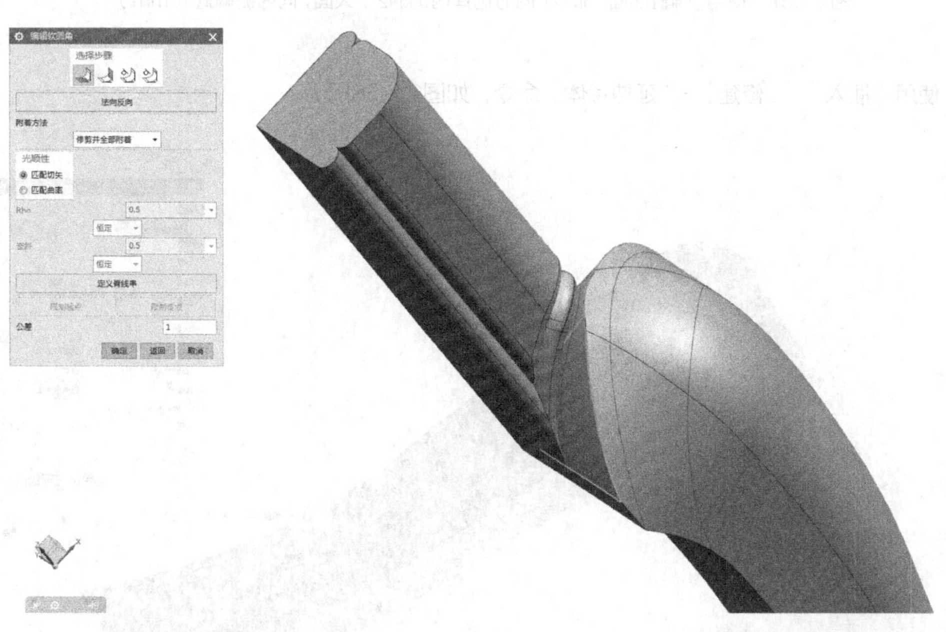

图2.2.56　设置公差（这个〖公差〗要大家随机设置，可以比1大，比如4.5都可以。唯一的目的就要让圆角成功做出来）

其实这个〖软倒圆〗用直接一点的话来说，就是利用曲线来控制圆角，而UG还有其他的命令也具备这种功能，甚至更方便和好用一些。所以我们现在使用的这个〖软倒圆〗命令才会显示“（即将失效）”，并且在NX11.0的版本中就会取消。而我们后面还会接触类似于这种脚的造型，到时候我就会使用不同的命令来进行建模。

使用〖特征〗-〖偏置曲面〗命令，如图2.2.57所示。

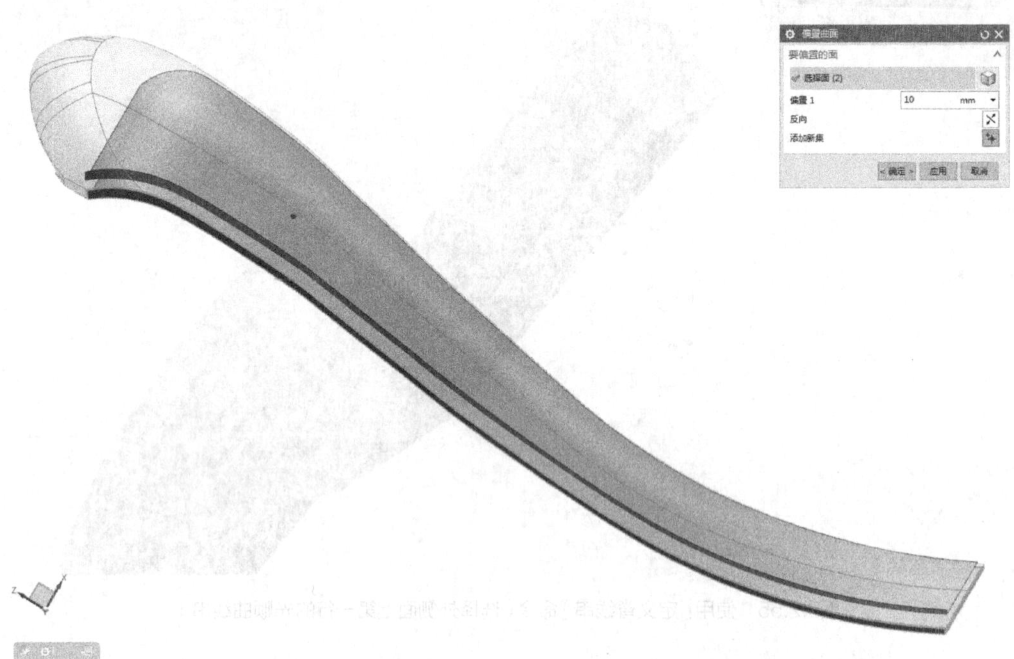

图2.2.57　使用〖偏置曲面〗命令（同时选择内侧的2个大面，向内侧偏置10mm）

使用〖插入〗-〖修建〗-〖延伸片体〗命令，如图2.2.58所示。

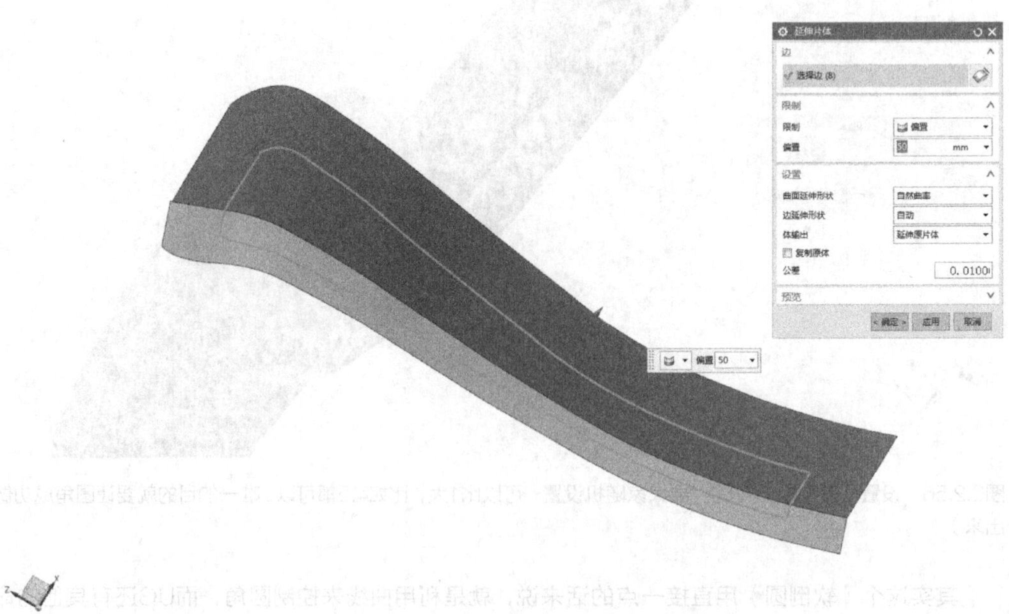

图2.2.58　使用〖延伸片体〗命令（框选曲面的所有边延长50mm）

使用〖拆分体〗，选择实体进行拆分，如图2.2.59所示。

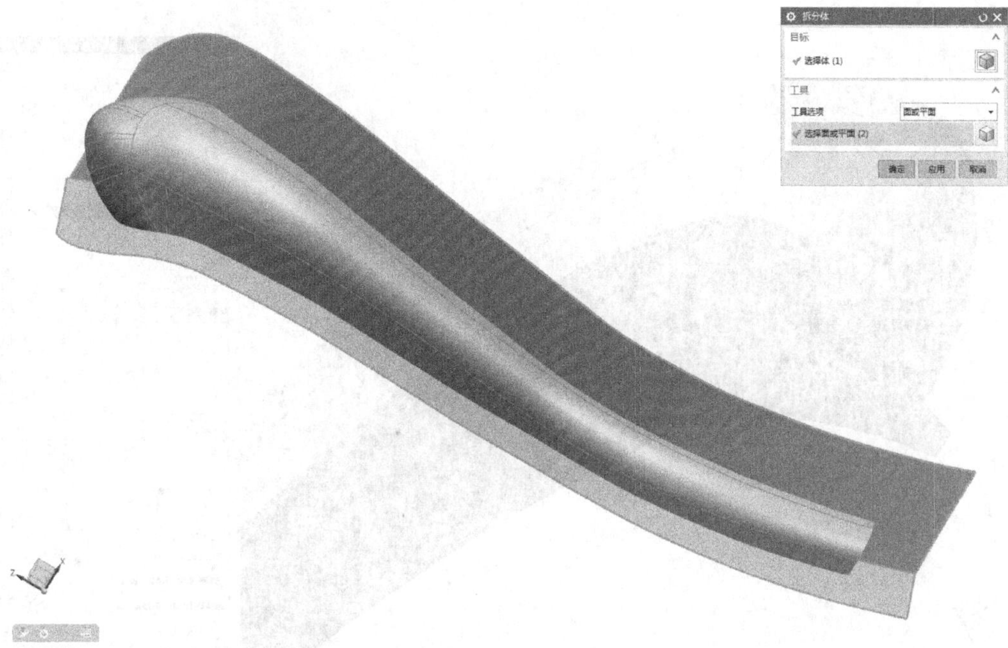

图2.2.59　拆分实体(〖工具选项〗设置为〖面或平面〗。选择上步延伸的2个曲面)

使用〖边倒圆〗，选择4个边，如图2.2.60所示。

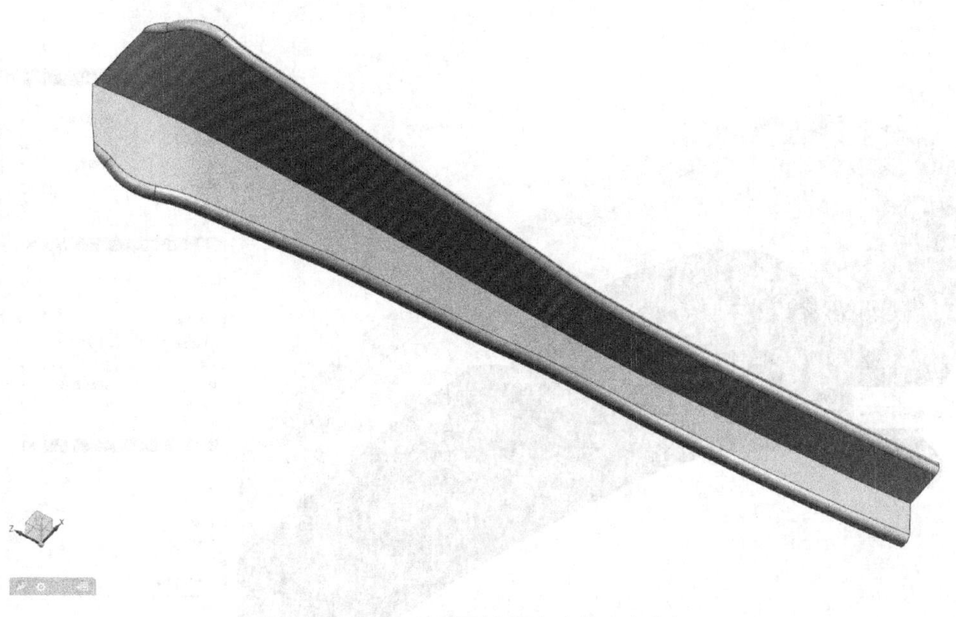

图2.2.60　边倒圆(倒圆角半径R4左右)

相邻的两个实体的倒圆半径如果相同，在使用布尔运算的时候比如〖合并〗，很容易出现“没有完全相交”的错误提示。而这个实体最终是要进行合并的，所以我们就将其倒圆半径设置为不同的值。

使用〖边倒圆〗，选择侧边的两段线，如图2.2.61所示。

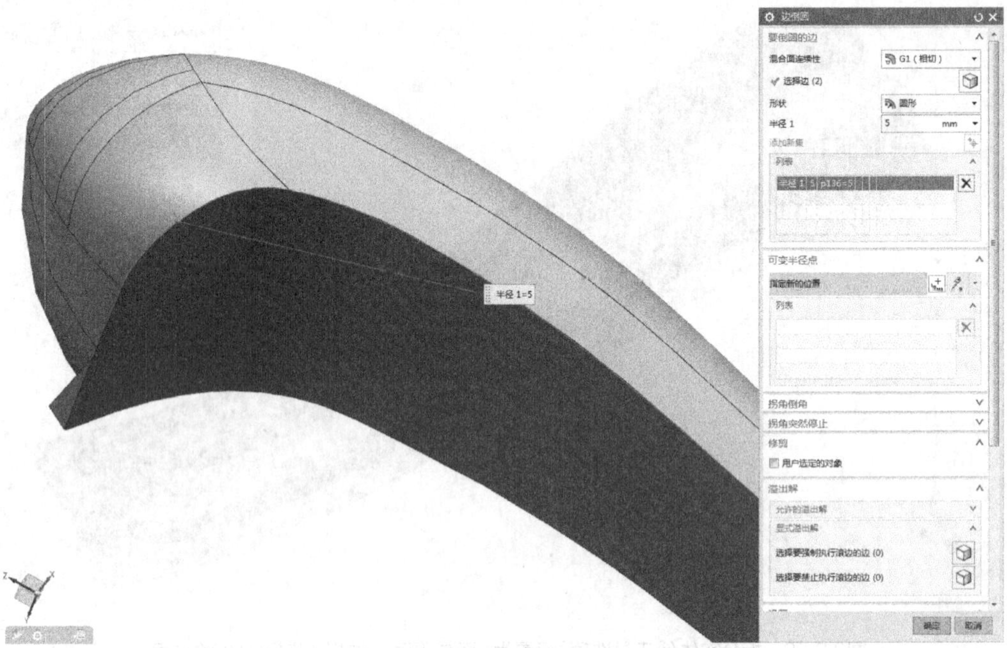

图2.2.61　边倒圆（〖半径1〗设置为5mm）

设置第一个可变圆角的半径，如图2.2.62所示。

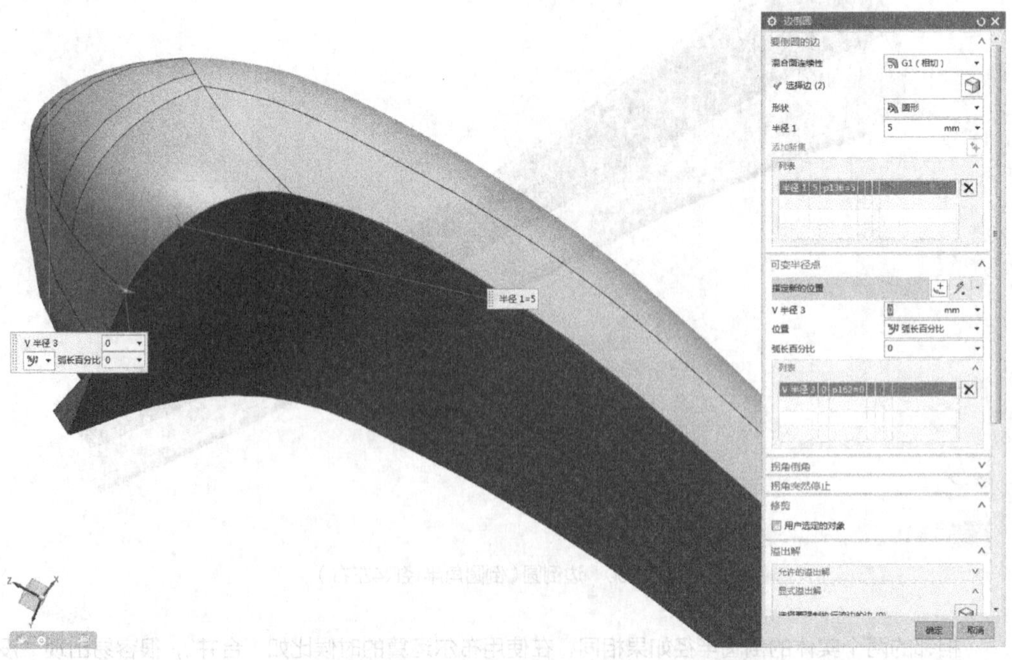

图2.2.62　设置第一个可变圆角的半径（〖可变半径点〗中选择〖指定新的位置〗，大概点击上边线段顶部的端点，设置〖V半径3〗为0mm，〖弧长百分比〗为0）

设置第二个可变圆角的半径，如图2.2.63所示。

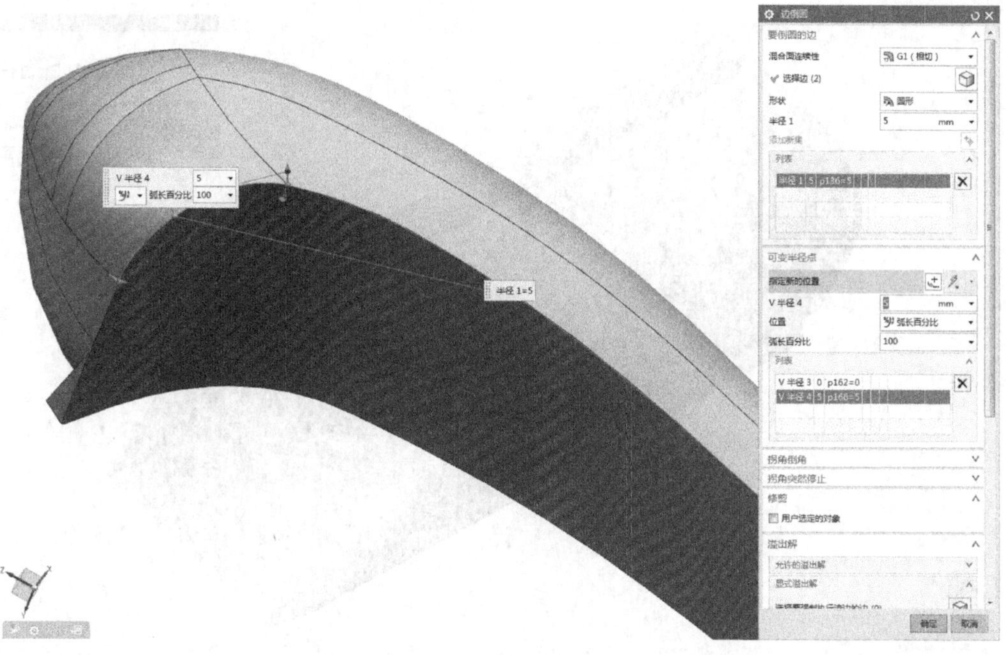

图2.2.63　设置第二个可变圆角的半径(〖可变半径点〗中选择〖指定新的位置〗，大概点击上边线段尾部的端点，设置〖V半径4〗为4mm，〖弧长百分比〗为100)

点击〖显示结果〗，变换圆角完成，如图2.2.64所示。

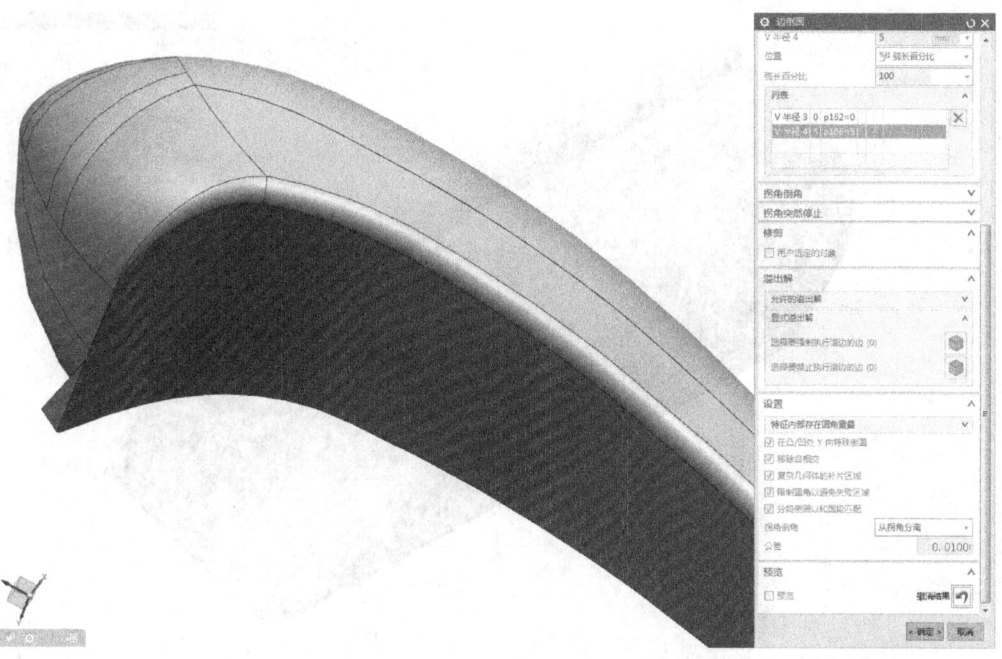

图2.2.64　显示结果(相同的方法制作另外一边的圆角)

使用〖特征〗-〖基准/点下拉菜单〗-〖基准平面〗命令，如图2.2.65所示。

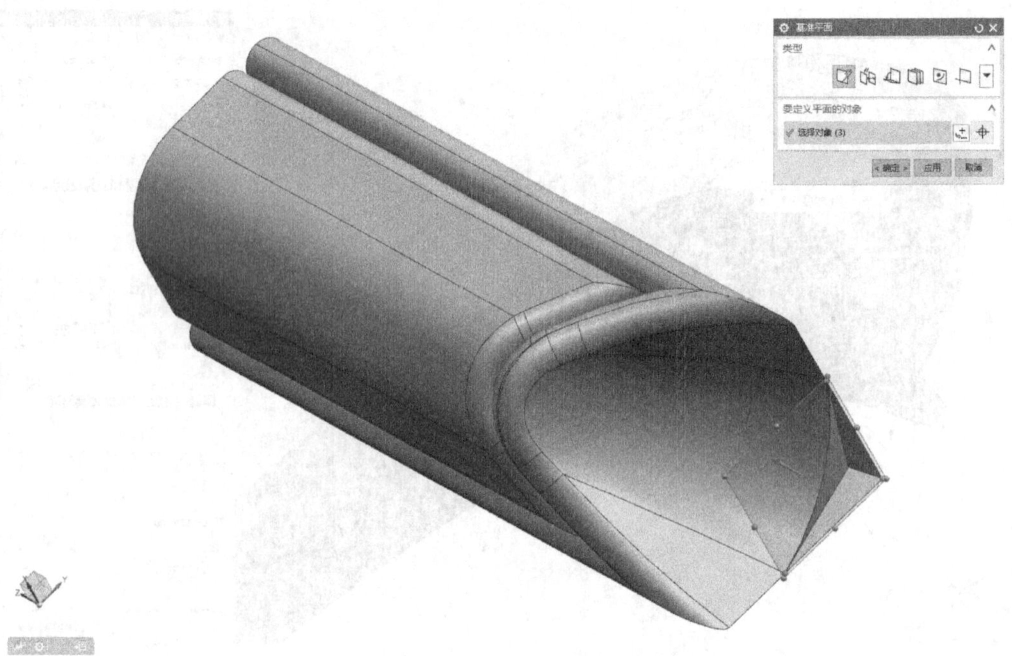

图2.2.65　使用〖基准平面〗命令（捕捉边缘的三点确定一个平面）

使用〖同步建模〗-〖替换面〗命令，如图2.2.66所示。

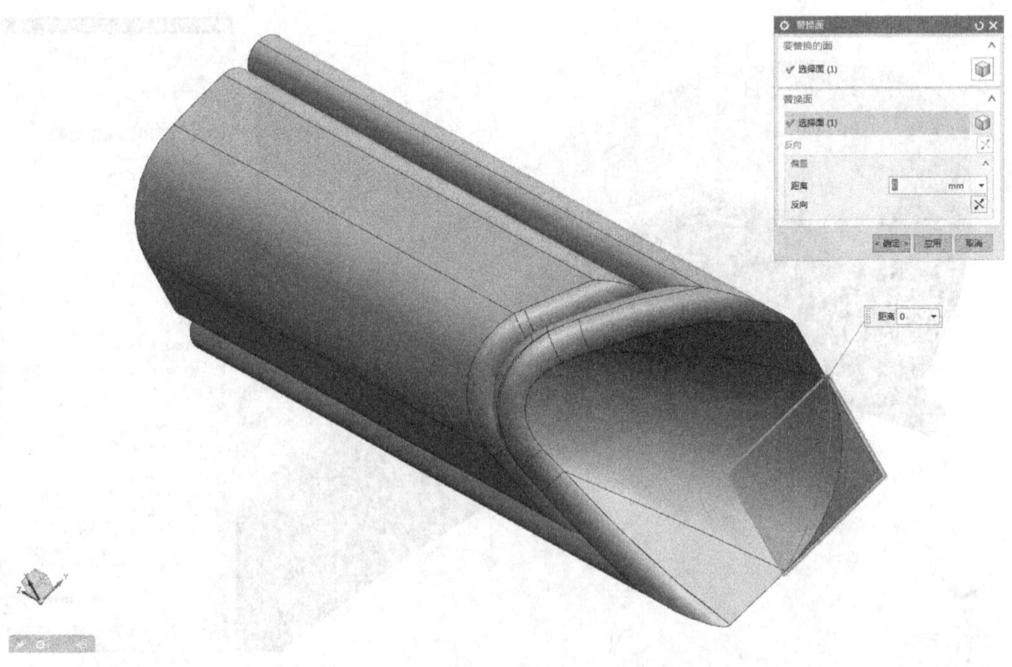

图2.2.66　使用〖替换面〗命令（将〖要替换的面〗选择为破面，〖替换面〗选择为上步的基准平面）

使用〖合并〗，将脚的所有实体进行求和，如图2.2.67所示。

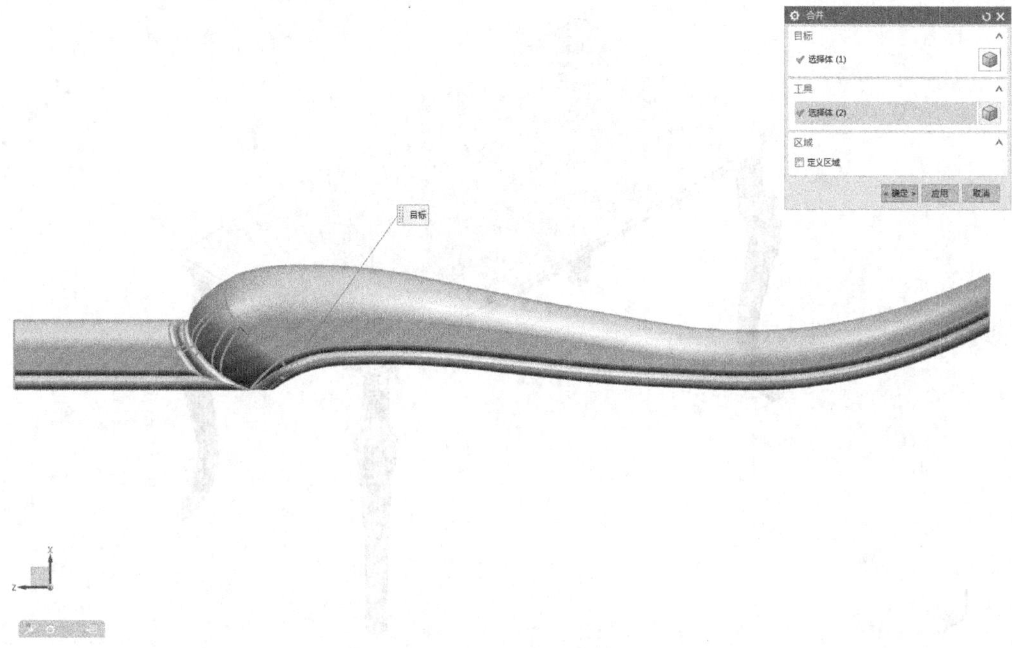

图2.2.67　对所有实体求和（如果显示“没有完全相交”而不能求和，在不影响尺寸的情况下，可以将单个实体进行微量移动再进行〖合并〗）

脚柱部分建立完成，如图2.2.68所示。

图2.2.68　建立完成（如果以模具行业的标准来看，这个脚有很多破面需要重做。但是家具行业的制造精度没有模具那么高。这个脚就已经完全达标了，可以用于CNC加工以及效果图渲染了）

使用〖变换〗-〖通过一平面镜像〗，如图2.2.69所示。

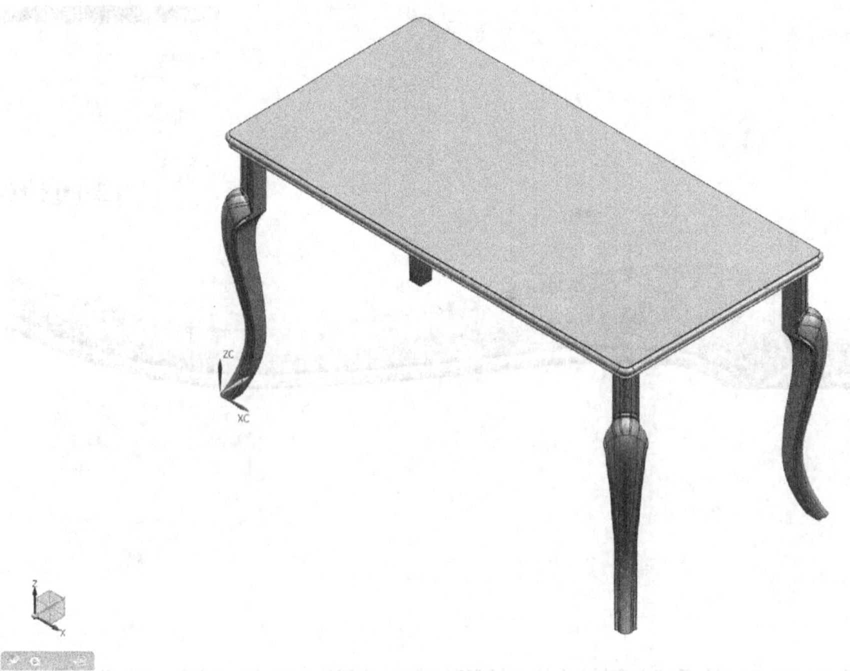

图2.2.69　将脚柱进行镜像复制

使用〖光顺曲线串〗命令，将下部背板两边的曲线连接，如图2.2.70所示。

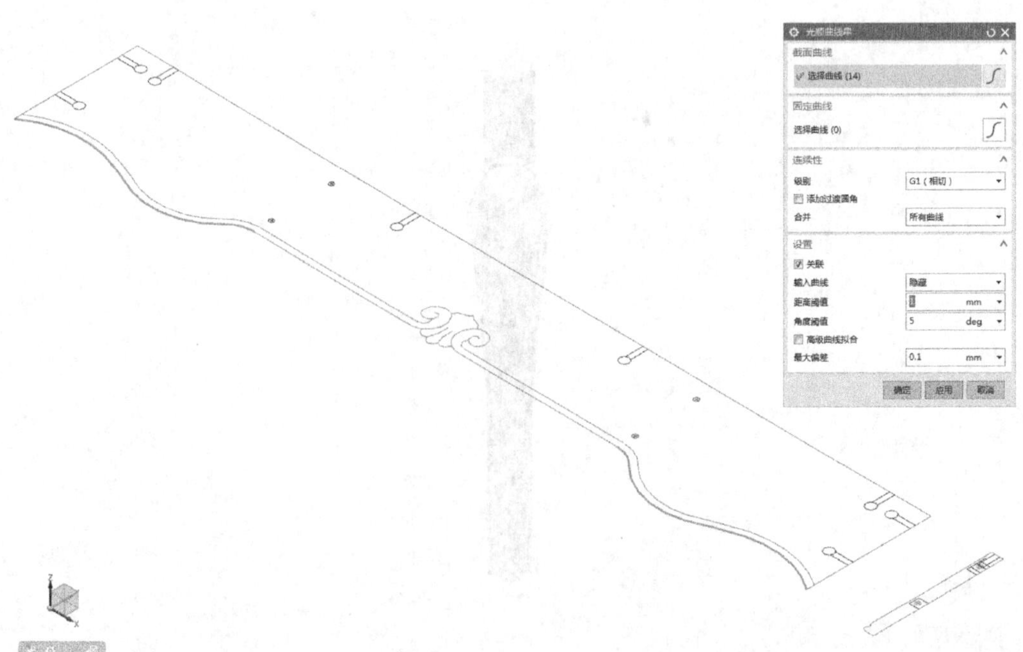

图2.2.70　连接下部背板两边的曲线（连接之前先检查整个轮廓是否封闭，然后进行修剪或连接）

使用〖直线和圆弧〗-〖直线（点-点）〗命令，如图2.2.71所示。

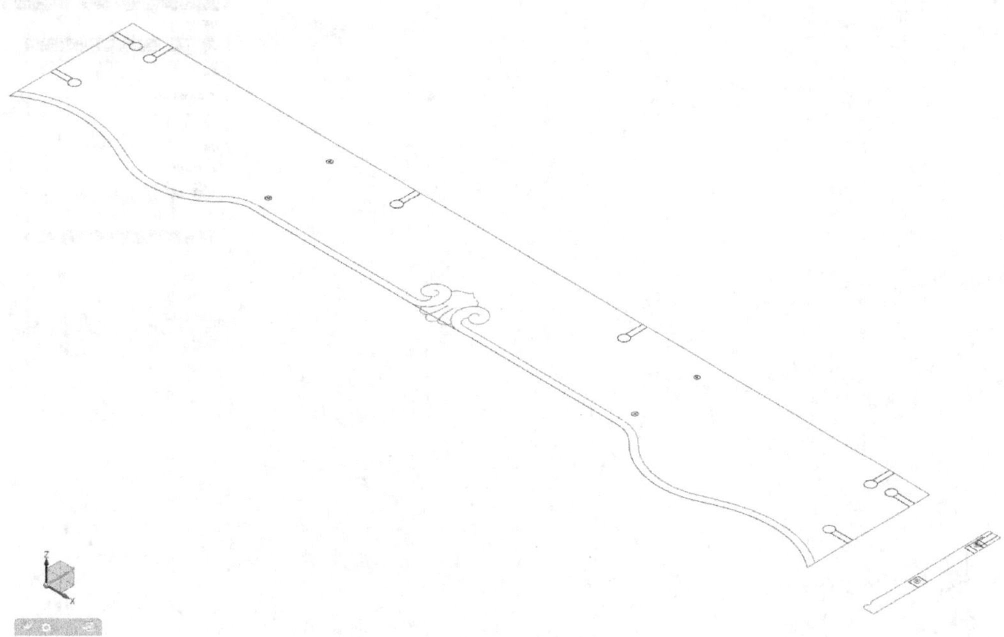

图2.2.71　使用〖直线（点-点）〗命令（将下部两侧的曲线进行连接）

使用〖拉伸〗，选择外形轮廓，如图2.2.72所示。

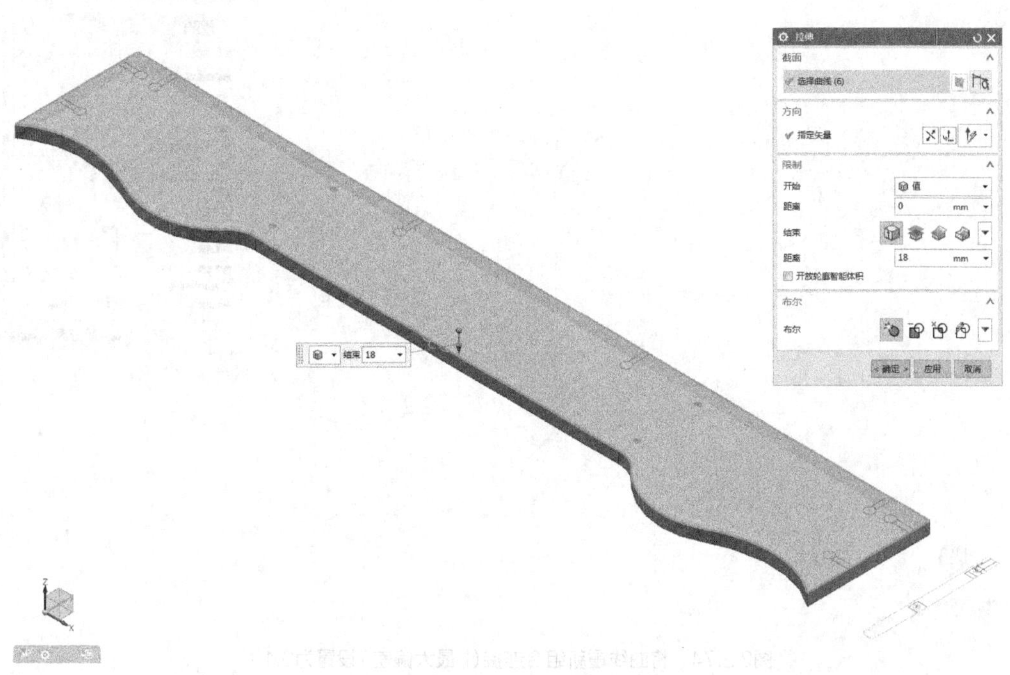

图2.2.72　拉伸外形轮廓（向下拉伸距离为18mm）

使用〖编辑曲线〗-〖分割曲线〗，如图2.2.73所示。

图2.2.73　分割曲线(〖类型〗选择为〖按边界对象〗，将整个雕花的图形在有相交的节点处全部进行打断)

使用〖光顺曲线串〗，将曲线重新组合连接，如图2.2.74所示。

图2.2.74　将曲线重新组合连接(〖最大偏差〗设置为0.1)

使用〖光顺曲线串〗命令，将下部两边偏置的曲线连接，如图2.2.75所示。

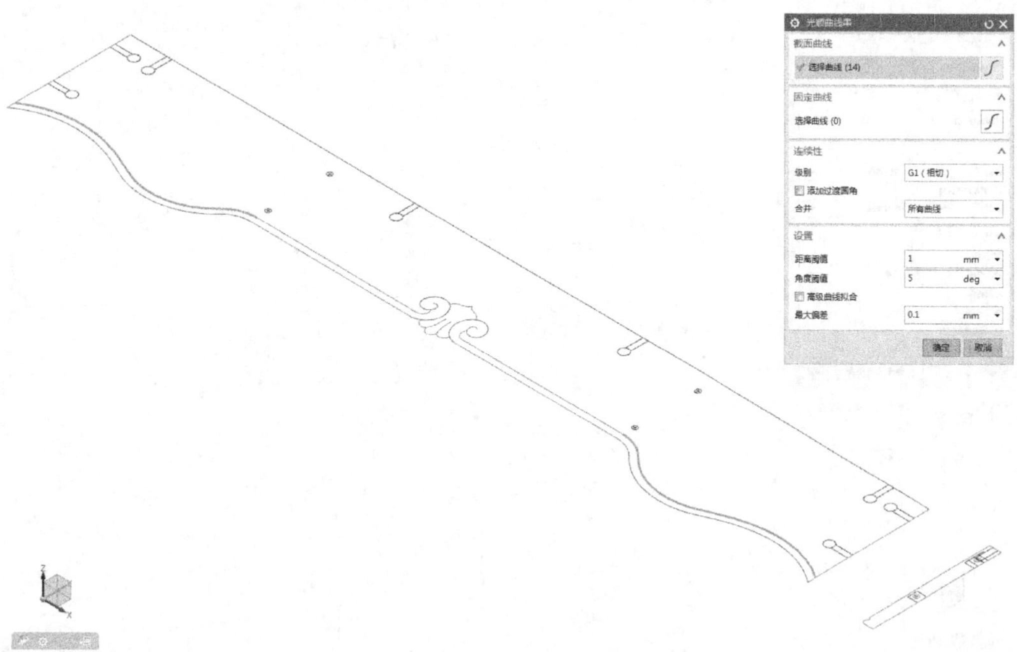

图2.2.75　连接下部两边偏置的曲线（连接之前先检查整个线段是否封闭，然后进行修剪或连接）

使用〖拉伸〗对话框，选择两个封闭的拉槽轮廓，如图2.2.76所示。

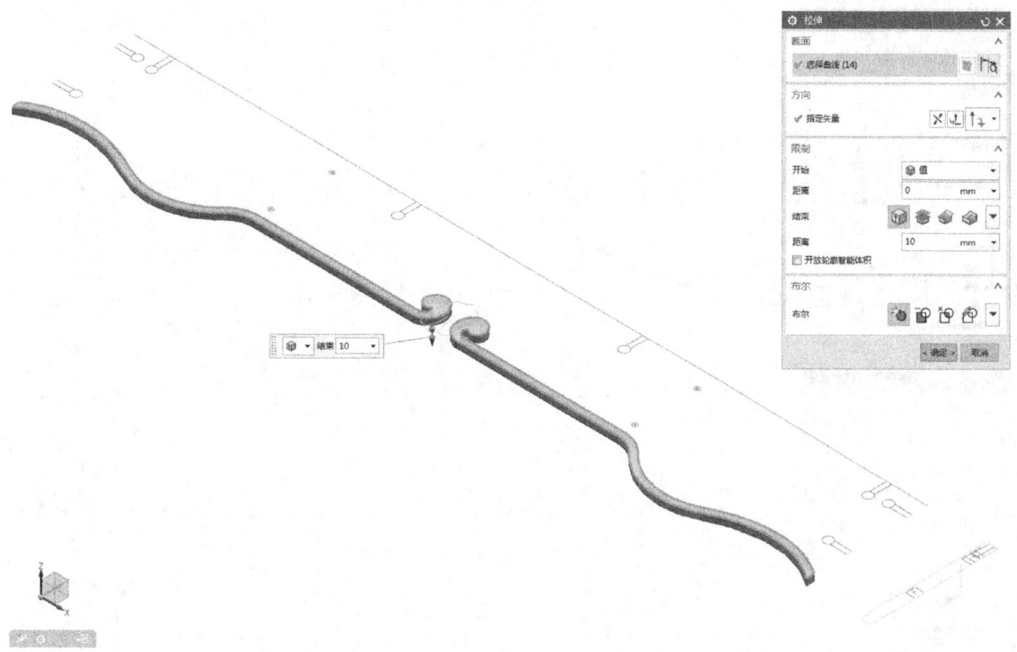

图2.2.76　拉伸两个封闭的拉槽轮廓（向下拉伸距离为10mm）

使用〖光顺曲线串〗命令，将中部雕花顶部曲线重新组合连接，如图2.2.77所示。

图2.2.77　将中部雕花顶部曲线重新组合连接（分别选择两组曲线，〖最大偏差〗设置为0.1）

使用〖光顺曲线串〗命令，将中部雕花两侧曲线重新组合连接，如图2.2.78所示。

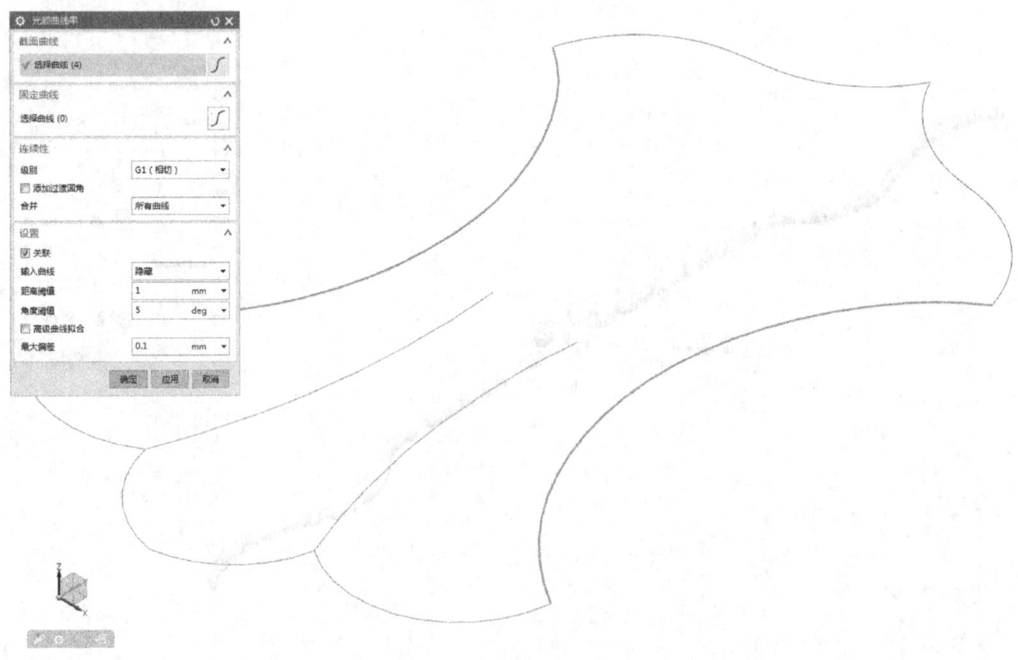

图2.2.78　使用〖光顺曲线串〗命令（同时选择两组曲线，〖最大偏差〗设置为0.1）

使用〖拉伸〗命令，选择雕花的外形轮廓，如图2.2.79所示。

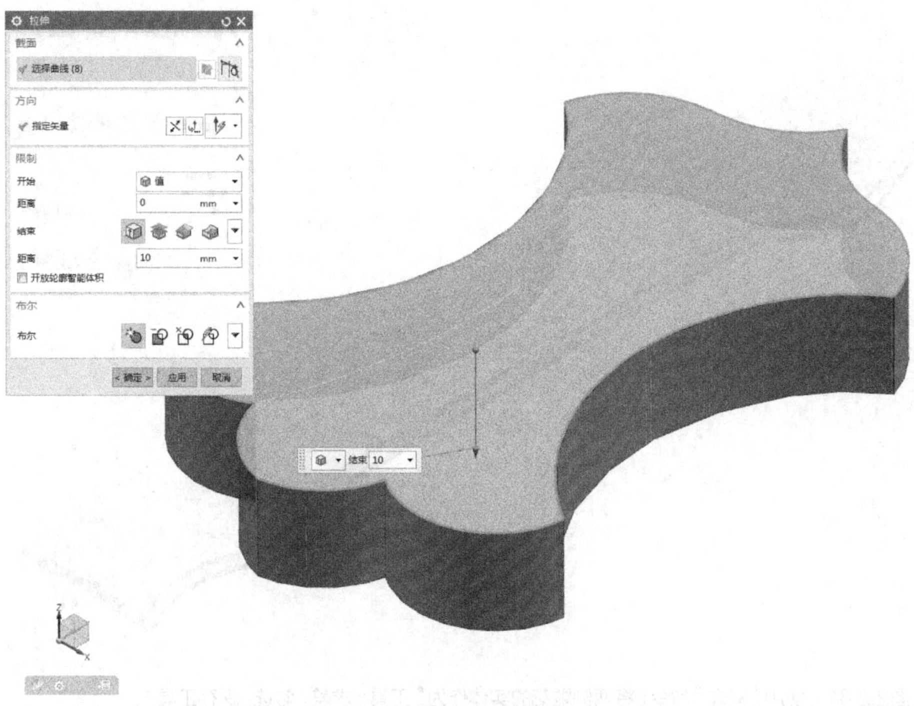

图2.2.79　拉伸雕花的外形轮廓（向下拉伸距离为10mm）

使用〖偏置面〗命令，选择雕花实体的一圈侧边偏置0.1mm，如图2.2.80所示。

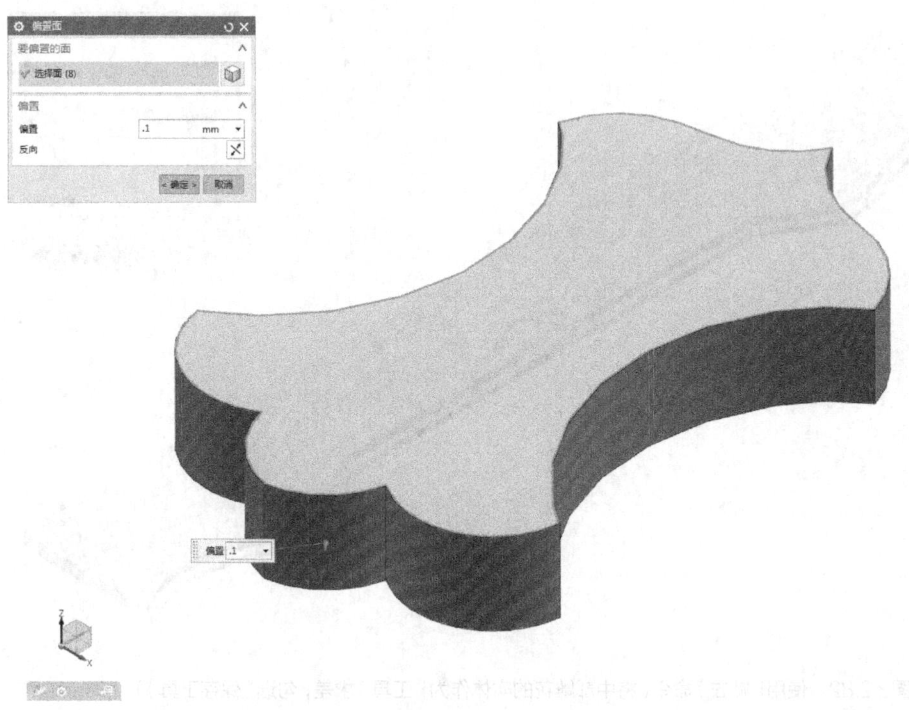

图2.2.80　使用〖偏置面〗命令（这样后面〖合并〗的时候能避免“没有完全相交”）

使用〖组合下拉菜单〗-〖减去〗命令，如图2.2.81所示。

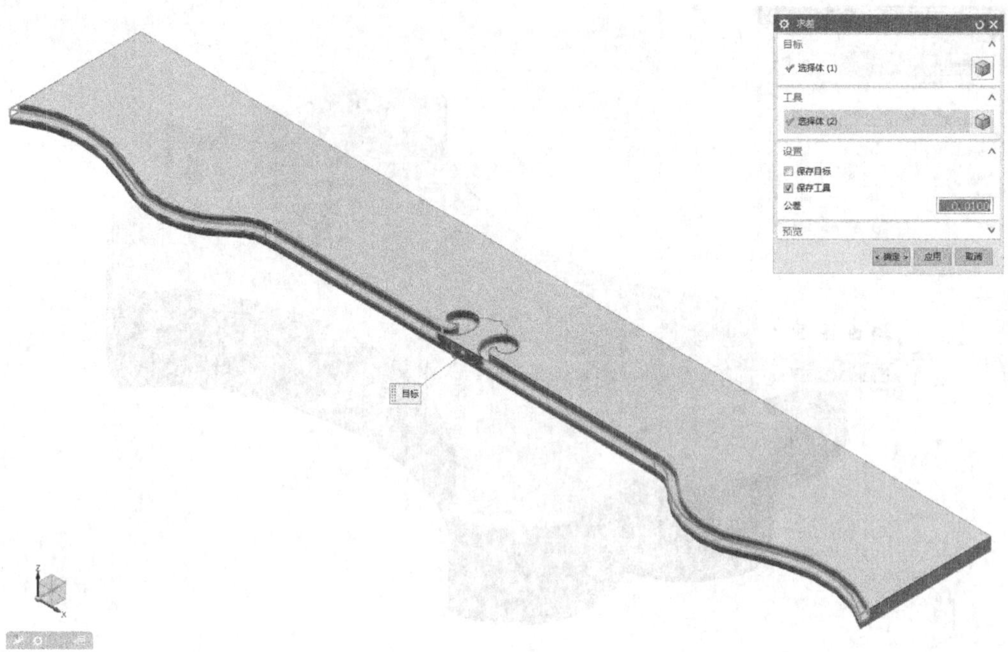

图2.2.81　使用〖减去〗命令（将两侧雕花的实体作为〖工具〗求差，勾选〖保存工具〗）

使用〖组合下拉菜单〗-〖减去〗命令，如图2.2.82所示。

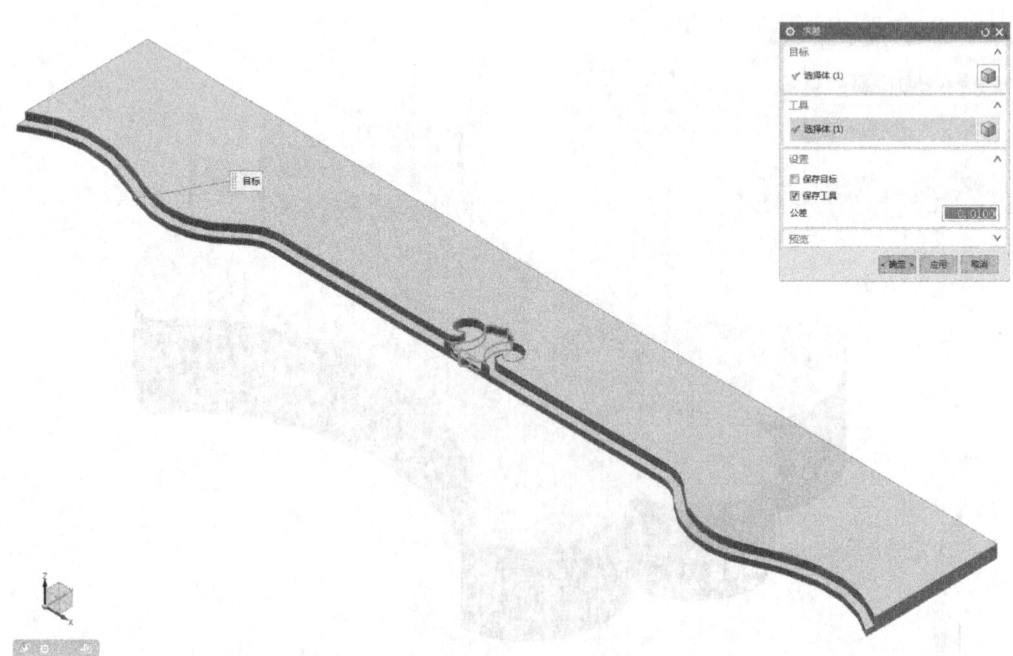

图2.2.82　使用〖减去〗命令（将中部雕花的实体作为〖工具〗求差，勾选〖保存工具〗）

使用〖同步建模〗-〖替换面〗命令，如图2.2.83所示。

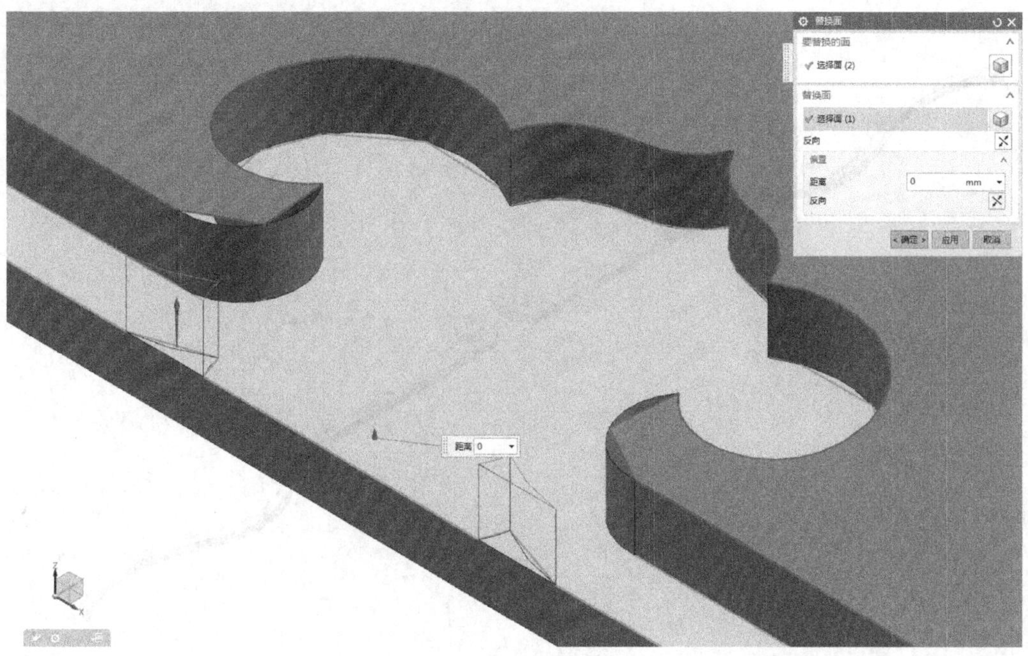

图2.2.83　将没有布尔的部分替换掉

使用〖边倒圆〗对话框，选择所有的内侧边，如图2.2.84所示。

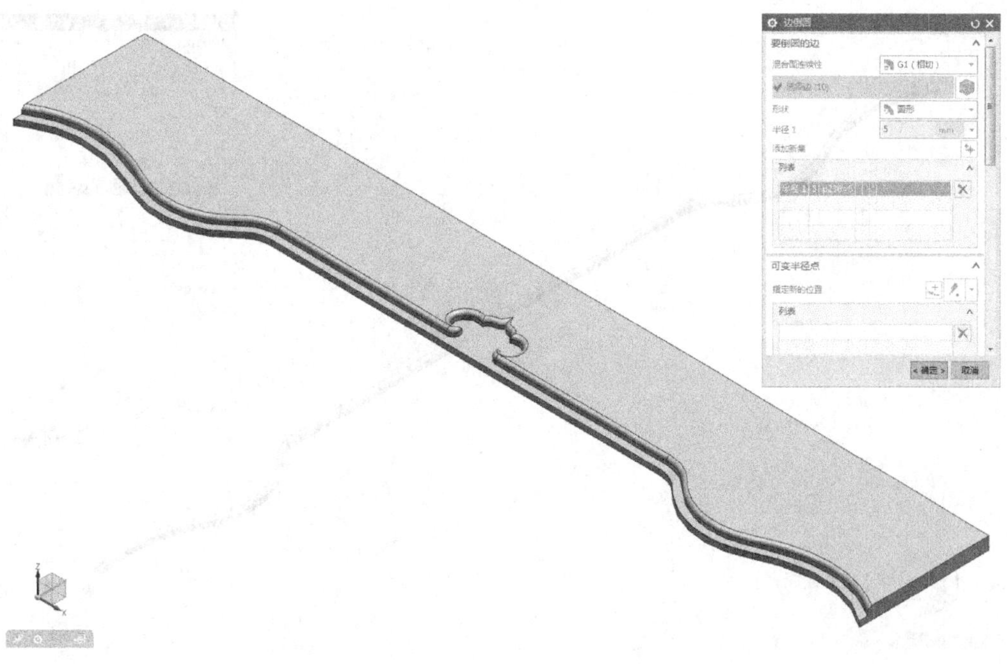

图2.2.84　边倒圆（倒圆半径R5mm）

使用〖偏置〗，选择两侧雕花的内侧边，如图2.2.85所示。

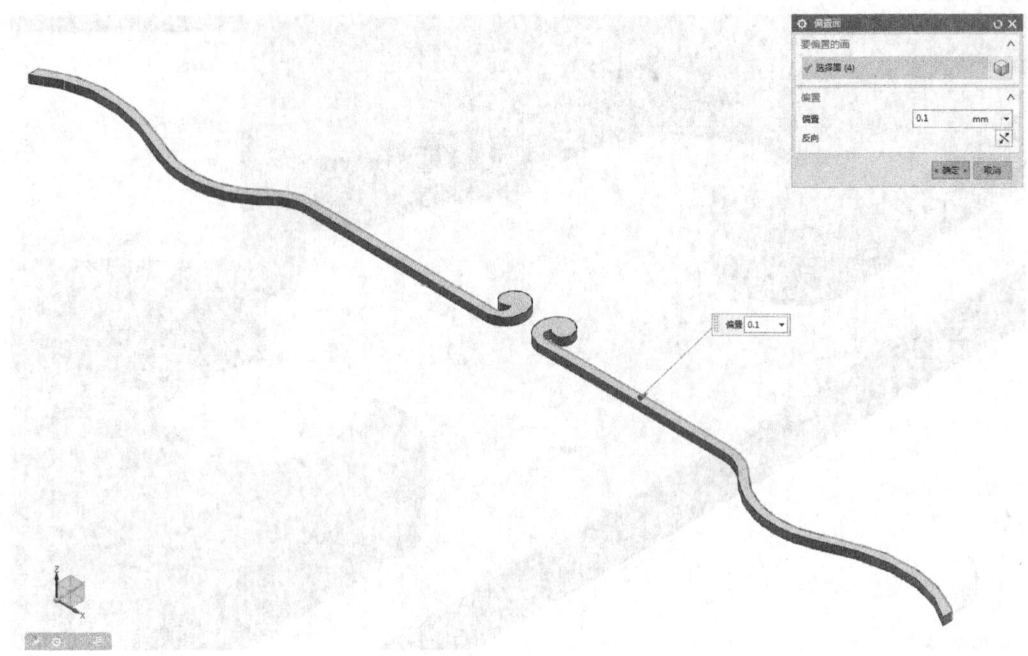

图2.2.85　将两侧雕花的内侧边向外偏置0.1mm

使用〖边倒圆〗，选择两边的雕花长边倒圆，如图2.2.86所示。

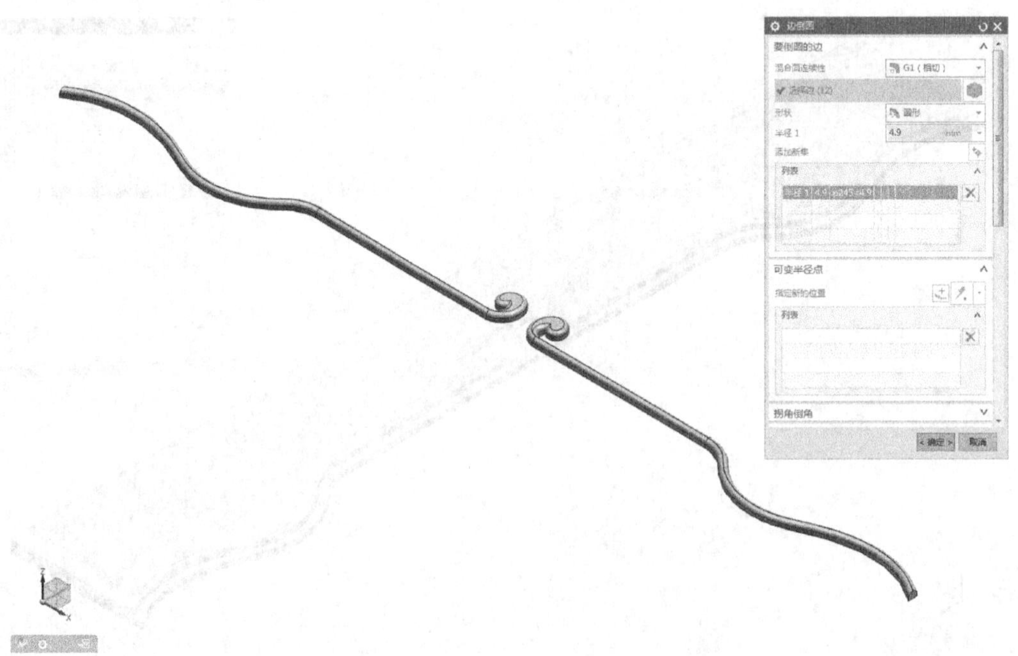

图2.2.86　边倒圆（倒圆半径R4.9，将不同的半径的实体进行〖合并〗能最大程度地避免“没有完全相交”的错误出现）

使用〖组合下拉菜单〗-〖合并〗，如图2.2.87所示。

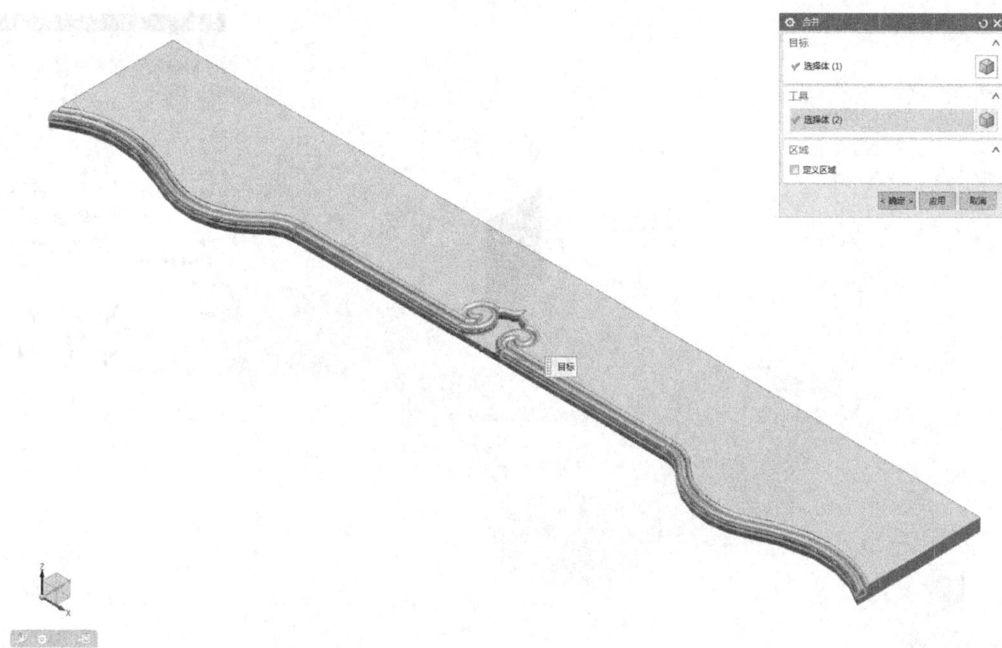

图2.2.87　将板件和两侧雕花进行合并

使用〖直线和圆弧〗-〖直线（点-点）〗命令，如图2.2.88所示。

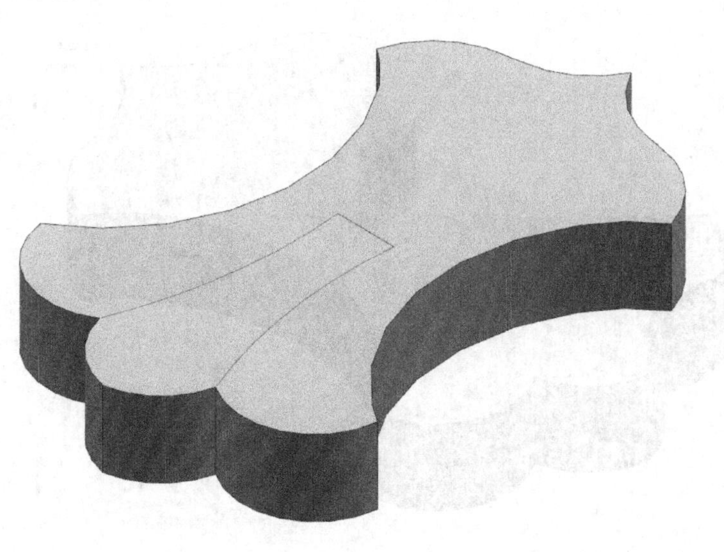

图2.2.88　使用〖直线（点-点）〗命令，捕捉中间两根圆弧上部端点绘制一根直线

使用〖拉伸〗，选择上步的直线，如图2.2.89所示。

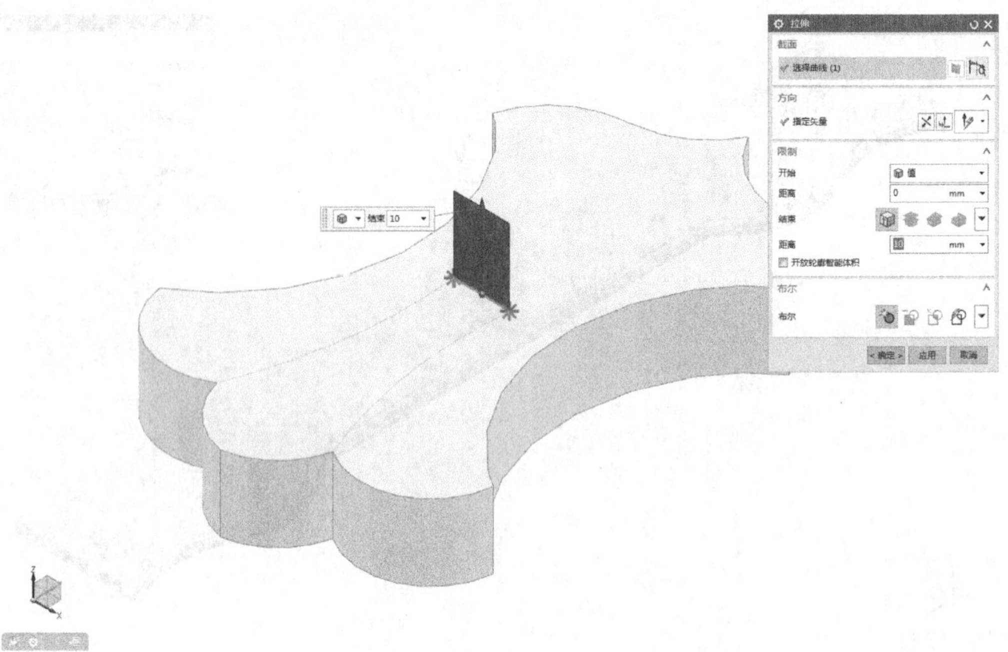

图2.2.89　拉伸上步创立的直线（向上拉伸10mm，然后全部〖移除参数〗）

使用〖拆分体〗对话框，将实体按上步平面拆分，如图2.2.90所示。

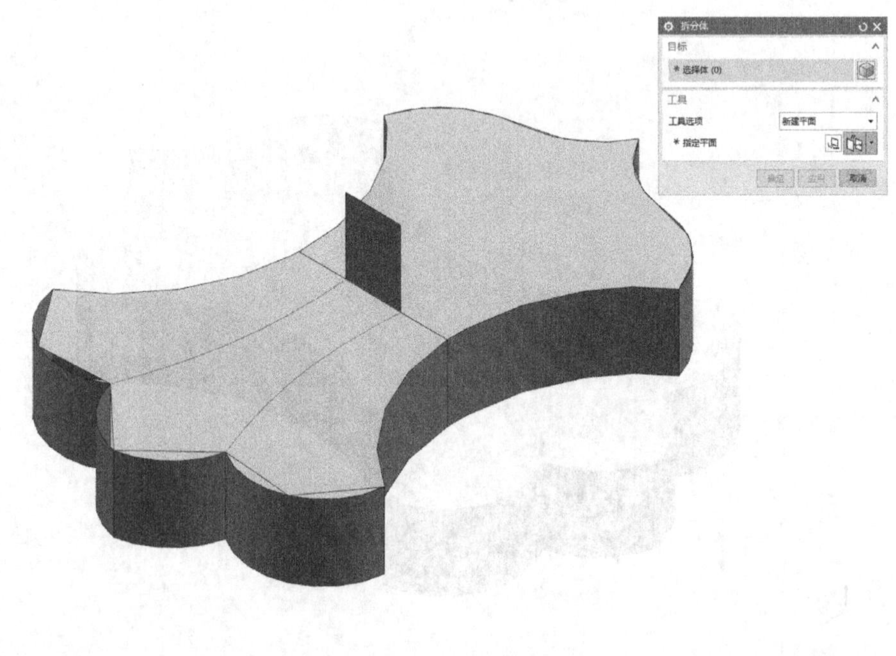

图2.2.90　拆分实体（〖工具选项〗为〖新建平面〗）

双击圆弧曲线进行编辑，如图2.2.91所示。

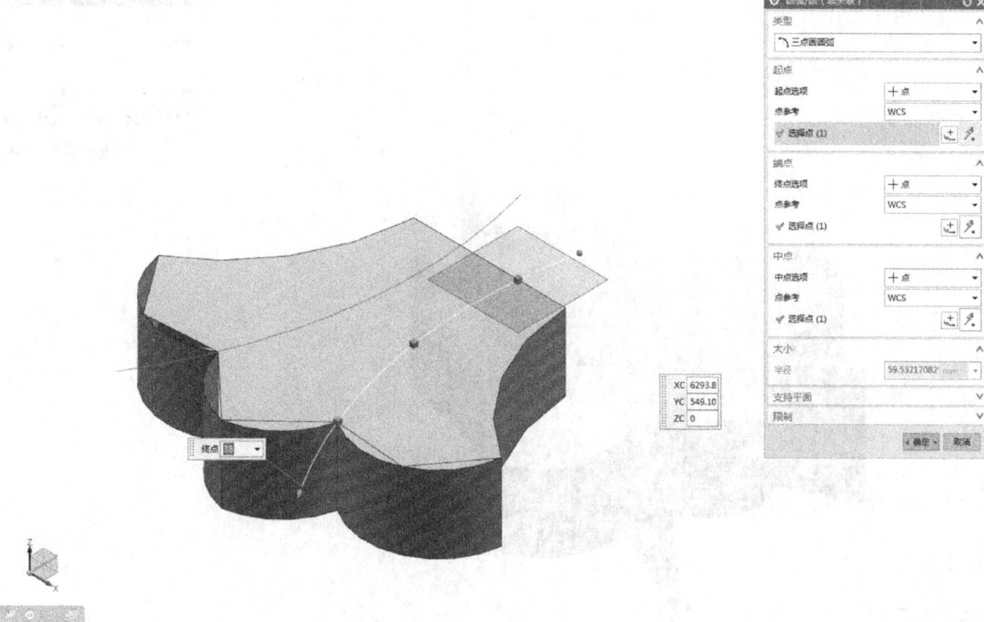

图2.2.91　编辑圆弧曲线（拖动首尾的箭头和圆球进行延长）

使用〖拉伸〗对话框，选择两段圆弧向下拉伸，如图2.2.92所示。

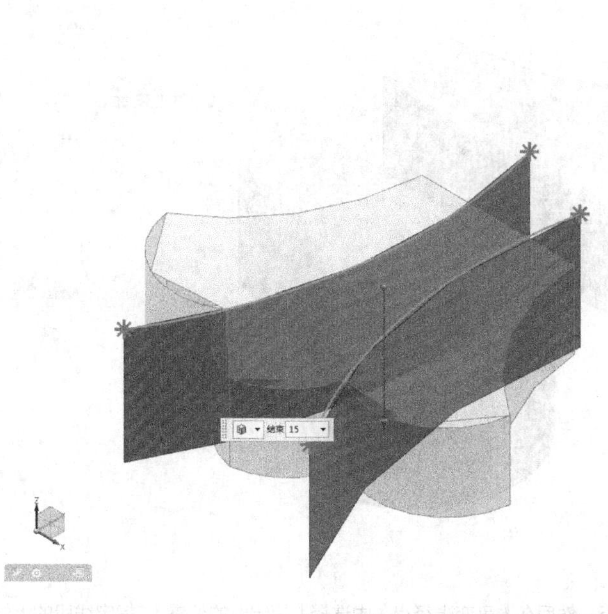

图2.2.92　拉伸两段圆弧（距离为15mm）

使用〖拆分体〗，将实体按上步两个曲面拆分，如图2.2.93所示。

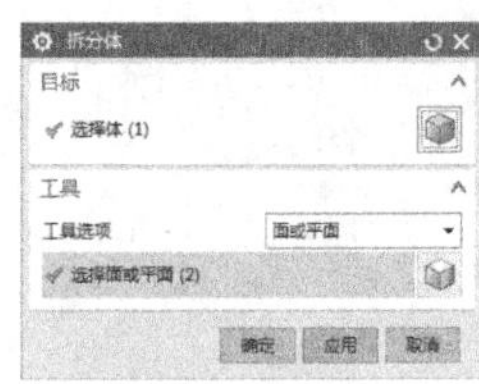

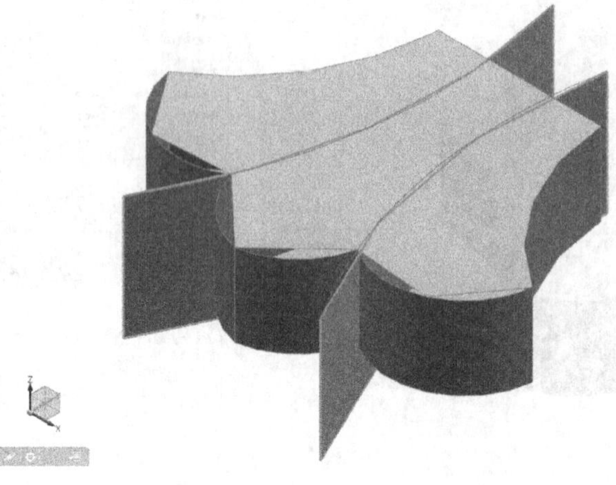

图2.2.93　拆分实体(〖工具选项〗为〖面或平面〗)

使用〖边倒圆〗对话框，设置可变化倒圆，如图2.2.94所示。

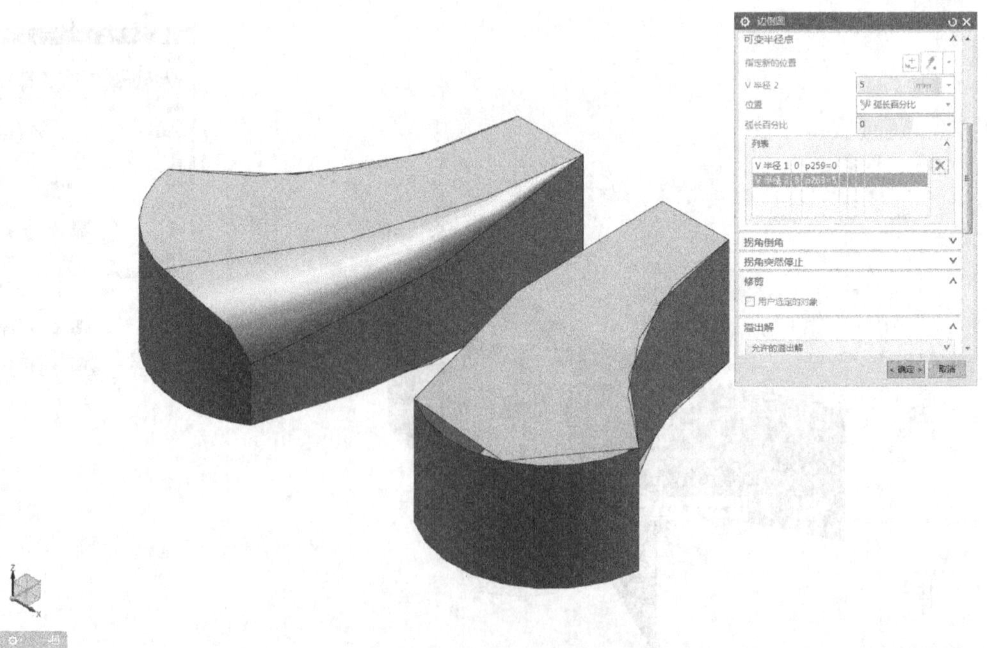

图2.2.94　边倒圆(首先设置〖V半径1〗为5，然后在〖可变半径点〗中选择〖指定新的位置〗，指定线段的上端点，设置〖V半径1〗为0mm，〖弧长百分比〗为0。继续〖指定新的位置〗，选择线段的尾端点，设置〖V半径2〗为5mm，〖弧长百分比〗为100。完成两边的倒圆)

使用〖偏置面〗，选择雕花中间实体的侧面偏置0.1mm，如图2.2.95所示。

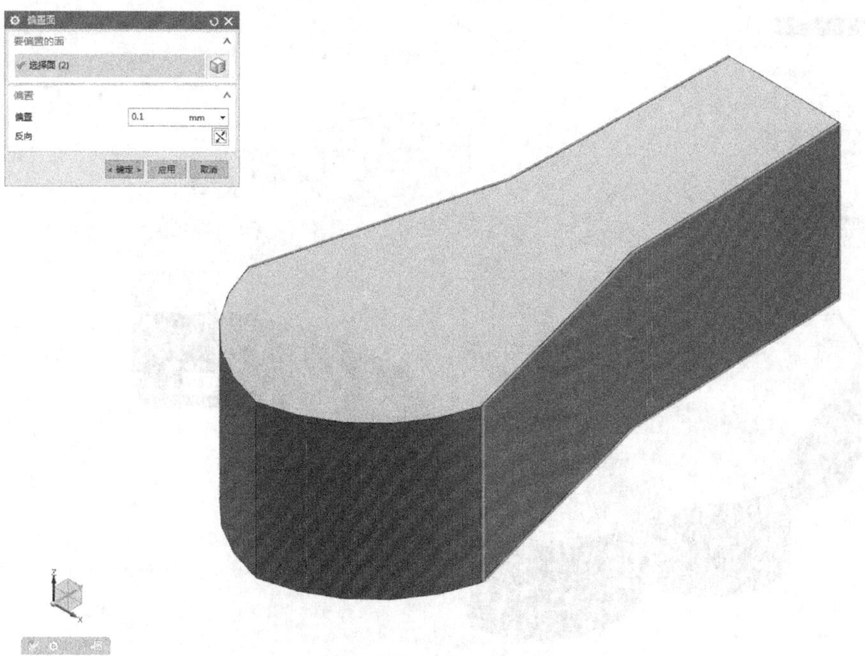

图2.2.95　偏置雕花中间实体的侧面（这样后面〖合并〗的时候能避免"没有完全相交"）

使用〖边倒圆〗，设置可变化倒圆，如图2.2.96所示。

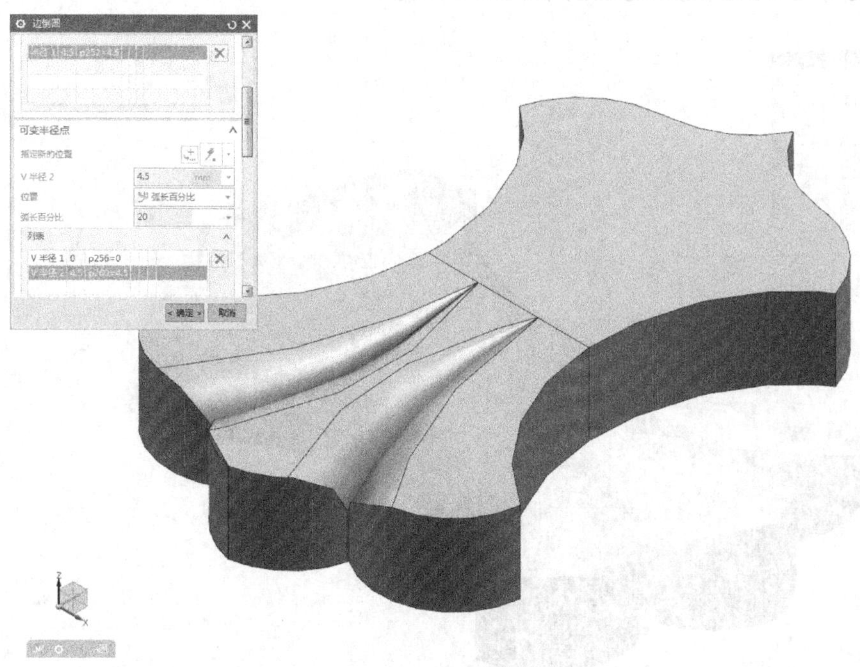

图2.2.96　边倒圆（首先设置〖V半径1〗为5，然后在〖可变半径点〗中选择〖指定新的位置〗，指定线段的上端点，设置〖V半径1〗为0mm，〖弧长百分比〗为0。继续〖指定新的位置〗，选择线段的尾端点，设置〖V半径2〗为5mm，〖弧长百分比〗为100。完成两边的倒圆）

使用〖组合下拉菜单〗-〖合并〗，如图2.2.97所示。

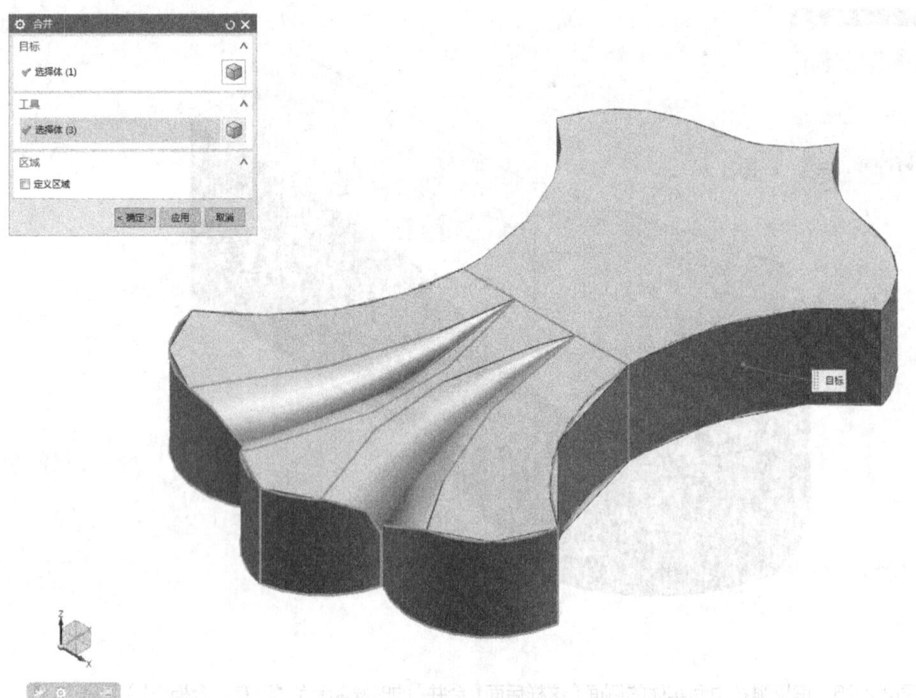

图2.2.97　将多个实体进行求和

使用〖边到圆〗，选择侧边和顶部的圆角，如图2.2.98所示。

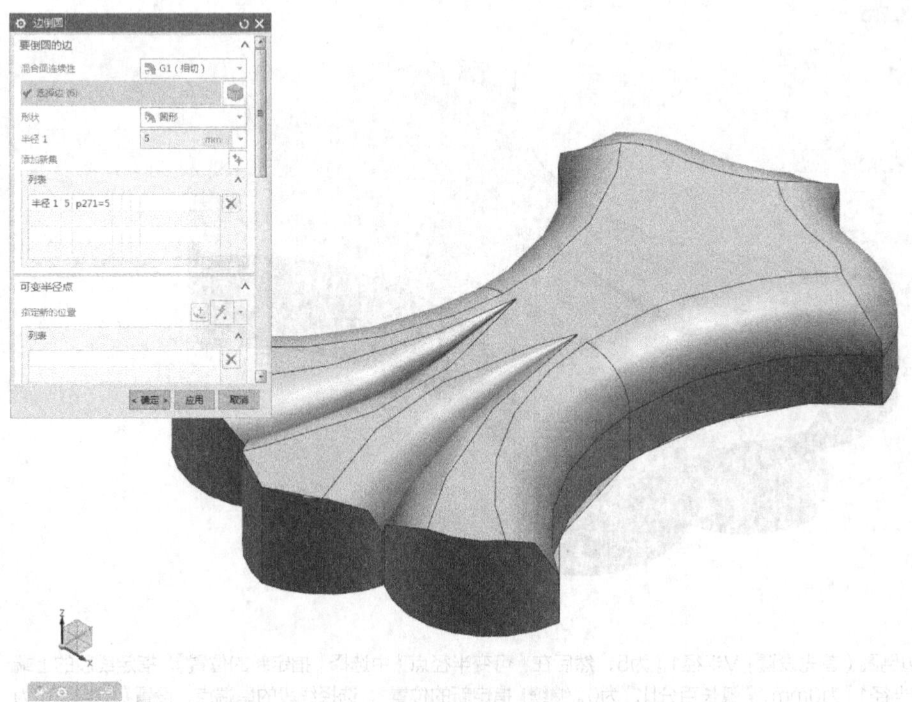

图2.2.98　边倒圆（倒圆半径R5）

使用〖组合下拉菜单〗-〖合并〗，如图2.2.99所示。

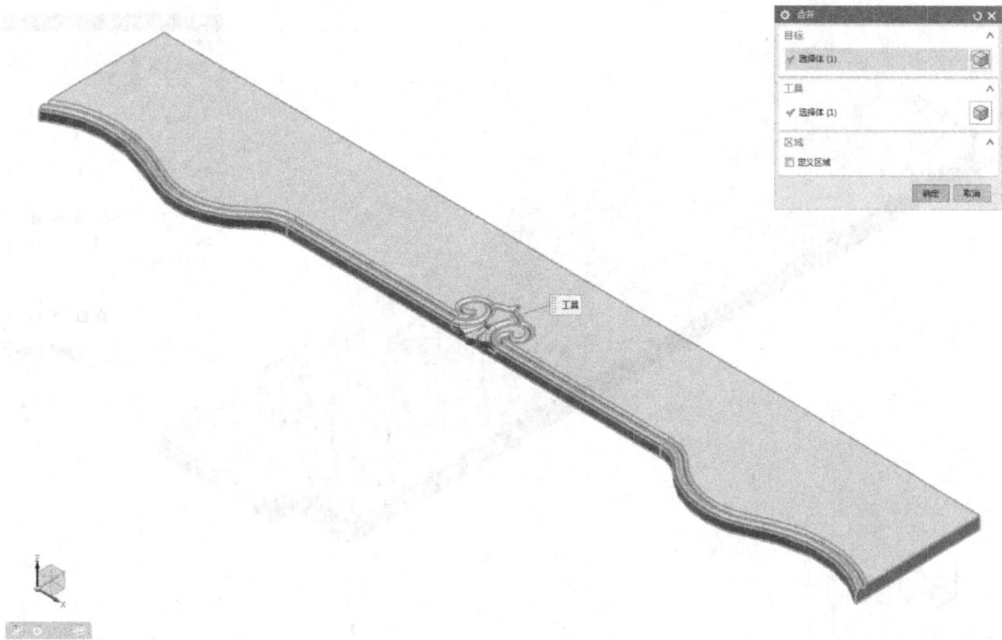

图2.2.99　将雕花和板件进行合并

使用〖同步建模〗-〖替换面〗对话框，如图2.2.100所示。

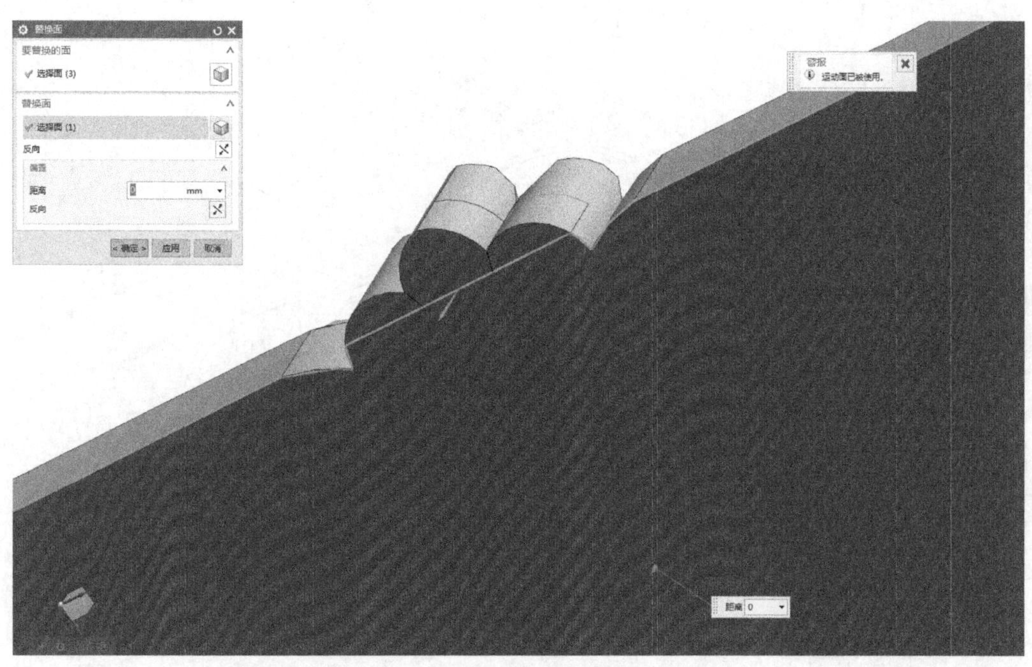

图2.2.100　将雕花下部面和板件背面共面

使用〖拉伸〗，选择中立板的外形轮廓，如图2.2.101所示。

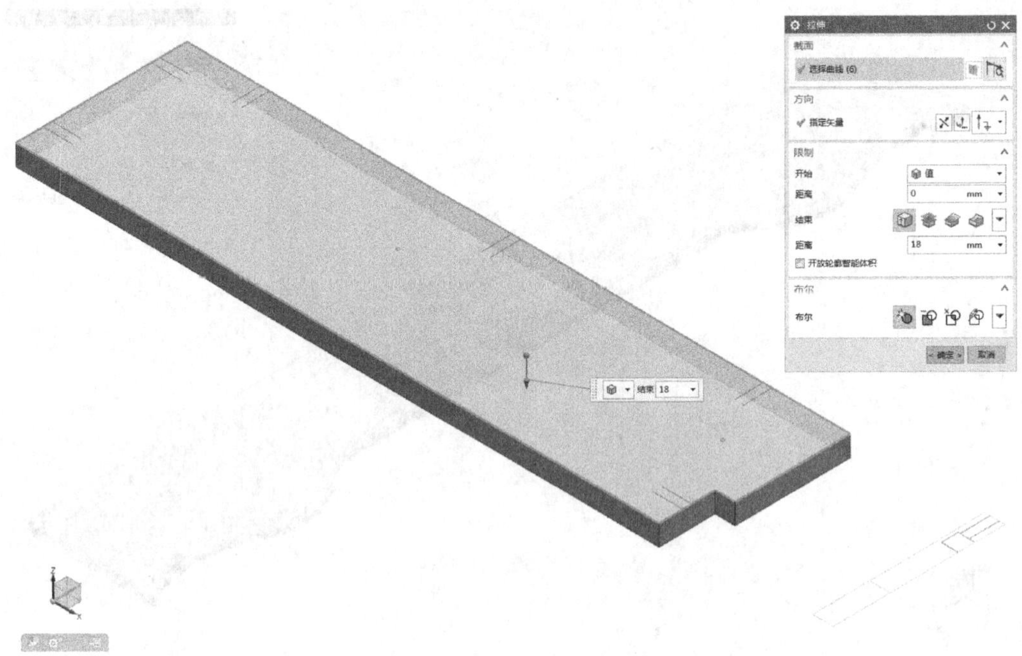

图2.2.101　拉伸中立板的外形轮廓（向下拉伸18mm）

使用〖光顺曲线串〗对话框，选择侧板下部曲线轮廓，如图2.2.102所示。

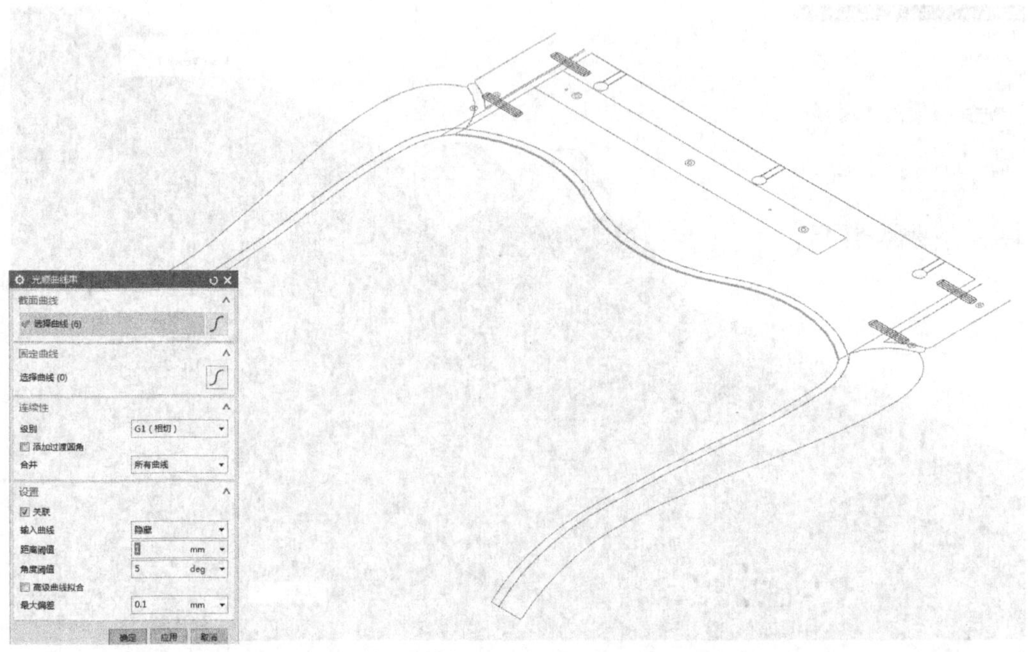

图2.2.102　使用〖光顺曲线串〗对话框（〖最大偏差〗0.1）

使用〖拉伸〗，选择侧板的外形轮廓，如图2.2.103所示。

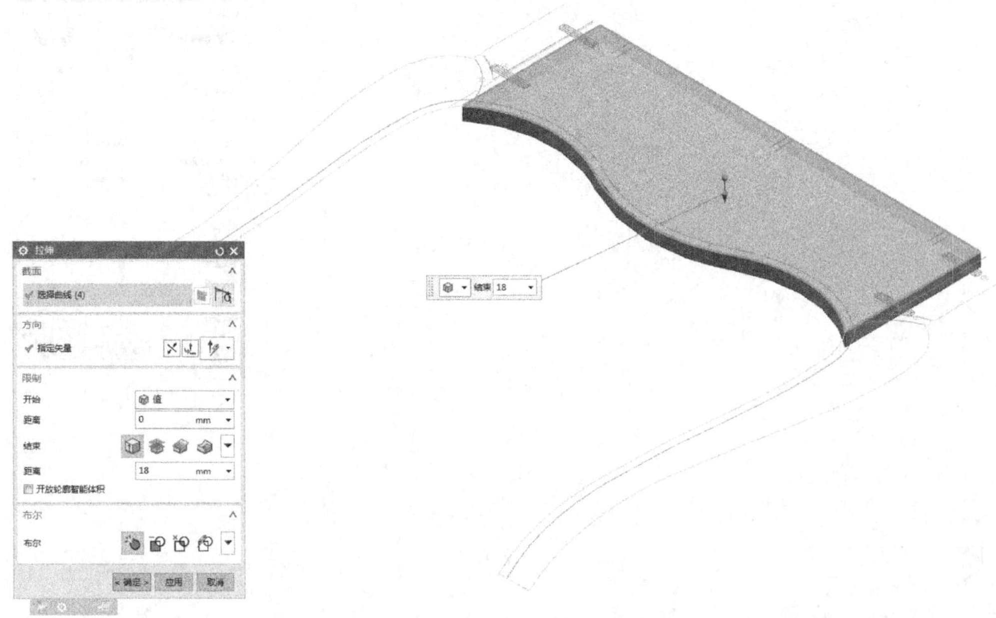

图2.2.103　拉伸侧板的外形轮廓（向下拉伸18mm。下部造型部分组装后再按照脚柱绘）

使用〖拉伸〗对话框，选择加厚条的外形轮廓，如图2.2.104所示。

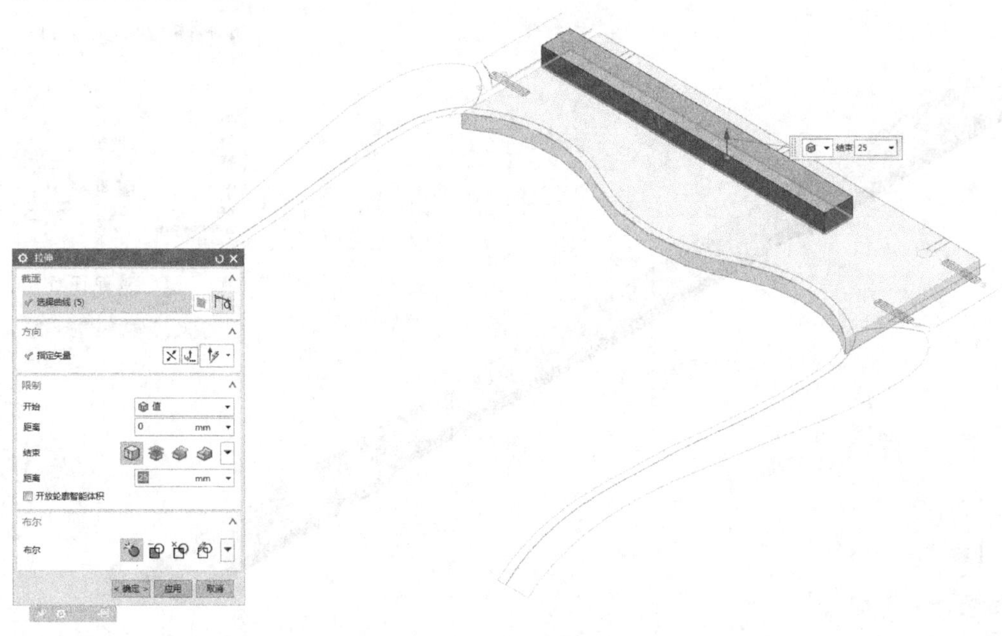

图2.2.104　拉伸加厚条的外形轮廓（向上拉伸25mm）

使用〖光顺曲线串〗命令，选择拉条两侧曲线轮廓，如图2.2.105所示。

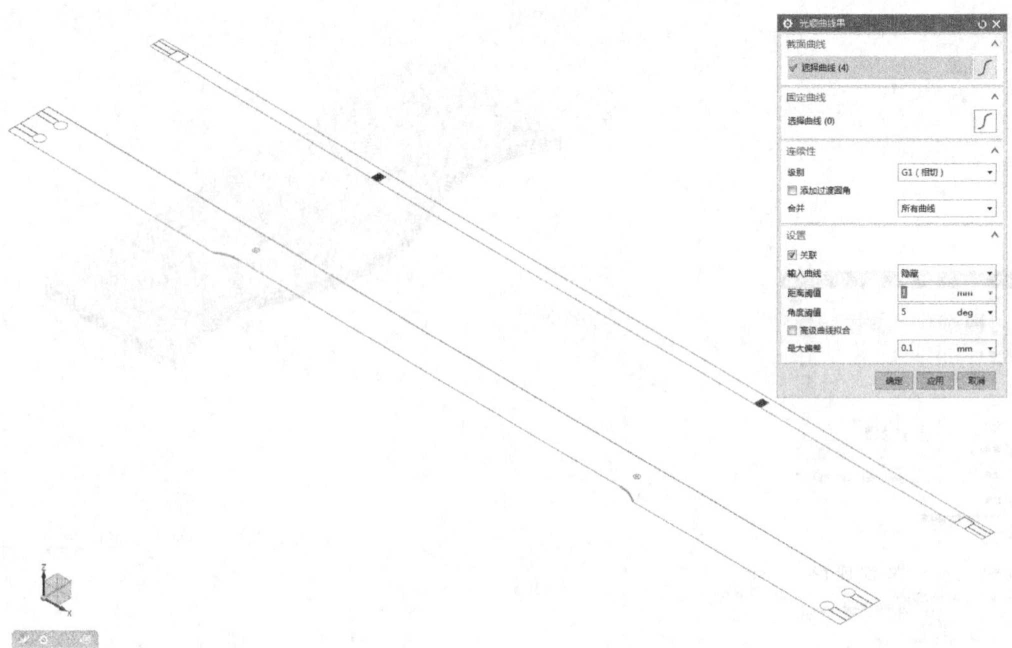

图2.2.105　使用〖光顺曲线串〗命令（断开的地方用直线进行连接，〖最大偏差〗0.1）

使用〖拉伸〗对话框，选择拉条的外形轮廓，如图2.2.106所示。

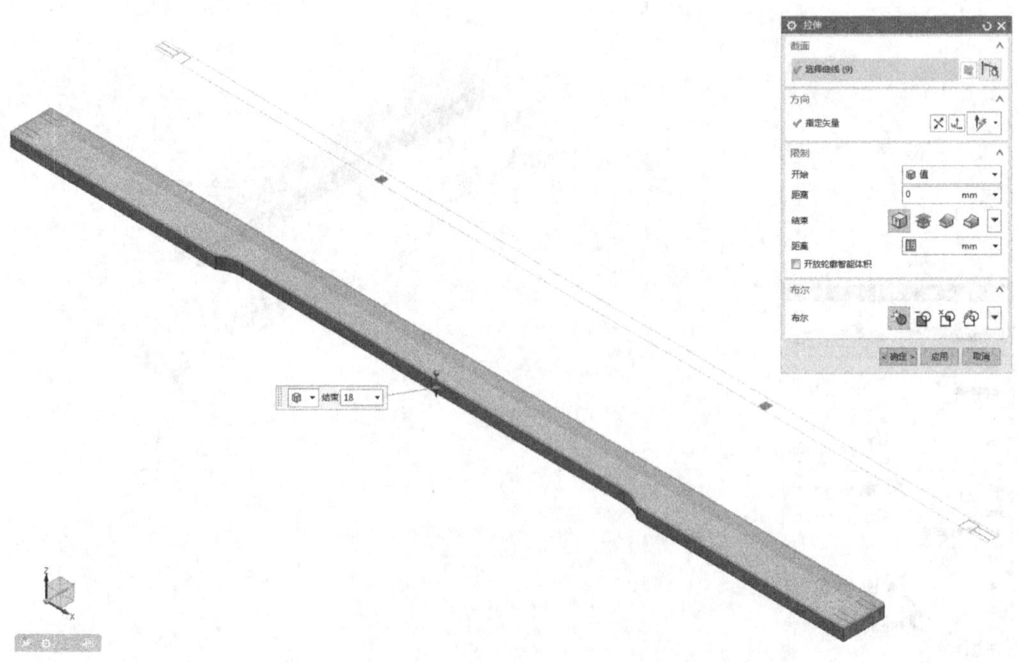

图2.2.106　拉伸拉条的外形轮廓（向下拉伸18mm）

使用〖光顺曲线串〗命令，选择抽面下部的曲线轮廓，如图2.2.107所示。

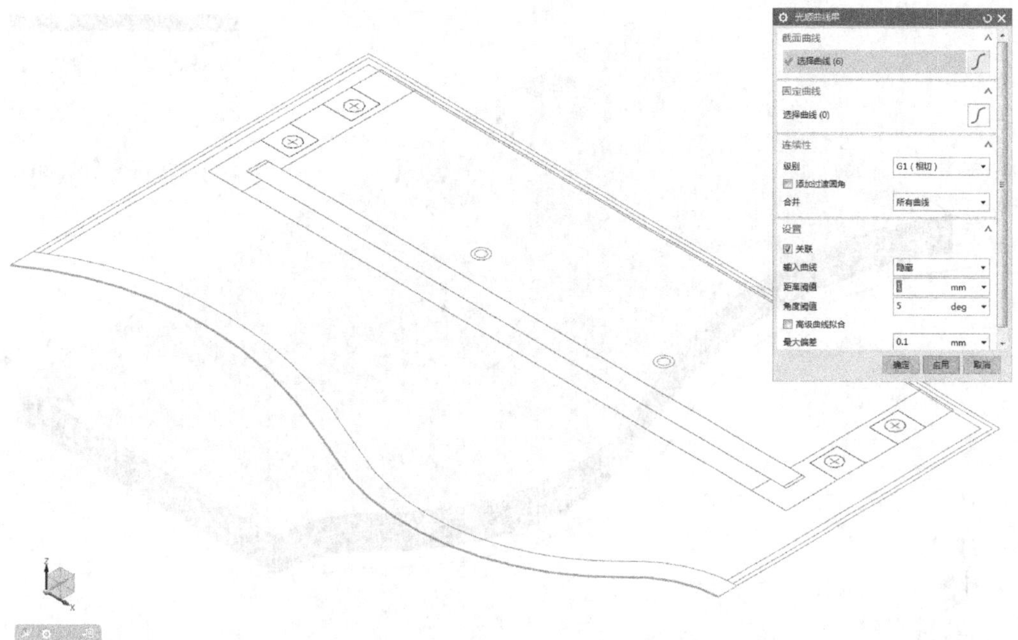

图2.2.107　使用〖光顺曲线串〗命令(〖最大偏差〗0.1)

使用〖拉伸〗对话框，选择抽面的外形轮廓，如图2.2.108所示。

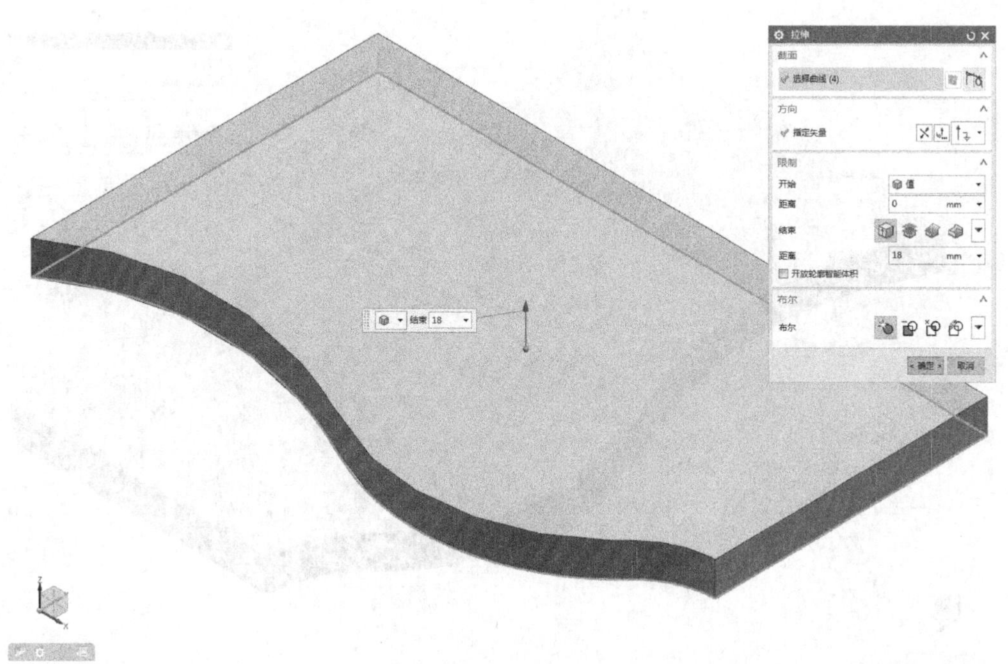

图2.2.108　拉伸抽面的外形轮廓(向上拉伸18mm)

使用〖偏置面〗，选择抽面的下部曲面轮廓，如图2.2.109所示。

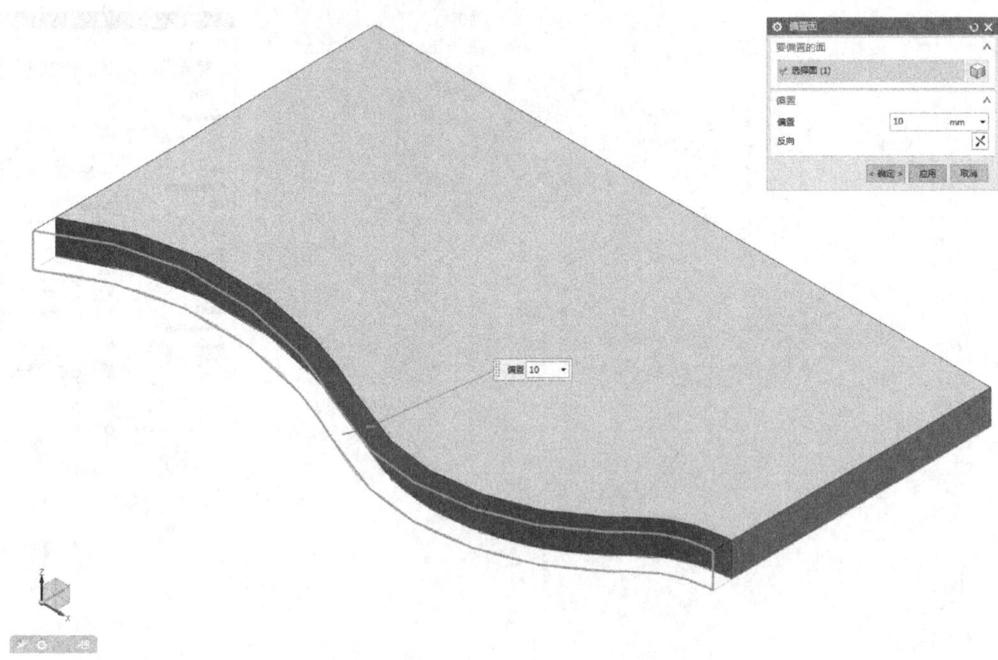

图2.2.109　偏置抽面的下部曲线轮廓（向内偏置10mm）

使用〖拆分体〗，选择〖新建平面〗，如图2.2.110所示。

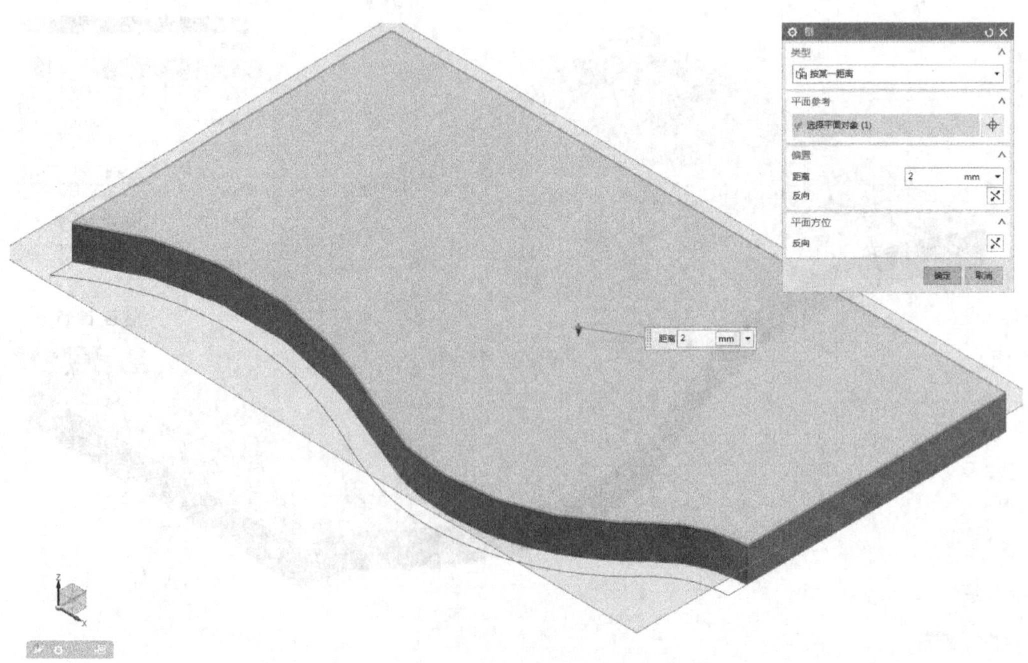

图2.2.110　拆分实体（以抽面顶面为基准向下偏置2mm进行拆分）

使用〖拆分体〗，选择〖新建平面〗，如图2.2.111所示。

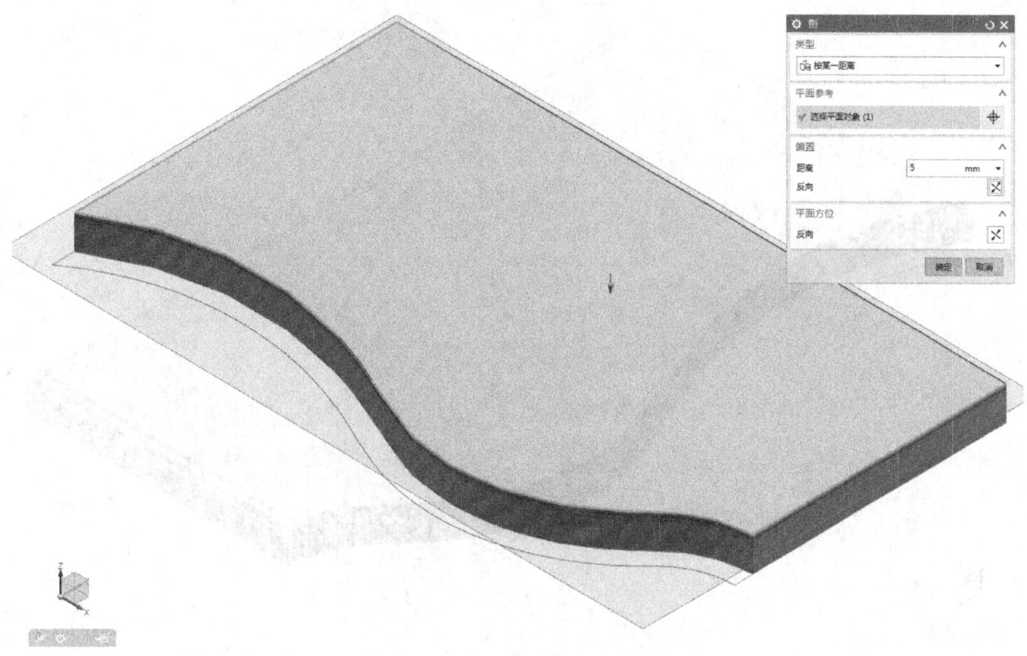

图2.2.111　拆分实体（以抽面顶面为基准向下偏置5mm进行拆分）

使用〖偏置面〗，选择第一层的3个直面，如图2.2.112所示。

图2.2.112　偏置第一层的3个直面（向内偏置5mm）

使用〖偏置面〗，选择第二层的3个直面，如图2.2.113所示。

图2.2.113　偏置第二层的3个直面（向内偏置2mm）

使用〖边倒圆〗对话框，选择第二层的三个直角边，如图2.2.114所示。

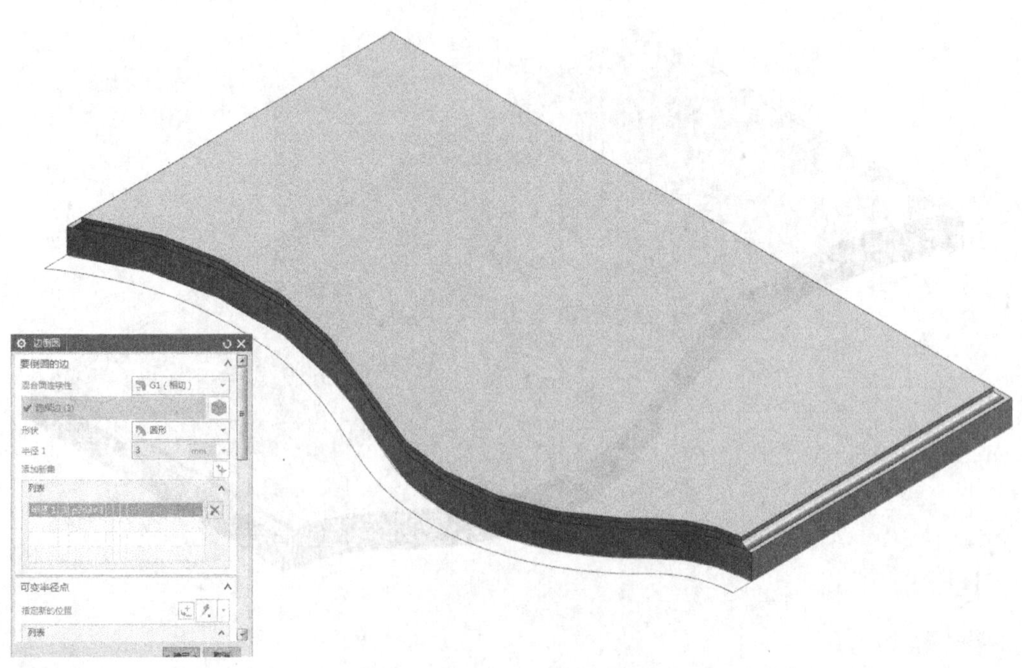

图2.2.114　边倒圆（倒圆半径R3）

使用〖组合下拉菜单〗-〖合并〗，如图2.2.115所示。

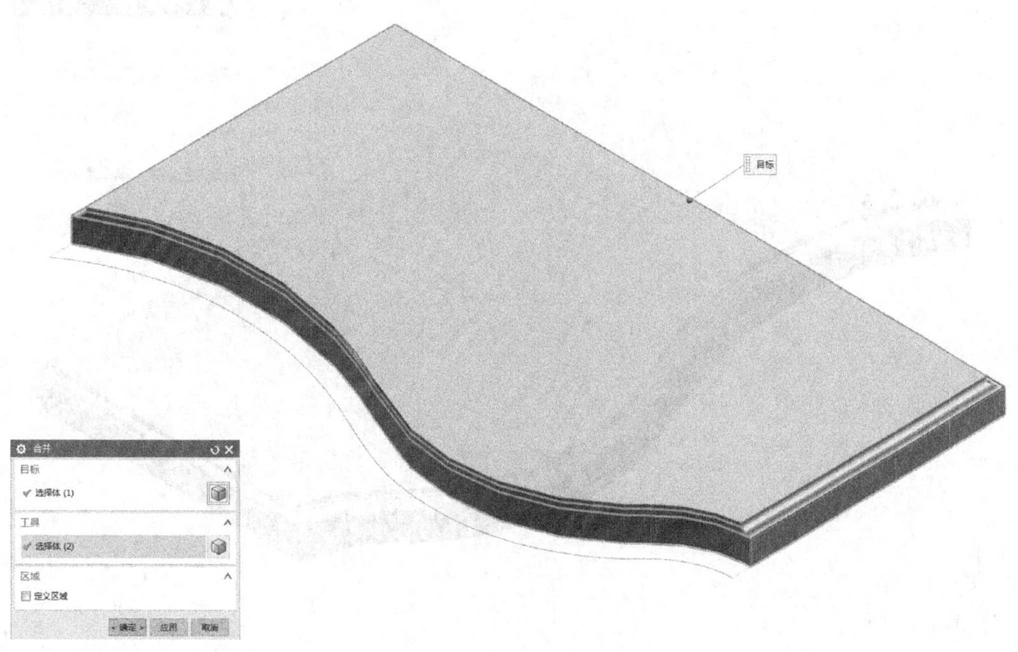

图2.2.115　将3块实体求和

用直线将光顺的曲线串和实体的边缘封闭成一个截面，如图2.2.116所示。

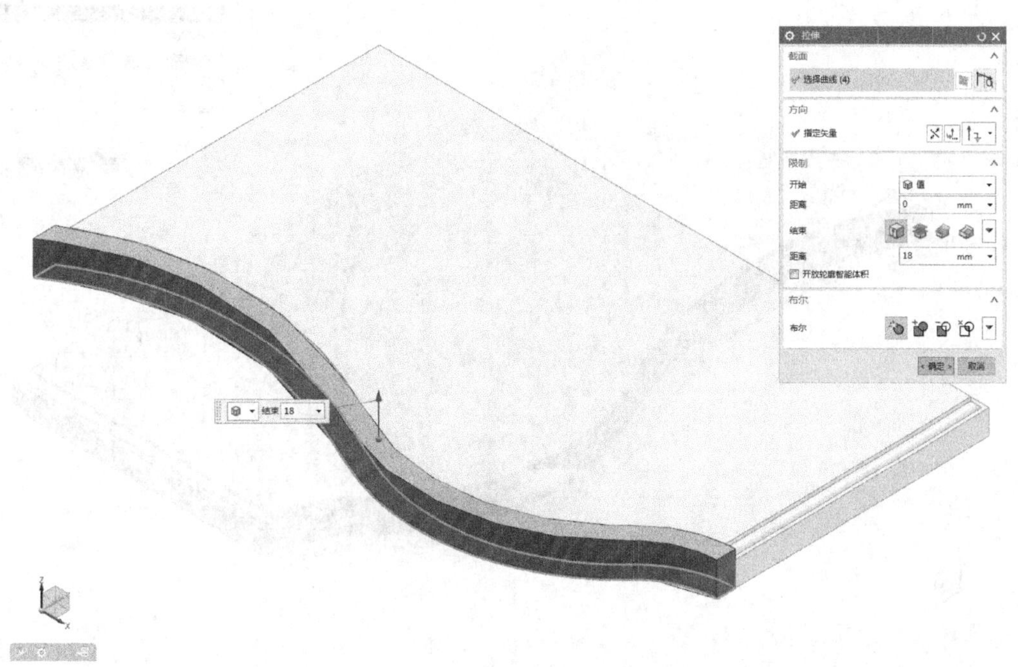

图2.2.116　封闭成一个截面（使用〖拉伸〗将截面向上拉伸18mm）

使用〖边倒圆〗界面，选择上部实体的两个长边，如图2.2.117所示。

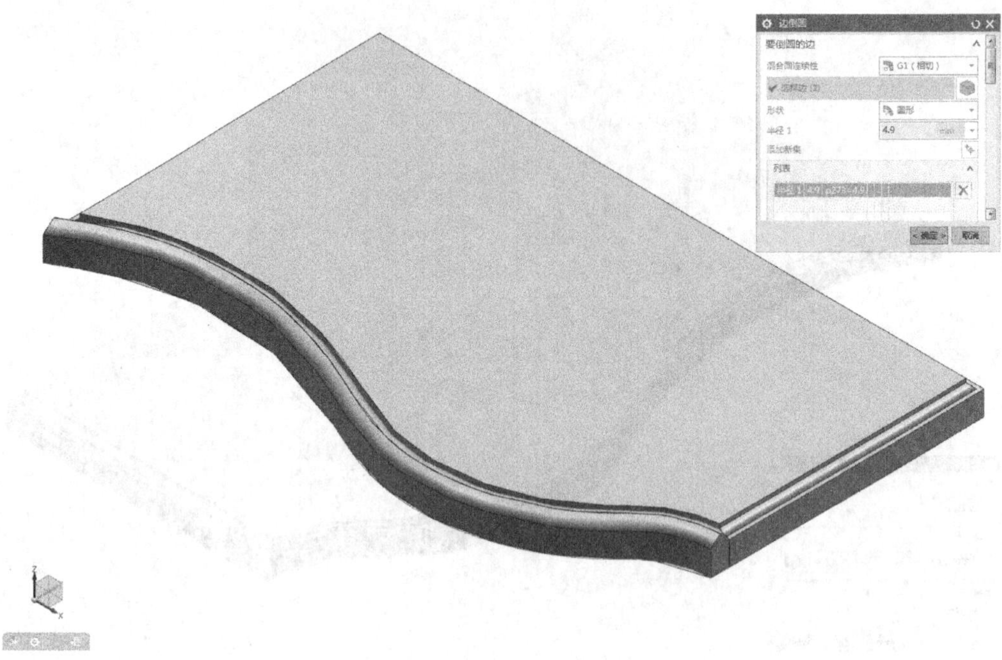

图2.2.117　边倒圆（倒圆半径R4.9）

使用〖偏置面〗对话框，选择抽面的下部曲面，如图2.2.118所示。

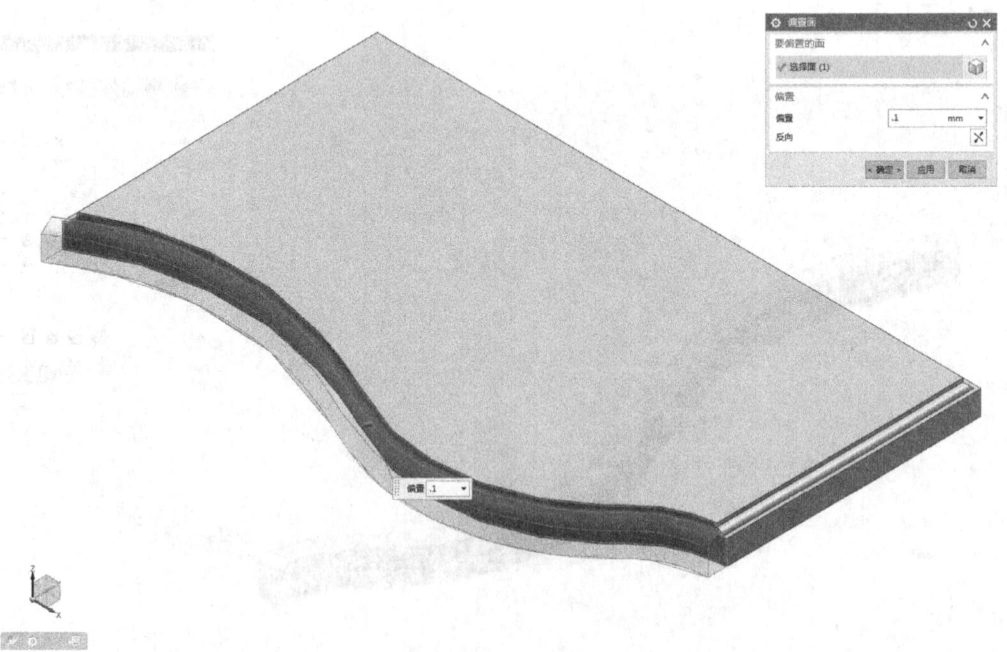

图2.2.118　偏置抽面的下部曲面（向外偏置0.1mm。否则下步不能进行〖合并〗）

使用〖边倒圆〗界面，选择抽面下部长边，如图2.2.119所示。

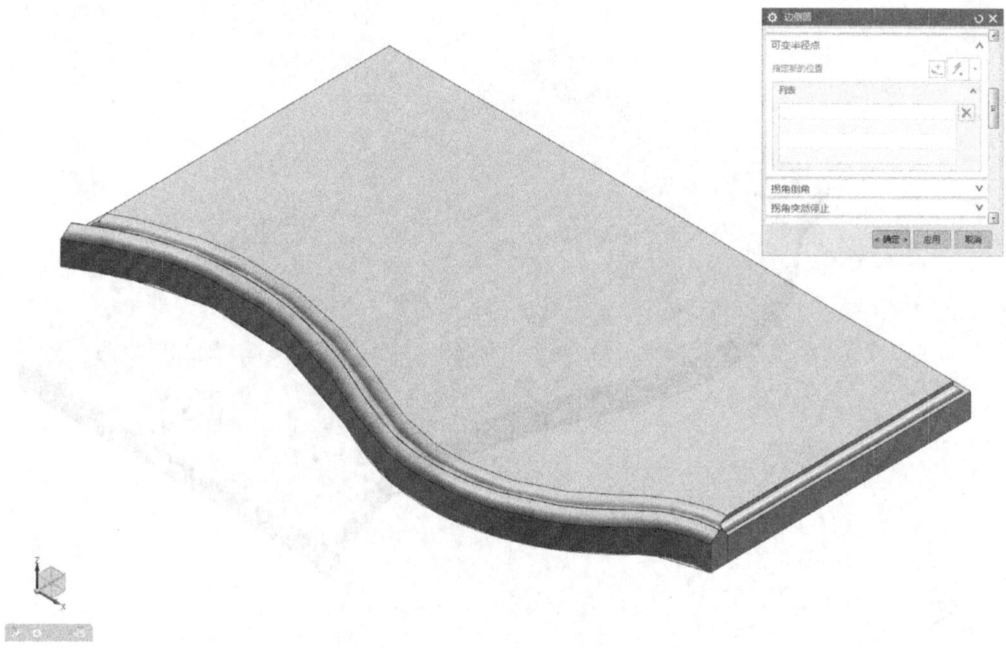

图2.2.119　边倒圆（倒圆半径R5）

使用〖组合下拉菜单〗-〖合并〗对话框，如图2.2.120所示。

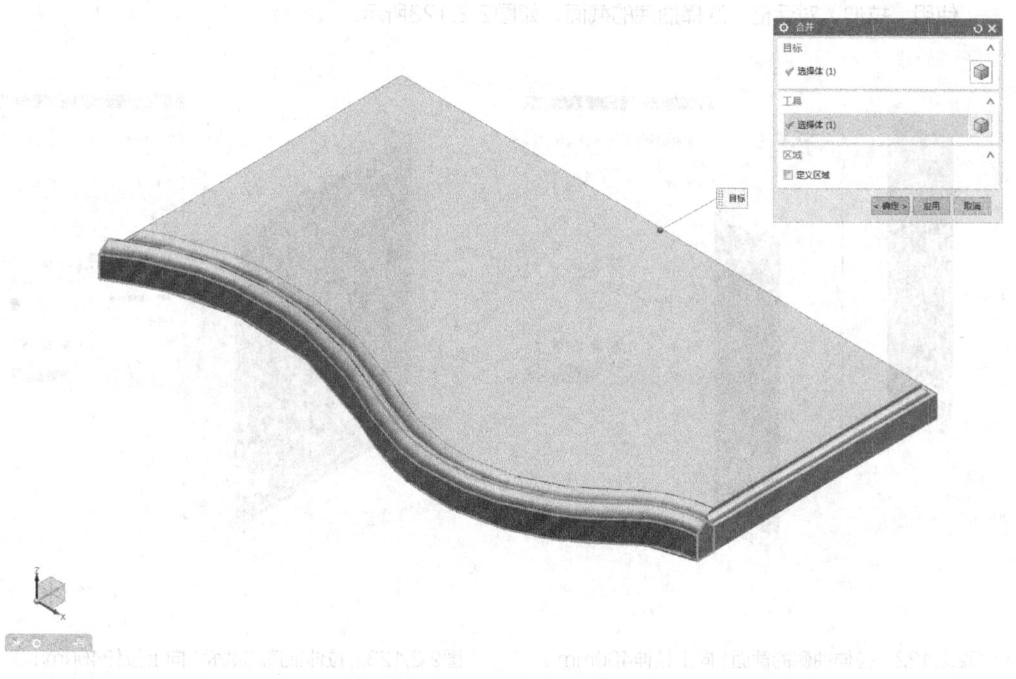

图2.2.120　将刀型和板件进行求和

将抽侧和抽底板的截面线进行封闭连接，如图2.2.121所示。

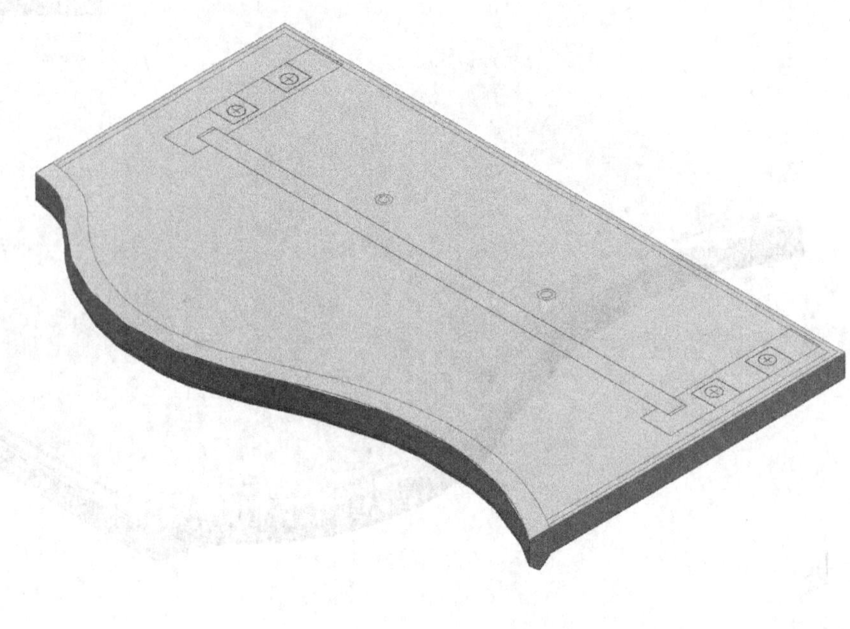

图2.2.121　将抽侧和抽底板的截面线进行封闭连接（并且隐藏重复的线段）

使用〖拉伸〗对话框，选择抽侧的截面，如图2.2.122所示。

使用〖拉伸〗对话框，选择抽底的截面，如图2.2.123所示。

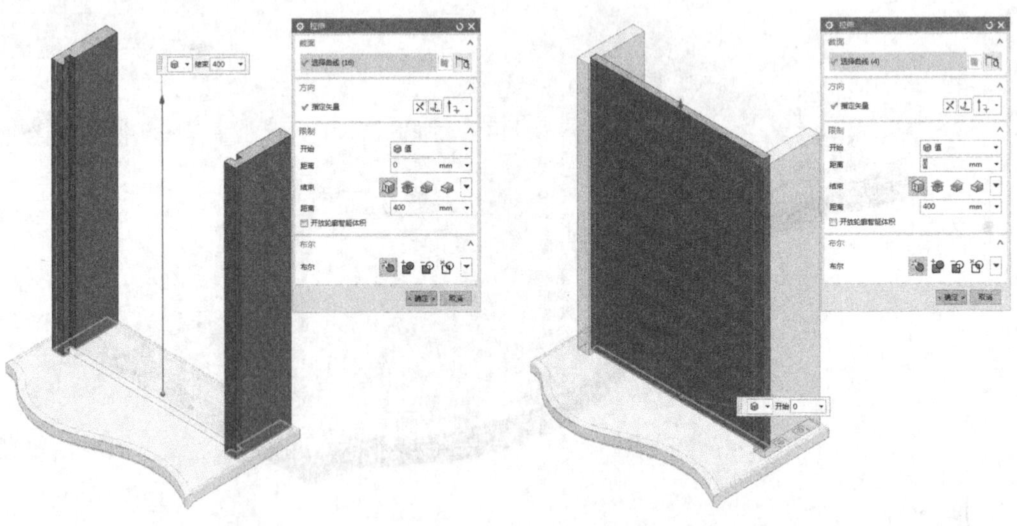

图2.2.122　拉伸抽侧的截面（向上拉伸400mm）

图2.2.123　拉伸抽底的截面（向上拉伸400mm）

使用〖移动对象〗，将二维图形和三维实体拟合对齐，如图2.2.124所示。

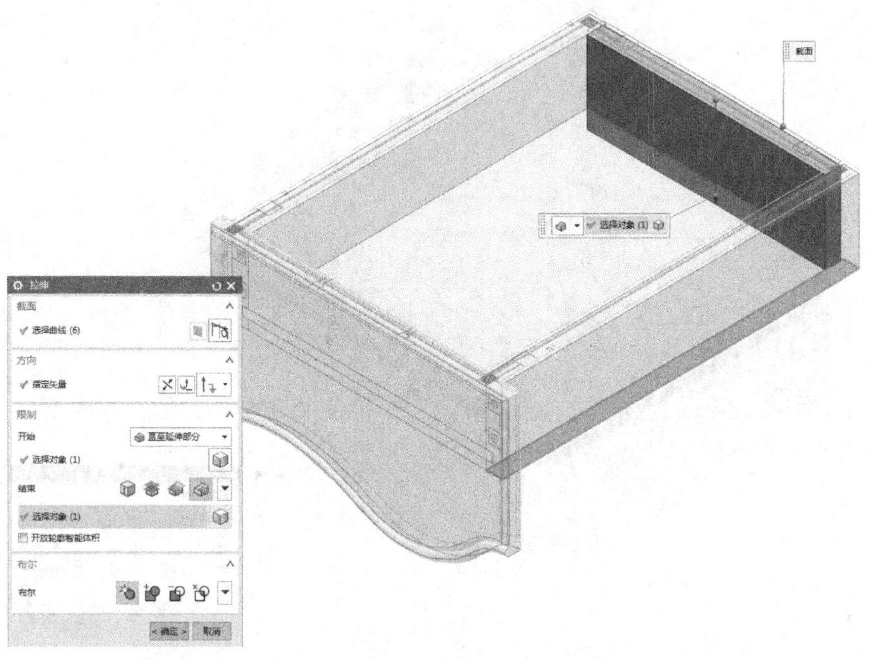

图2.2.124　将二维图形和三维实体拟合对齐（使用〖拉伸〗选择抽尾板的截面,〖开始〗设置为〖直至延伸部分〗, 选择抽侧的上平面,〖结束〗设置为〖直至延伸部分〗, 选择抽侧的下表面）

使用〖同步建模〗-〖替换面〗对话框，如图2.2.125所示。

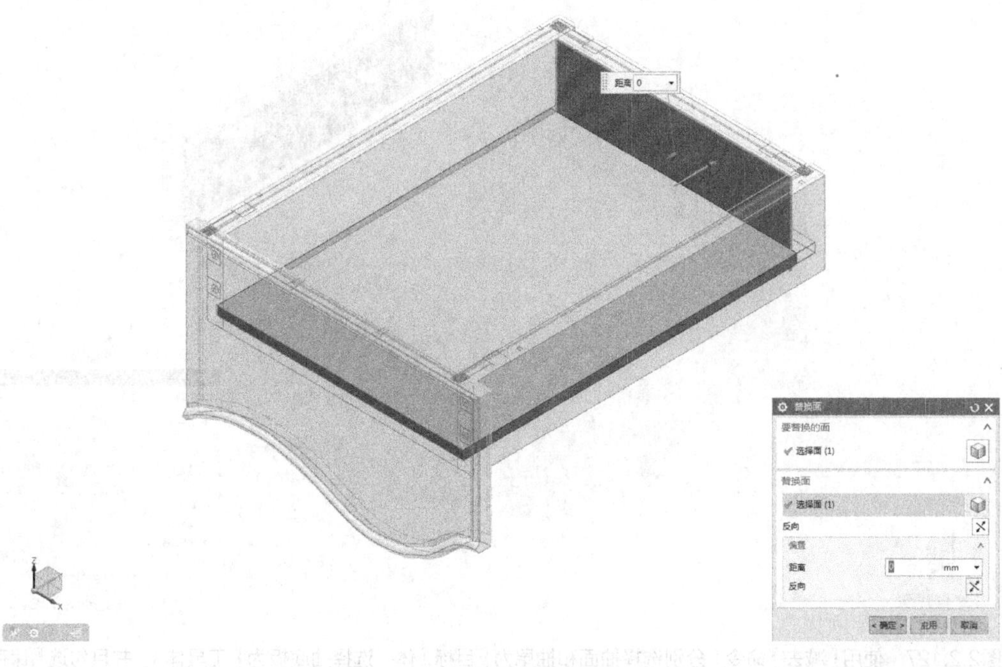

图2.2.125　在〖替换面〗对话框内(〖要替换的面〗选择为抽底的后平面,〖替换面〗选择为抽尾内侧平面）

使用〖偏置面〗界面，选择抽底的前后面，如图2.2.126所示。

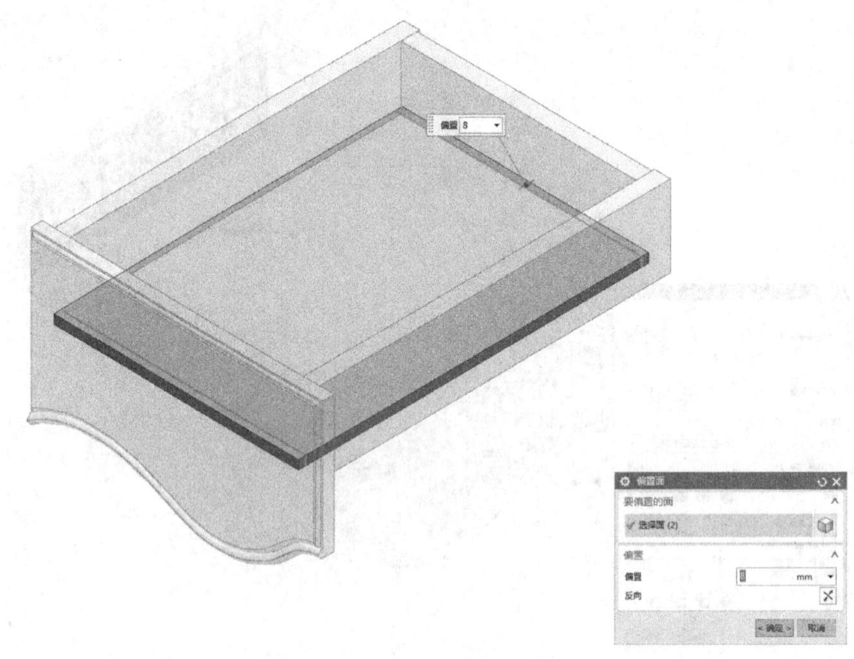

图2.2.126　偏置抽底的前后面（同时向外延长8mm）

使用〖组合下拉菜单〗-〖减去〗命令，如图2.2.127所示。

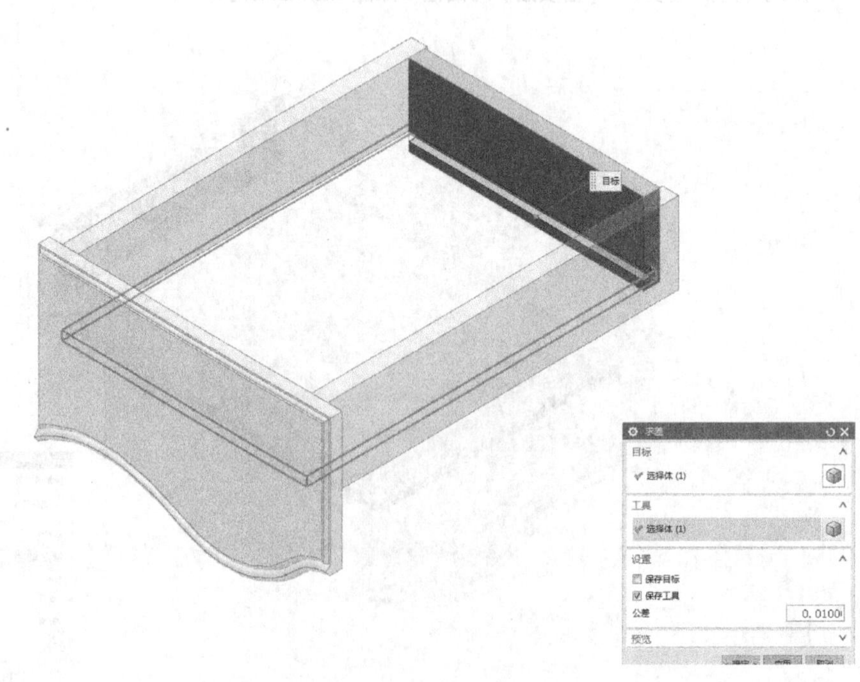

图2.2.127　使用〖减去〗命令（分别选择抽面和抽尾为〖目标〗体，选择抽底板为〖工具体〗，并且勾选〖保存工具〗）

使用〖偏置面〗界面，选择抽底的前后面，如图2.2.128所示。

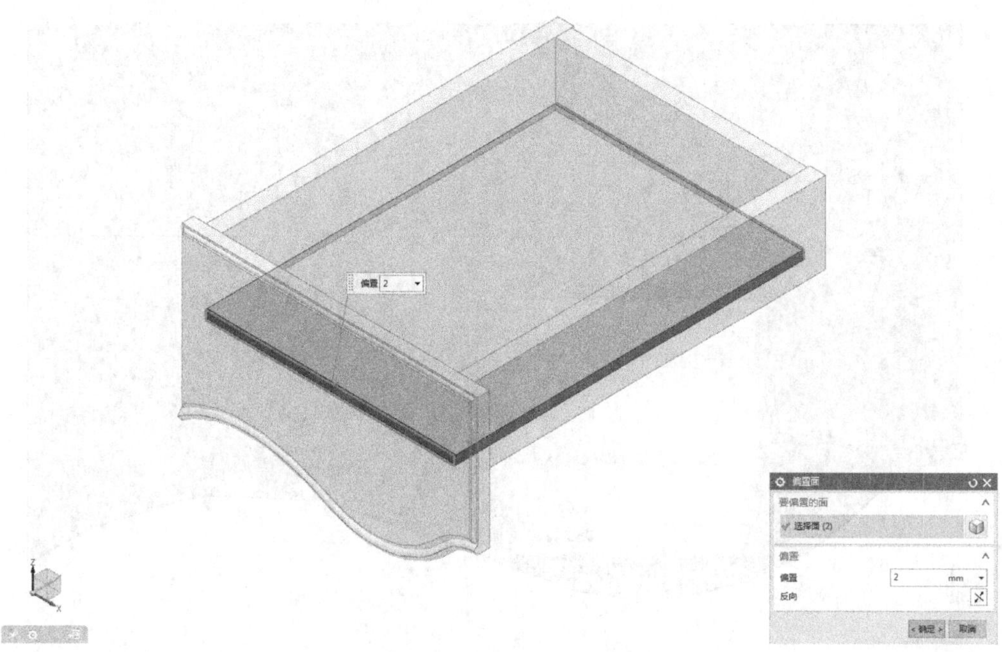

图2.2.128　偏置抽底的前后面（同时向内缩短2mm）

使用〖偏置面〗对话框，选择面内侧拉槽的两端面，如图2.2.129所示。

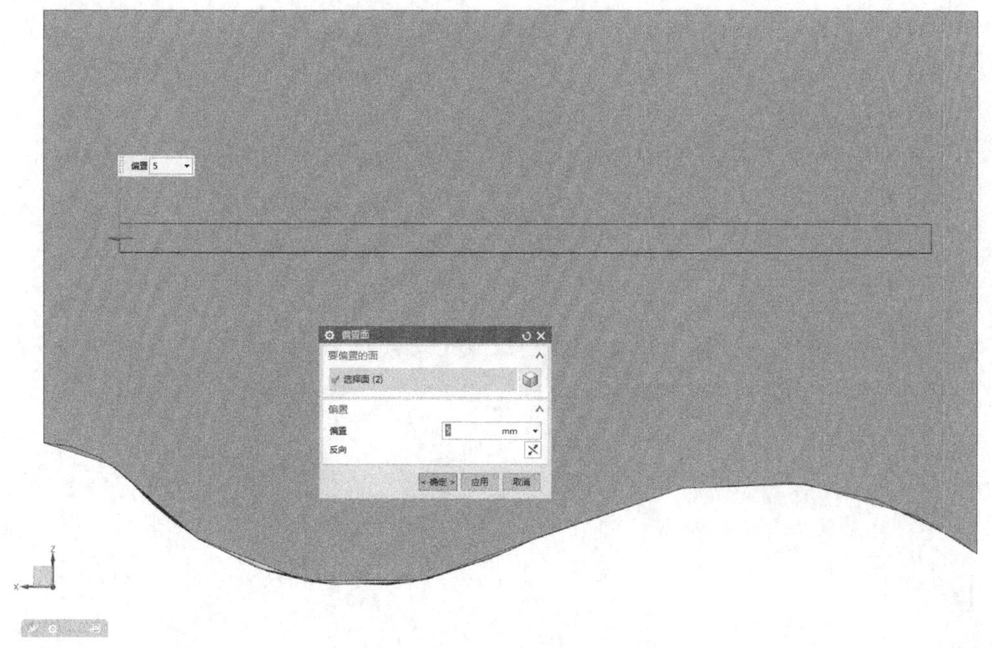

图2.2.129　偏置面内侧拉槽的两端面（同时向外延长5mm）

使用〖边倒圆〗，选择面内侧拉槽的4个角，如图2.2.130所示。

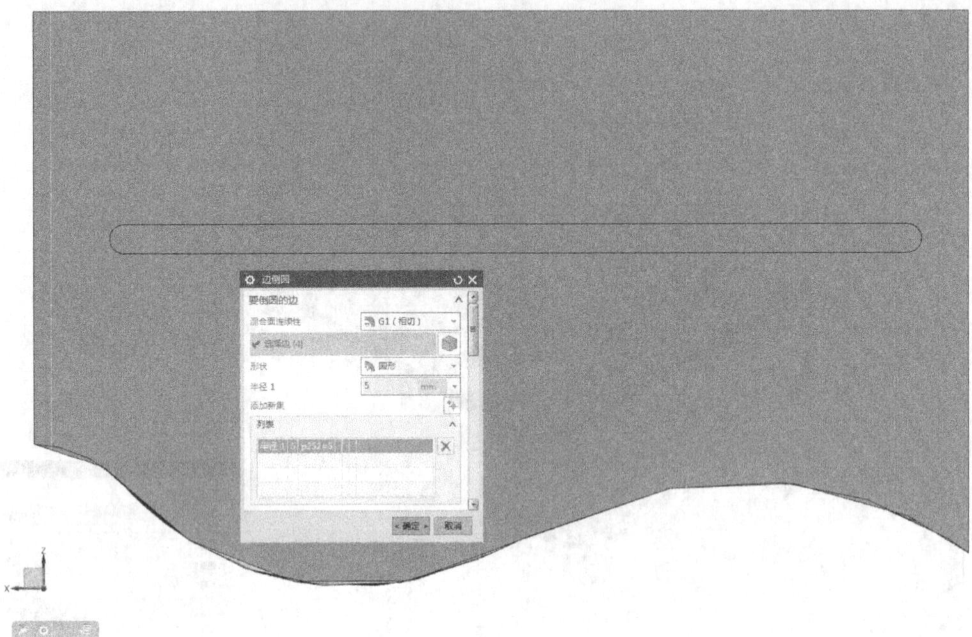

图2.2.130　边倒圆（倒圆半径R5mm）

使用〖显示和隐藏〗，将键盘抽的二维图形单独显示，如图2.2.131所示。

图2.2.131　单独显示键盘抽的二维图形（将外形轮廓进行封闭）

使用〖拉伸〗界面，选择键盘抽的外形轮廓，如图2.2.132所示。

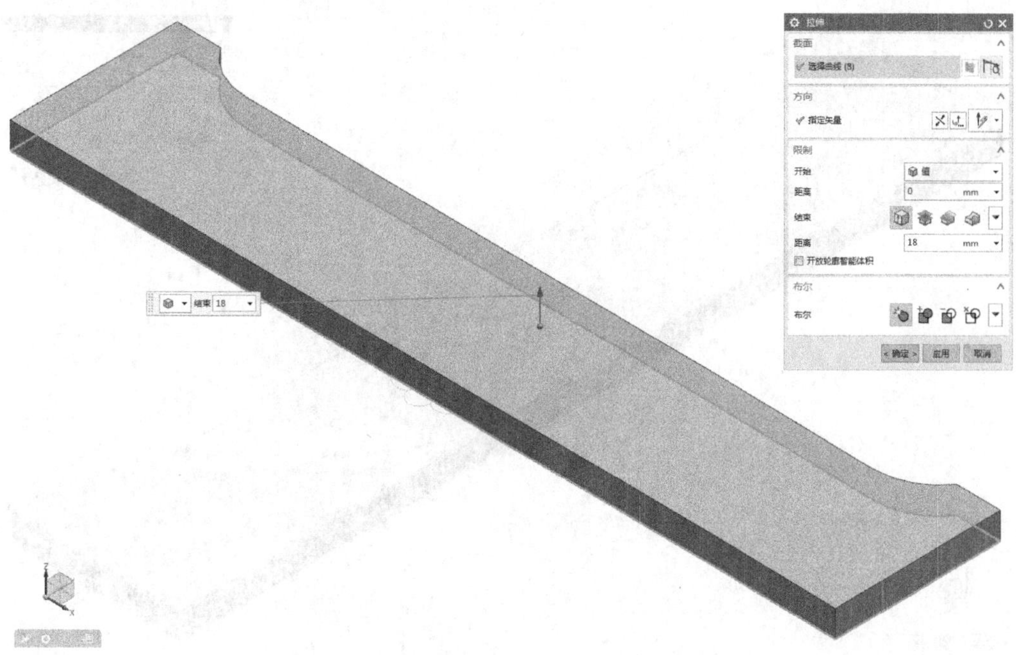

图2.2.132　拉伸键盘抽的外形轮廓（向上拉伸18mm）

使用〖拆分体〗对话框，选择〖新建平面〗，如图2.2.133所示。

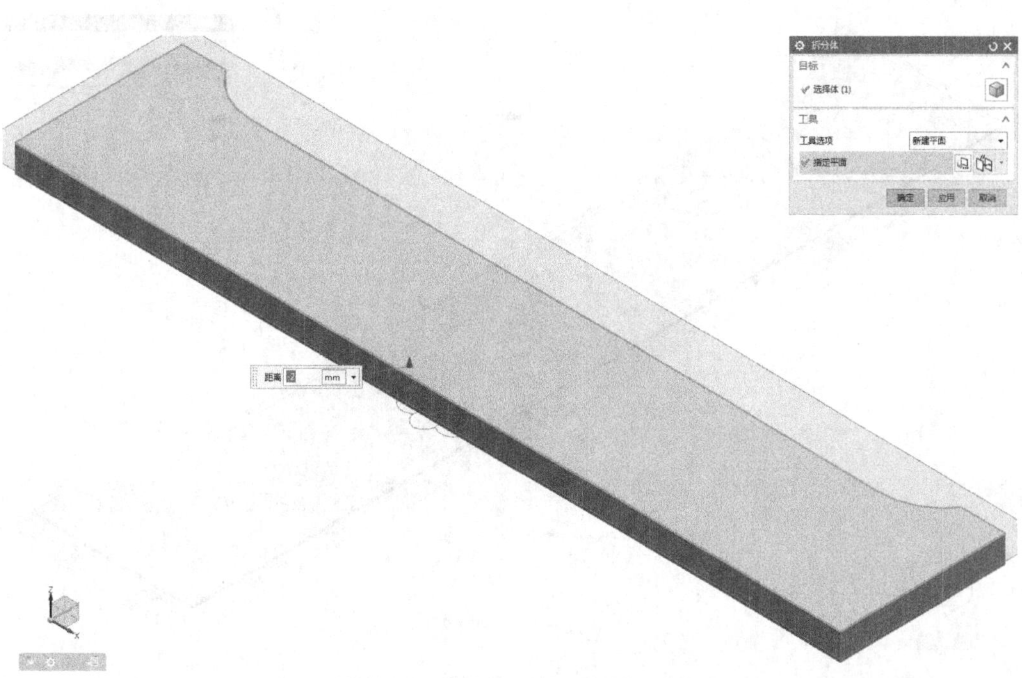

图2.2.133　拆分实体（以键盘抽面顶面为基准向下偏置2mm进行拆分）

使用〖拆分体〗，选择〖新建平面〗，如图2.2.134所示。

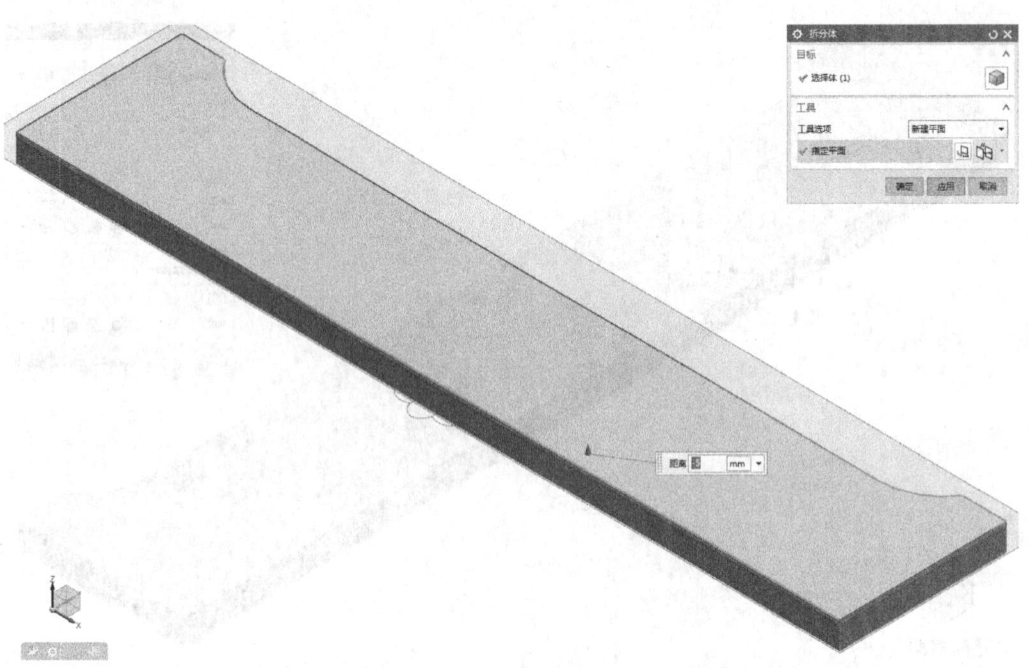

图2.2.134　拆分实体（以抽面顶面为基准向下偏置5mm进行拆分）

使用〖偏置面〗对话框，选择第一层的3个直面，如图2.2.135所示。

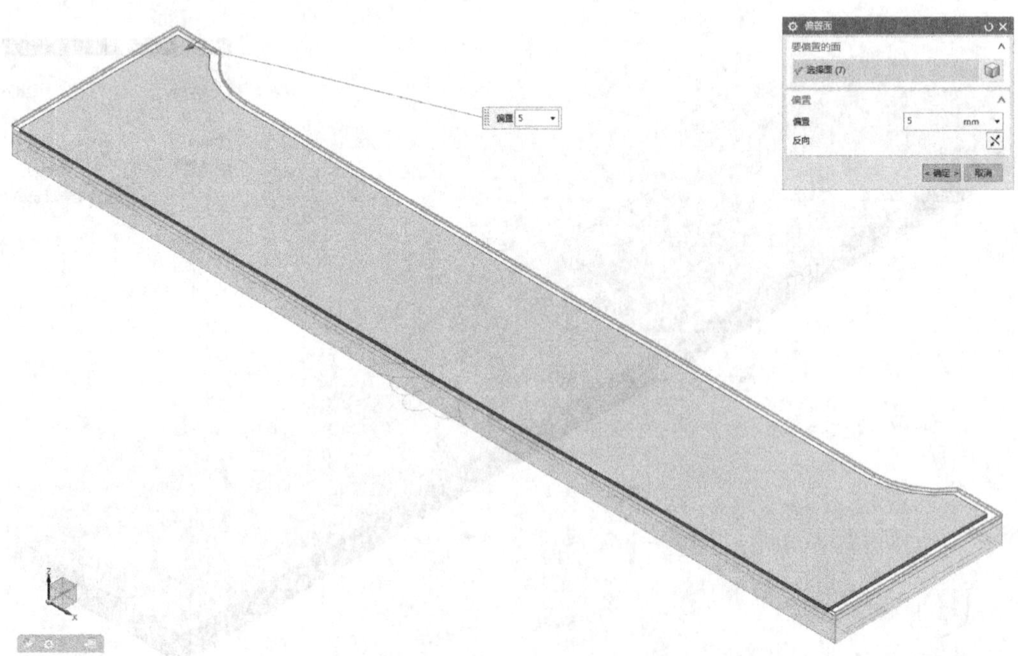

图2.2.135　偏置第一层的3个直面（向内偏置5mm）

使用〖偏置面〗，选择第二层的3个直面，如图2.2.136所示。

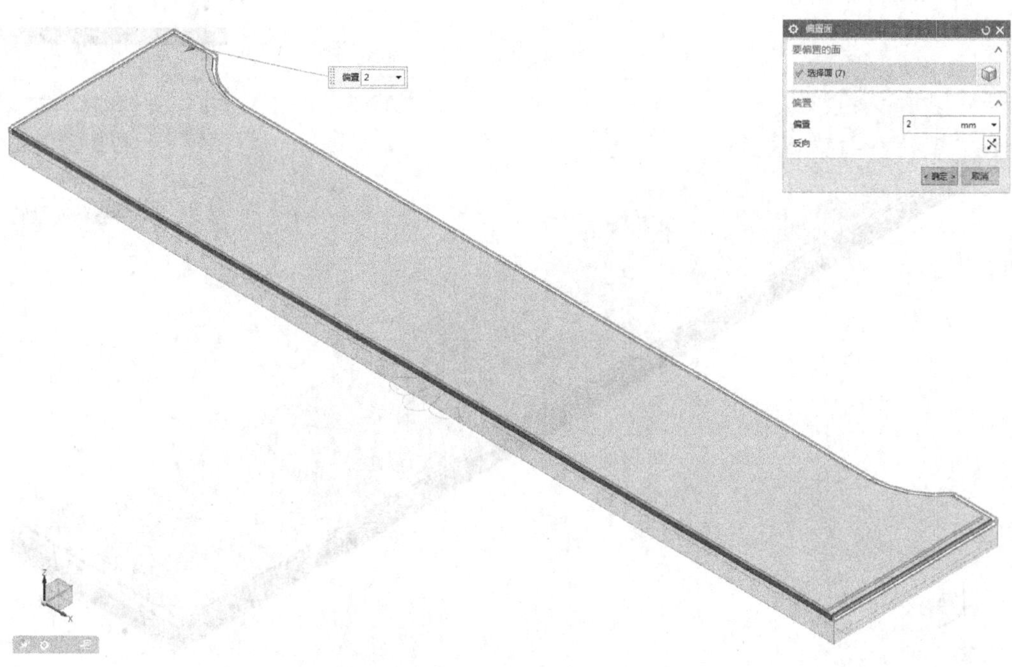

图2.2.136　偏置第二层的3个直面（向内偏置2mm）

使用〖边倒圆〗对话框，选择第二层的3个直角边，如图2.2.137所示。

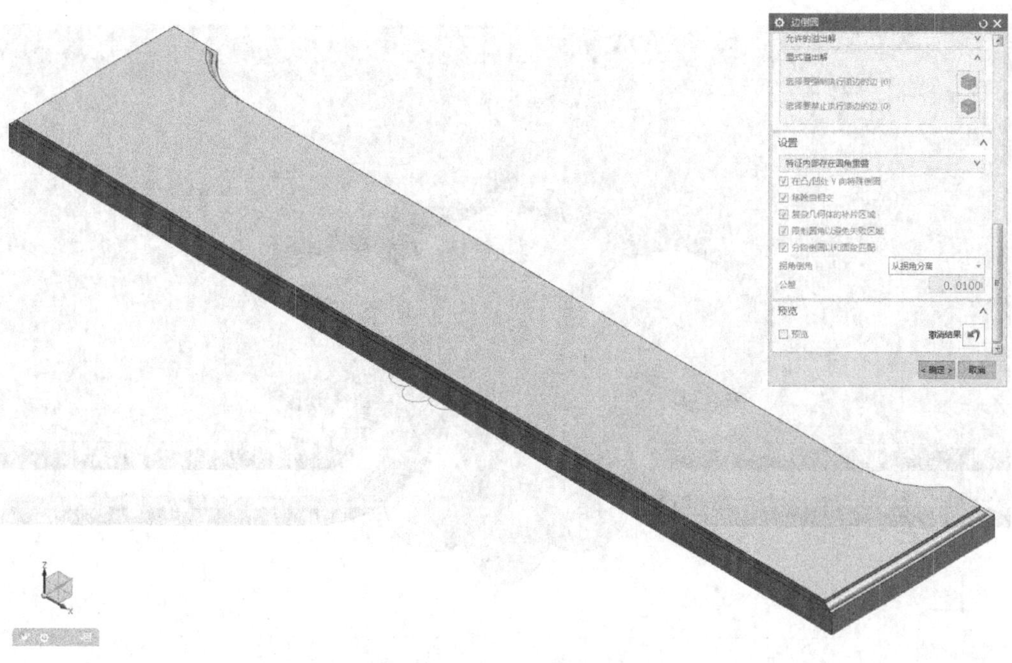

图2.2.137　边倒圆（倒圆半径R3）

使用〖组合下拉菜单〗-〖合并〗对话框，如图2.2.138所示。

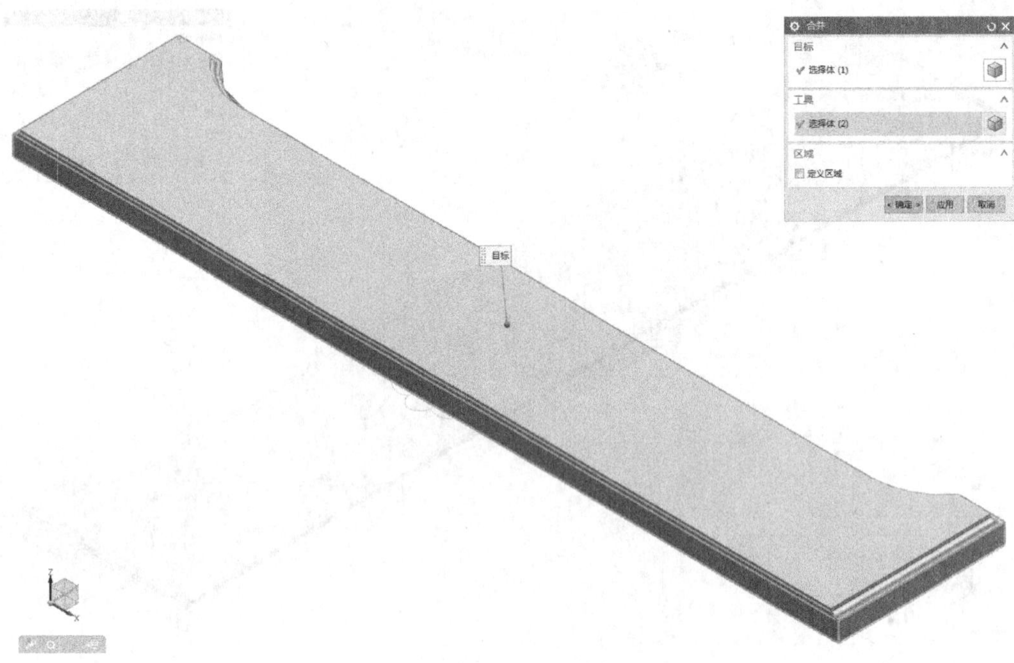

图2.2.138 将3块实体求和

使用〖移动对象〗，将上面完成的背板复制出来，如图2.2.139所示。

图2.2.139 复制上面完成的背板（使用〖直接草图〗，参照中部雕花的大小绘制一个矩形）

使用〖拉伸〗，选择上步的矩形截面，如图2.2.140所示。

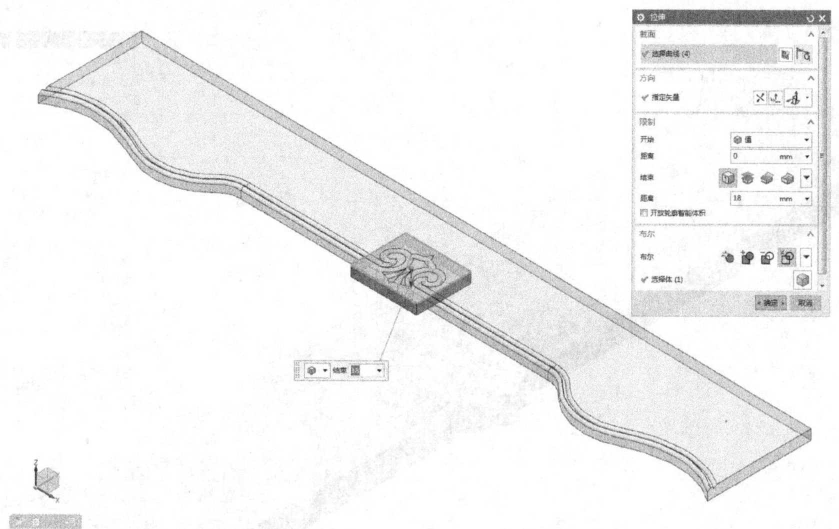

图2.2.140　拉伸上步的矩形截面（向下拉伸18mm，〖布尔〗选择〖相交〗，和背板相交处一小块实体）

使用〖拉伸〗，选择键盘抽的前表面为草绘平面，如图2.2.141所示。

图2.2.141　使用〖拉伸〗命令（绘制一个和上步一样尺寸的矩形）

使用〖拉伸〗，选择矩形截面，如图2.2.142所示。

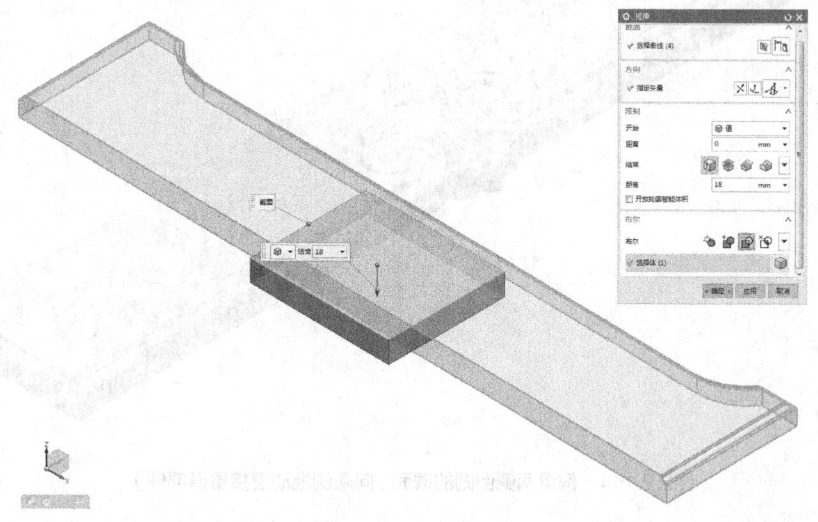

图2.2.142　拉伸矩形截面（向下拉伸18mm，〖布尔〗选择〖减去〗，和抽面相交出一个缺口）

使用〖移动对象〗，将雕花的小方块定位到键盘抽面板的缺口中，如图2.2.143所示。

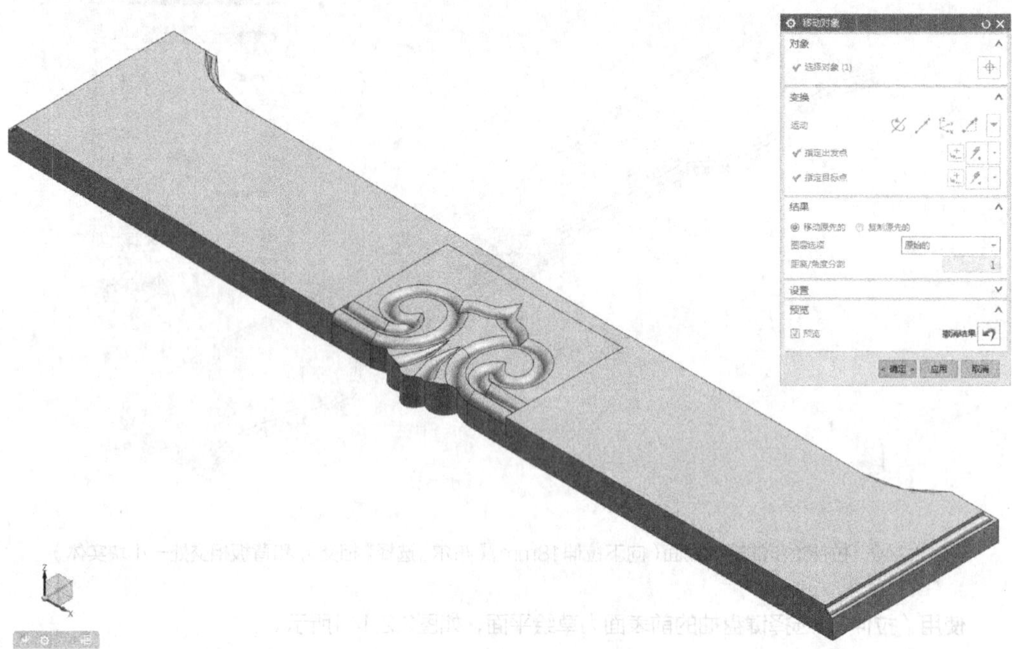

图2.2.143　使用〖移动对象〗命令（将其定位到键盘抽面板的缺口中，并且进行〖合并〗）

使用〖偏置面〗对话框，选择两侧倒圆的截面，如图2.2.144所示。

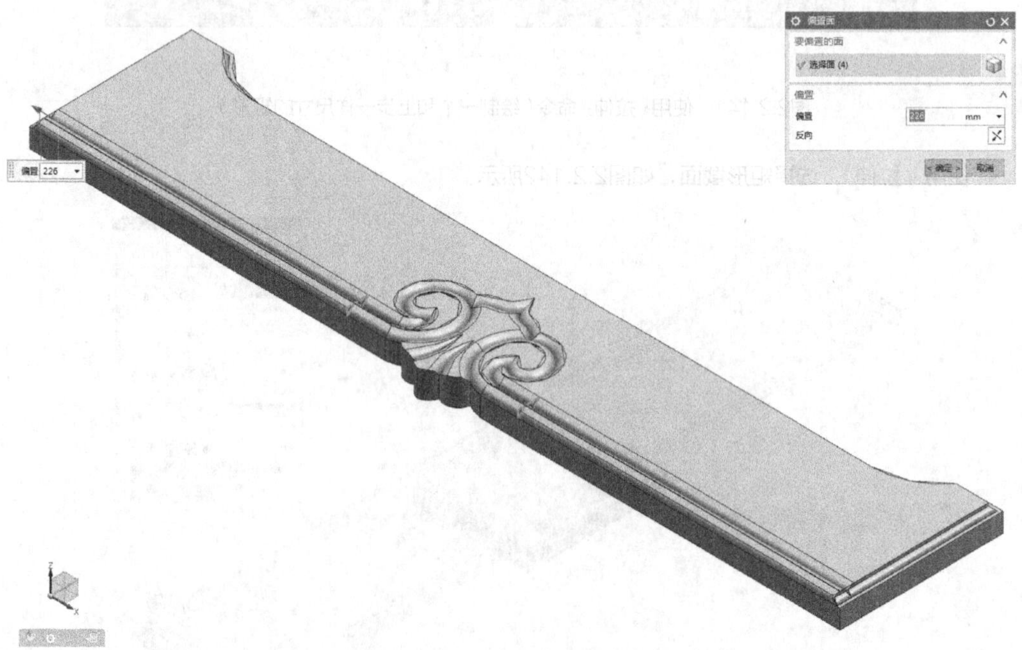

图2.2.144　偏置两侧倒圆的截面（向两侧拖动直接贯通部件）

键盘抽面板制作完成，如图2.2.145所示。

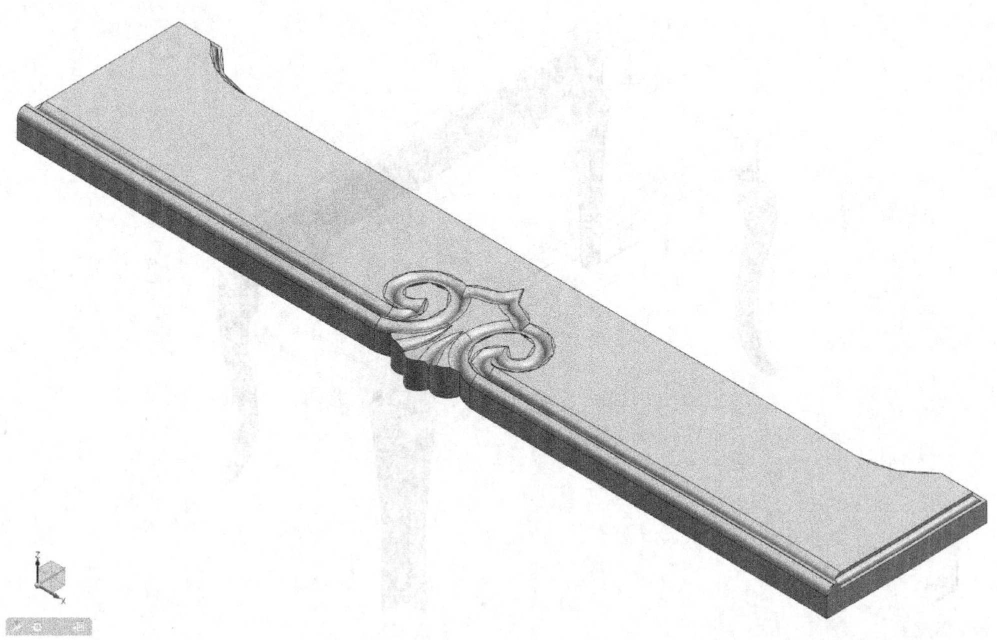

图2.2.145　完成的键盘抽面板（贯通后两侧刀槽的细节部分我会在视频中教大家如何快速处理）

使用〖拉伸〗对话框，选择键盘抽托板的截面，如图2.2.146所示。

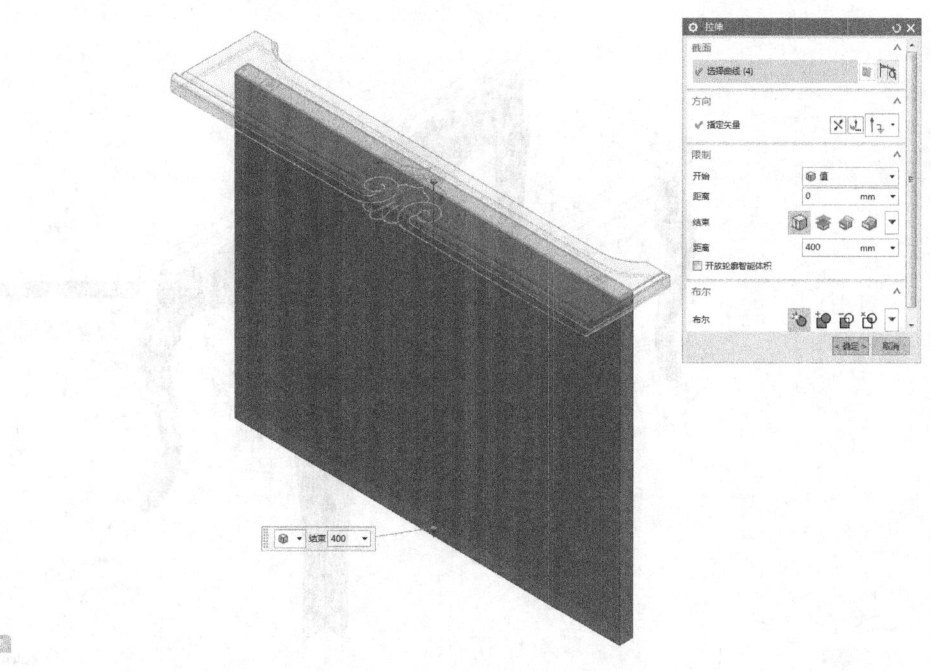

图2.2.146　拉伸键盘抽托板的截面（拉伸距离400mm）

使用〖移动对象〗，将背板进行定位，如图2.2.147所示。

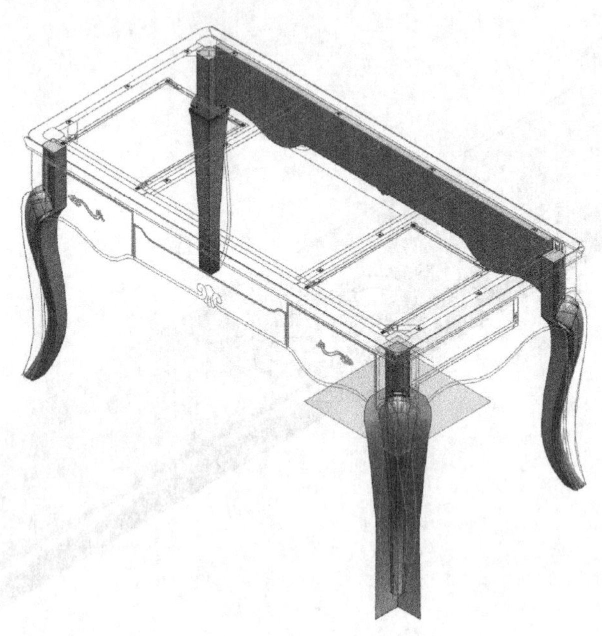

图2.2.147　将背板进行定位（先将角点定位到顶视图中背板的图形上）

使用〖移动对象〗-〖增量XYZ〗命令，如图2.2.148所示。

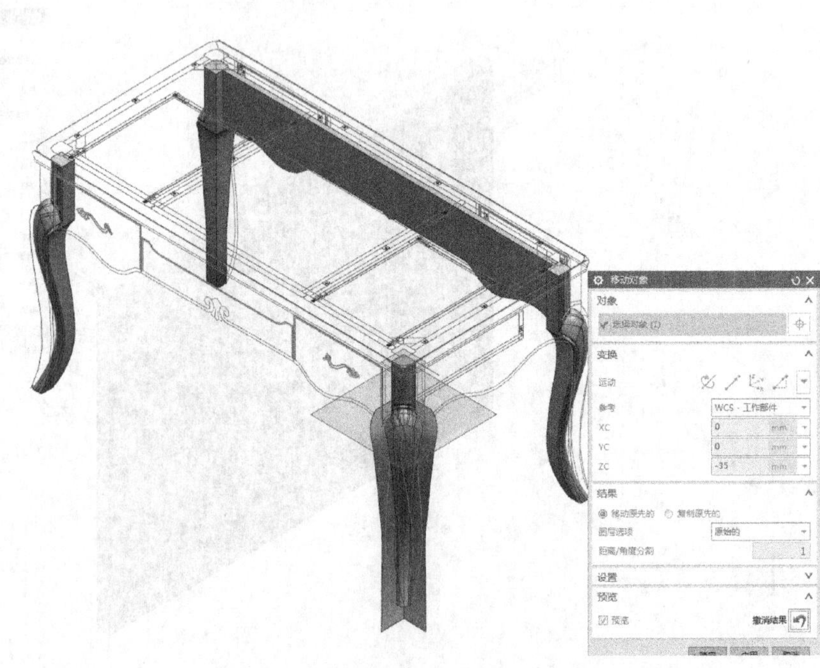

图2.2.148　使用〖增量XYZ〗命令（〖ZC〗输入-35mm）

使用〖移动对象〗，将中立板进行定位，如图2.2.149所示。

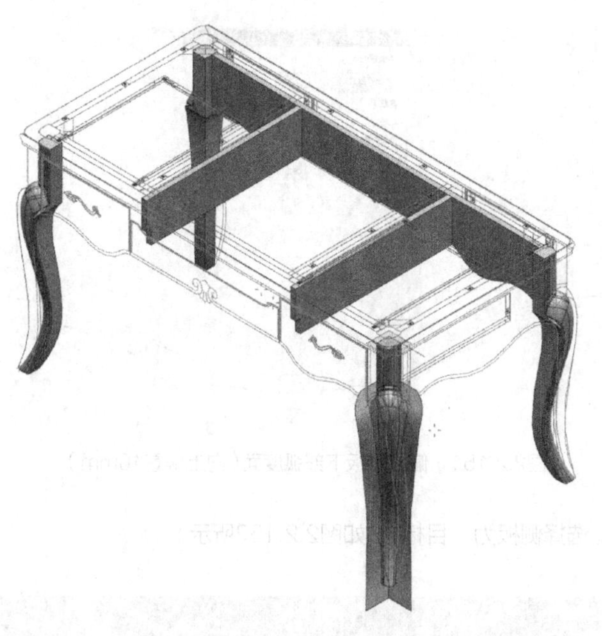

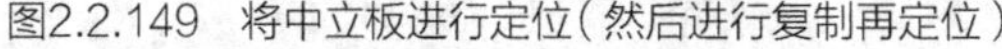

图2.2.149　将中立板进行定位（然后进行复制再定位）

使用〖移动对象〗，将侧板和加厚条进行定位，如图2.2.150所示。

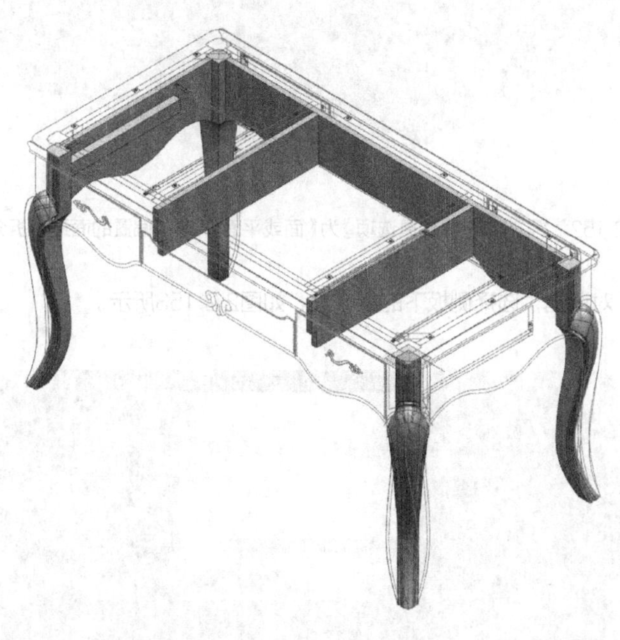

图2.2.150　将侧板和加厚条进行定位（先定位角点，然后再进行移动）

我们在上面的步骤中并没有制作侧板的拉线槽，我们在这一步进行补充。因为侧板的拉线槽是和脚柱上的拉线槽对应的。所以以后我们再制作脚柱弧度的时候要让它和侧板的拉线槽自然过渡。

使用〖偏置曲面〗，将侧板下部弧度面偏置，如图2.2.151所示。

图2.2.151　偏置侧板下部弧度面（向上偏置10mm）

使用〖拆分体〗，选择侧板为〖目标〗，如图2.2.152所示。

图2.2.152　拆分实体（〖工具选项〗为〖面或平面〗，选择偏置的面进行拆分）

使用〖边倒圆〗对话框，选择侧板下的三个边，如图2.2.153所示。

图2.2.153　边倒圆（倒圆半径R5，然后进行〖合并〗）

使用〖变换〗-〖同步一平面镜像〗，如图2.2.154所示。

图2.2.154 将侧板和加厚条镜像到另外一边

使用〖移动对象〗，选择前拉条，如图2.2.155所示。

图2.2.155 定位前拉条（先将端点定位到中立板的内切角，然后进行移动）

使用〖移动对象〗，选择抽屉盒，如图2.2.156所示。

图2.2.156 定位抽屉盒（先将端点定位到前视图上，然后进行移动和对称复制）

使用〖移动对象〗，选择键盘抽，如图2.2.157所示。

图2.2.157 定位键盘抽（先将端点定位到前视图上，然后进行移动和对称复制）

使用〖文件〗-〖导入〗-〖部件〗，如图2.2.158所示。

图2.2.158　导入文件（导入光盘对应目录下的“写字台拉手”的“Prt”格式的文件，然后将其定位到抽面上。然后复制镜像到另外一边）

写字台的主体模型部分就已经全部完成，下面我们需要将其导入到其他软件中进行渲染，学习过我以前书籍的朋友应该对KeyShot这个软件不会陌生。

我在以前的作品中就曾经多次地讲解过KeyShot4.0/6.0版本在家具设计中的应用。本书就不再重复讲解细节了，而直接给大家看完成的效果。不明白的同学请大家参考我以前的作品。

2.3 用 KeyShot6.0 渲染写字台

使用〖文件〗-〖导出〗-〖STL〗，如图2.3.1所示。

图2.3.1　导出文件（此处没有特殊要求可以保持默认设置）

使用设置部件的导出保存目录，如图2.3.2所示。

图2.3.2 导出保存目录（输入一个任意的文件名，路径和文件名尽量不要带中文字符）

弹出一个没有名字的对话框，如图2.3.3所示。

图2.3.3 弹出对话框（点击〖确定〗按钮即可）

弹出〖类选择〗对话框，如图2.3.4所示。

图2.3.4 弹出〖类选择〗对话框（选择四根脚柱）

在弹出的对话框中选择〖不连续〗，如图2.3.5所示。

在弹出的对话框中选择〖否〗，如图2.3.6所示。

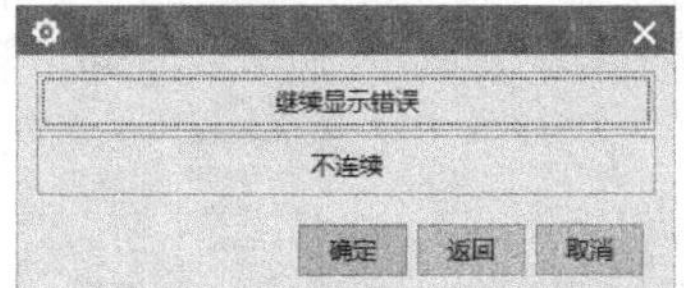

图2.3.5　选择〖不连续〗(点击〖确定〗按钮)

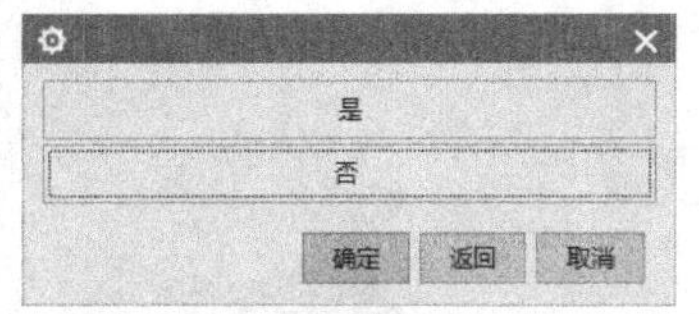

图2.3.6　选择〖否〗(点击〖确定〗按钮导出完成)

使用〖文件〗-〖导入〗-〖STL〗，如图2.3.7所示。

图2.3.7　导入文件(选择上步保存的STL体，按图中默认设置即可)

使用〖显示和隐藏〗将原来的4个实体脚柱隐藏，如图2.3.8所示。

图2.3.8　隐藏4个实体脚柱(导入的STL格式的4根脚柱为一个整体)

使用〖文件〗-〖导出〗-〖部件〗，如图2.3.9所示。

图2.3.9　导出部件（选择〖指定部件〗）

设置部件的保存目录，如图2.3.10所示。

图2.3.10　设置部件的保存目录（输入一个任意的文件名，路径和文件名尽量不要带中文字符）

框选需要导出的实体和小平面体，如图2.3.11所示。

图2.3.11 框选需要导出的实体和小平面（此处不要选择原有的4个实体脚柱）

在〖特征参数〗中选择〖移除参数〗，如图2.3.12所示。

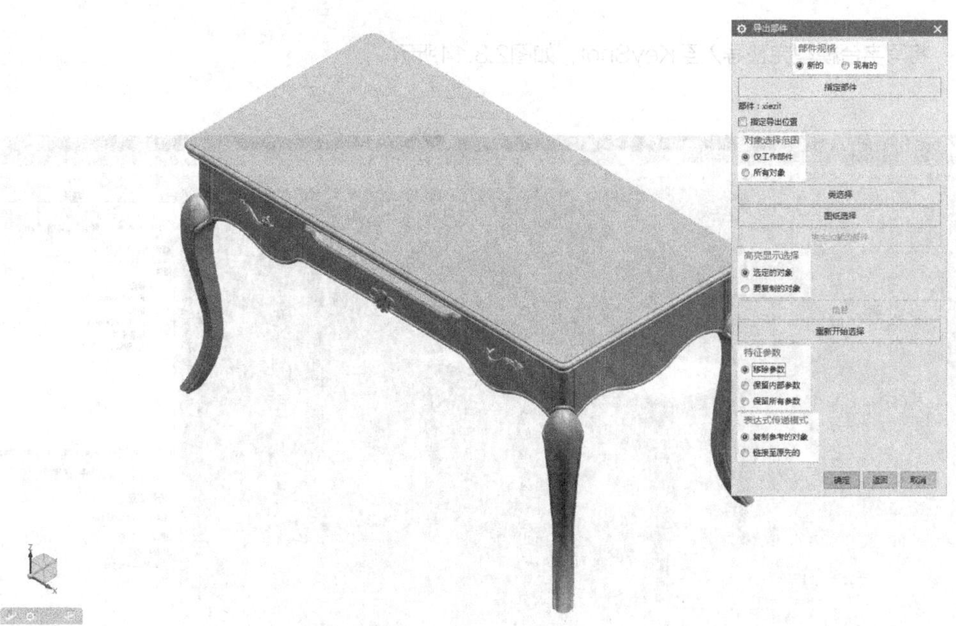

图2.3.12 选择〖移除参数〗（其余按图中默认设置）

因为我们设计的这个写字台的4个脚的造型比较复杂，如果以UG的格式直接导入KeyShot的话，很可能会出现变形和破损的情况。

所以我们就将4个脚柱由原先的NURBS建模转换为Poly建模再进行导入。而这个步骤就是我们第1章就介绍的混合建模。

启动KeyShot6.0。使用〖文件〗-〖导入〗，如图2.3.13所示。

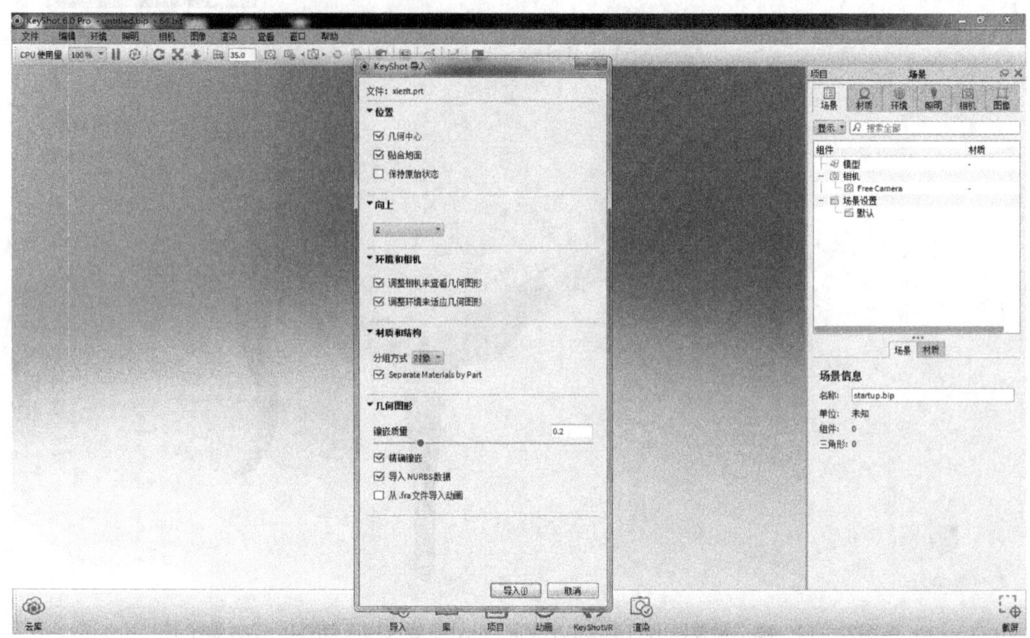

图2.3.13　导入文件（选择上步保存的UG格式的部件，按图中默认设置导入格式）

将写字台模型完整导入至KeyShot，如图2.3.14所示。

图2.3.14　将写字台模型完整导入至KeyShot（检查是否有重复、缺失或者破损变形的模型部件）

将模型赋予合适的材质并且进行调节，如图2.3.15所示。

图2.3.15　将模型赋予合适的材质并进行调节（摆好视角后进行渲染）

本章的内容就全部完成，因为实木家具的建模精度虽然不如模具、机械、电子等行业，但是我们后面的欧式家具的建模，比如立体浮雕部分造型的难度远在一般的机械和模具建模之上，其复杂程度更偏向三维动画建模。

所以为了大家能看清楚步骤，本章就占用了比较多的篇幅。而后面的内容我会尽量地精简步骤，让大家能更快地学习。

CHAPTER 03

第3章 四门衣柜的制作

3.1 概述

本章我们来制作一个全实木的四门衣柜，如图3.1.1所示。

这个衣柜的脚柱部分和第2章写字台的脚柱类似，而且顶部也有造型，要比写字台的脚柱复杂一点。而重点部分我要教大家使用另外一个命令来完成这个脚柱的造型。所以重要的知识点不会重复，请大家耐心观看。

本章也为大家准备了AutoCAD的二维图形供大家参考临摹。请大家打开光盘对应目录下的文件夹，如图3.1.2所示。

图3.1.1 四门衣柜效果图

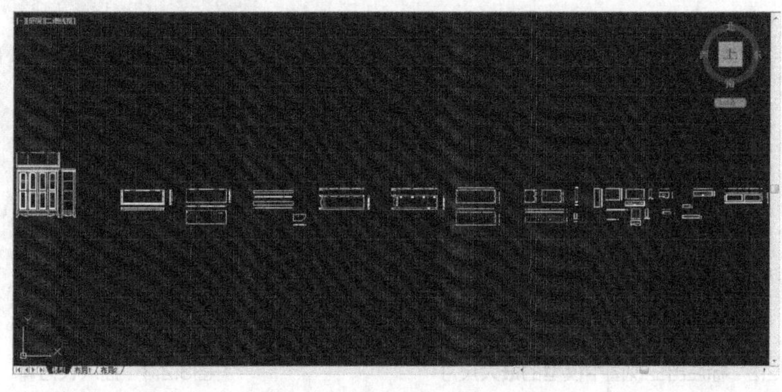

图3.1.2 四门衣柜二维图纸

3.2 建模

启动UG NX10.0，直接使用〖打开〗，如图3.2.1所示。

启动〖PMI〗，标注出三视图中模型的最大尺寸，如图3.2.2所示。

使用〖插入〗-〖设计特征〗-〖长方体〗，如图3.2.3所示。

图3.2.1 打开文件（找到光盘对应目录下“四门衣柜”的DWG文件）

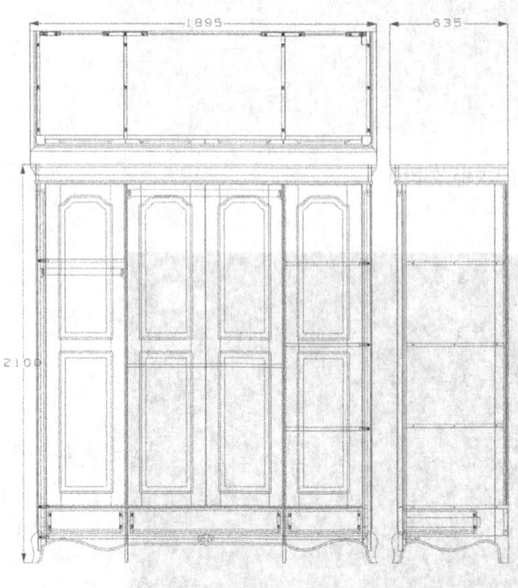

图3.2.2 标注出三视图中模型的最大尺寸
（得出1895mm×635mm×2100mm）

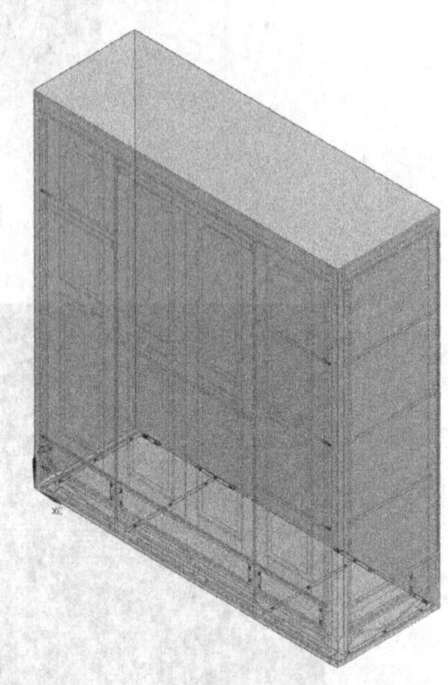

图3.2.3 插入长方体
（插入上步测量的尺寸）

启动〖显示和隐藏〗，将顶板的视图单独显示，如图3.2.4所示。

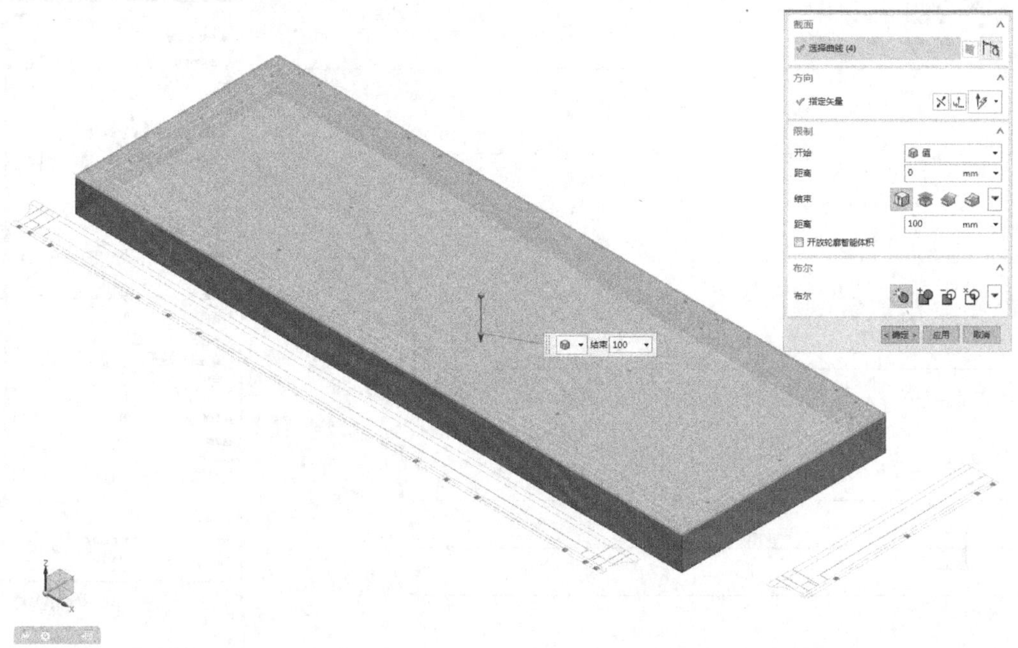

图3.2.4 单独显示顶板的视图（绘制辅助线将截面封闭，并且使用〖拉伸〗命令选择顶板的外形轮廓向下拉伸距离为100mm。然后将前视图和侧视图拟合对齐到实体上）

启动〖显示和隐藏〗，将顶板的前视图单独显示，如图3.2.5所示。

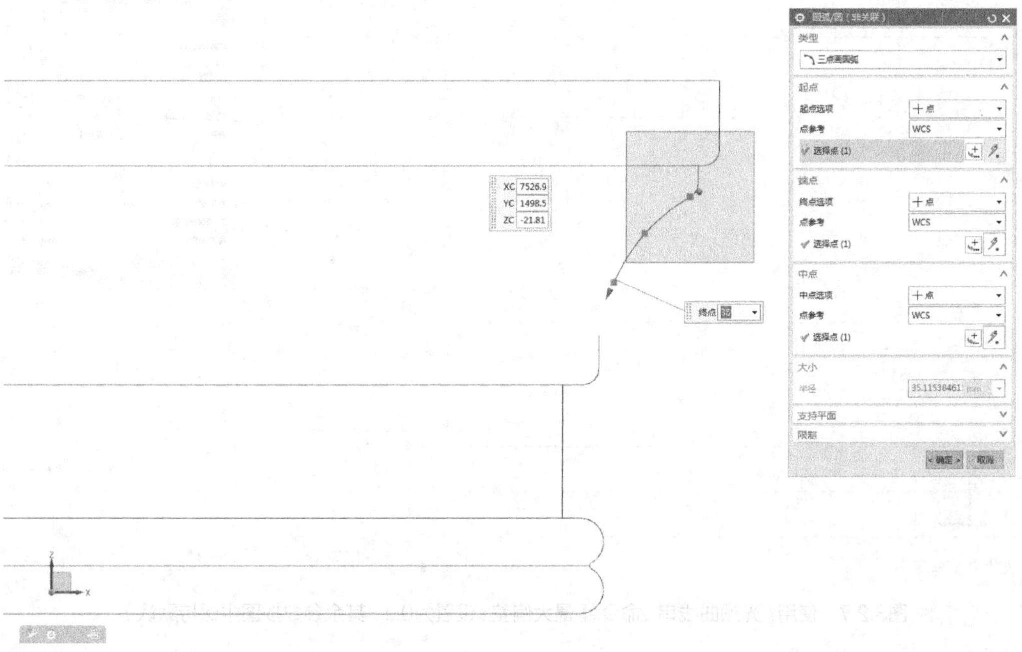

图3.2.5 单独显示顶板的前视图（双击截面中部的圆弧，然后拖动下部的箭头。将圆弧的长度整体缩短大约35mm）

使用〖插入-〖派生曲线〗-〖桥接〗，如图3.2.6所示。

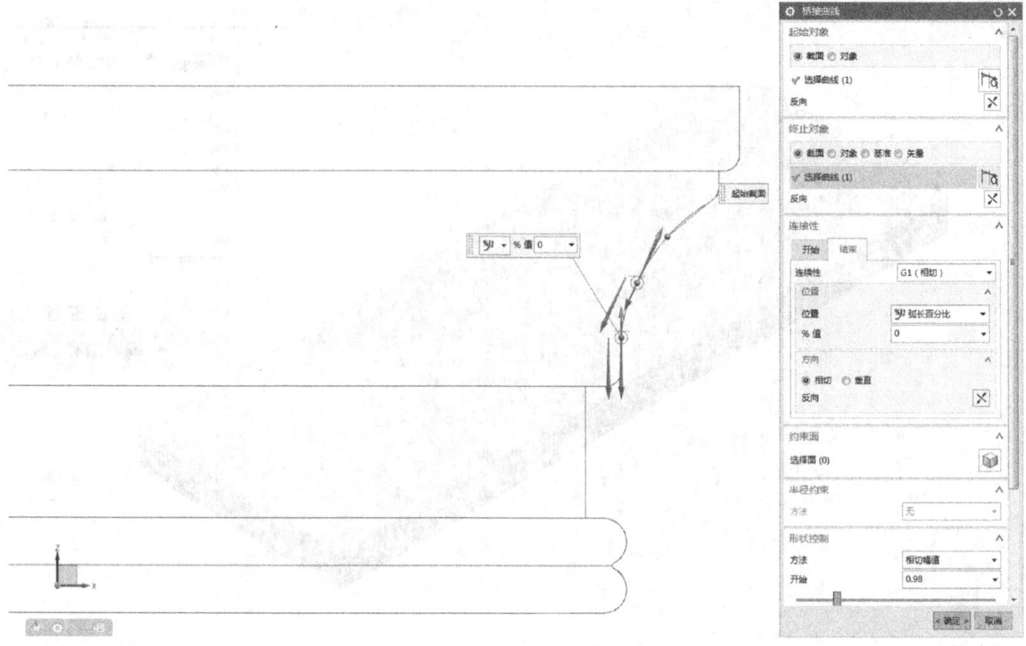

图3.2.6　使用〖桥接〗命令（〖起始对象〗选择为上部缩短的圆弧线，〖终止对象〗选择为和圆弧线断开的垂直直线，其他保持默认）

使用〖插入〗-〖派生曲线〗-〖光顺曲线串〗，如图3.2.7所示。

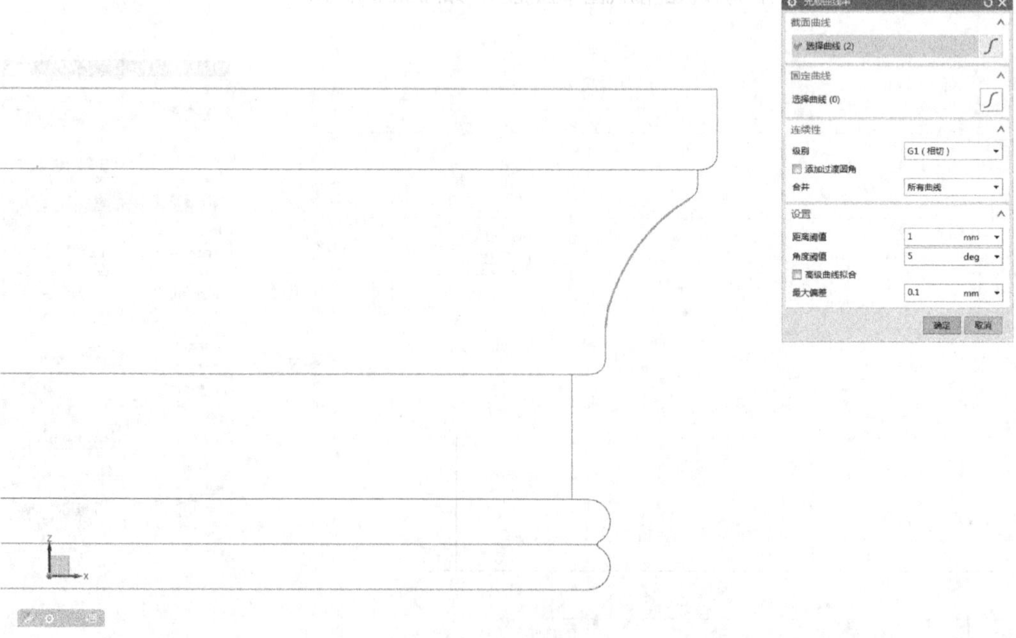

图3.2.7　使用〖光顺曲线串〗命令（〖最大偏差〗设置为0.1，其余参数按图中保持默认）

〖光顺曲线串〗中的〖连续性〗-〖级别〗必须要设置为〖G1（相切）〗，而且在〖合并〗中要设置为〖所有曲线〗，否则曲面会有节点。

使用〖拉伸〗，选择顶板前面为草图平面，如图3.2.8所示。

点击〖完成草图〗，回到〖拉伸〗界面，如图3.2.9所示。

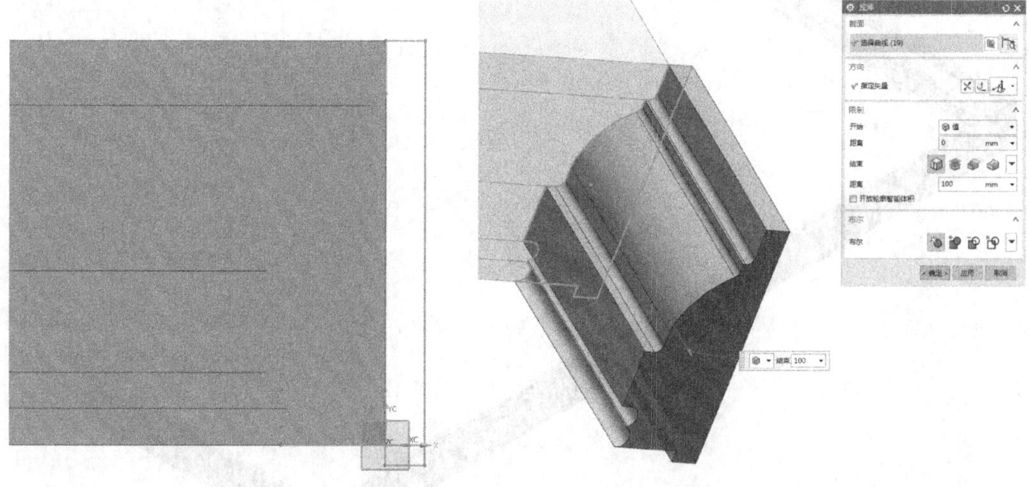

图3.2.8 选择草图平面（绘制刀型截面）　　图3.2.9 拉伸草图（拉伸距离为100mm）

〖移除参数〗后使用〖移动对象〗选择刀具体，如图3.2.10所示。

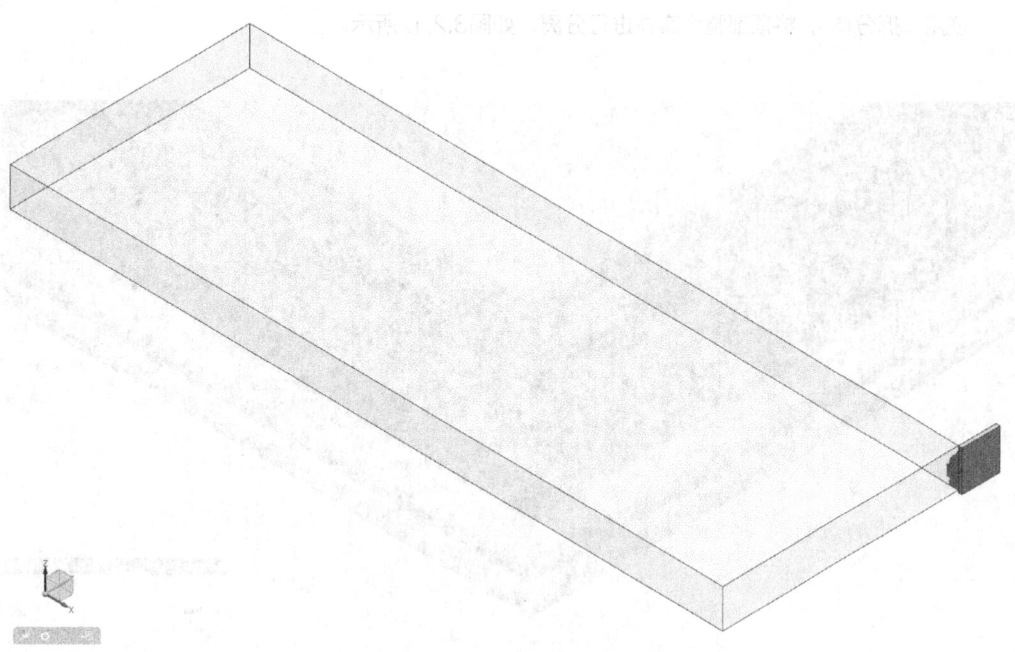

图3.2.10 选择刀具体（使用〖点-点〗，捕捉刀具的角点定位到顶板的后下角点）

使用〖插入〗-〖扫掠〗-〖沿引导线扫掠〗，如图3.2.11所示。

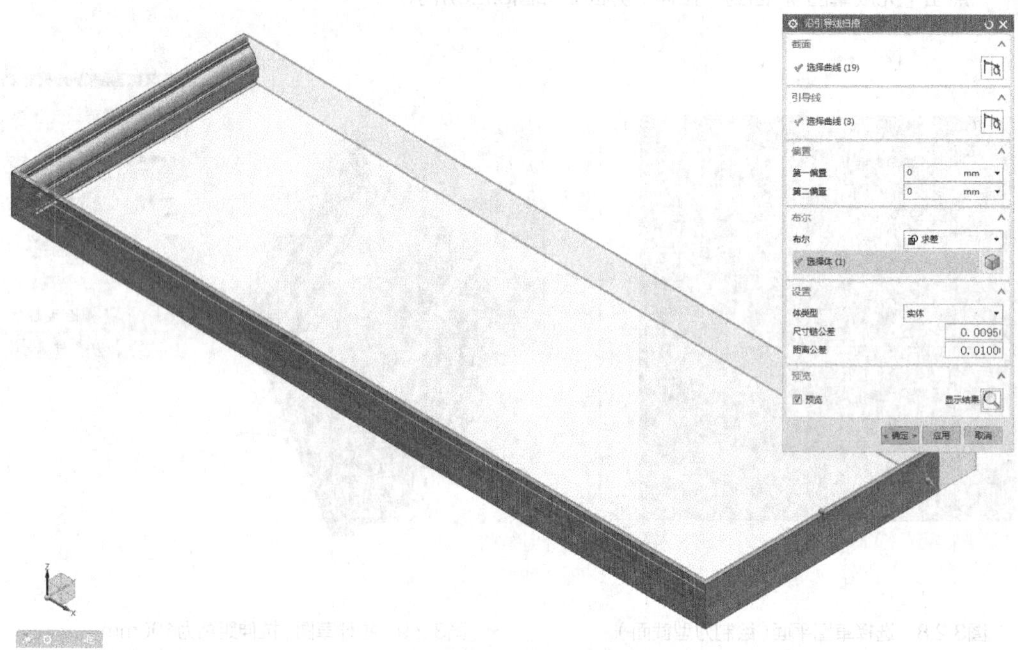

图3.2.11　沿引导线扫掠（〖截面〗选择为刀具体的截面线，〖引导线〗选择为顶板矩形上部左右和前端的三根直线）

使用〖拆分体〗，将顶部整个实体进行分离，如图3.2.12所示。

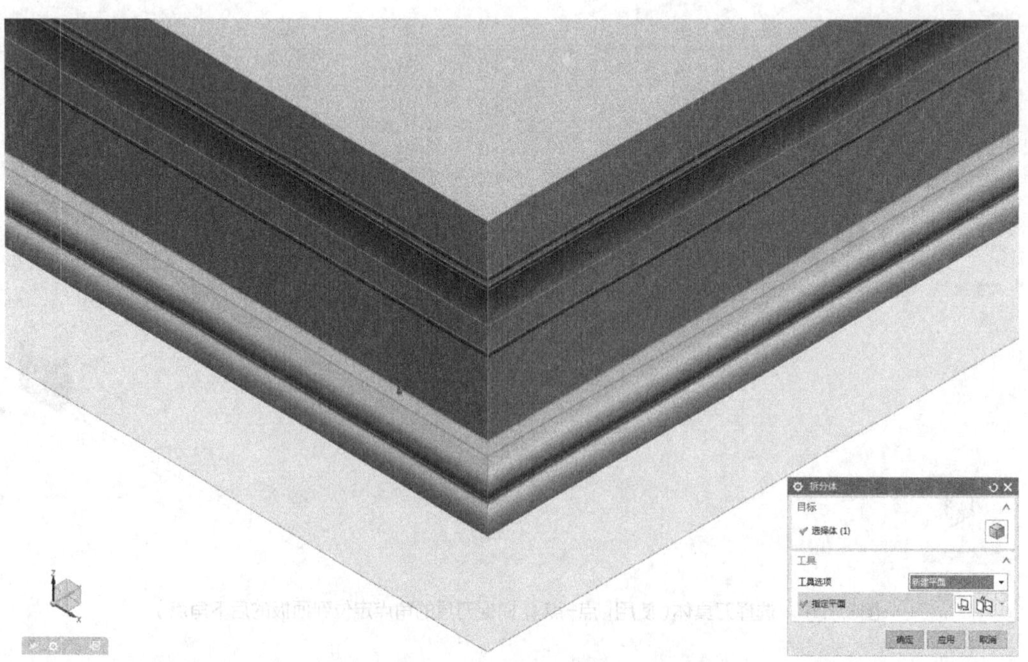

图3.2.12　拆分实体（〖工具选项〗选择为〖新建平面〗。选择图中的小面为基准创建一个平面进行拆分）

使用〖拉伸〗，将顶部上面中内空外形线，如图3.2.13所示。

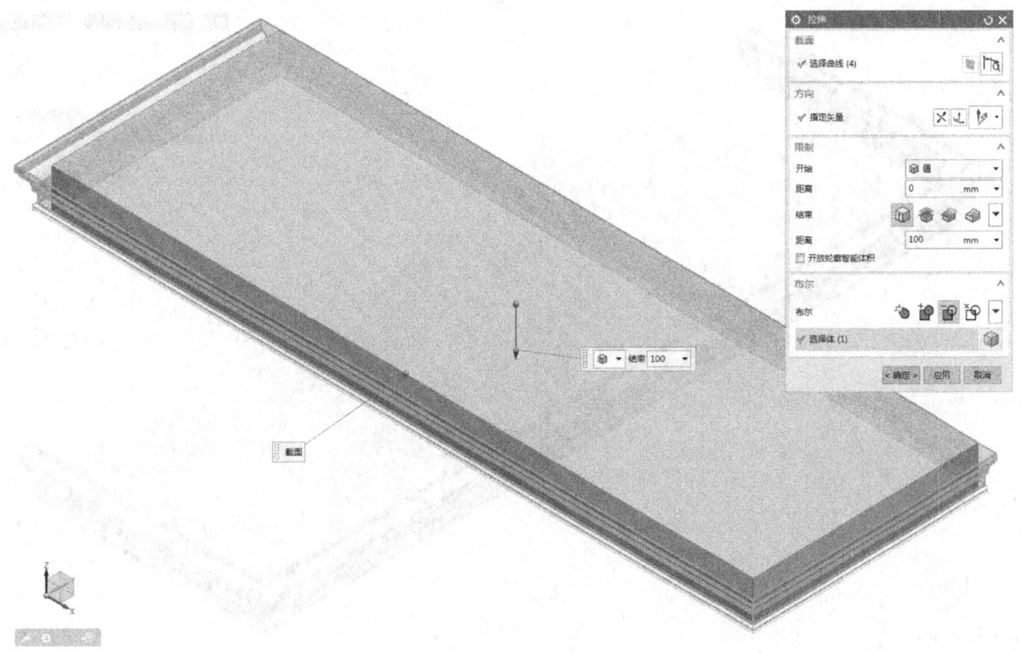

图3.2.13　使用〖拉伸〗命令（向下拉伸100mm，和顶板求差）

使用〖拉伸〗，选择顶板中间三平面的外形线，如图3.2.14所示。

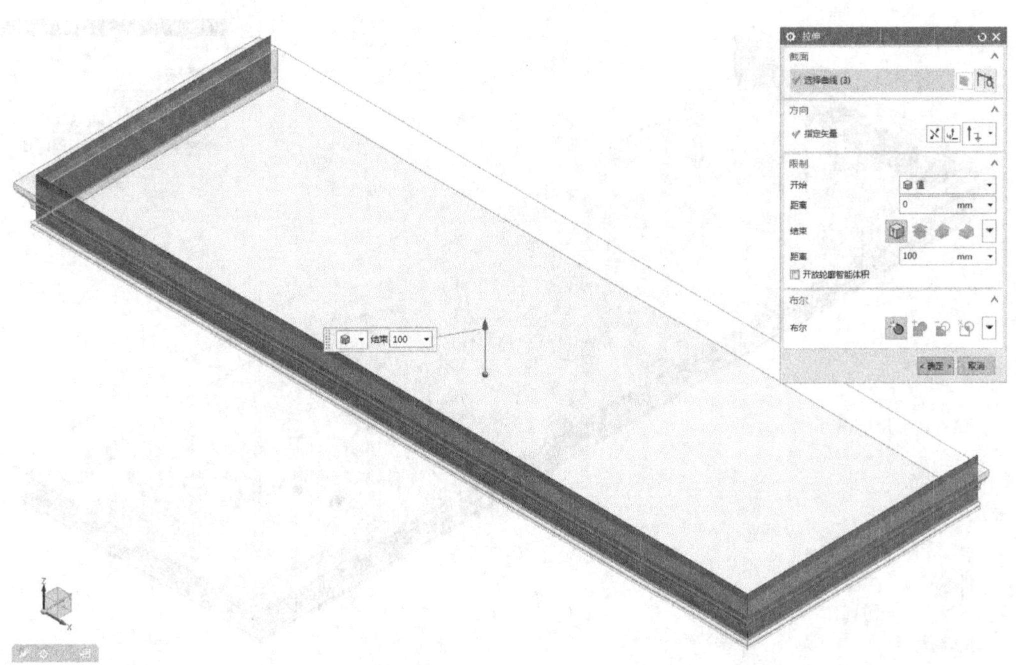

图3.2.14　拉伸顶板中间三平面的外形线（向上拉伸出3个平面，距离为100mm）

使用〖拆分体〗，拆分出装饰线和固定板，如图3.2.15所示。

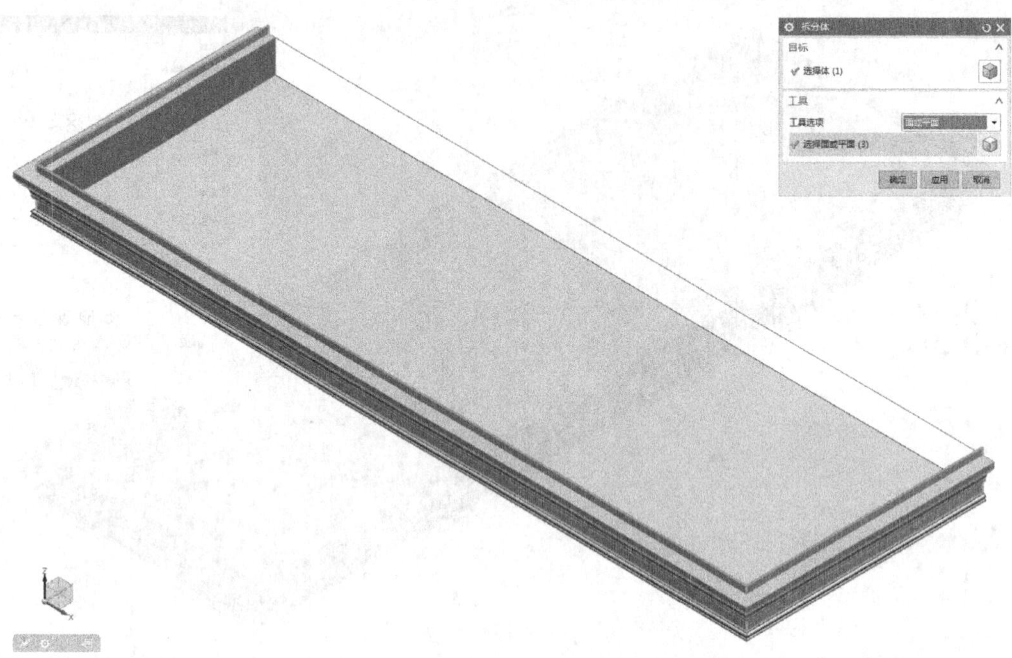

图3.2.15　拆分出装饰线和固定板（〖工具选项〗选择为〖新建平面〗。选择上部的三个平面进行拆分）

使用〖拆分体〗，将上部两个实体进行拆分，如图3.2.16所示。

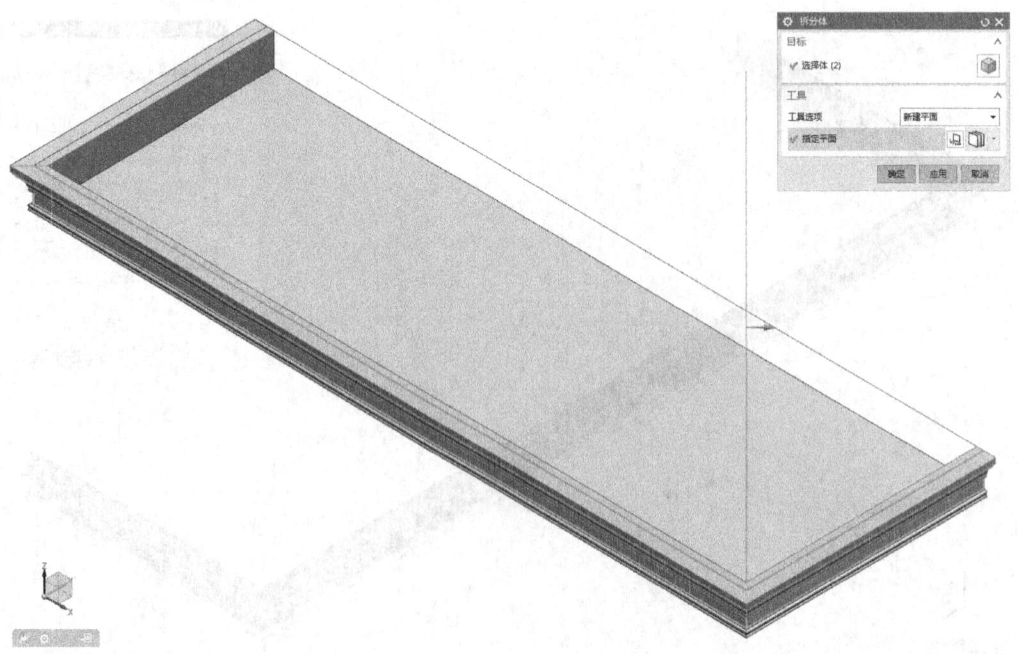

图3.2.16　拆分实体（〖工具选项〗选择为〖新建平面〗。〖类型〗为〖二等分〗，分别选择两侧的夹角面的中分面为拆分平面进行两次拆分）

使用〖拉伸〗，选择底板的轮廓线，如图3.2.17所示。

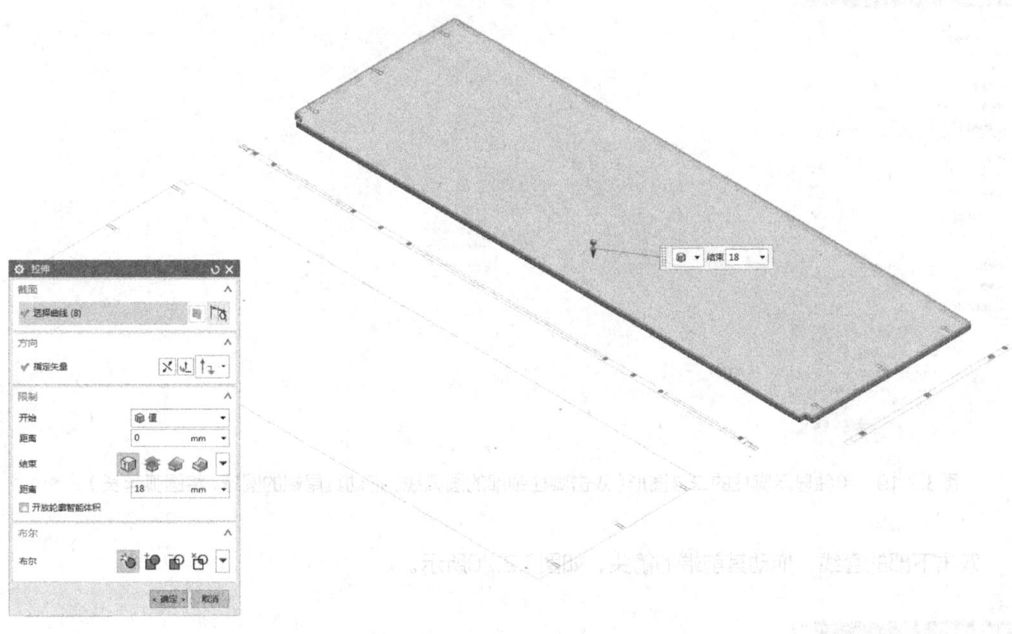

图3.2.17　拉伸底板的轮廓线（向下拉伸18mm）

使用〖拉伸〗，选择前/后/中脚条，如图3.2.18所示。

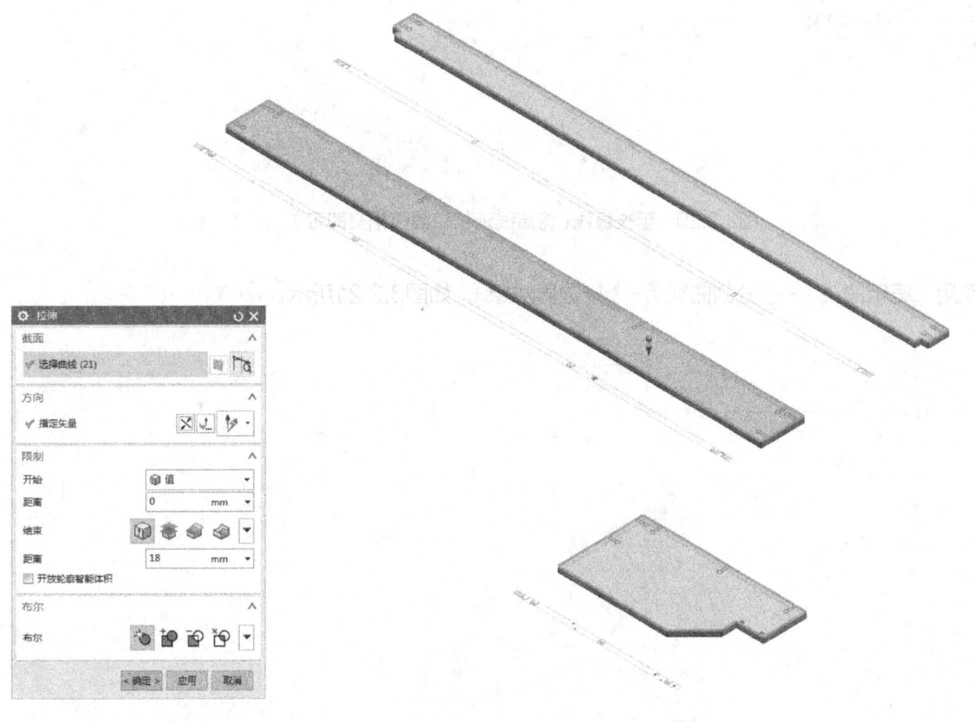

图3.2.18　拉伸前/后/中脚条（向下拉伸18mm）

使用〖显示和隐藏〗，将脚柱的二维图形单独显示，如图3.2.19所示。

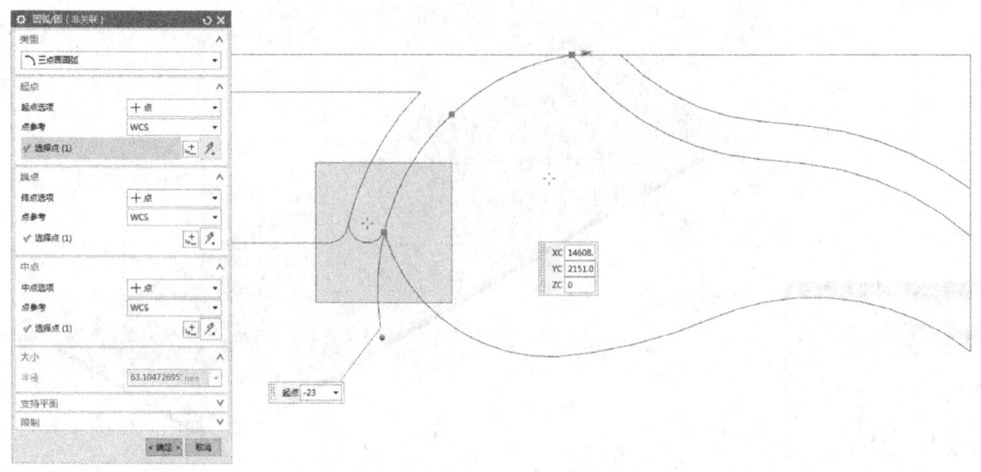

图3.2.19 单独显示脚柱的二维图形（双击脚柱颈部的圆弧线，拖动其尾端的圆球，将圆弧延长）

双击下部的直线，拖动其前端的箭头，如图3.2.20所示。

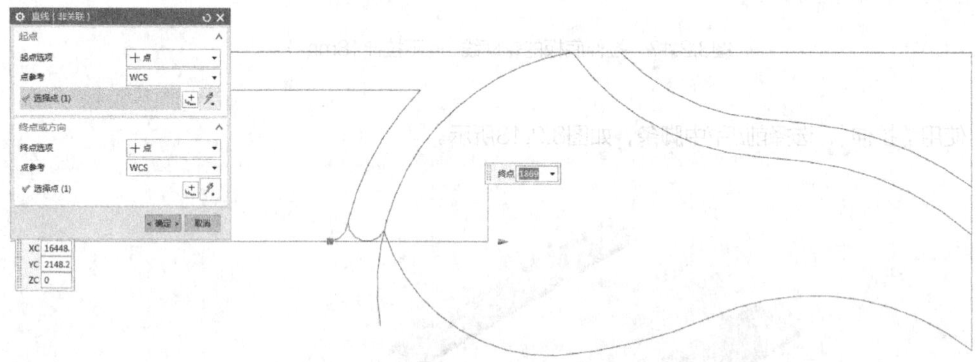

图3.2.20 延长直线（将直线延长和圆弧相交即可）

使用〖编辑曲线〗-〖分割曲线〗-〖按边界对象〗，如图3.2.21所示。

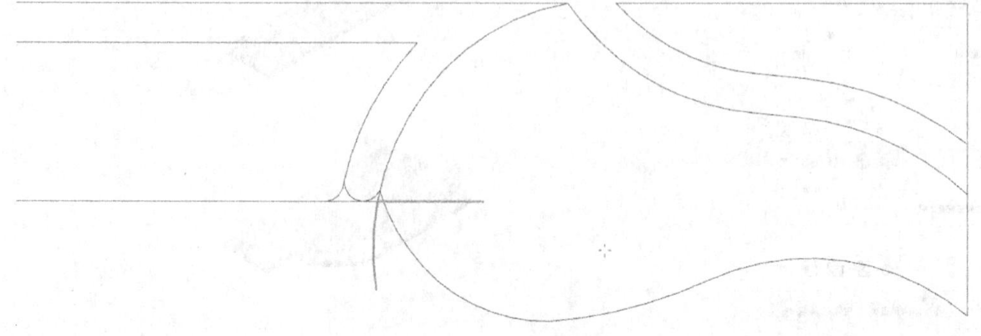

图3.2.21 使用〖按边界对象〗命令（将多余的线段进行删除或者隐藏）

使用〖拉伸〗，选择脚柱的直线部分封闭的截面，如图3.2.22所示。

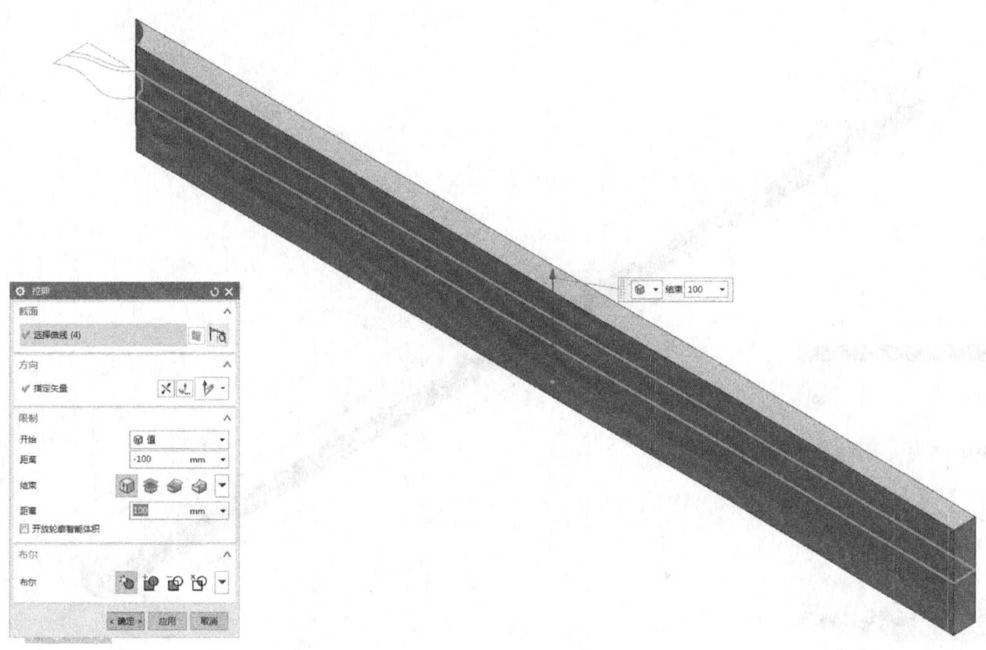

图3.2.22　拉伸脚柱的直线部分封闭的截面（对称拉伸各100mm）

使用〖移动对象〗-〖角度〗，如图3.2.23所示。

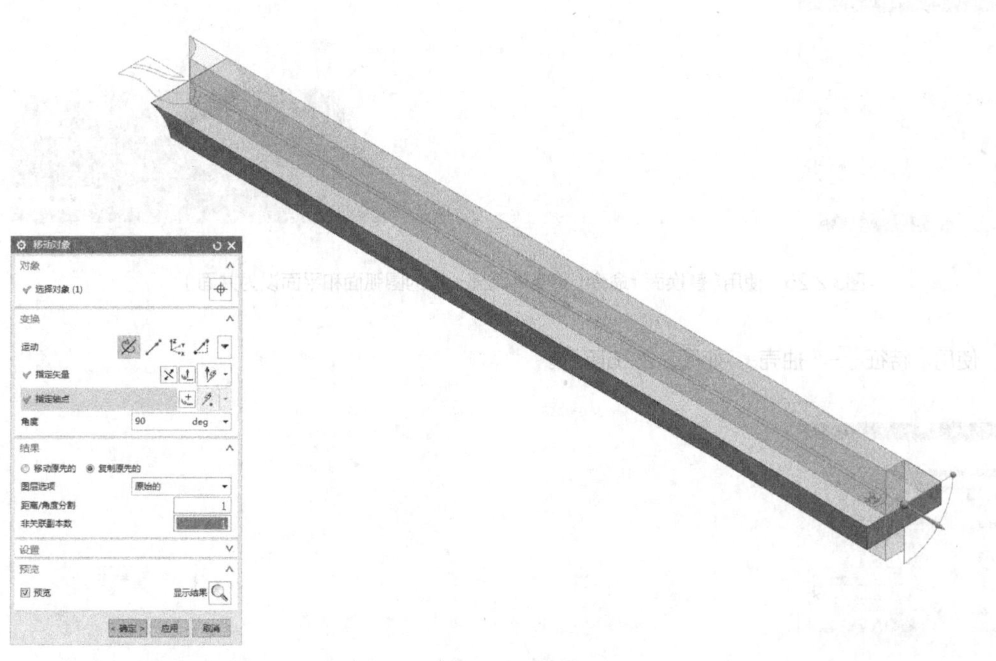

图3.2.23　使用〖角度〗命令（捕捉侧面上部中点为旋转中心点，旋转90°进行复制）

使用〖组合下拉菜单〗-〖相交〗，如图3.2.24所示。

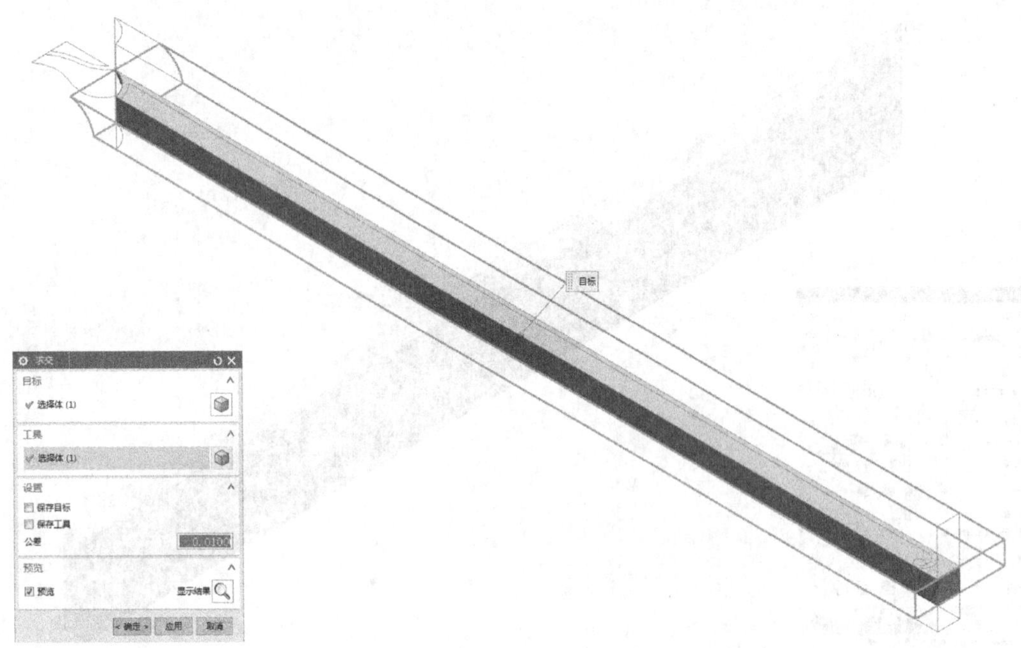

图3.2.24　使用〖相交〗命令（将两个实体相交出一个实体）

使用〖同步建模〗-〖替换面〗，如图3.2.25所示。

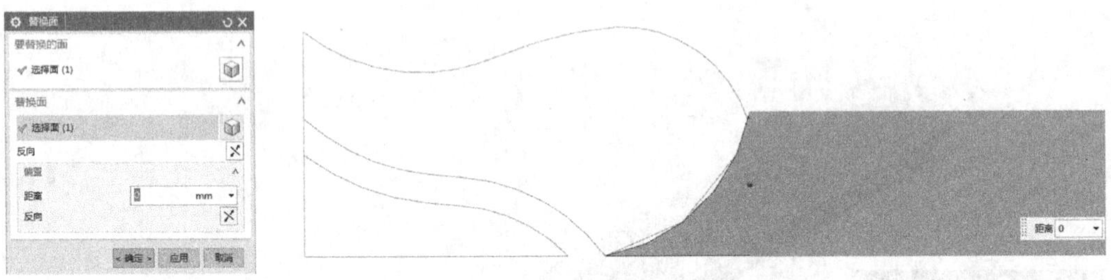

图3.2.25　使用〖替换面〗命令（将实体尾部一边的圆弧面和平面设为共面）

使用〖特征〗-〖抽壳〗，如图3.2.26所示。

图3.2.26　使用〖抽壳〗命令（选择上步的平面为〖要穿透的面〗，壁厚设置为10mm）

使用〖偏置面〗，选择视图中抽壳内侧的上边和右边，如图3.2.27所示。

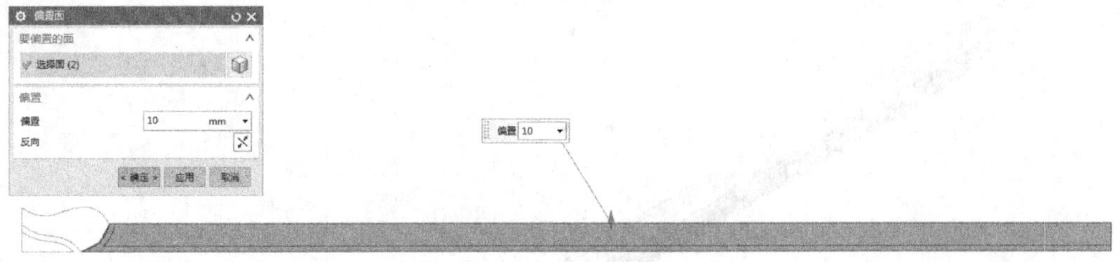

图3.2.27　偏置视图中抽壳内侧的上边和右边（向外偏置10mm，贯通两边的壁厚）

使用〖拉伸〗，选择视图中抽壳的底部内侧边，如图3.2.28所示。

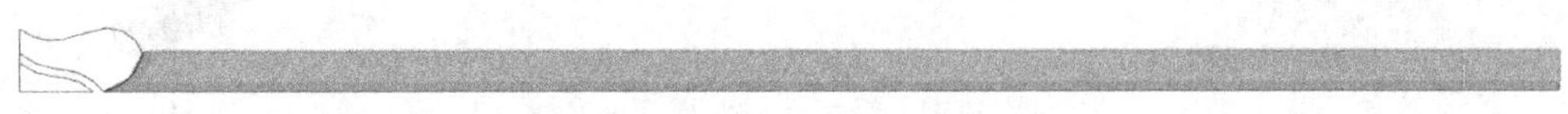

图3.2.28　拉伸视图中抽壳的底部内侧边（〖结束〗设置为〖直至延伸部分〗，选择上表面）

使用〖拆分体〗，选择视图中的两个实体，如图3.2.29所示。

图3.2.29　拆分实体（〖工具〗设置为〖新建平面〗，使用〖二等分〗选择两个夹角面，创建一个中分平面。将实体进行拆分。〖移除参数〗后删除另一边）

使用〖编辑〗-〖变换〗-〖通过一平面镜像〗，如图3.2.30所示。

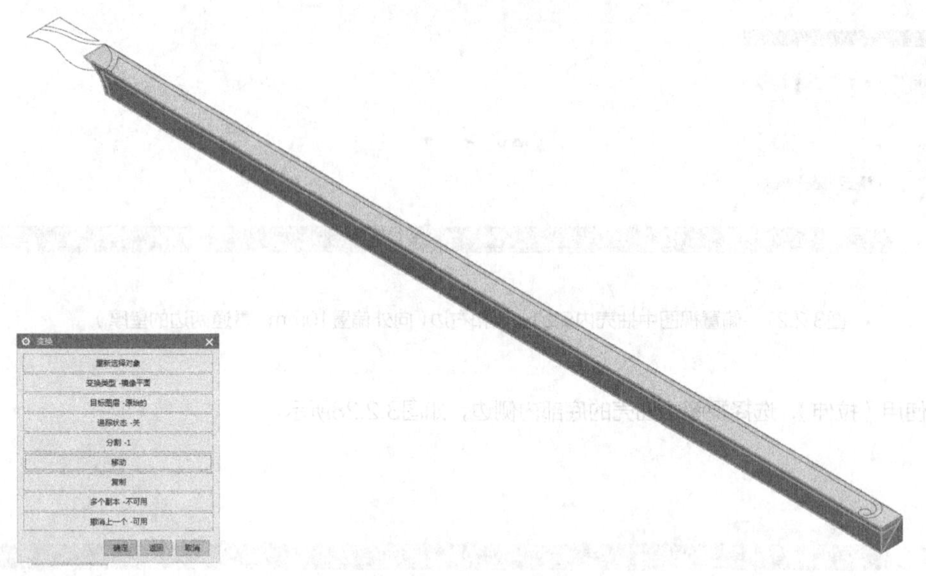

图3.2.30　将一侧的实体复制并且使用〖合并〗组合成两个实体

使用〖边到圆〗，选择两个实体的前边，如图3.2.31所示。

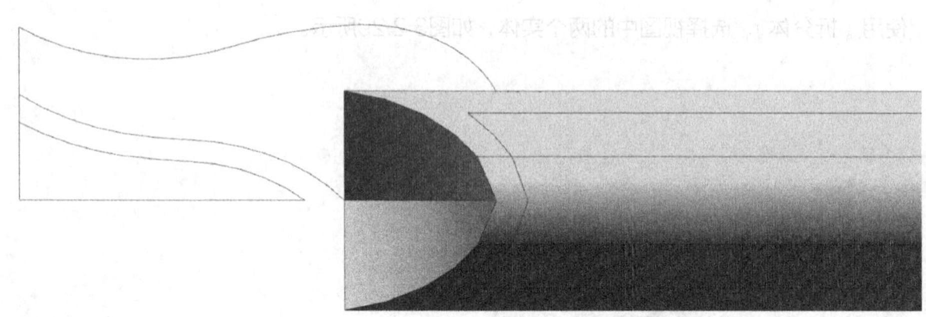

图3.2.31　边倒圆（倒圆半径R20）

使用〖边到圆〗，选择6个圆弧面的3条相交线，如图3.2.32所示。

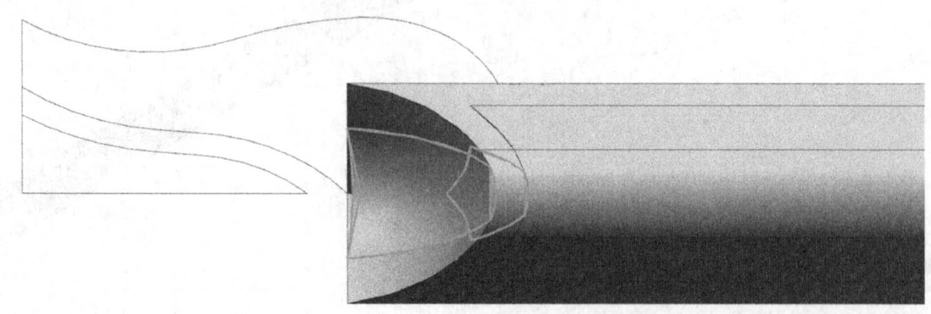

图3.2.32　边倒圆（倒圆半径R30）

使用〖特征〗-〖基准/点下拉菜单〗-〖基准平面〗，如图3.2.33所示。

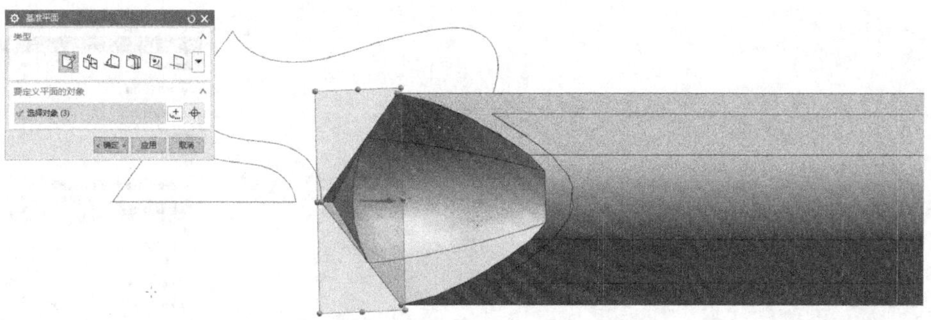

图3.2.33　定义基准平面（三点定义一个平面）

使用〖同步建模〗-〖替换面〗，如图3.2.34所示。

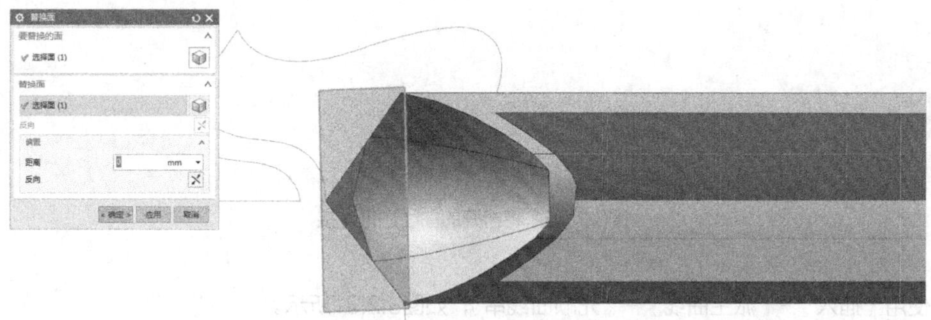

图3.2.34　使用〖替换面〗命令（将实体尾部凹陷的面和创建的平面共面）

使用〖显示和隐藏〗，将脚柱的下部单独显示，如图3.2.35所示。

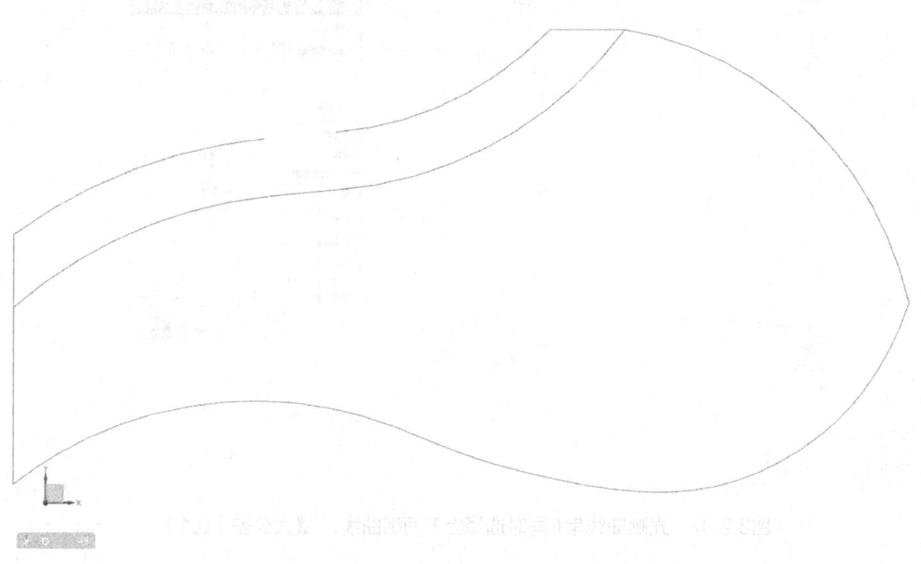

图3.2.35　单独显示脚柱的下部（将轮廓封闭，不连贯的线段先进行删除）

使用〖插入〗-〖派生曲线〗-〖桥接〗，如图3.2.36所示。

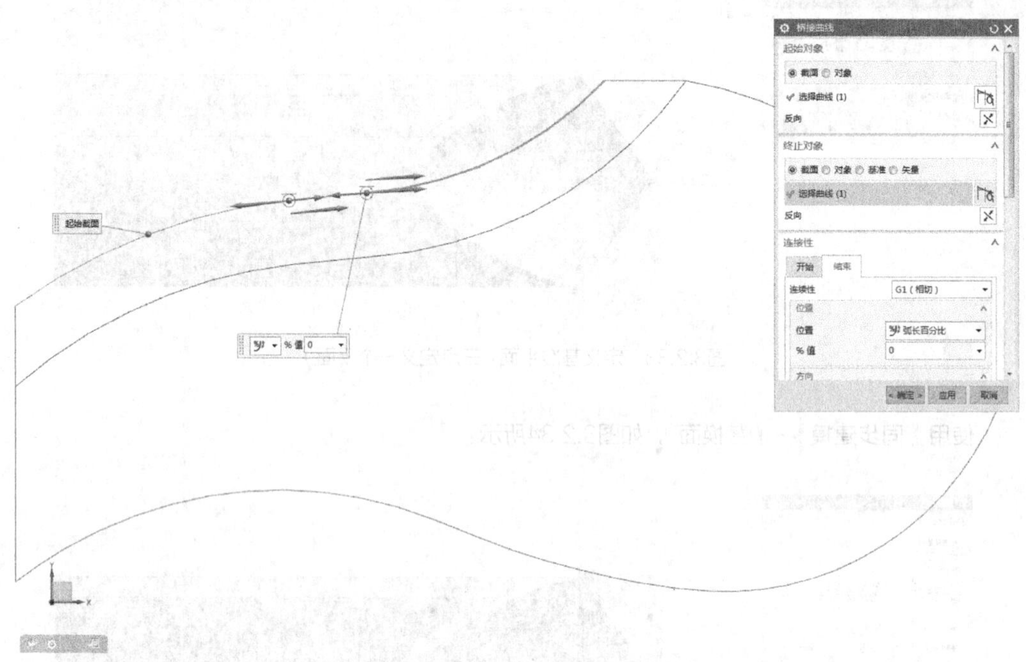

图3.2.36　将断开的曲线进行连接

使用〖插入〗-〖派生曲线〗-〖光顺曲线串〗，如图3.2.37所示。

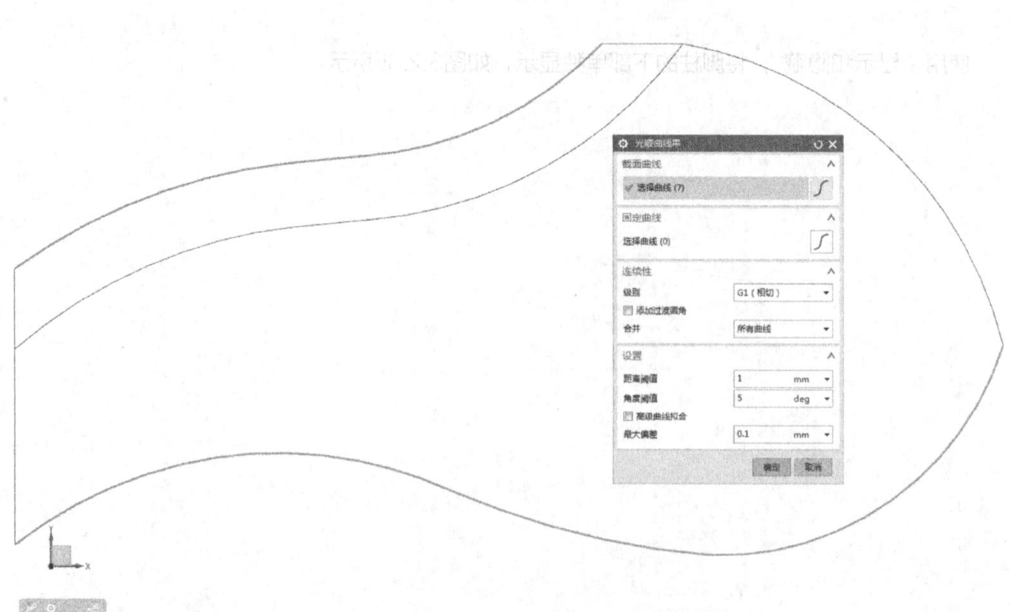

图3.2.37　光顺曲线串（同时选择上下两组曲线，〖最大公差〗0.1）

使用〖拉伸〗，选择下脚柱的截面轮廓，如图3.2.38所示。

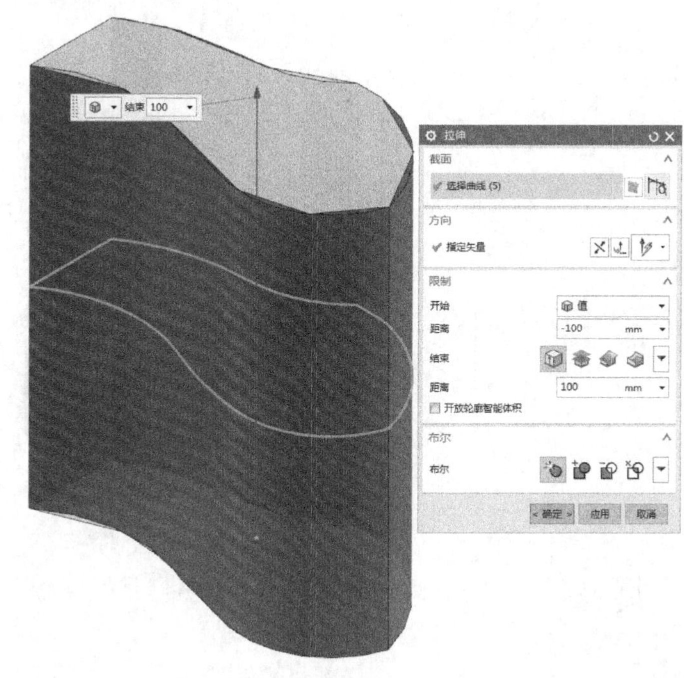

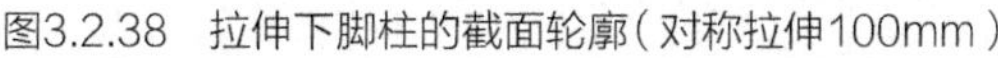
图3.2.38　拉伸下脚柱的截面轮廓（对称拉伸100mm）

使用〖编辑〗-〖变换〗-〖通过一平面镜像〗，如图3.2.39所示。

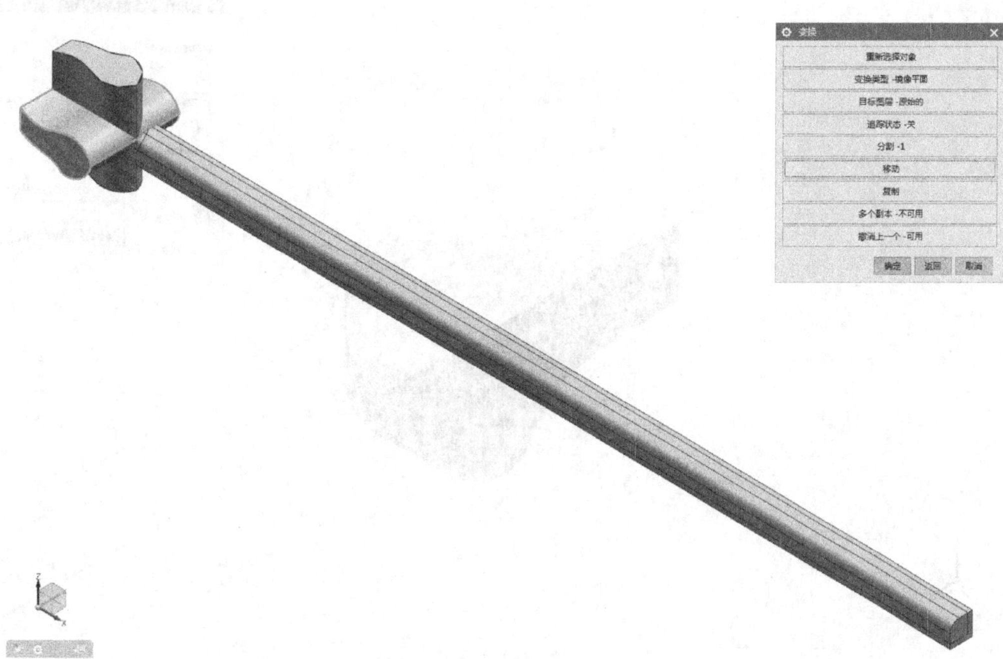

图3.2.39　选择镜像平面为倒圆两侧平面的夹角中分面进行复制

使用〖组合下拉菜单〗-〖相交〗，如图3.2.40所示。

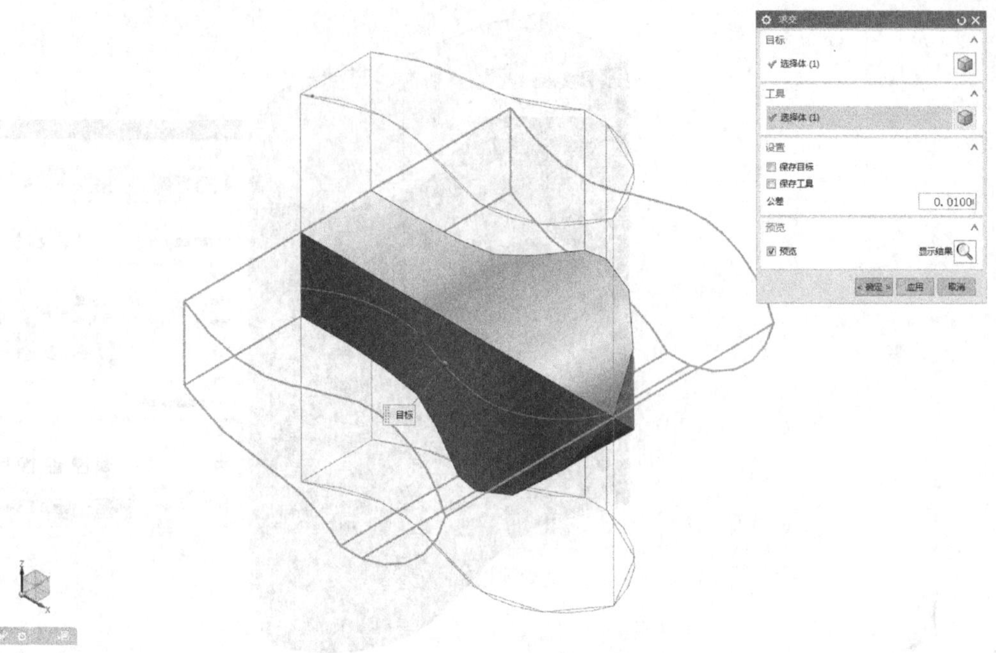

图3.2.40　选择两个实体相交出一个实体

使用〖组合下拉菜单〗-〖减去〗，如图3.2.41所示。

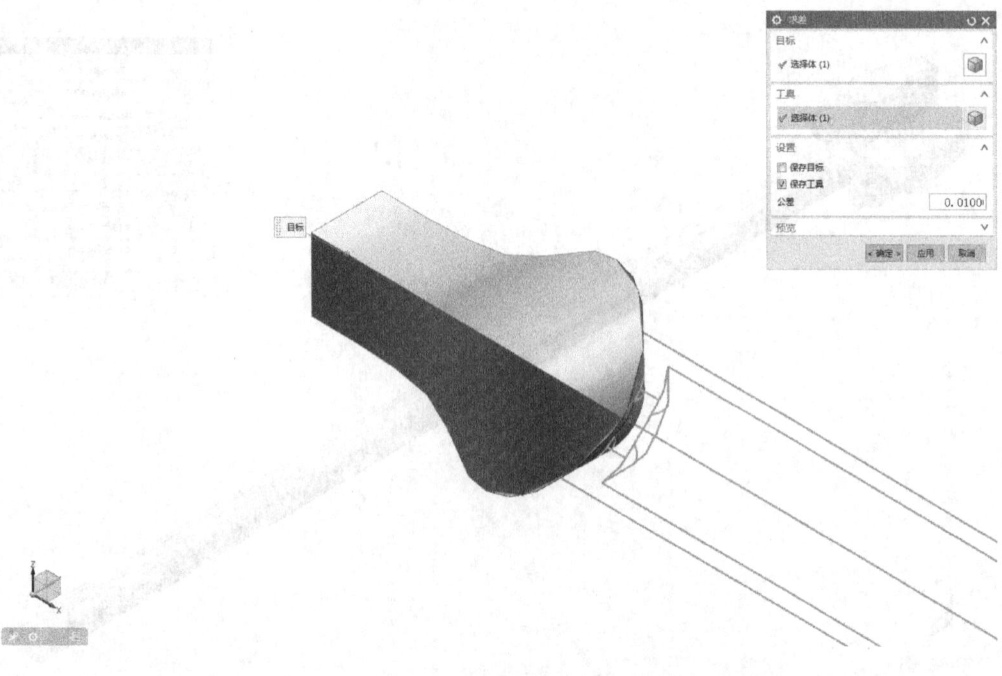

图3.2.41　使用〖减去〗命令（〖目标〗选择下脚柱，〖工具〗选择上脚柱并且勾选〖保存工具〗）

使用〖同步建模〗-〖替换面〗，如图3.2.42所示。

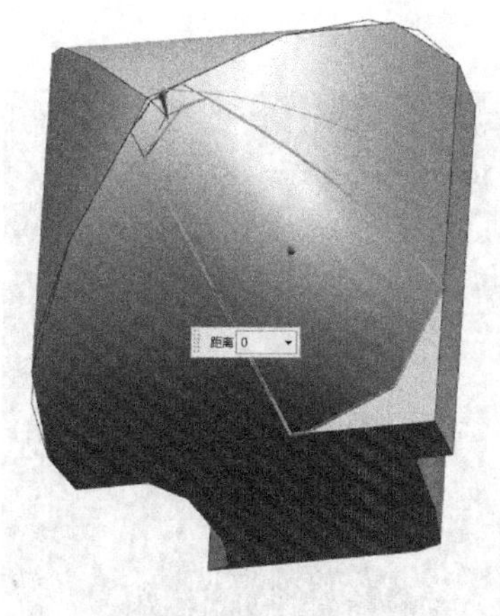

图3.2.42 使用〖替换面〗命令（选择〖要替换的面〗为小面，〖替换面〗为大面，将圆角贯通）

一个实体经过多次的修改之后，加载的参数越多越容易出现破面，所以这时候就需要去除实体的关联参数。因为〖部件导航器〗中的参数命令越多，软件就越卡。所以我们去参数建模就是为了给模型“减负”。

使用〖同步建模〗-〖优化面〗，如图3.2.43所示。

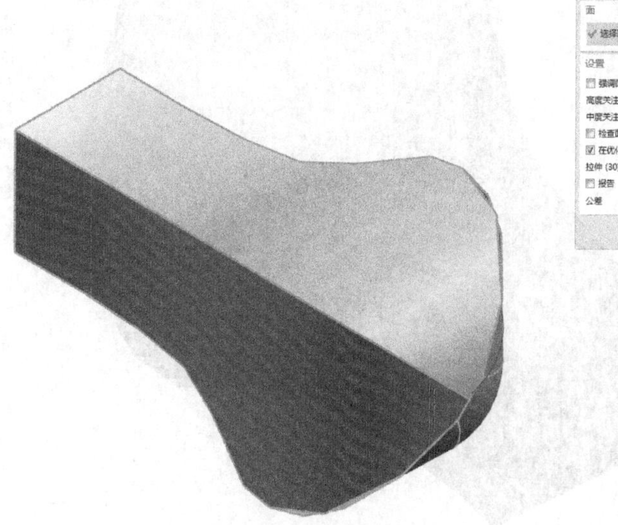

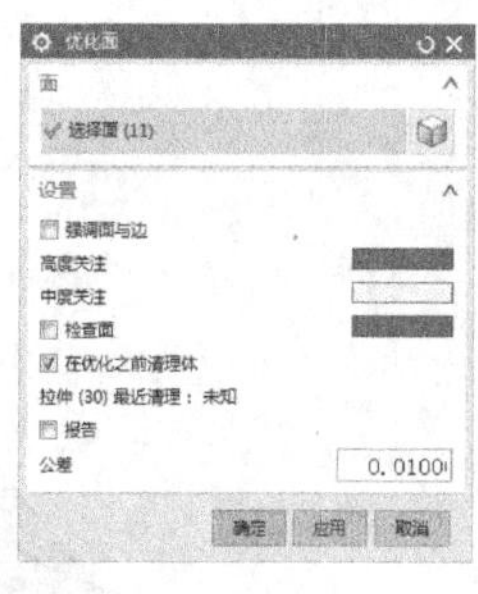

图3.2.43 使用〖优化面〗命令（选择整个下脚柱，修补可能破损的面）

使用〖直接草图〗，选择脚柱的顶面为草绘平面，如图3.2.44所示。

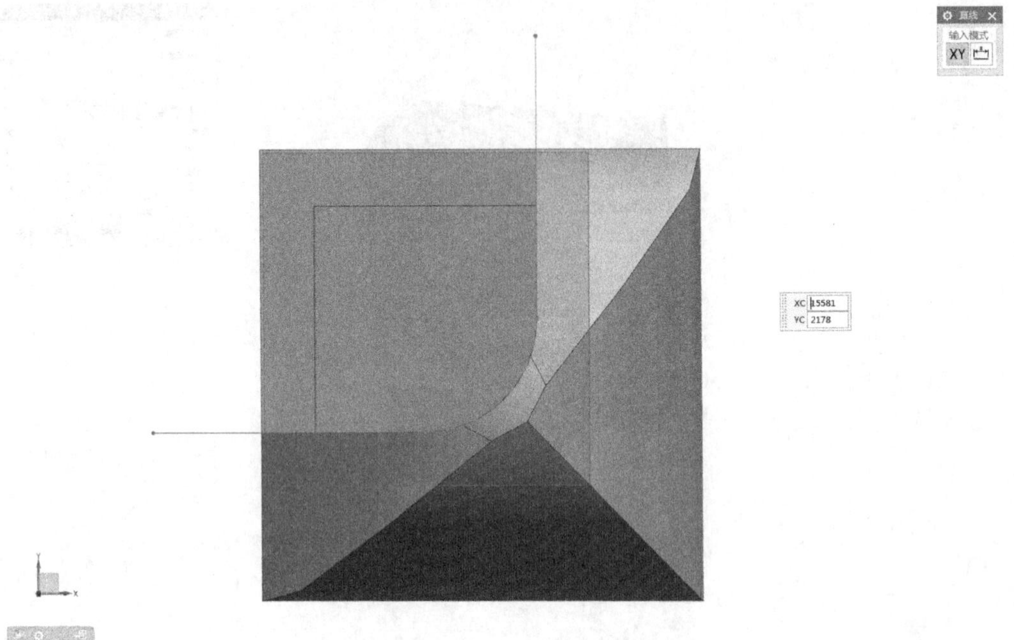

图3.2.44　选择草绘平面（按照顶面的外形，绘制两条直线1段圆弧）

使用〖插入〗-〖派生曲线〗-〖投影〗，如图3.2.45所示。

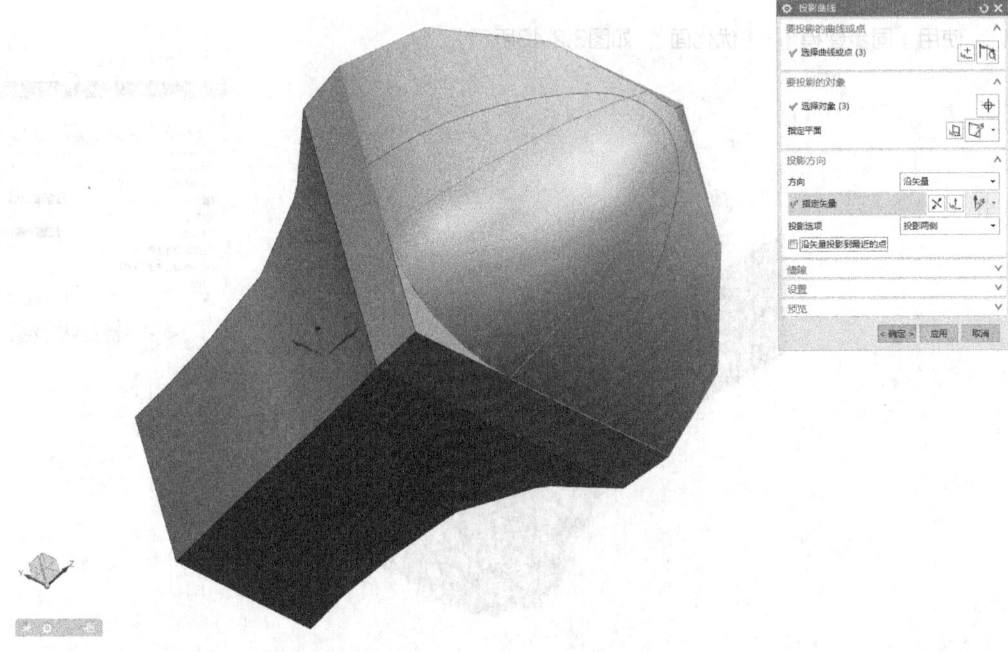

图3.2.45　使用〖投影〗命令（选择上部的3条线段，选择〖要投影的对象〗为图中的3个相切面，设置〖投影方向〗。〖指定矢量〗为Z轴。〖投影选项〗选择为〖投影两侧〗）

使用〖边倒圆〗，选择脚柱前边的脊线，如图3.2.46所示。

使用〖插入〗-〖曲线〗-〖曲面上的曲线〗，如图3.2.47所示。

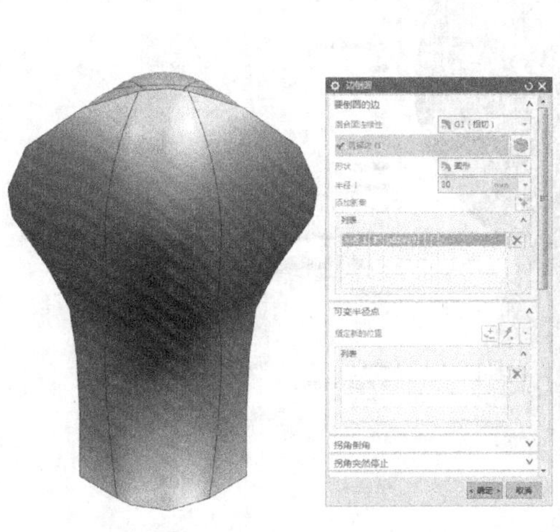

图3.2.46　边倒圆（倒圆R30）

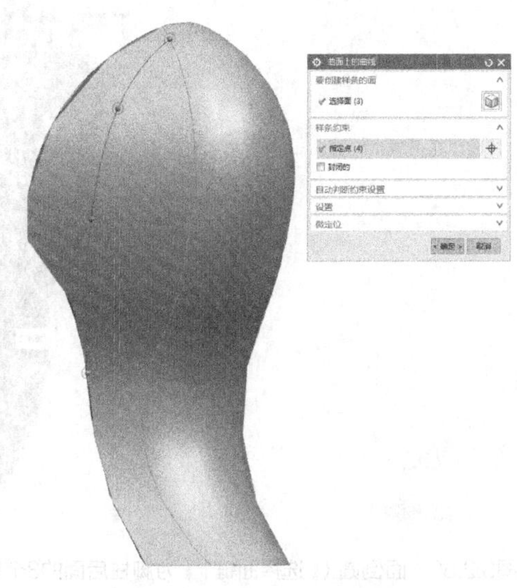

图3.2.47　使用〖曲面上的曲线〗命令（在曲面上绘制一根样条线）

在定位点的时候一定要在〖选择条〗中勾选〖面上的点〗，这样线段才能贴合在曲面上。线段上部要尽量地靠近曲面的顶部边缘，否则无法生产倒圆。

使用〖编辑〗-〖变换〗-〖通过一平面镜像〗，如图3.2.48所示。

使用〖插入〗-〖派生曲线〗-〖桥接〗，如图3.2.49所示。

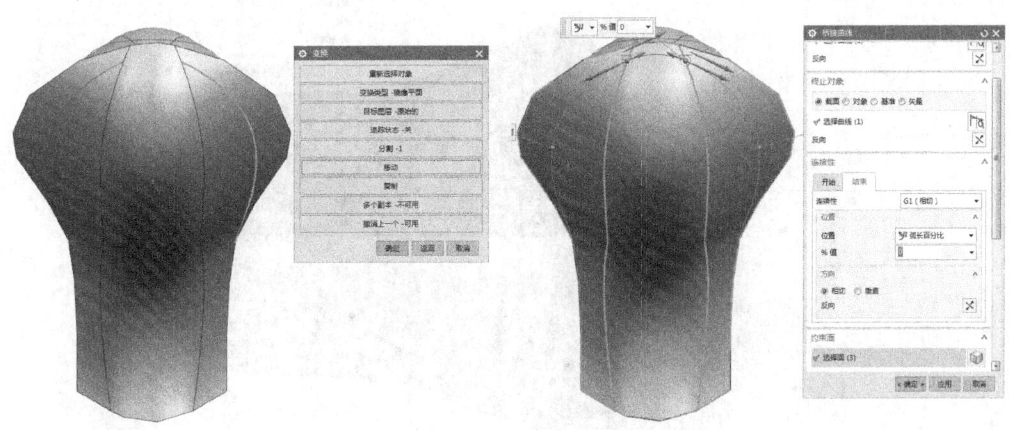

图3.2.48　将样条线镜像到另一边

图3.2.49　分别选择两段线连接

使用〖特征〗-〖细节特征下拉菜单〗-〖面倒圆〗，如图3.2.50所示。

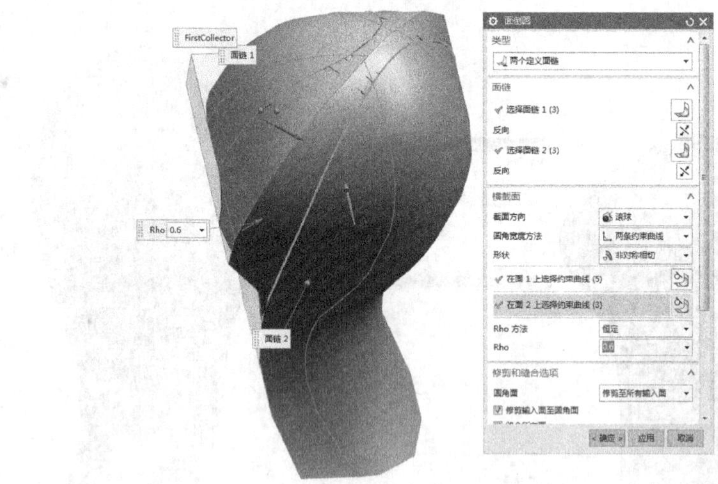

图3.2.50　面倒圆(〖选择面链1〗为脚柱后面的3个相切面。〖选择面链2〗为脚柱前面的3个相切面。在〖横截面〗-〖圆角宽度方法〗中选择〖两条约束曲线〗。〖在面1选择约束曲线〗为后面曲面上的投影线，〖在面2选择约束曲线〗为前面曲面上的3条样条线。其他设置按图中保持默认)

〖面倒圆〗已经集合了上章我们使用的〖软倒圆〗的功能。而且更加方便，成功率也更高。我之所以在上章中使用〖软倒圆〗是为了让大家了解这些命令的来历和区别，以便在以后的工作中能灵活运用。

使用〖特征〗-〖偏置曲面〗，如图3.2.51所示。

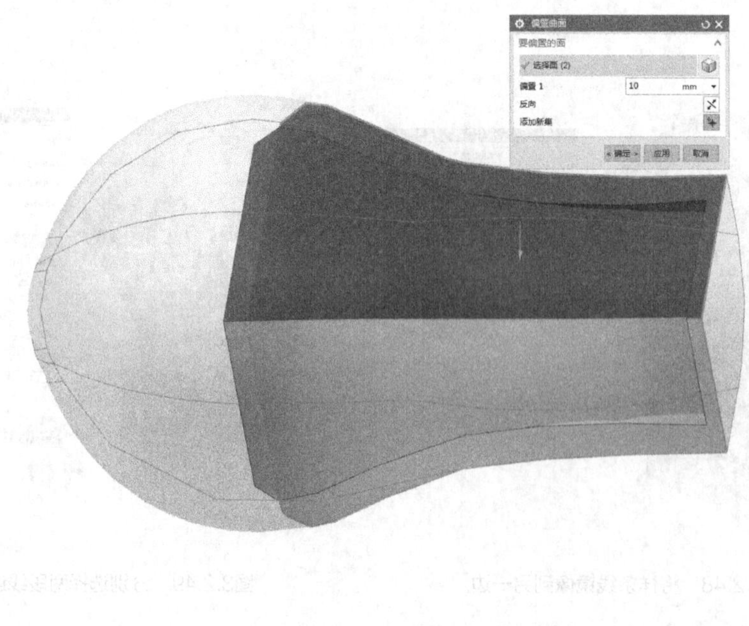

图3.2.51　偏置曲面(选择脚柱背面下部的两个曲面，向内侧偏置10mm)

使用〖插入〗-〖修建〗-〖延伸偏体〗，如图3.2.52所示。

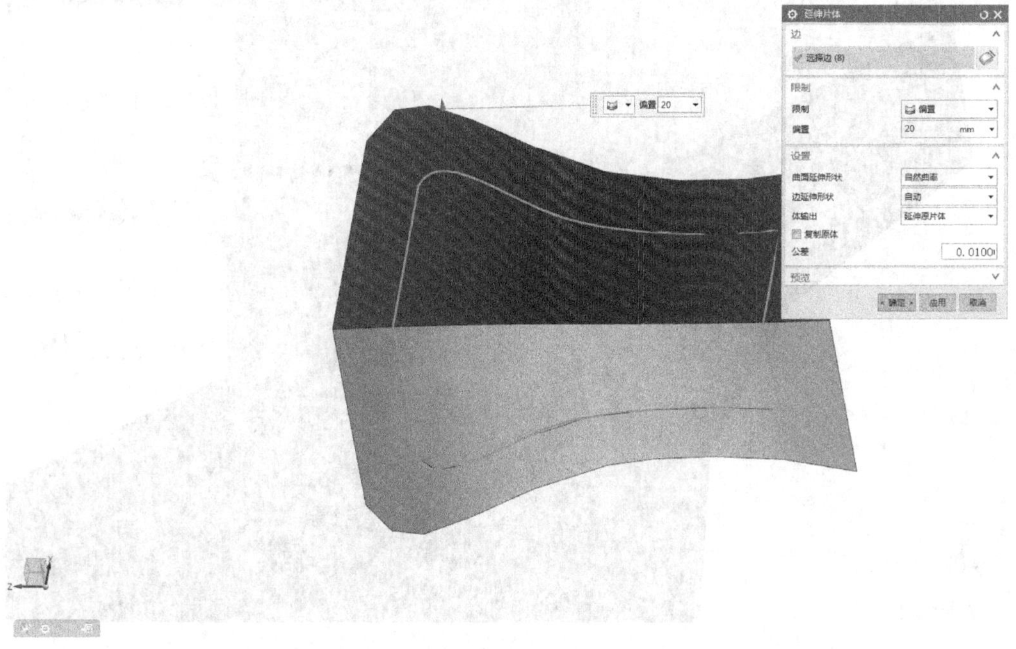

图3.2.52　延伸偏体（选择曲面的所有边，向外延伸20mm）

使用〖插入〗-〖修建〗-〖拆分体〗，如图3.2.53所示。

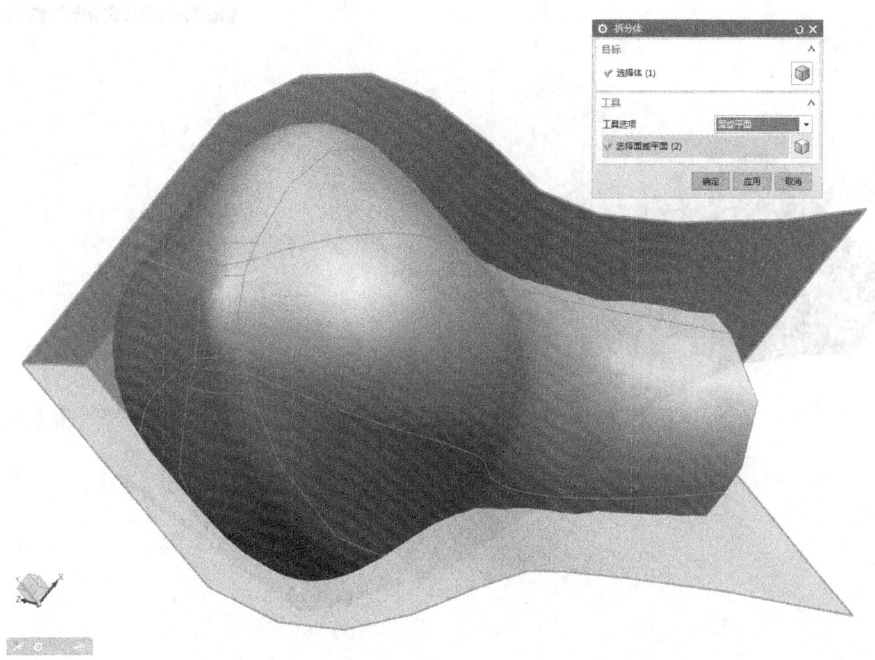

图3.2.53　拆分实体（选择脚柱实体，按照上步的曲面进行拆分）

使用〖同步建模〗-〖替换面〗，如图3.2.54所示。

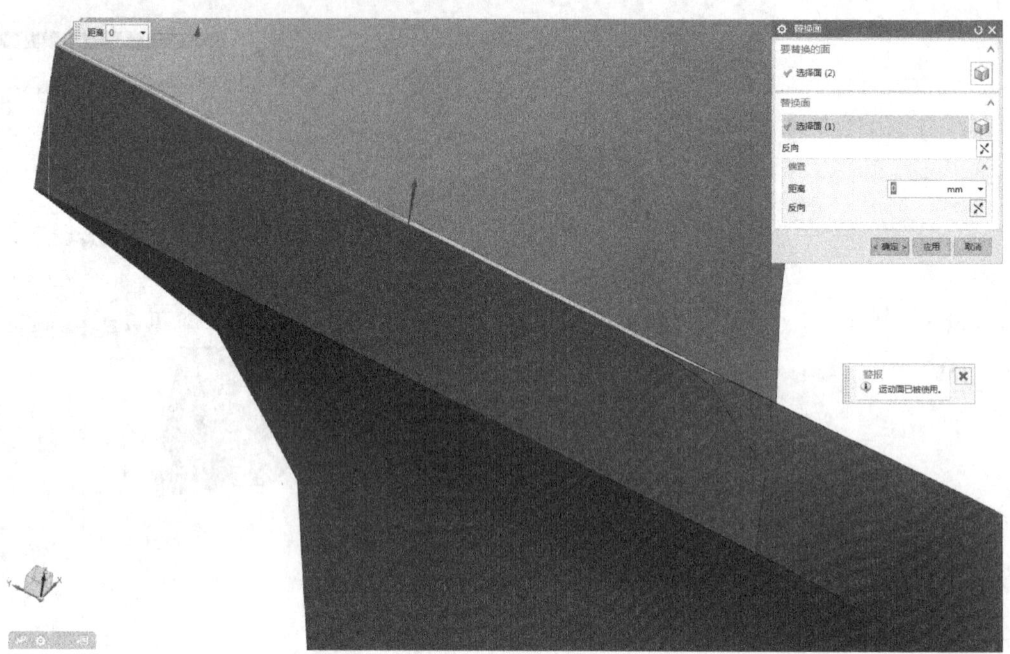

图3.2.54 使用〖替换面〗命令（将拆分出来的碎片修剪整齐，具体步骤参考视频）

使用〖边到圆〗，选择图中的相连的两段边线，如图3.2.55所示。

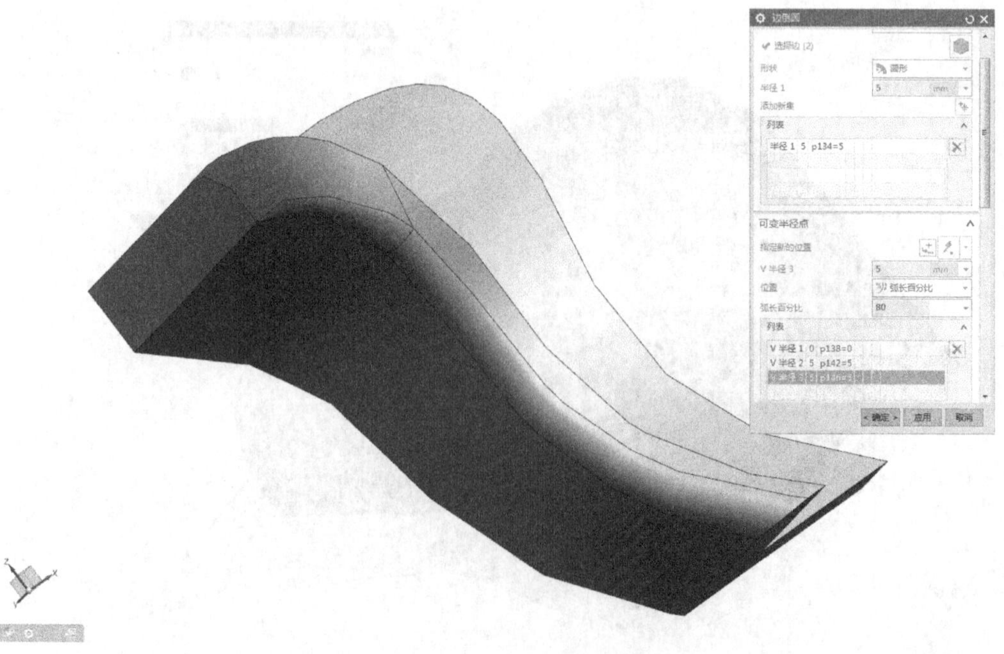

图3.2.55 边倒圆（添加多个〖可变半径点〗进行变化倒圆，具体步骤参考视频）

使用〖边到圆〗，选择图中的相连的两段边线，如图3.2.56所示。

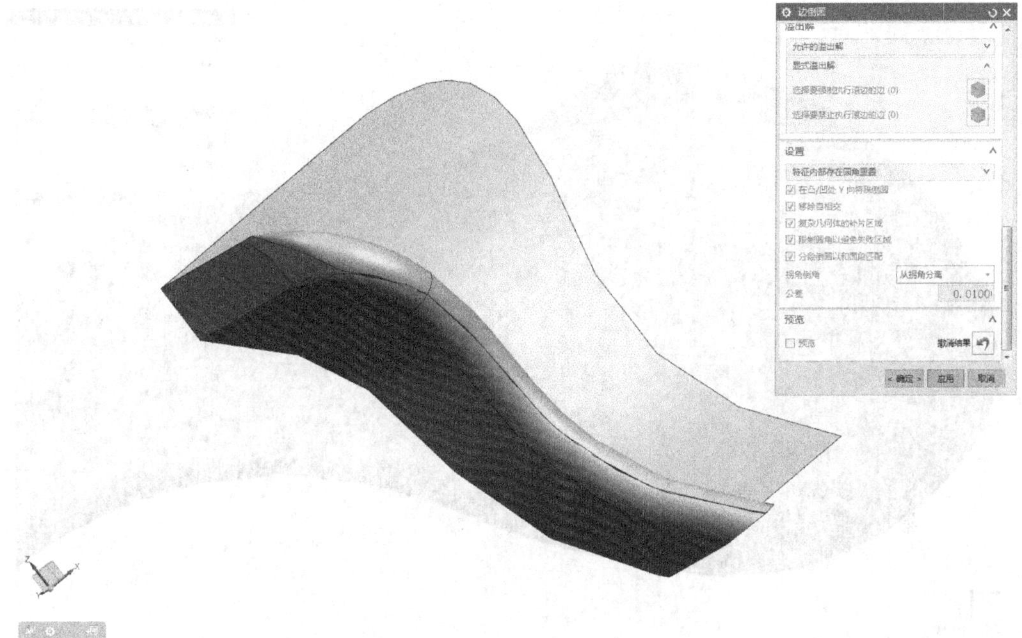

图3.2.56　边倒圆（添加多个〖可变半径点〗进行变化倒圆，具体步骤参考视频）

使用〖边到圆〗，选择图中的相连的两段边线，如图3.2.57所示。

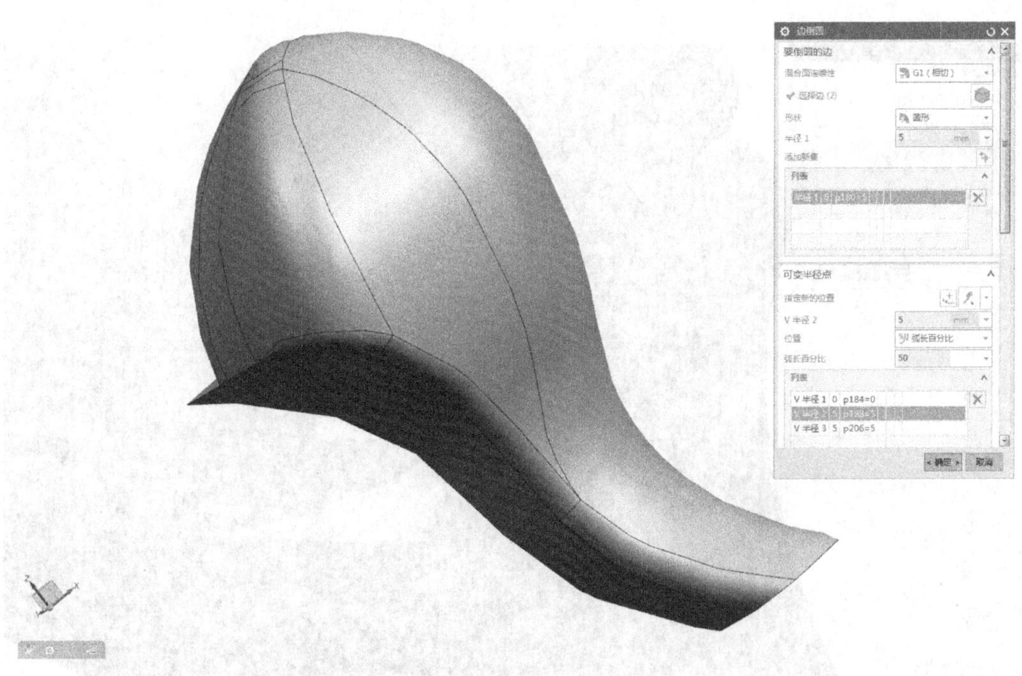

图3.2.57　边倒圆（添加多个〖可变半径点〗进行变化倒圆，具体步骤参考视频，以相同的步骤完成另外一边的倒圆）

使用〖特征〗-〖组合下拉菜单〗-〖合并〗，如图3.2.58所示。

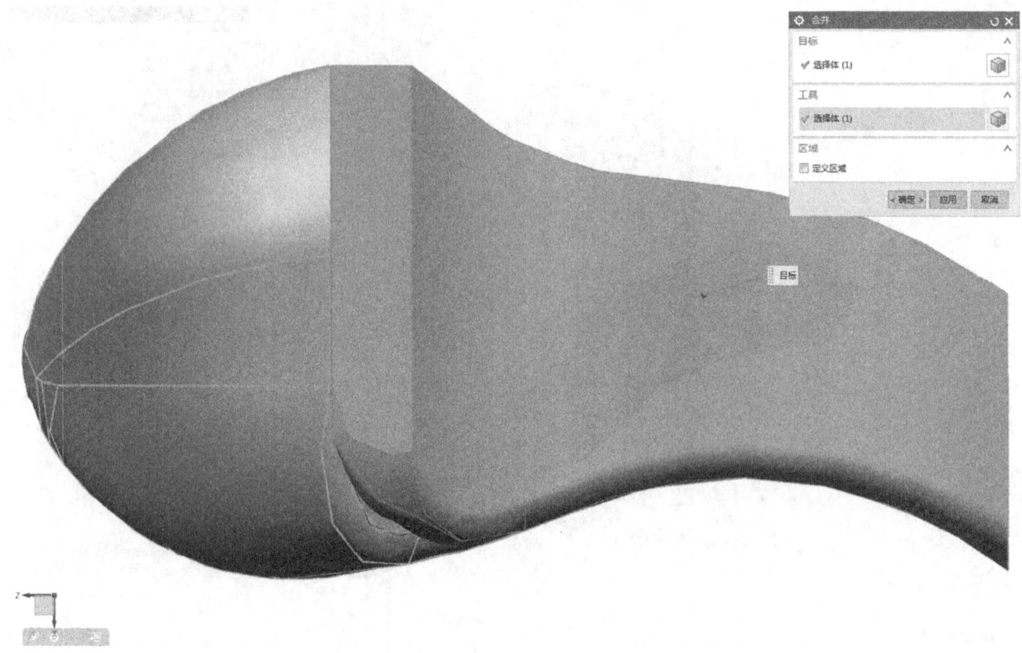

图3.2.58　合并实体（将拆分出来的两个实体再进行合并）

使用〖同步建模〗-〖替换面〗，如图3.2.59所示。

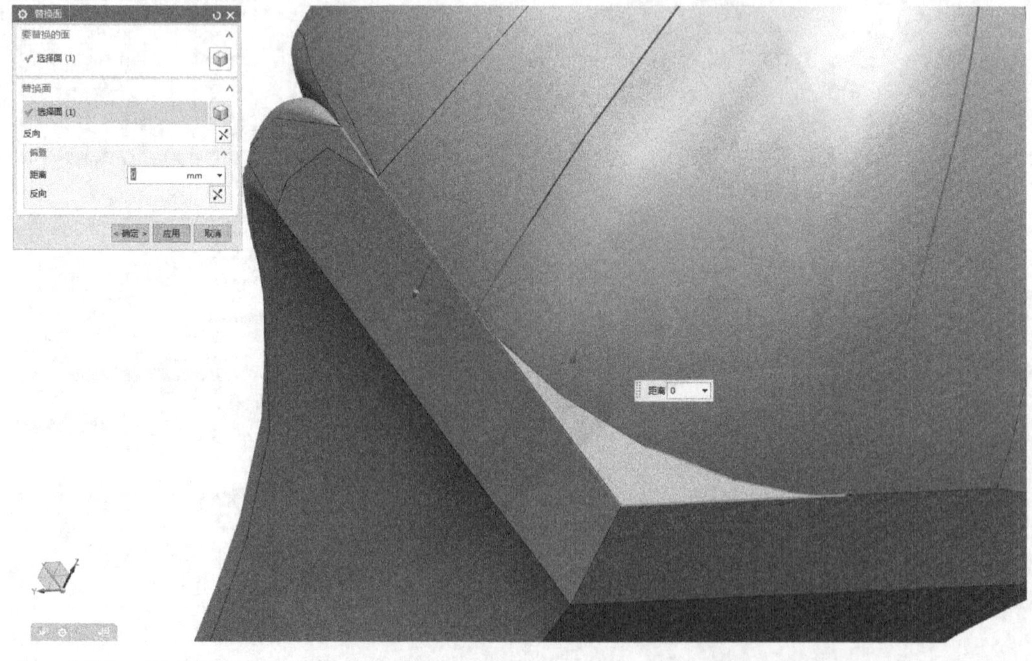

图3.2.59　使用〖替换面〗命令（将实体合并后的缝隙填平，具体操作参考视频）

使用〖特征〗-〖边倒圆〗，如图3.2.60所示。

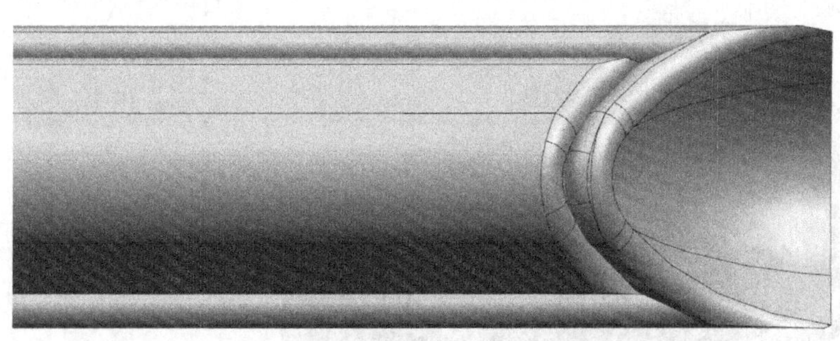

图3.2.60　边倒圆（选择图中所有边，全部倒圆R5）

使用〖特征〗-〖组合下拉菜单〗-〖合并〗，如图3.2.61所示。

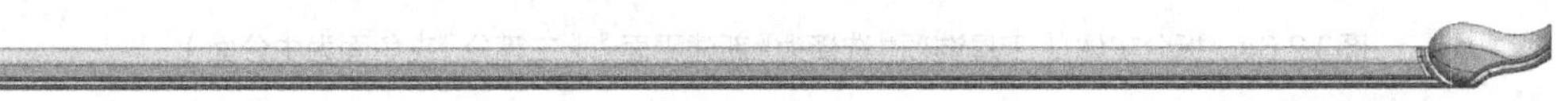

图3.2.61　合并脚柱所有的实体（将脚柱所有的实体进行求和）

使用〖移动对象〗，将脚柱和二维视图对齐，如图3.2.62所示。

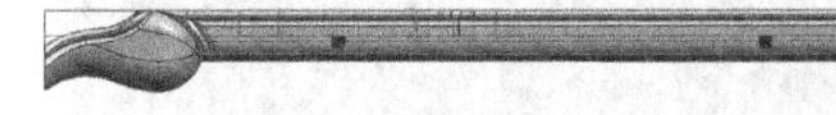

图3.2.62　将脚柱和二维视图对齐（如果不想〖移除参数〗，就将实体复制一个出来，有参数的隐藏）

使用〖拆分体〗，将脚柱从顶部偏置100mm进行拆分，如图3.2.63所示。

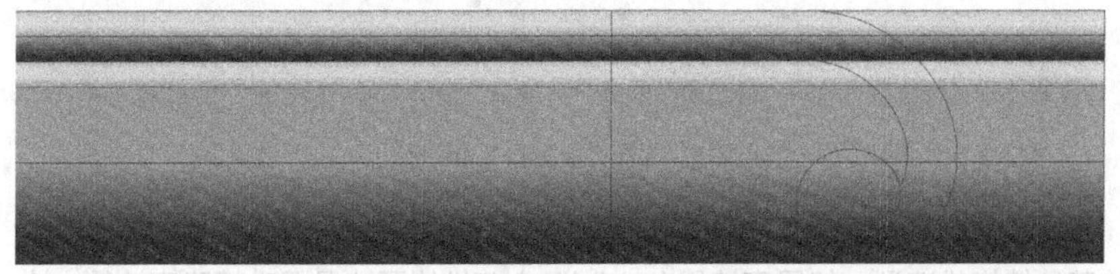

图3.2.63　拆分实体（并且将需要造型的二维线段和实体一起显示）

使用〖拆分体〗，将上部拆分出来的实体再进行拆分，如图3.2.64所示。

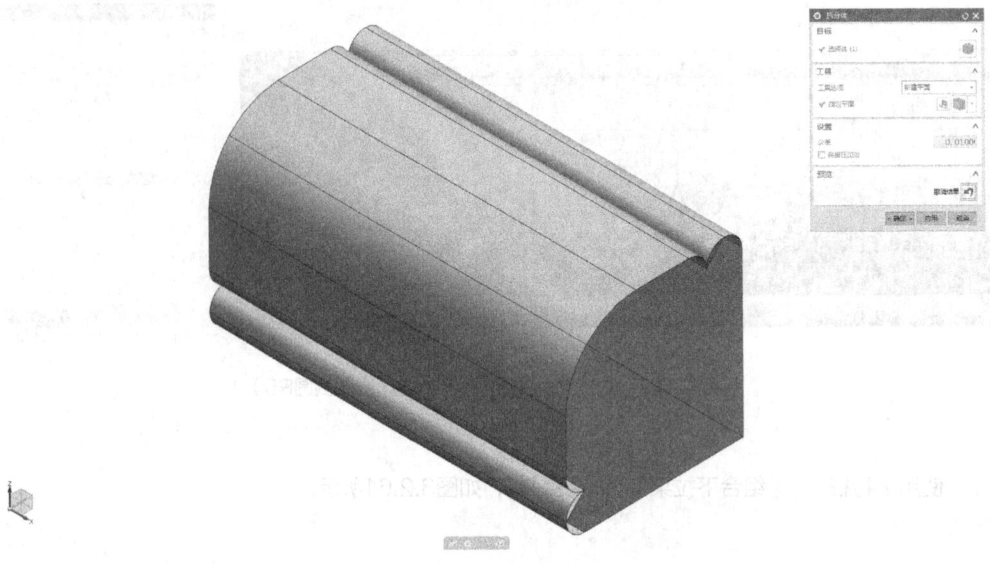

图3.2.64　拆分实体（〖工具选项〗选择为〖新建平面〗,〖二等分〗夹角面为中分面）

使用〖显示和隐藏〗，将另一半的实体进行隐藏，如图3.2.65所示。

图3.2.65　隐藏另一半实体（〖隐藏〗快捷键“Ctrl+B”）

这种比较复杂的花纹结构或造型，如果直接用AuoCAD中二维的画法是很难精确表达的。比如我们图中表现雕花的线条就明显地向下偏移过多了。所以我们就需要在UG中重新使用样条曲线绘制。

使用〖拉伸〗，选择脚柱前面平面为草绘平面，如图3.2.66所示。

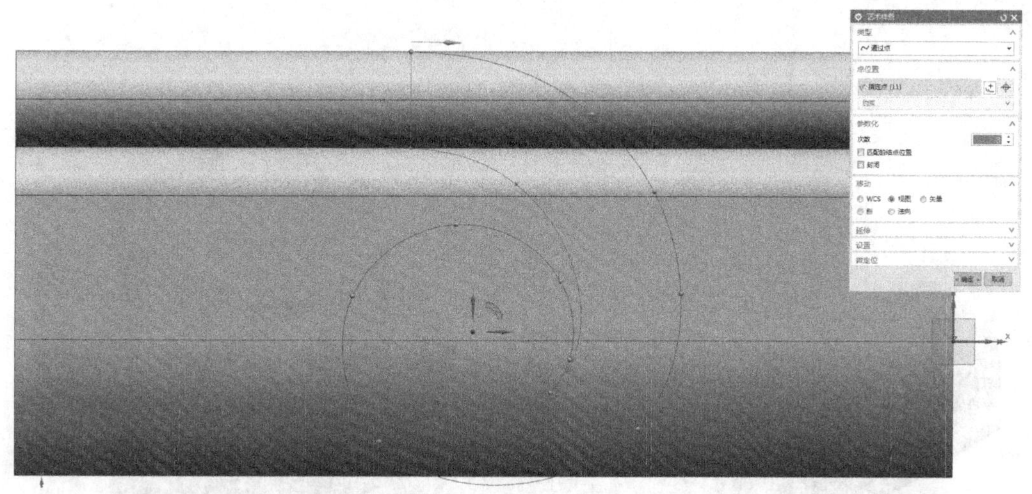

图3.2.66　选择草绘平面（使用〖草图工具〗中的〖艺术样条〗，参照原有曲线，绘制图中的两段样条曲线并且使用〖直线〗封闭截面。具体步骤参考视频）

〖完成草图〗，回到〖拉伸〗界面，如图3.2.67所示。

使用〖组合下拉菜单〗-〖合并〗，如图3.2.68所示。

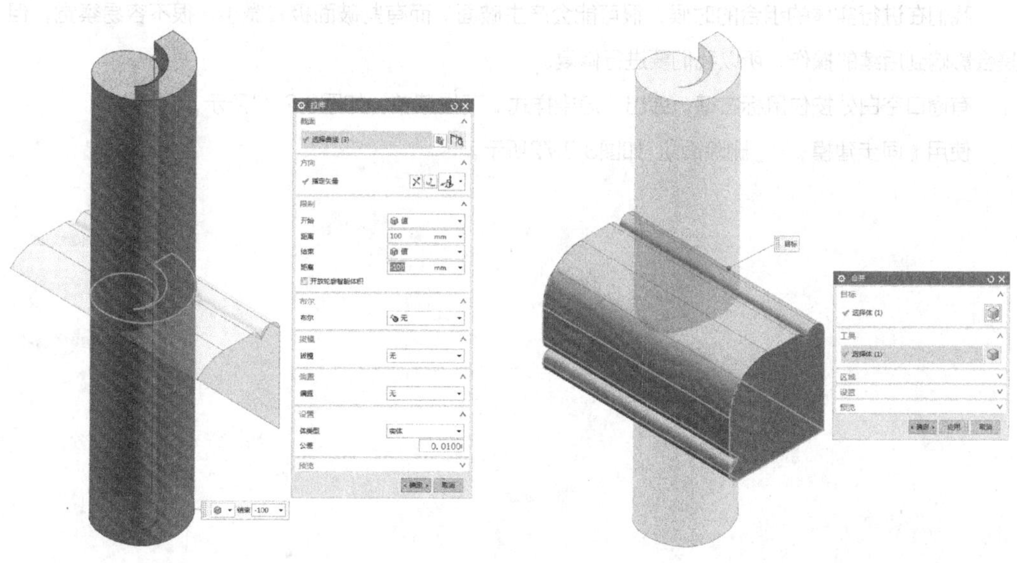

图3.2.67　回到〖拉伸〗界面（对称拉伸各100mm）

图3.2.68　将拆分的实体合并

上面将实体进行拆分，只是为了找到实体的中分线，当然我们也可以直接使用直线命令在圆弧上绘制一条中分线进行参照。

使用〖组合下拉菜单〗-〖求交〗，如图3.2.69所示。

使用〖变换〗-〖通过一平面镜像〗，如图3.2.70所示。

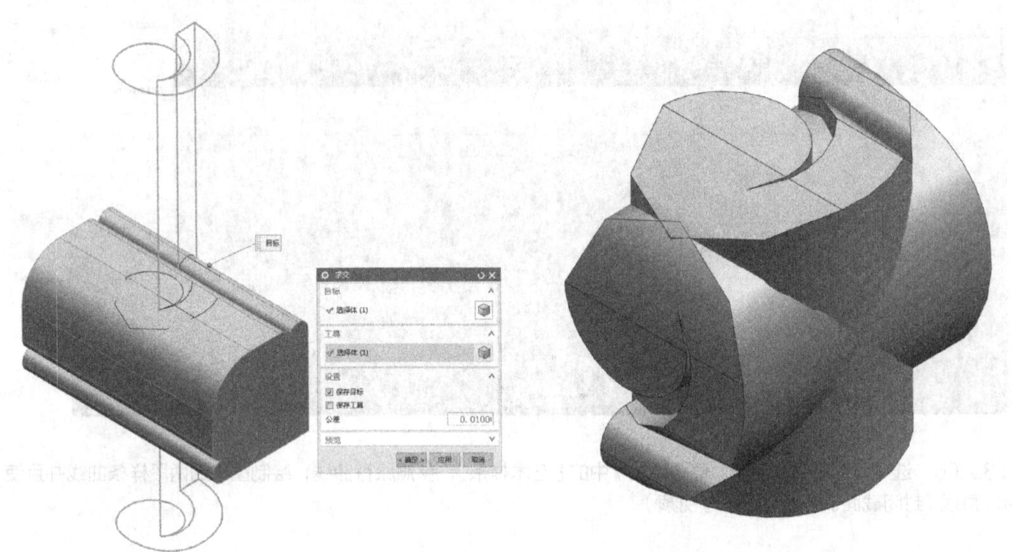

图3.2.69 使用〖求交〗命令（〖目标〗选择脚柱体，〖工具〗选择雕花体，勾选〖保存目标〗）

图3.2.70 将上部生成的雕花体进行镜像复制

我们在进行实体的组合的时候，很可能会产生破面。而有些破面极其微小，很不容易察觉，但是会影响到后续的操作，所以我们要进行修复。

有窗口空白处按住鼠标右键，弹出〖渲染样式〗下拉菜单，如图3.2.71所示。

使用〖同步建模〗-〖删除面〗，如图3.2.72所示。

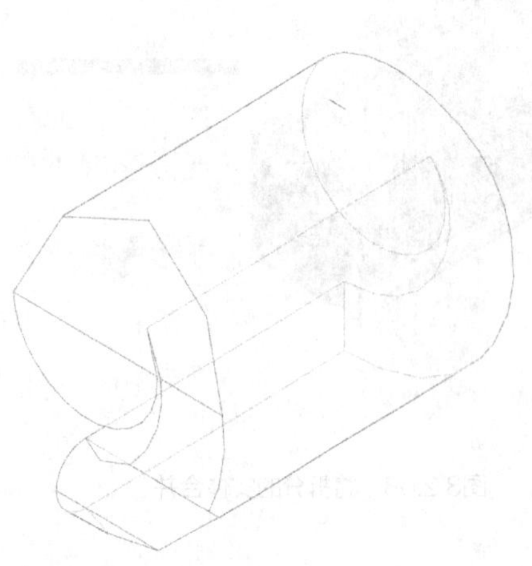

图3.2.71 弹出〖渲染样式〗下拉菜单（选择〖带有淡化边的线框〗，找到破面）

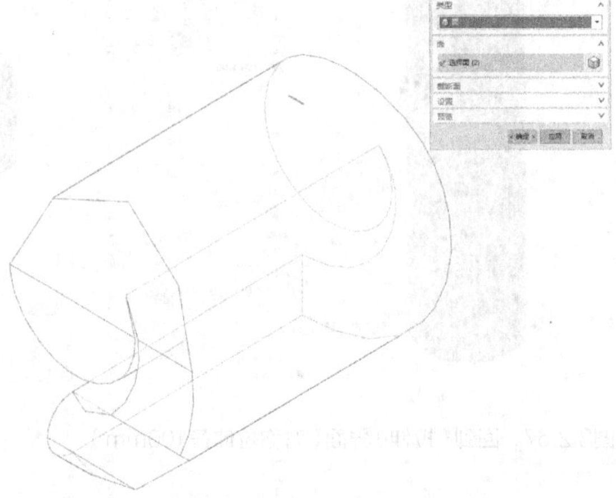

图3.2.72 删除破面（框选图中的破面，全部进行删除，另一半实体进行相同的操作）

使用〖偏置面〗，同时选择两个雕花实体的后平面，如图3.2.73所示。

使用〖同步建模〗-〖删除面〗，如图3.2.74所示。

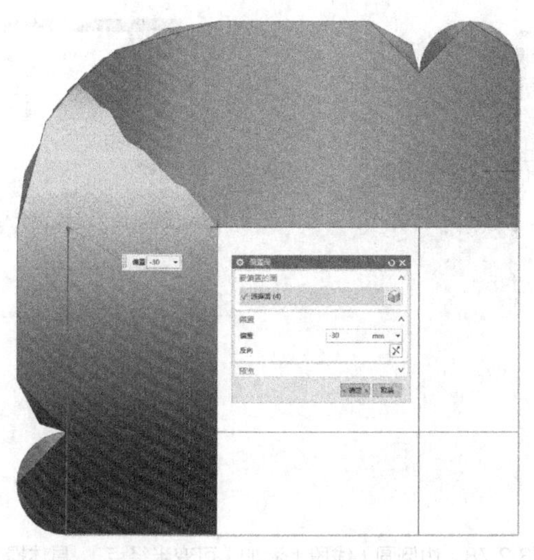

图3.2.73　偏置两个雕花实体的后平面（同时缩进30mm）

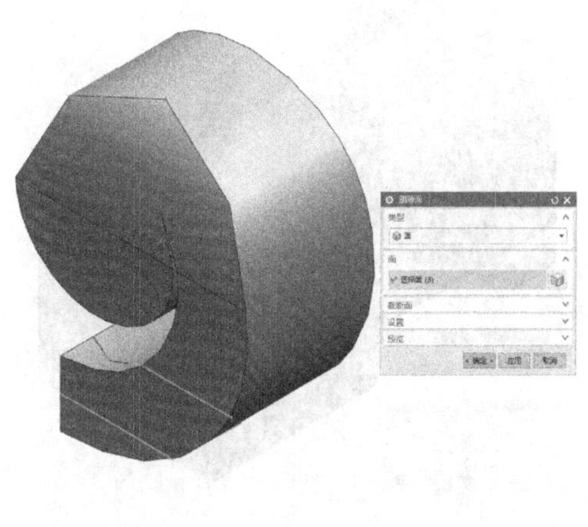

图3.2.74　分别删除两个实体的圆角

使用〖同步建模〗-〖拉出面〗，如图3.2.75所示。

使用〖组合下拉菜单〗-〖减去〗，如图3.2.76所示。

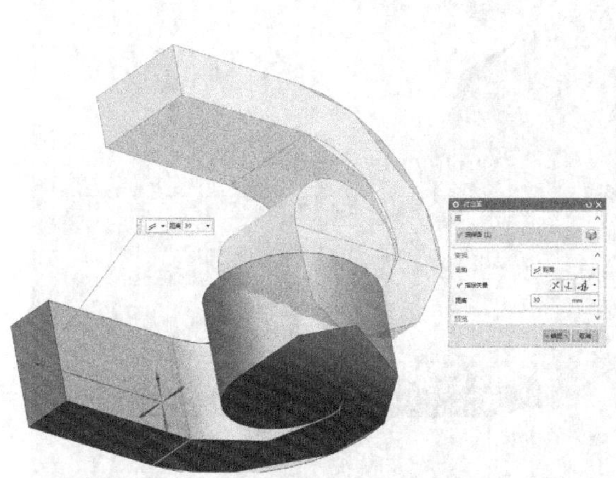

图3.2.75　分别将两个实体的下部平面拉出30mm

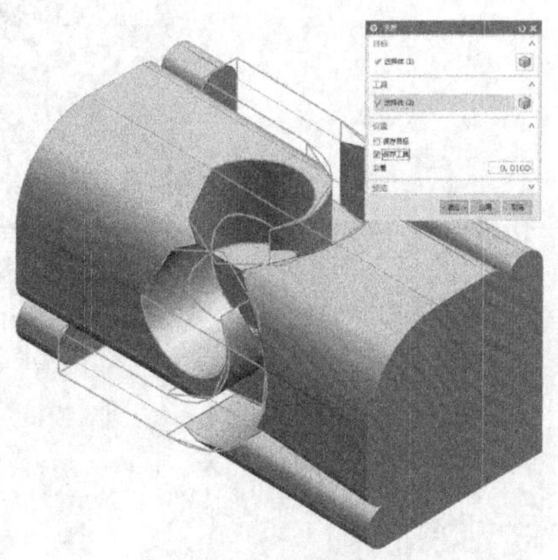

图3.2.76　使用〖减去〗命令（〖目标〗选择脚柱，〖工具〗选择两个雕花体，勾选〖保存工具〗）

使用〖同步建模〗-〖删除面〗，如图3.2.77所示。

使用〖边倒圆〗，图中的6条边进行倒圆，如图3.2.78所示。

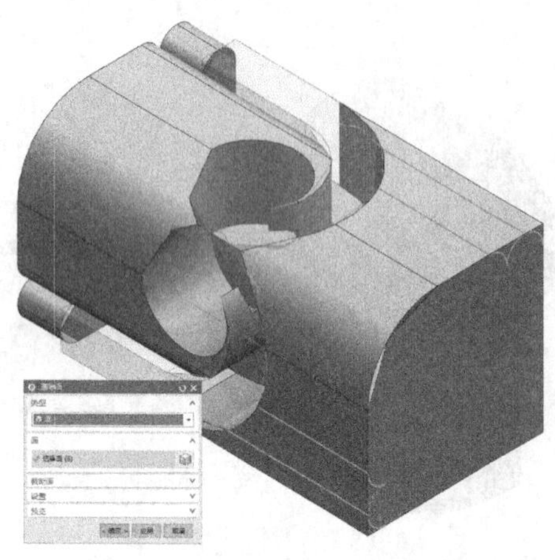

图3.2.77 选择脚柱上部两侧的倒圆进行删除

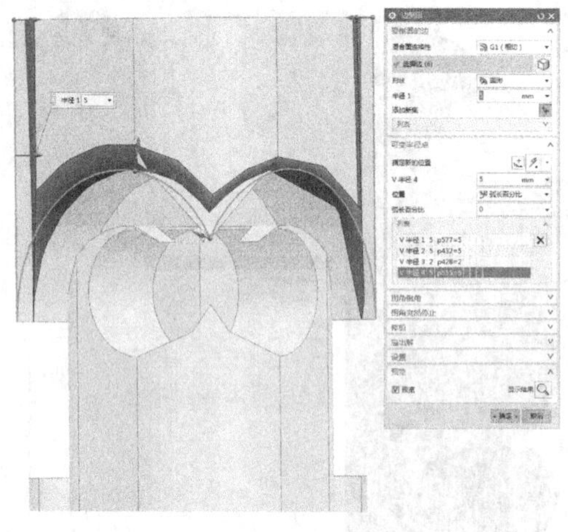

图3.2.78 边倒圆（线段上添加〖可变半径点〗，具体操作参考视频）

我们这里进行组合的时候，也产生了破面和一些零碎的实体，所以需要进行清理。以方便后面的半径倒圆。

使用〖拉伸〗，选择脚柱前面平面为草绘平面，如图3.2.79所示。

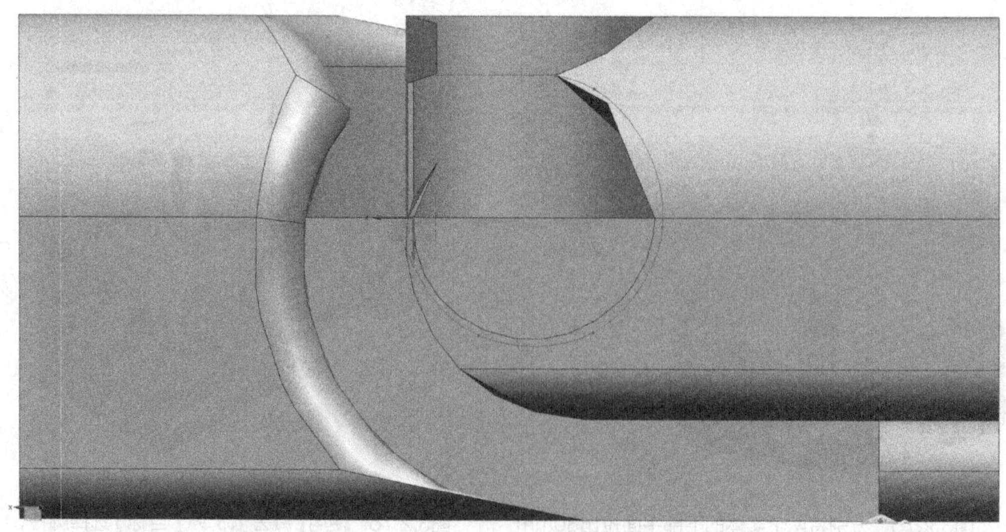

图3.2.79 选择草绘平面（临摹内空的形状，重新绘制一个封闭截面，具体操作参考视频）

〖完成草图〗，回到〖拉伸〗界面，如图3.2.80所示。

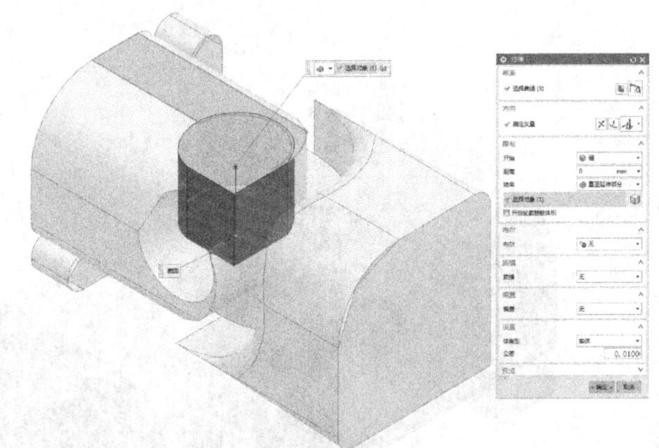

图3.2.80　回到〖拉伸〗界面（〖结束〗，选择〖直至延伸部分〗，选择型腔底面）

使用〖变换〗-〖通过一平面镜像〗，如图3.2.81所示。

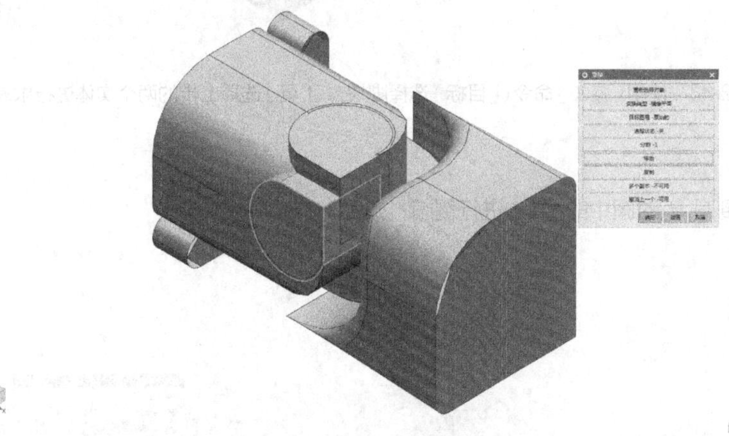

图3.2.81　选择夹角面为中分平面，将上部实体镜像复制到另外一侧

使用〖偏置面〗，选择两个实体的上平面，如图3.2.82所示。

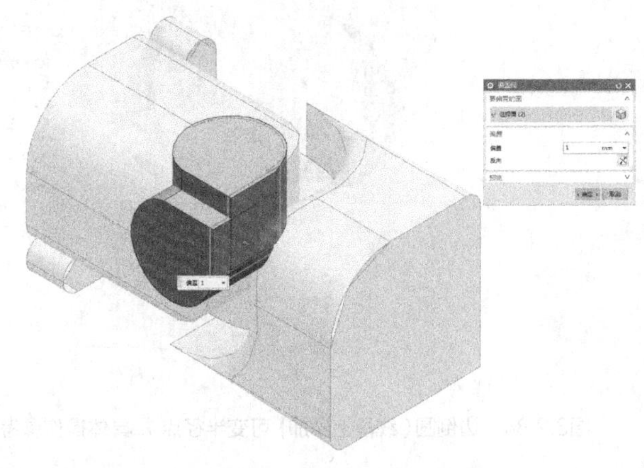

图3.2.82　偏置两个实体的上平面（同时向外偏置1mm）

使用〖组合下拉菜单〗-〖减去〗，如图3.2.83所示。

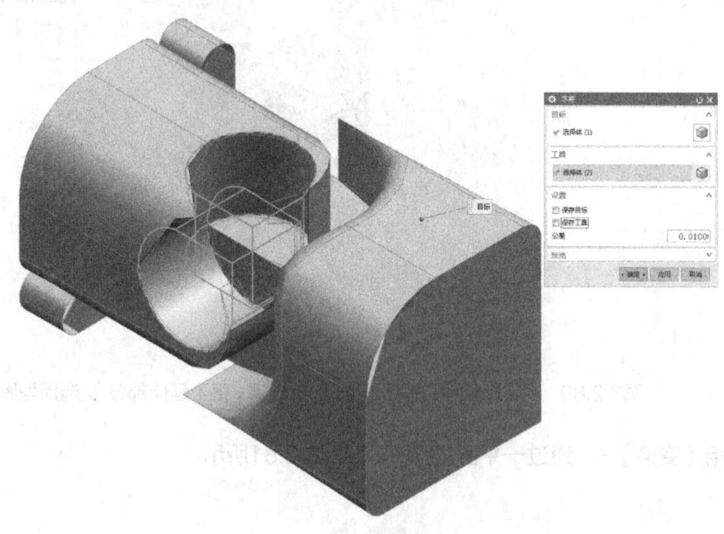

图3.2.83　使用〖减去〗命令（〖目标〗选择脚柱，〖工具〗选择上步的两个实体进行求差）

使用〖边倒圆〗，对图中的4条边进行倒圆，如图3.2.84所示。

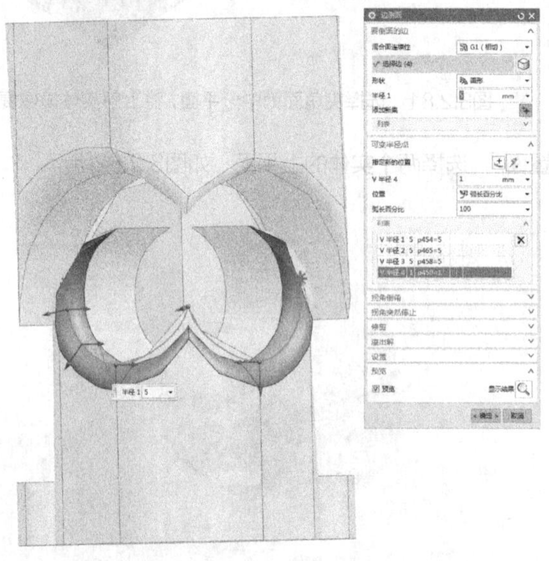

图3.2.84　边倒圆（线段上添加〖可变半径点〗，具体操作参考视频）

使用〖边倒圆〗，对图中的5条边进行倒圆，如图3.2.85所示。

使用〖边倒圆〗，对图中的3条边进行倒圆，如图3.2.86所示。

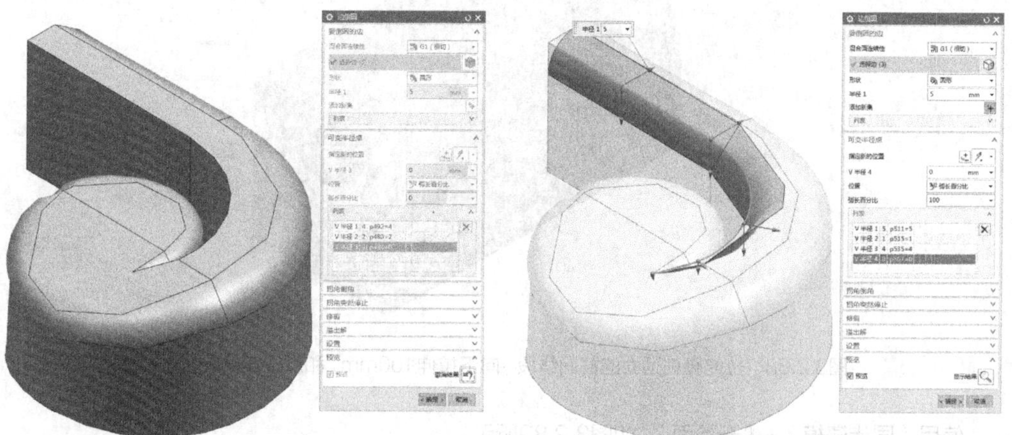

图3.2.85　边倒圆（线段上添加〖可变半径点〗，具体操作参考视频）

图3.2.86　边倒圆（线段上添加〖可变半径点〗，具体操作参考视频）

使用〖组合下拉菜单〗-〖合并〗，如图3.2.87所示。

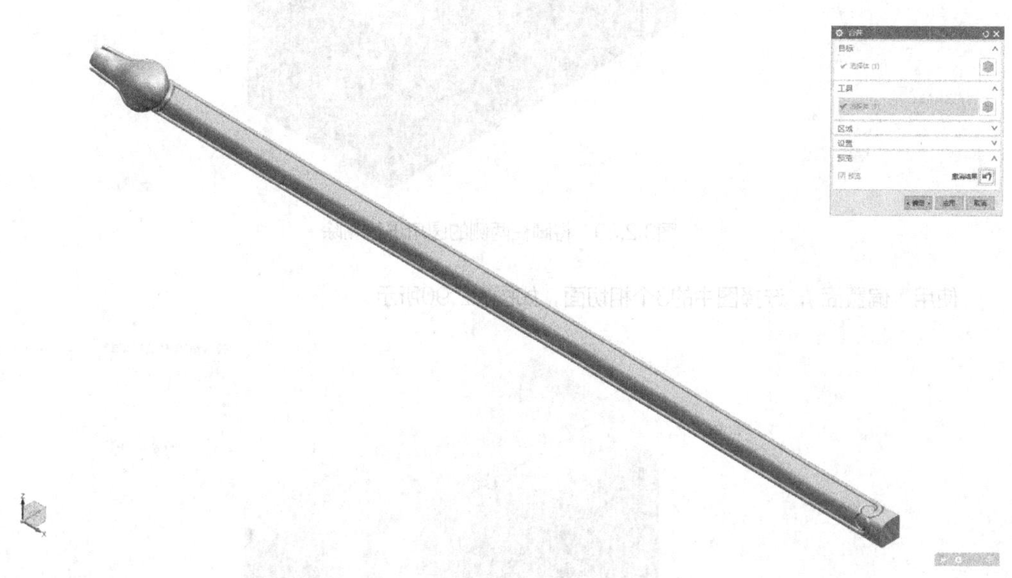

图3.2.87　将所有对的实体合并成一个整体

由于我们这个脚柱经过多次的布尔运算，中间的实体有些部分是中空的，类似于洞穴的感觉，在〖带有淡化边的线框〗模式下可以清楚地观察到。虽然不影响模型外观，但是我们还是可以将其进行填充。

使用〖拉伸〗，选择脚柱顶面的截面线段，如图3.2.88所示。

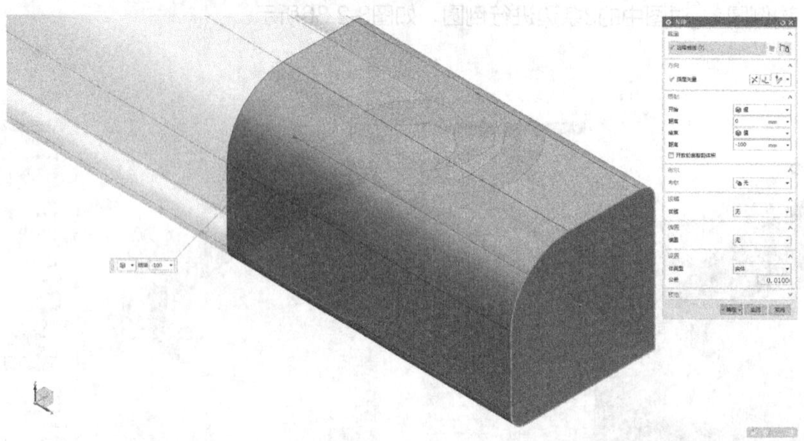

图3.2.88　拉伸脚柱顶面的截面线段（向下拉伸100mm，和脚柱实体重合）

使用〖同步建模〗-〖删除面〗，如图3.2.89所示。

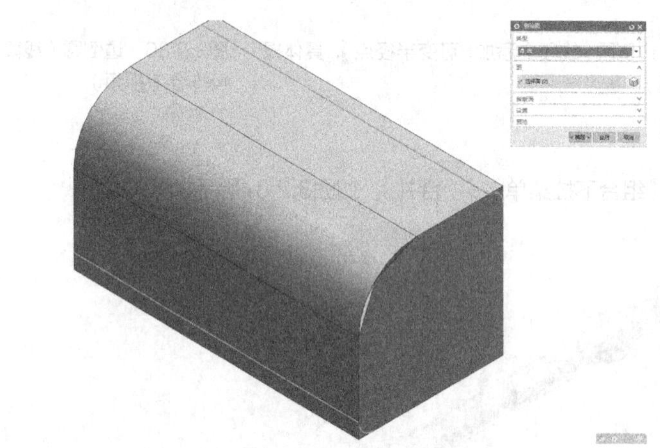

图3.2.89　将脚柱两侧的圆角进行删除

使用〖偏置面〗，选择图中的3个相切面，如图3.2.90所示。

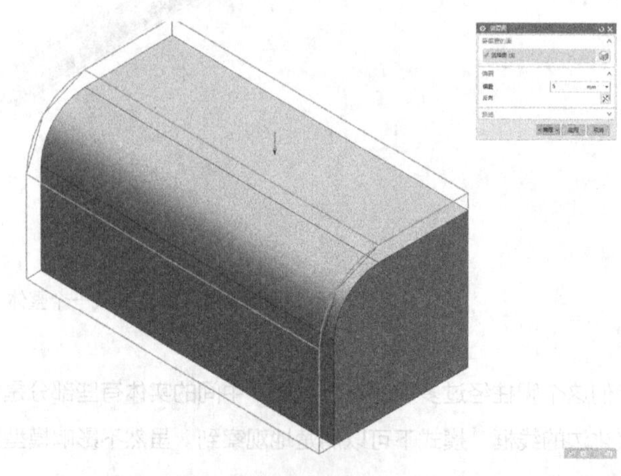

图3.2.90　偏置图中的3个相切面（缩进5mm）

使用〖组合下拉菜单〗-〖合并〗，如图3.2.91所示。

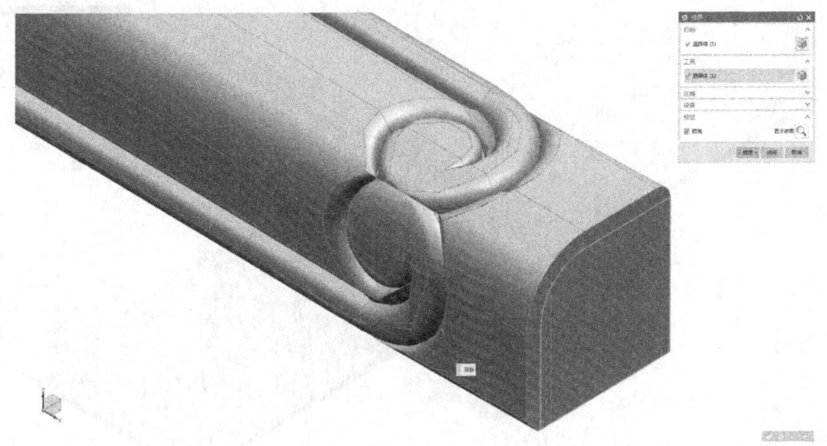

图3.2.91　将脚柱和填充体进行求和

使用〖移动对象〗，将脚柱定位到侧框视图下，如图3.2.92所示。

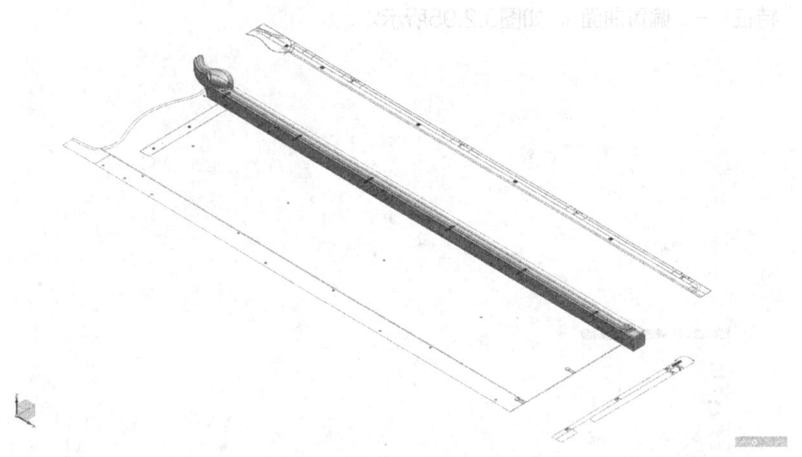

图3.2.92　定位脚柱（可以复制一个无参数的实体出来，将有参数的隐藏到图层）

使用〖插入〗-〖派生曲线〗-〖光顺曲线串〗，如图3.2.93所示。

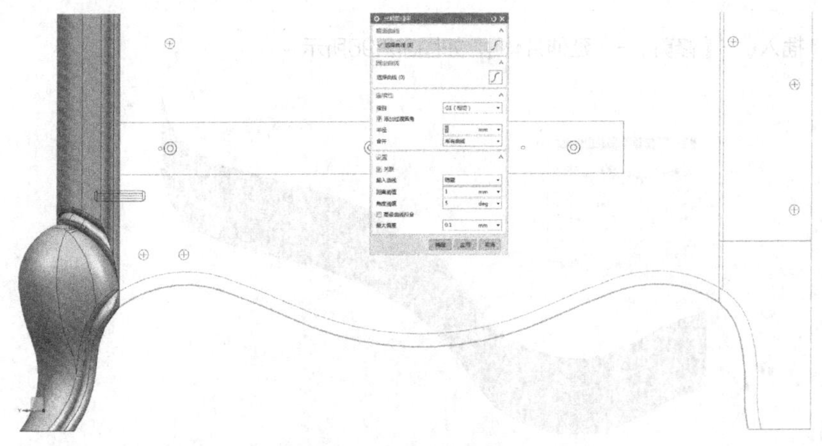

图3.2.93　光顺曲线串（将侧板下部曲线链接，〖最大公差〗0.1）

使用〖拉伸〗，选择侧板的外形轮廓，如图3.2.94所示。

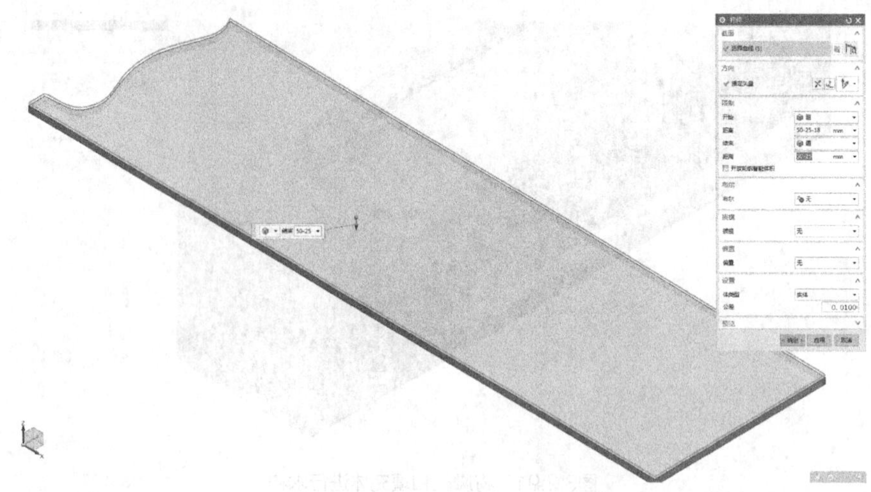

图3.2.94　拉伸侧板的外形轮廓（设置〖开始〗〖距离〗为7mm，〖结束〗〖距离〗为25mm）

使用〖特征〗-〖偏置曲面〗，如图3.2.95所示。

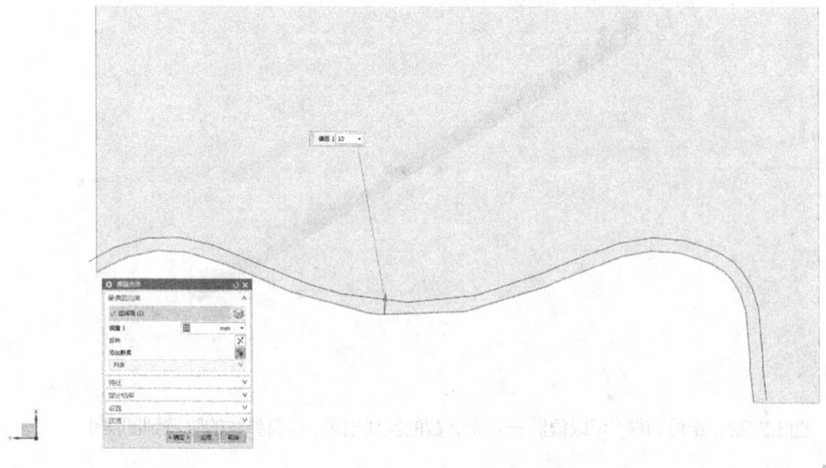

图3.2.95　将侧板下部曲面向内侧偏置10mm

使用〖插入〗-〖修剪〗-〖延伸片体〗，如图3.2.96所示。

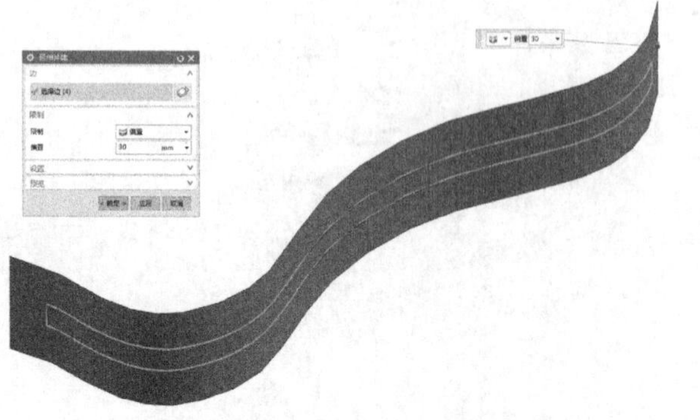

图3.2.96　曲面外形向外偏置30mm

使用〖拆分体〗，选择侧板，如图3.2.97所示。

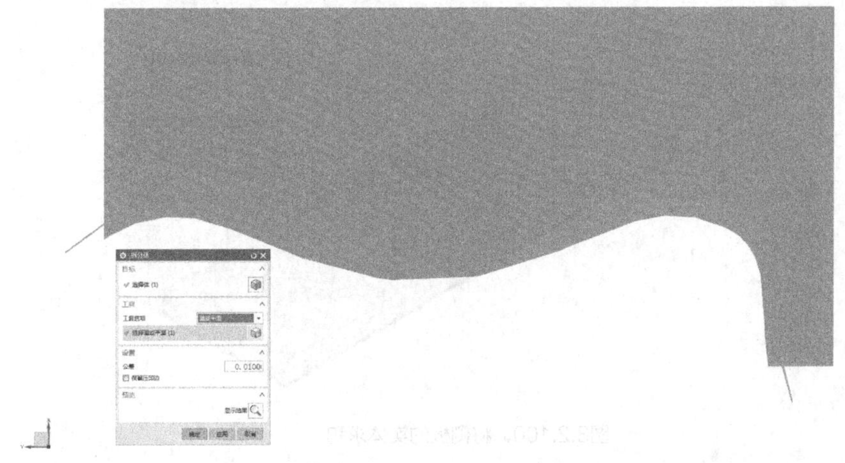

图3.2.97　拆分实体(〖工具选项〗设置为〖面或平面〗，拆分出下部拉槽实体)

使用〖边倒圆〗，选择两个实体的3条边，如图3.2.98所示。

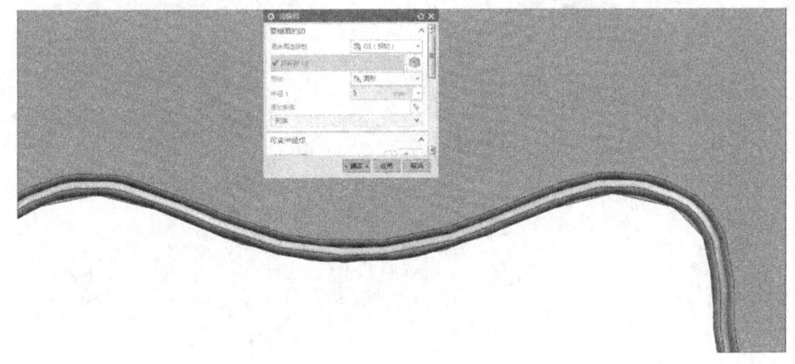

图3.2.98　边倒圆(倒圆半径R5mm)

选择视图中的侧板水槽截面，如图3.2.99所示。

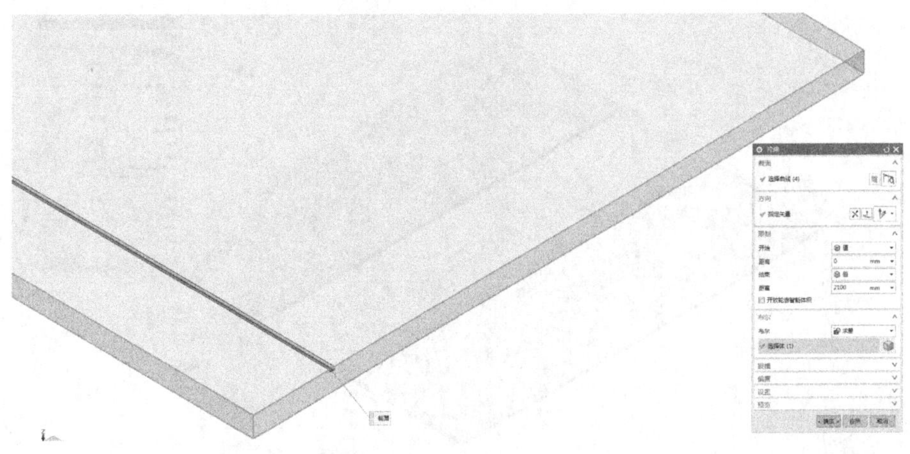

图3.2.99　选择侧板水槽截面(向下拉伸贯通侧板进行求差)

使用〖组合下拉菜单〗-〖合并〗，如图3.2.100所示。

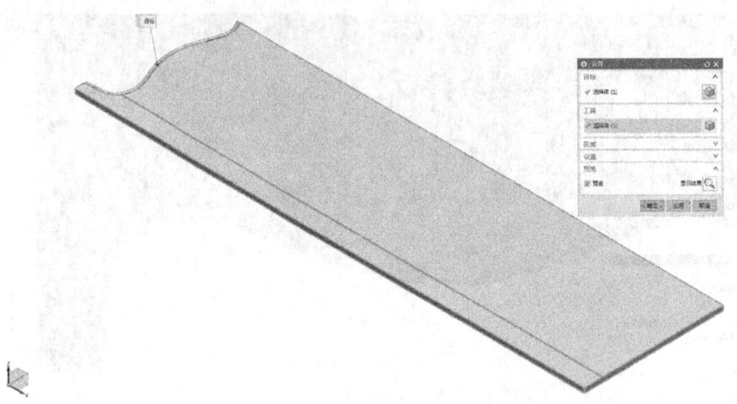

图3.2.100　将侧板的实体求和

使用〖拉伸〗，选择侧框的加厚木的截面，如图3.2.101所示。

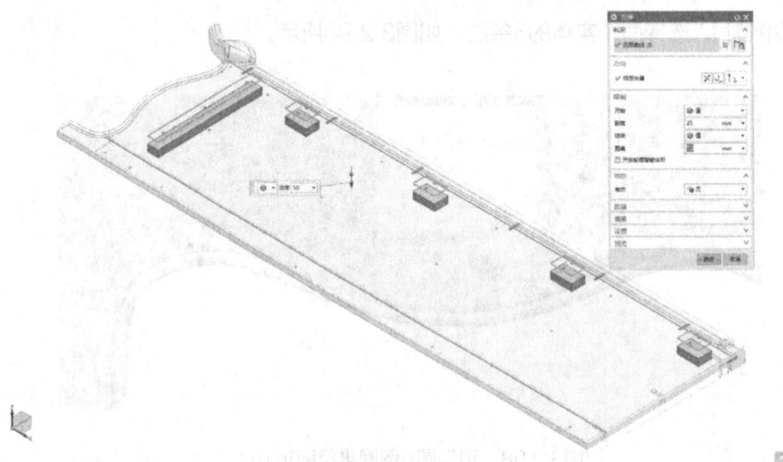

图3.2.101　拉伸侧框的加厚木的截面（设置〖开始〗〖距离〗为25mm，〖结束〗〖距离〗为50mm）

使用〖拉伸〗，选择两个中立板的外形轮廓，如图3.2.102所示。

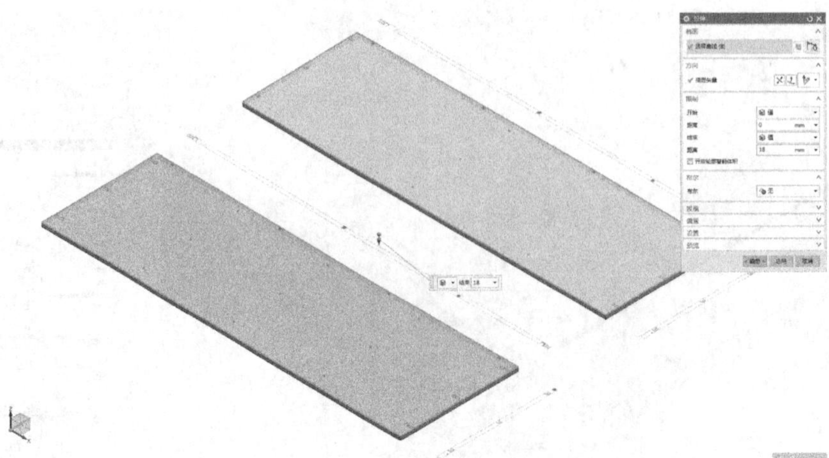

图3.2.102　拉伸两个中立板的外形轮廓（向下拉伸18mm）

使用〖拉伸〗，选择中层板和背条的外形轮廓，如图3.2.103所示。

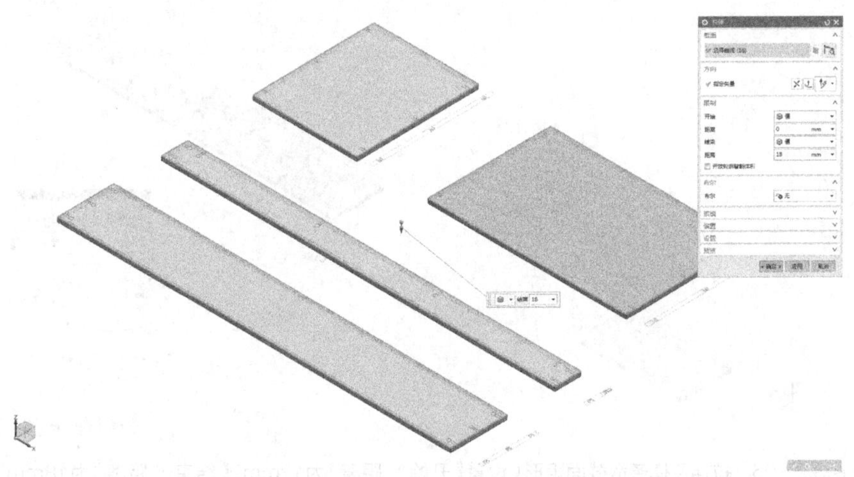

图3.2.103　拉伸中层板和背条的外形轮廓（向下拉伸18mm）

使用〖拉伸〗，选择背条的拉槽外形轮廓，如图3.2.104所示。

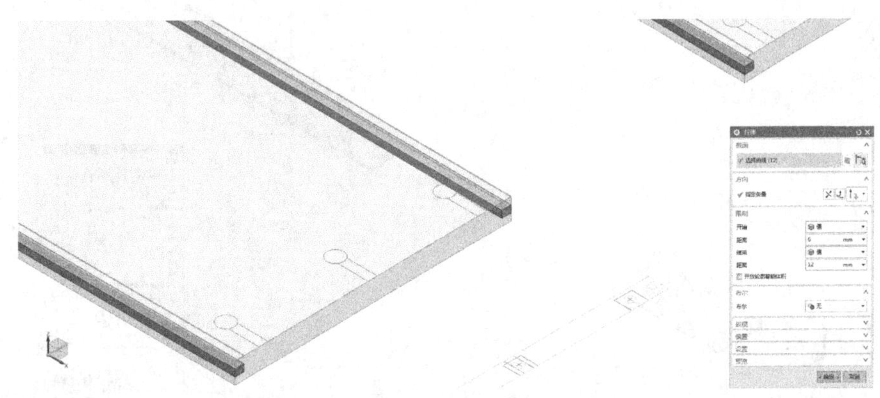

图3.2.104　拉伸背条的拉槽外形轮廓（设置〖开始〗〖距离〗为6mm，〖结束〗〖距离〗为12mm）

使用〖组合下拉菜单〗-〖减去〗，如图3.2.105所示。

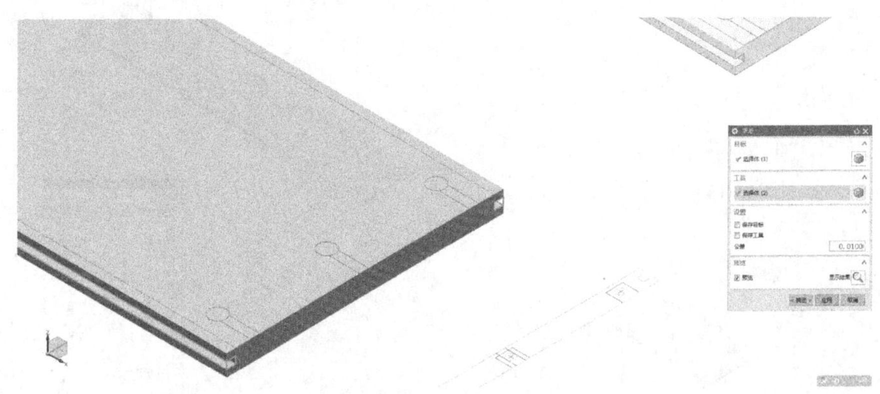

图3.2.105　分别用背板实体减去拉槽的实体

使用〖拉伸〗，选择背横条宽截面矩形，如图3.2.106所示。

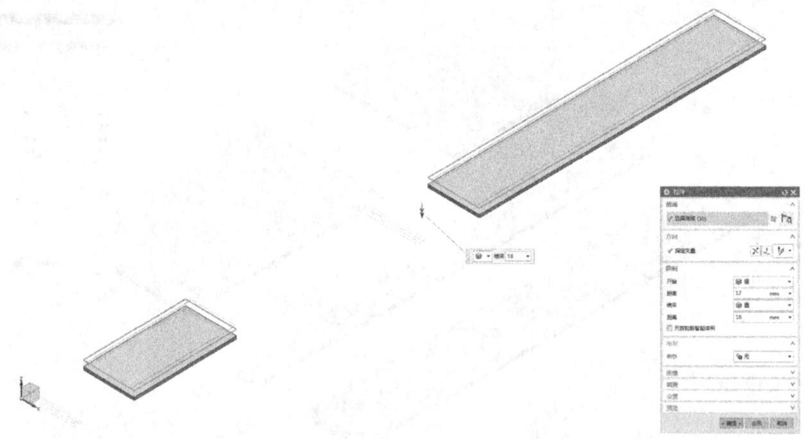

图3.2.106　拉伸背横条宽截面矩形（设置〖开始〗〖距离〗为12mm，〖结束〗〖距离〗为18mm）

使用〖拉伸〗，选择背横条长截面矩形，如图3.2.107所示。

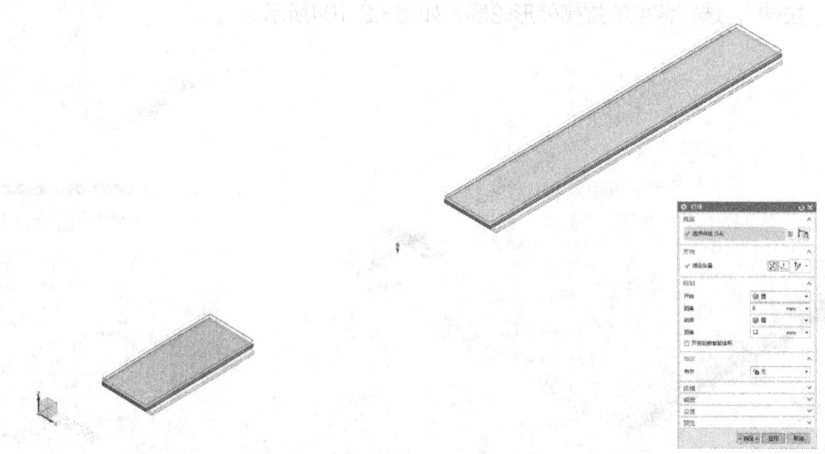

图3.2.107　拉伸背横条长截面矩形（设置〖开始〗〖距离〗为6mm，〖结束〗〖距离〗为12mm）

使用〖拉伸〗，选择背横条宽截面矩形，如图3.2.108所示。

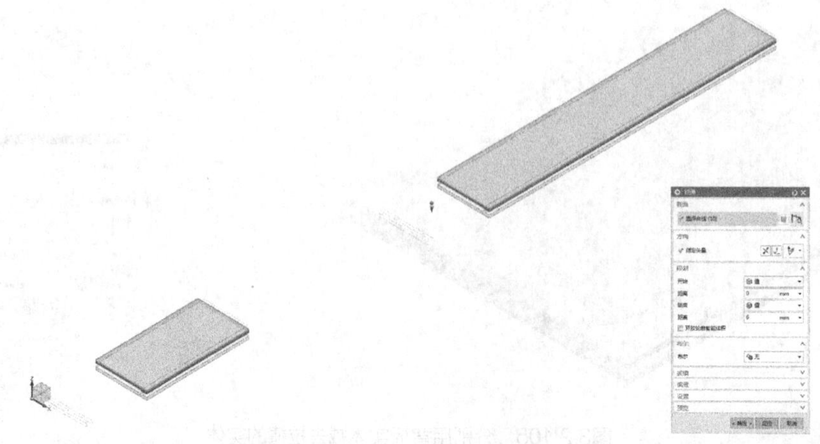

图3.2.108　拉伸背横条宽截面矩形（设置〖开始〗〖距离〗为0mm，〖结束〗〖距离〗为6mm）

使用〖组合下拉菜单〗-〖合并〗，如图3.2.109所示。

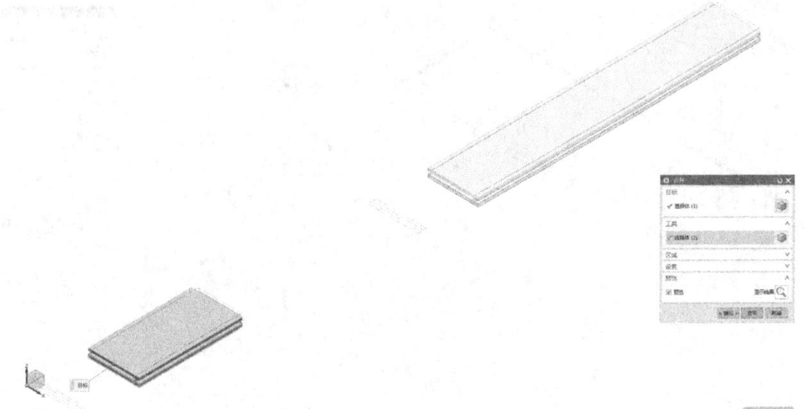

图3.2.109　分别将背横条的实体进行求和

使用〖拉伸〗，选择背板外侧轮廓矩形，如图3.2.110所示。

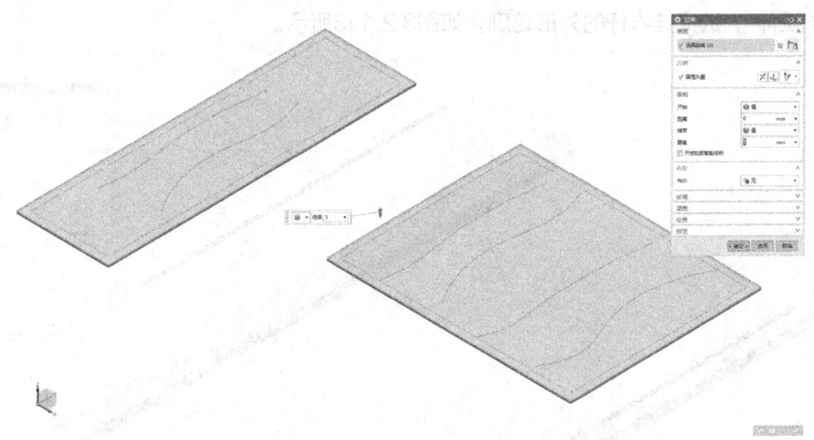

图3.2.110　拉伸背板外侧轮廓矩形（向下拉伸5mm）

使用〖拉伸〗，选择背板内侧轮廓矩形，如图3.2.111所示。

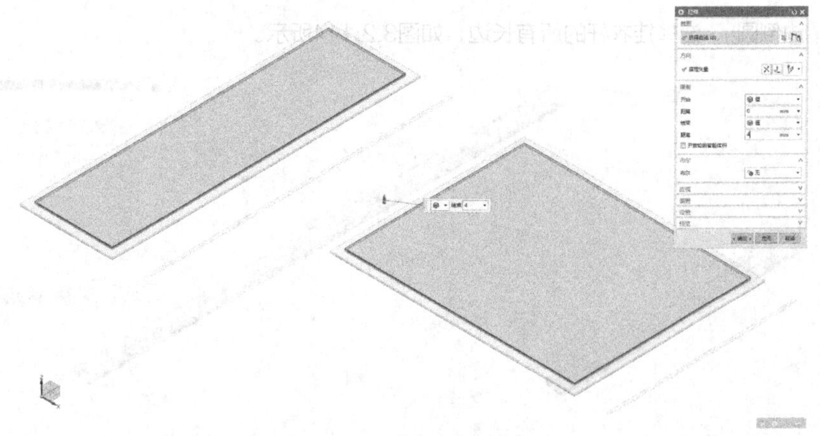

图3.2.111　拉伸背板内侧轮廓矩形（向上拉伸4mm，然后分别将两个背板进行〖合并〗）

使用〖边倒圆〗，选择背板内侧相交轮廓，如图3.2.112所示。

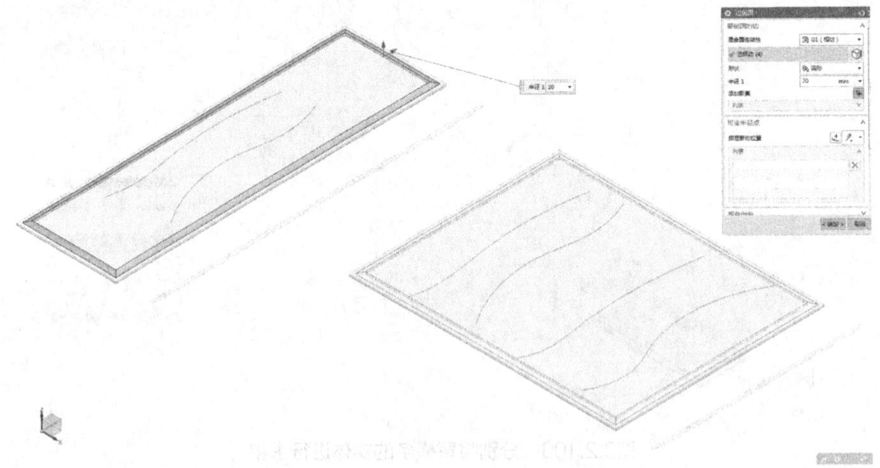

图3.2.112　边倒圆（倒圆半径R20mm）

使用〖拉伸〗，选择挂衣杆的外形轮廓，如图3.2.113所示。

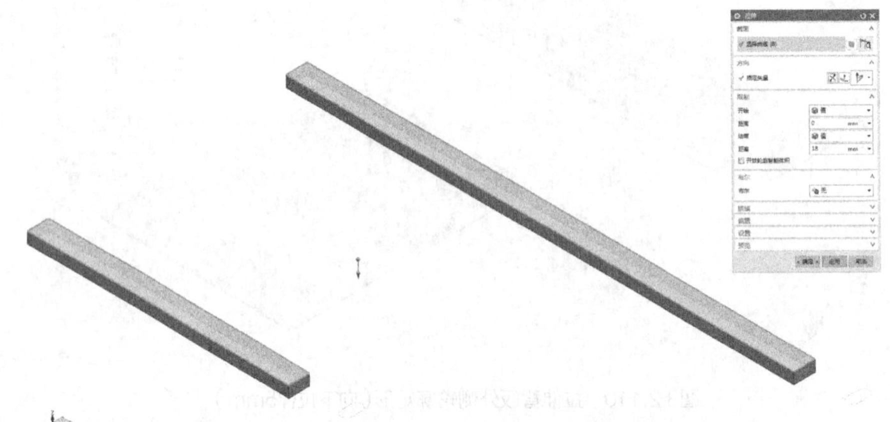

图3.2.113　拉伸挂衣杆的外形轮廓（向下拉伸18mm）

使用〖边倒圆〗，选择挂衣杆的所有长边，如图3.2.114所示。

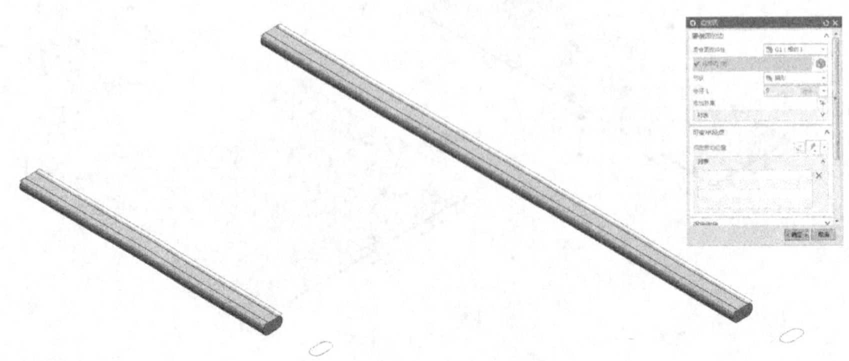

图3.2.114　边倒圆（倒圆半径R9mm）

下面我们来制作抽屉，抽屉的做法和我第2章写字台中抽屉的做法是一样的，雕花部分也是用布尔的方式截取下来然后重新组合。所以我们这里就不再重复步骤了。大家如果还是不清楚的话就请参考视频教程。

按照第2章的方法，完成中抽盒的制作，如图3.2.115所示。

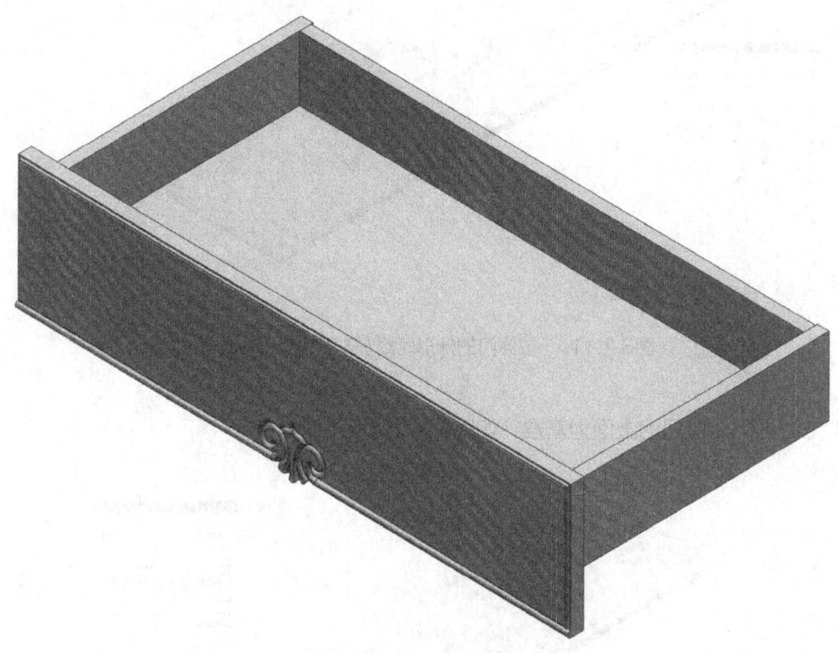

图3.2.115　中抽盒（或者参考视频教程）

按照第2章的方法，完成边抽盒的制作，如图3.2.116所示。

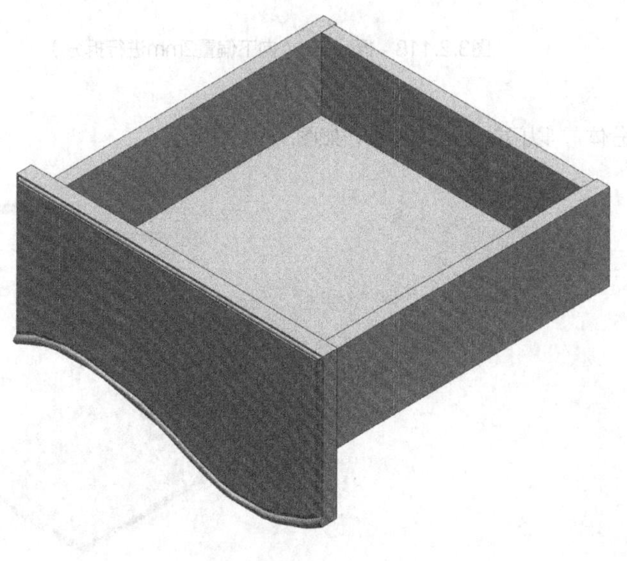

图3.2.116　边抽盒（或者参考视频教程）

使用〖拉伸〗，选择门的外形轮廓，如图3.2.117所示。

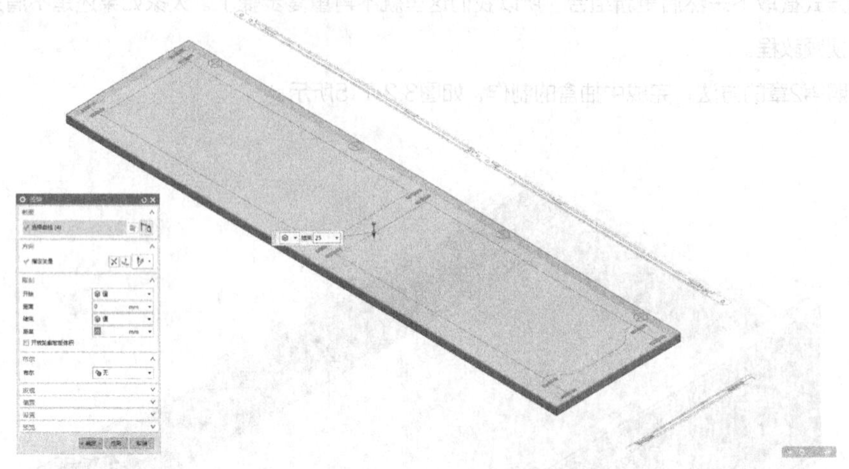

图3.2.117　拉伸门的外形轮廓（向下拉伸25mm）

使用〖拆分体〗，以门的上面为基准，如图3.2.118所示。

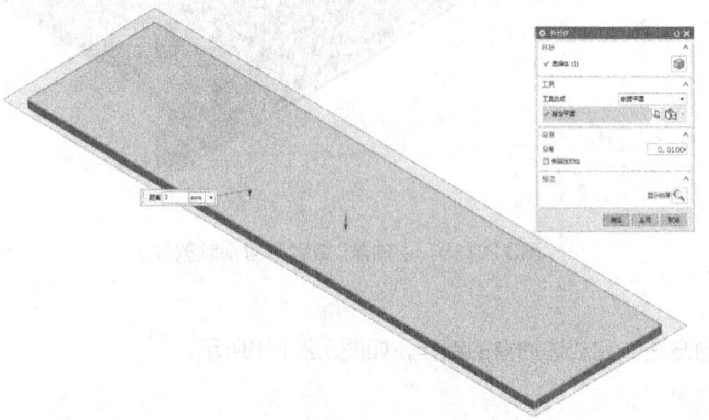

图3.2.118　拆分实体（向下偏置2mm进行拆分）

使用〖拆分体〗，以门的上面为基准，如图3.2.119所示。

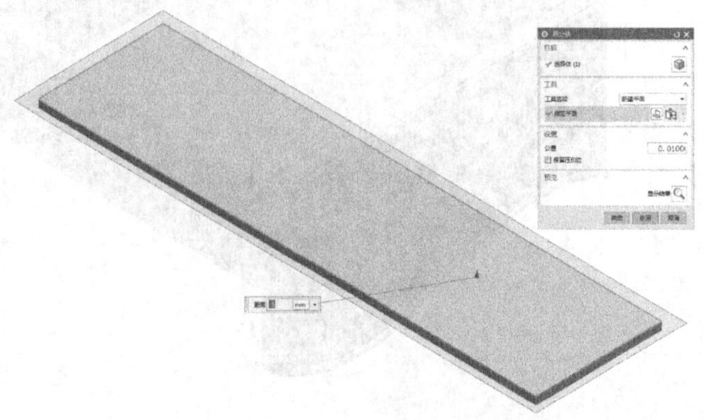

图3.2.119　拆分实体（向下偏置5mm进行拆分）

使用〖偏置面〗，选择第1层实体的4个侧面，如图3.2.120所示。

图3.2.120　偏置第1层实体的4个侧面（向内缩进5mm）

使用〖偏置面〗，选择第2层实体的4个侧面，如图3.2.121所示。

图3.2.121　偏置第2层实体的4个侧面（向内缩进2mm）

使用〖边倒圆〗，选择第2层实体上部的4条边，如图3.2.122所示。

图3.2.122　边倒圆（倒圆半径R3mm，然后将3个实体一起〖合并〗）

使用〖插入〗-〖曲线〗-〖光顺曲线串〗，如图3.2.123所示。

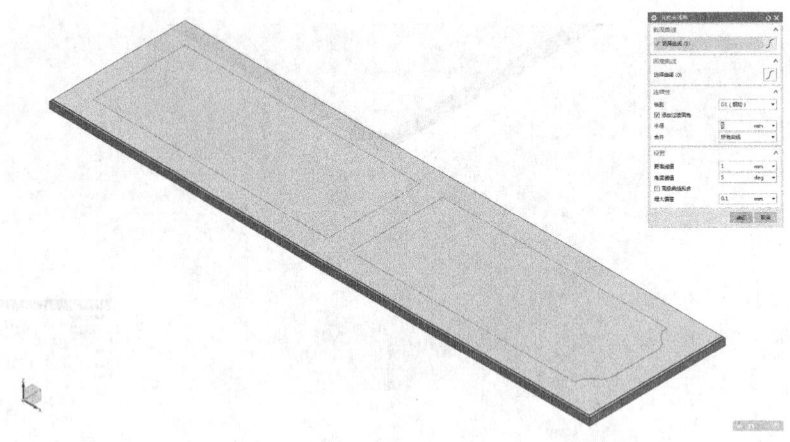

图3.2.123　将门内空顶部的曲线进行连接，〖最大偏差0.1〗

使用〖拉伸〗，选择门的内空轮廓，如图3.2.124所示。

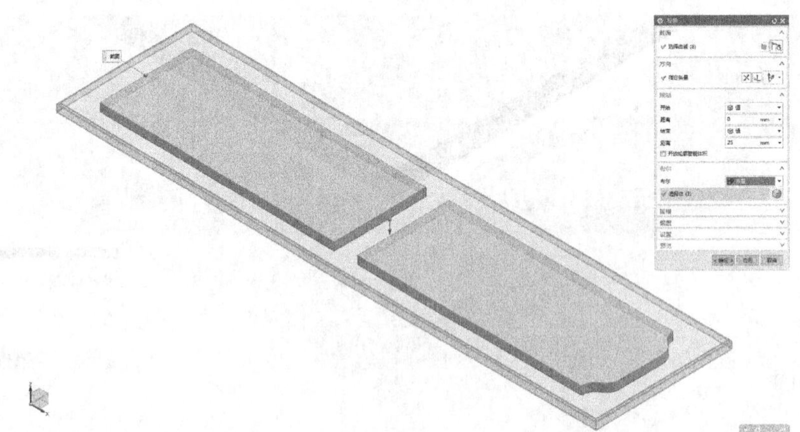

图3.2.124　拉伸门的内空轮廓（向下拉伸25mm，并且和门求差）

使用〖特征〗-〖倒斜角〗，如图3.2.125所示。

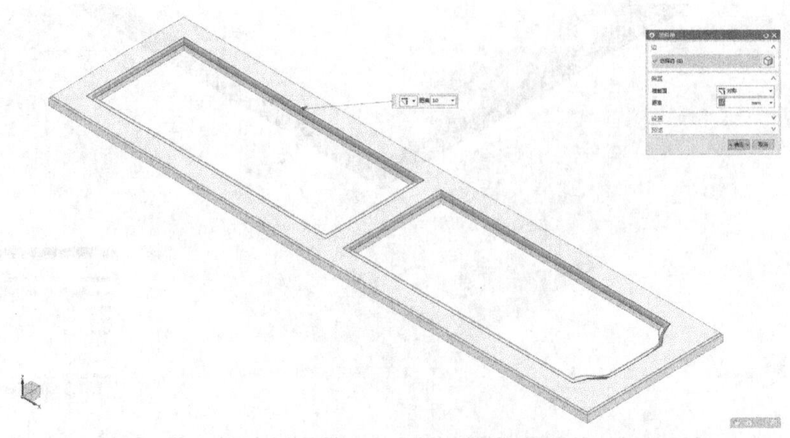

图3.2.125　倒斜角（选择内空的上部边缘，对称倒斜角10mm）

使用〖特征〗-〖边倒圆〗，如图3.2.126所示。

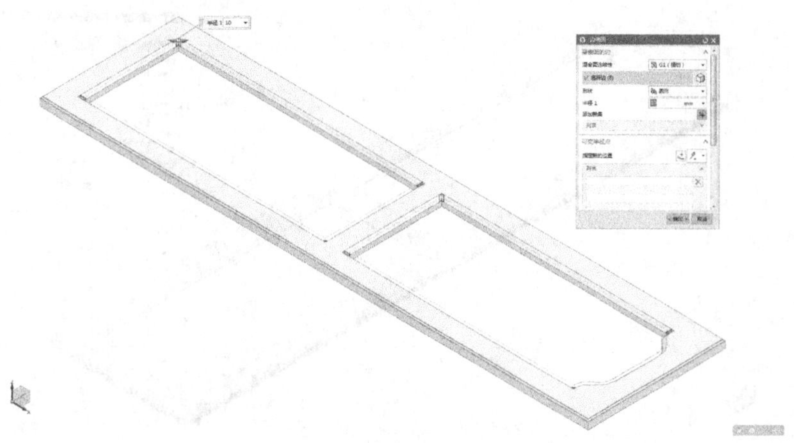

图3.2.126　边倒圆（选择上下内空的4个角，倒圆半径R10mm）

使用〖拉伸〗，选择内空下部的轮廓，如图3.2.127所示。

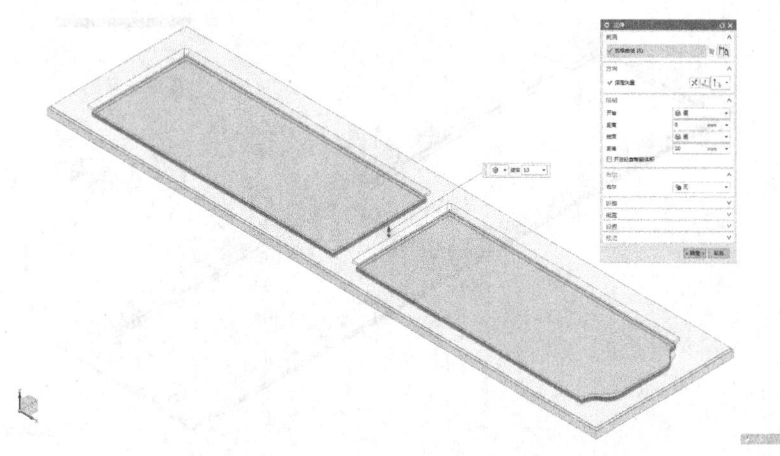

图3.2.127　拉伸内空下部的轮廓（向上拉伸10mm）

使用〖偏置面〗，选择内空实体的所有侧面，如图3.2.128所示。

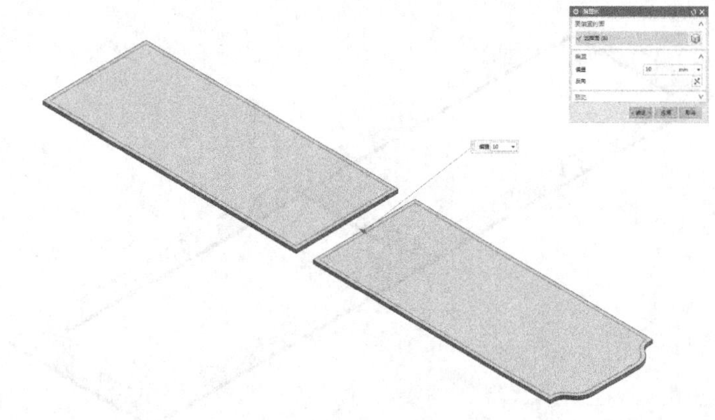

图3.2.128　偏置内空实体的所有侧面（向外延伸10mm）

使用〖组合下拉菜单〗-〖减去〗，如图3.2.129所示。

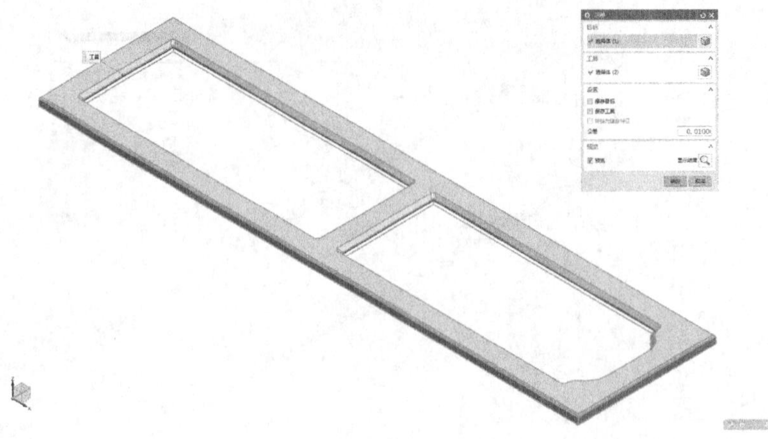

图3.2.129　使用〖减去〗命令(〖目标〗选择为门,〖工具〗选择上步的2个实体)

使用〖拆分体〗，选择门框，如图3.2.130所示。

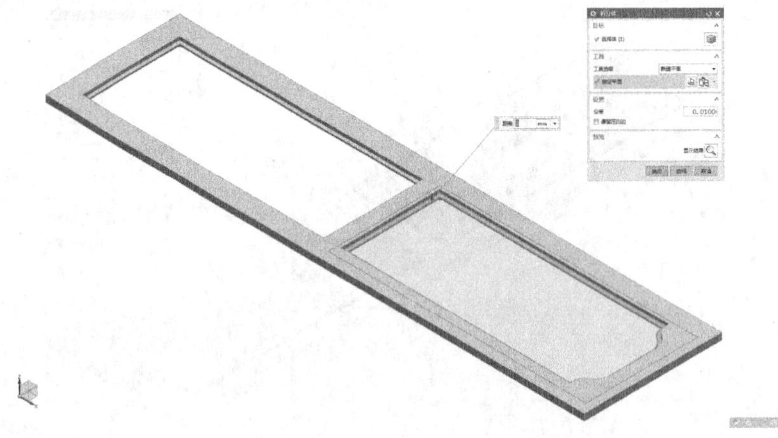

图3.2.130　拆分实体(以门框背面开槽的底面为拆分平面)

使用〖显示和隐藏〗，单独显示第1层的实体，如图3.2.131所示。

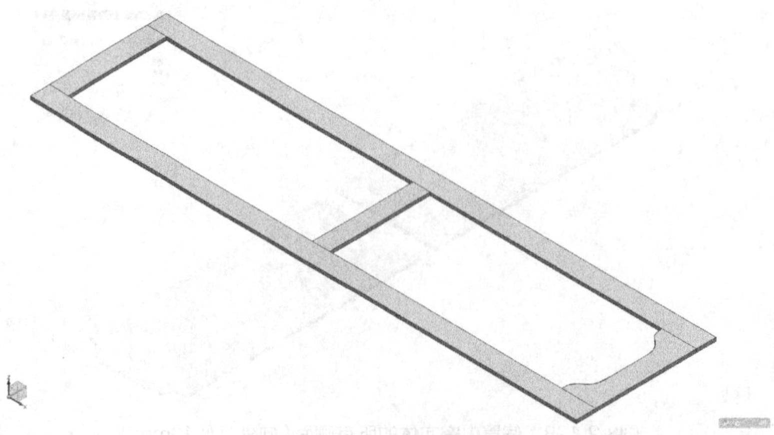

图3.2.131　单独显示第1层的实体(使用〖拆分体〗,分别以内侧两长边的面为基准平面进行拆分)

使用〖显示和隐藏〗，单独显示第2层的实体，如图3.2.132所示。

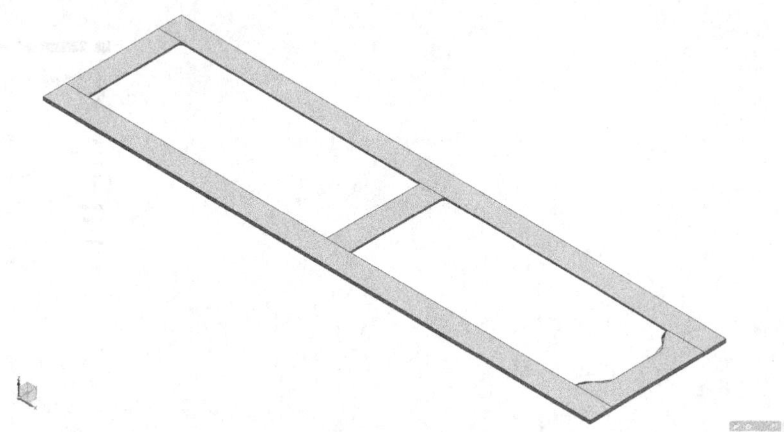

图3.2.132　单独显示第2层的实体（使用〖拆分体〗，分别以内侧两长边的面为基准平面进行拆分）

使用〖组合下拉菜单〗-〖合并〗，如图3.2.133所示。

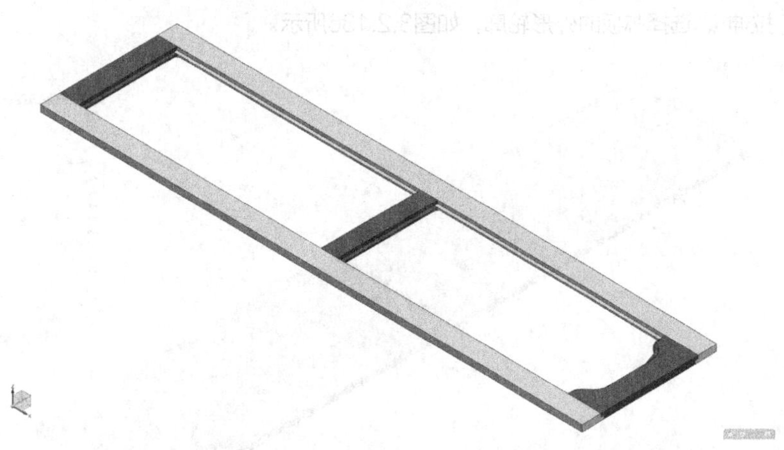

图3.2.133　按颜色将图中实体进行重新求和

使用〖特征〗-〖倒斜角〗，如图3.2.134所示。

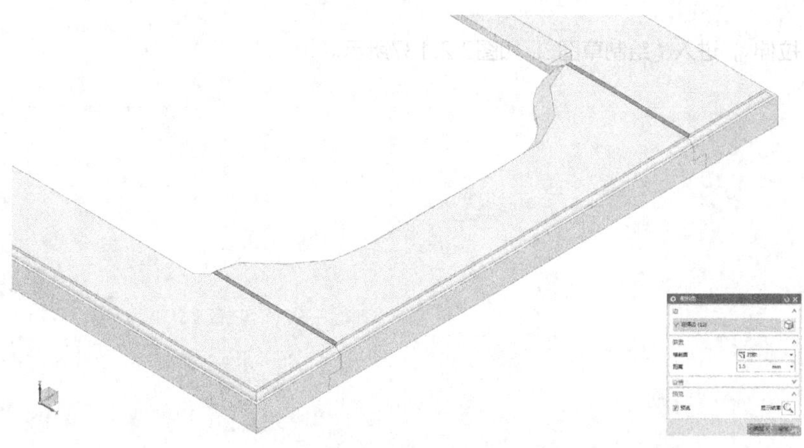

图3.2.134　将门框横条与竖条衔接的地方两边各倒1.5mm斜角

使用〖插入〗-〖派生曲线〗-〖光顺曲线串〗，如图3.2.135所示。

图3.2.135　光顺曲线串（选择芯板上端的曲线段，〖最大偏差〗0.1）

使用〖拉伸〗，选择芯板的外形轮廓，如图3.2.136所示。

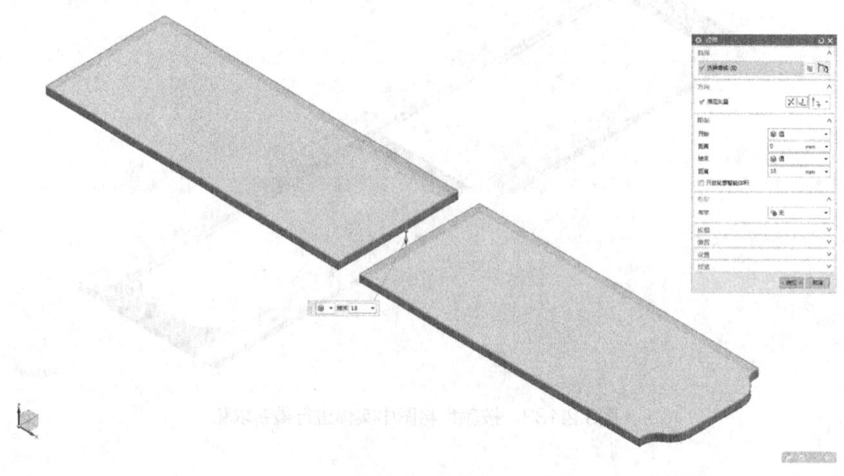

图3.2.136　拉伸芯板的外形轮廓（向下拉伸18mm）

使用〖拉伸〗，进入〖绘制草图〗，如图3.2.137所示。

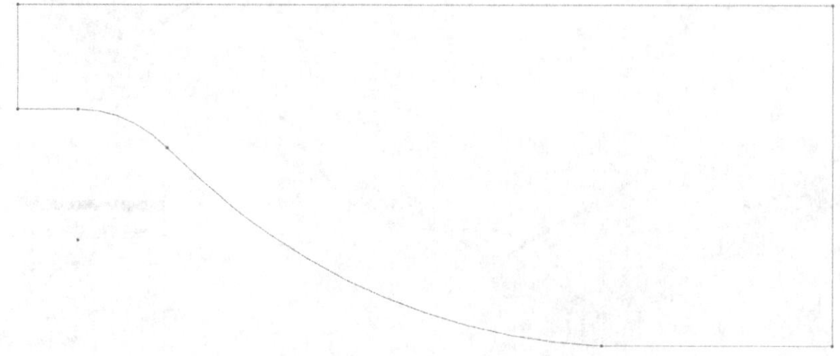

图3.2.137　临摹芯板的截面轮廓，绘制一个刀具体

〖完成草图〗，回到〖拉伸〗界面，如图3.2.138所示。

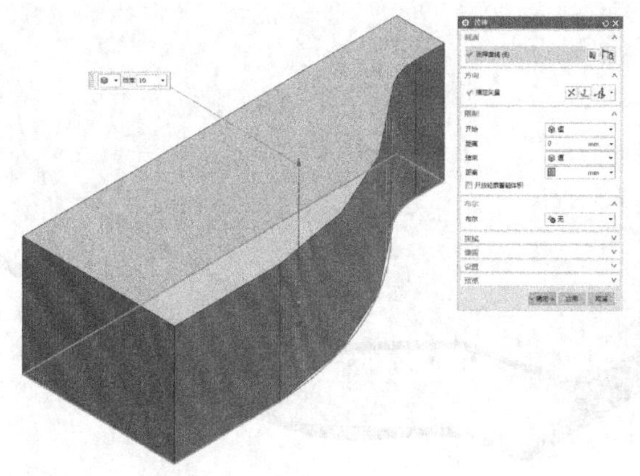

图3.2.138　回到〖拉伸〗界面（任意拉伸约10mm的刀具体，并且〖移除参数〗）

使用〖移动对象〗，回到〖点-点〗界面，如图3.2.139所示。

图3.2.139　回到〖点-点〗界面（将刀具体定位到芯板上部的端点上）

使用〖插入〗-〖扫掠〗-〖沿引导线扫掠〗，如图3.2.140所示。

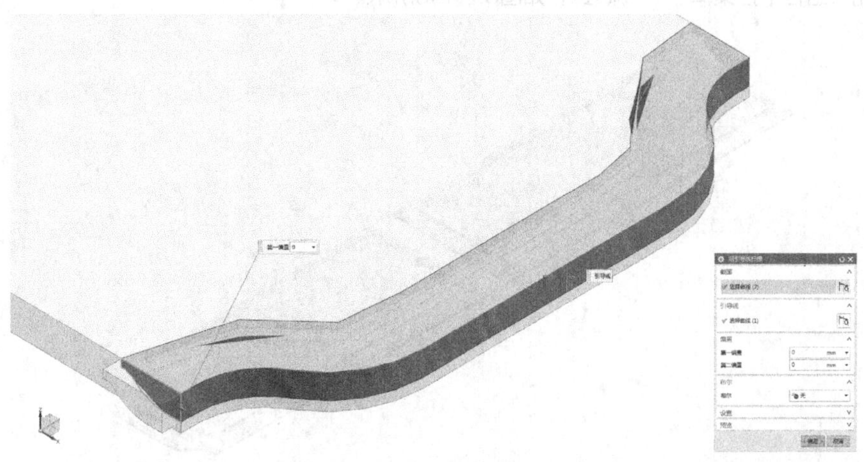

图3.2.140　沿引导线扫掠（〖截面〗选择为刀具体的截面，〖引导线〗选择为芯板上轮廓）

使用〖组合下拉菜单〗-〖减去〗，如图3.2.141所示。

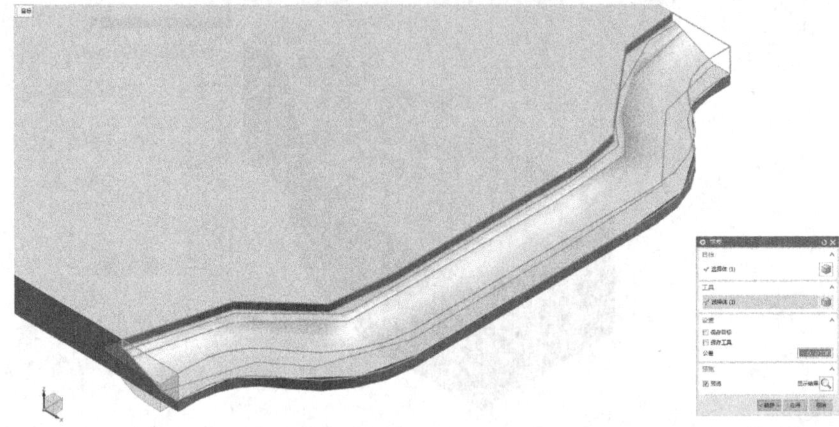

图3.2.141 使用〖减去〗命令（〖目标〗选择芯板，〖工具〗选择上步的扫掠体）

使用〖移动对象〗和〖偏置面〗，如图3.2.142所示。

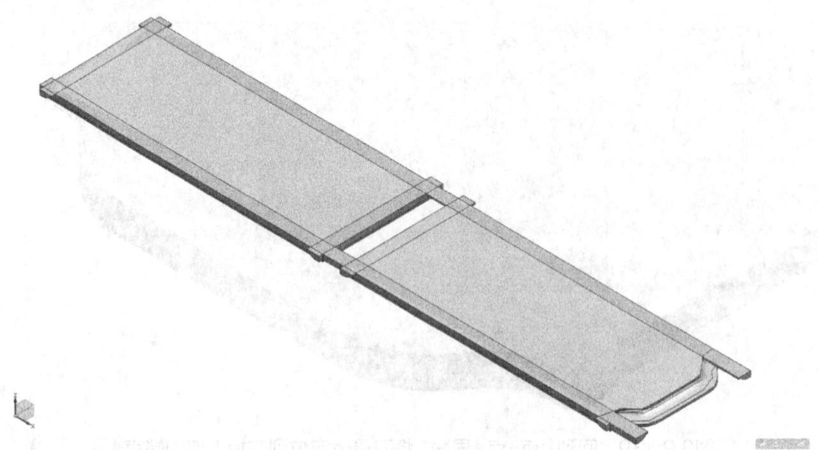

图3.2.142 使用〖移动对象〗和〖偏置面〗命令（将刀具体定位到芯板其他的角点上）

使用〖组合下拉菜单〗-〖减去〗，如图3.2.143所示。

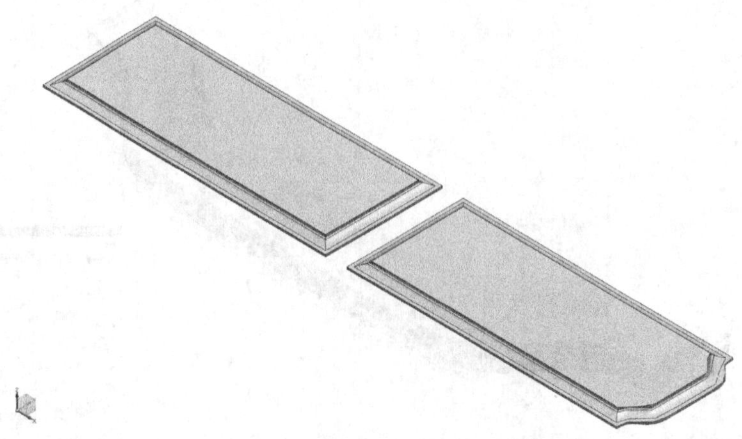

图3.2.143 分别用两个芯板和刀具体求差

使用〖移动对象〗，将芯板定位到门框中，衣柜门制作完成，如图3.2.144所示。

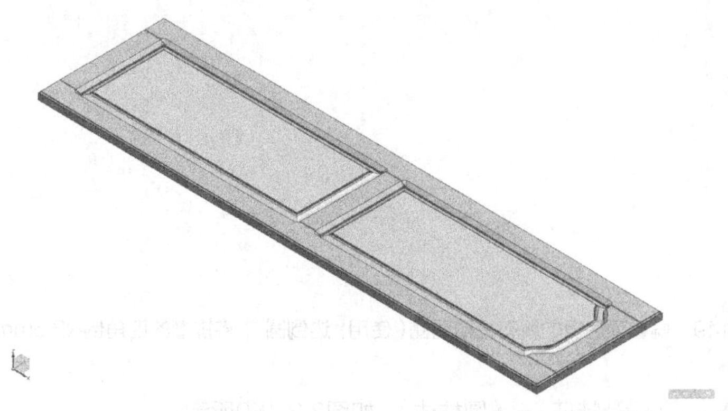

图3.2.144　衣柜门制作完成

使用〖移动对象〗，将顶框定位到三视图中，如图3.2.145所示。

使用〖移动对象〗，将侧框定位到三视图中，如图3.2.146所示。

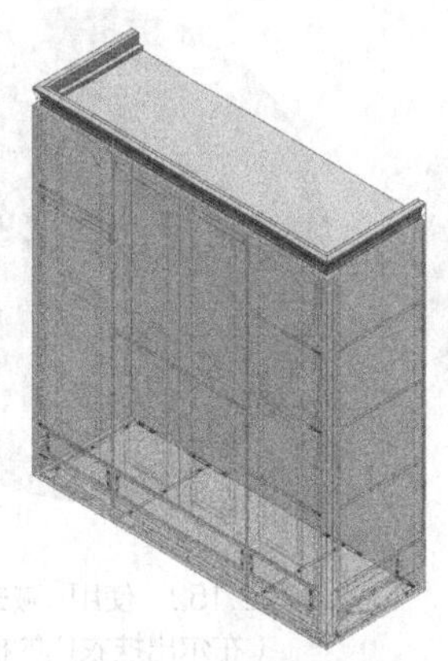

图3.2.145　将顶框定位到三视图中（将加固条和角木补上）

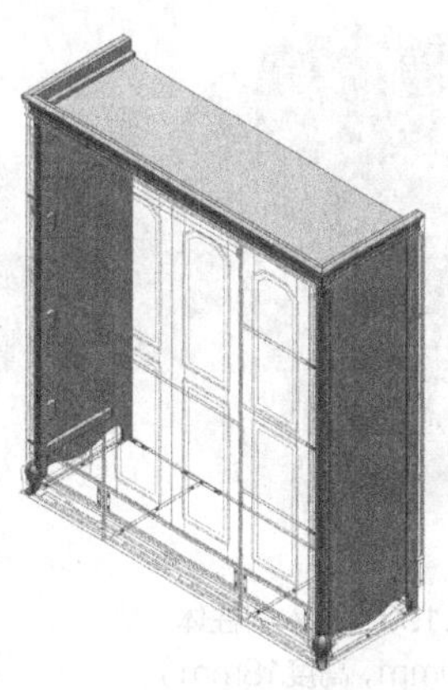

图3.2.146　将侧框定位到三视图中（并且镜像复制到另一侧）

将底板、层板、中立板等板件定位到模型中，如图3.2.147所示。

将背板和背横条定位到模型中，如图3.2.148所示。

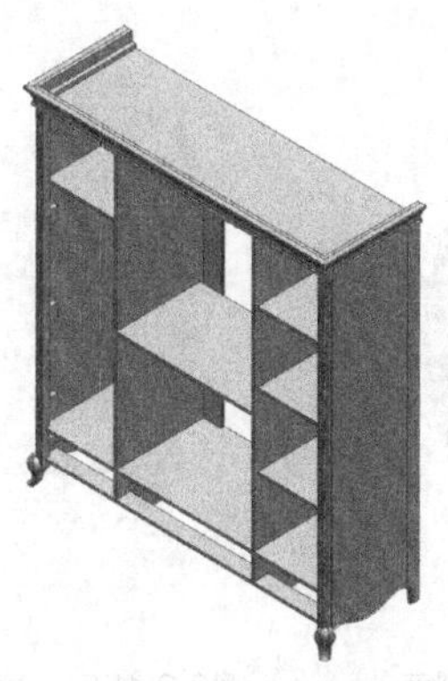

图3.2.147　将底板、层板、中立板等板件定位到模型中（层板的尺寸要缩短）

图3.2.148　将背板和背横条定位到模型中（并且将背板和顶/底板求差）

使用〖偏置面〗，将顶/底板的所有拉槽两侧长度延长2.5mm，如图3.2.149所示。

图3.2.149　偏置顶底板的所有拉槽两侧（使用〖边倒圆〗，将拉槽的四角倒R2.5mm的圆弧）

使用〖插入〗-〖设计特征〗-〖圆柱体〗，如图3.2.150所示。

使用〖移动对象〗，将挂衣杆的圆心和圆柱的圆心拟合对齐，如图3.2.151所示。

使用〖组合下拉菜单〗-〖减去〗，如图3.2.152所示。

图3.2.150　插入圆柱体（直径50mm，高度18mm）

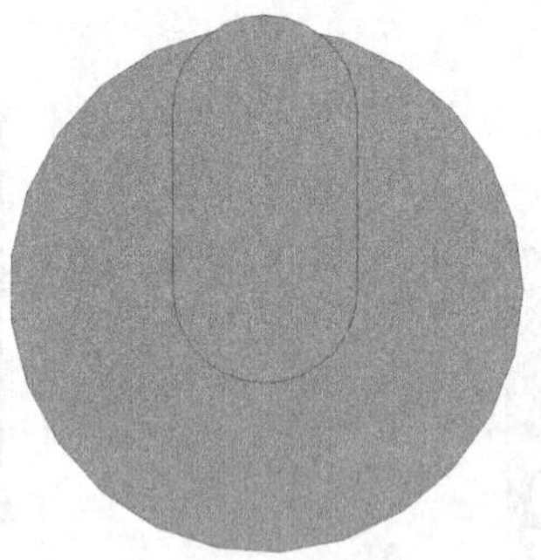

图3.2.151　拟合对齐圆心（并且嵌入10mm深）

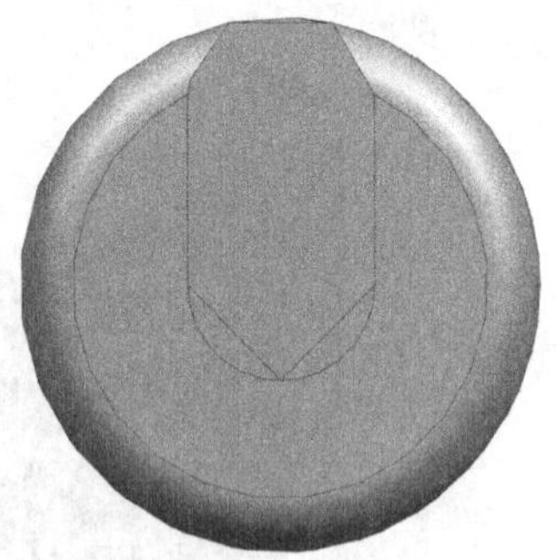

图3.2.152　使用〖减去〗命令（布尔出挂衣托的槽）

使用〖同步建模〗-〖删除面〗，如图3.2.153所示。

使用〖偏置〗，选择挂衣托槽的内侧面，如图3.2.154所示。

使用〖边倒圆〗，选择挂衣托槽的3条顶边，如图3.2.155所示。

图3.2.153　删除槽上部的圆角

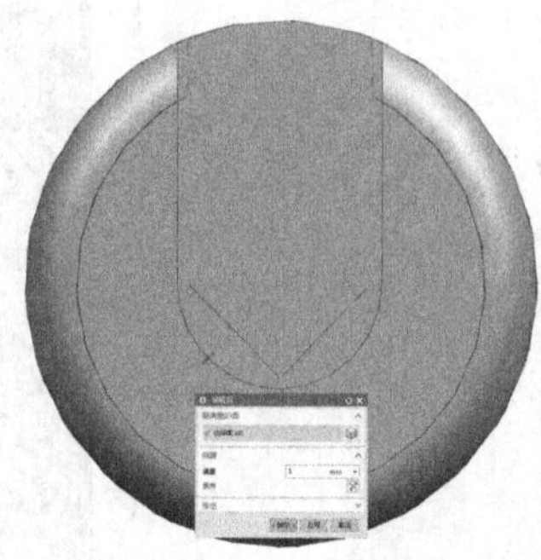

图3.2.154　偏置挂衣托槽的内侧面（向外偏置1mm）

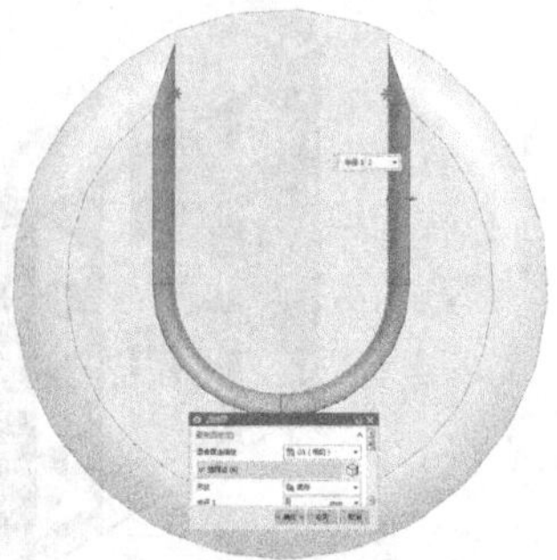

图3.2.155　边倒圆（倒圆半径R2mm）

使用〖移动对象〗，将长短两组挂衣架进行组合，如图3.2.156所示。

使用〖移动对象〗，选择组合成型的门框，如图3.2.157所示。

图3.2.156　组合长短两组挂衣架（装配到柜体内）

图3.2.157　组合成型的门框（将其定位并复制）

将光盘对应目录下的"衣柜拉手"模型导入并复制定位，如图3.2.158所示。

图3.2.158　导入模型（模型部分建立完成）

在家具行业，NURBS建模对比Poly建模最大的优势是：NURBS建模不光能用于效果图的渲染，也能用于结构孔位的绘制。

比如我们这个四门衣柜不光能导入到其他软件中进行渲染，还可以在制图模块中投影出各种视图，并且导入到AutoCAD等二维软件中进行编辑。这是其他的Poly建模软件，比如3DMAX、C4D、Maya等所不具备的。

而为什么Poly建模不能生成精确的二维图形呢？我会在后面内容的视频教程中为大家仔细讲解。

下面的小节我将继续以这个四门衣柜为例来教大家制作家具的孔位图、安装图以及包装图。

3.3 孔位图的制作

我在之前出版的书籍中已经详细地介绍过，如何在UG中进行三维布孔以及如何使用同步建模修改和编辑孔位，所以本书对于有些细节的部分就不再重复提及，只是教大家大概的流程和顺序。如果有需要的读者请阅读我以前的书籍，或者仔细观看光盘配套的视频教程。

将门框、抽屉、背板等部件移动至隐藏图层，如图3.3.1所示。

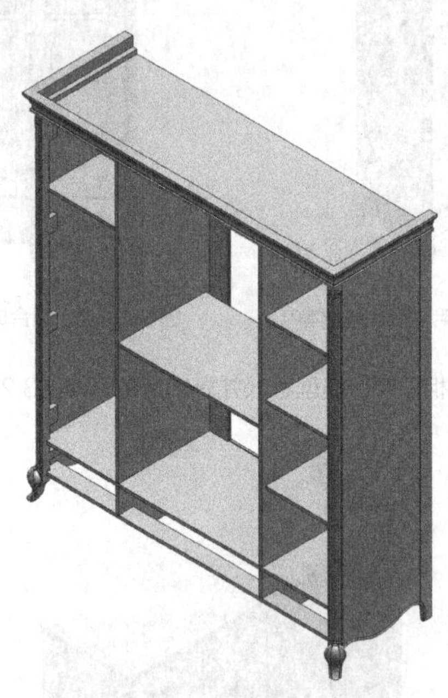

图3.3.1　将门框、抽屉、背板等部件隐藏（模型空间只保留衣柜的框架结构，以方便切换和观察）

使用〖文件〗-〖导入〗-〖部件〗，如图3.3.2所示。

图3.3.2　导入部件（找到光盘对应目录下的“三合一”部件导入到模型空间。并且绘制辅助线，使用〖移动对象〗，精确定位到衣柜侧板上部的中心点）

使用〖移动对象〗-〖动态〗，选择“三合一”实体，如图3.3.3所示。

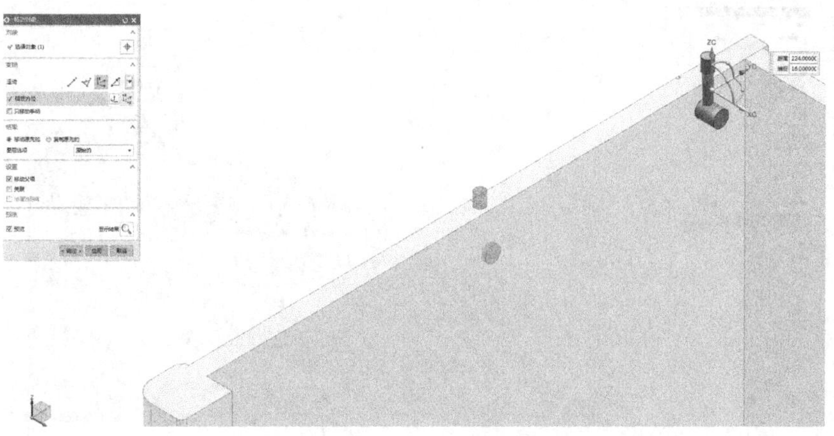

图3.3.3　移动“三合一”实体（〖捕捉〗设置为16，手动控制坐标拖动对应方向的箭头将“三合一”实体移动224mm。〖结果〗选择〖移动原先的〗）

使用〖移动对象〗-〖动态〗，选择“三合一”实体，如图3.3.4所示。

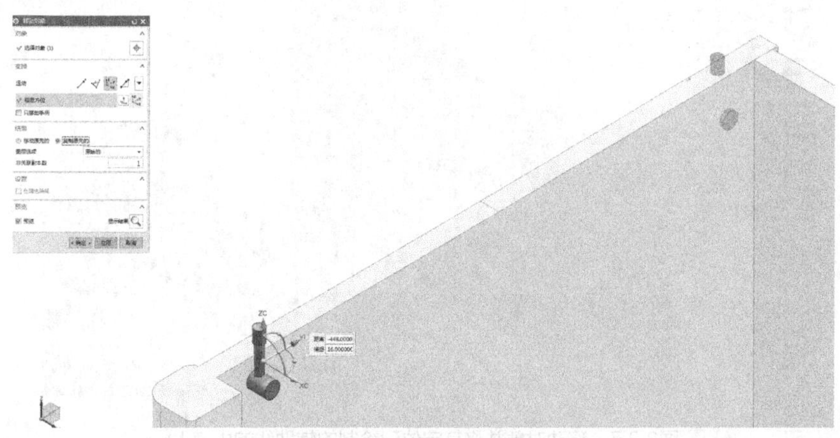

图3.3.4　移动“三合一”实体（〖捕捉〗设置为16，手动控制坐标拖动对应方向的箭头将“三合一”实体移动448mm。〖结果〗选择〖复制原先的〗）

使用〖拉伸〗，选择“三合一”实体8mm的圆，如图3.3.5所示。

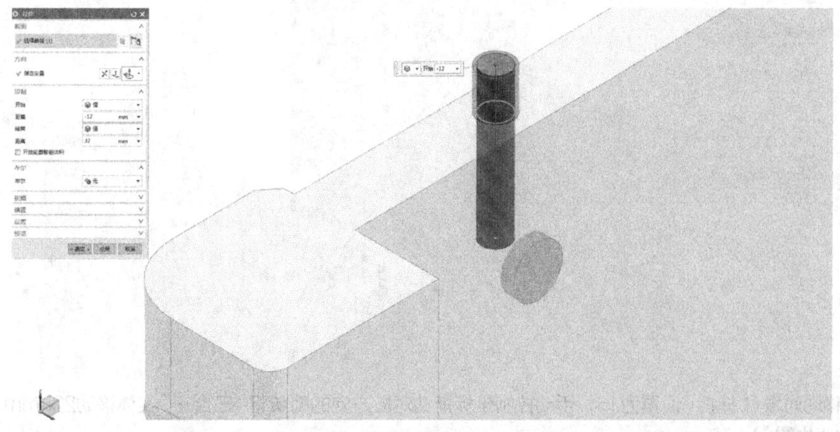

图3.3.5　拉伸“三合一”实体8mm的圆（〖开始〗〖距离〗为-12mm，〖结束〗〖距离〗为32mm）

〖移除参数〗后使用〖移动对象〗将木销移动32mm，如图3.3.6所示。

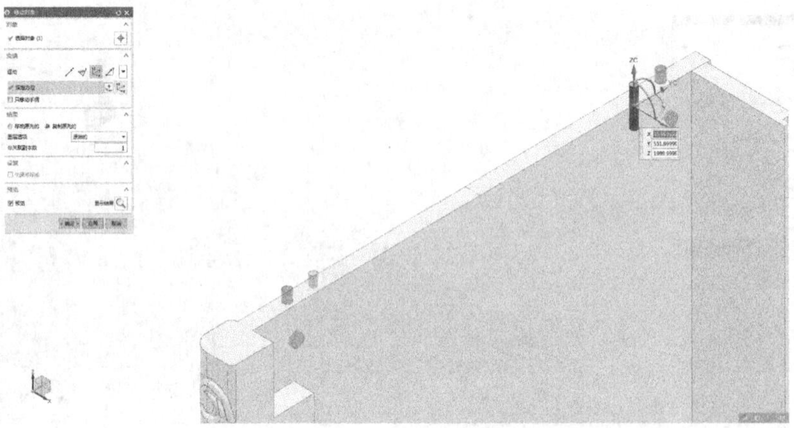

图3.3.6　将木销移动32mm（并且使用〖变换〗〖通过一平面镜像〗，将两个实体镜像复制）

使用〖移动对象〗，同时选择“三合一”实体和木销为一个组合，如图3.3.7所示。

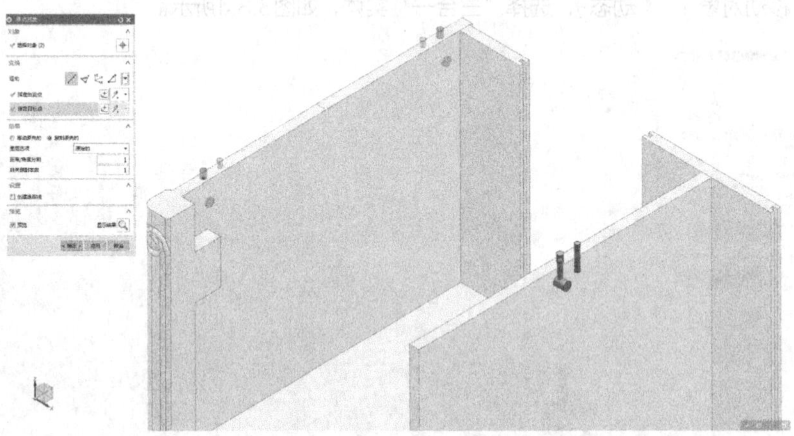

图3.3.7　移动对象并将其定位到绘制的辅助线的中点上

使用〖移动对象〗-〖动态〗，选择“三合一”实体和木销，如图3.3.8所示。

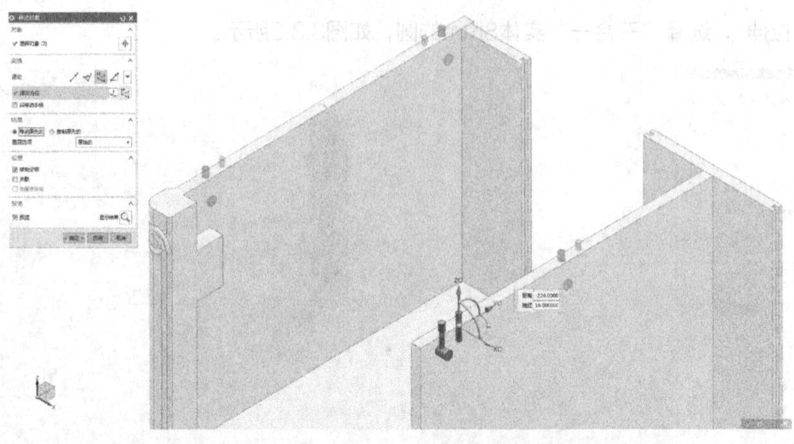

图3.3.8　移动对象（〖捕捉〗设置为16，手动控制坐标拖动对应方向的箭头将“三合一”实体移动224mm。〖结果〗选择〖移动原先的〗）

使用〖变换〗-〖通过一平面镜像〗，如图3.3.9所示。

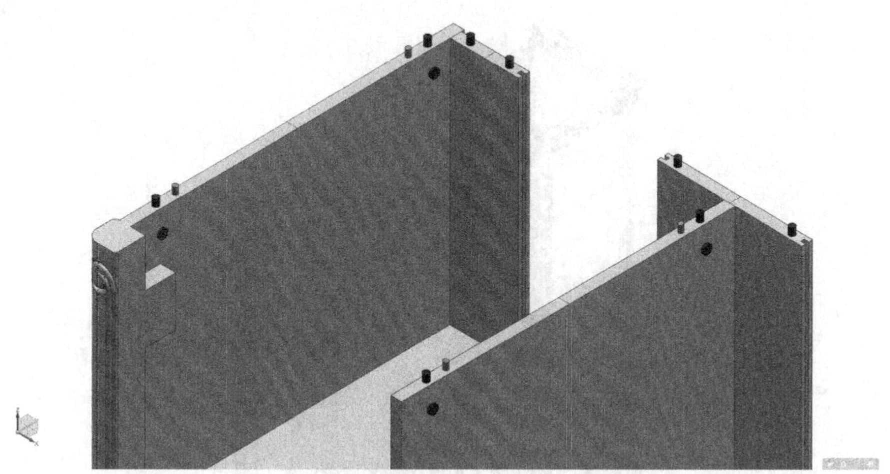

图3.3.9　将“三合一”实体和木销镜像复制到另外一侧，相同的方法定位背板“三合一”实体

继续使用〖变换〗和〖移动对象〗，如图3.3.10所示。

左侧中立板与宽背条用预埋+螺杆连接，如图3.3.11所示。

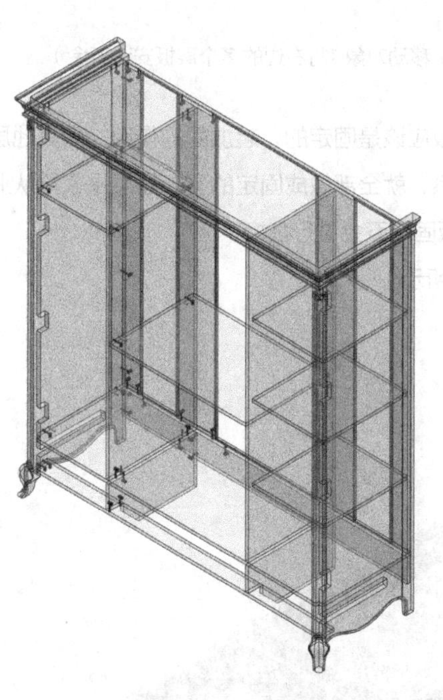

图3.3.10　移动对象并完成左侧的三合一定位

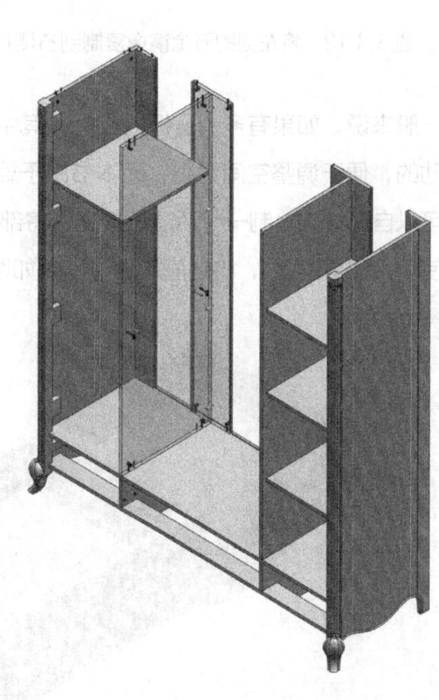

图3.3.11　定义连接方式（插入Φ8×40圆柱五金）

对于布孔，每个工厂都有自己的一套标准，本书布孔的方法也仅仅作为参考。如果不是家具行业的从业人员看本节的话可能会很吃力，所以大家只需要了解步骤和方法就可以了。至于布孔的原理和规则，就不要过多地纠结，以后如果有机会从事家具行业的话，在车间实习一段时间很快就可以融会贯通了。

使用〖变换〗，将左侧的五金镜像复制到右侧，如图3.3.12所示。

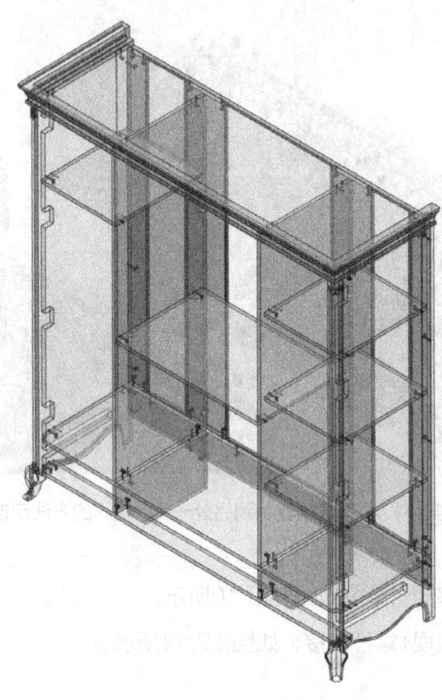

图3.3.12　将左侧的五金镜像复制到右侧（并且使用〖移动对象〗将右边的多个层板安装五金）

一般来说，如果有多个层板的空间，其中一个层板应该是固定的，起加固的作用，而其他层板是活动的，便于调整空间大小。而本书由于篇幅的关系，就全部做成固定的了。如果是家具从业人员，可以自己尝试绘制一个活动层板托，将部分的层板固定五金进行替换。

使用〖图层设置〗，将抽屉单独显示，如图3.3.13所示。

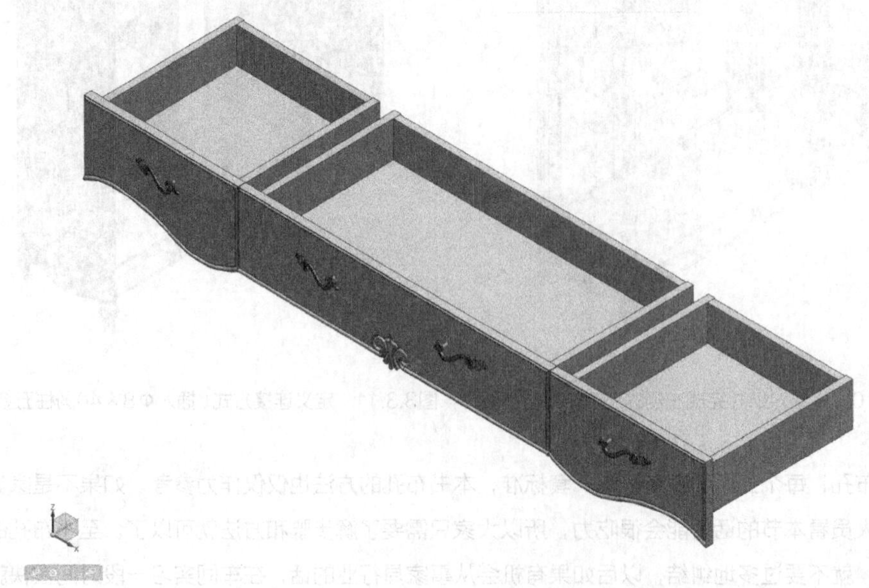

图3.3.13　单独显示抽屉（其他部件移动到隐藏图层）

这种抽屉除了三合一之外，抽面还有拉手螺杆来固定拉手，抽侧和抽尾用自攻螺钉进行连接。而这些都是家具行业的常用五金，设计人员应该将这些五金的尺寸进行建模保存，然后直接调用即可。

本节我们就临时建立两个模型（见图3.3.14）作为五金件来进行安装，分别是：

拉手螺杆： Φ8×3（沉头）+Φ5×30圆柱组合体。

自攻螺钉：Φ6×3（沉头）+Φ3×30圆柱组合体。

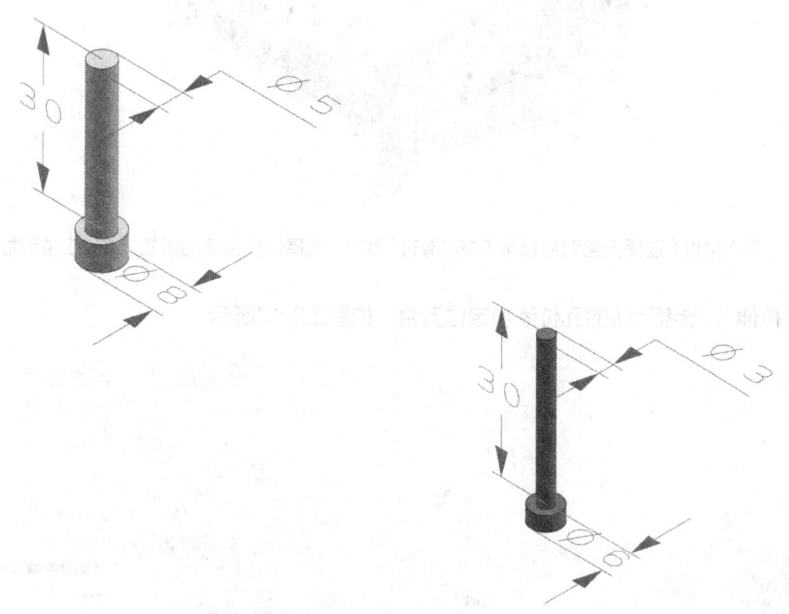

图3.3.14　两个五金件模型（圆柱合并后可能会产生破面，那是电脑显示的原因，可以忽略）

使用〖移动对象〗和〖变换〗，如图3.3.15所示。

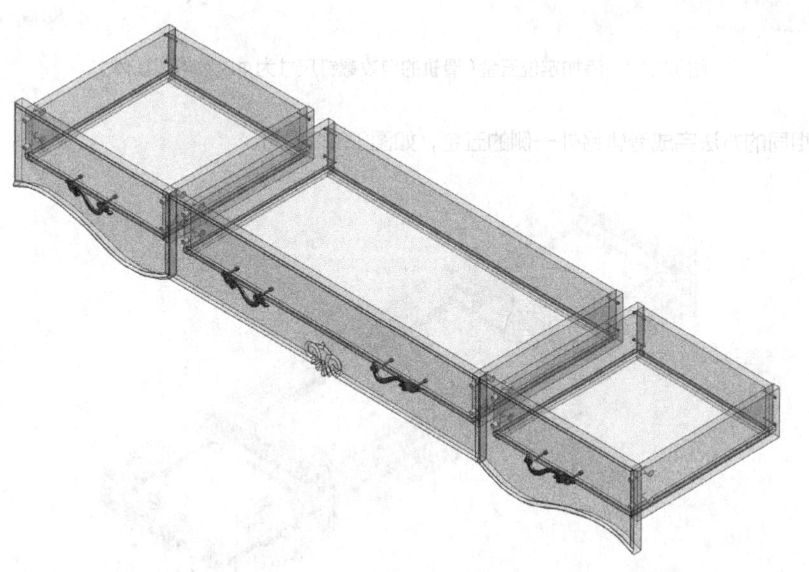

图3.3.15　使用〖移动对象〗和〖变换〗命令将三合一和其他五金定位到抽屉上

使用〖文件〗-〖导入〗，如图3.3.16所示。

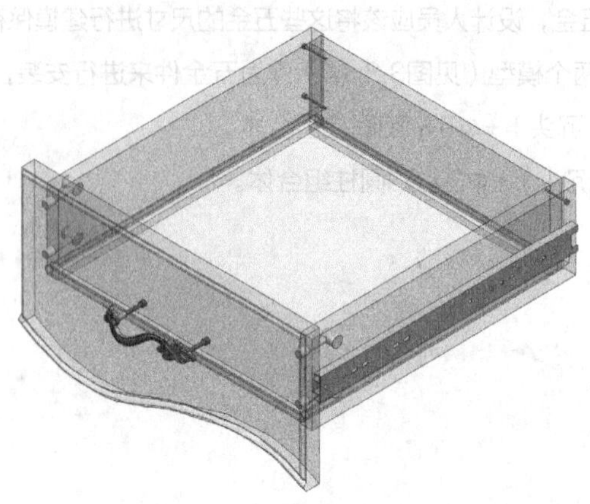

图3.3.16　导入文件（选择光盘对应目录下的“滑轨”部件，选择长度合适的滑轨，将其定位到抽侧板上）

使用〖拉伸〗，参考滑轨的孔位添加定位五金，如图3.3.17所示。

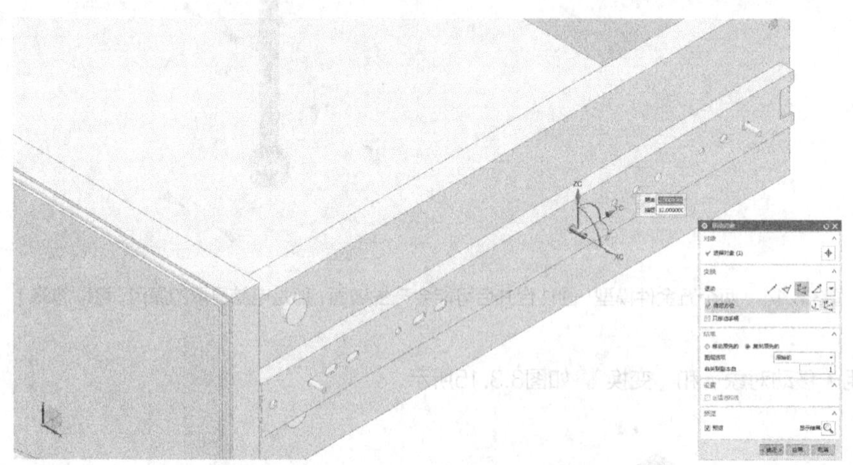

图3.3.17　添加定位五金（滑轨的自攻螺钉尺寸为Φ3×10圆柱体）

使用相同的方法完成滑轨另外一侧的五金，如图3.3.18所示。

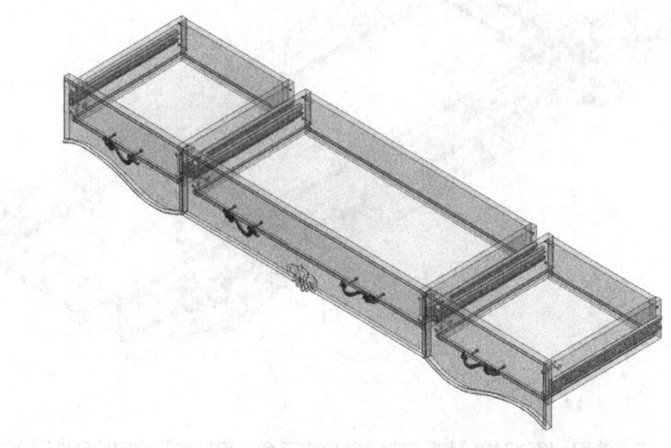

图3.3.18　使用〖变换〗〖通过一平面镜像〗将五金镜像复制

使用〖图层设置〗，将门框的图层显示，如图3.3.19所示。

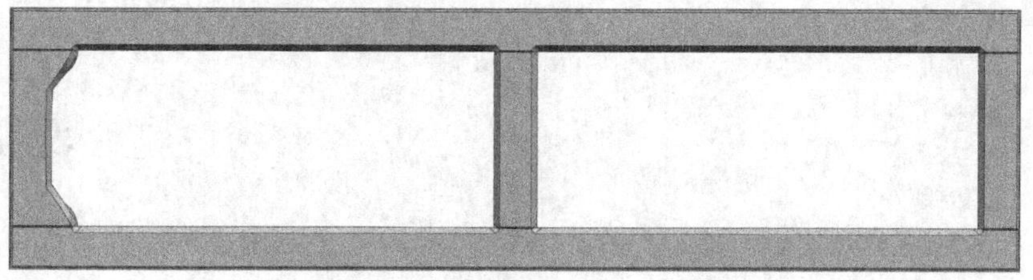

图3.3.19　将一组门框单独切换显示空间

使用〖移动对象〗，安装门框之间的固定木销，如图3.3.20所示。

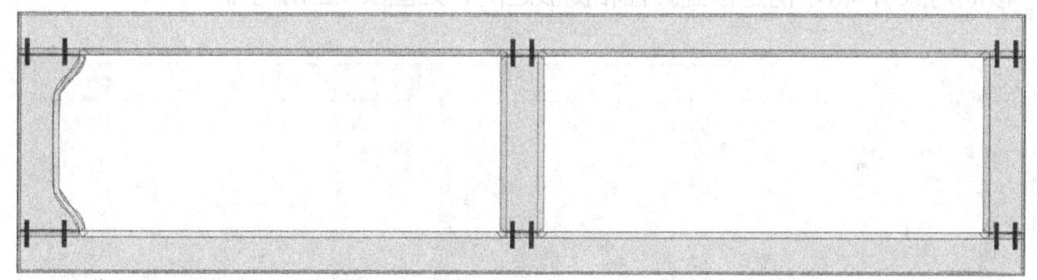

图3.3.20　安装门框之间的固定木销（具体步骤参考视频教程）

使用〖移动对象〗，安装门框的拉手螺杆，如图3.3.21所示。

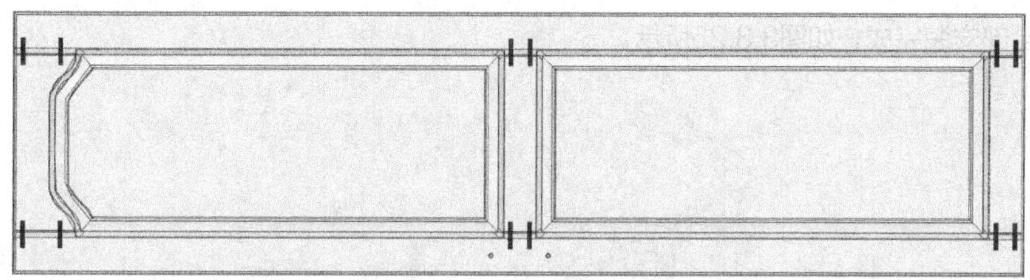

图3.3.21　安装门框的拉手螺杆（使用〖变换〗将五金复制到其他门框上）

接下来我们来安装门的铰链，安装门铰必须要注意，不能和隔板、孔位等产生干涉。所以我们在最后安装。

按理来说，我应该建一个铰链的模型供大家调用。但是由于时间的关系，加上铰链的建模比较复杂，所以我们只需要建立一个铰链的定位实体就可以了。

如图3.3.22所示，大家有空的话可以自己尝试画一个铰链出来。

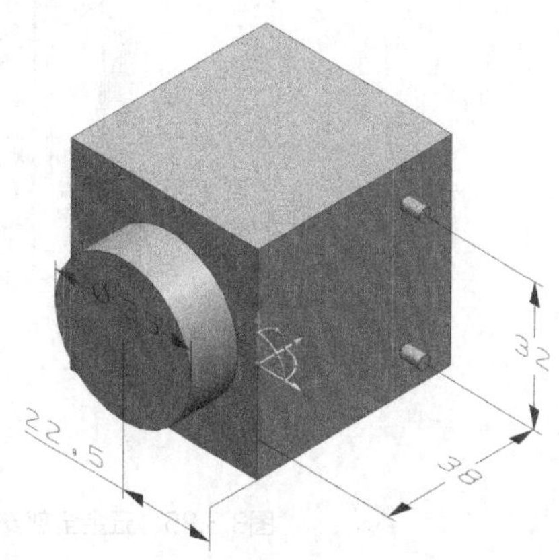

图3.3.22　铰链的定位实体（图中的坐标系就是铰链的定位点，要和门框内侧边缘拟合）

使用〖移动对象〗，将铰链的原点定位到门框内侧长边的中心点，如图3.3.23所示。

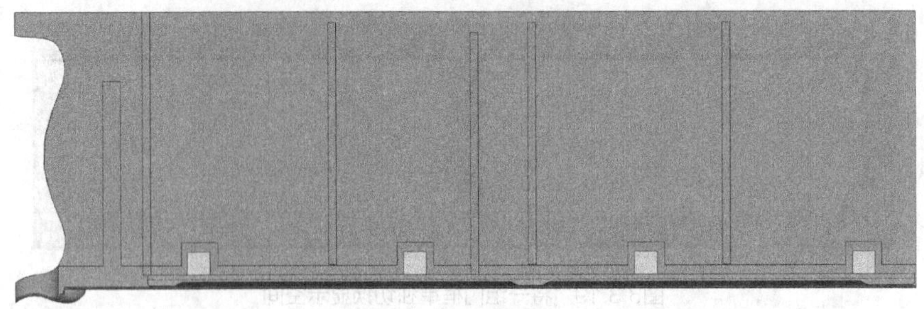

图3.3.23　将铰链的原点定位到门框内侧长边的中心点（然后按32倍数移动复制到加厚块的位置）

使用〖移动对象〗，将木销定位到脚柱和侧板之间，如图3.3.24所示。

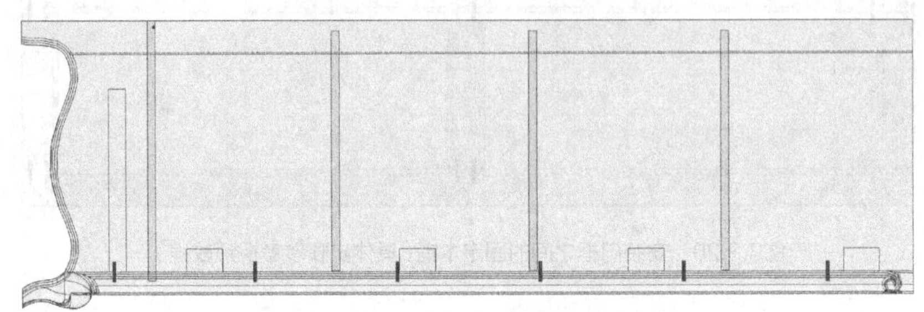

图3.3.24　将木销定位到脚柱和侧板之间（数量为6根）

五金全部安装完成，如图3.3.25所示。

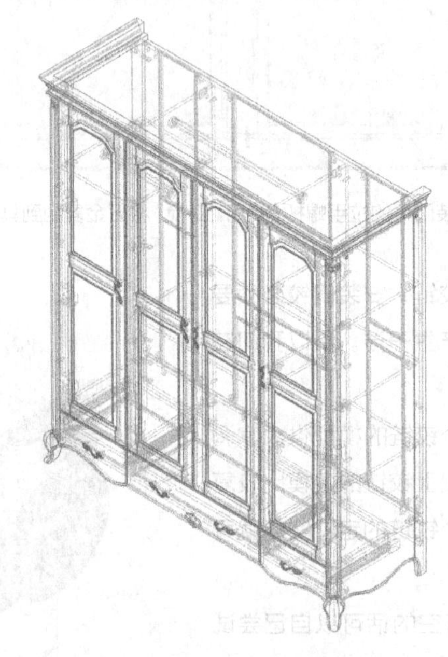

图3.3.25　五金全部安装完成（检查是否有遗漏或错误的地方）

我们这里制作的铰链定位实体并不准确。因为内嵌和半盖铰链虽然板件开孔是一样的，但是其形状是不一样的，所以我们要将中间的铰链修改。

使用〖同步建模〗-〖拉出面〗，选择有圆柱的面，如图3.3.26所示。

使用〖偏置面〗，选择圆柱体端面，如图3.3.27所示。

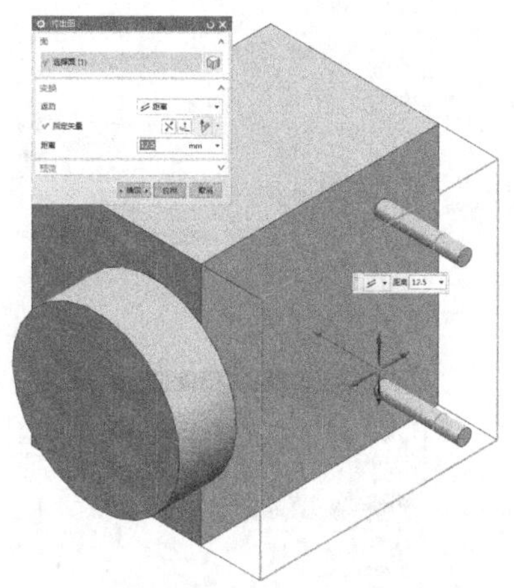

图3.3.26　使用〖同步建模〗-〖拉出面〗命令（向内缩进12.5mm）

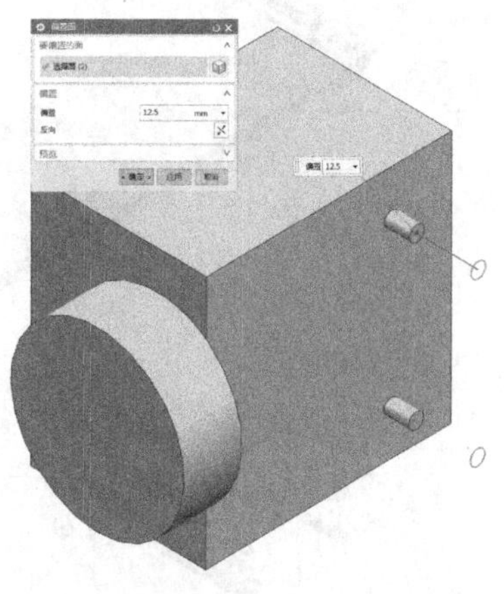

图3.3.27　偏置圆柱体端面（向内缩进12.5mm）

我在以前的书籍中曾经介绍过〖拉出面〗和〖偏置面〗的不同，而这个例子就更加直观地反映出了两个命令的区别和用途。

使用〖显示和隐藏〗，将所有的板件隐藏，只保留五金，如图3.3.28所示。

使用〖显示和隐藏〗，将不需要安装五金的板件隐藏，如图3.3.29所示。

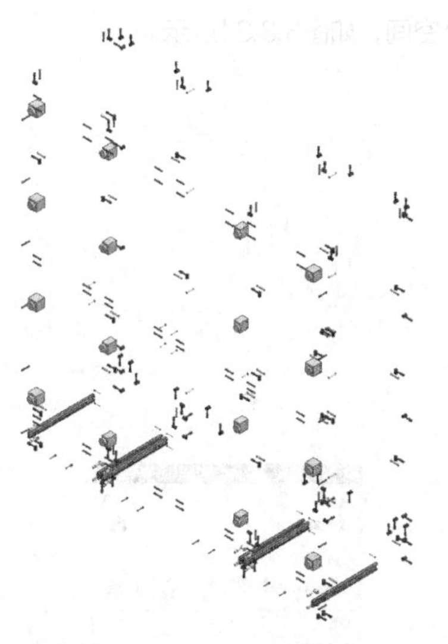

图3.3.28　隐藏所有板件，只保留五金（使用〖格式〗〖移动至图层〗选择所有的五金移动到隐藏图层）

图3.3.29　将不需要安装五金的板件隐藏（使用相同的方法将两种板件也分别移动到不同的图层）

大家在实际的生产中，可以将不同的五金赋予不同的颜色，并形成一个统一的标准。使用〖选择条〗中的〖颜色过滤器〗，就可以迅速统计出五金的数量。

本书由于编著时间仓促，而且作者本人很少做结构，就没有时间具体地建立五金模型和规定一系列的标准。所以具体的操作还是要靠大家在实际工作中灵活运用。

使用〖显示和隐藏〗，将顶框切换到和五金一个空间，如图3.3.30所示。

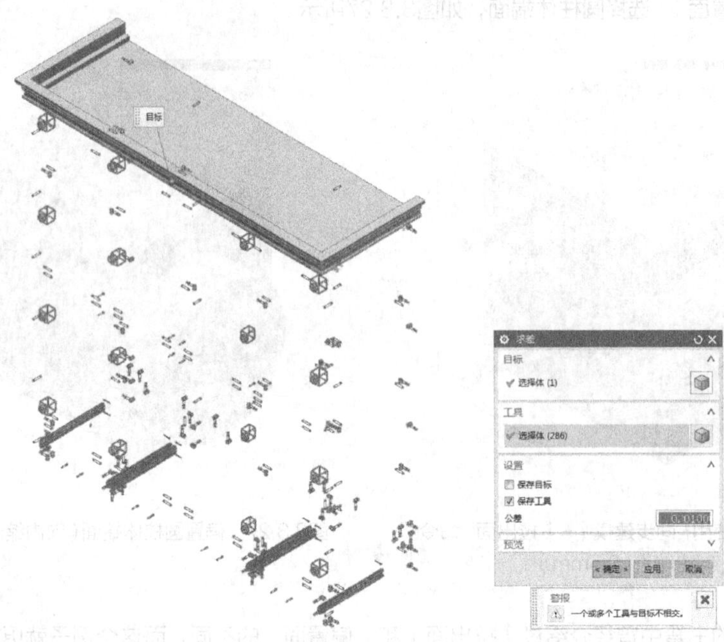

图3.3.30　将顶框切换到和五金一个空间（使用〖组合下拉菜单〗-〖减去〗，首先将〖目标〗选择为顶框，然后将〖工具〗选择为模型空间中的所有五金。使用“Ctrl+A”的快捷键可以全选，一定要勾选〖保存工具〗。然后使用〖移动至图层〗，将板件移动到新建的图层，并且将其隐藏）

使用〖显示和隐藏〗，将两个侧框切换到和五金一个空间，如图3.3.31所示。

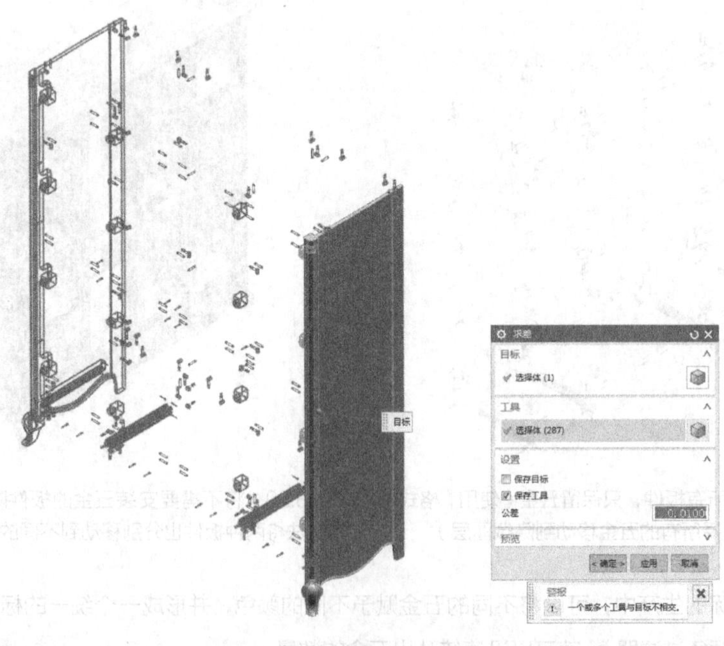

图3.3.31　将两个侧框切换到和五金一个空间（使用〖组合下拉菜单〗-〖减去〗，首先将〖目标〗选择为侧框，然后将〖工具〗选择为模型空间中的所有五金。使用“Ctrl+A”的快捷键可以全选，一定要勾选〖保存工具〗。然后使用〖移动至图层〗，将板件移动到新建的图层，并且将其隐藏）

使用〖显示和隐藏〗，将底板和层板切换到和五金一个空间，如图3.3.32所示。

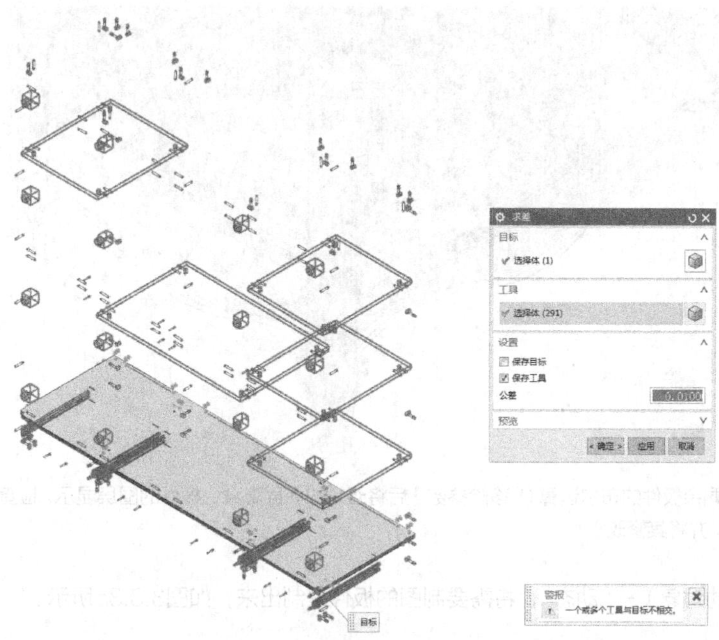

图3.3.32　将底板和层板切换到和五金一个空间（使用〖组合下拉菜单〗-〖减去〗，首先将〖目标〗选择为板件，然后将〖工具〗选择为模型空间中的所有五金。使用“Ctrl+A”的快捷键可以全选，一定要勾选〖保存工具〗。然后使用〖移动至图层〗，将板件移动到新建的图层，并且将其隐藏）

使用〖显示和隐藏〗，将中立板和背条切换到和五金一个空间，如图3.3.33所示。

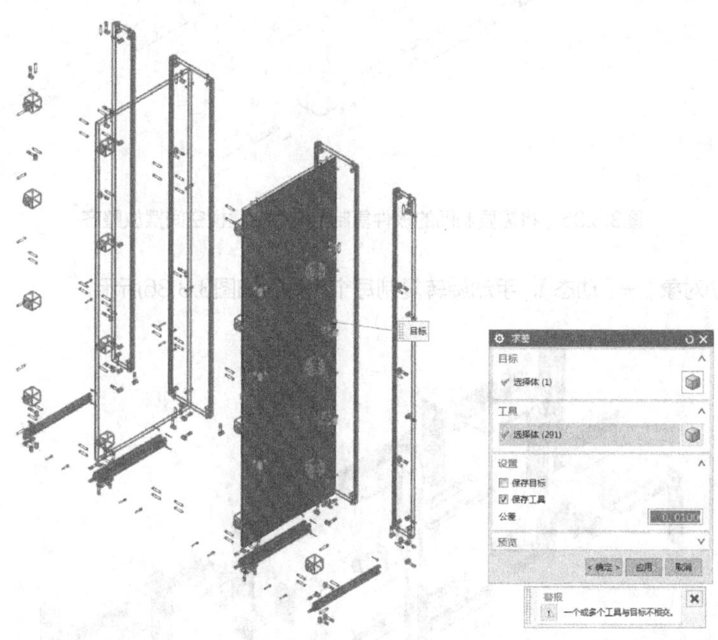

图3.3.33　将中立板和背条切换到和五金一个空间（使用〖组合下拉菜单〗-〖减去〗，首先将〖目标〗选择为板件，然后将〖工具〗选择为模型空间中的所有五金。使用“Ctrl+A”的快捷键可以全选，一定要勾选〖保存工具〗。然后使用〖移动至图层〗，将板件移动到新建的图层，并且将其隐藏）

使用相同的方法，完成剩余板件的布尔运算，如图3.3.34所示。

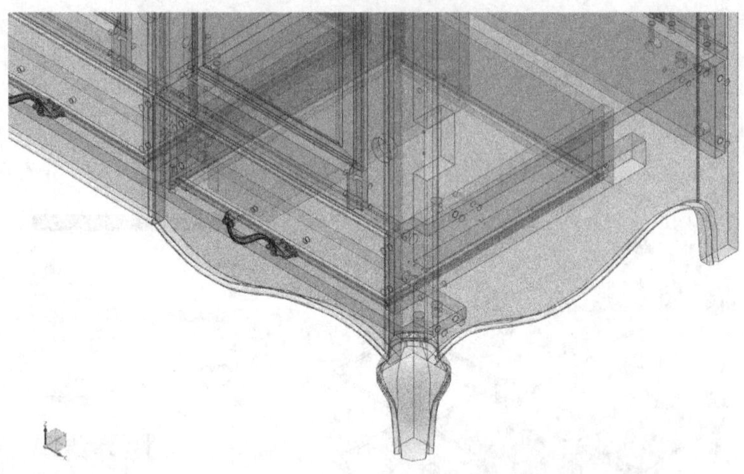

图3.3.34　完成剩余板件的布尔运算（〖移除参数〗后将五金的图层隐藏，板件的图层显示。检查板件是否有干涉或者过切的情况，并将其修改）

使用〖移动对象〗-〖动态〗，将需要制图的板件复制出来，如图3.3.35所示。

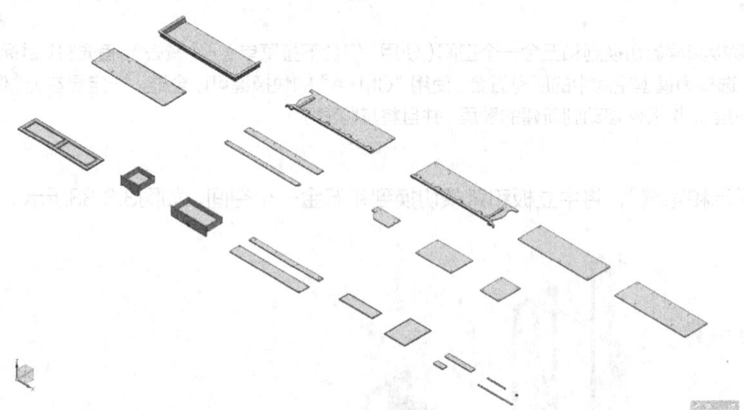

图3.3.35　将需要制图的板件复制出来并在建模空间摆放整齐

使用〖移动对象〗-〖动态〗，手动旋转复制每个板件，如图3.3.36所示。

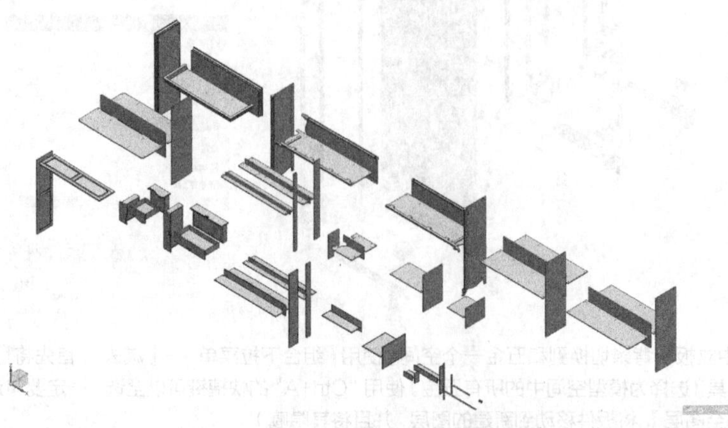

图3.3.36　手动旋转复制每个板件（旋转出每个板件需要投影的三视图）

在〖标准〗工具条中选择〖启动〗，如图3.3.37所示。

在〖图纸〗工具条中选择〖新建图纸页〗，如图3.3.38所示。

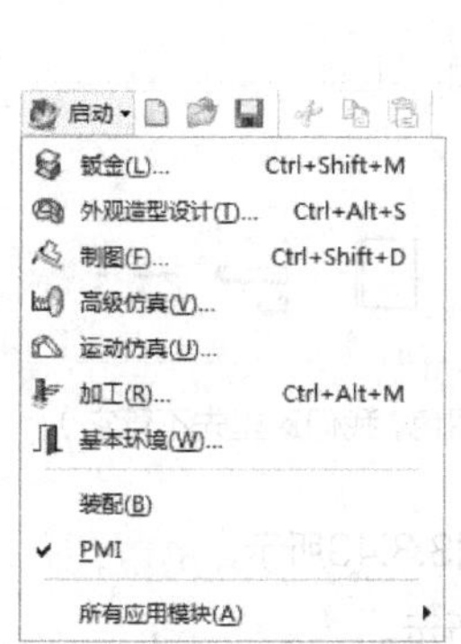

图3.3.37 〖启动〗菜单（切换到〖制图〗模块）

图3.3.38 〖图纸页〗对话框（设置〖定制尺寸〗为20000×20000，〖投影〗为〖第一角投影〗）

在〖图纸〗工具条中选择〖基本视图〗，如图3.3.39所示。

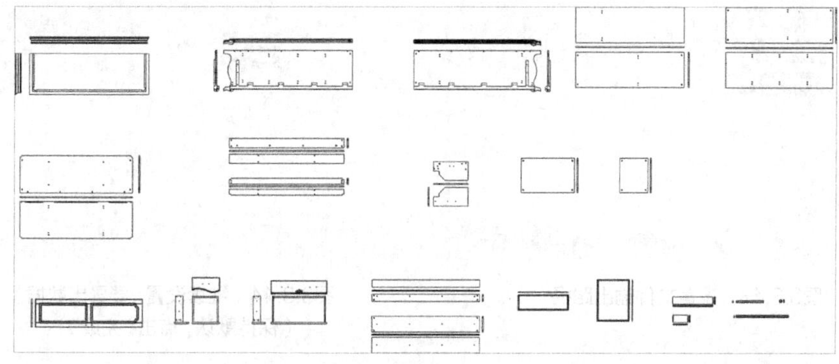

图3.3.39 选择基本视图的类型（在〖模型视图〗中选择〖要使用的模型视图〗为〖俯视图〗）

双击视图的边缘位置，弹出〖设置〗对话框，如图3.3.40所示。

继续进入〖可见线〗进行设置，如图3.3.41所示。

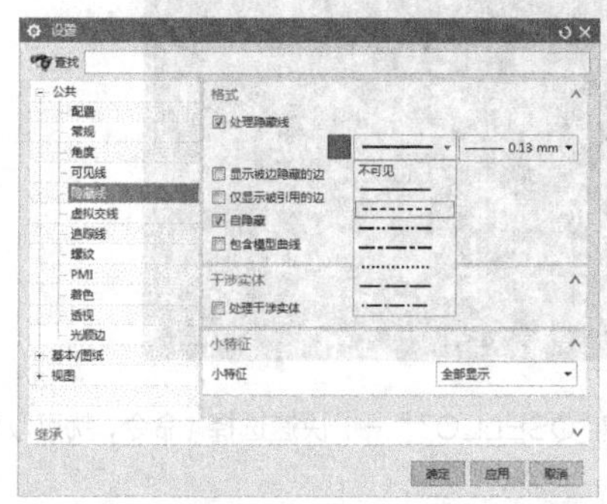

图3.3.40 〖设置〗对话框（在〖公共〗〖隐藏线〗中选择颜色为红色，线段样式为〖虚线〗）

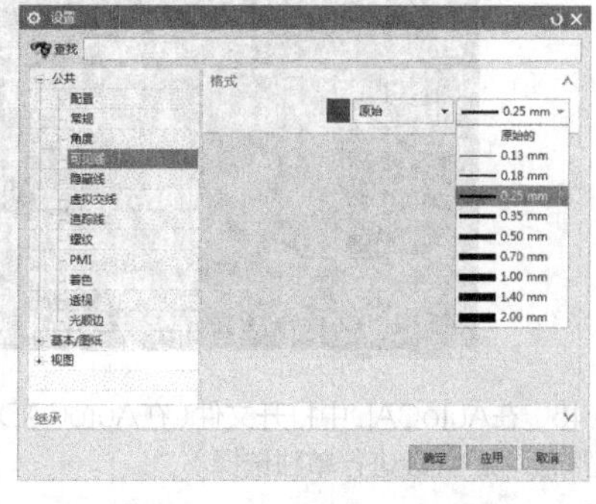

图3.3.41 设置线宽（设置线宽为0.25mm，其余保持默认设置即可）

隐藏线就会在视图中显示出来，如图3.3.42所示。

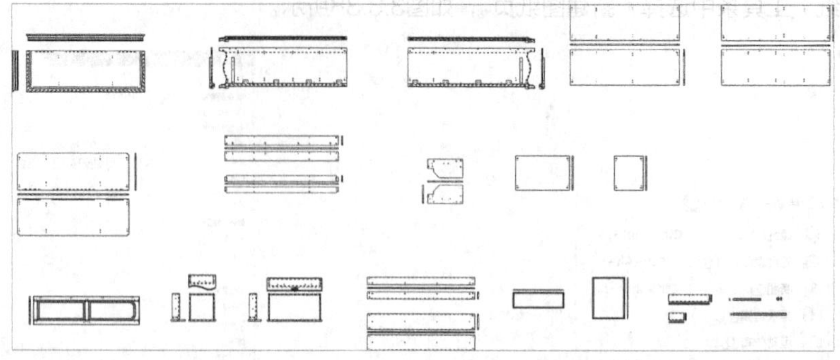

图3.3.42　显示隐藏线（但是隐藏线的颜色依然显示为黑色，我们这里先不管它）

使用〖文件〗-〖导出〗-〖AutoCAD DXF/DWG〗，如图3.3.43所示。

点击〖下一步〗继续〖要导出数据〗的设置，如图3.3.44所示。

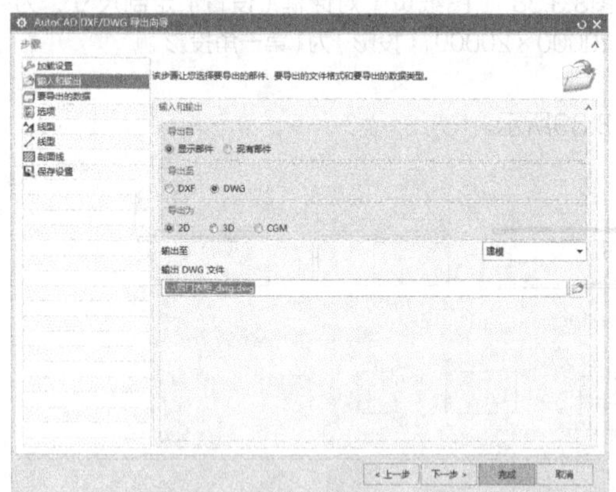

图3.3.43　设置文件输出路径

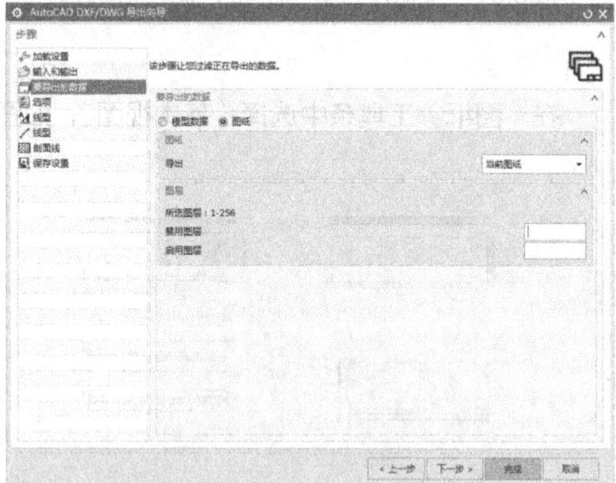

图3.3.44　继续设置〖要导出数据〗（保持默认，点击〖完成〗）

启动AutoCAD，直接打开上步保存的文件，如图3.3.45所示。

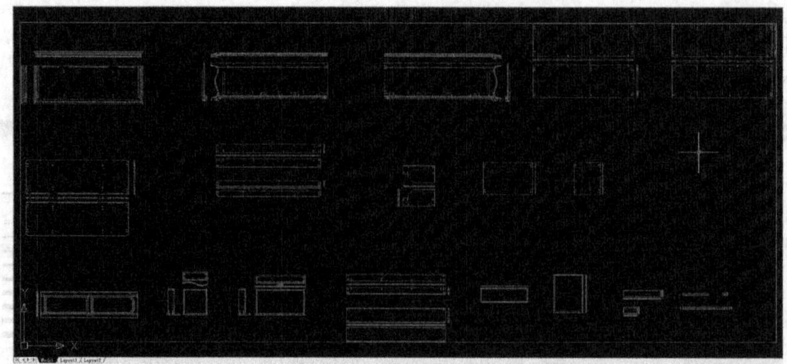

图3.3.45　在AutoCAD中打开文件（在AutoCAD在使用快捷键“QSELECT”-〖快速选择〗命令，就可以对不同类型和颜色的线段进行单独选择）

由于本章的主题是UG，所以导入AutoCAD后的标注、排版等后续操作，有兴趣的读者可以自己尝试完成。孔位图部分的教学到此结束。

3.4 安装图的制作

欧式家具的立体图安装图，如果直接在AutoCAD中绘制是很困难的。而在UG中就很简单，特别是在我们已经建立模型和安装完孔位的情况下，只需要简单的几步就可以完成。

使用〖移动对象〗，先将所有板件复制一组出来，隐藏原来的，如图3.4.1所示。

切换到〖制图〗模块，使用〖新建图纸页〗，如图3.4.2所示。

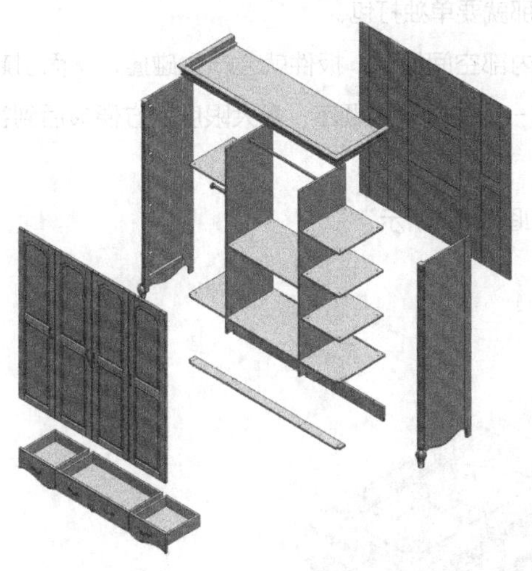

图3.4.1 复制板件（继续使用〖移动对象〗，将板件分批进行移动）

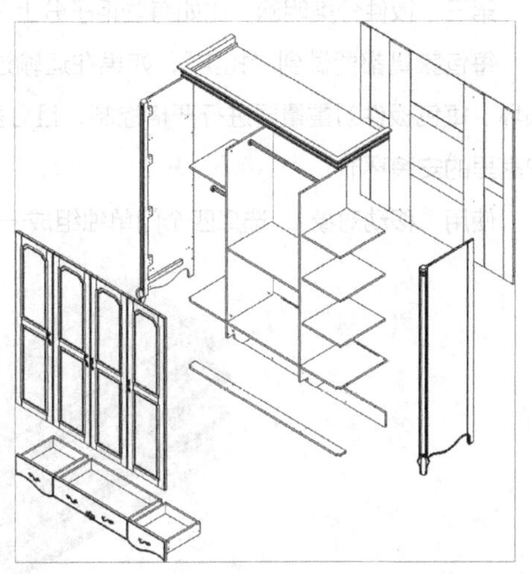

图3.4.2 在〖新建图纸页〗中投影出二维视图（使用〖基本视图〗，在〖模型视图〗中选择〖正等测图〗进行投影。最后使用〖文件〗-〖导出〗-〖AutoCAD DXF/DWG〗，将二维图形导出）

启动AutoCAD，然后直接打开上步保存的文件，如图3.4.3所示。

图3.4.3 在AutoCAD中打开文件（这里导出到AutoCAD的其实全部是二维线条。而UG三维转AutoCAD三维的方法，我在之前出版的书籍中已经详细地介绍过，这里就不再重复了）

3.5 包装图的制作

包装图主要运用在成品家具中。家具最后的包装影响着库存、运输、安装等环节。制作家具包装图要注意以下环节。

第一：图纸表示明确，工人能迅速地看懂板件的分类和码放层次。

第二：合理利用空间，每个包装最大化利用空间，不能产生松动。

第三：板件分类明确，比如有些柜子分上下柜，那就要单独打包。

每包家具都要做到“扎实”，如果在运输过程中内部空间松动，板件就会产生碰撞，从而引起损坏。每包板件对重量要进行严格控制，且分类要有一定的规则和顺序，最大限度地方便最后到客户家里的安装环节。

使用〖移动对象〗，选择四个门单独组成一包，如图3.5.1所示。

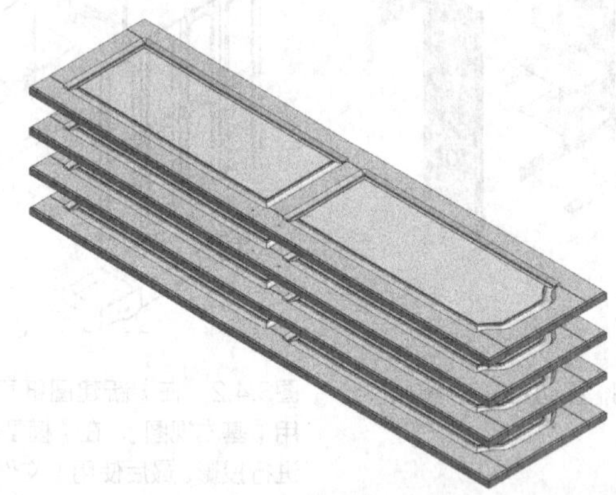

图3.5.1　选择四个门单独组成一包（先码放整齐之后再将板件按一定的距离分开）

使用〖移动对象〗，选顶板、底板等板件码放到一包，如图3.5.2所示。

使用〖移动对象〗，选侧框、背板等板件码放到一包，如图3.5.3所示。

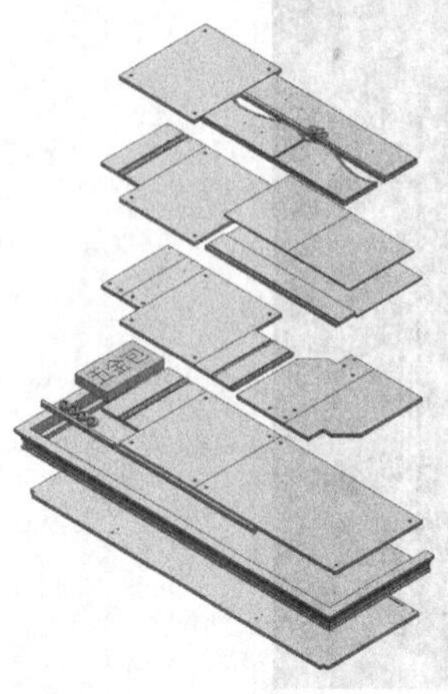

图3.5.2　将顶板、底板等板件码放到一包（使用〖PMI〗的〖注释〗在板件上标注文字，具体操作参考视频）

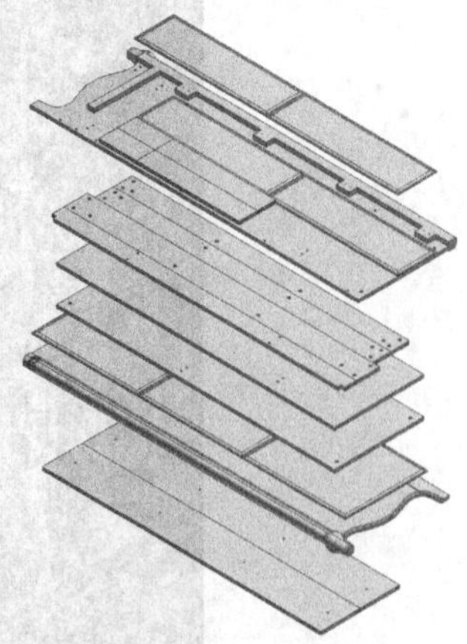

图3.5.3　将侧框、背板等板件码放到一包（对齐以后再进行分离，保证每个板件都要显示出来）

简单排列后，切换到〖制图〗模块，使用〖新建图纸页〗，如图3.5.4所示。

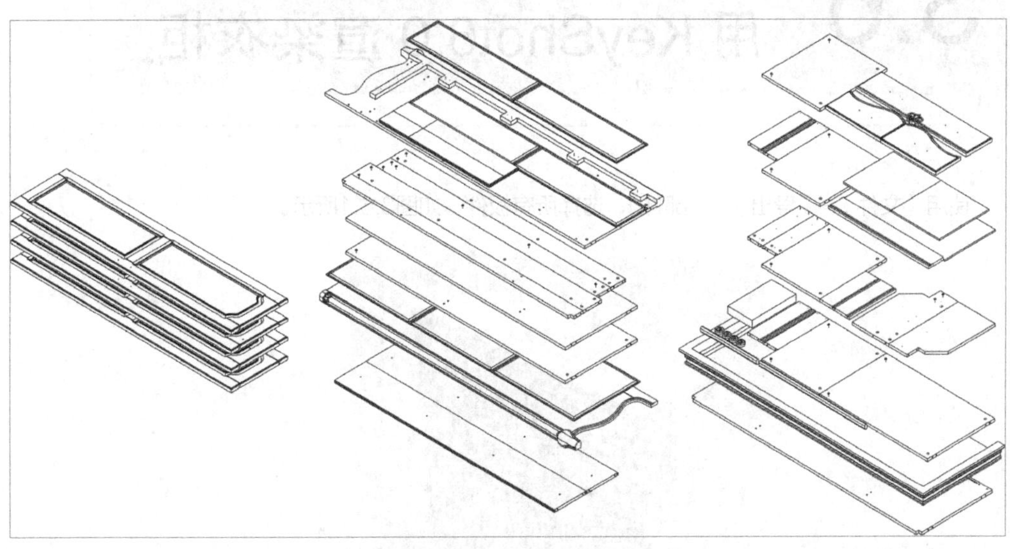

图3.5.4　在新建图纸页中投影并导出二维视图（使用〖基本视图〗，在〖模型视图〗中选择〖正等测图〗进行投影。最后使用〖文件〗-〖导出〗-〖AutoCAD DXF/DWG〗将二维图形导出）

启动AutoCAD，然后直接打开上步保存的文件，如图3.5.5所示。

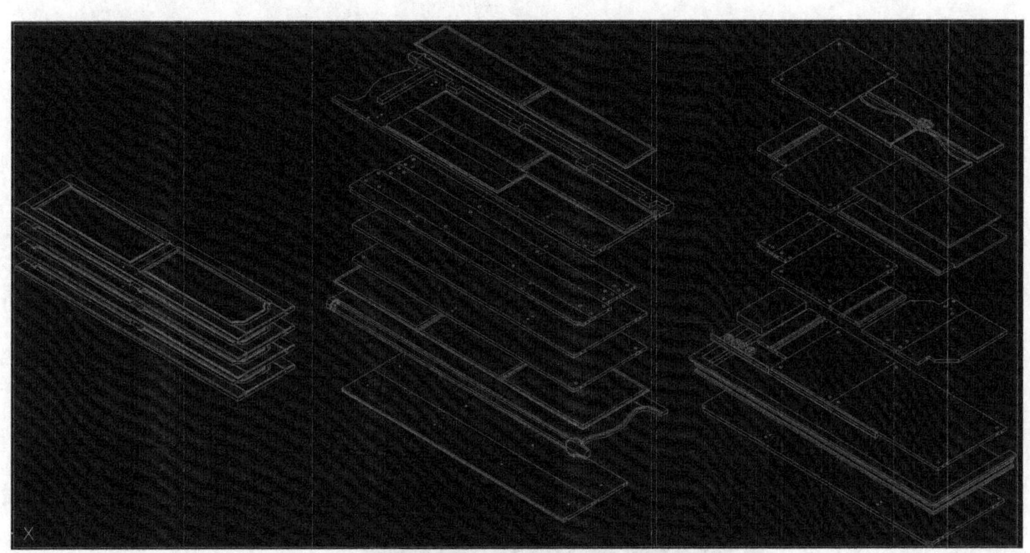

图3.5.5　在AutoCAD中打开文件（在AutoCAD中使用〖多重引线〗就可以将板件名称进行标识）

我上面的步骤中曾经用〖PMI〗-〖注释〗，在板件上标注了“五金包”三个文字。但是在UG的制图模块中并没有显示，也没有随着导入到AutoCAD之中。

而这种三维标注在制图模块中如何继承？我在之前出版的关于板式办公家具设计的教程《UG板式家具设计从入门到精通》中有详细的描述。或者请大家参考本书的视频教程，里面也有简单的步骤说明。

3.6 用 KeyShot6.0 渲染衣柜

使用〖文件〗-〖导出〗-〖部件〗，选择所有板件，如图3.6.1所示。

图3.6.1 启动KeyShot6.0，直接导入UG的部件

因为涉及兼容性的问题，KeyShot导入UG部件的时候，难免会出现部件缺失或者破面等情况。所以如果遇到这些问题，请大家参考第2章中写字台的导入方法。而且导入的模型要尽量做到精简，比如这种部件，我们导入的时候不光要过滤掉五金，还可以把背板，内部的层板都过滤掉，这样能减少运算和错误的概率。

将模型赋予合适的材质，并调节纹理参数，如图3.6.2所示。

图3.6.2 将模型赋予合适的材质并调节纹理参数（在〖相机〗-〖标准视图〗中选择〖前视图〗，将模型摆正渲染）

CHAPTER 04
第 4 章
立体浮雕方几的制作
4.1 3D-Coat 介绍
4.2 用 UG 建立低模
4.3 用 JDSoft 制作平面浮雕
4.4 用 3D-Coat 制作立体浮雕
4.5 用 KeyShot6.0 渲染方几
4.6 3D-Coat 快捷键

4.1 3D-Coat 介绍

本章我将重点给大家介绍一个软件——3D-Coat。

首先这个软件并不是专门的家具设计类软件，而是基于游戏以及影视动漫行业中人物和场景的制作，而专门开发的一款Poly建模软件。而且这个软件非常冷门，即使在游戏动漫行业知道的人也不多，但是功能却非常强大。

在立体浮雕建模细节的处理上甚至可以和ZBrush媲美。其制作复杂模型的效率远在Maya、3DMAX、C4D等软件之上。所以在游戏行业有“低模”和“高模"之分。比如很多人物的头像建模都是在Maya之内的软件建立“低模”，然后再导入ZBrush或者3D-Coat来完成细节的处理，而称之为“高模”。

但是我为什么要将3D-Coat这个软件来和UG配合使用呢？我可以用一个比较直观的比喻来说明：如果UG是一把大剪刀，那3D-Coat就是一把指甲刀。

我在第1章就说过，UG属于NURBS建模软件，模型细节的处理上不可能和其他的Poly建模软件相比。特别是在欧式家具中有非常复杂的立体浮雕，就如同人身上的指甲一样，想用一把大剪刀修剪整齐是很吃力和危险的事情，而用指甲刀就方便和省力得多。但是指甲刀却不能代替大剪刀去剪头发，要剪也只能一根根地去剪。当然这只是一个比喻而已，但是也很直观地说明了两个软件的特点和区别。

其实本书的设计思路非常简单，我们先使用UG建立主体模型，然后再使用JDsoft建平面浮雕。最后使用3D-Coat分别导入UG和JDsoft的模型，将平面浮雕变形后和主体模型组合为一个整体，成为一个新的立体浮雕模型。

因为国内平面浮雕起步较早，网上有很多灰度图可以下载，随便一搜都能找到合适的素材。所以我们就要充分利用这些资源优势，发挥每个软件的特点和长度，从而提高工作效率，如图4.1.1所示。

图4.1.1　实木立体浮雕方茶几

4.2 用 UG 建立低模

找到光盘对应目录下的“实木方几”DWG文件，如图4.2.1所示。

图4.2.1　启动UG，直接使用〖打开〗

使用〖光顺曲线串〗，选择面板的外形轮廓，如图4.2.2所示。

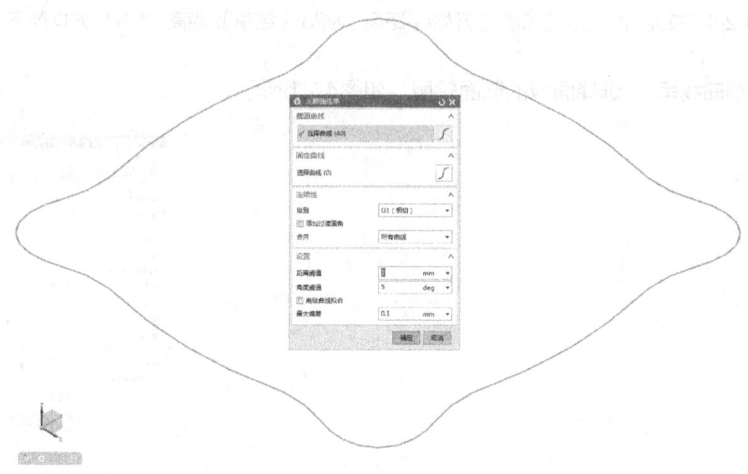

图4.2.2　对面板的外形轮廓进行光顺处理（线段要连贯）

使用〖拉伸〗，选择上步的曲线串，如图4.2.3所示。

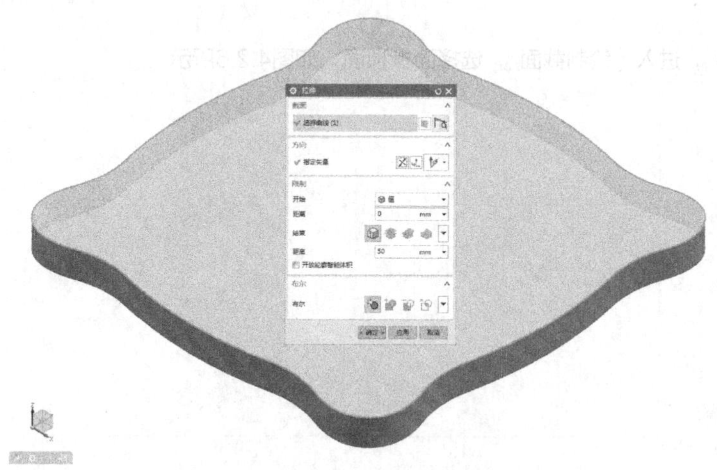

图4.2.3　拉伸上步的曲线串（向下拉伸50mm）

使用〖拉伸〗，选择面板内腔的轮廓，如图4.2.4所示。

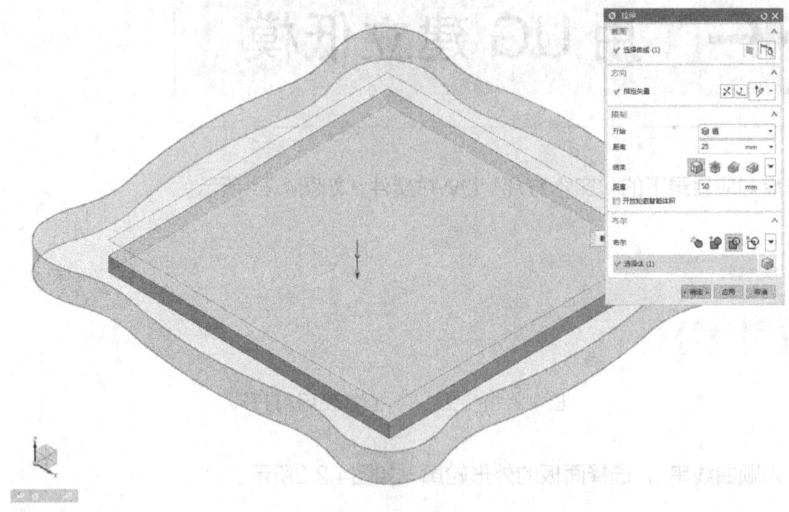

图4.2.4 拉伸面板内腔的轮廓（〖开始〗〖距离〗为25，〖结束〗〖距离〗为50，方向朝下）

使用〖光顺曲线串〗，选择面板的截面轮廓，如图4.2.5所示。

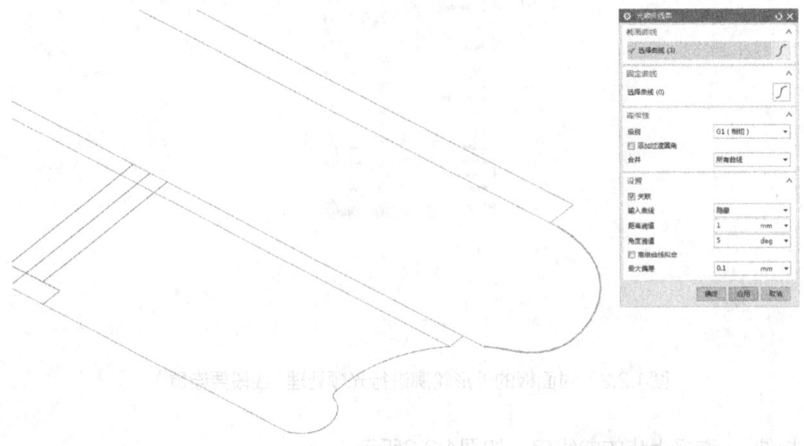

图4.2.5 使用〖光顺曲线串〗命令（将两端曲线分别合并，并且检查线段是否连贯）

使用〖拉伸〗，进入〖绘制截面〗，选择面板顶面，如图4.2.6所示。

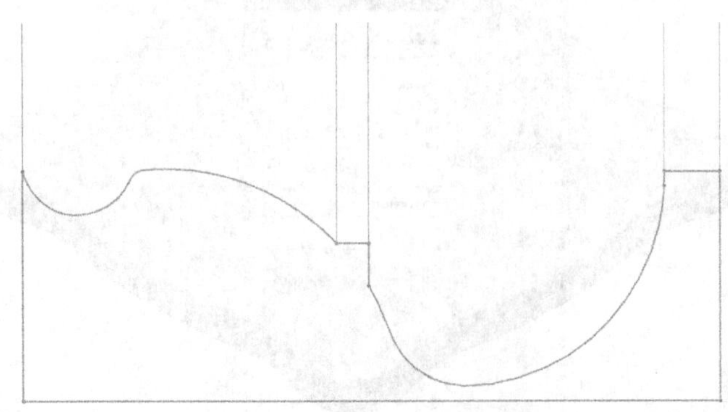

图4.2.6 选择面板顶面为绘制截面（参照图形绘制一个刀型截面，宽度要尽量的窄）

点击〖完成草图〗，回到〖拉伸〗界面，如图4.2.7所示。

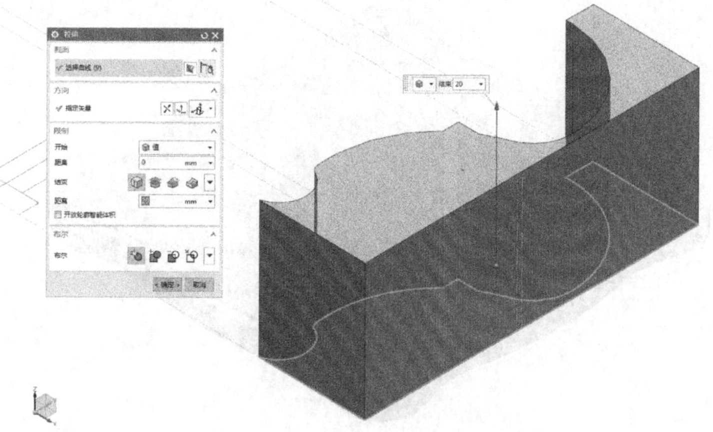

图4.2.7　回到〖拉伸〗界面（设置拉伸距离为20mm）

使用〖拆分体〗，选择面板进行拆分，如图4.2.8所示。

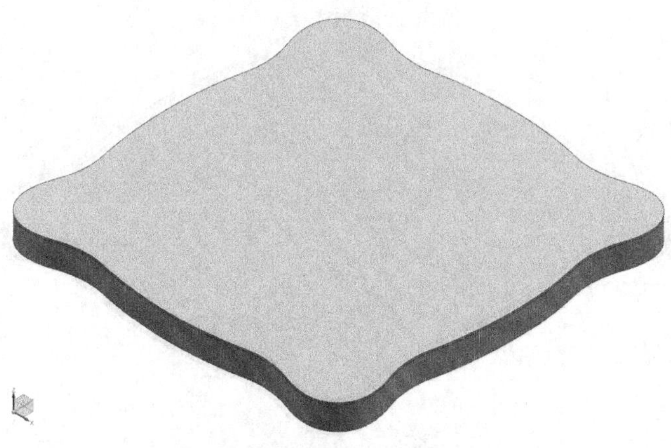

图4.2.8　拆分面板（拆分平面为面板顶面向下偏置4mm）

使用〖偏置面〗，选择面板第一层的侧面，如图4.2.9所示。

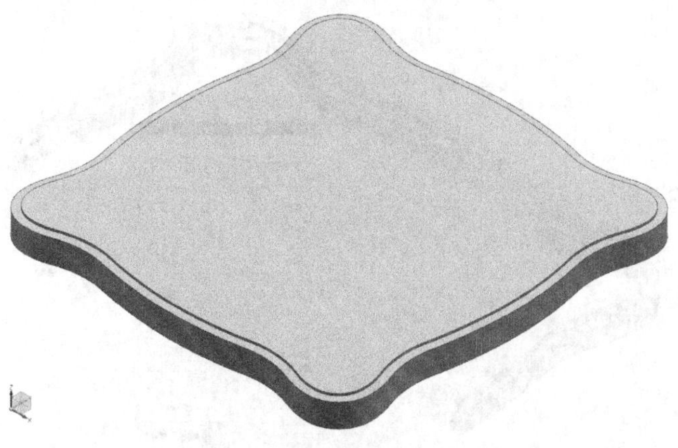

图4.2.9　偏置面板第一层的侧面（向内偏置15mm）

使用〖拆分体〗，选择面板进行拆分，如图4.2.10所示。

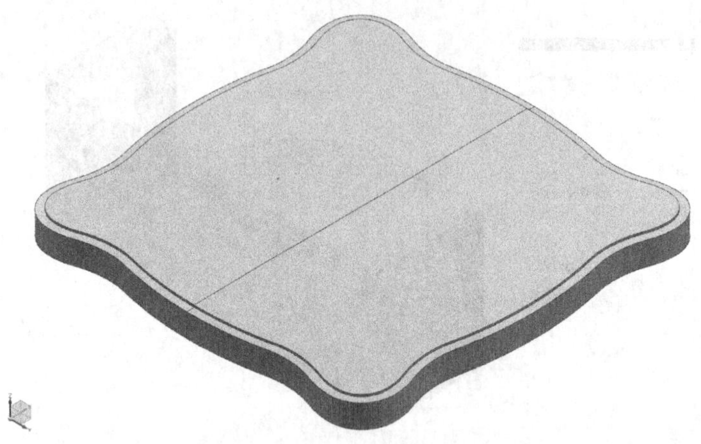

图4.2.10　拆分面板（拆分平面为内腔两平行边的中分面）

使用〖移动对象〗，将刀具体旋转摆正，如图4.2.11所示。

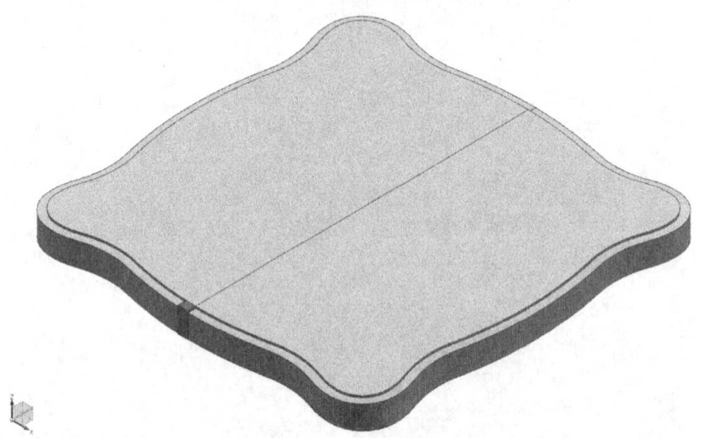

图4.2.11　将刀具体旋转摆正（捕捉顶部端点定位到面板上面的中点）

使用〖沿引导线扫掠〗，选择〖截面〗为刀具体截面，如图4.2.12所示。

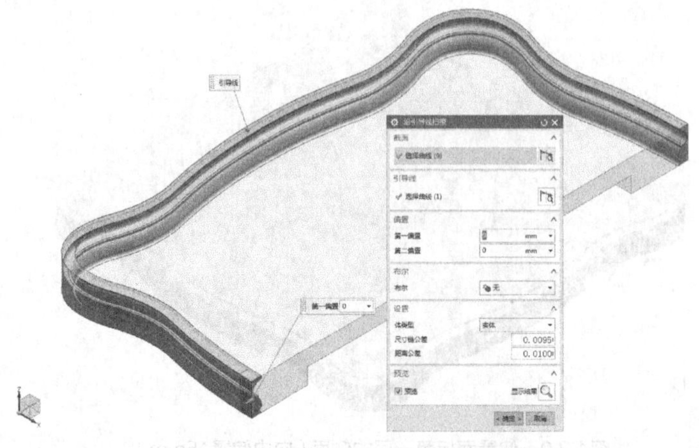

图4.2.12　选择〖截面〗为刀具体截面（选择〖引导线〗为面板外形线，〖布尔〗为无）

使用〖偏置面〗，选择扫掠体的顶面，如图4.2.13所示。

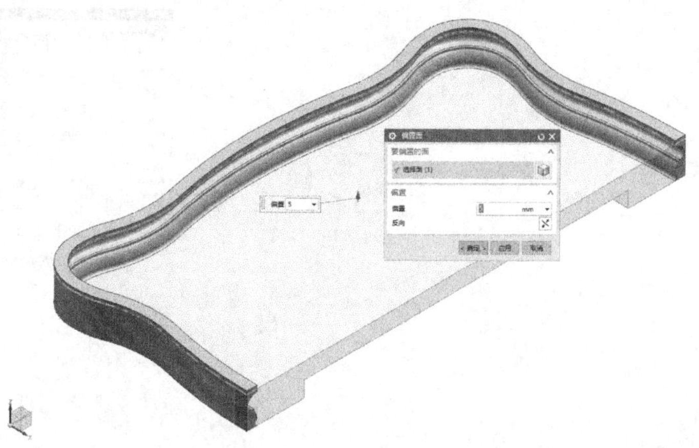

图4.2.13　偏置扫掠体的顶面（向上偏置5mm，然后将面板上下层〖合并〗）

使用〖组合下拉菜单〗-〖减去〗，如图4.2.14所示。

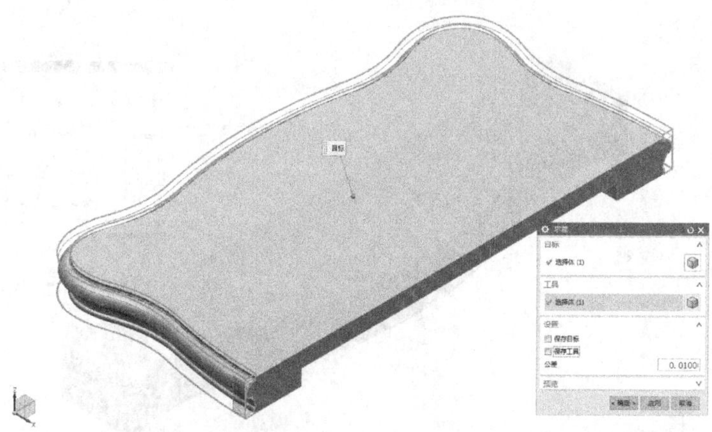

图4.2.14　使用〖减去〗命令（〖目标〗选择面板，〖工具〗选择扫掠体）

使用〖变换〗-〖通过一平面镜像〗，如图4.2.15所示。

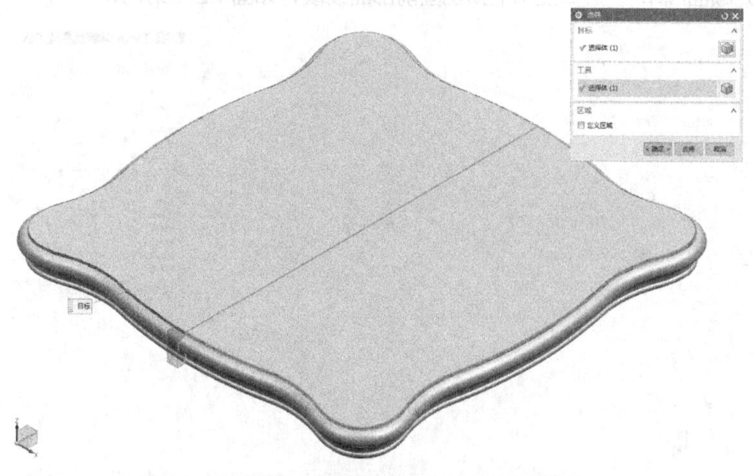

图4.2.15　镜像对象（镜像复制后进行〖合并〗）

使用〖光顺曲线串〗，选择立水的前视图下部曲线段，如图4.2.16所示。

图4.2.16 使用〖光顺曲线串〗命令（〖最大偏差0.1〗）

使用〖拉伸〗，选择立水的外形轮廓，如图4.2.17所示。

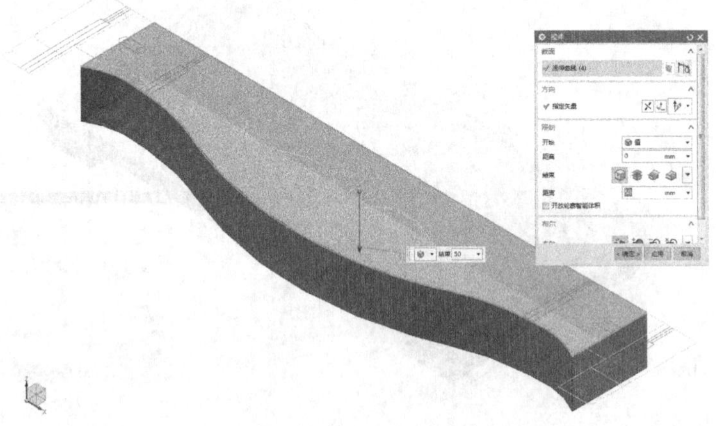

图4.2.17 拉伸立水的外形轮廓（向下拉伸50mm）

使用〖光顺曲线串〗，选择立水的顶视图前部曲线段，如图4.2.18所示。

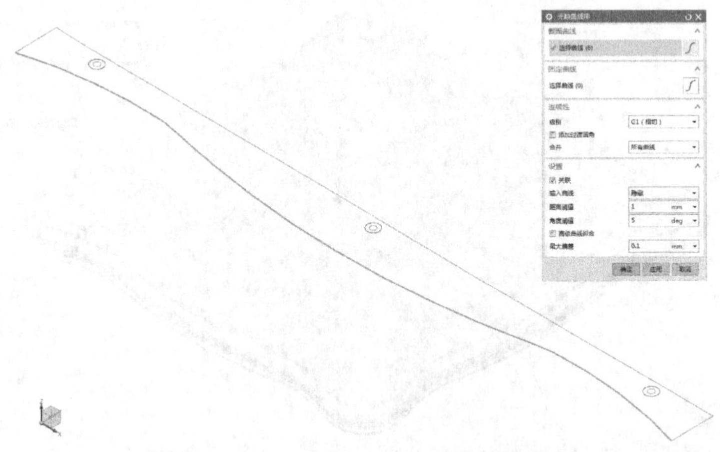

图4.2.18 使用〖光顺曲线串〗命令（〖最大偏差0.1〗）

使用〖拉伸〗，选择立水的顶板截面轮廓，如图4.2.19所示。

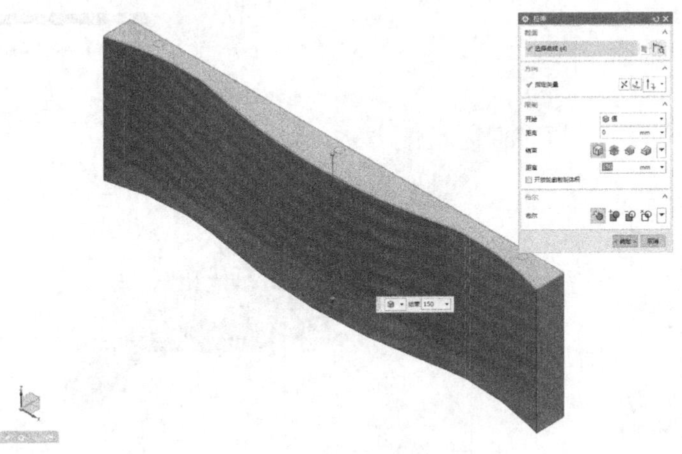

图4.2.19　拉伸立水的顶板截面轮廓（向下拉伸150mm）

使用〖移动对象〗，旋转立水前视图的实体，如图4.2.20所示。

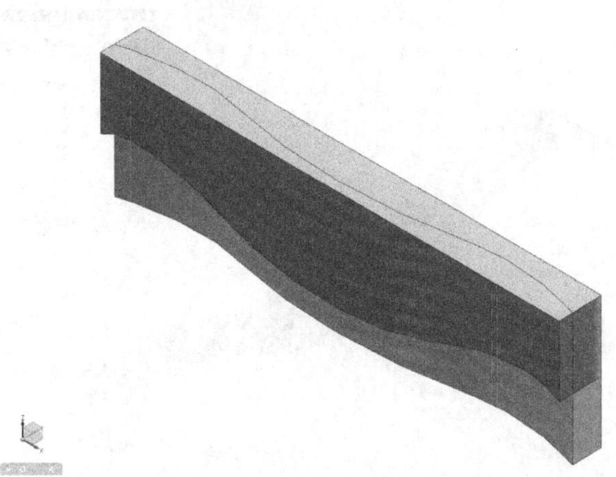

图4.2.20　旋转立水前视图的实体（将两个实体对齐）

使用〖组合下拉菜单〗-〖求交〗，如图4.2.21所示。

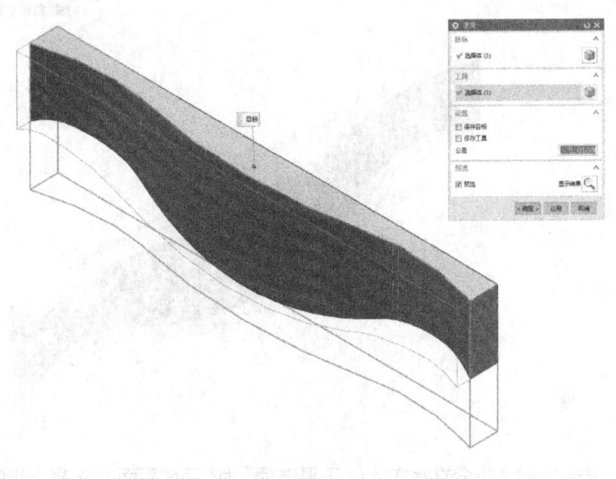

图4.2.21　相交出立水的造型

使用〖偏置曲线〗，选择立水的下部曲面，如图4.2.22所示。

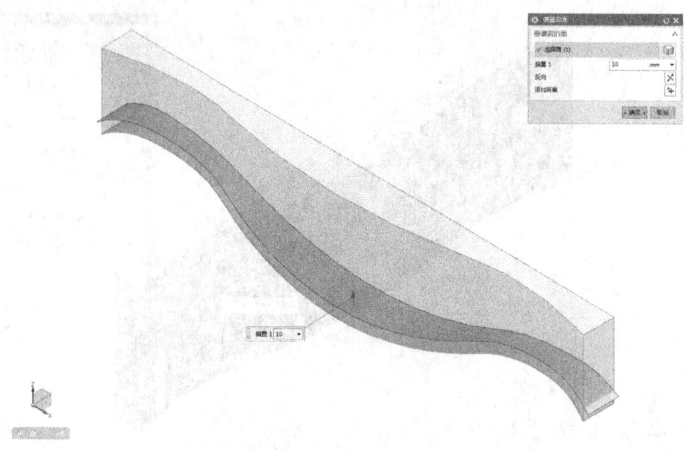

图4.2.22 偏置立水的下部曲面（向下偏置10mm）

使用〖延伸片体〗，选择曲面的外形边，如图4.2.23所示。

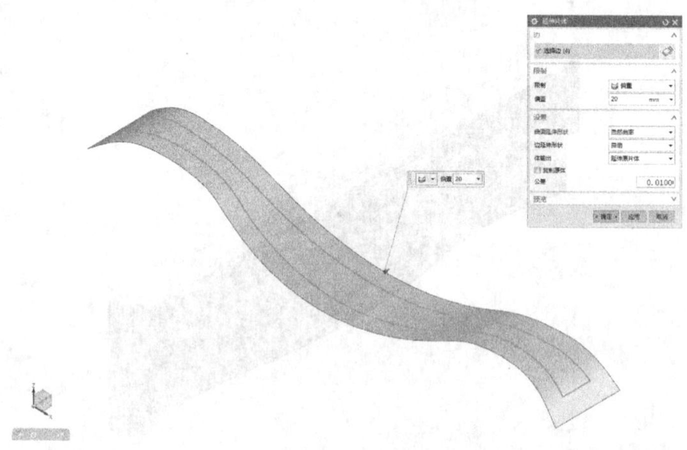

图4.2.23 延伸曲面的外形边（全部向外延伸10mm）

使用〖拆分体〗，选择〖目标〗为立水实体，如图4.2.24所示。

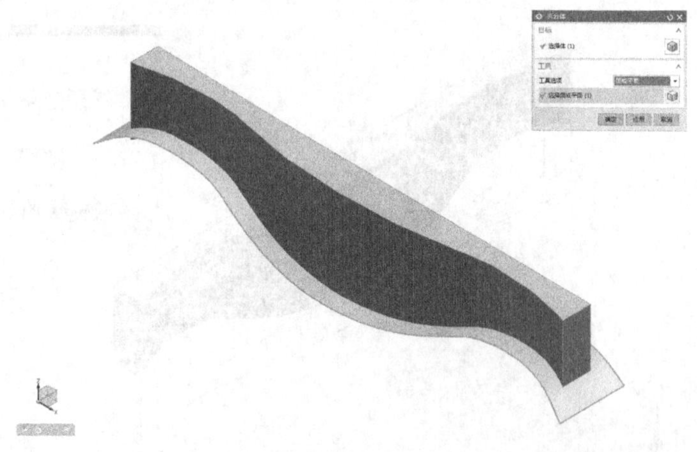

图4.2.24 拆分立水实体（〖工具选项〗为〖面或平面〗，选择上步的曲面）

使用〖边倒圆〗，选择两个实体的3条边，如图4.2.25所示。

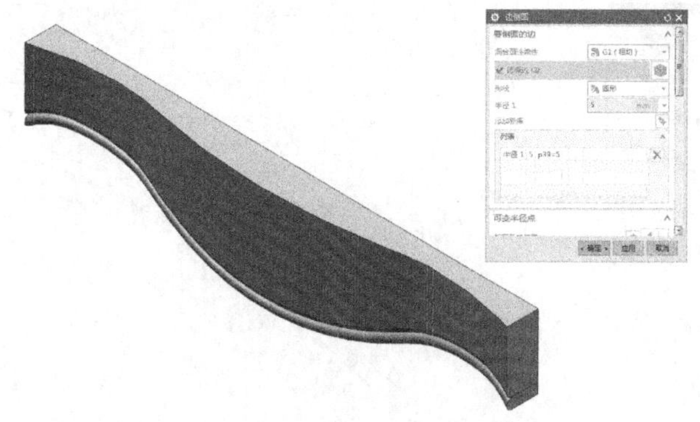

图4.2.25 边倒圆（倒圆半径R5。然后将两个实体〖合并〗）

使用〖移动对象〗，选择立水进行移动复制，如图4.2.26所示。

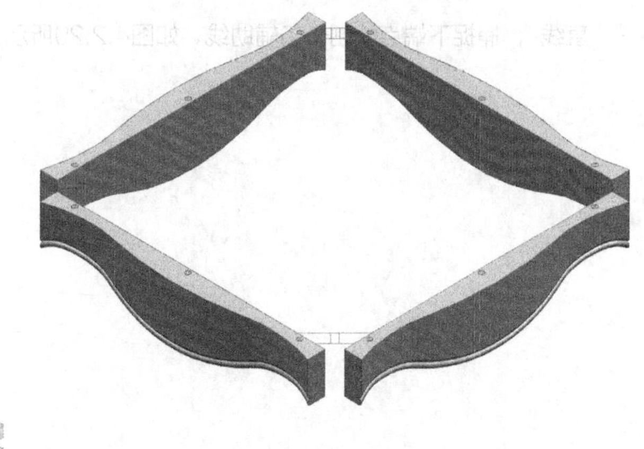

图4.2.26 移动复制立水（将其定位在视图上）

使用〖拉伸〗，选择加固条的截面，如图4.2.27所示。

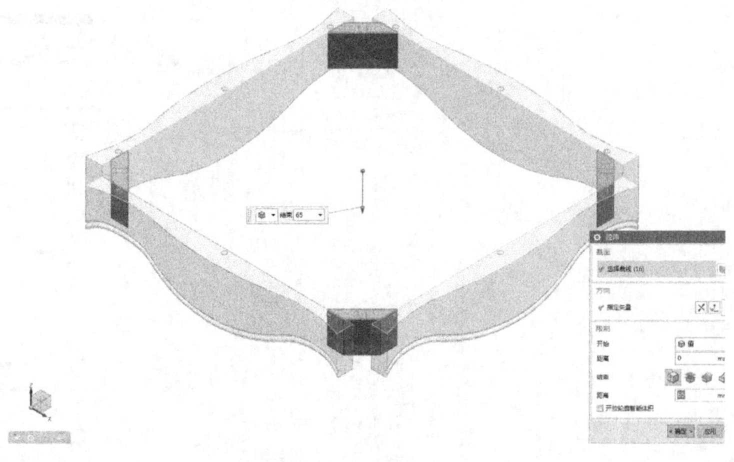

图4.2.27 拉伸加固条的截面（向下拉伸65mm）

使用〖光顺曲线串〗，选择脚柱轮廓的内侧曲线段，如图4.2.28所示。

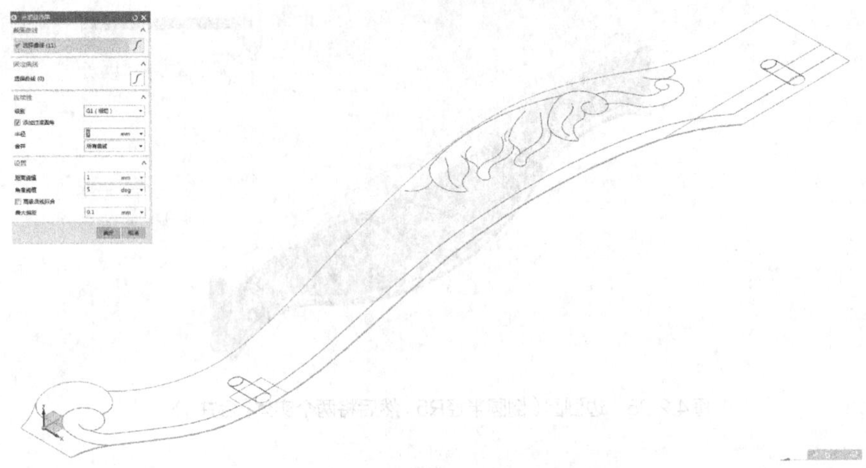

图4.2.28 使用〖光顺曲线串〗命令（最大公差0.1）

使用〖直接草图〗-〖直线〗，捕捉下端点绘制一条辅助线，如图4.2.29所示。

图4.2.29 绘制辅助线（绘制前使用〖F8〗先将视图摆正）

使用〖派生曲线〗-〖桥接〗，如图4.2.30所示。

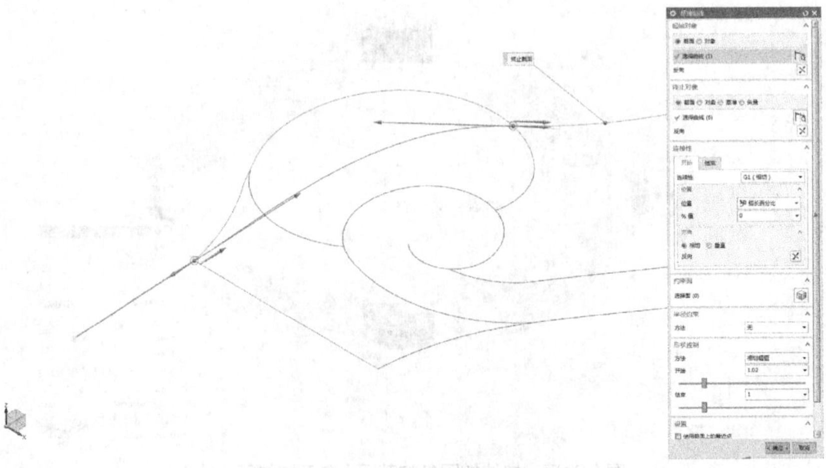

图4.2.30 将辅助线和前端曲线连接

使用〖光顺曲线串〗，选择脚柱轮廓的外侧曲线段，如图4.2.31所示。

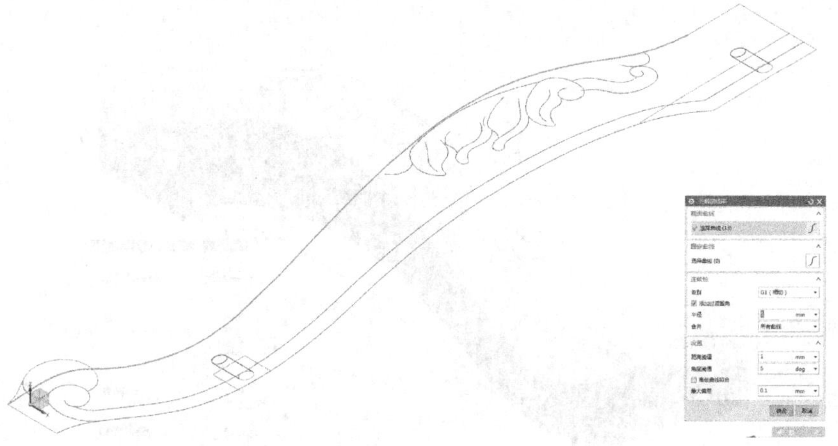

图4.2.31　使用〖光顺曲线串〗命令（最大公差0.1）

使用〖拉伸〗，选择脚柱的外形轮廓，如图4.2.32所示。

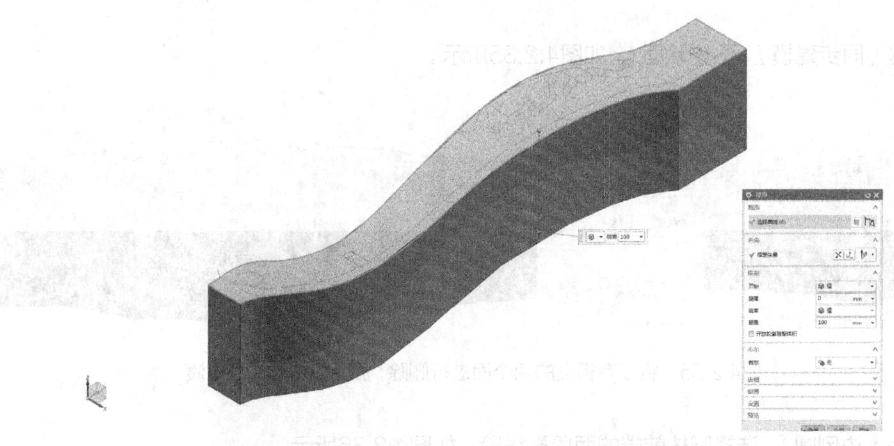

图4.2.32　拉伸脚柱的外形轮廓（向下拉伸100mm）

使用〖移动对象〗〖角度〗，选择脚柱实体，如图4.2.33所示。

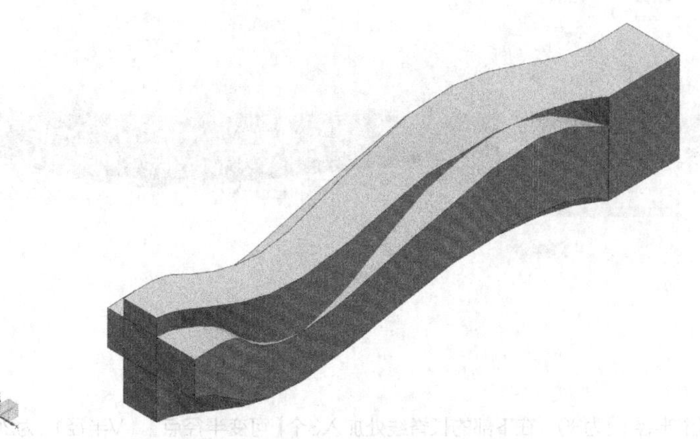

图4.2.33　将脚柱实体旋转90°并进行复制

使用〖组合下拉菜单〗-〖相交〗，如图4.2.34所示。

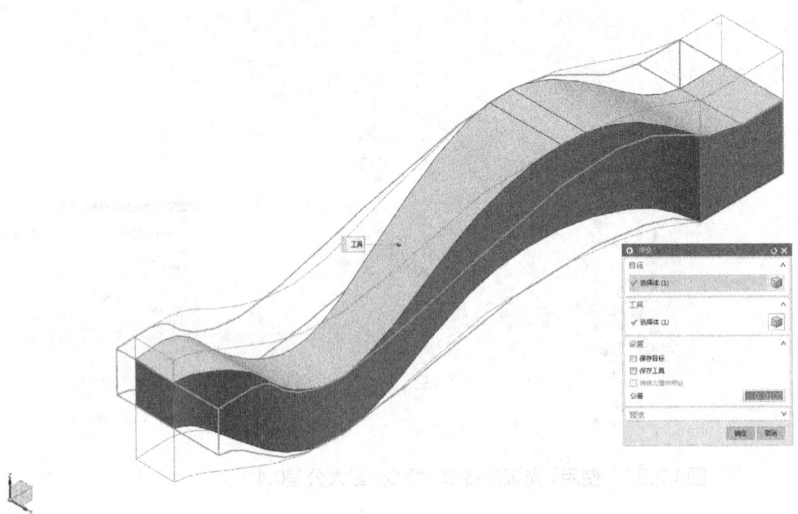

图4.2.34　选择两个实体进行求交

使用〖同步建模〗-〖删除面〗，如图4.2.35所示。

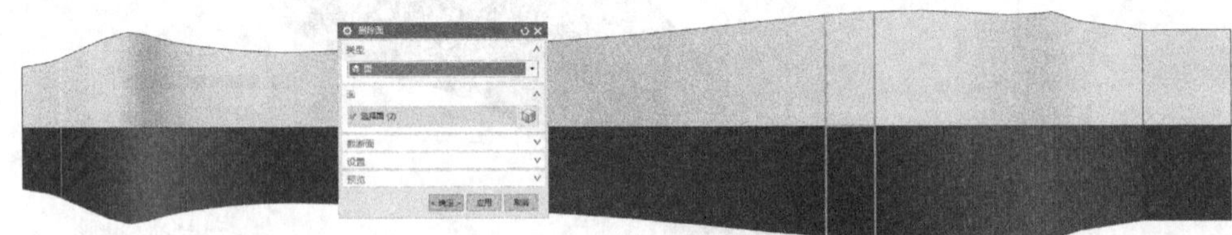

图4.2.35　将没有相交的两个面进行删除，曲面会自动广顺过渡

使用〖边倒圆〗，选择脚柱前端的两段脊线段，如图4.2.36所示。

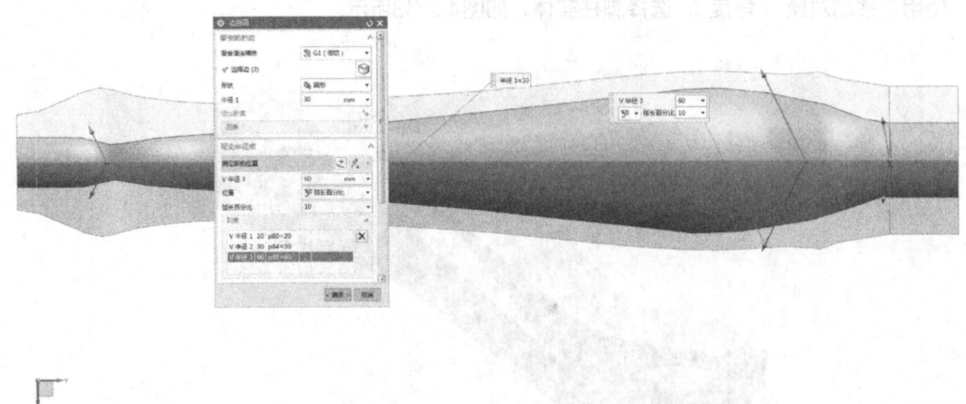

图4.2.36　边倒圆（设置〖半径1〗为30，在下部的长脊线处加入3个〖可变半径点〗。〖V半径1〗为20，〖弧长百分百比〗为90。〖V半径2〗为30，〖弧长百分百比〗为0。〖V半径3〗为60，〖弧长百分百比〗为10）

使用〖插入〗-〖设计特征〗-〖球〗，如图4.2.37所示。

使用〖移动对象〗，将球体移动到脚柱下部大概位置，如图4.2.38所示。

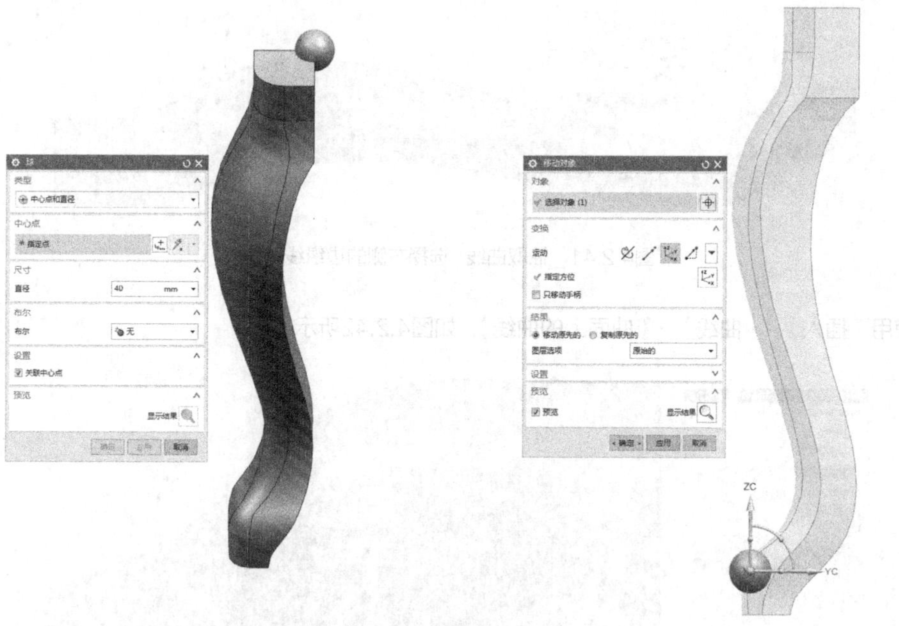

图4.2.37 插入球（捕捉〖中心点〗为后上角点，〖直径〗为40mm）

图4.2.38 移动球（要保持圆的中心点和脚的竖中心线对齐）

使用〖移动对象〗，将球体复制到一侧，如图4.2.39所示。

使用〖偏置面〗，将侧边的球体缩进5mm，如图4.2.40所示。

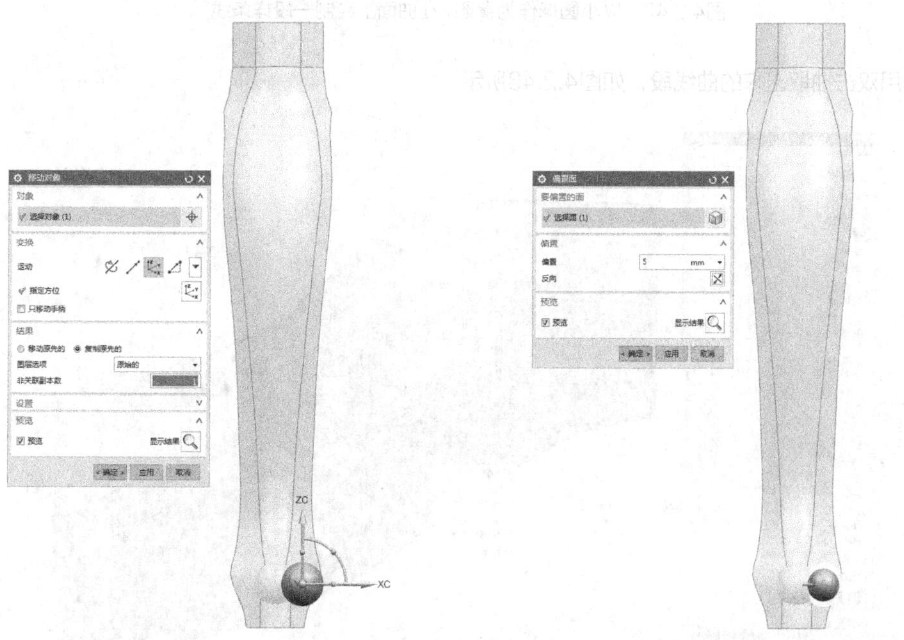

图4.2.39 将球体复制到一侧（大概定位即可）

图4.2.40 偏置球体（然后〖移除参数〗）

使用〖插入〗-〖派生曲线〗-〖抽取〗，如图4.2.41所示。

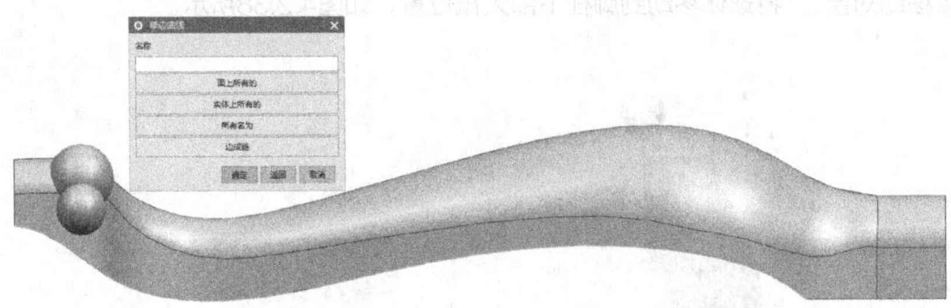

图4.2.41　抽取曲线（选择右侧的边缘线）

使用〖插入〗-〖曲线〗-〖曲面上的曲线〗，如图4.2.42所示。

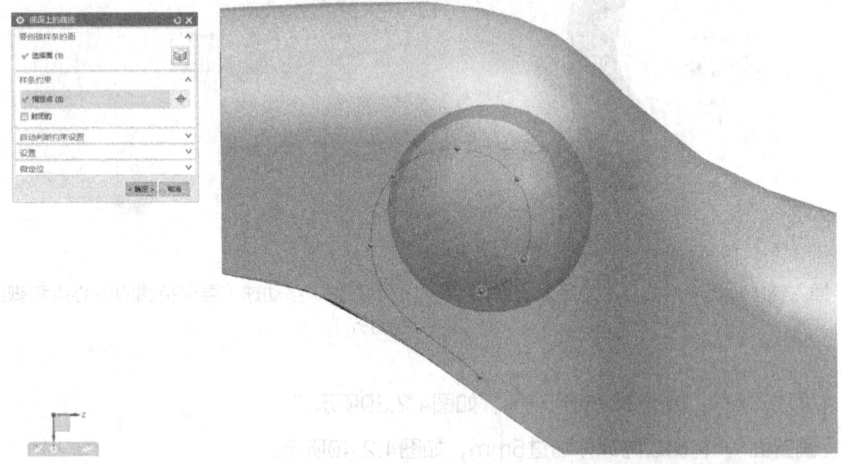

图4.2.42　以小圆球作为参照，在曲面上绘制一段样条线

使用双击抽取出来的曲线段，如图4.2.43所示。

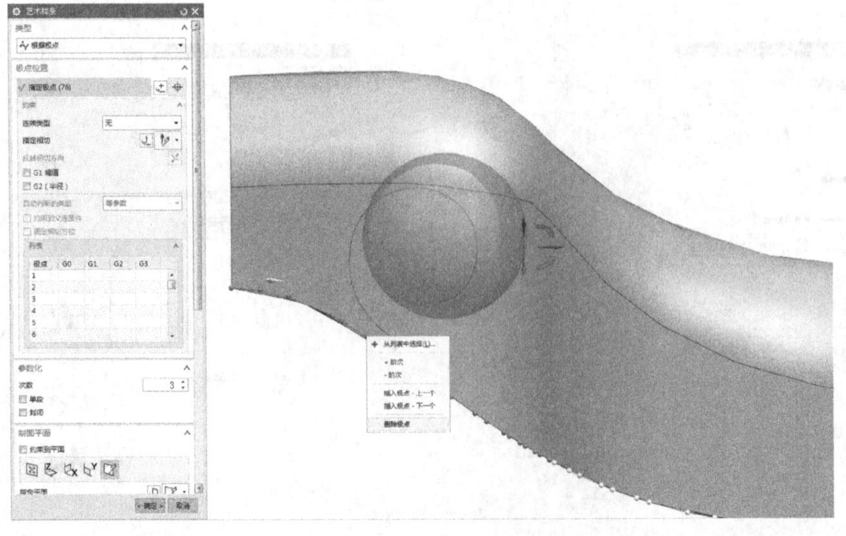

图4.2.43　框选线段尾部的节点，右键选择〖删除极点〗

使用〖插入〗-〖派生曲线〗-〖桥接〗，如图4.2.44所示。

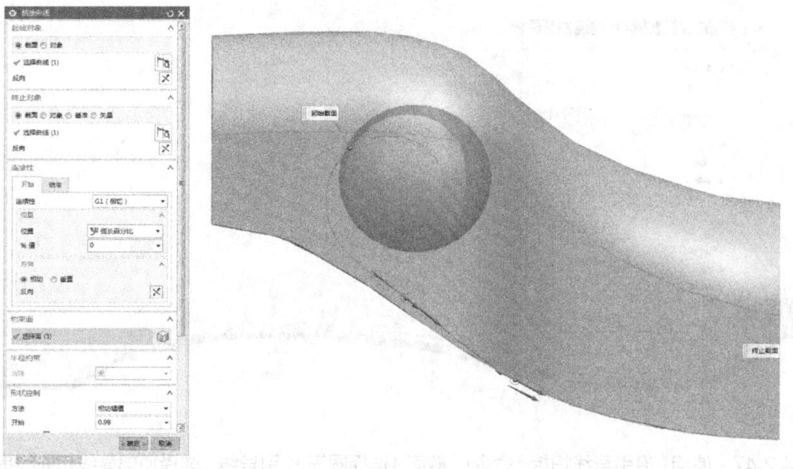

图4.2.44　将两端曲线进行连接，〖约束面〗选择脚柱表面

使用〖插入〗-〖派生曲线〗-〖光顺曲线串〗，如图4.2.45所示。

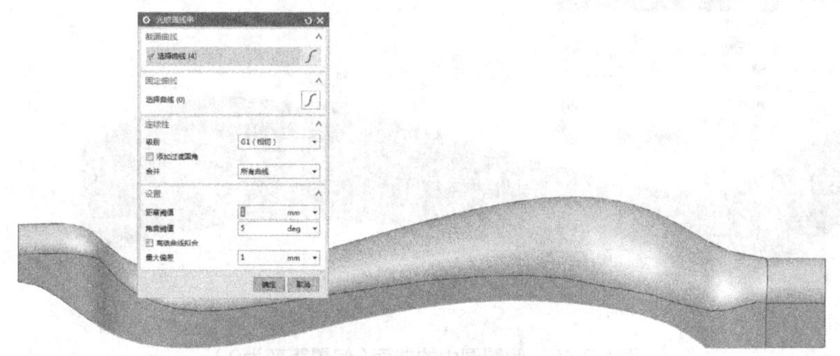

图4.2.45　将图中4段曲线一起连接

使用〖直接草图〗，选择脚柱顶面为草绘平面，如图4.2.46所示。

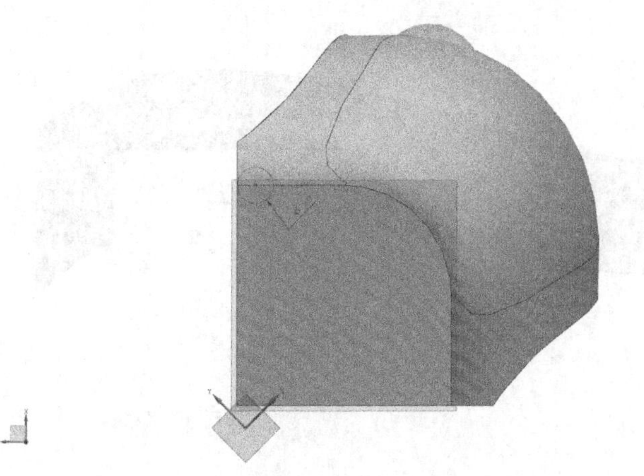

图4.2.46　选择草绘平面（在图中位置绘制一个Φ10的圆形）

使用〖插入〗-〖扫掠〗-〖沿引导线扫掠〗，如图4.2.47所示。

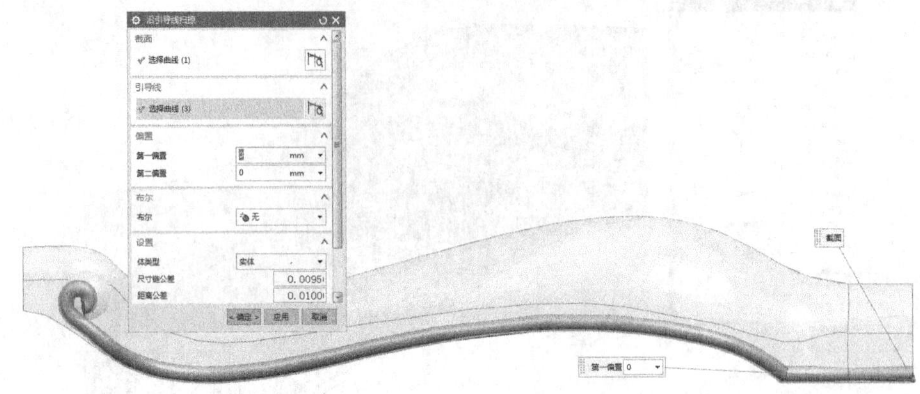

图4.2.47　使用〖沿引导线扫掠〗命令（〖截面〗选择圆形，〖引导线〗选择顶部直线和曲线串）

使用〖特征〗-〖偏置曲线〗，选择图中的曲面，如图4.2.48所示。

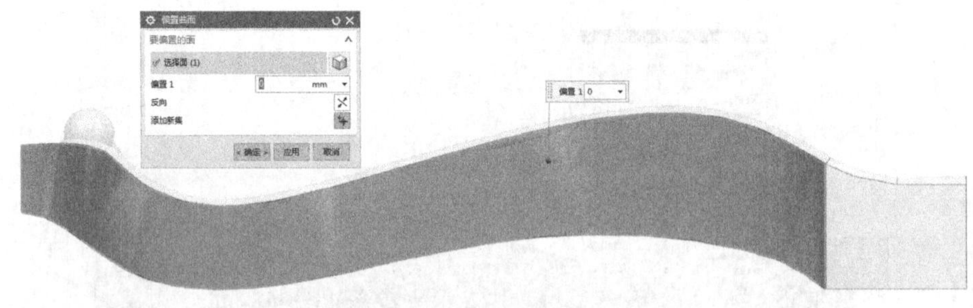

图4.2.48　偏置图中的曲面（偏置距离为0）

使用〖修建〗-〖延伸片体〗，选择曲面的边，如图4.2.49所示。

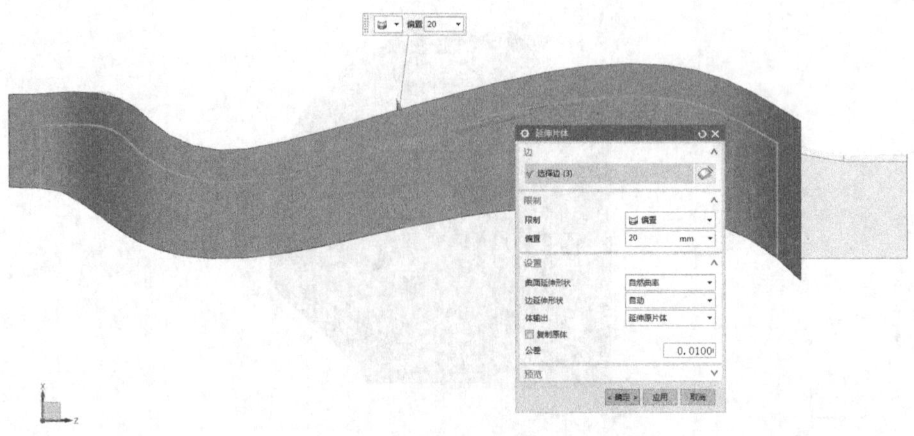

图4.2.49　延伸曲面的边（向外延伸30mm）

使用〖修建〗-〖拆分体〗，如图4.2.50所示。

图4.2.50　拆分实体（〖目标〗为扫掠体，〖工具〗选择上步的曲面）

使用〖组合下拉菜单〗-〖合并〗，如图4.2.51所示。

图4.2.51　将圆球和脚柱求和

使用〖特征〗-〖边倒圆〗，如图4.2.52所示。

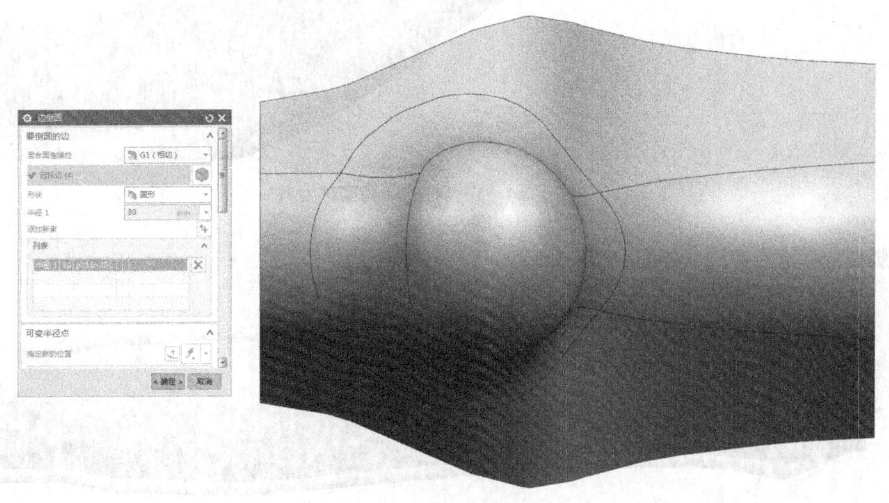

图4.2.52　边倒圆（选择圆柱和脚柱的相交线，倒圆半径R30）

使用〖移动对象〗，调整圆球的位置，如图4.2.53所示。

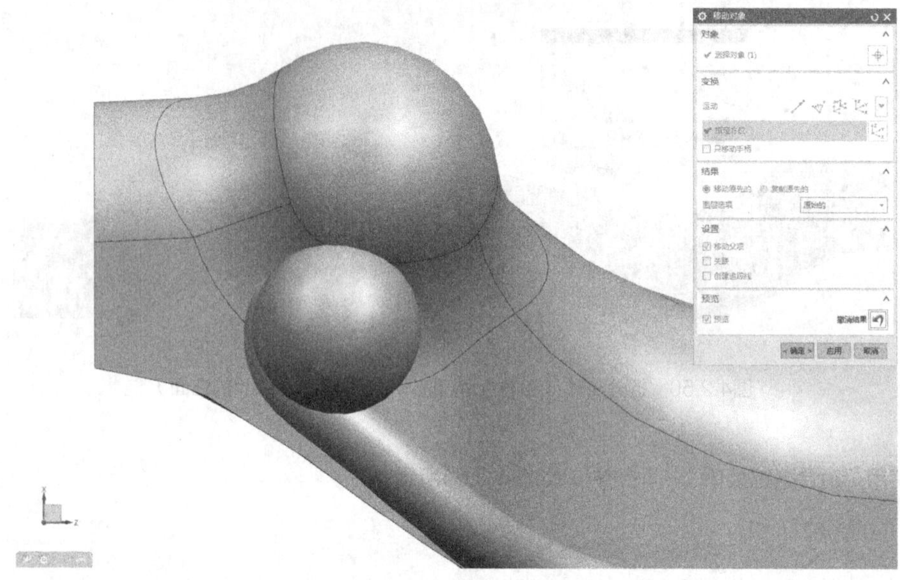

图4.2.53　调整圆球的位置（微调至比例协调即可，然后将扫掠体和圆球进行镜像复制）

使用〖组合下拉菜单〗-〖合并〗，如图4.2.54所示。

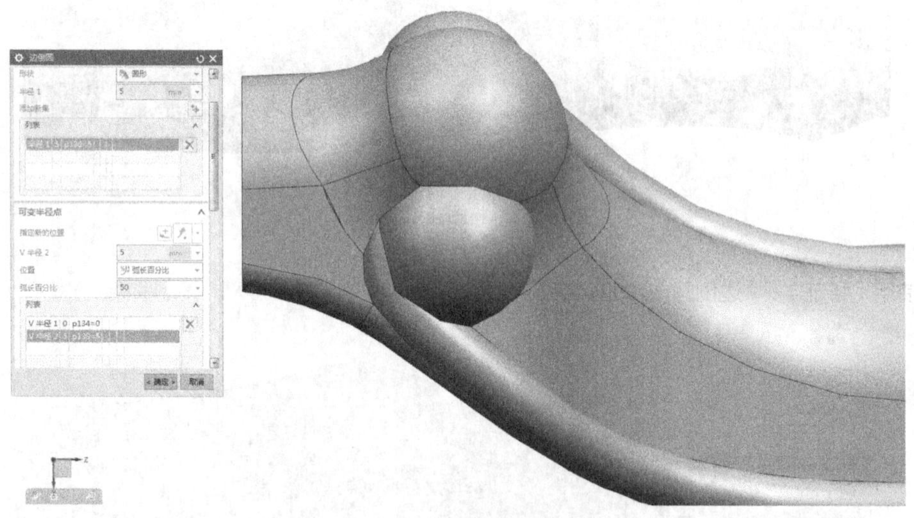

图4.2.54　将脚柱的所有实体合并

脚柱低模建立完成，如图4.2.55所示。

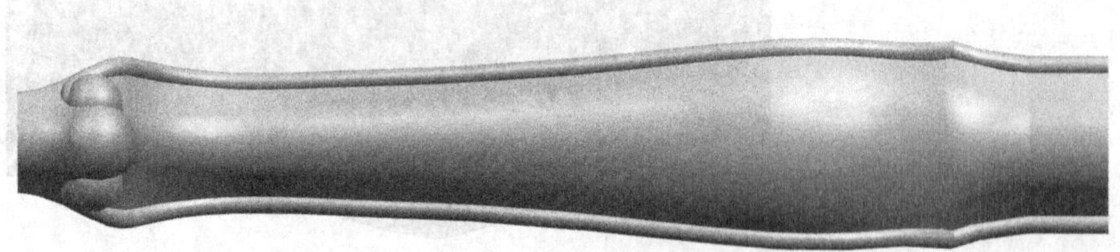

图4.2.55　完成的脚柱低模（并且〖移除参数〗）

使用〖光顺曲线串〗，选择底板的四条曲线，如图4.2.56所示。

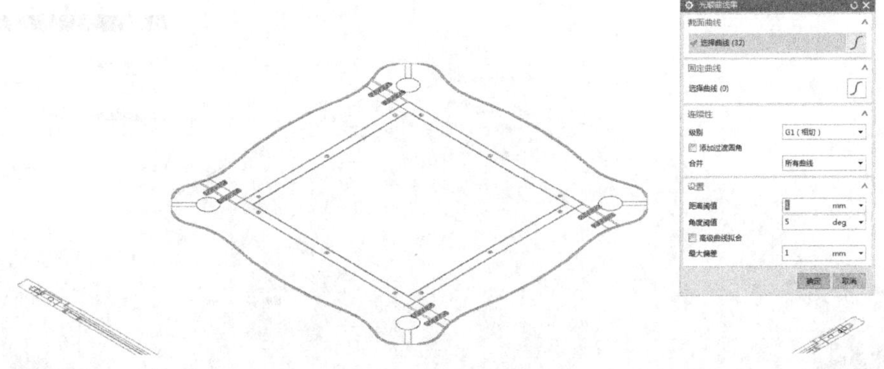

图4.2.56　使用〖光顺曲线串〗命令（直线部分不选，〖最大偏差〗1）

使用〖拉伸〗，选择底板的最大外形线，如图4.2.57所示。

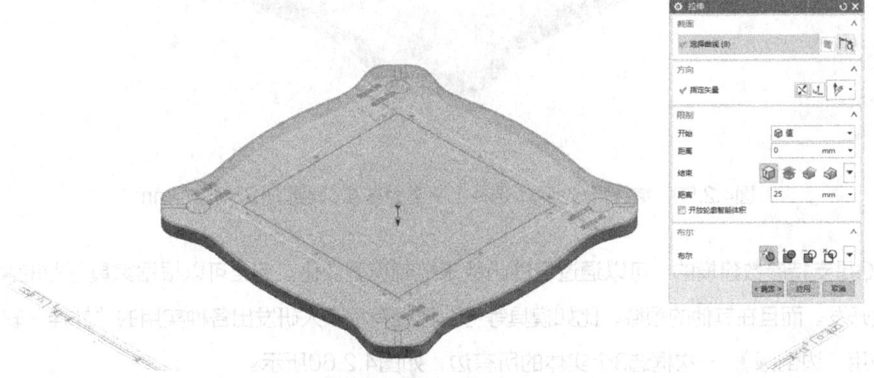

图4.2.57　拉伸底板的最大外形线（向下拉伸25mm）

使用〖拆分体〗，选择〖工具〗为〖新建平面〗，如图4.2.58所示。

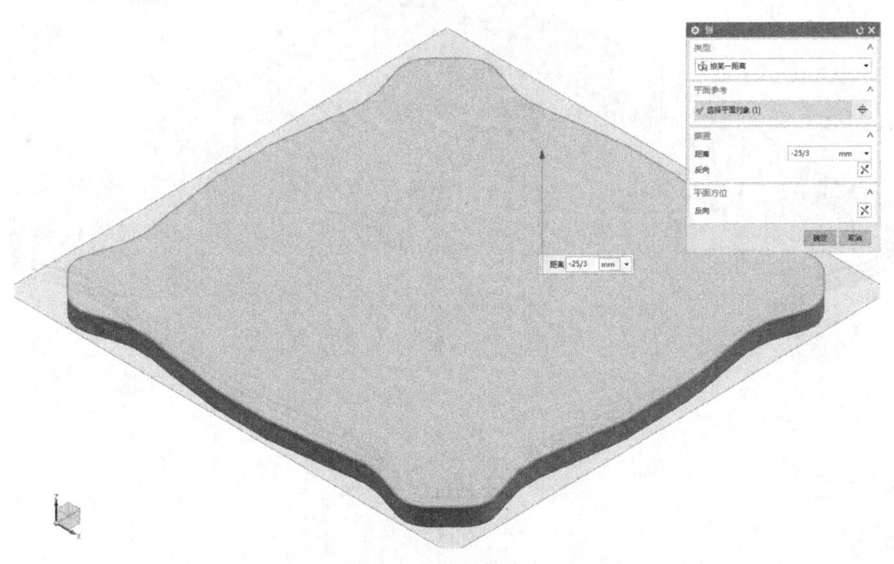

图4.2.58　拆分实体（选择上平面为基准，偏置“-25/3”mm）

继续使用〖拆分体〗，选择〖工具〗为〖新建平面〗，如图4.2.59所示。

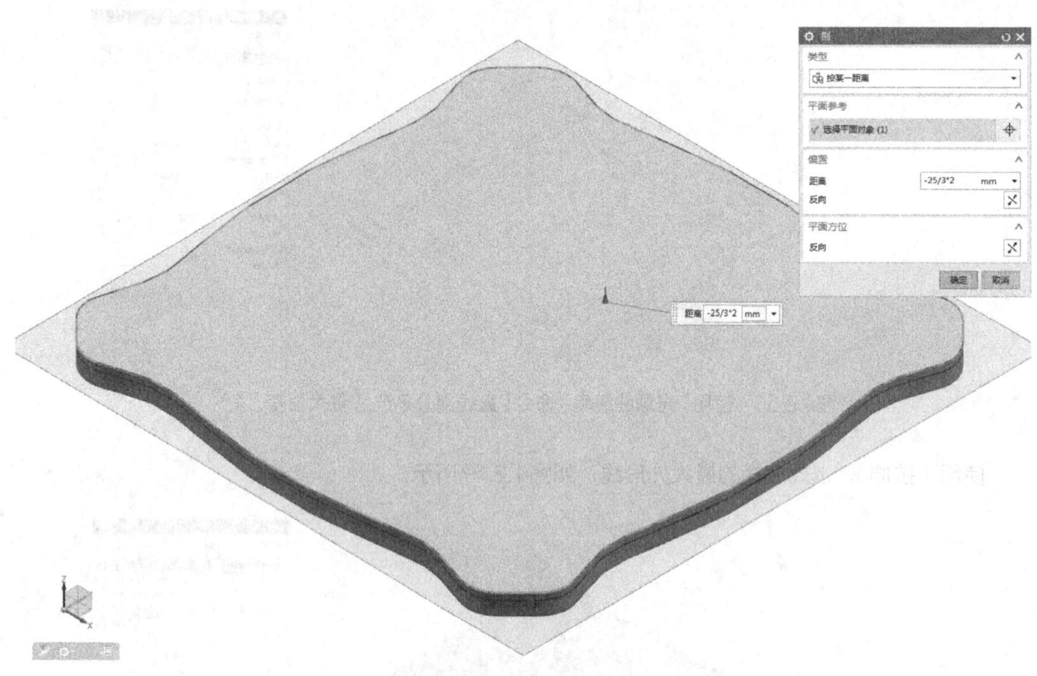

图4.2.59　继续拆分实体（选择上平面为基准，偏置“-25/3*2”mm）

UG是支持参数建模的，可以通过各种函数来控制模型变化。完全可以根据家具行业的需求来进行二次开发。而且在其他的领域，比如模具等行业已经有很多人研发出各种实用的“外挂”软件。

使用〖边倒圆〗，一次框选3个实体的所有边，如图4.2.60所示。

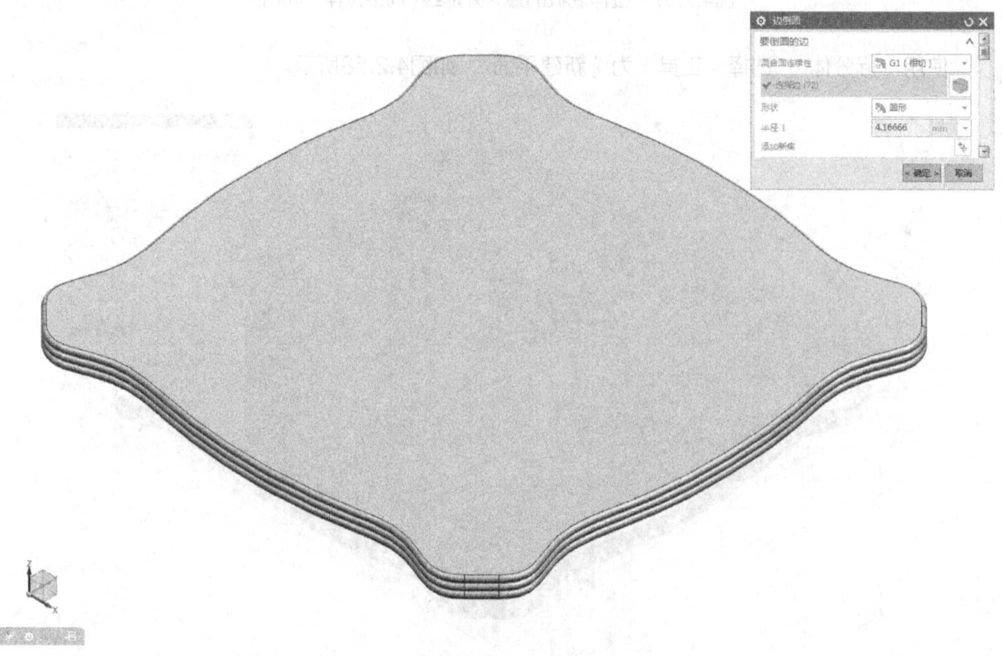

图4.2.60　边倒圆（倒圆半径4.16666）

首先使用〖合并〗，将三层实体组合为一个整体，如图4.2.61所示。

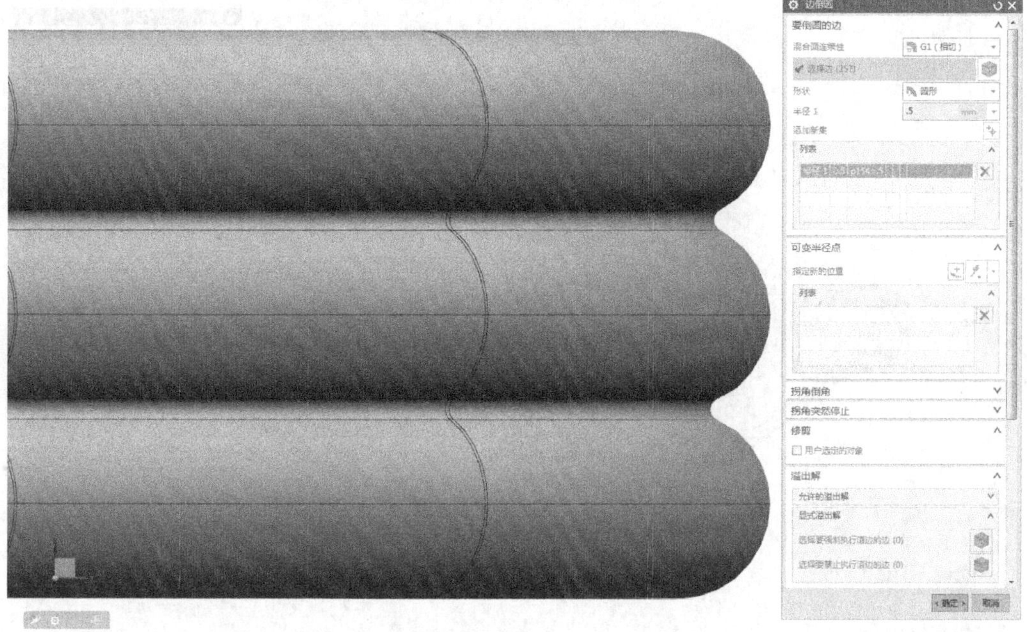

图4.2.61　将三层实体组合为一个整体（使用〖边倒圆〗，一次框选实体上的所有边，倒圆R0.5）

UG能自动识别可倒圆的边，键盘上的“Ctrl”是加选，“Shift”是减选。

我们组合使用能极大地提高选取的效率。

使用〖直线和圆弧〗工具条上的〖直线（点-到）〗，如图4.2.62所示。

图4.2.62　将四角的直线沿对角串联为一个“十字”形状

使用〖拉伸〗，框选上步的十字形状，如图4.2.63所示。

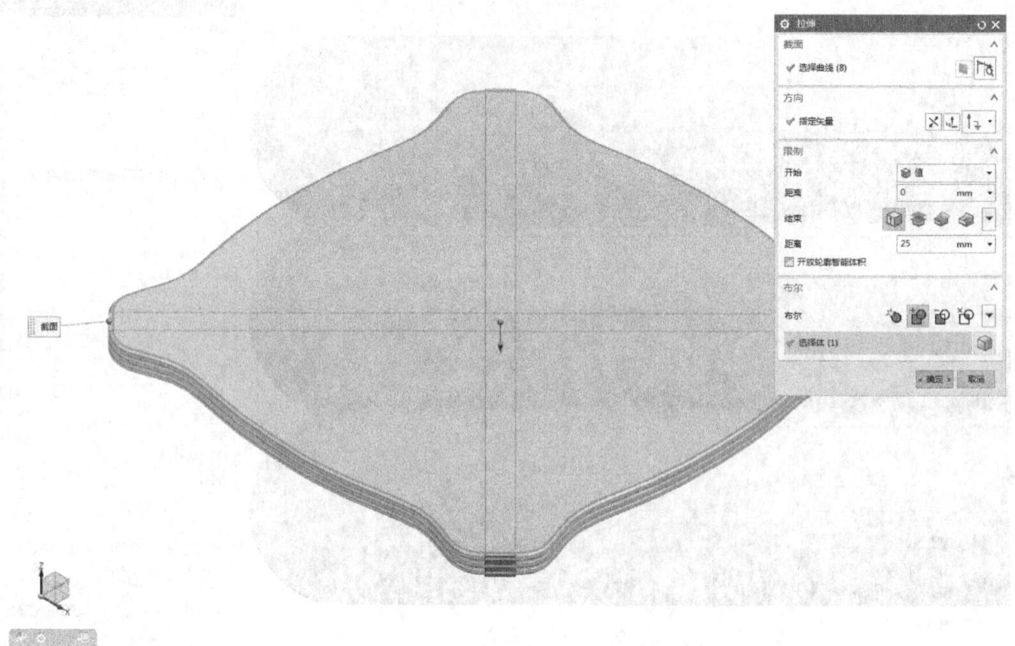

图4.2.63　拉伸上步的十字形状（向下拉伸25mm，并且和底板进行〖求和〗）

使用〖拉伸〗，选择底板顶面的外形槽线段，如图4.2.64所示。

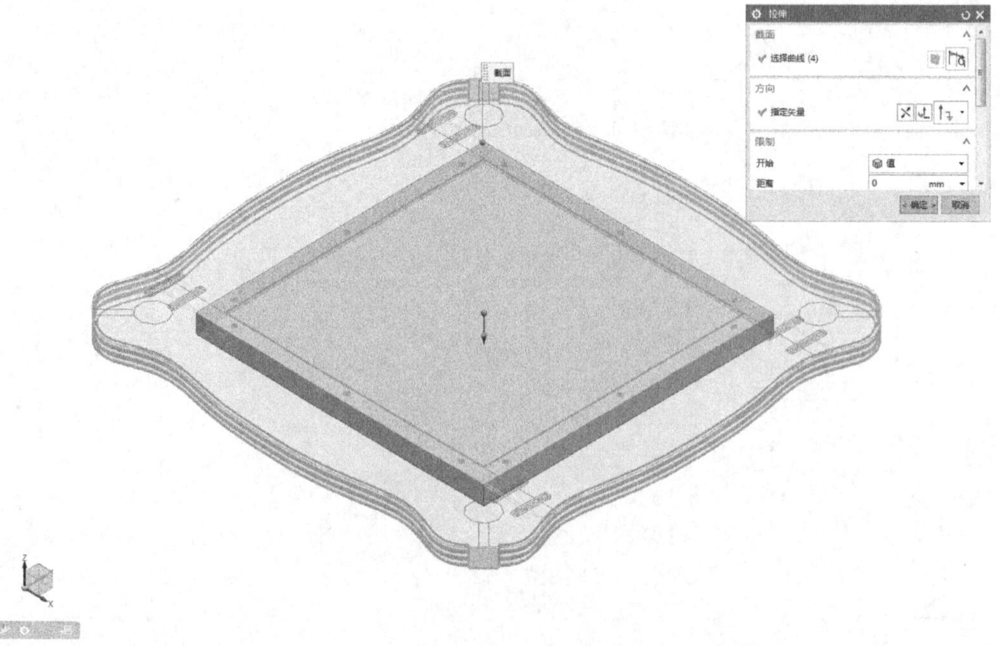

图4.2.64　拉伸底板顶面的外形槽线段（向下拉伸25mm，并且和底板进行〖求差〗）

使用〖拉伸〗，选择〖工具〗为〖新建平面〗，如图4.2.65所示。

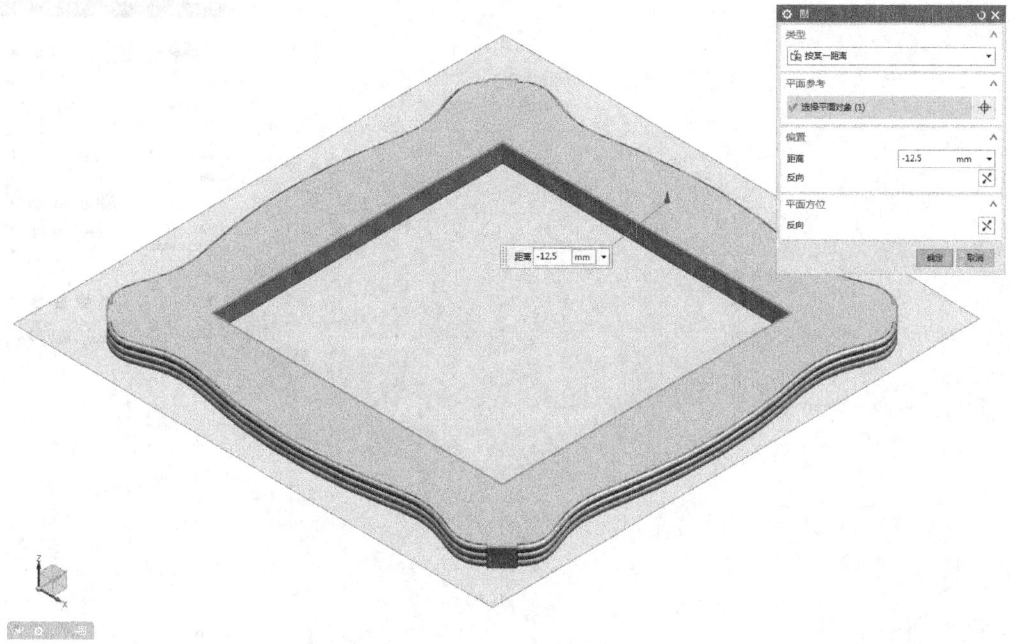

图4.2.65　拉伸实体（〖二等分〗上下面的中分面为拆分面）

使用〖偏置面〗，选择底板下层实体的内侧四边面，如图4.2.66所示。

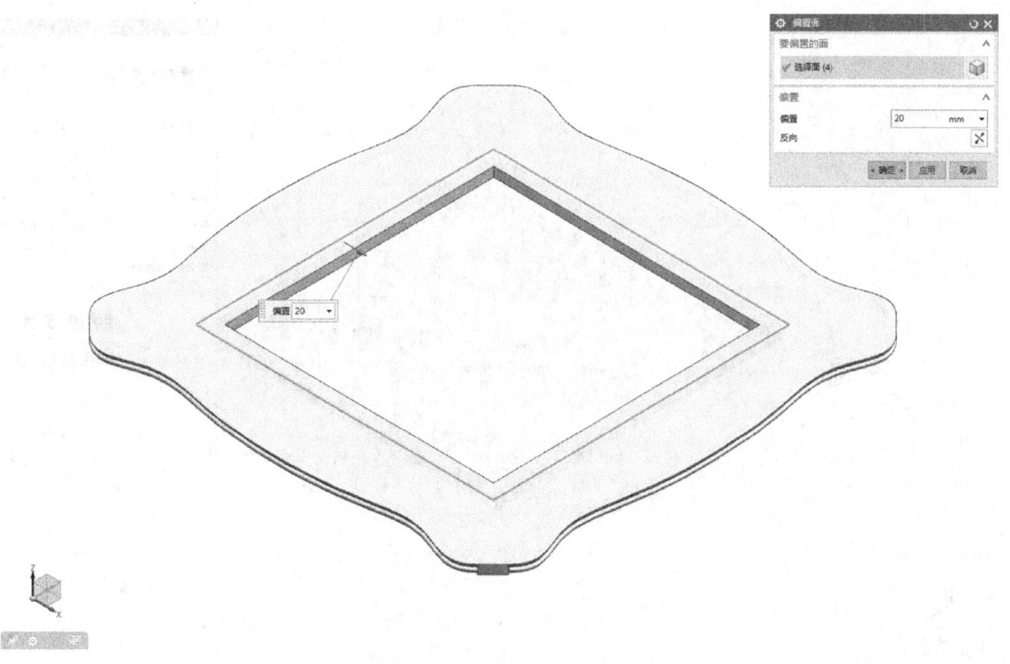

图4.2.66　偏置底板下层实体的内侧四边面（向内偏置20mm）

使用〖拉伸〗，选择底板下层实体的内侧四边，如图4.2.67所示。

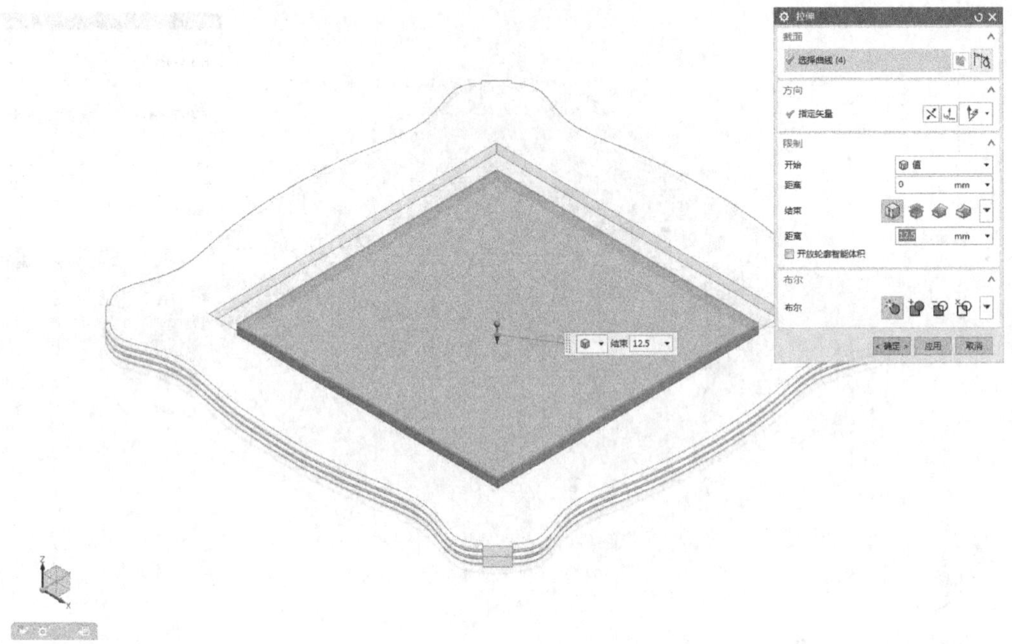

图4.2.67　拉伸底板下层实体的内侧四边（向下拉伸12.5mm）

使用〖拉伸〗，选择底板上层实体的内侧四边，如图4.2.68所示。

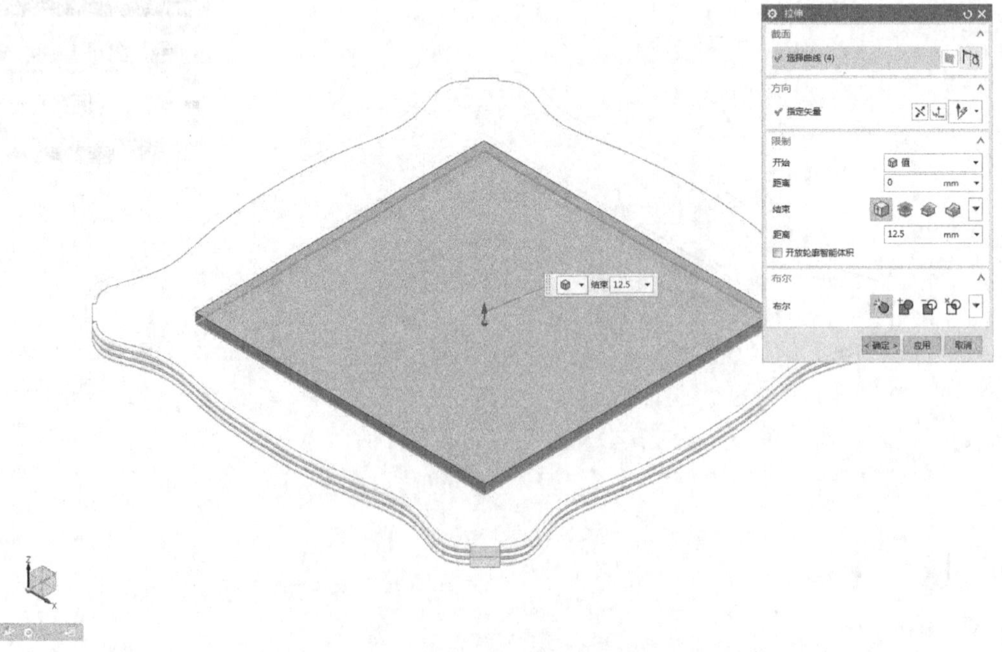

图4.2.68　拉伸底板上层实体的内侧四边（向上拉伸12.5mm）

使用〖偏置面〗，选择两层芯板的四边面，如图4.2.69所示。

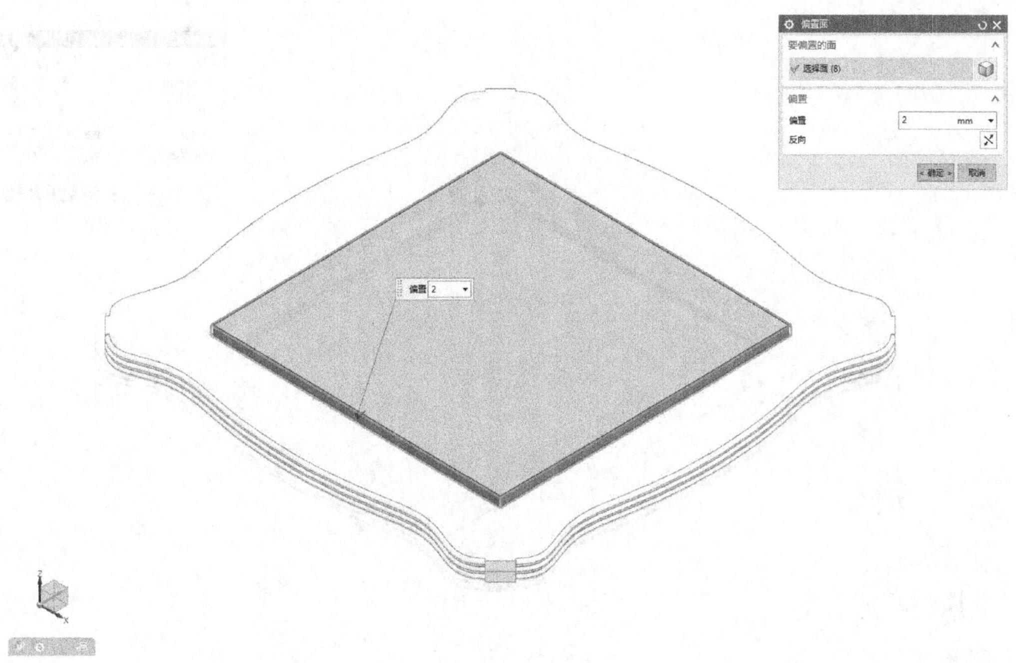

图4.2.69　偏置两层芯板的四边面（向内缩进2mm。然后将两层芯板合并）

使用〖拆分体〗，选择上层实体的内侧面为拆分平面，如图4.2.70所示。

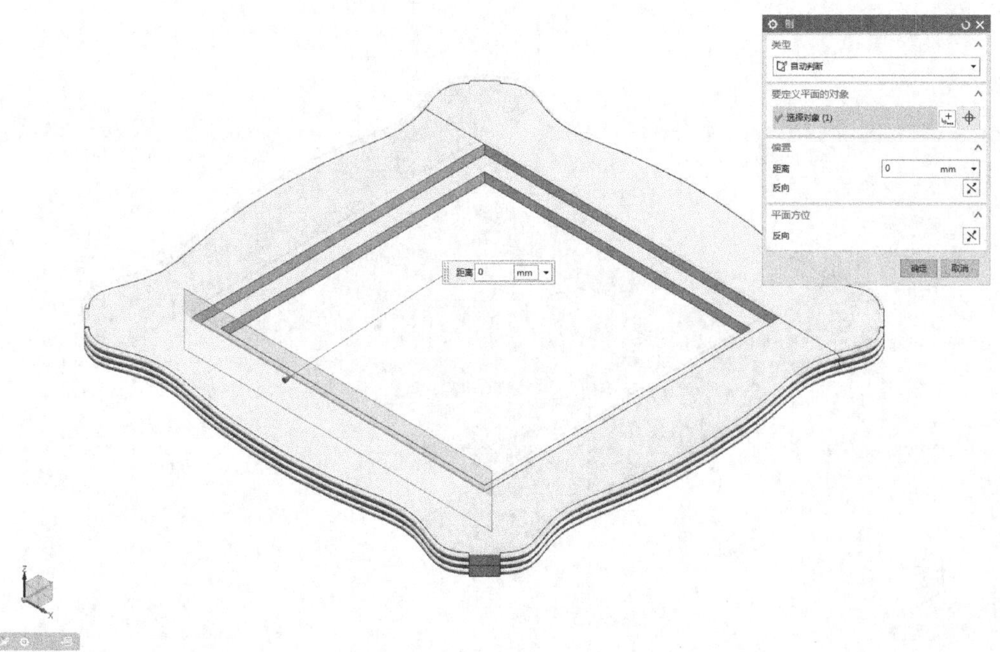

图4.2.70　拆分实体（将上层板拆分为3块）

使用〖拆分体〗，选择下层实体的内侧面为拆分平面，如图4.2.71所示。

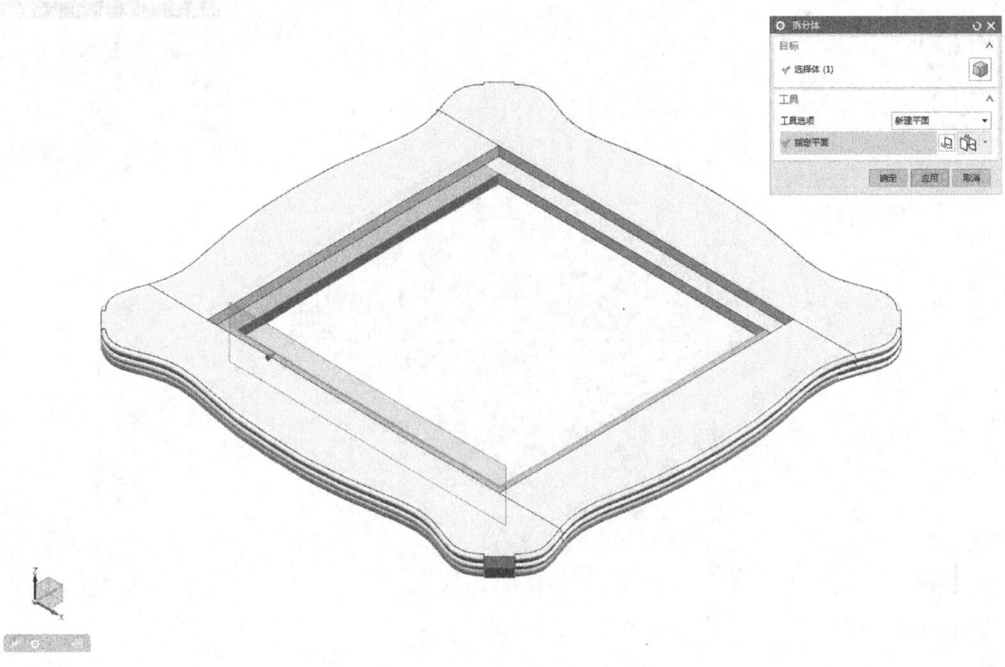

图4.2.71　拆分实体（将下层板拆分为3块）

使用〖组合下拉菜单〗-〖合并〗，如图4.2.72所示。

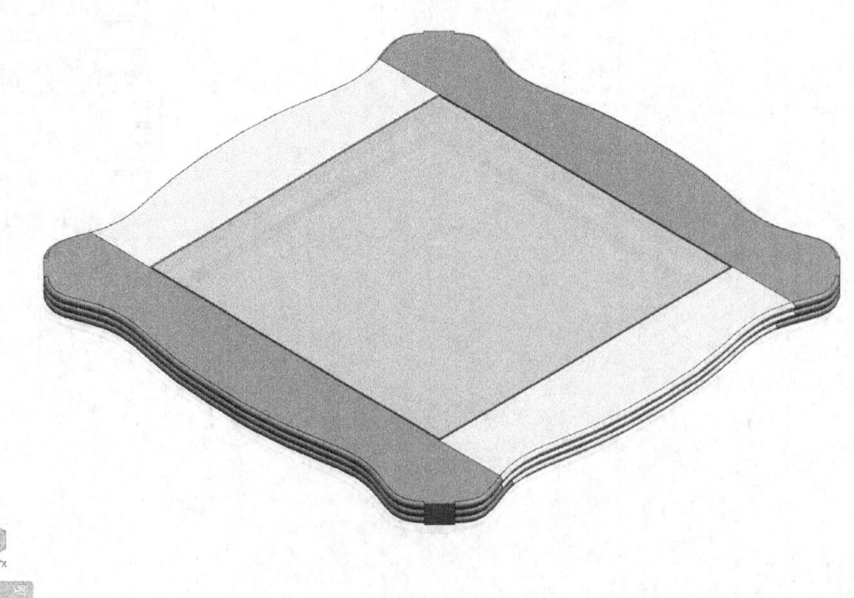

图4.2.72　按图中的颜色将实体分别进行求和

使用〖移动对象〗，将所有部件进行组合，如图4.2.73所示。

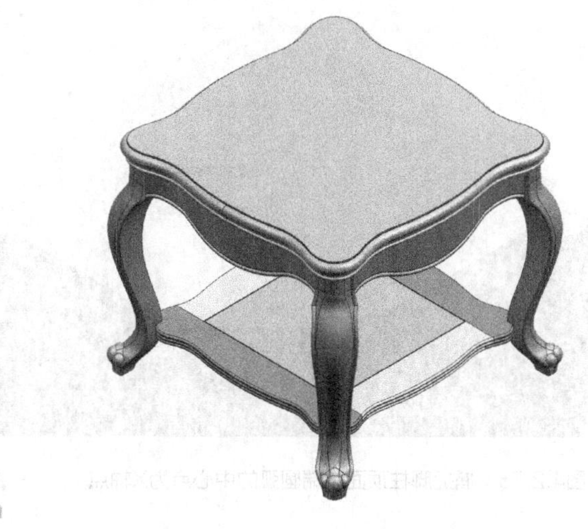

图4.2.73 将所有部件进行组合（并且将脚柱和底板求差出缺口）

使用〖移动对象〗，选择一根脚柱，如图4.2.74所示。

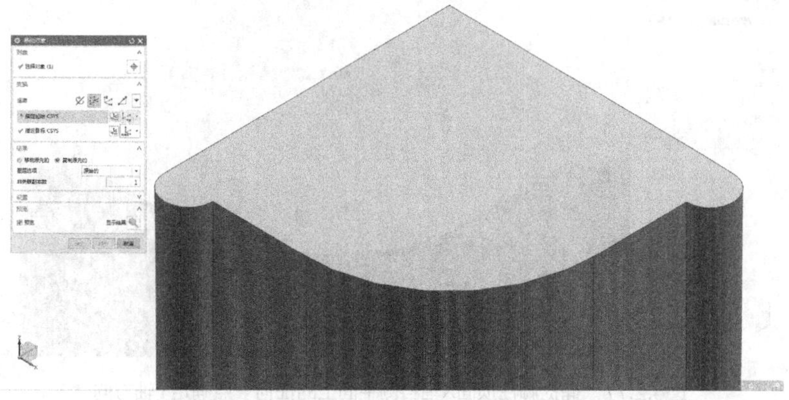

图4.2.74 移动一根脚柱（〖结果〗为〖复制原先的〗，〖非关联副本数〗为1）

设置〖指定起始CSYS〗-〖类型〗-〖原点，X点，Y点〗，如图4.2.75所示。

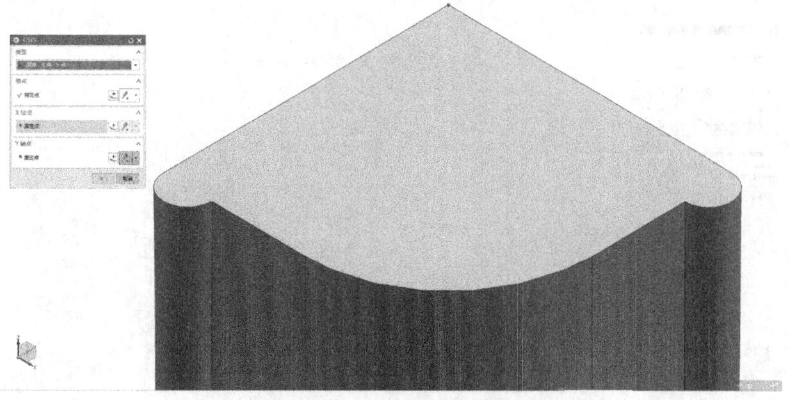

图4.2.75 设置〖原点〗〖指定点〗为脚柱顶面后角点

继续设置〖X轴点〗，选择〖指定点〗，如图4.2.76所示。

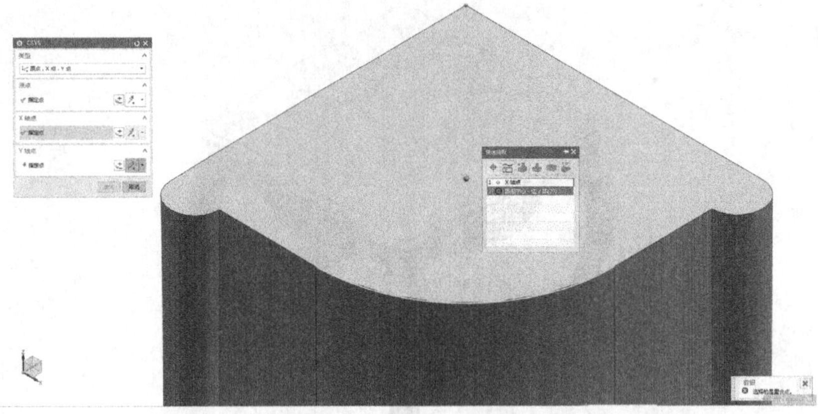

图4.2.76　捕捉脚柱顶面前端圆弧的中心点为X轴点

最后设置〖Y轴点〗，选择〖指定点〗，如图4.2.77所示。

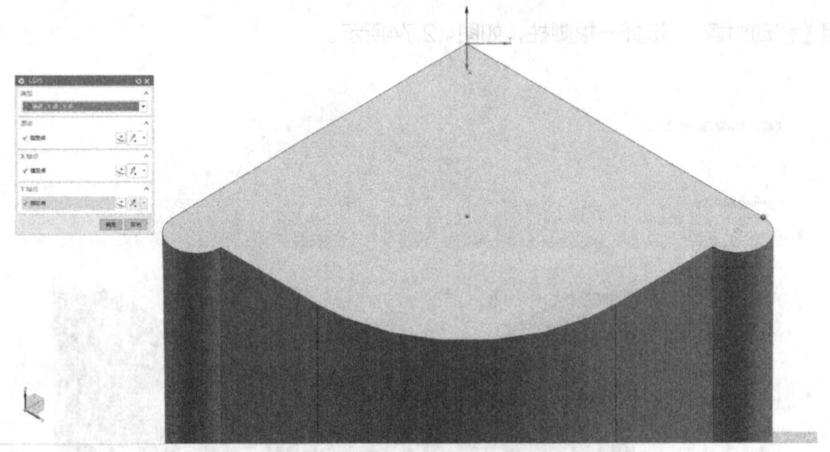

图4.2.77　捕捉脚柱顶面X轴右侧平面上的任何一点确定Y轴方向

点击〖确定〗，回到〖移动对象〗界面，如图4.2.78所示。

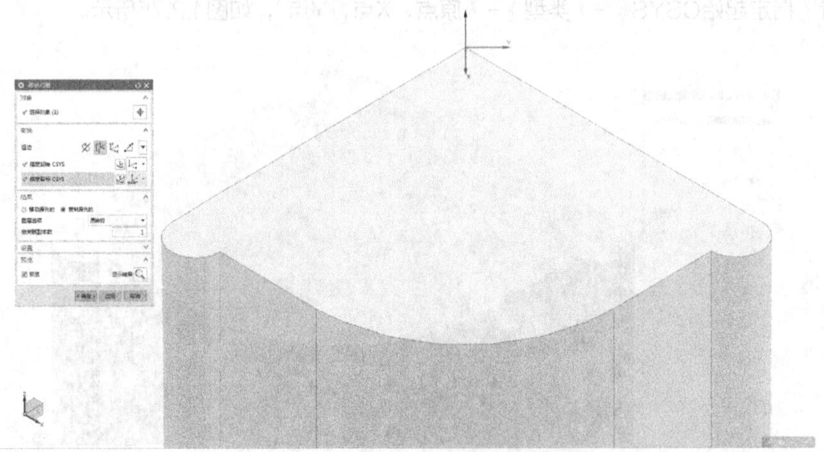

图4.2.78　回到〖移动对象〗界面（选择〖指定目标CSYS〗）

选择〖绝对CSYS〗，如图4.2.79所示。

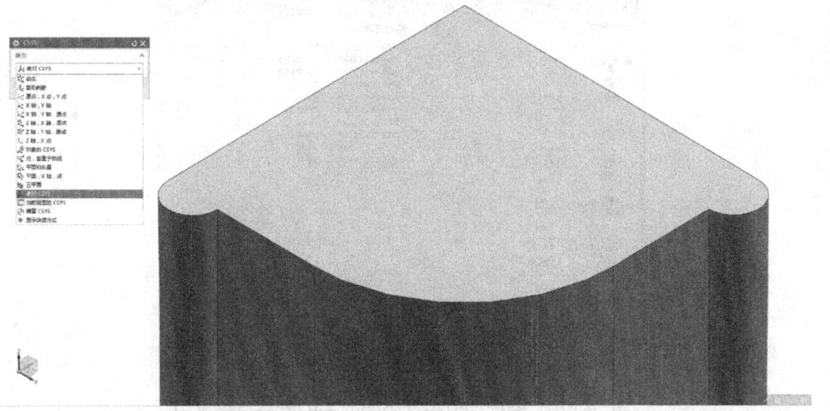

图4.2.79　选择〖绝对CSYS〗并点击〖确定〗回到〖移动对象〗界面

点击〖确定〗，如图4.2.80所示。

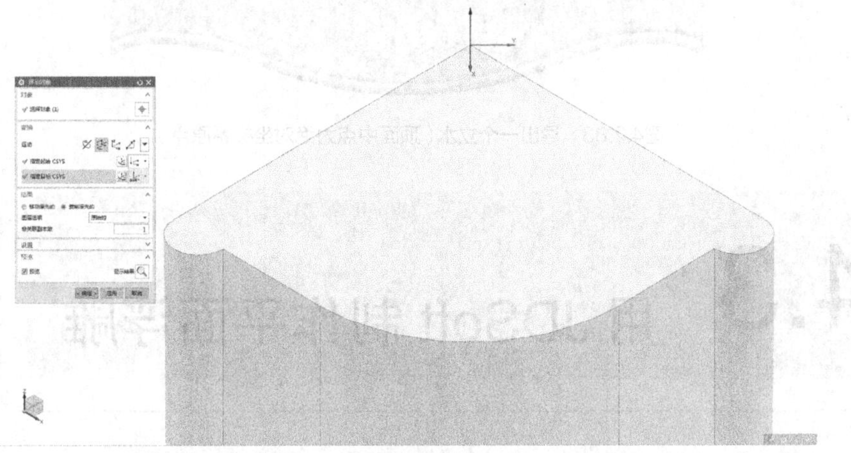

图4.2.80　点击〖确定〗并将脚柱移动复制到绝对坐标系原点

选择〖文件〗-〖导出〗-〖STL〗，如图4.2.81所示。

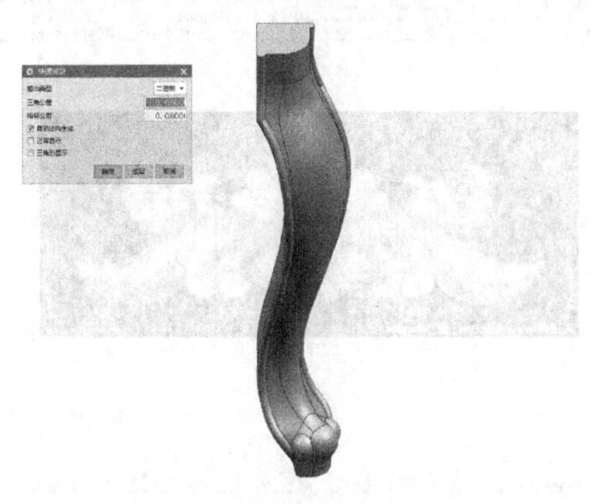

图4.2.81　导出文件（保持默认设置）

设置〖文件名〗和保存路径，如图4.2.82所示。

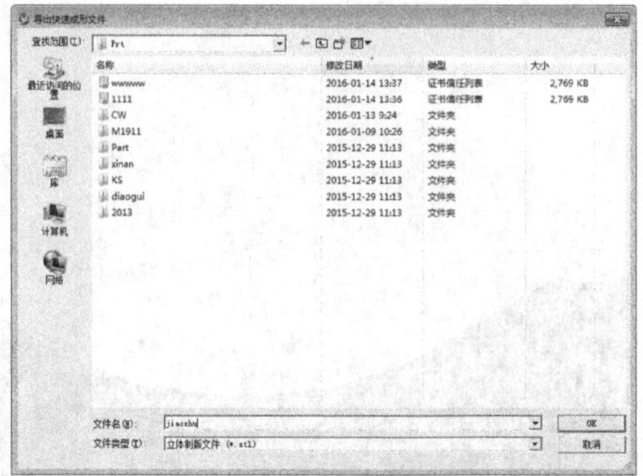

图4.2.82 选择绝对坐标系原点上的脚柱直接导出

使用相同步骤将一个立水也导出为STL格式，如图4.2.83所示。

图4.2.83 导出一个立水（顶面中点为绝对坐标系原点）

4.3 用 JDSoft 制作平面浮雕

JDSoft我在以前关于板木结合家具设计的书籍中就有详细的介绍。而且这个软件在家具行业应用非常普遍。我就不做过多的介绍了，直接开始后面的教学。

启动〖JDSoft ArtForm_Pro V2.0〗，如图4.3.1所示。

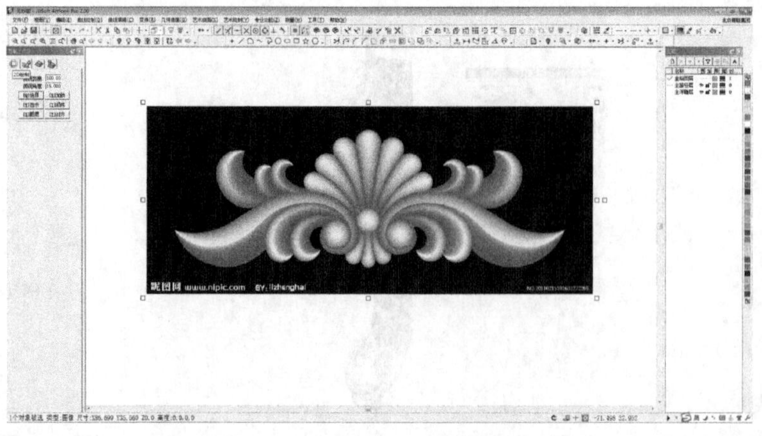

图4.3.1 启动软件（使用〖文件〗-〖输入〗-〖点阵图像〗，〖文件类型〗选择为“JPG”。找到光盘对应目录下名为“立水浮雕”的灰度图文件。并且在〖导航工具条〗中选择〖2D绘制〗模块图片才能显示）

用鼠标左键点击图片，拖动角点矩形，控制图片大小，如图4.3.2所示。

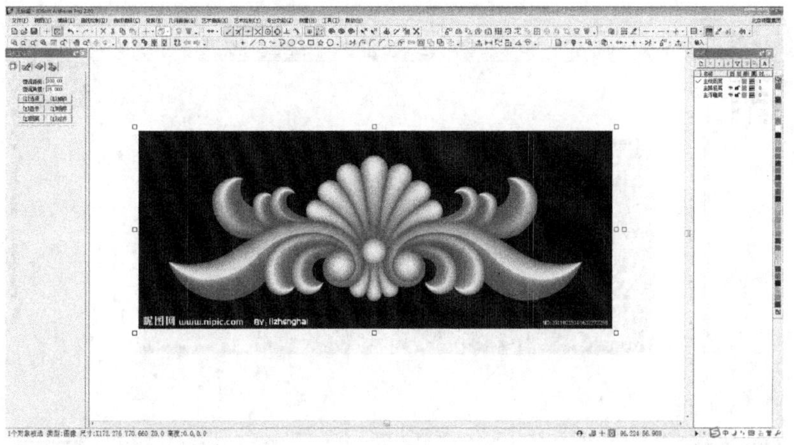

图4.3.2　控制图片大小（窗口最下方会显示图片的尺寸，大概将宽度定位到70mm）

左键点击图片，使图片为选中状态，如图4.3.3所示。

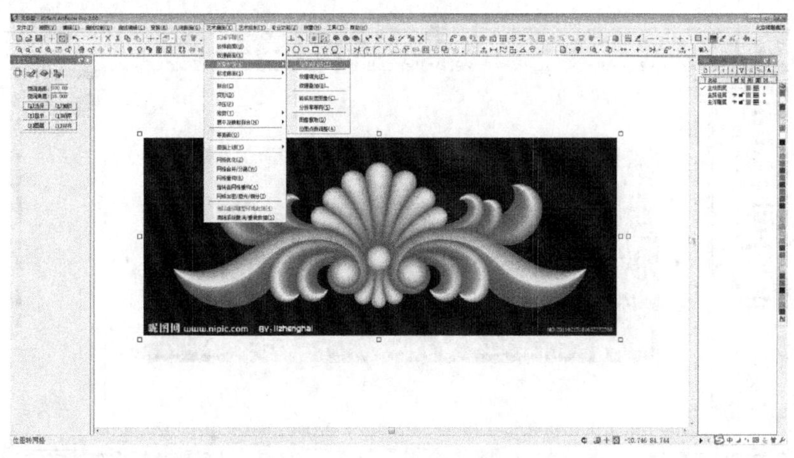

图4.3.3　选中图片（选择〖艺术曲面〗-〖图像纹理〗-〖位图转网格〗）

左键点击图片，使图片为选中状态，如图4.3.4所示。

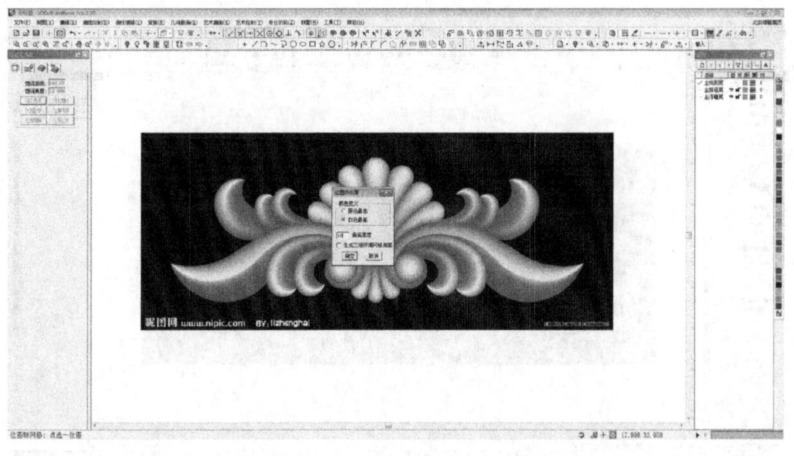

图4.3.4　选中图片（选择〖白色最高〗，〖曲面高度〗前输入10）

用鼠标左键框选生成的模型，如图4.3.5所示。

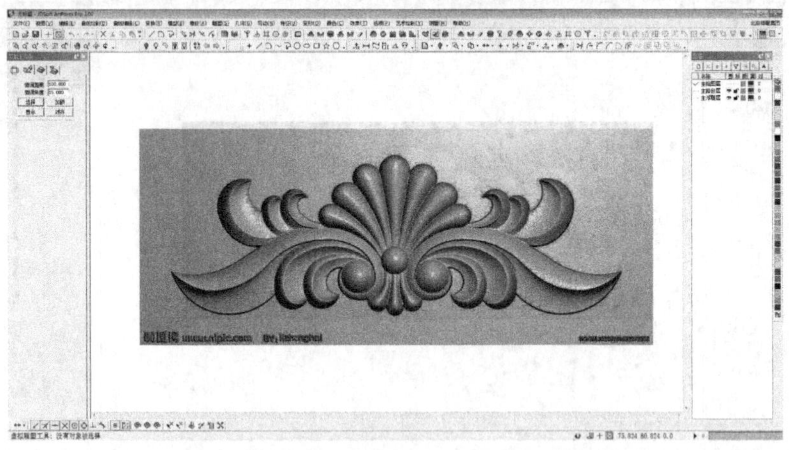

图4.3.5　用鼠标左键框选生成的模型（在〖导航工具条〗中切换到〖虚拟雕塑〗模块）

在〖木雕常用工具条〗中选择〖冲压〗，如图4.3.6所示。

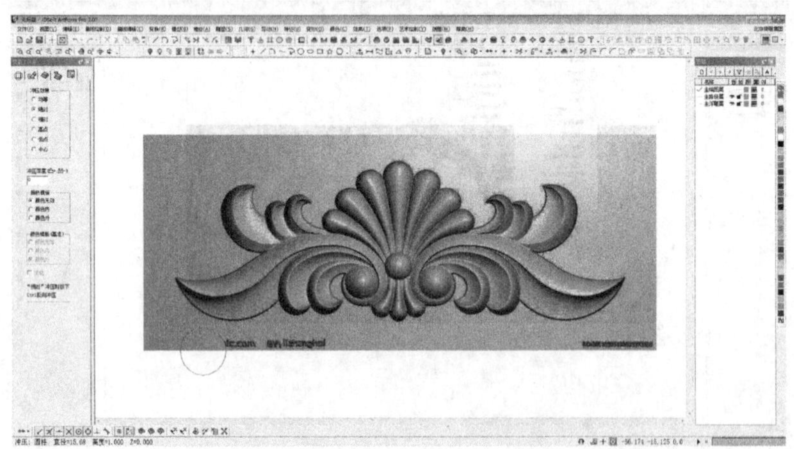

图4.3.6　使用〖冲压〗命令（将下部的文字铲除，用键盘上的“A”和“S”键来控制笔刷的大小）

我们在实际操作中难免会出现失误，如图4.3.7所示。

图4.3.7　比如不小心将模型部分铲除

在〖木雕常用工具条〗中选择〖擦除〗，如图4.3.8所示。

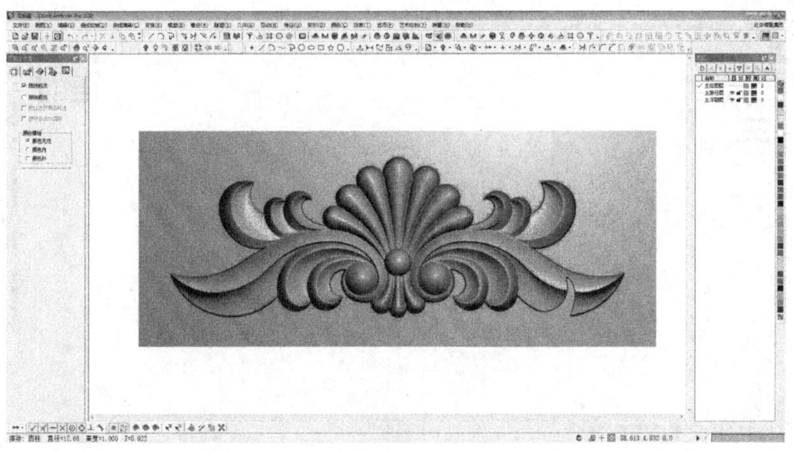

图4.3.8　使用〖擦除〗命令（在缺口处涂抹，可以将模型恢复）

在〖木雕常用工具条〗中选择〖磨光〗，如图4.3.9所示。

图4.3.9　使用〖磨光〗命令（选择〖精细磨光〗-〖磨光力度档位〗为〖1/08档〗，涂抹模型边缘）

继续使用〖磨光〗，如图4.3.10所示。

图4.3.10　继续使用〖磨光〗命令（选择〖精细磨光〗-〖磨光力度档位〗为〖1/16档〗，涂抹模型表面）

使用〖文件〗-〖输出〗，如图4.3.11所示。

图4.3.11 输出文件（由于只有一个模型，〖选项〗中可以任意选择）

〖保存类型〗中选择输出格式为“STL”，如图4.3.12所示。

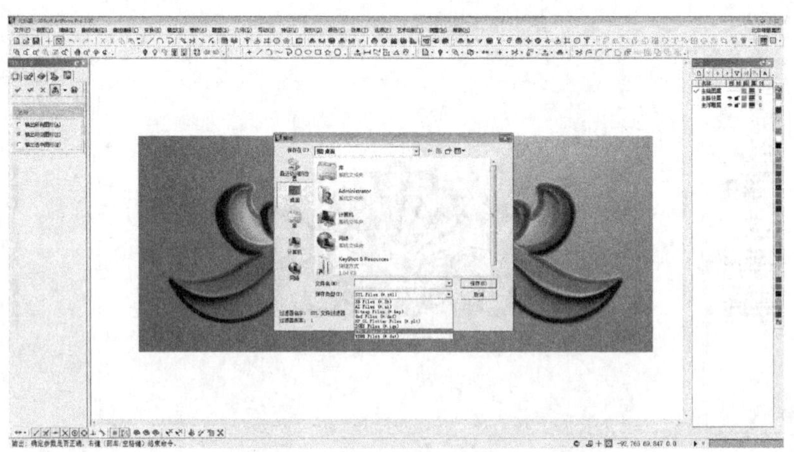

图4.3.12 设置文件格式（然后设置保存路径和文件名称）

弹出〖STL文件输出〗对话框，如图4.3.13所示。

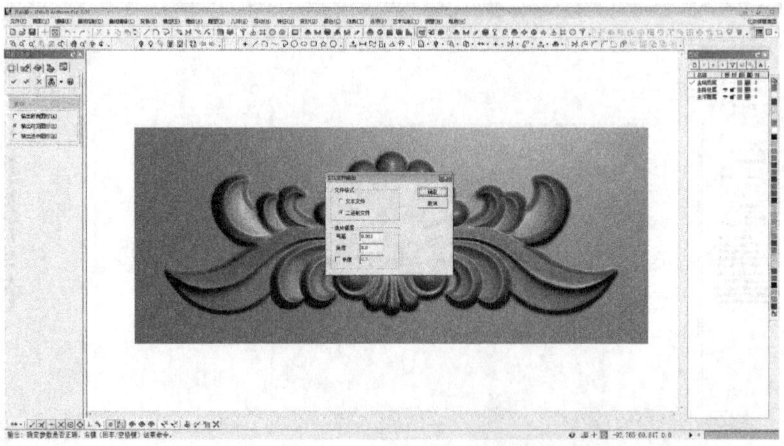

图4.3.13 弹出〖STL文件输出〗对话框（保持默认即可）

使用相同的方法制作“脚柱浮雕”，如图4.3.14所示。

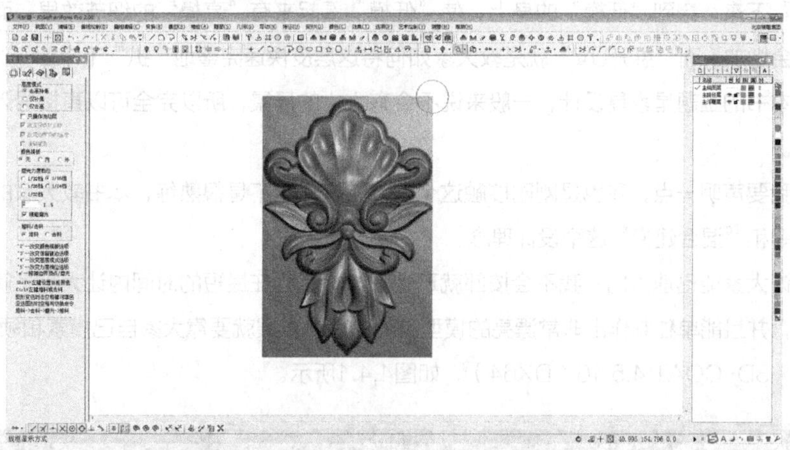

图4.3.14　使用相同方法制作脚柱浮雕（图片高度定位为140左右，〖曲面高度〗为10）

我们上面用UG建立的是NURBS模型，在JDsoft里面建立的是Poly模型。我们后面就要开始使用3d-Coat将这2种不同类型的模型整合为一个整体。

这个过程就是本章的一直围绕的主题——混合建模。

4.4 用 3D-Coat 制作立体浮雕

3D-coat是由乌克兰开发的数字雕塑软件。它是专为游戏美工设计的软件，它专注于游戏模型的细节设计，集三维模型实时纹理绘制和细节雕刻功能为一身，可以加速细节设计流程，在更短的时间内创造出更多的内容。只需导入一个低精度模型，3D-Coat便可为其自动创建UV，一次性绘制法线贴图、置换贴图、颜色贴图、透明贴图、高光贴图。

本书的作者并不是从事动漫影视专业，不过还是可以凭自己的阅历和理解为大家讲解一下本书涉及的多个动漫专业的名词。

比如我们之前提到的“高模”“低模”“UV贴图”等专业词汇。

首先在 NURBS建模里面并没有“高模”这概念，只有在Poly建模里面才有“高模”和“低模”的区分。

如果说NURBS建模是矢量图，Poly建模是点阵图（位图），那Poly建模中的“高模”就是指高像素的图片，“低模”就是指低像素的图片。

“高模”和高清图片一样都能非常清晰地表现物体的细节。所以在一个模型中“面”的数量就取决了它的显示精度以及细节的表现能力。但是“面”数越多的模型越占空间和运算。比如在一个动画场景中如果都是高面数的模型，那渲染就会非常占用时间。但是低模又不能很好地表现细节。

所以这个时候就需要“UV贴图”了。如果用一句话来概括“UV贴图”，就是把“高模”的“皮”“扒”下来，穿到“低模”的身上，使“低模”看起来有“高模”的细节效果，而“低模”本身大小不会增加。而“展开UV”就是教大家如何将这层皮快速完整地“扒”下来。

但是本书的主题是家具设计，一般来说不会有太大的场景，所以完全可以直接导入和渲染高精度的模型。

首先我要声明一点，我也是刚刚接触这个软件，操作上不是很熟练，本书教大家的仅仅是一些简单的命令和“混合建模”这个设计理念。

为了让大家能迅速入门，我不会按部就班地教学。我会在最短的时间内让大家了解这个软件的设计流程，并且能单独制作出非常漂亮的模型。而以后的发展就要靠大家自己摸索和领悟。

启动〖3D-COAT 4.5.16（DX64）〗，如图4.4.1所示。

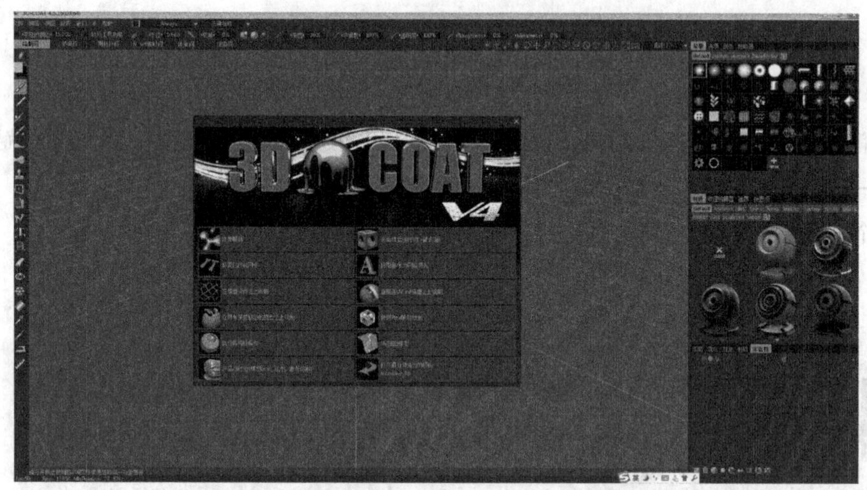

图4.4.1　启动软件（进入软件，自动弹出窗口文件，然后关闭中间窗口）

3D-COAT的安装非常简单，我2016年初写这本书的时候接触到的版本为V4.5。而UG10.0只能在64位WIN7以上的系统运行。所以大家在选择3D-COAT版本的时候要选择64位的。

点击屏幕左上角的〖文件〗-〖导入〗，如图4.4.2所示。

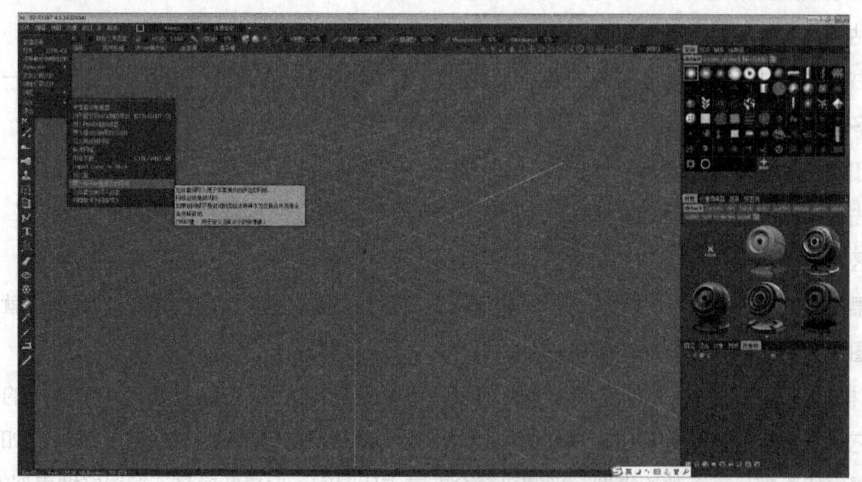

图4.4.2　选择〖导入用于体素操作的网格〗

选择我们前面保存的脚柱的STL模型，如图4.4.3所示。

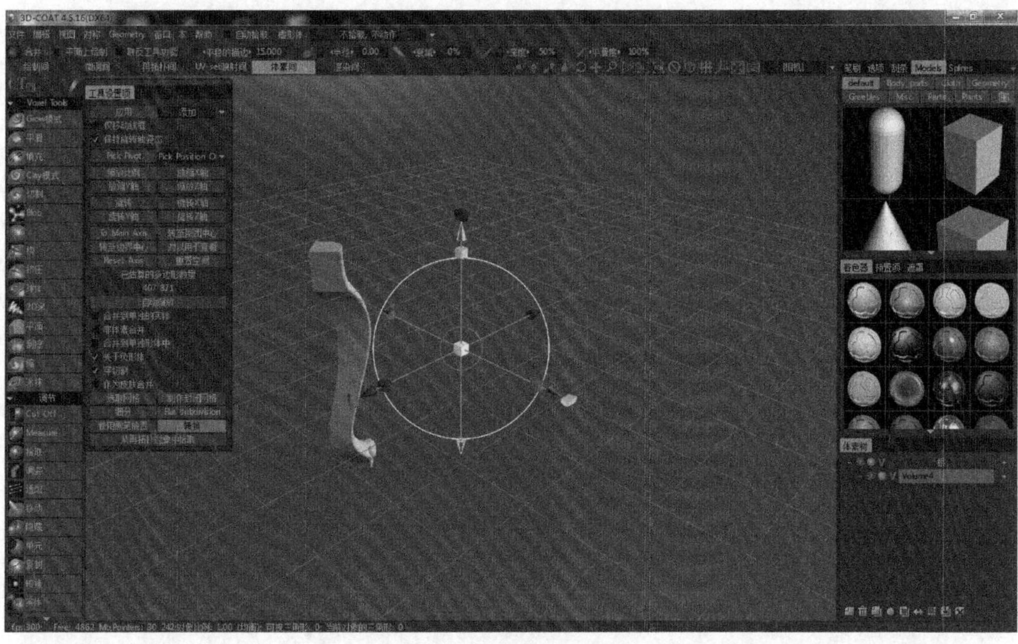

图4.4.3　导入脚柱的STL模型（在〖工具选项设置〗里取消勾选〖非体素合并〗，点击〖应用〗）

我曾经尝试过将〖关于负形体〗和〖穿切割〗也取消勾选，也并不影响后续的操作。由于接触这个软件的时间比较短，我也没有具体搞清楚这几个命令的含义，所以我们就不要过多地纠缠在这些细节问题上。先将产品做出来。然后回过头来再慢慢领悟。

界面会弹出“这是您第一次试着合并对象到场景中……”，如图4.4.4所示。

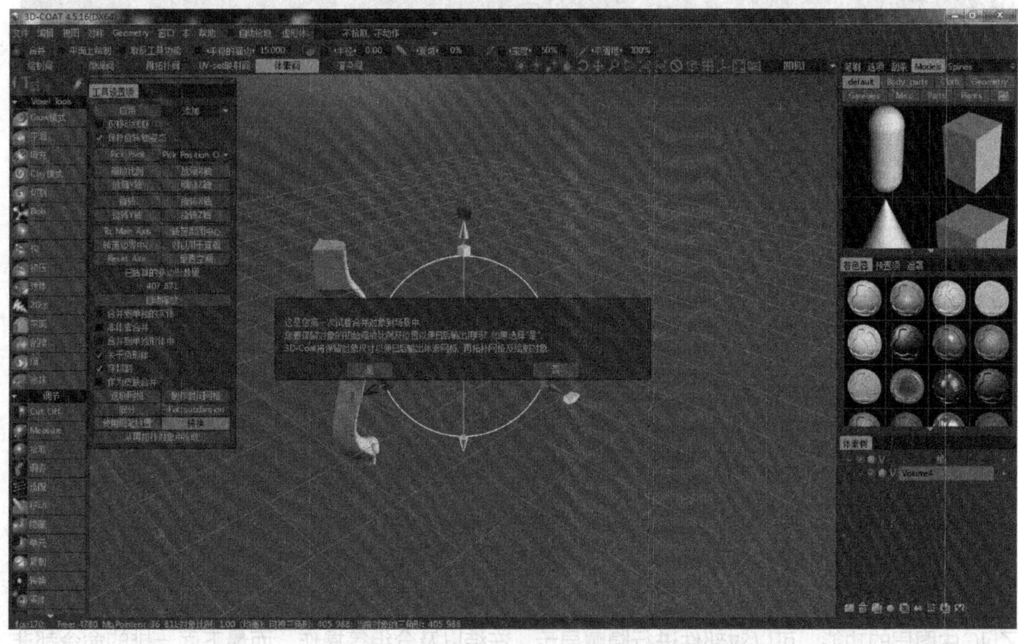

图4.4.4　导入模型（我们此处直接点击〖是〗，脚柱的模型被导入）

此时模型还是处于〖转换〗命令下，控制坐标系会一直显示，如图4.4.5所示。

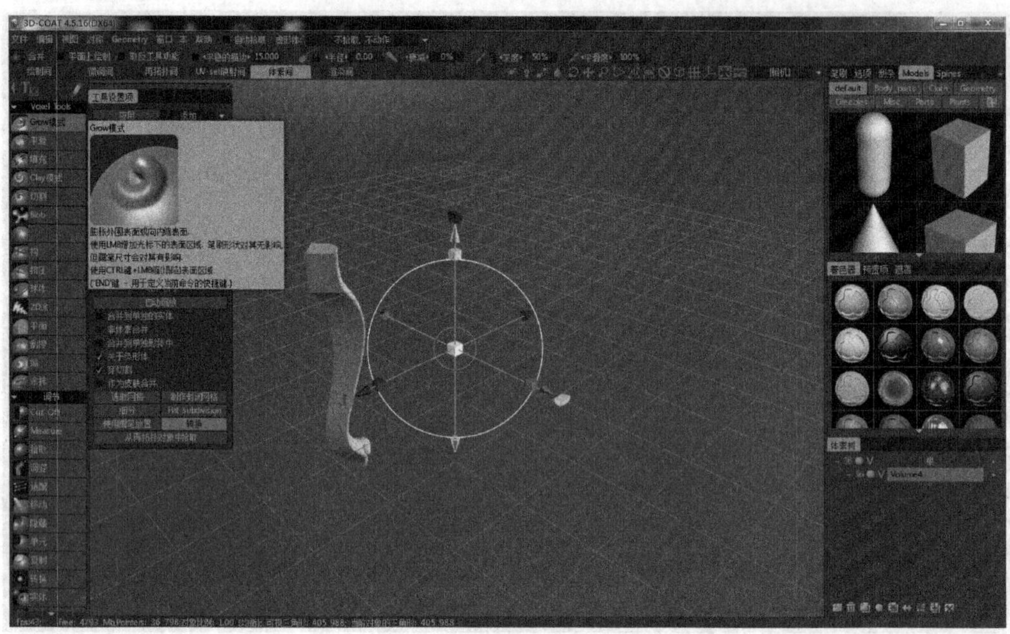

图4.4.5　隐藏坐标系（直接选择左侧任何一个笔刷或调节等工具，比如〖Vaxel Tools〗下拉菜单中的〖Grow模式〗，控制坐标系就会隐藏）

用右键点击右下角〖体素树〗-〖根〗目录下的〖Volume4〗，如图4.4.6所示。

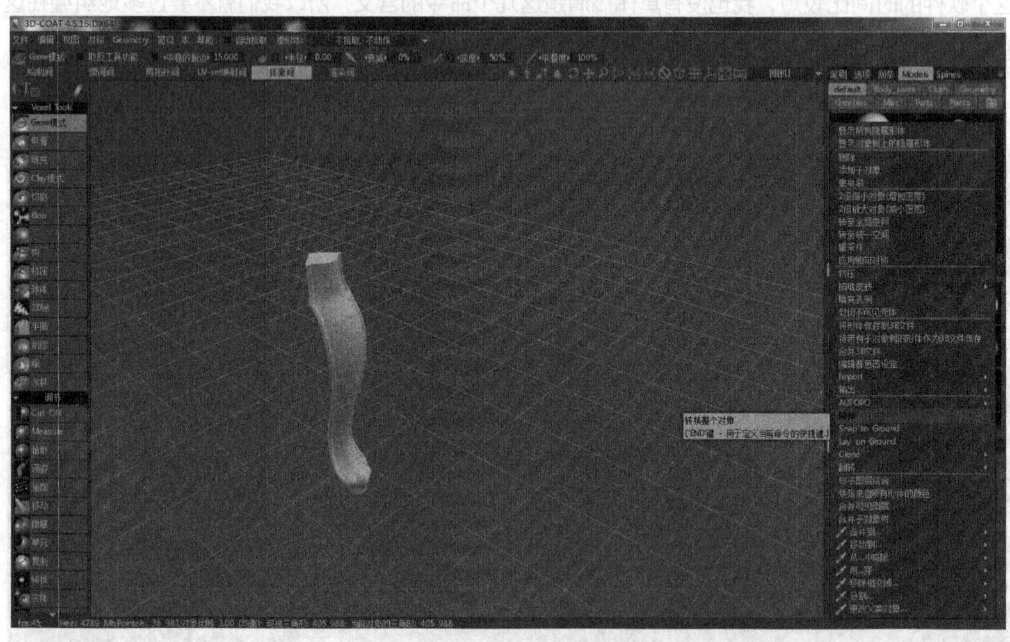

图4.4.6　操作界面（选择〖转换〗，在左侧的〖调节〗下拉菜单中也可选择〖转换〗）

3D-Coat中的〖体素树〗和UG中的〖部件导航器〗的性质基本一样。而且〖体素树〗还包含了UG中图层的功能。可以对部件进行隐藏显示、冻结以及分组等操作。而最下面一排的命令都非常简单，这里就不过多讲解了。

弹出〖工具选项设置〗，如图4.4.7所示。

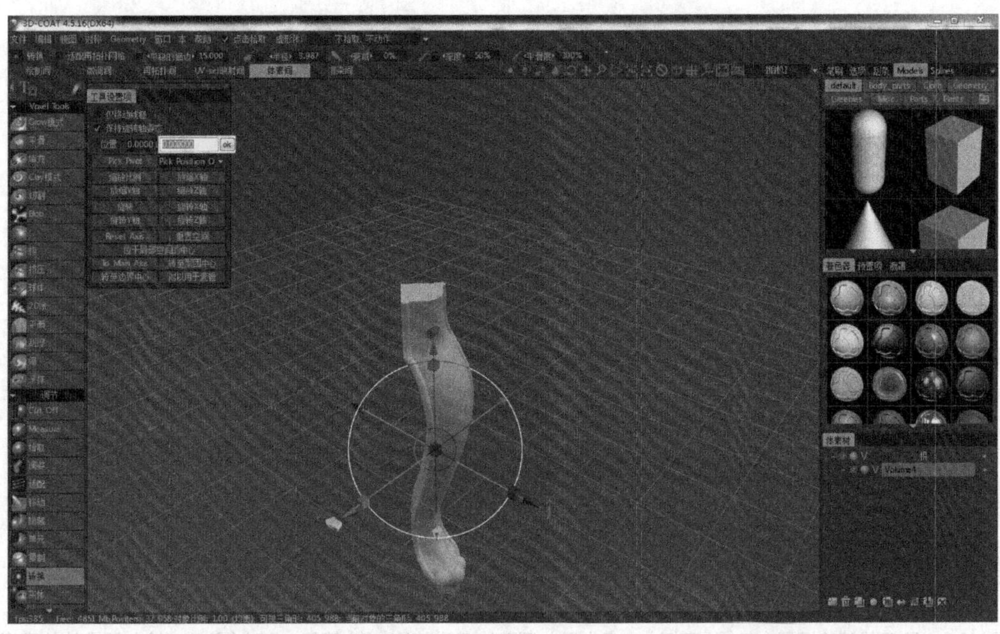

图4.4.7 〖工具选项设置〗对话框（在〖位置〗中将坐标系X,Y,Z值都设置为0）

按理说我们用UG导出脚柱模型的时候，脚柱顶部的角点是设在绝对UG坐标系原点上。我们导入到3D-Coat之后，这个角点也应该是在原点上。

但是我们的操作中可能是有些步骤没有设置正确，所以这里需要重新设置模型的位置，以方便后面的对称操作。

继续使用〖文件〗-〖导入〗-〖导入用于体素操作的网格〗，如图4.4.8所示。

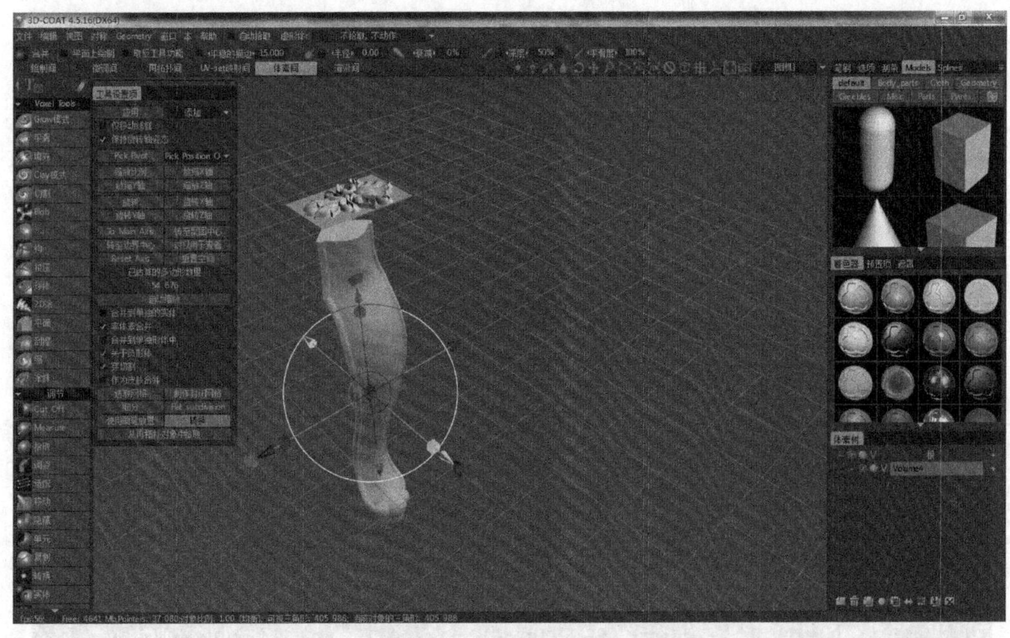

图4.4.8 导入文件（选择我们前面用UG导出的"脚柱浮雕"STL格式模型，此处必须要勾选〖非体素合并〗，否则的话浮雕模型将会和脚柱模型合并为一个整体）

点击〖应用〗之后雕花的模型会在〖体素树〗中显示，如图4.4.9所示。

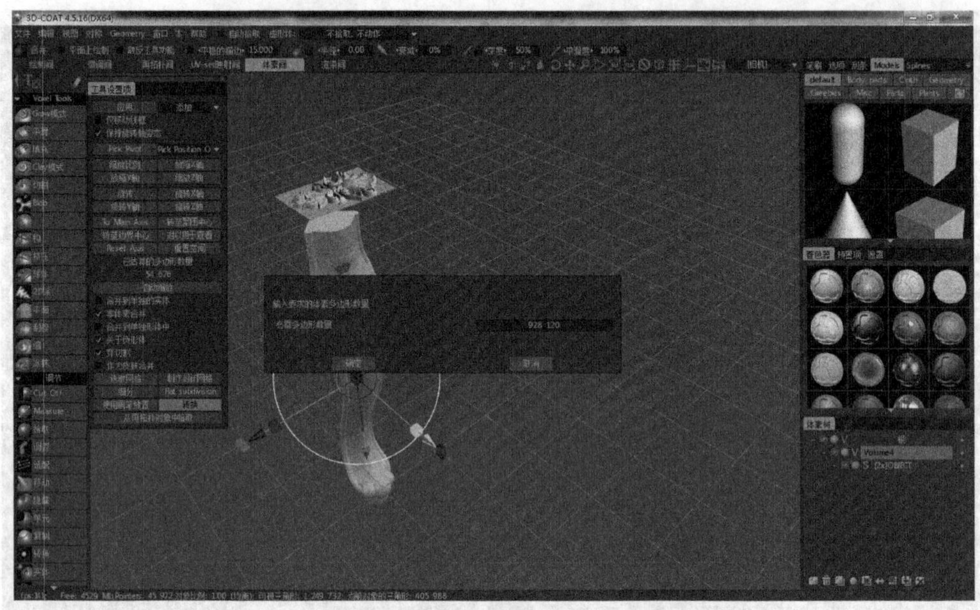

图4.4.9　显示雕花的模型（在〖体素树〗中点击导入浮雕的名称前的〖S〗符号。此时会弹出“输入要求的体素多边形数量”，此处我们将“必需的多边形数量”后面的值保持默认即可，直接点击〖确认〗）

我们这里〖体素树〗中模型名称前面的“V”和“S”分别代表两种模式。

V：体素对象代理——显示速度慢，功能无限制。

S：表面对象代理——显示速度快，功能有限制。

由于我们的雕花是高精度模型，还要进行后续的操作。所以必须增加面数切换到“体素对象代理”模式。

点击左侧的〖Grow模式〗，隐藏变换坐标系，如图4.4.10所示。

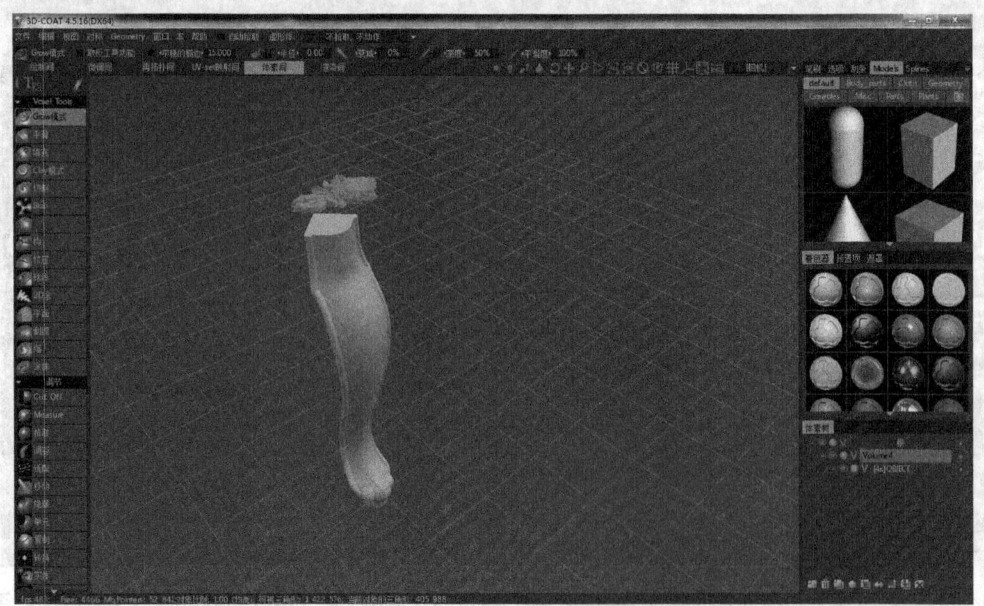

图4.4.10　隐藏变换坐标系（完成脚柱浮雕的导入）

先在右下角的〖体素间〗中选择浮雕模型，如图4.4.11所示。

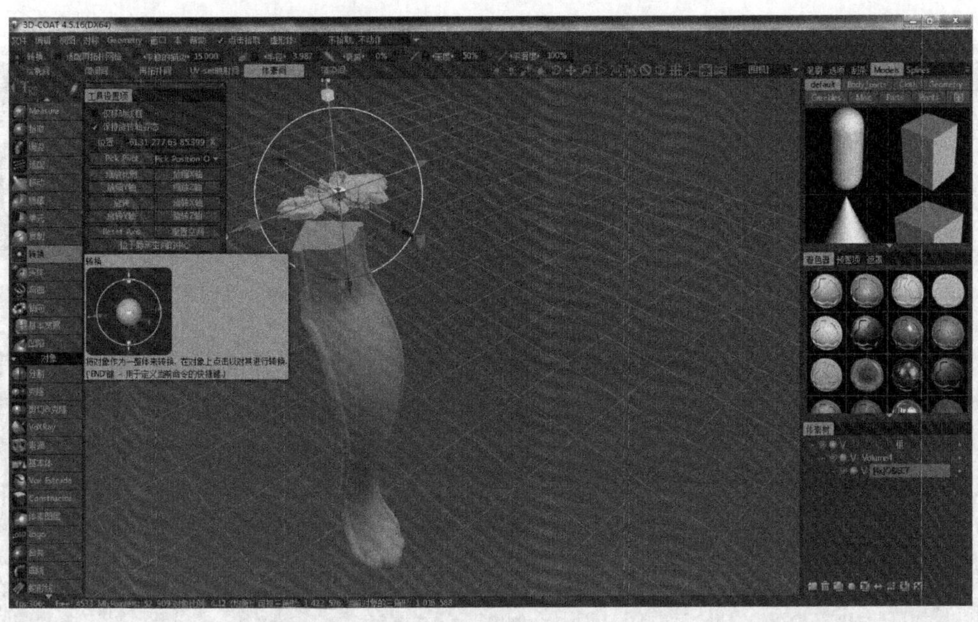

图4.4.11　选择浮雕模型（然后选择左侧〖调节〗下拉菜单中的〖转换〗命令）

在〖工具设置项〗中选择〖旋转Y轴〗，如图4.4.12所示。

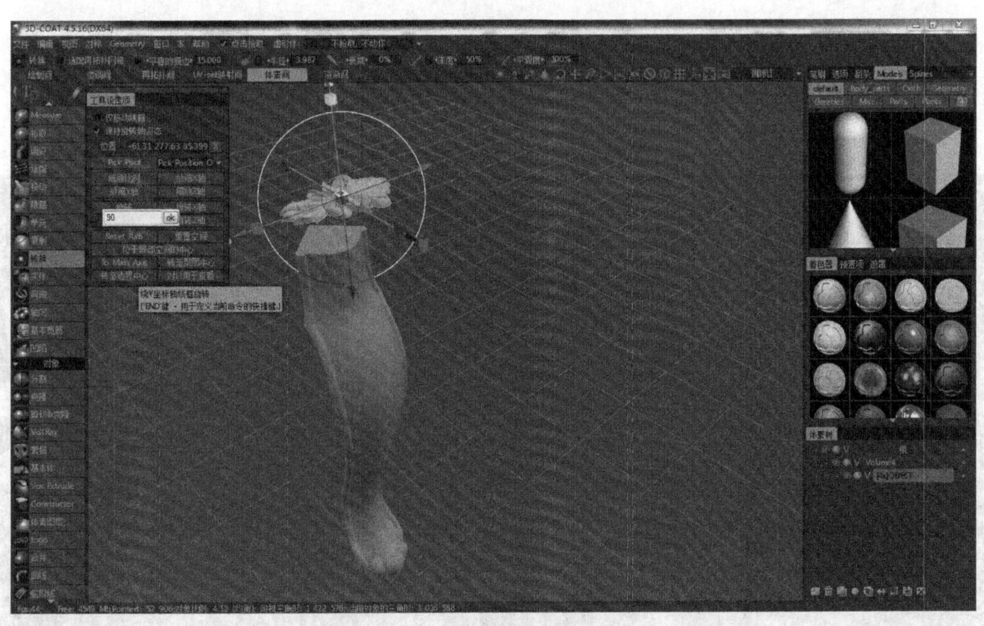

图4.4.12　旋转Y轴（输入值为90）

图中的坐标系上分别有“正方体”“圆锥体”和“扇形体”三种控制点。

中心的正方体是控制模型的整体大小，我们可以用其按比例缩放模型。

外侧的正方体是控制模型的边缘大小，我们可以用其缩放模型的一侧。

圆锥体是控制模型的位置，我们可以用其对模型进行移动。

扇形体是控制模型的角度，我们可以用其对模型进行旋转。

在〖工具设置项〗中选择〖旋转Z轴〗，如图4.4.13所示。

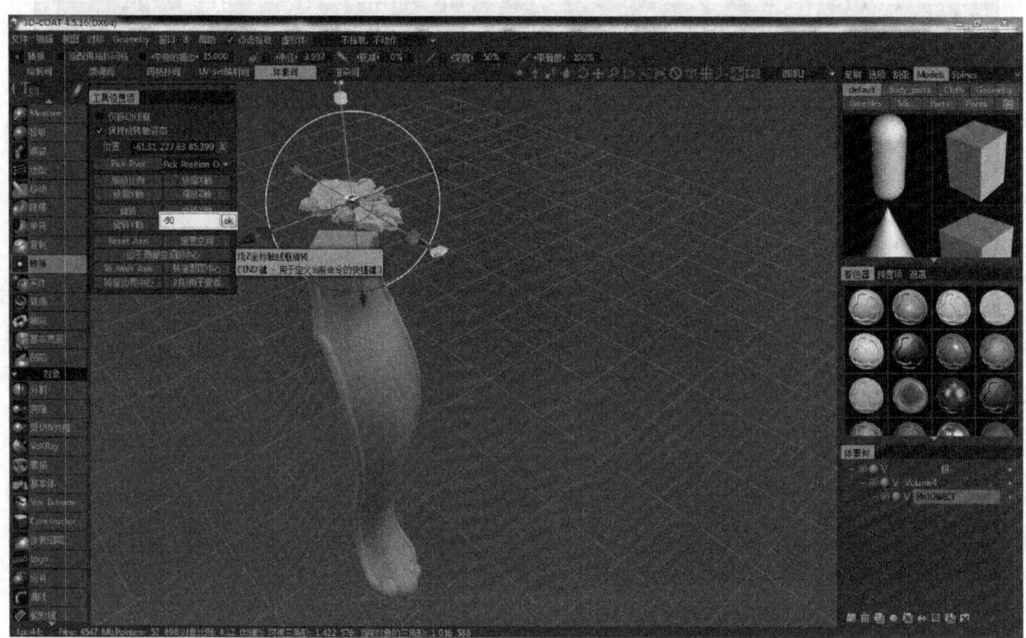

图4.4.13 旋转Z轴（输入值为-90）

按住键盘上的“Ctrl”键，再选择坐标系上的扇形体，就可以将模型按每次45°进行旋转。在〖位置〗中设置X,Y,Z的值都为0，如图4.4.14所示。

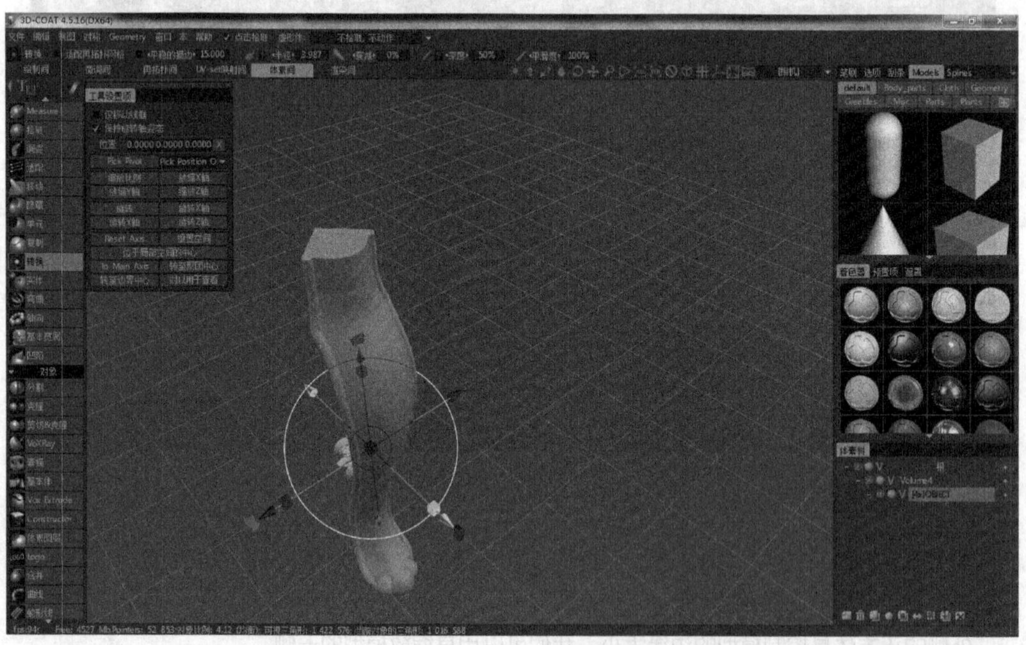

图4.4.14 雕花两侧对称移动到绝对坐标系原点

选择浮雕实体坐标系前面的圆锥体，如图4.4.15所示。

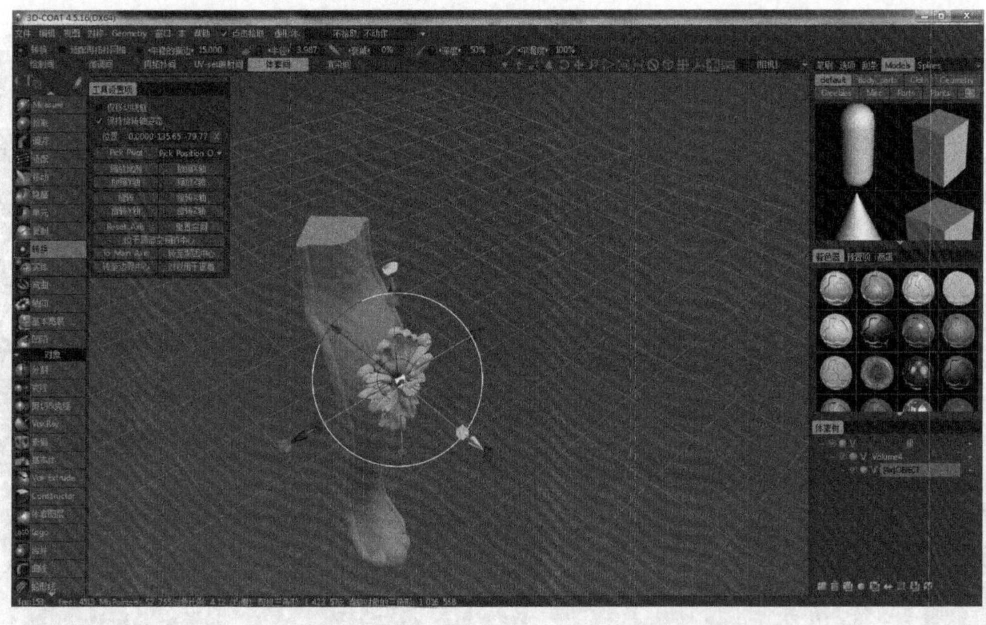

图4.4.15　选择浮雕实体坐标系前面的圆锥体（将浮雕拖动到脚柱的前面）

直到现在我们还没有讲过3D-Coat的模型视图如何变换。模型空间的右上方有一行工具栏，里面就有模型的灯光、旋转、移动、缩放、显示方式等命令。

但是为了保证本书教学的节奏和速度，我们只是稍微提及一下，不会做过多的讲解。只要是有一定三维建模基础的读者，应该不难看懂里面的命令。

如果是刚刚入门的新手，请观看本书的视频教程学习下面的内容。

点击小键盘上的数字“5”，将视图切换到正交显示，如图4.4.16所示。

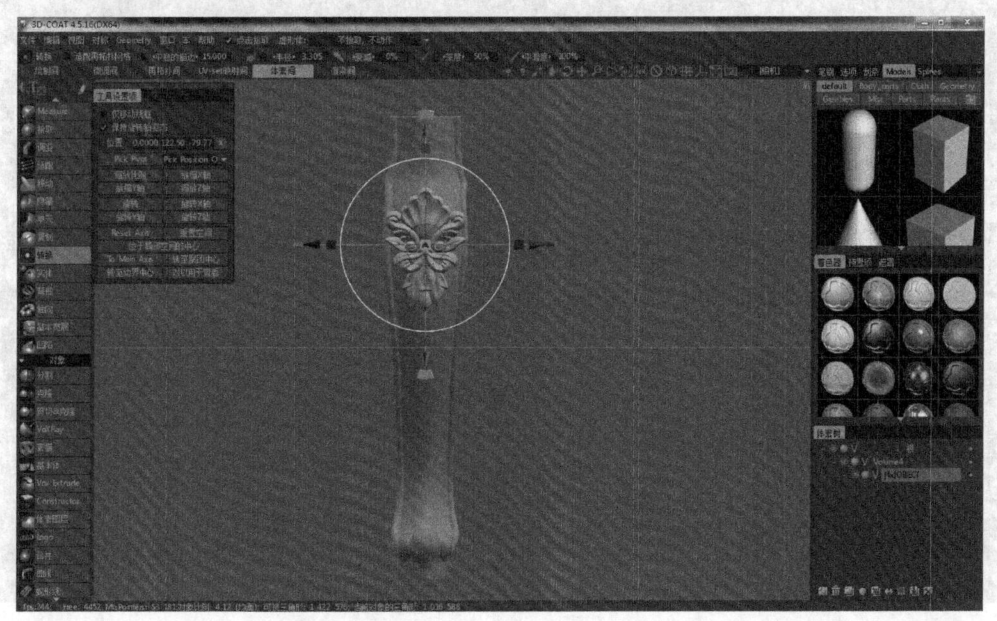

图4.4.16　将视图切换到正交显示并点击小键盘上的数字“8”切换到后视图

使用〖对称〗，在〖Symmetry Type〗中勾选〖X-Axis〗，如图4.4.17所示。

图4.4.17　勾选〖X-Axis〗(〖Start〗下方的三个值全部为0)

这里所谓的“对称”就是指镜像操作。比如我们对模型的左边进行操作时，镜像平面的右边也会进行相同的操作。这个命令在人体建模方面非常实用。

使用左侧〖调节〗下拉菜单中的〖调姿〗命令，如图4.4.18所示。

图4.4.18　使用〖调姿〗命令(〖工具选项〗中的〖调整模式〗选择为〖环〗)

从左至右在浮雕的最宽处拖动一条线，如图4.4.19所示。

图4.4.19　从左至右在浮雕的最宽处拖动一条线（两端的控制点必须在模型上，不能点到外面）

模型会以3种不同的颜色显示“过渡区域”，如图4.4.20所示。

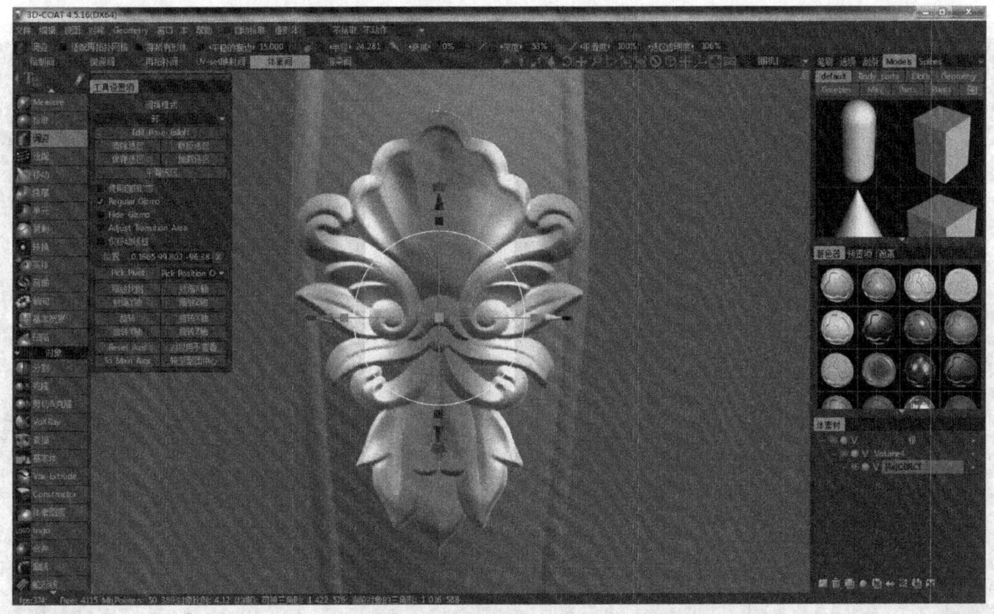

图4.4.20　“过渡区域”的显示（“过渡区域”的意思就是移动模型的时候会有一个缓冲地带，其中红色区域受影响最深，黄色次之，绿色最少。而最边缘没有变色的部分不会受我们移动的影响）

〖调姿〗这个命令在动漫行业中一般是运用在人体建模关节处变形和过渡。

而在本书中用于平面浮雕的变形也是非常的实用。它能最大程度地保证平面浮雕转换为立体浮雕的过程中细节的完整过渡。

点击小键盘上的数字“7”，将视图切换到顶视图显示，如图4.4.21所示。

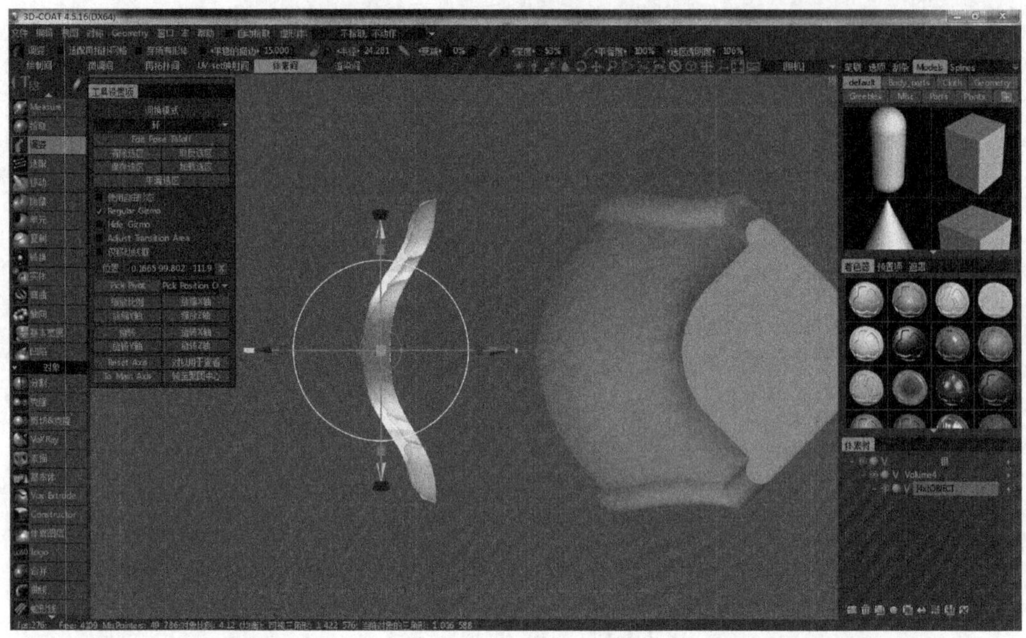

图4.4.21　将视图切换到顶视图（拖动坐标系上的圆锥体，将浮雕模型整体变形与脚柱轮廓吻合）

使用左侧〖调节〗下拉菜单中的〖转换〗命令，如图4.4.22所示。

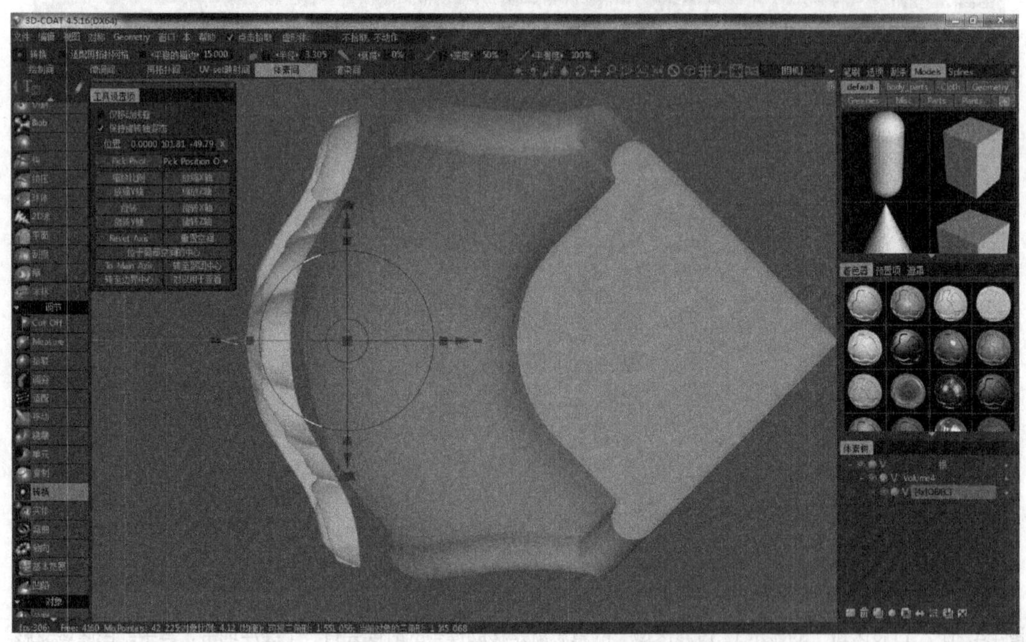

图4.4.22　使用〖转换〗命令（拖动坐标系上的圆锥体，将浮雕模型拖动到脚柱附近）

家具行业中这种脚柱其实没有太高的精度，不像机械行业中的建模对尺寸公差的要求非常严格。所以大家要同时适应NURBS建模和Poly建模的思路。比如这个浮雕，我们只需要外形大致接近就可以了，不用像机械行业中要求和曲面拟合。

点击小键盘上的数字“8”，将视图切换到后视图显示，如图4.4.23所示。

图4.4.23　切换到后视图显示（使用左侧〖调节〗中的〖调姿〗命令。在〖调换模式〗中选择〖线〗）

从左至右在浮雕的右侧拖动一条线，如图4.4.24所示。

图4.4.24　从左至右在浮雕的右侧拖动一条线（线的位置参照图形）

一般来说一次只能选择一个区域，想要同时选择多个选区，可以选择选区后选择〖保存选区〗，后面再加选择〖加载选区〗就可以多选了。

〖清除选区〗就是清除已经选中的区域。〖去反选区〗就是将“过渡区域”的颜色反向显示。

模型两侧以3种不同的颜色显示“过渡区域”，如图4.4.25所示。

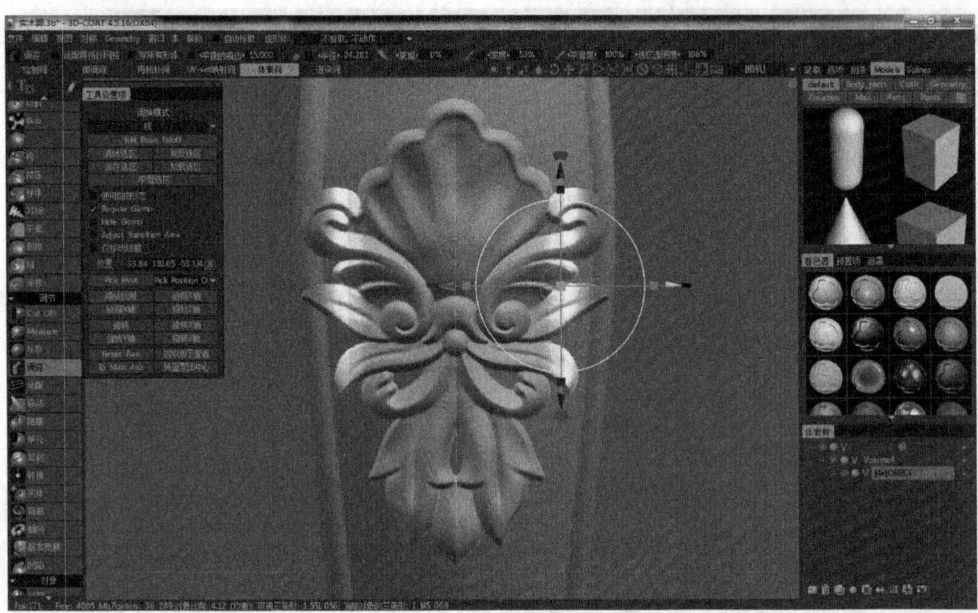

图4.4.25　以3种不同颜色显示“过渡区域”（我上步的〖调姿〗中雕花的两侧并没有和脚柱前端的弧度拟合，所以这次只需要调整两侧即可，中部保持原状）

点击小键盘上的数字“7”，将视图切换到顶视图显示，如图4.4.26所示。

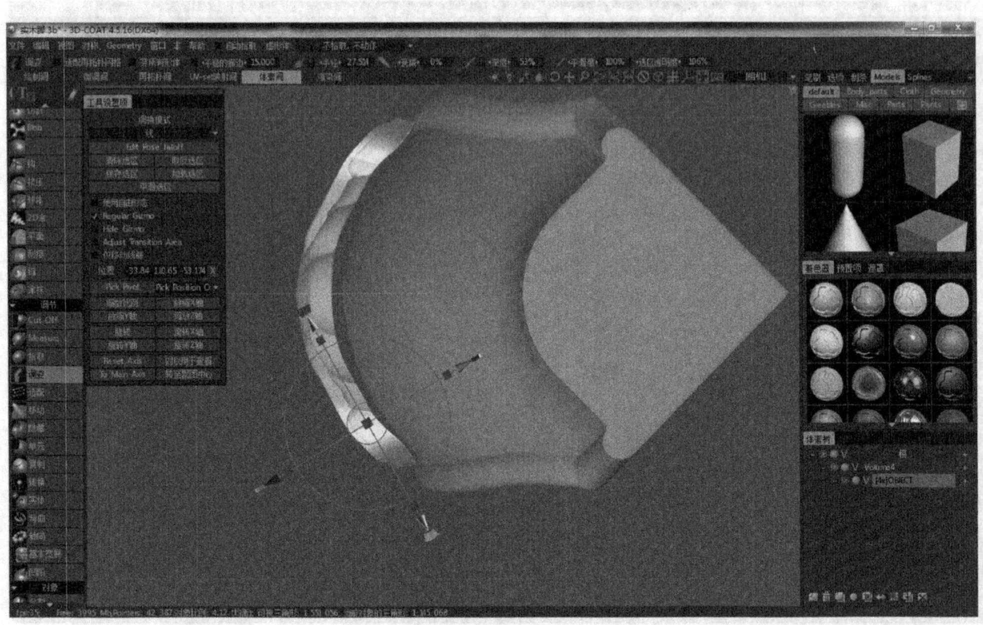

图4.4.26　切换到顶视图显示（旋转坐标系上的扇形体，将浮雕模型两侧变形与脚柱轮廓吻合）

当然不止一种软件能将这种浮雕变形，比如3DMAX中也有命令可以将这个浮雕模型“贴合”到脚柱的曲面上。Zbrush和3D-Coat的功能类似，相信也可以完成以上的操作。我并不要求大家一定要使用哪种软件，而是教授一些方法和思路而已。具体怎么操作还是要靠自己。

点击小键盘上的数字“6”，将视图切换到右视图显示，如图4.4.27所示。

图4.4.27　切换到右视图显示（使用左侧〖调节〗中的〖调姿〗命令。在〖调换模式〗中选择〖线〗。从下往上参照图中的大概位置绘制一条直线）

雕花上端以3种不同的颜色显示“过渡区域”，如图4.4.28所示。

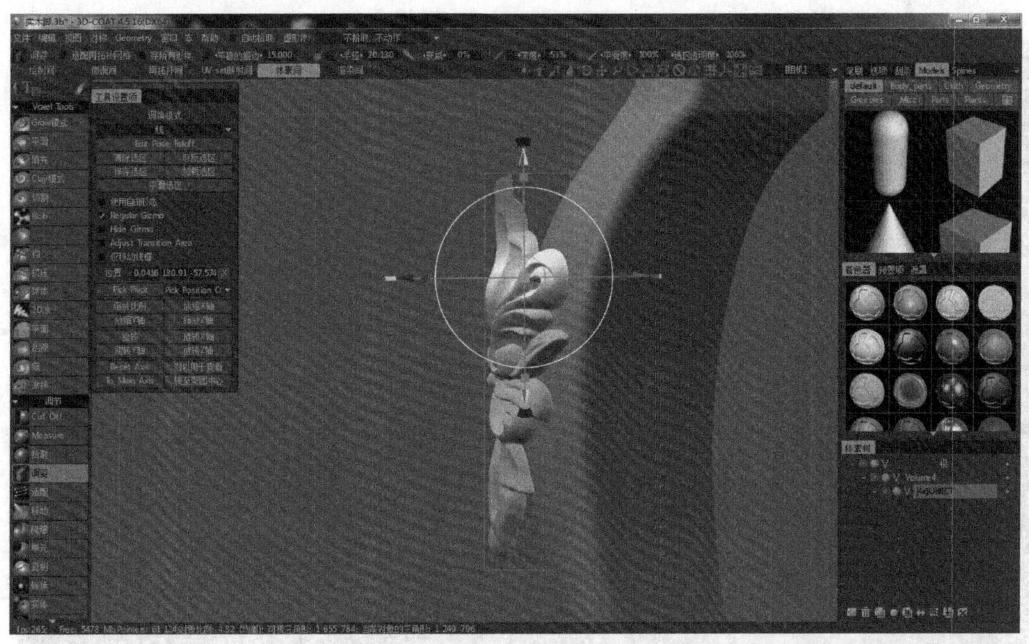

图4.4.28　以3种不同的颜色显示“过渡区域”（以我以往的经验，红、黄、绿三种颜色的比例应该是可以调节的，不过我还没找到具体的设置方法）

点选择坐标系上端的扇形体，向右旋转，如图4.4.29所示。

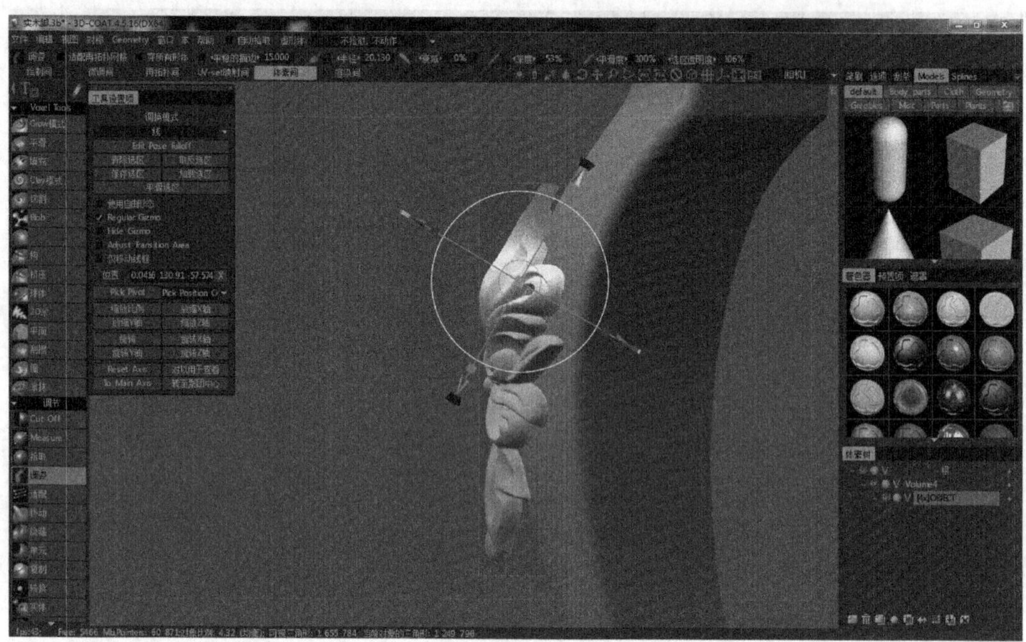

图4.4.29　向右旋转坐标系（将浮雕实体上部的弧度和脚柱的弧度大概吻合）

继续使用〖调姿〗命令，如图4.4.30所示。

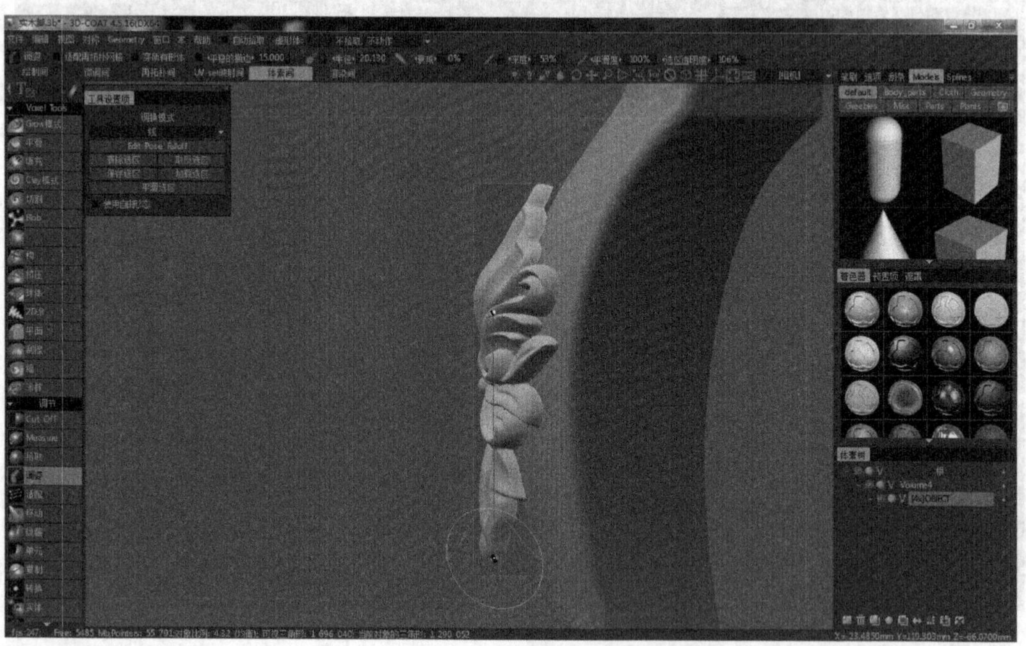

图4.4.30　继续使用〖调姿〗命令（在〖调换模式〗中选择〖线〗。从上往下参照图中的大概位置绘制一条直线）

雕花上端以3种不同的颜色显示“过渡区域”，如图4.4.31所示。

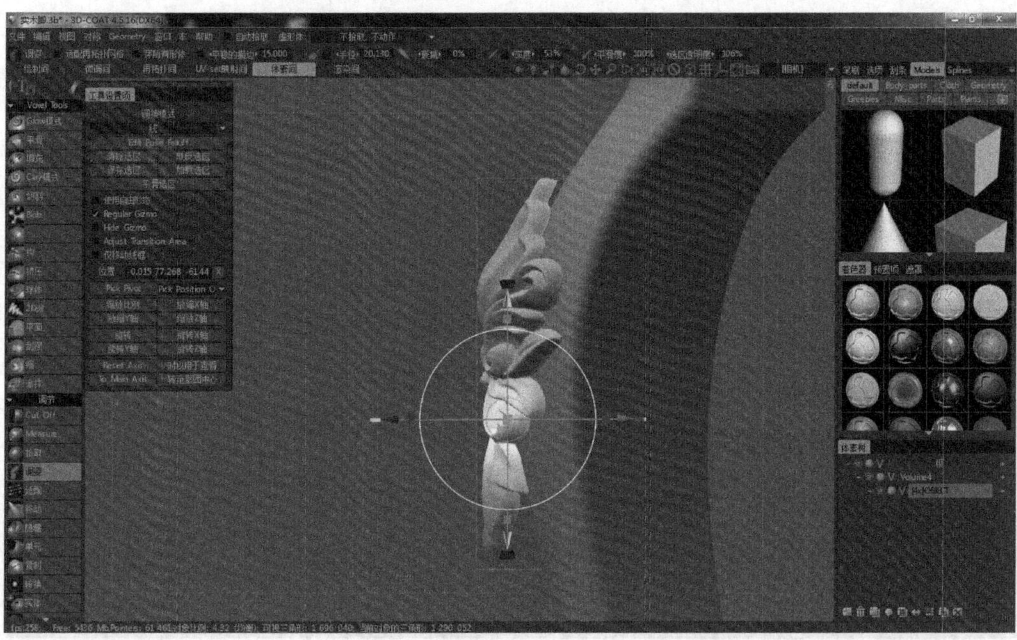

图4.4.31 以3种不同的颜色显示“过渡区域”（颜色过渡的区域尽量设置大一点，这样变形的时候弯曲的地方才不会显得那么生硬）

点选择坐标系下端的扇形体，向右旋转，如图4.4.32所示。

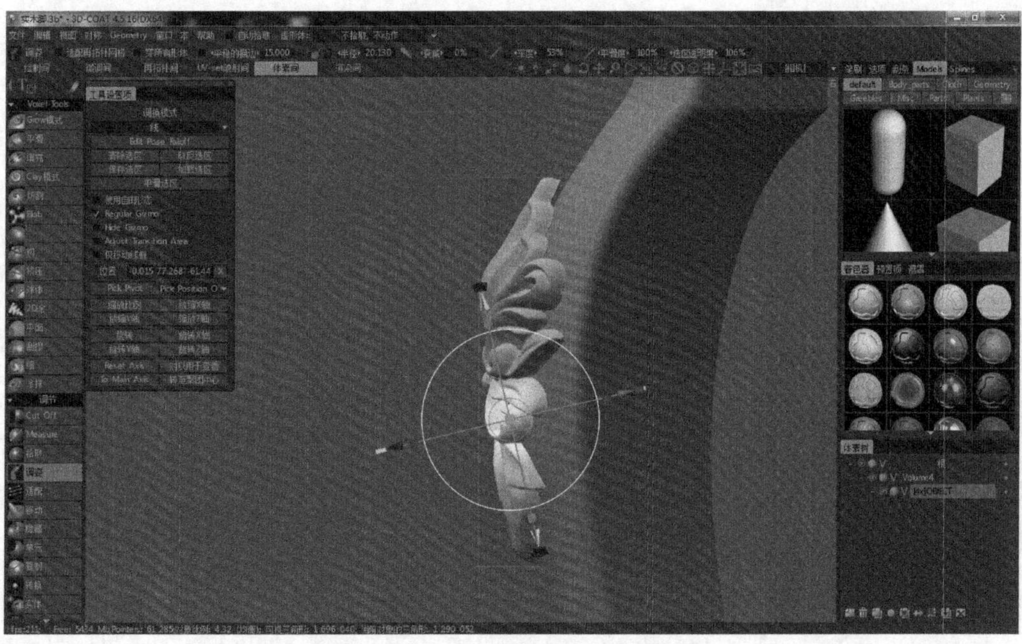

图4.4.32 向右旋转坐标系（将浮雕实体下部的弧度和脚柱的弧度大概吻合）

使用左侧〖调节〗下拉菜单中的〖转换〗命令，如图4.4.33所示。

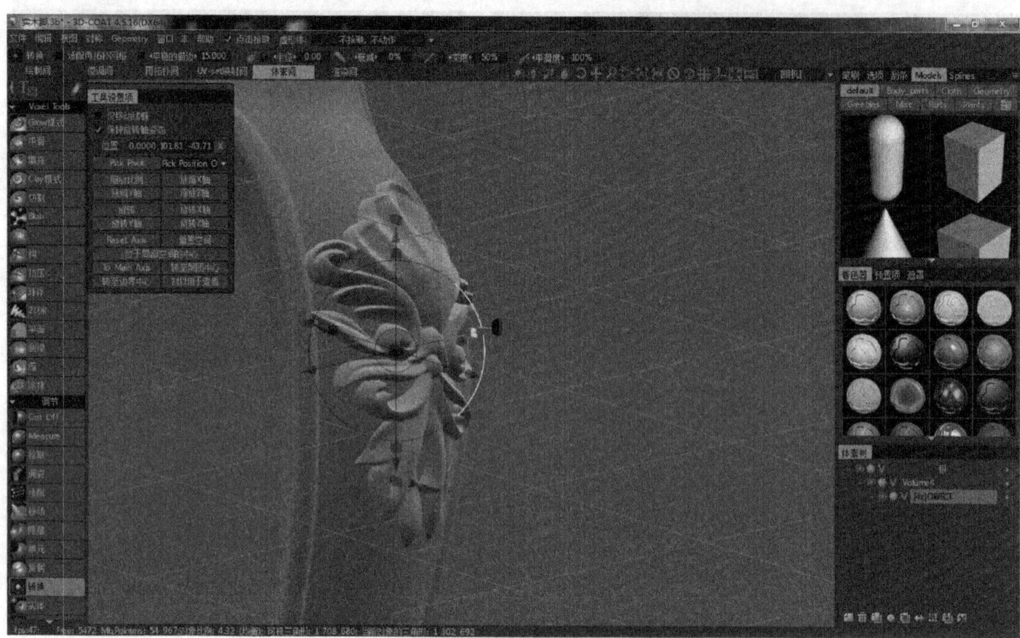

图4.4.33　使用〖转换〗命令（拖动转换坐标系上的圆锥体，将浮雕实体小部分嵌入到脚柱内部）

用右键点击〖体素树〗中浮雕实体的名称，如图4.4.34所示。

图4.4.34　以前浮雕实体是在脚柱实体的目录下，将其移动到〖根〗目录下

左键点击〖体素树〗中浮雕实体名称前的“右拐小箭头”，如图4.4.35所示。

图4.4.35　将模型由〖表面对象代理〗切换到〖体素对象代理〗

左键点击〖体素树〗中脚柱实体名称前的“右拐小箭头”，如图4.4.36所示。

图4.4.36　将模型由〖表面对象代理〗切换到〖体素对象代理〗

我们在〖体素树〗中选择模型的时候，系统会自动将〖V〗模式切换为〖S〗模式。但是在〖S〗模式下，功能会有很多限制，比如不能进行合并，所以我们必须要切换回〖V〗模式。

用右键点击〖体素树〗中脚柱实体的名称，如图4.4.37所示。

图4.4.37　用右键选中脚柱实体（选择〖合并到〗〖子对象〗）

脚柱模型的面数要比浮雕模型的面数低，一般来说合并是将低面数模型合并到高面数模型中。否则的话高面数模型的细节精度会降低。

浮雕实体和脚柱实体合并完成，如图4.4.38所示。

图4.4.38　浮雕实体和脚柱实体合并完成（点击〖体素树〗中脚柱实体名称前的“眼睛”图标，将模型隐藏）

这个模型如果仅仅是用于效果图渲染的话，那细节和精度是足够完美了。但是如果是用于CNC加工的话，那一些地方可能就需要修饰以方便机床雕刻。

3D-Coat的笔刷工具都非常简单和直观。下面我们就用几种常用的笔刷来对这个模型进行简单的修饰。

使用左侧〖Vaxel Tools〗中的〖平滑〗命令，如图4.4.39所示。

图4.4.39　使用〖平滑〗命令（磨掉浮雕表面波浪形的纹理）

将笔刷放置在模型上就可以调整笔刷的大小和力度。

控制笔刷的大小有两种操作方式，一种是滚动鼠标中建。另一种是按住鼠标右键，按照屏幕方向的斜45°角点拖动。

控制笔刷力度的方法是按住鼠标右键上下垂直90°拖动。

使用左侧〖Vaxel Tools〗中的〖Grow模式〗命令，如图4.4.40所示。

图4.4.40　使用〖Grow模式〗命令（将图中浮雕比较浅的部分填补起来）

使用左侧〖Vaxel Tools〗中的〖平滑〗命令，如图4.4.41所示。

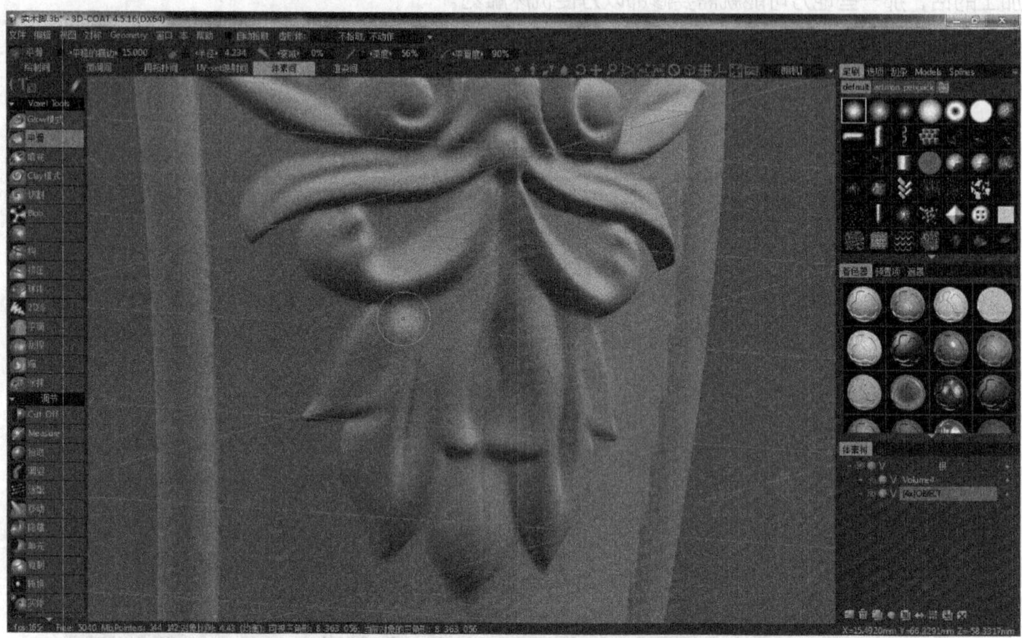

图4.4.41　使用〖平滑〗命令（将隆起的部分打磨光滑）

使用左侧〖Vaxel Tools〗中的〖切割〗命令，如图4.4.42所示。

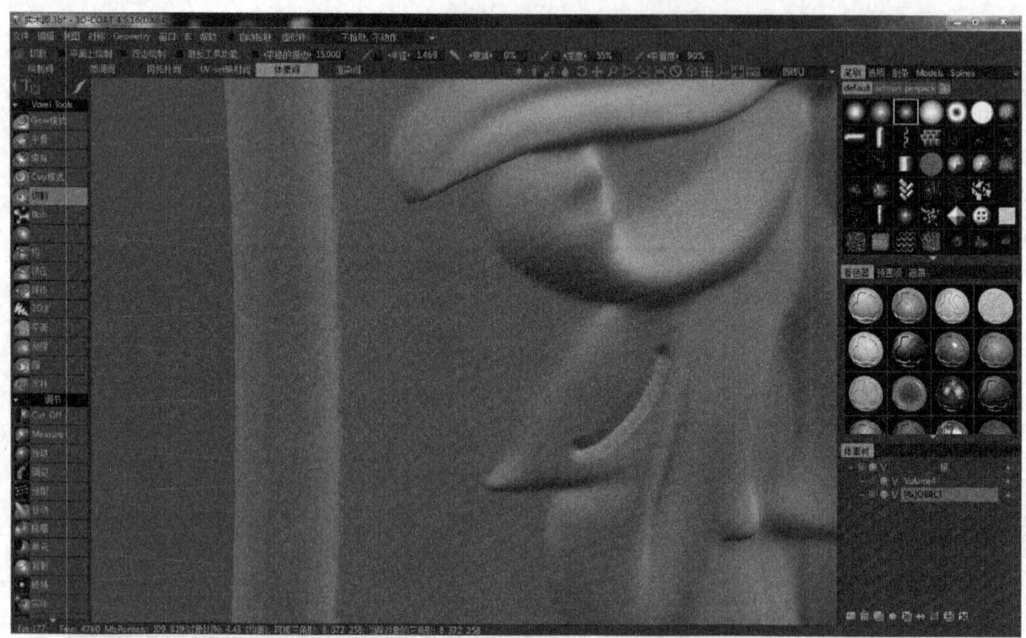

图4.4.42　使用〖切割〗命令（按住键盘上的“Ctrl”键，将原有的槽加深）

右侧的〖笔刷〗工具栏中有很多种笔刷可供选择，也可以在〖选项〗中设置笔刷的类型。大家要根据自己的设计意图来选择合适的笔刷，以及控制笔刷的大小和力度。

使用左侧〖Vaxel Tools〗中的〖平滑〗命令，如图4.4.43所示。

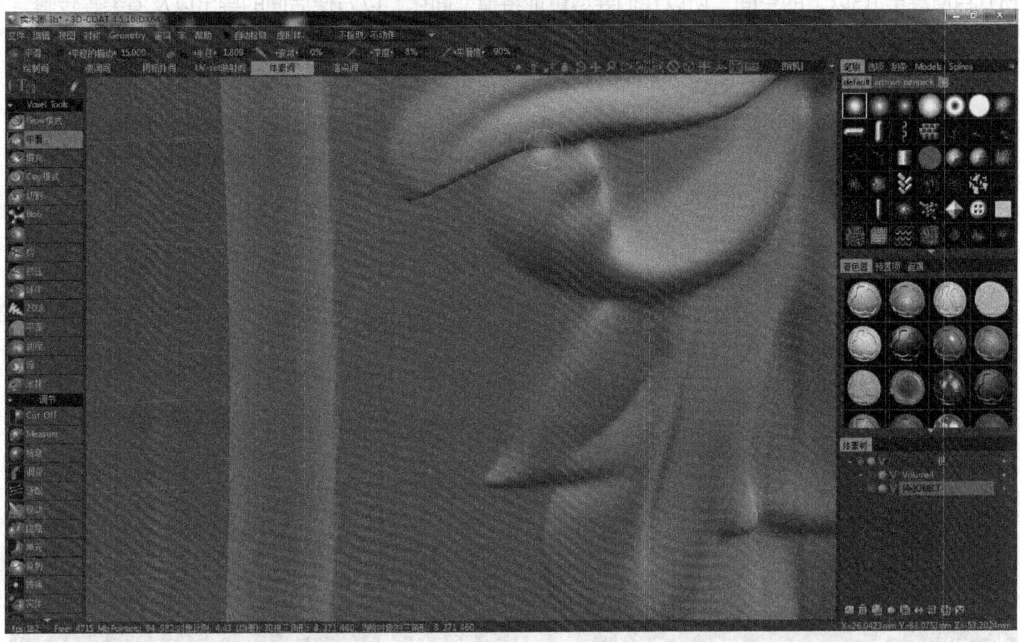

图4.4.43　使用〖平滑〗命令（将槽四周打磨光滑，并且顺滑过渡）

使用左侧〖Vaxel Tools〗中的〖平滑〗命令，如图4.4.44所示。

图4.4.44　使用〖平滑〗命令（将浮雕中一些过高的棱角磨圆，整体光顺即可）

3D-Coat这个软件的建模思路跟我们小时候玩橡皮泥差不多，并没有什么太多的技巧和高端的命令，要做出一个惊艳的模型可能更多需要的是个人的审美、耐心以及熟能生巧。

我们现在这个模型是高精度模式，已经到达800多万面。如果直接导出STL格式的话，可能会占几百M甚至1G以上的空间。所以我们要尽量地将模型简化，以方便后面的导出以及渲染等步骤。

选择〖体素树〗下面的〖克隆并对细节做2倍降级处理〗，如图4.4.45所示。

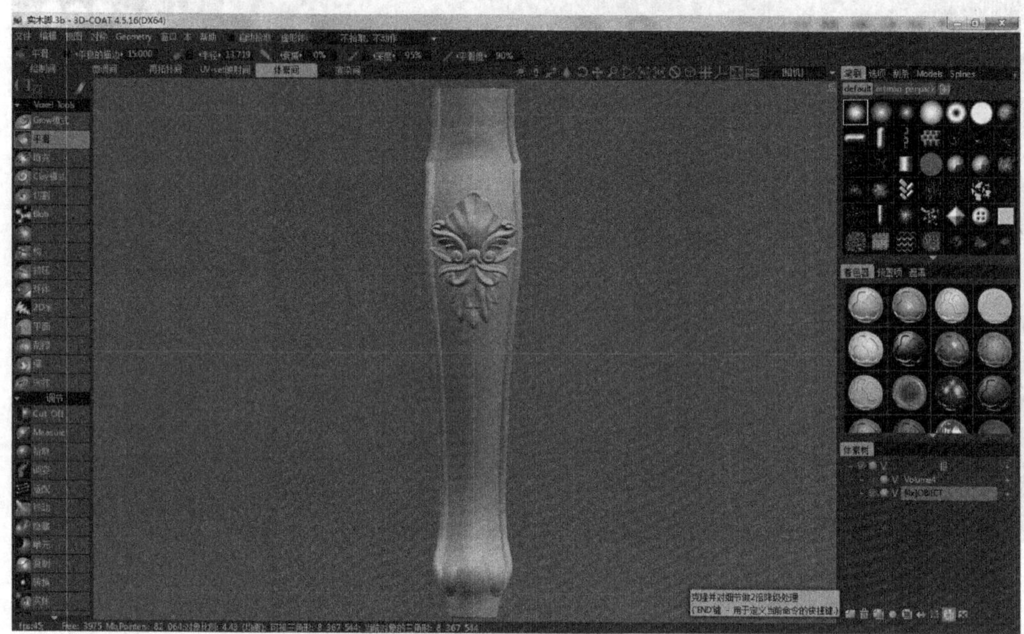

图4.4.45　使用〖克隆并对细节做2倍降级处理〗命令（多点击几次，将模型分为几种不同的精度）

选择倍数为“2×”，面数约为200万的模型，如图4.4.46所示。

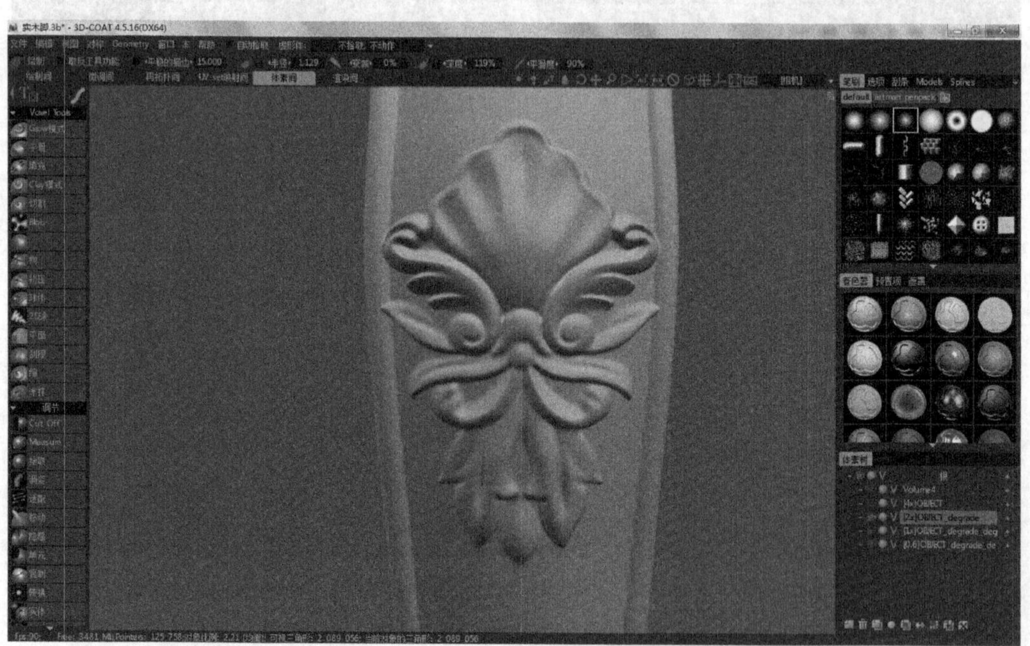

图4.4.46　选择模型（并且点击“眼睛”的图标，将其他等级的模型全部隐藏）

用右键点击该模型，选择〖输出〗，如图4.4.47所示。

图4.4.47　输出模型（然后选择〖输出对象〗）

设置文件的输出路径，如图4.4.48所示。

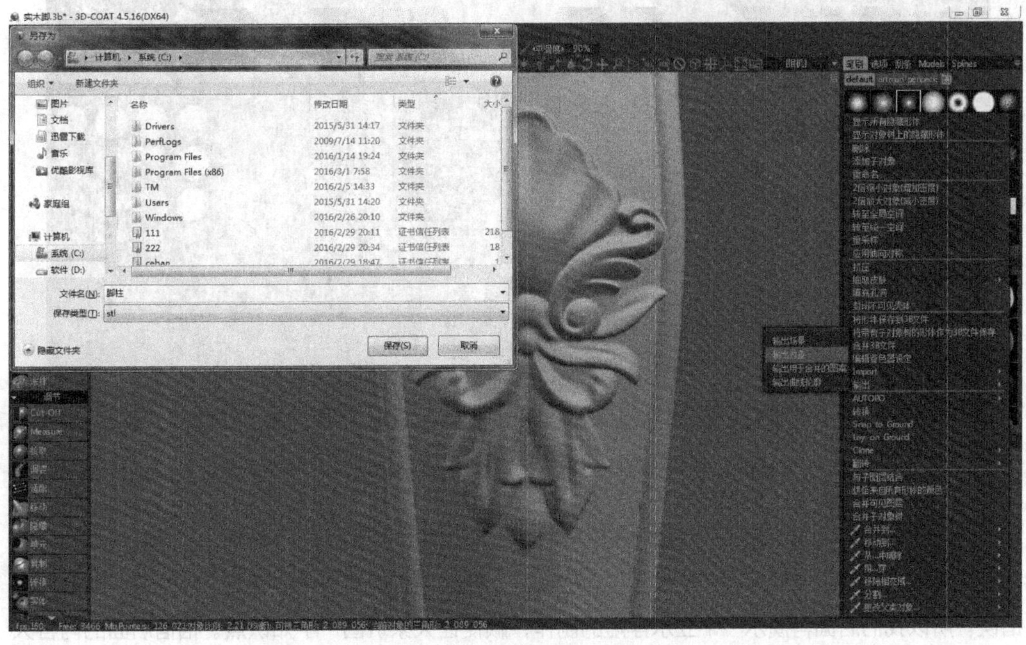

图4.4.48　设置文件的输出路径（〖文件名〗中输入名称，〖保存类型〗选择为stl）

系统弹出“您需要简化此网格……”的对话框，如图4.4.49所示。

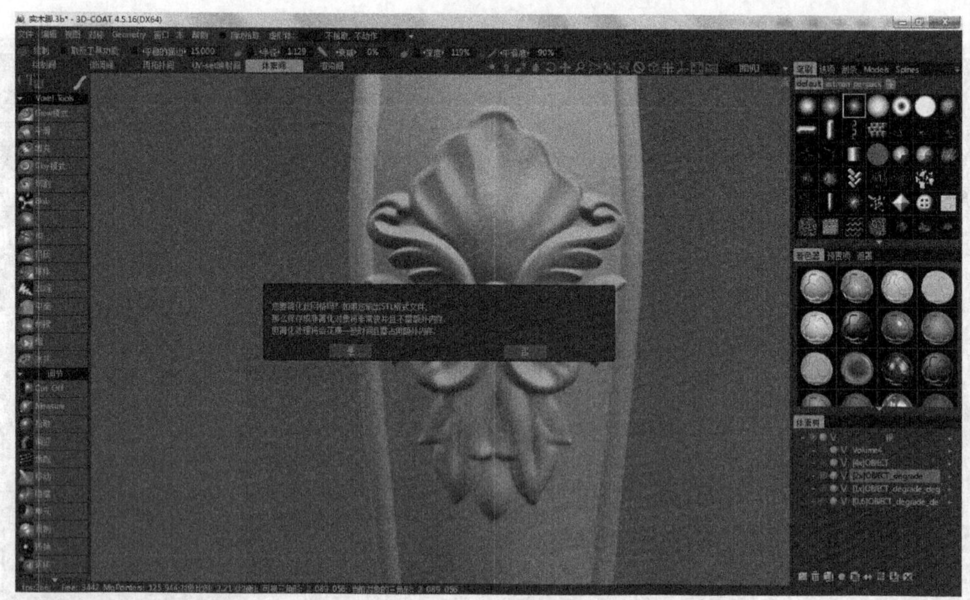

图4.4.49 “您需要简化此网格……”对话框（直接点击〖是〗，如果不简化那模型占用空间大小将会多数倍）

系统弹出“缩小工具允许您在输出……”的对话框，如图4.4.50所示。

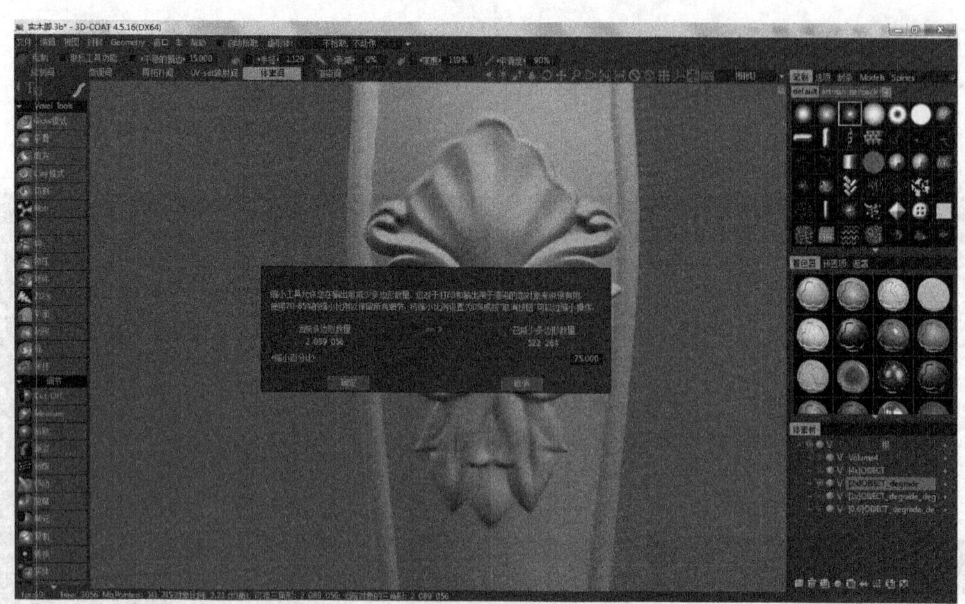

图4.4.50 “缩小工具允许您在输出……”对话框（保持默认即可，直接点击〖是〗）

浮雕脚柱模型就导出完成了，我们先将其保存起来，后面再使用。

其实本节的难点应该是在前期模型导入的部分，如果不按照我书中的设置，模型很可能会出现错误。所以我们后面再演示一下立水浮雕的制作，顺便让大家巩固一下知识点。相信后面的内容大家自己能单独完成了。不过我将会使用另外一个命令来变形浮雕，所以还是希望大家能耐心观看后面的内容。

启动〖3D-COAT 4.5.16（DX64）〗，如图4.4.51所示。

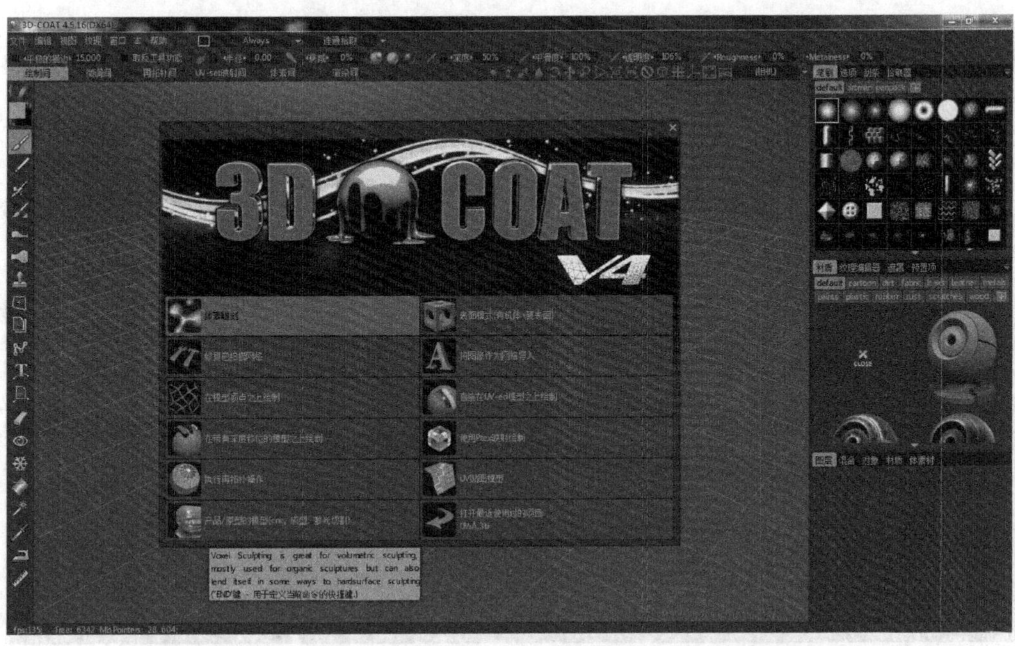

图4.4.51　启动软件（进入软件，自动弹出窗口文件，选择〖体素雕刻〗）

选择第二个文件夹的图标，如图4.4.52所示。

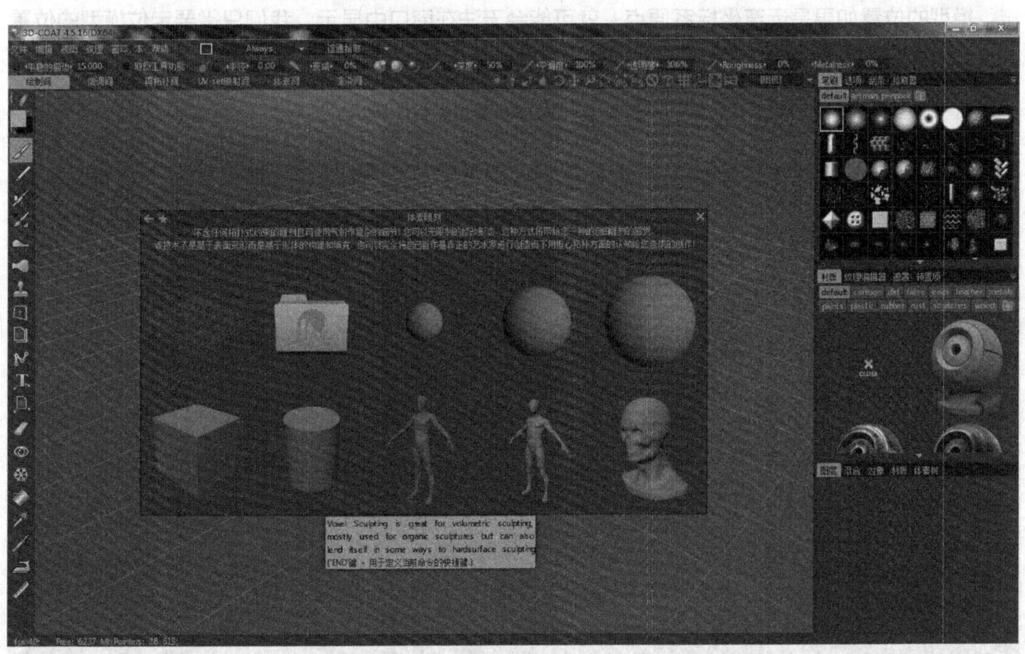

图4.4.52　选择文件（直接打前面保存的立水STL格式文件）

由于软件兼容性的问题，每次导入STL格式文件的时候，可能会出现模型不在坐标原点，甚至消失不见的情况。尽管我们在导出UG的时候已经设置了绝对坐标系的原点。

这种情况可以将软件关闭，重新打开。或者重启电脑，一般都能解决。

勾选〖关于负形体〗和〖穿切割〗，并点击〖应用〗，如图4.4.53所示。

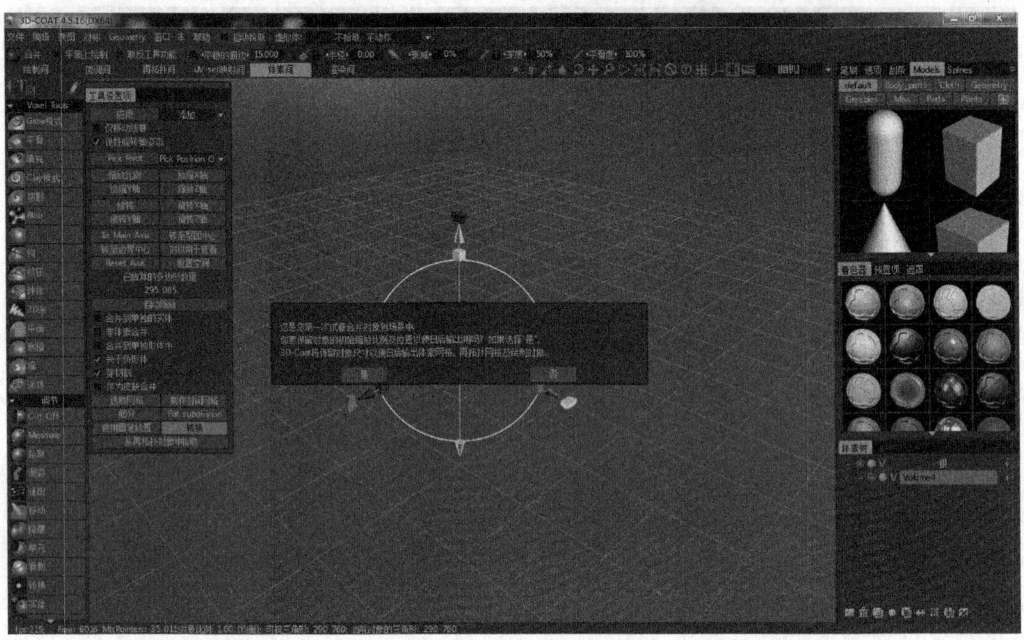

图4.4.53　应用〖关于负形体〗和〖穿切割〗命令（系统弹出“这是您第一次试着合并对象到场景中……”的对话框。此处我们直接点击“确定”将模型直接导入）

模型的位置如果是远离坐标系原点，就可能会无法在窗口中显示。我们只需要定位模型的位置即可。

选中模型，找到〖调节〗工具条中的〖转换〗，如图4.4.54所示。

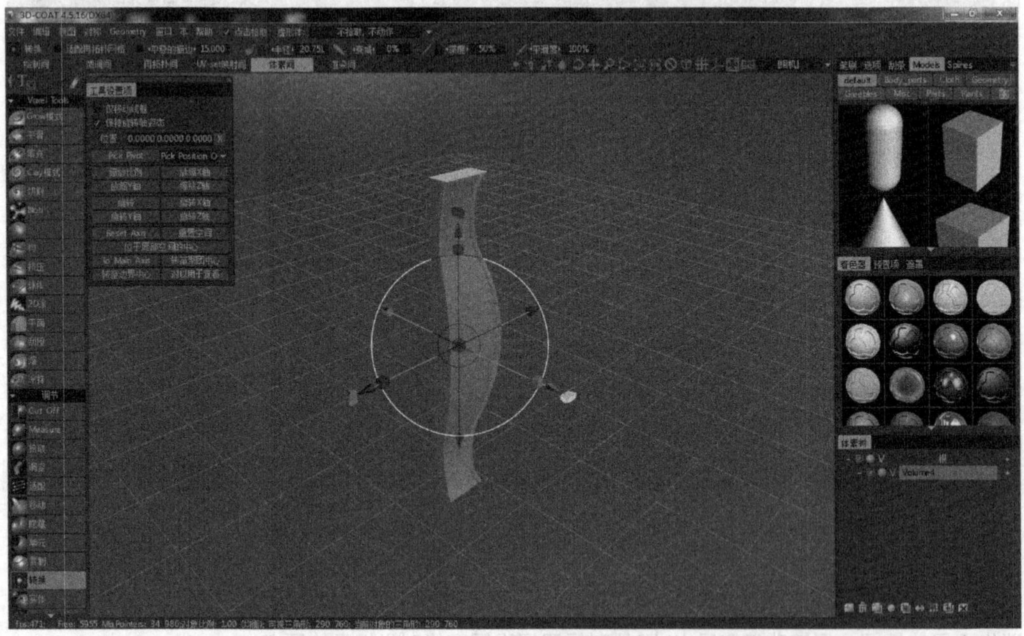

图4.4.54　使用〖转换〗命令（在〖位置〗中将X，Y，Z的坐标值全部设置为0。并且点击〖转至团聚中心〗或者〖转至边界中心〗。将控制坐标系定位到部件的中心）

按住键盘上的Ctrl键，然后选择坐标轴上的扇形实体，如图4.4.55所示。

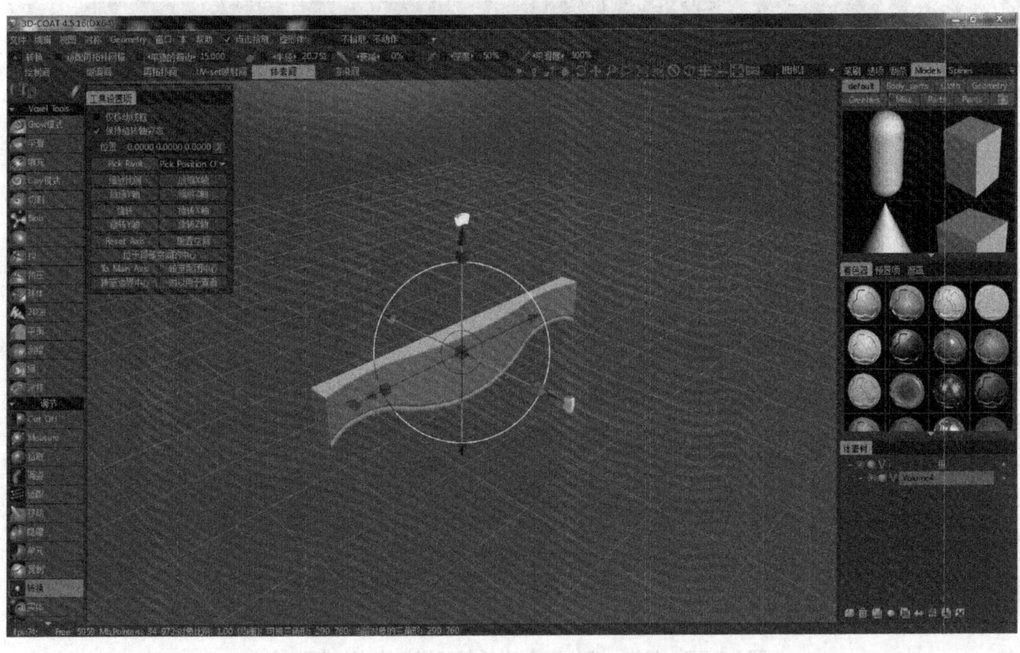

图4.4.55　选择扇形实体（旋转90°将立水的模型摆正，立水导入完成）

我们刚刚已经将立水导入到3D-Coat中，如果紧跟着再导入浮雕的模型，那就很可能出现模型导入后无法显示的情况。所以我们此处需要先将文件保存，然后再启动软件并重新打开保存的文件来进行后面的操作。

使用〖文件〗-〖导入〗-〖导入用于体素雕刻的网格〗，如图4.4.56所示。

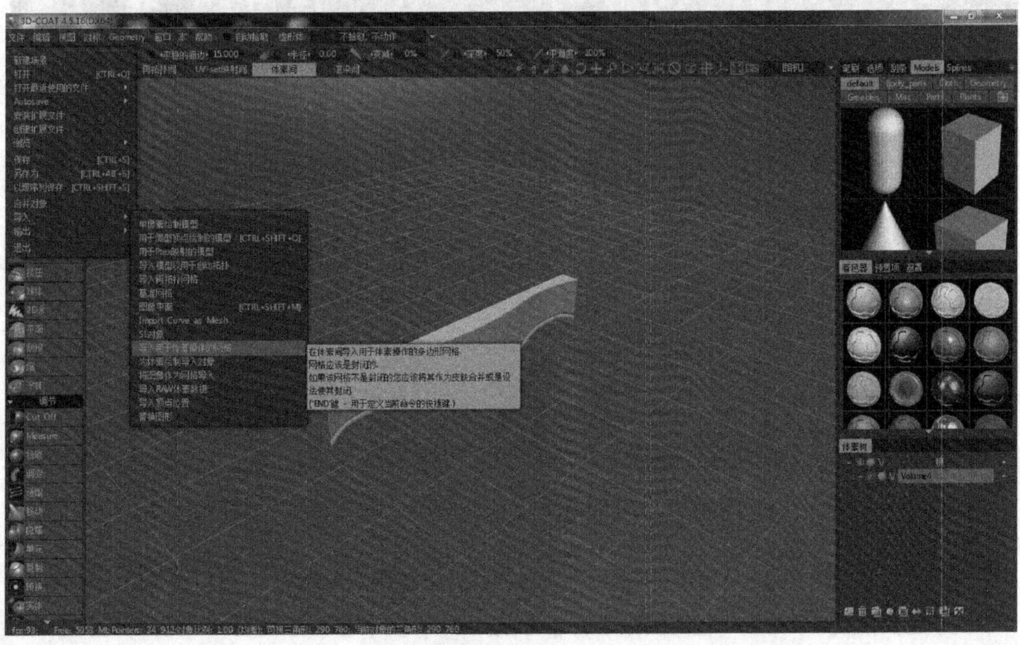

图4.4.56　导入文件（选择前面UD导出的立水浮雕STL格式的文件）

此处必须要勾选〖非体素合并〗，如图4.4.57所示。

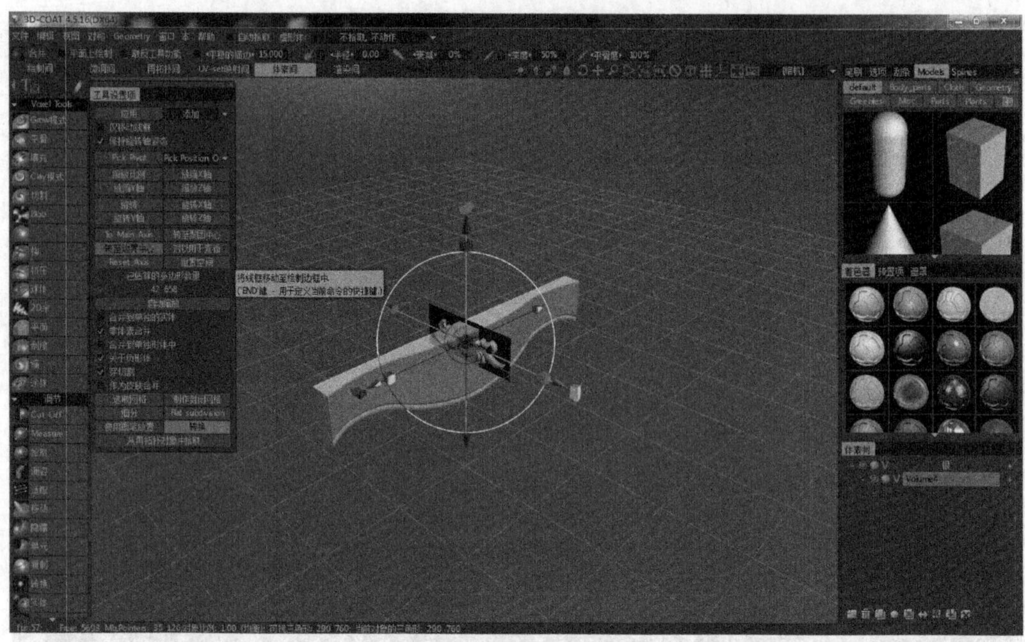

图4.4.57　勾选〖非体素合并〗(然后直接点击〖应用〗)

系统弹出〖输入要求的体素多边形的数量〗，如图4.4.58所示。

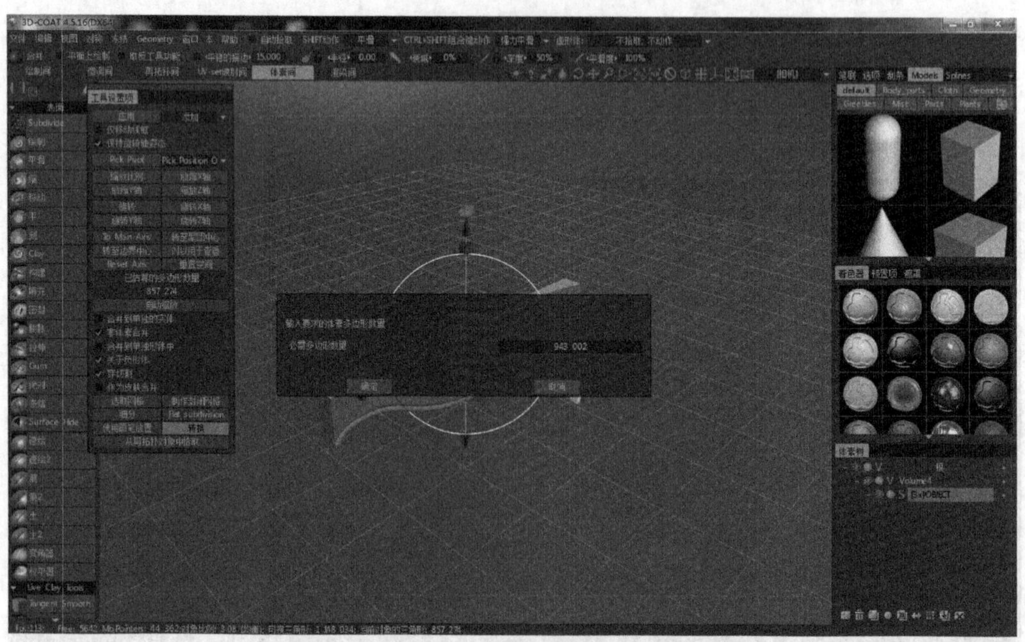

图4.4.58　〖输入要求的体素多边形的数量〗对话框(〖必须多边形数量〗保持默认，直接点击〖确认〗)

模型导入后会在右侧〖体素树〗中显示，默认为〖S〗“表面对象代理”。

而模型要根据形状达到一定的面数之后才能切换为〖V〗“体素对象代理”。造型越复杂的模型所需要的面数也就越多。

选中浮雕模型，选择左侧〖调节〗下的〖转换〗命令，如图4.4.59所示。

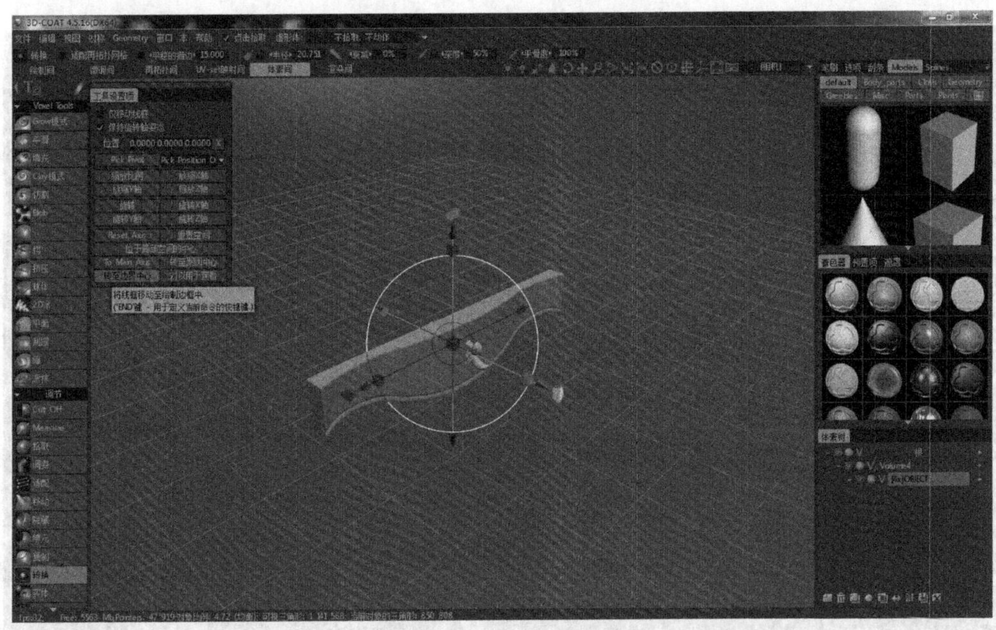

图4.4.59　使用〖转换〗命令（首先设置〖位置〗中的X，Y，Z的坐标值为0,然后选择下面的〖转至边界中心〗，将转换坐标系定位到浮雕模型的正中）

选中转换坐标系轴上的圆锥体，如图4.4.60所示。

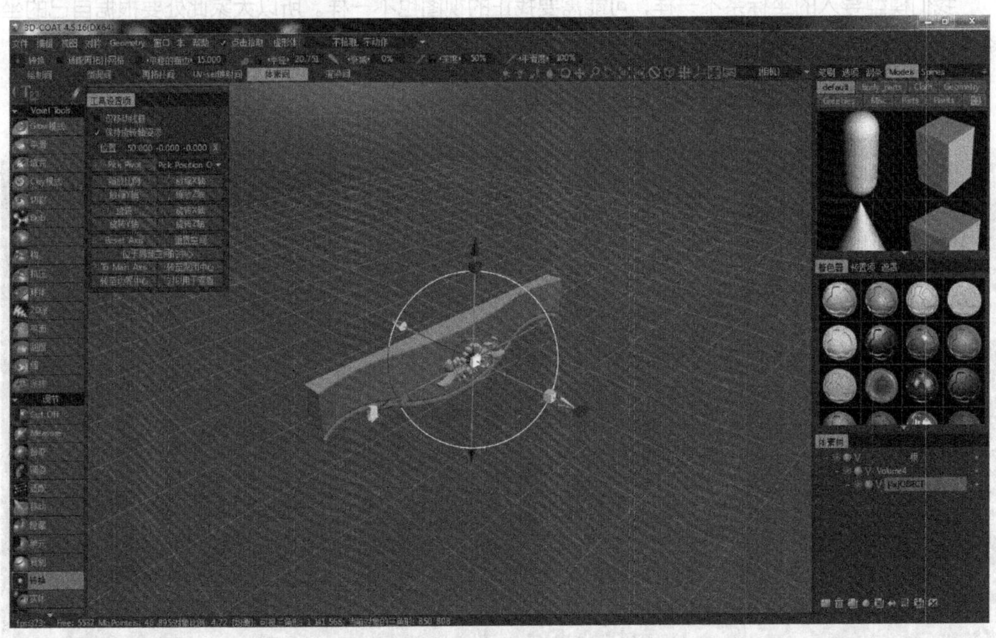

图4.4.60　选中圆锥体（将浮雕模型拖动到立水模型的前面）

Poly建模是不能像NURBS建模那样，通过拟合捕捉点来精确定位模型的位置。我们此处定位浮雕也仅仅是依据模型的整体尺寸和肉眼的观察来进行的。所以大家首先要学会适应这两种建模方式的不同。

点击小键盘上的数字“4”，将模型以左视图找正，如图4.4.61所示。

图4.4.61　将模型以左视图找正（继续使用〖转换〗命令，按住转换坐标系中间的矩形方块向外拖动，将浮雕模型整体放大。尺寸凭肉眼观察，个人感觉比例协调即可）

我们模型导入的坐标系不一样，可能需要找正的视图也不一样。所以大家此处要根据自己的坐标系来选择小键盘上的数字。

选择〖对称〗，勾选〖Z-Axis〗，如图4.4.62所示。

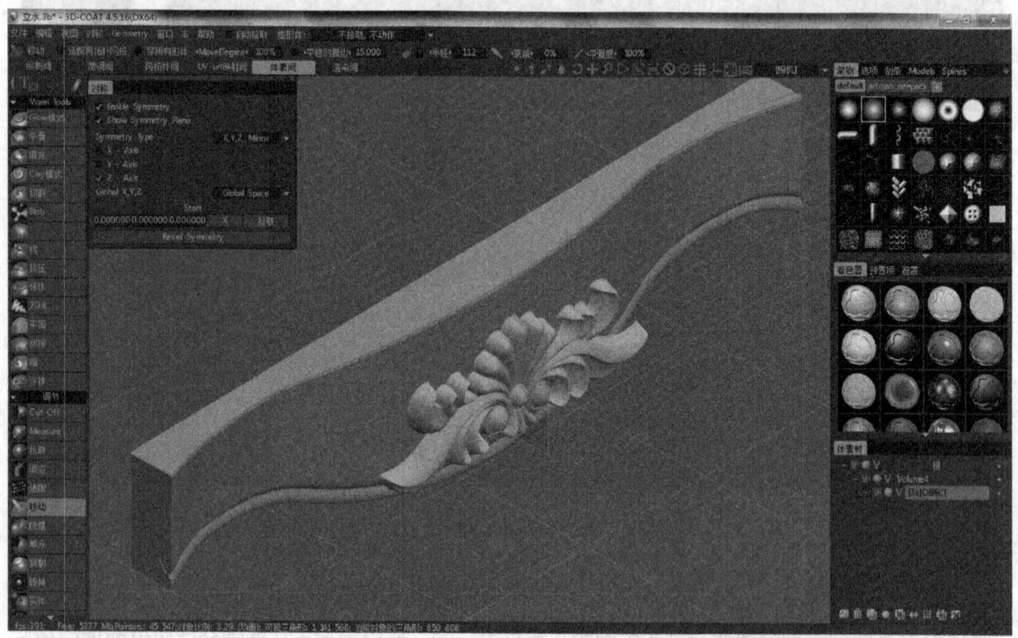

图4.4.62　选择Z轴为对称轴（对称轴也是根据模型的坐标系进行选择。我们的目的是让浮雕模型的两侧左右对称进行编辑）

点击小键盘上的数字“7”，将模型以俯视图找正，如图4.4.63所示。

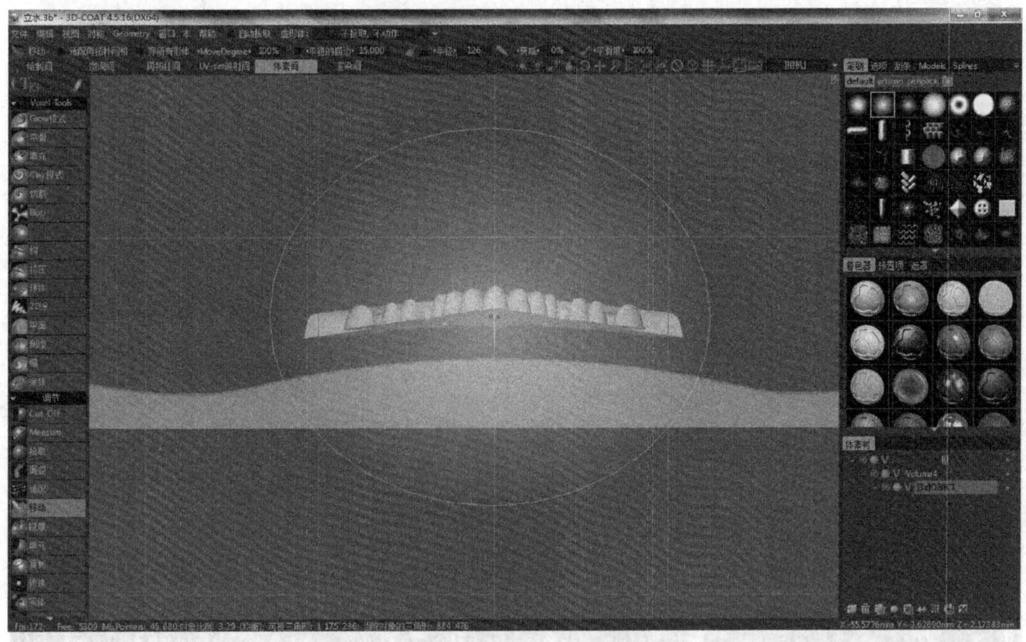

图4.4.63 将模型以俯视图找正（选择〖调节〗下拉菜单中的〖移动〗。〖笔刷〗工具条中选择默认的第二个笔刷，并将笔刷的大小调整为超过浮雕的宽度。按住浮雕的中心位置向外拖动）

点击小键盘上的数字“1”，将模型以仰视图找正，如图4.4.64所示。

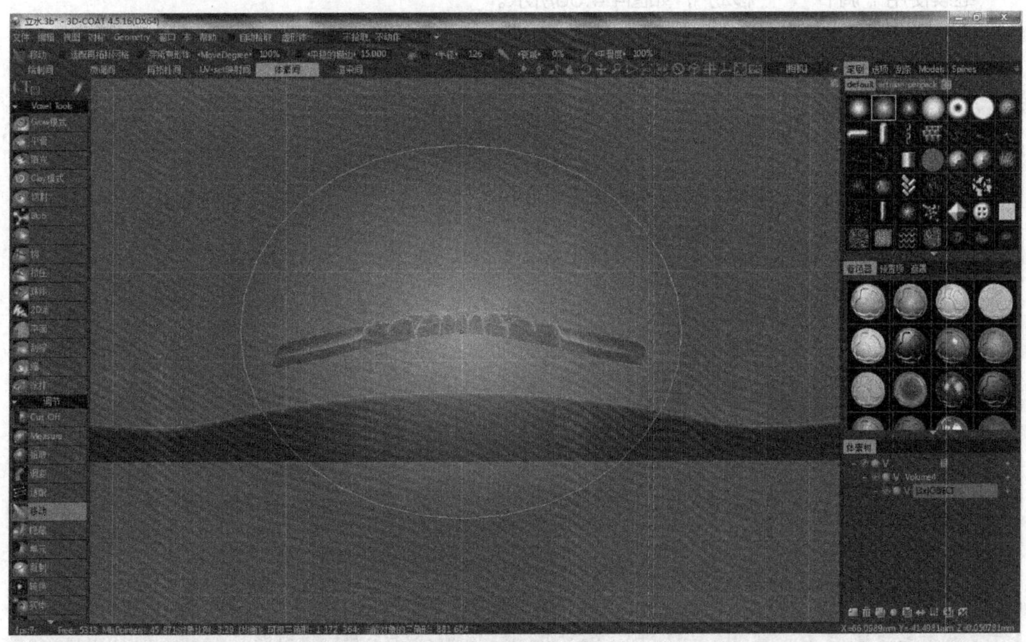

图4.4.64 将模型以仰视图找正（使用相同的方法将浮雕的上下边对齐）

此处选择的笔刷的白色渐变一定要均匀扩散。如果边缘太明显的话，模型会形成很“陡峭”的过渡区域。

选择〖调节〗，选择〖转换〗，如图4.4.65所示。

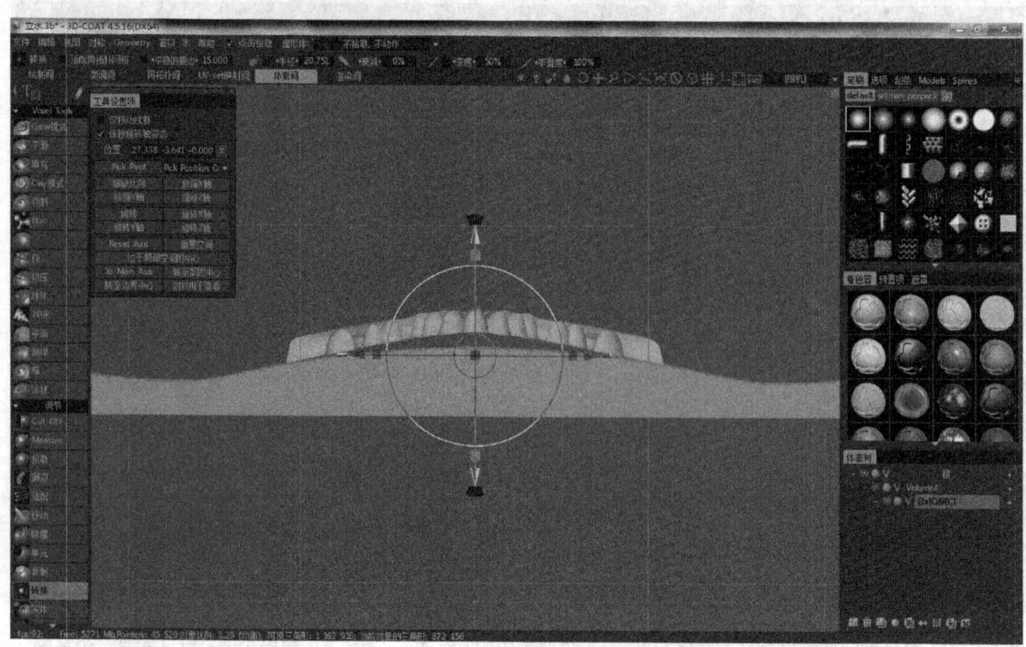

图4.4.65　使用〖转换〗命令（将浮雕模型拖动到和立水模型接近的位置，检查弧度是否吻合）

继续使用〖调节〗-〖移动〗，如图4.4.66所示。

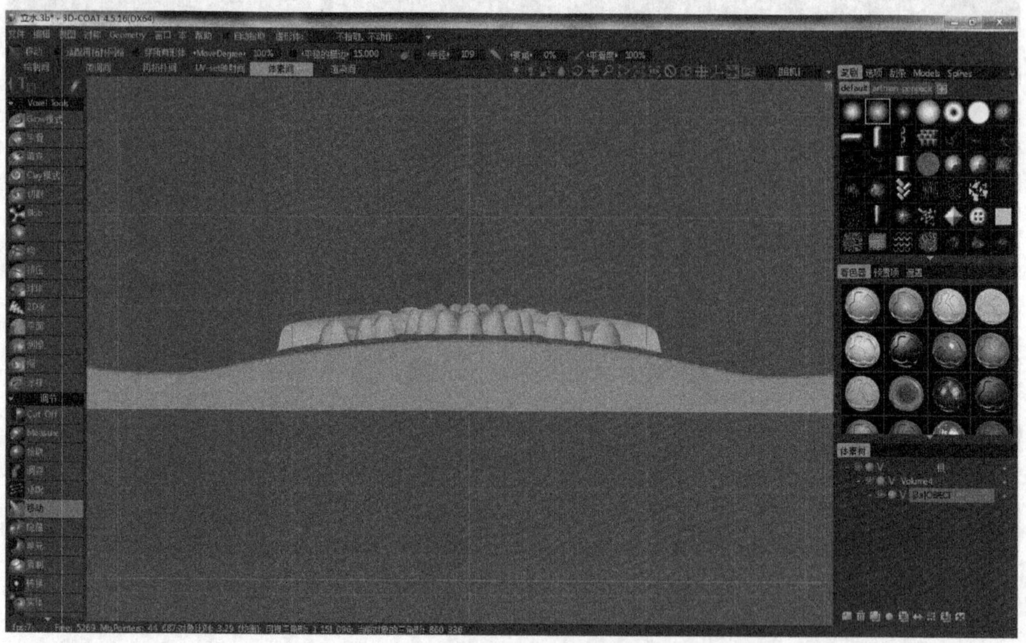

图4.4.66　使用〖移动〗命令（拖动顶视图中的浮雕模型，将其弧度和立水大致吻合）

切换视图到〖仰视图〗，如图4.4.67所示。

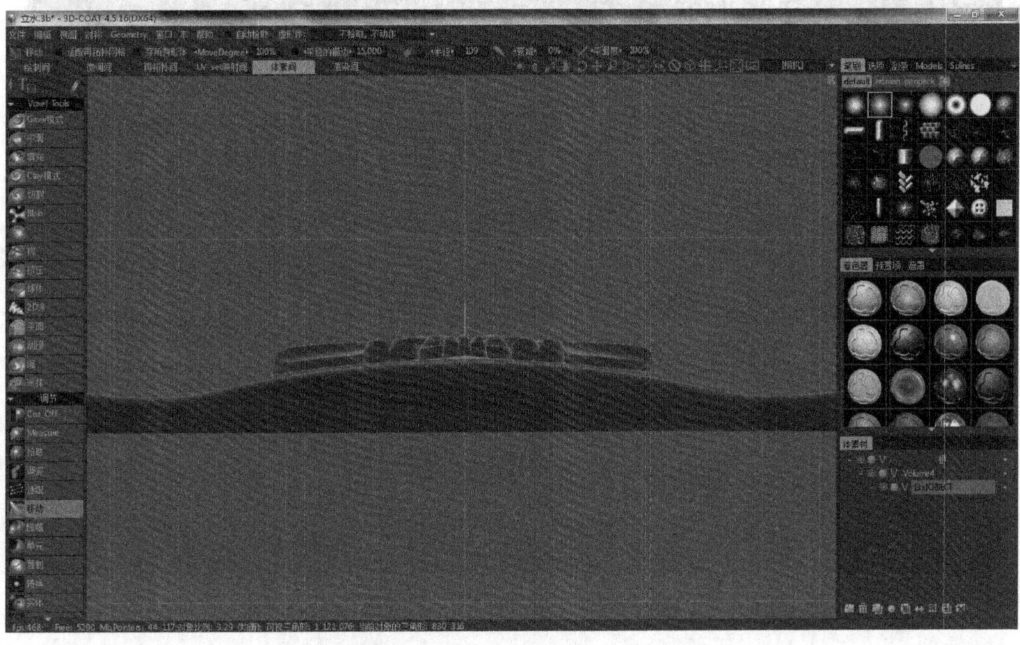

图4.4.67　切换到仰视图（拖动仰视图中的浮雕模型，将其弧度和立水大致吻合）

选择〖调节〗，选择〖转换〗，如图4.4.68所示。

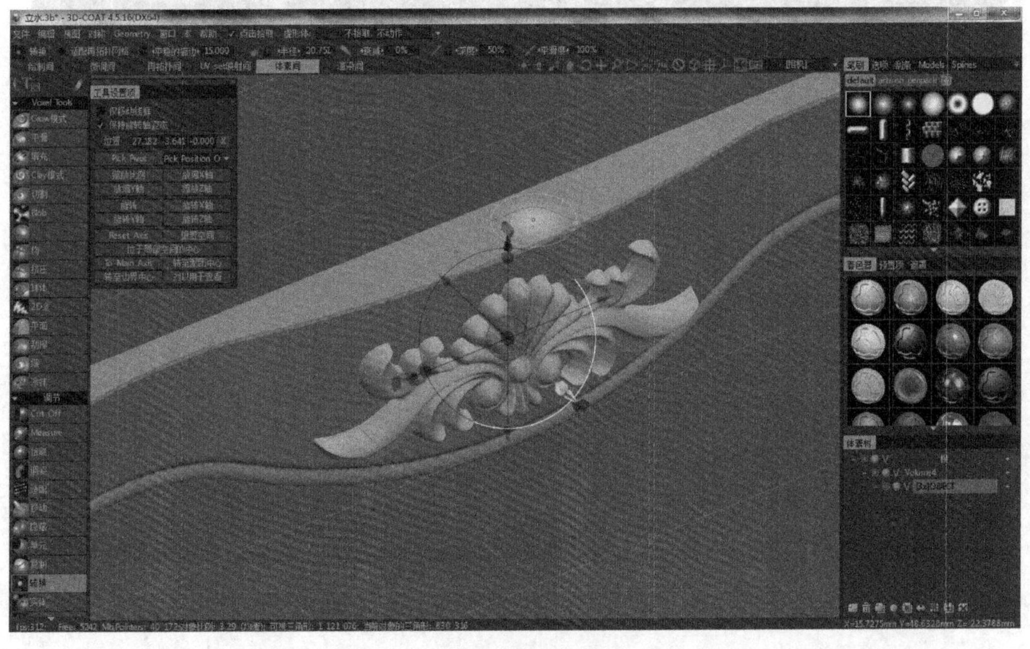

图4.4.68　使用〖转换〗命令（拖动控制坐标系中的圆锥体，将浮雕模型部分嵌入立水中）

在〖体素树〗中用右键单击浮雕模型，如图4.4.69所示。

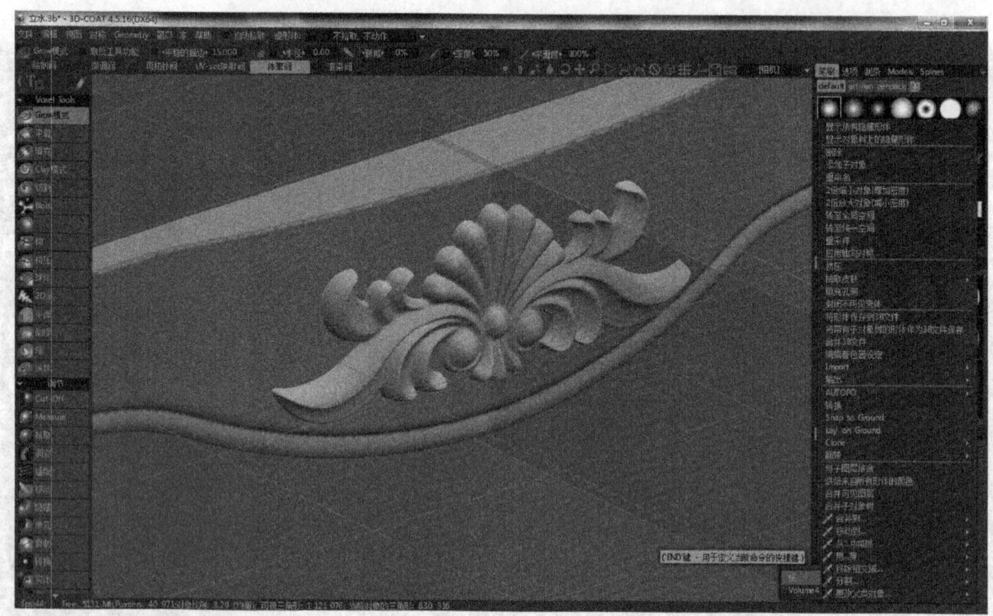

图4.4.69　用右键单击浮雕模型（选择〖更改父类对象〗中的〖根〗）

浮雕模型导入3D-Coat是在立水模型的目录下，我一开始导入的时候就该将其移动到〖根〗目录下，否则会影响部件的显示隐藏。

在〖体素树〗中右键单击立水模型，如图4.4.70所示。

图4.4.70　用右键单击立水模型（选择〖合并到〗中的〖子对象〗）

立水模型的面数比浮雕模型的面数低，合并后立水模型的面数会自动增加以适应浮雕模型的面数。反之的话浮雕模型的面数会降低，而使模型失真。

在〖体素树〗中选择立水模型前的“眼睛”图标，如图4.4.71所示。

图4.4.71　选择立水模型前的“眼睛”图标（将原有的立水模型进行隐藏）

在〖体素树〗下方点击〖克隆并对细节做2倍降级处理〗，如图4.4.72所示。

图4.4.72　点击〖克隆并对细节做2倍降级处理〗（点击2次，将模型划分为3个等级。只选择倍数为“1×”开头面数约为80万的模型。将其他的进行隐藏）

模型面数太高模型太占空间，面数太低又容易失真。所以这个要大家根据自己的需要进行选择。

在〖体素树〗中用右键单击已经合并的模型，如图4.4.73所示。

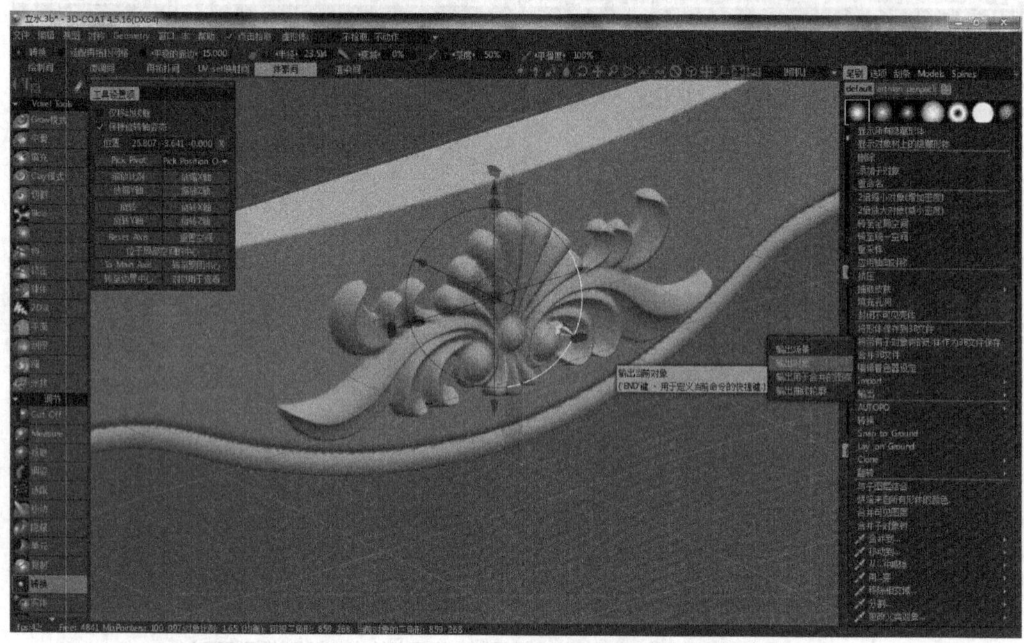

图4.4.73　用右键单击已经合并的模型（选择〖输出〗中的〖输出对象〗）

设置模型的输出保存路径，并输入名称，如图4.4.74所示。

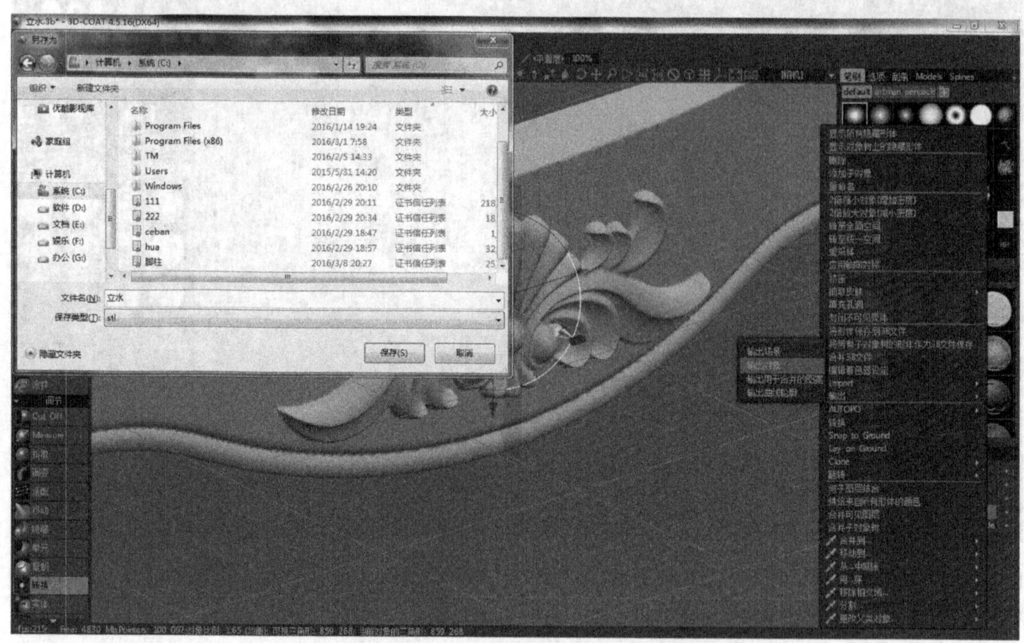

图4.4.74　设置模型的输出保存路径（选择〖保存类型〗为STL）

系统弹出“你要简化此网格吗？……”的对话框，如图4.4.75所示。

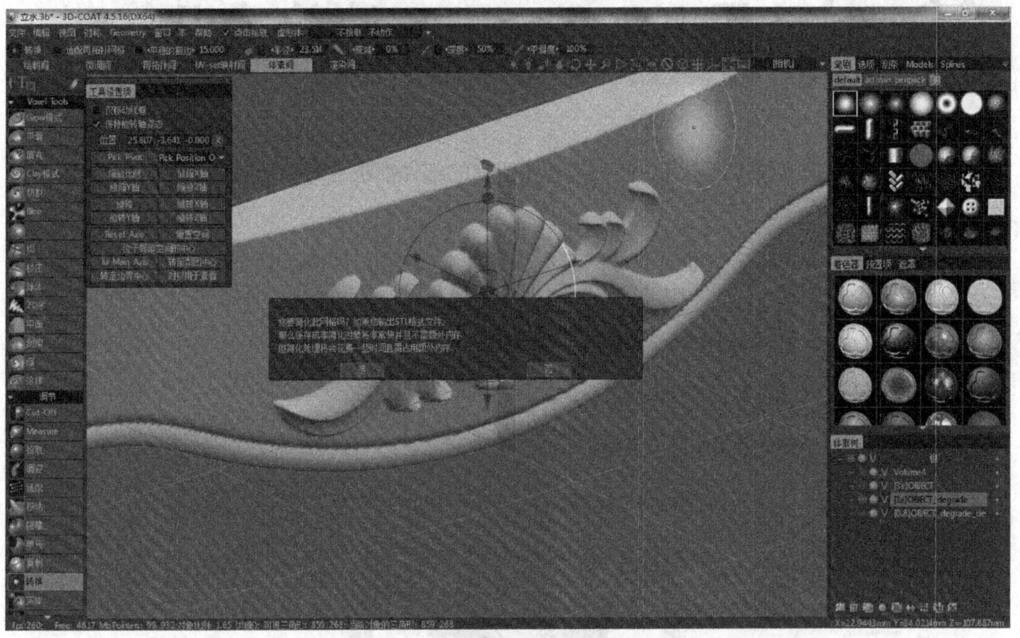

图4.4.75 “你要简化此网格吗？……”对话框（此处直接选择〖是〗）

系统弹出“缩小工具允许您在……”的对话框，如图4.4.76所示。

图4.4.76 “缩小工具允许您在……”对话框（此处保持默认即可，直接选择〖是〗）

这个方几需要进行混合建模的部件就已经全部制作完成。我们此处的步骤是非常详细的，目的是为了让初学者完全掌握模型的转换方法。后面再涉及此方面的内容的话会尽量精简步骤，以提高教学速度。

4.5 用 KeyShot6.0 渲染方几

下面我们就要来渲染这个方几，我们需要将所有的部件都整合到UG的建模空间，以方便定位和导出。

启动UG NX10.0，打开上面未完成的实木茶几部件，如图4.5.1所示。

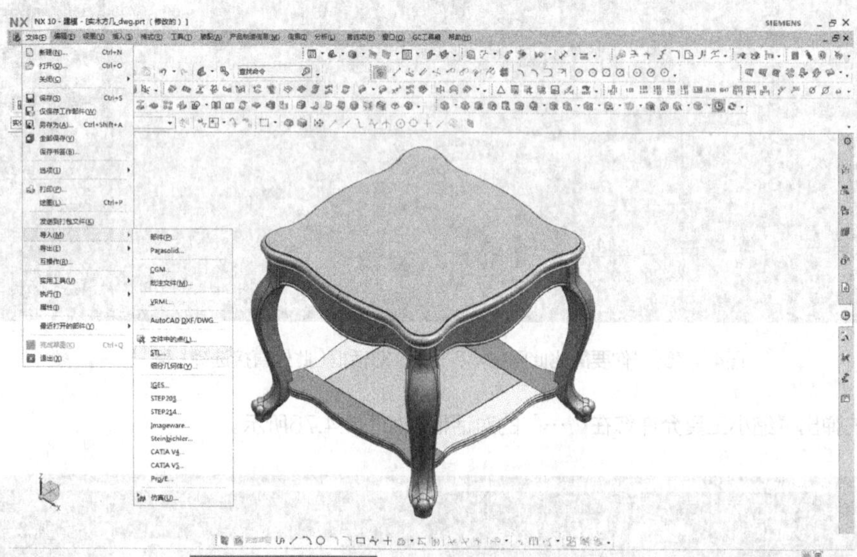

图4.5.1 启动UG NX10.0并打开部件（选择〖文件〗-〖导入〗-〖STL〗）

首先选择上面3D-Coat中导出的脚柱STL格式文件，如图4.5.2所示。

图4.5.2 选择3D-Coat导出的脚柱文件（保持图中默认设置，点击〖确定〗）

导入UG后的模型统称为“小平面体”，如图4.5.3所示。

图4.5.3　导入UG后的模型（〖选择条〗中选设置过滤器为〖没有选择过滤器〗或者〖小平面体〗。才能对模型进行选择和编辑）

使用〖移动对象〗，选择脚柱模型，如图4.5.4所示。

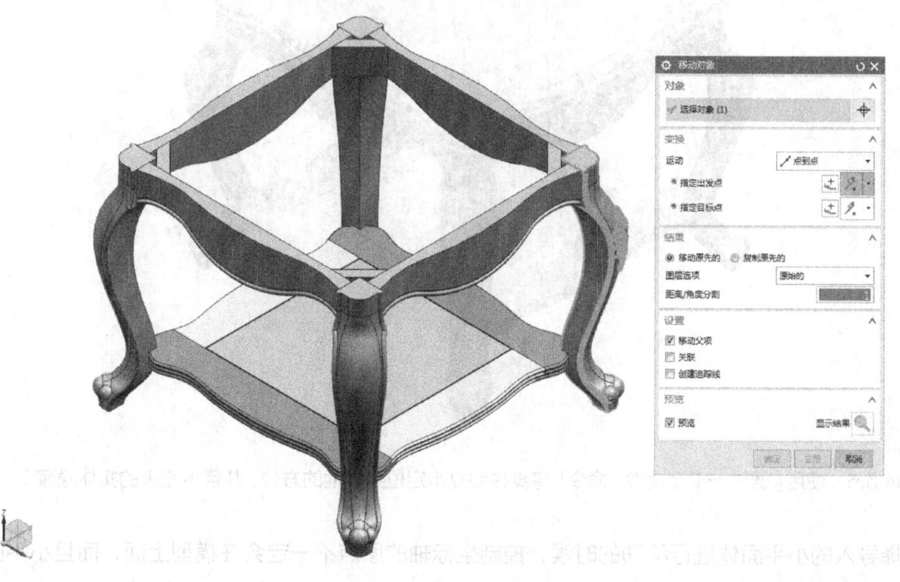

图4.5.4　移动脚柱模型（首先使用〖动态〗将模型旋转到合适的位置，然后使用〖点到点〗，捕捉模型的后上角点进行大概定位）

继续导入立水的STL模型，如图4.5.5所示。

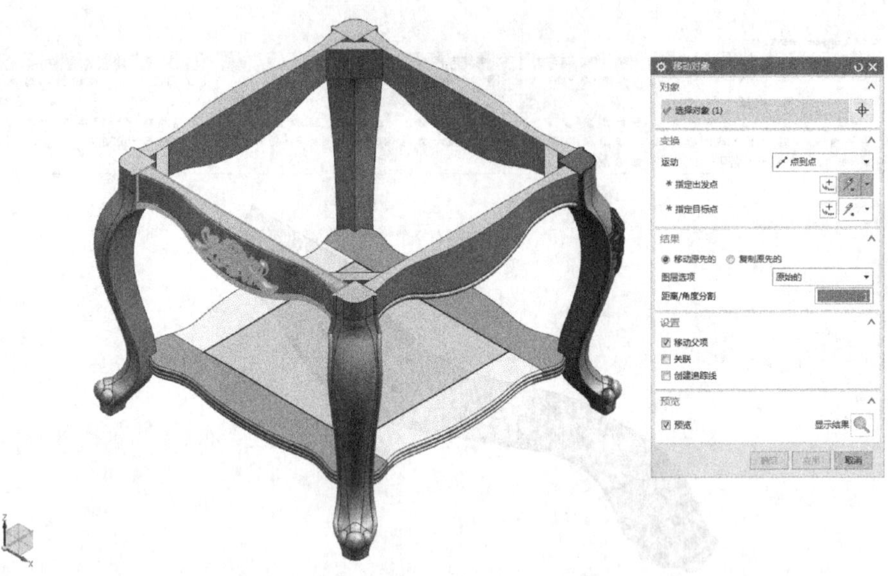

图4.5.5　导入立水模型（使用〖移动对象〗将其定位）

使用〖变换〗-〖通过一平面镜像〗，如图4.5.6所示。

图4.5.6　使用〖通过一平面镜像〗命令（将脚柱和立水定位到其他的方位，并且将原来的实体隐藏）

选择导入的小平面体进行移动的时候，控制坐标轴的原点不一定会在模型上面，而且小平面体不能用于制图模块，所以我们要保留原来的实体。

如果一定要进行制图，有个非常简单的办法，将花纹的曲线直接投影到曲面上，一样可以达到立体的效果。

使用〖文件〗-〖导出〗-〖STL〗，如图4.5.7所示。

图4.5.7　导出文件（选择〖指定部件〗）

设置文件的保存目录，如图4.5.8所示。

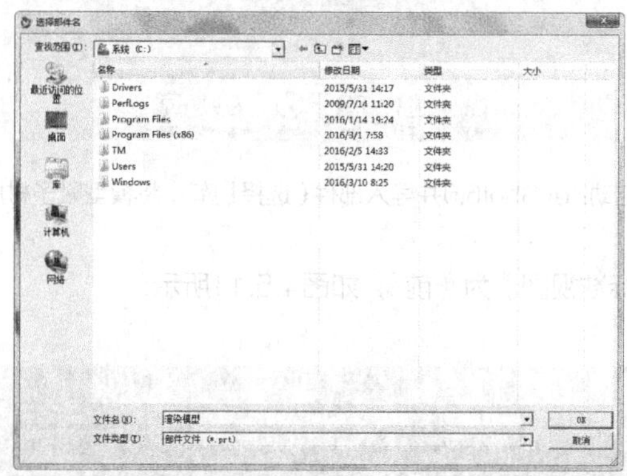

图4.5.8　设置文件的保存目录（输入文件名，点击〖确认〗）

选择〖类选择〗，如图4.5.9所示。

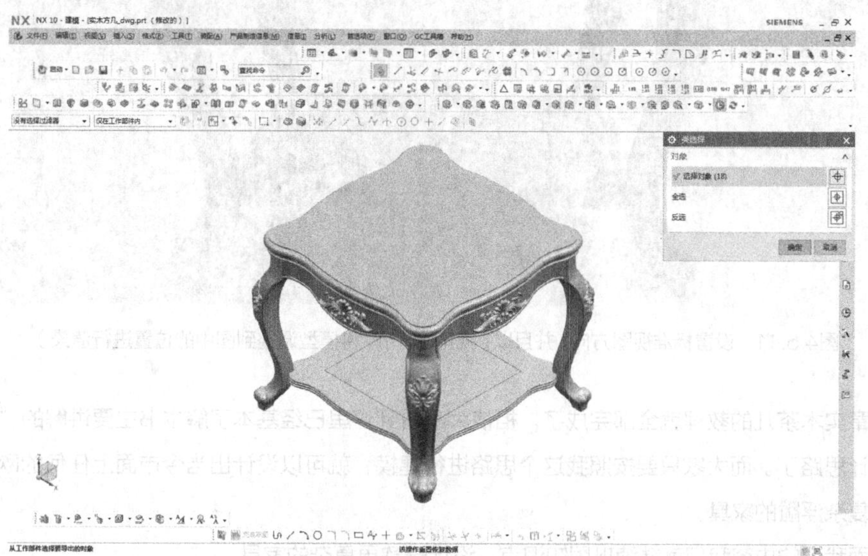

图4.5.9　选择〖类选择〗（框选显示的部件）

启动KeyShot6.0，导入上步导出的UG部件，如图4.5.10所示。

图4.5.10　启动KeyShot6.0并导入部件（选择〖库〗，将模型赋予材质并调节）

在〖相机〗中设置〖标准视图〗为〖前〗，如图4.5.11所示。

图4.5.11　设置标准视图方向（并且以〖视角〗显示，将模型调整到图中的位置进行渲染）

本章实木茶几的教程就全部完成了。相信大家看到这里已经基本了解本书主要讲解的“混合建模”设计思路了。而大家只要按照我这个思路进行建模，就可以设计出当今市面上任何的欧式、法式等有复杂浮雕的家具。

后面我们的内容我们就继续巩固知识点，设计一款更复杂的家具。

4.6 3D-Coat快捷键

大家如果在3D-Coat中顺利完成了上面的模型，那就代表大家已经入门了，但是对软件的操作界面等都还不甚了解。我就收集整理了3D-Coat的一些快捷命令，供大家参考学习，见表4.6.1。

表4.6.1 3D-Coat中英文快捷键对照表

Legend字符：

LMB=left mouse button	鼠标左键
RMB=right mouse button	鼠标右键
MMB=middle mouse button	鼠标中键
WHEEL=mouse wheel scrolling	鼠标滚轮

Standard 标准

Open 打开	Ctrl+O
Import 导入	Ctrl+Shift+O
Import image plane 导入图像平面	Ctrl+Shift+M
Save 保存	Ctrl+S
Save as 另存为	Ctrl+Alt+S
Save incrementally 增量保存	Ctrl+Shift+S
Undo 撤销	Ctrl+Z
Redo 重做	Ctrl+Y
Copy 复制	Ctrl+C
Paste 粘帖	Ctrl+V
Apply operation 执行操作	Enter
Escape form operatiom 退出操作	ESC
Swap background and foreground color 交换背景色和前景色	X

Viewport视图：

Roate 旋转	Alt+左键或空白处左键
Zoom 缩放	Alt+右键或空白处右键
Pan 平移	Alt+中键或Alt+左键+右键
Fit intem to viewport 适配视图	Shift+A
Reset camera to default position 恢复默认摄像机位置	Home
Toggle full screen/standard 切换全屏/标准	Alt+Enter

（续表）

Toggle orthographic/perspective view 切换正交视图/透视图	NUM 5
Turn on/off 2D grid 打开/关闭2D网格	Ctrl+'
Front view 前视图	NUM 2
Back view 后视图	NUM 8
Left view 左视图	NUM 4
Right view 右视图	NUM 6
Top view 顶视图	NUM 7
Bottom view 仰视图	NUM 1
Add camera shortcut 增加摄像机捷径	Ctrl+UP
Delete camera shortcut 删除摄像机捷径	Ctrl+Down
Switch to previous camersshortcut 切换前一个摄像机捷径	Ctrl+Left
switch to next camera shortcut 切换后一个摄像机捷径	Ctrl+right

Navigate screen materials/mask 导航屏幕材质/遮罩

Move materials/mask 移动材质/遮罩	RMB on empty space
Rotate materials/mask 旋转材质/遮罩	Ctrl+RMB on empty space
Scale materials/mask 缩放材质/遮罩	Shift+RMB on empty space
Change aspect ratio of materials/Mask 改变材质的长宽比/遮罩	Ctrl+Shift+RMB on empty space

Model display in paint mode绘制模式显示模型

View relief only 仅显示凹凸	1
View non shaded 无阴影	2
View specular only 仅显示高光	3
View wireframe 线框	4
View shaded 柔和阴影	5
View low poly 低面	6
View low shaded 柔软和阴影	7

Model display in voxel mode 像素模式显示模型

View wireframe in voxel mode 在像素模式查看线框	W(hold on)

（续表）

Quick menu快捷菜单

Hot box space 热盒空间	
Draw mode panel 绘制模式面板	E
Symmetry menu 对称菜单	B
Color picker panel 拾色器面板	C
Color channel panel 颜色通道面板	D
Specular channel panel 高光通道面板	R
Quick panel 快速面板	~
Brush panel 画笔面板	T
Material panel 材质面板	M
Layer panel 图层面板	L

Brush control 笔刷控制

Hide/show brush circle 隐藏/显示笔画圈	Capslock
Turn on/off soft stroke 开启/关闭软笔触	Alt+S
Clockwise rotate brush 顺时针方向旋转笔刷	9
Anti-Clockwise rotate brush 逆时针方向旋转笔刷	0
Pressing out 按出	LMB
Pressing in 按入	Ctrl+LMB
Smoothing 平滑	Shift+LMB

Decrease brush size 减少笔画大小	([)or (wheel up) or
(Right click on model surface and drag left) 模型表面上单击右键并向右拖动	

Decrease brush size 增加笔刷大小	(])or (wheel up) or
(Right click on model surface and drag right) 模型表面上单击右键并向右拖动	

Decrease brush Depth 减少笔刷深度	(-) or (Ctrl+wheel down) or
(Right click on model surface and drag down) 模型表面上单击右键并向下拖动	

Increase brush depth 增加笔刷深度	(+) or (Ctrl+wheel up) or
(Right click on model surface and drag up) 模型表面上单击右键并向上拖动	

（续表）

Decrease brush smooth degree 减少笔刷平滑度	(shift+-) or
(Shift+Right click on model surface and drag down) Shift+模型表面上单击右键并向下拖动	

Increase brush smooth degree 增加笔刷平滑度	(shift++) or (Shift+wheel up) or
(shift+Right click on model surface and drag up) Shift+模型表面上单击右键并向上拖动	

Decrease transparency 降低透明度	O
Increase transparency 增加透明度	P
Decrease specularity 减少高光	<
Increase specularity 增加高光	>
Decrease opacity of specularity 减少高光不透明	;
Increase opacity of specularity 增加高光不透明	'

Pick tool拾取工具

Pick color 拾取颜色	V
Pick layer 拾取图层	H

Symmetry 对称

Change the position symmetry plane 改变位置对称平面	TAB+moving your mouse 移动你的鼠标

Draw with spline in paint/curves in voxels 绘制样条/像素曲线

Add point to a spline 添加点到样条	LMB
Draw pressed out curve 绘制按出曲线	Enter
Draw pressed in curve 绘制按入曲线	Ctrl+Enter
Delete all points 删除所有点	ESC
Delete the last point 删除最后的点	Backspace

Copy and paste of surface 表面的复制和粘帖

Insert copied part 插入复制部分	Ctrl+V
Copy a part 复制部分	Ctrl+C
Creation of new pen from a site 从网站建立新的笔	Ctrl+Shift+C

（续表）

Sync with photoshop 同步photoshop

Edit all layers in ext.editor 在PS中编辑所有层	Ctrl+P
Edit projections in ext.editor 在PS中编辑当前阴影	Ctrl+Alt+P

Layer operation 图层操作

Create new layer 新建图层	Ctrl+Shift+N
Duplicate layer 复制图层	Ctrl+Shift+D
Merge down 向下合并	Ctrl+E
Merge visible layer 合并可见图层	Ctrl+Shift+E
Fill unfrozen 填充未冻结	Insert
Erase unfrozen 删除未冻结	Delete
Fill by mask 同步蒙版填充	Ctrl+Insert

Freeze operation 冻结操作

Toggle freeze view 切换冻结显示样式	Alt+F
Freeze transparent pixels 解冻所有	Ctrl+D
Invert freeze/selection 反转/冻结/选择	Ctrl+shift+I
Show/hide freeze 显示/隐藏冻结	Ctrl+F
Expand frozen area 扩大冻结范围	Ctrl+NUM+
Contract frozen area 缩小冻结范围	Ctrl+NUM-
Freeze border 冻结边界	Ctrl+NUM/
Smooth freezing 平滑冻结	Ctrl+NUM*

Hidden operation 隐藏操作

Unhide all 取消隐藏所有	Ctrl+X
expand hidden area 扩大隐藏范围	NUM+
Contact hidden area 缩小隐藏范围	NUM-

Retopo operation 重拓扑操作

In add/split mode 添加/拆分模式	
Add new polygon 添加多边形	LMB
Split face/edges, connect vertex 分裂面/边，连接顶点	LMB

（续表）

Escape from current snapped point 摆脱当前的对齐点	
Tweak edges/vertex 调整/顶点	ESC

In select mode 选择模式

Select single element 选择单一元素	LMB
Add select 增加选择	Shift+LMB
Subtract select 减少选择	Ctrl+LMB
Select edge loops 选择循环边	L
Select edge rings 选择环形边	R
Slide selected edges 滑动选择边	RMB
Tweak selected vertex 调整选择点	RMB
Subdivide selected face 细分选择面	Insert
Split selected edges 分裂选择边	Insert
Collapse selected edges 塌陷选择边	Backspace
Delete selected element 删除选择元素	Delete

In point & face mode 点和面模式

Add points 加点	LMB
Tweak points/generate face 调整点/生成面	RMB
Force generate triangle face 强制生成三角面	Shift+RMB

In strokes mode 笔触模式

Draw freehand strokes 绘制手绘笔触	LMB
Draw spline 绘制样条	Ctrl+LMB
Connect/break existing strokes 连接/断开当前笔触	Ctrl+LMB
Generate faces based on strokes 笔触基础上生成面	Enter
Clear strokes 清除笔触	ESC

In brush mode 笔刷模式

Smooth vertex spacing 平滑点间距	Shift+LMB

CHAPTER 05

第5章 间厅柜的制作

5.1 概述

5.2 建模

5.3 用JDSoft制作平面浮雕

5.4 用3D-Coat制作立体浮雕

5.5 用KeyShot6.0渲染间厅柜

5.1 概述

本章我们将制作一个实木间厅柜，这个间厅柜是迄今为止我三本关于家具设计的图书中结构和造型都最为复杂的一个案例。这种欧式风格的实木家具，对传统木工以及设计人员的素质要求都相当高。仅仅以工艺而论，在当今国内的家具市场，可以定位为中高端产品，如图5.1.1所示。

相信经过第4章的教学，大家已经能够利用常见的灰度图制作立体浮雕了，所以这个柜子的浮雕部分对大家来说已经不再是难点了。而柜子下部的底座和上端的酒杯架大家可能会找不到高效的建模方式。

而柜子上的茶壶、酒瓶等摆件的模型，都是我在网上收集的3DMAX的素材资源导入KeyShot中进行的渲染，起装饰点缀的作用。而模型导入的具体步骤我都会在后面的内容中进行详细的说明。

图5.1.1　实木间厅柜效果图

5.2 建模

正如我前面所说，这个间厅柜的结构和造型都非常复杂，初学者很难从整体入手进行建模。所以我们还是要利用CAD的二维图形建立部件，然后将所有的部件组合为一个模型。而CAD的图形大小要尽量做到精简，否则文件太大UG是无法直接打开或者导入的！

启动UG NX10.0，〖打开〗光盘目录下“间厅柜”的DWG文件，如图5.2.1所示。

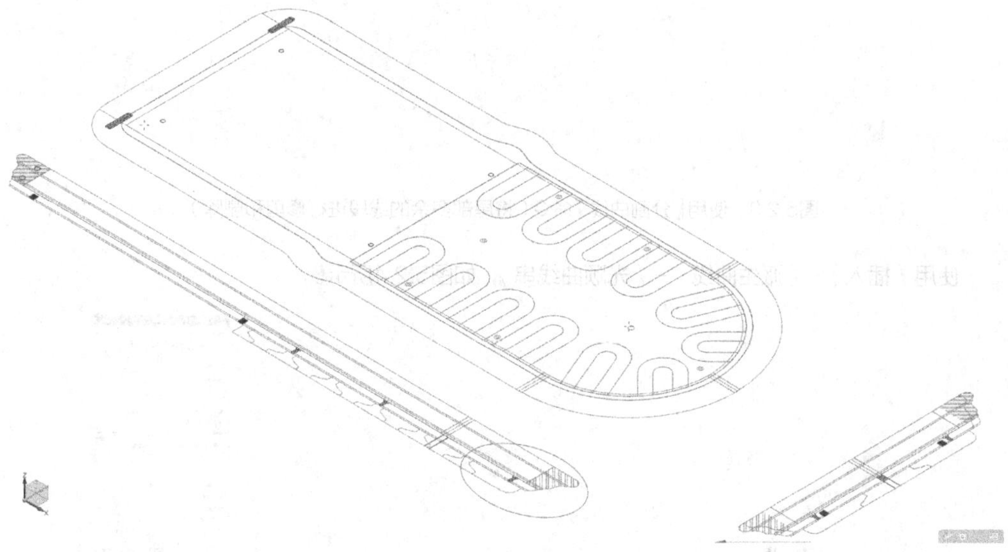

图5.2.1　启动UG NX10.0并打开“间厅柜”文件（将顶板的视图单独显示）

将顶板尾部的圆弧进行隐藏，如图5.2.2所示。

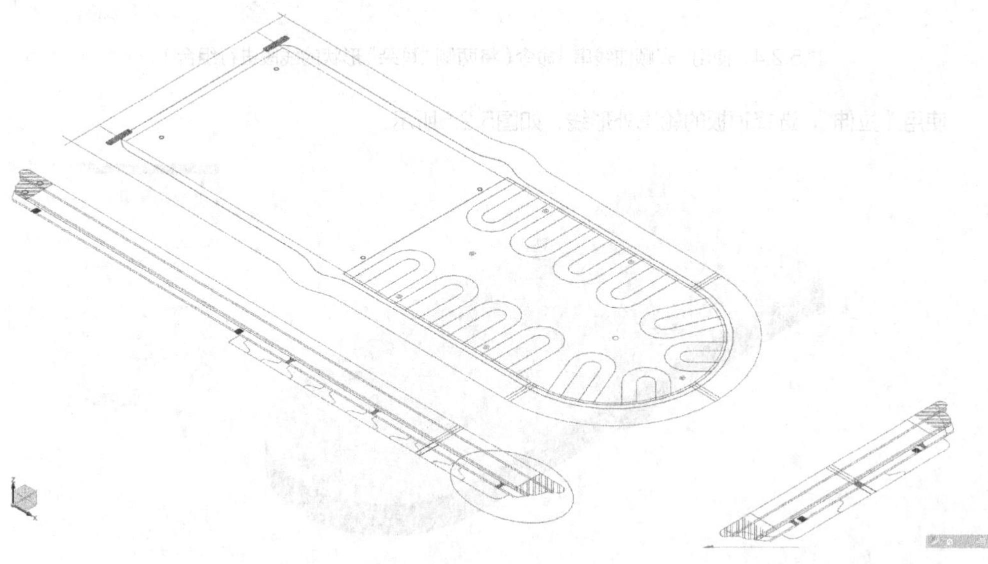

图5.2.2　将顶板尾部的圆弧进行隐藏（双击两个角的直线进行延长，使其相交）

使用〖编辑曲线〗-〖分割曲线〗，如图5.2.3所示。

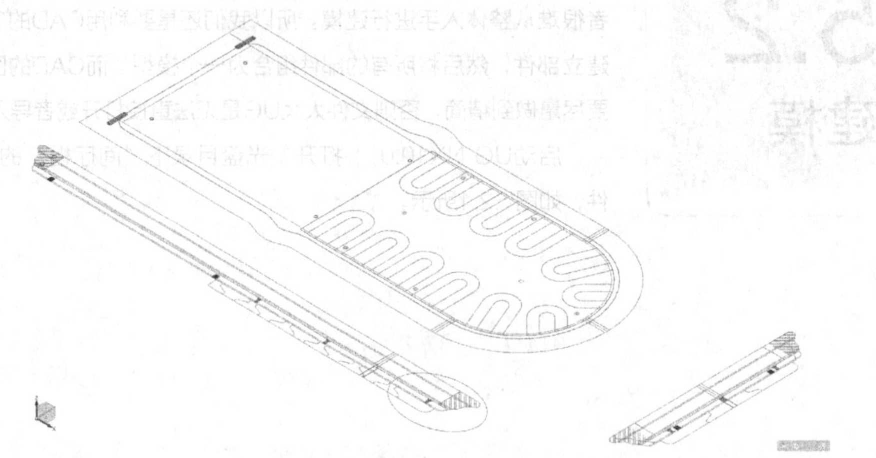

图5.2.3　使用〖分割曲线〗命令（将尾部多余的线段进行修剪和删除）

使用〖插入〗-〖派生曲线〗-〖光顺曲线串〗，如图5.2.4所示。

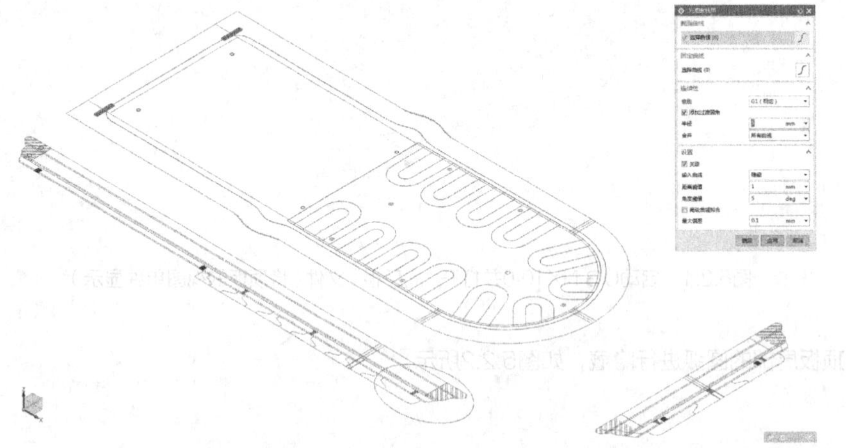

图5.2.4　使用〖光顺曲线串〗命令（将两侧"耳朵"形状的线段进行组合）

使用〖拉伸〗，选择顶板的轮廓外形线，如图5.2.5所示。

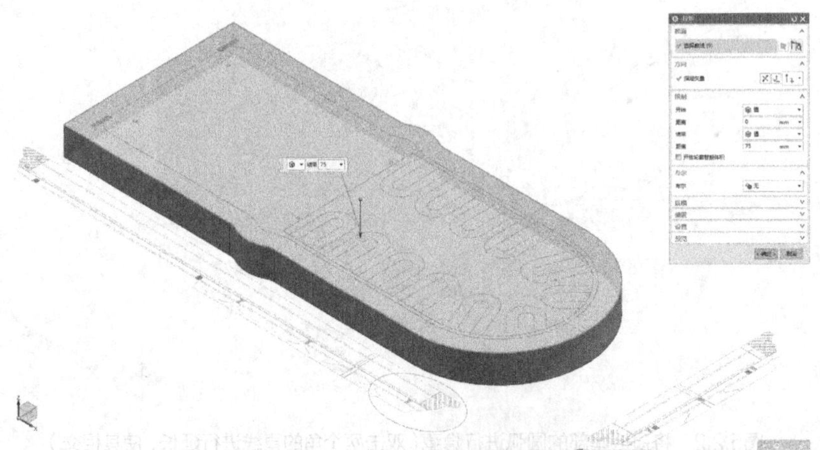

图5.2.5　拉伸顶板的轮廓外形线（下拉伸75mm）

使用〖边倒圆〗，选择顶板实体尾部的两个角，如图5.2.6所示。

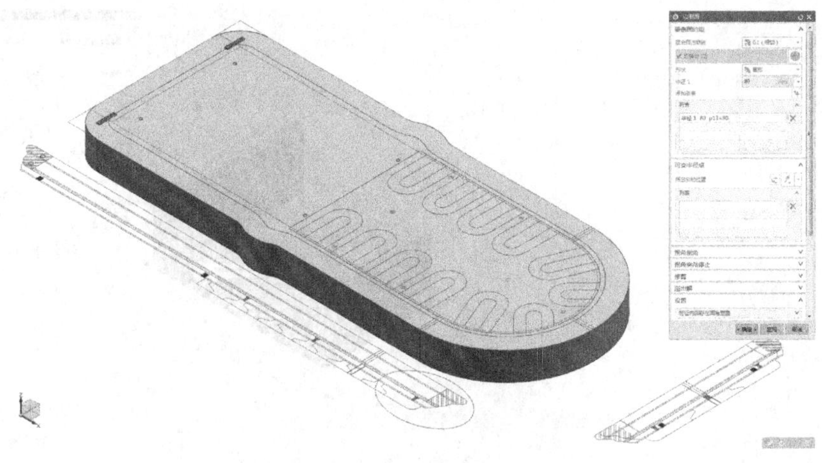

图5.2.6　边倒圆（倒圆半径R80）

使用〖插入〗-〖派生曲线〗-〖光顺曲线串〗，如图5.2.7所示。

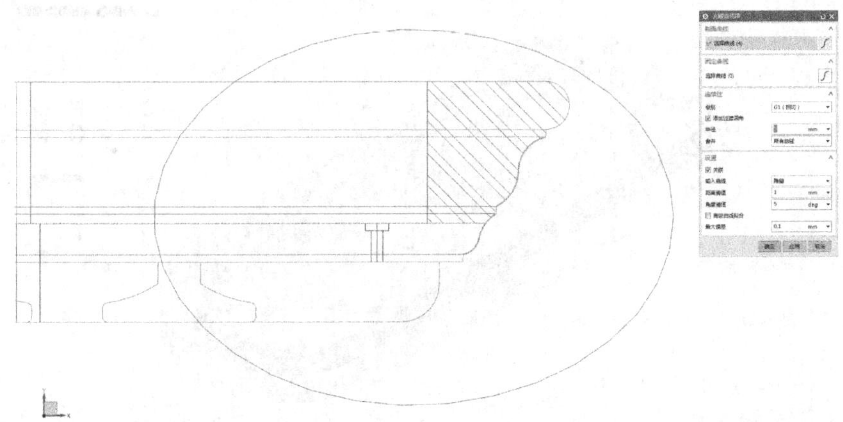

图5.2.7　使用〖光顺曲线串〗命令（将前视图中的顶板刀型截面中的两段曲线组合）

使用〖拉伸〗，选择顶面〖绘制截面〗的基准面，如图5.2.8所示。

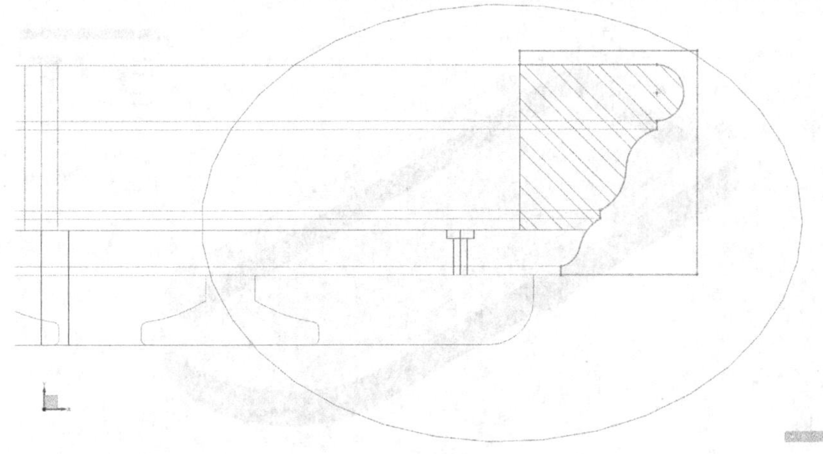

图5.2.8　拉伸顶部基准面（参照图中样式绘制一个刀具体）

〖完成草图〗，回到〖拉伸〗界面，如图5.2.9所示。

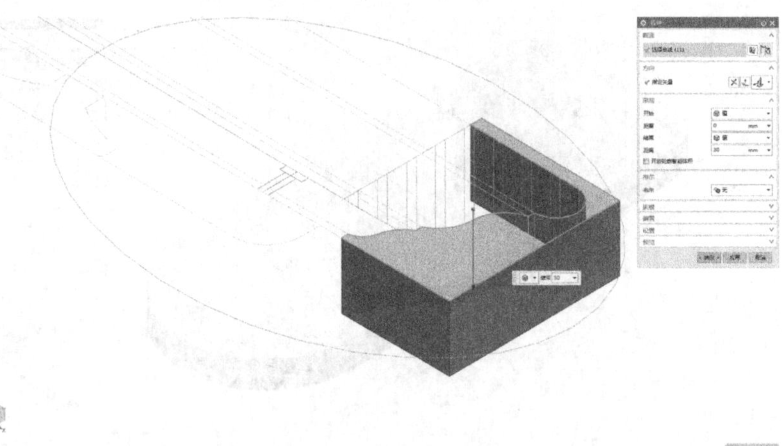

图5.2.9　回到〖拉伸〗界面（向下拉伸75mm）

使用〖拉伸〗，选择顶板的内腔轮廓，如图5.2.10所示。

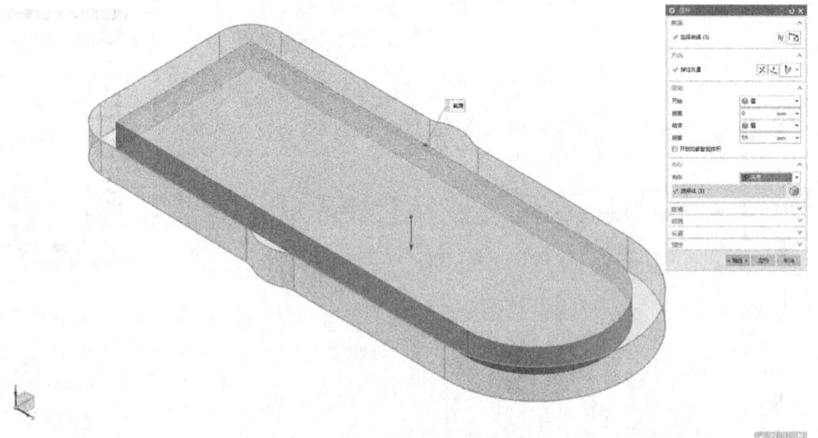

图5.2.10　拉伸顶板的内腔轮廓（向下拉伸59mm，并且在〖布尔〗中和顶板〖求差〗）

使用〖直线和圆弧〗-〖直线（点-点）〗，如图5.2.11所示。

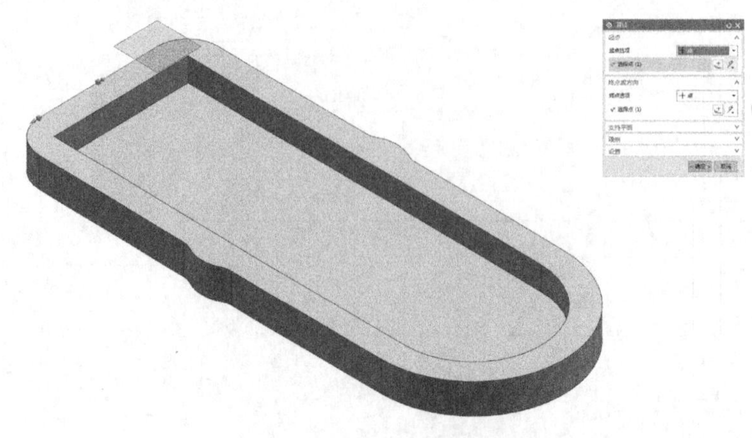

图5.2.11　在捕捉尾部直线的端点和中点，绘制两条直线段

使用〖移动对象〗-〖点到点〗，将刀具体定位到顶板尾部，如图5.2.12所示。

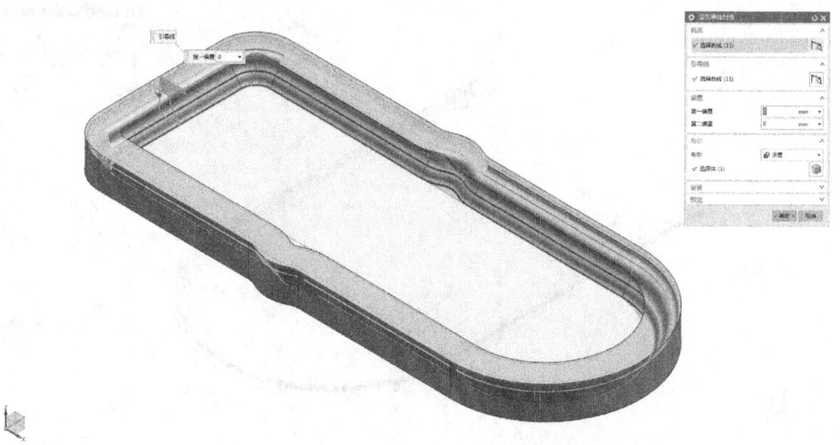

图5.2.12 将刀具体定位到顶板尾部（使用〖插入〗-〖扫掠〗-〖沿引导线扫掠〗，〖截面〗框选刀具体的一侧的轮廓线，〖引导线〗逐根选择顶板的轮廓曲线，起始和结束端都在上步绘制的两条直线的交点处）

使用〖同步建模〗-〖删除面〗，框选破面，如图5.2.13所示。

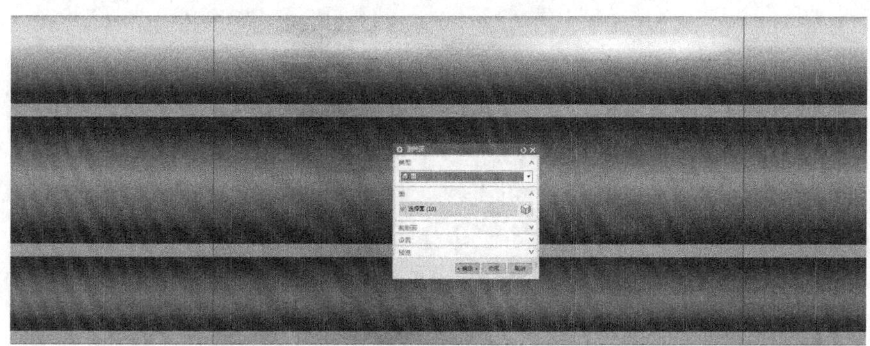

图5.2.13 删除破面（使整个路径表面光滑过渡）

将酒杯架的视图单独显示，使用〖拉伸〗，选择外形轮廓，如图5.2.14所示。

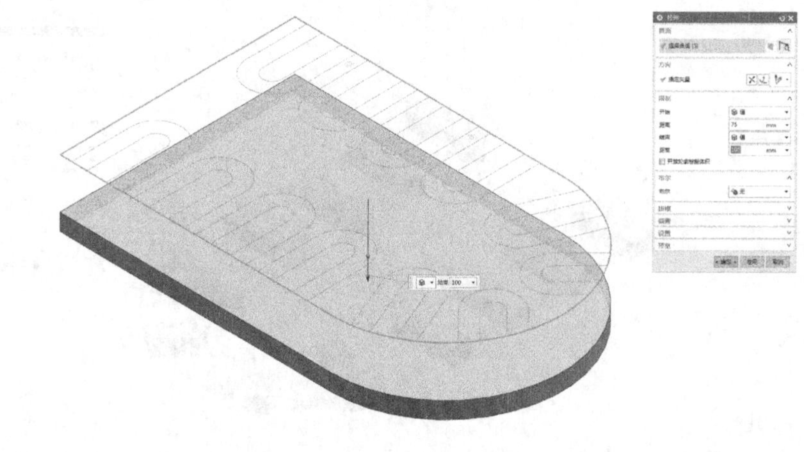

图5.2.14 拉伸外形轮廓（〖开始〗〖距离〗为75mm，〖结束〗〖距离〗为100mm）

使用〖边倒圆〗，选择酒杯架下部3条轮廓线，如图5.2.15所示。

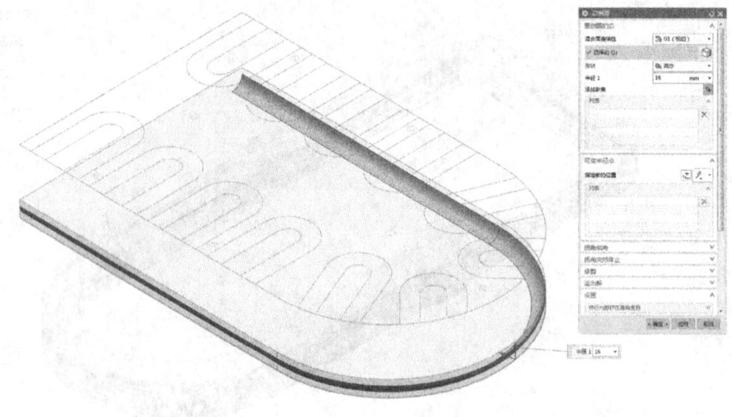

图5.2.15 边倒圆（倒圆半径R16）

使用〖直线和圆弧〗-〖直线（点-点）〗，如图5.2.16所示。

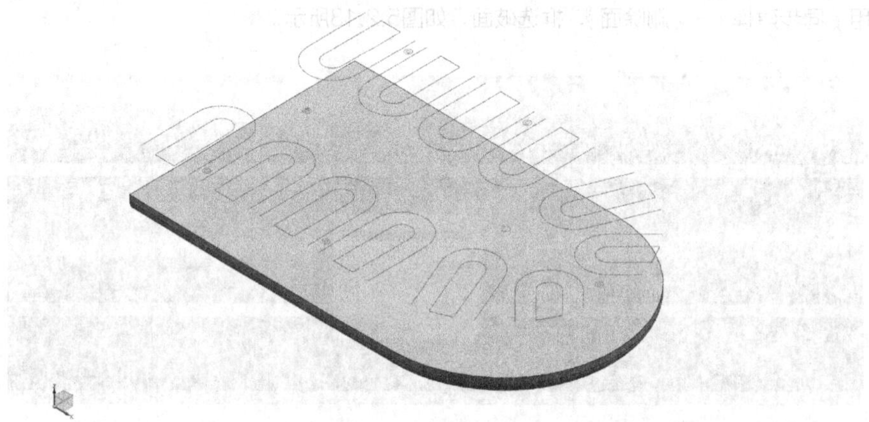

图5.2.16 使用〖直线（点-点）〗命令（将所有的内槽的轮廓线进行封闭）

使用〖拉伸〗，选择所有内槽的封闭轮廓线，如图5.2.17所示。

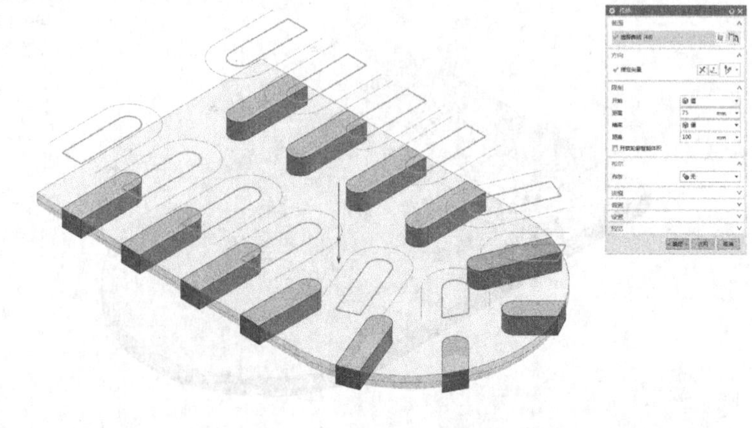

图5.2.17 拉伸所有内槽的封闭轮廓线（〖开始〗〖距离〗为75mm，〖结束〗〖距离〗为100mm）

使用〖偏置面〗，选择上步所有实体的端面，如图5.2.18所示。

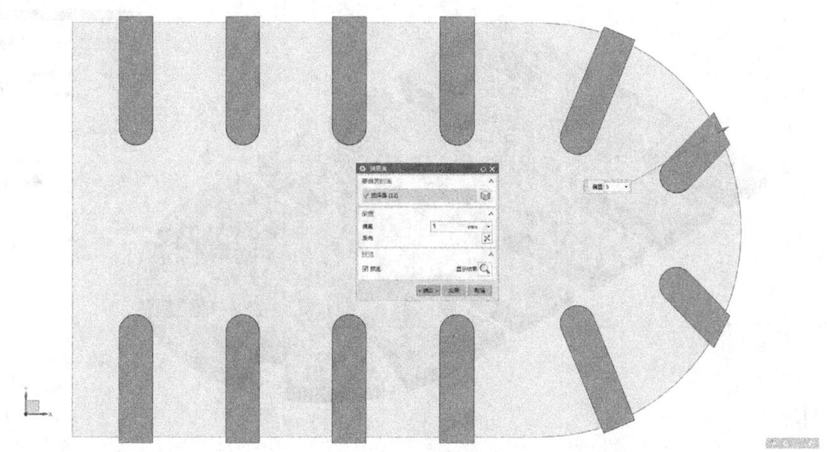

图5.2.18　偏置上步所有实体的端面（向外延伸5mm）

使用〖组合下拉菜单〗〖减去〗，如图5.2.19所示。

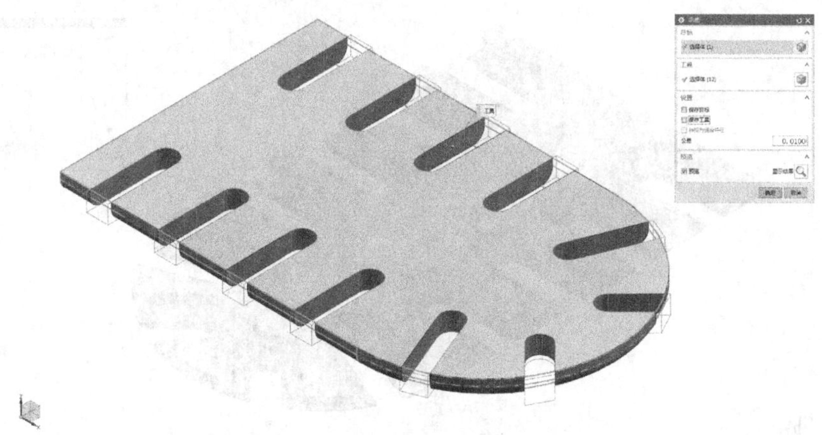

图5.2.19　用酒杯架板减去上步的实体

使用〖拆分体〗，选择〖新建平面〗，如图5.2.20所示。

图5.2.20　拆分实体（从顶面向下偏置，拆分出酒杯架板的第一层厚度为9mm）

使用〖拆分体〗，选择〖新建平面〗，如图5.2.21所示。

图5.2.21　拆分实体（从顶面向下偏置，拆分出酒杯架板的第2层厚度为8mm）

使用〖偏置面〗，选择第1~2层所有内槽的3个面，如图5.2.22所示。

图5.2.22　偏置1~2层所有内槽的3个面（向外扩大23.5mm）

使用〖组合下拉菜单〗-〖合并〗，如图5.2.23所示。

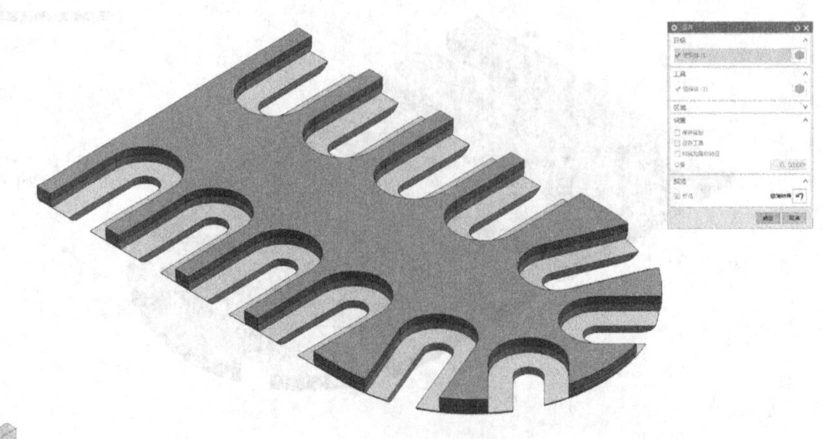

图5.2.23　将第2层和第3层求和

使用〖偏置面〗，选择下层所有内槽的3个面，如图5.2.24所示。

图5.2.24　偏置下层所有内槽的3个面（向内缩进10mm）

使用〖边倒圆〗，选择第2层所有槽的内侧边，如图5.2.25所示。

图5.2.25　边倒圆（倒圆半径R52mm）

使用〖拉伸〗，选择所有内槽的封闭轮廓线，如图5.2.26所示。

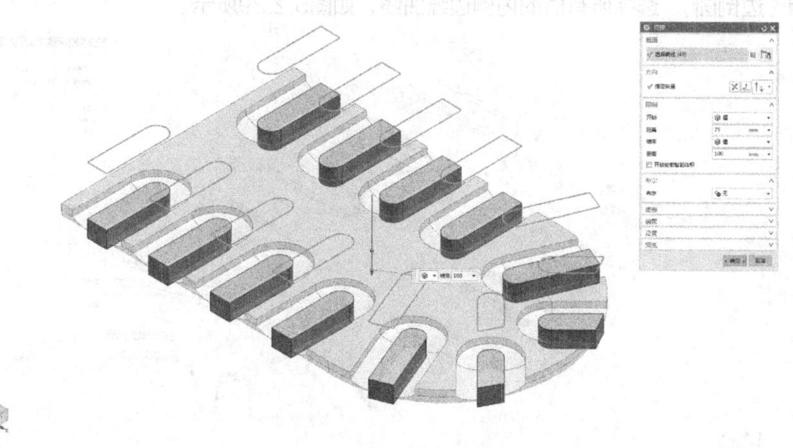

图5.2.26　拉伸所有内槽的封闭轮廓线（〖开始〗〖距离〗为75mm，〖结束〗〖距离〗为100mm）

使用〖偏置面〗，选择上步所有实体的端面，如图5.2.27所示。

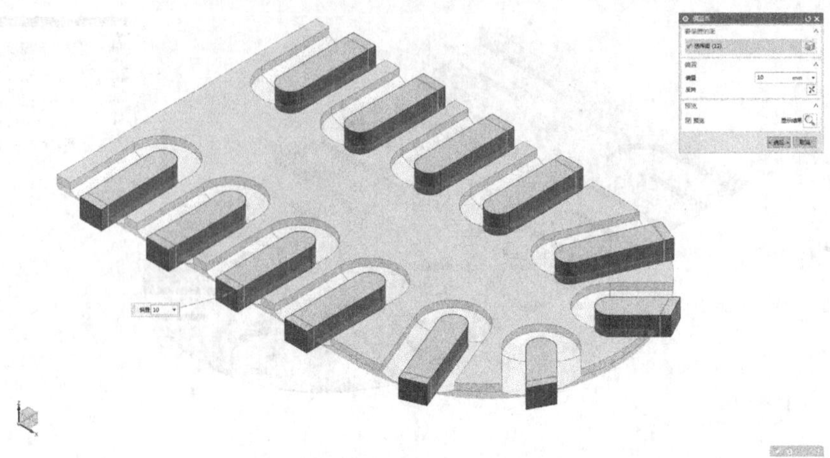

图5.2.27　偏置上步所有实体的端面（向外延伸5mm）

使用〖组合下拉菜单〗〖减去〗，如图5.2.28所示。

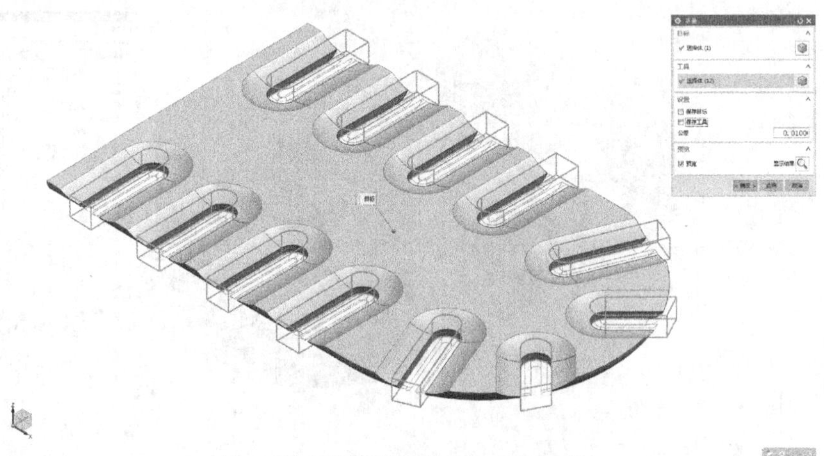

图5.2.28　用酒杯架板减去上步的实体

使用〖边倒圆〗，选择所有槽的内侧边缘曲线，如图5.2.29所示。

图5.2.29　边倒圆（倒圆半径R2）

使用〖组合下拉菜单〗-〖合并〗，如图5.2.30所示。

图5.2.30　将上下层板件进行求和

这样的步骤大家可能觉得有几步是多余的，那是因为我在倒R52的圆弧半径的时候圆弧和边缘进行干涉，圆弧不能直接过渡。所以我使用〖偏置面〗先将内槽单边缩小10mm再进行倒圆。但是倒圆完成之后，这个10mm的距离却无法再使用〖偏置面〗变回来。所以我就重复使用了〖减去〗进行求差。

使用〖显示和隐藏〗中的组合命令，如图5.2.31所示。

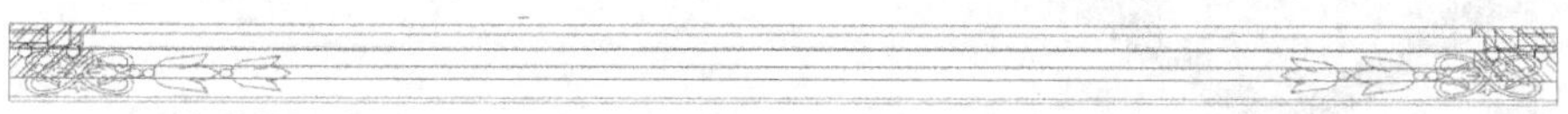

图5.2.31　使用〖显示和隐藏〗中的组合命令（将左侧框的图形单独显示）

使用〖直线和圆弧〗-〖直线（点-点）〗，如图5.2.32所示。

图5.2.32　使用〖直线（点-点）〗命令（将侧框截面图中的线段重新组合。删除或者隐藏重复的直线段，并且按照3个拉伸截面进行封闭）

使用〖拉伸〗，选择两边实体的截面，如图5.2.33所示。

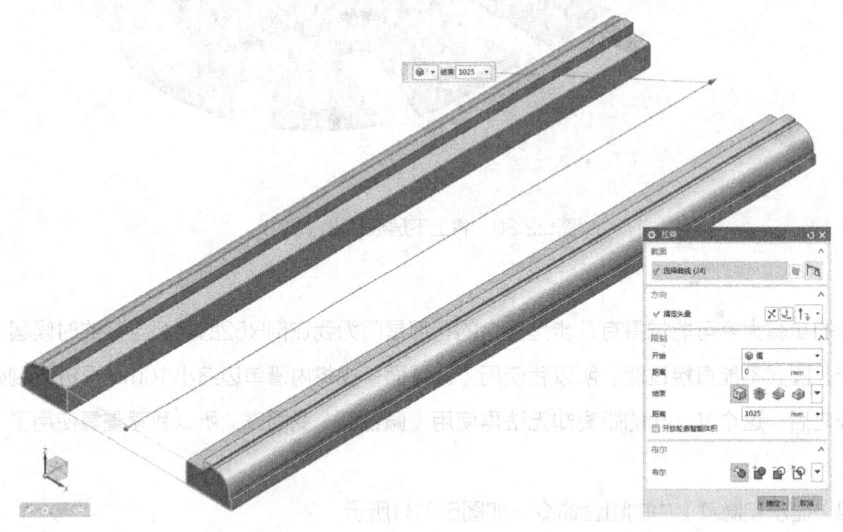

图5.2.33　拉伸两边实体的截面（〖拉伸〗距离为1025mm。拉伸前先将视图旋转90°）

使用〖拉伸〗，选择中间实体的截面，如图5.2.34所示。

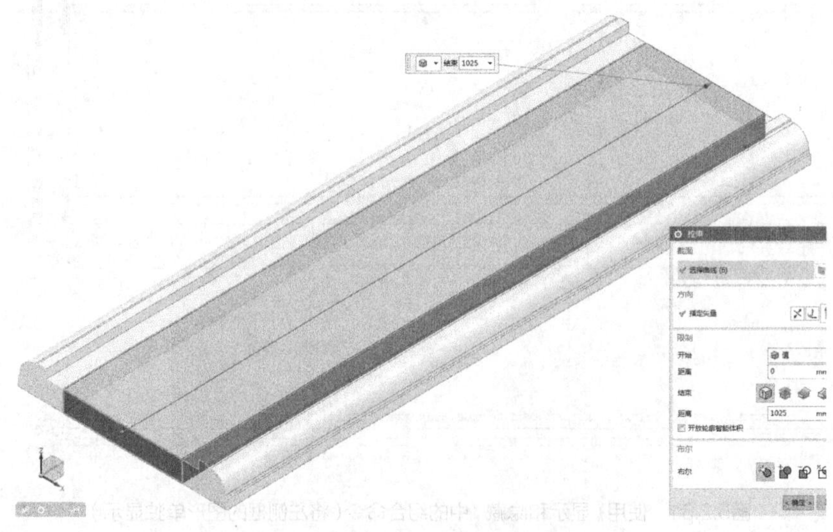

图5.2.34　拉伸中间实体的截面（〖拉伸〗距离为1025mm）

使用〖同步建模〗-〖删除面〗，如图5.2.35所示。

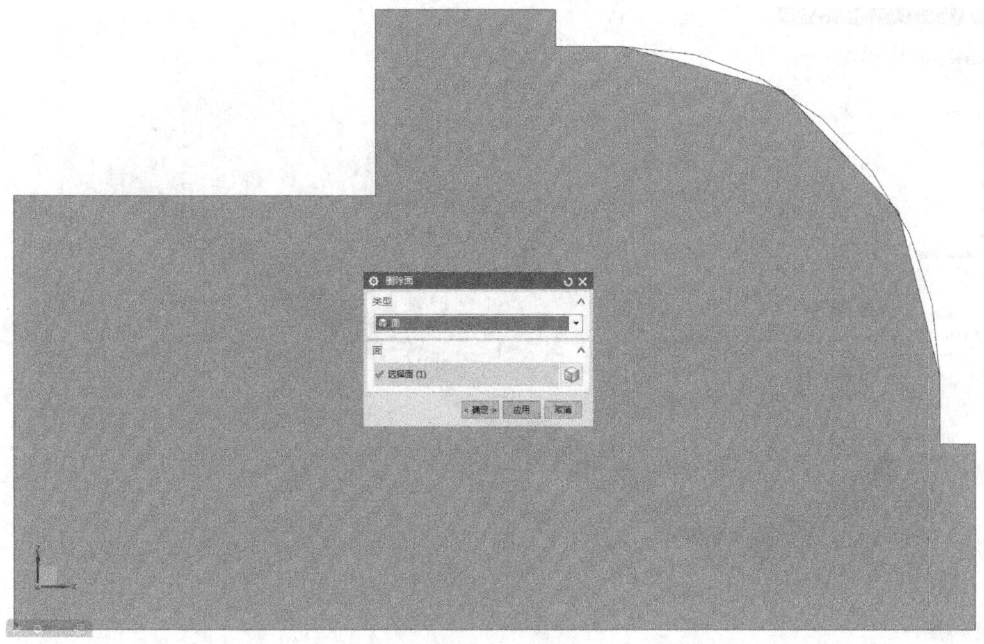

图5.2.35　选择图中左上侧的斜角面并将其删除

使用〖移动对象〗快捷键“Ctrl+T”，如图5.2.36所示。

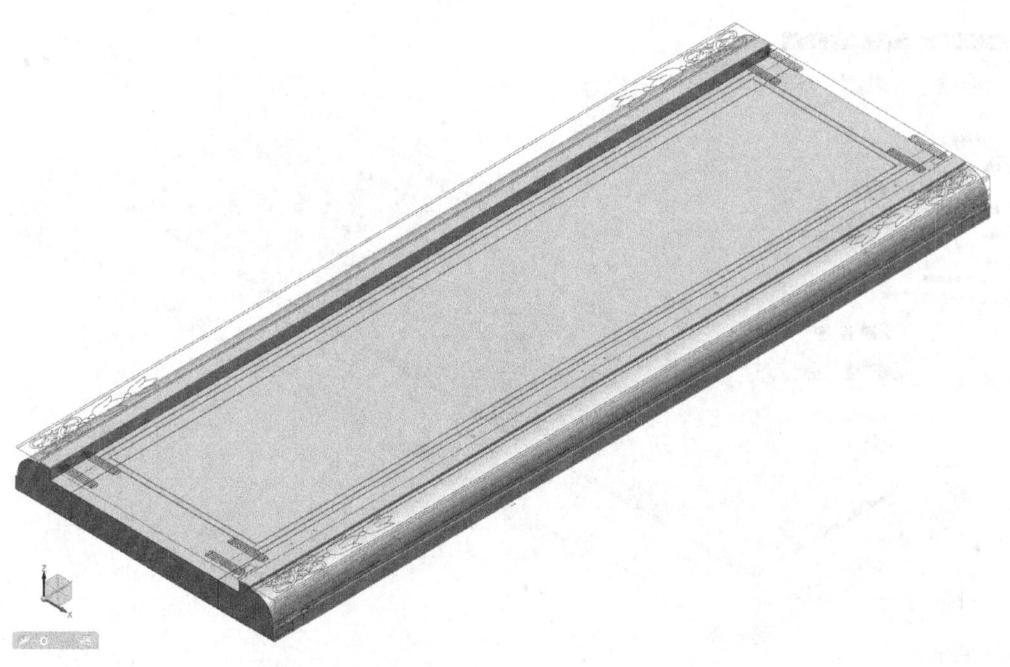

图5.2.36　移动对象（将二维图形和三维实体拟合对齐）

使用〖拉伸〗，选择侧框的内空轮廓，如图5.2.37所示。

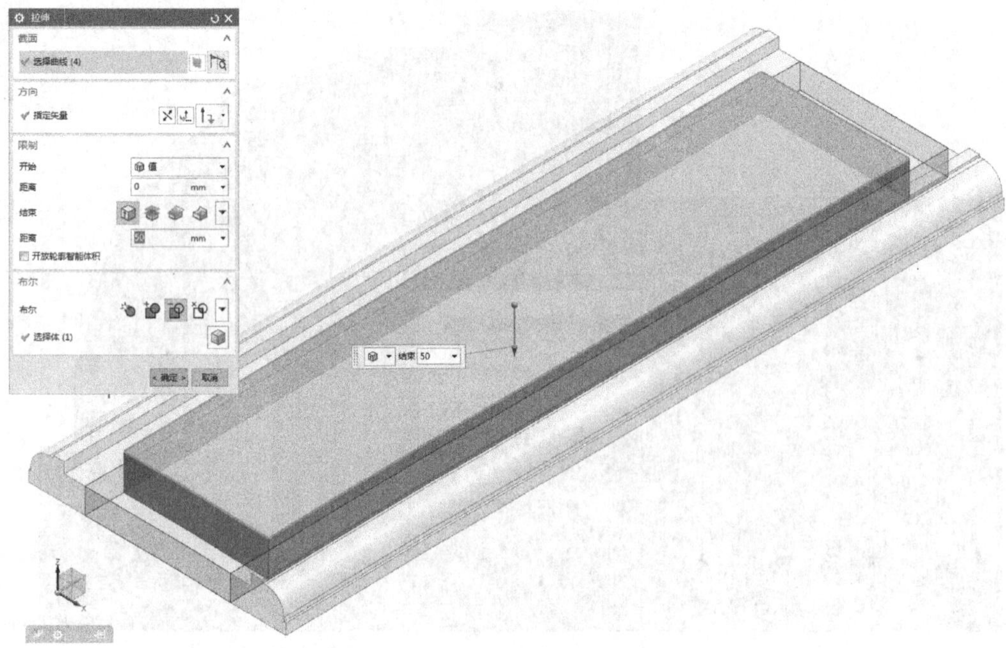

图5.2.37　拉伸侧框的内空轮廓（向下拉伸50mm,〖布尔〗设置为〖求差〗）

使用〖拉伸〗，选择侧框实体上的内空轮廓，如图5.2.38所示。

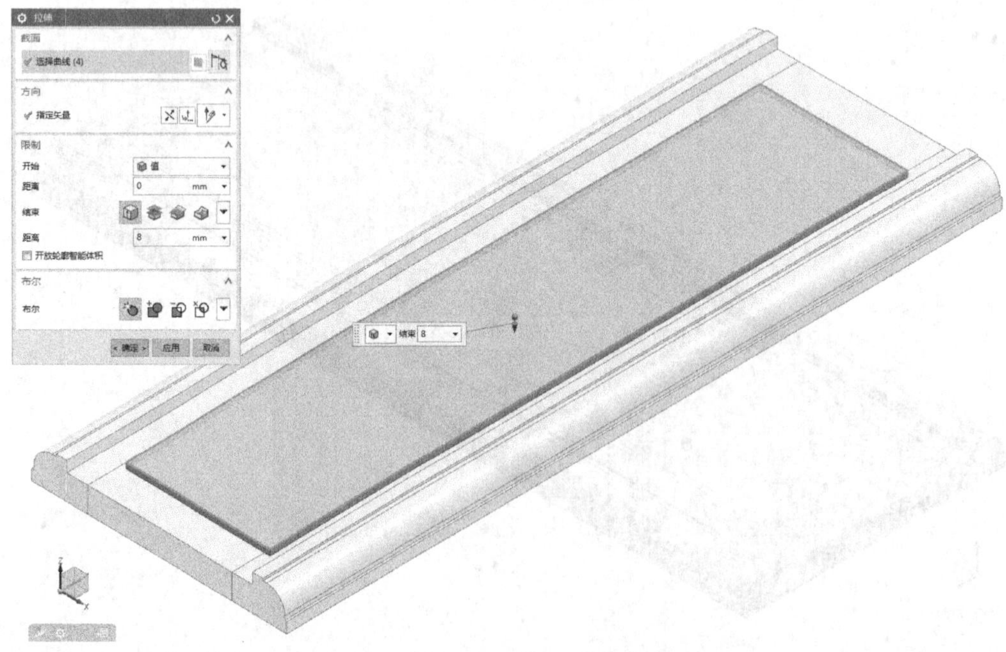

图5.2.38　拉伸侧框实体上的内空轮廓（向下拉伸8mm。〖布尔〗为〖无〗）

使用〖偏置面〗，选择上步实体的外侧四边，如图5.2.39所示。

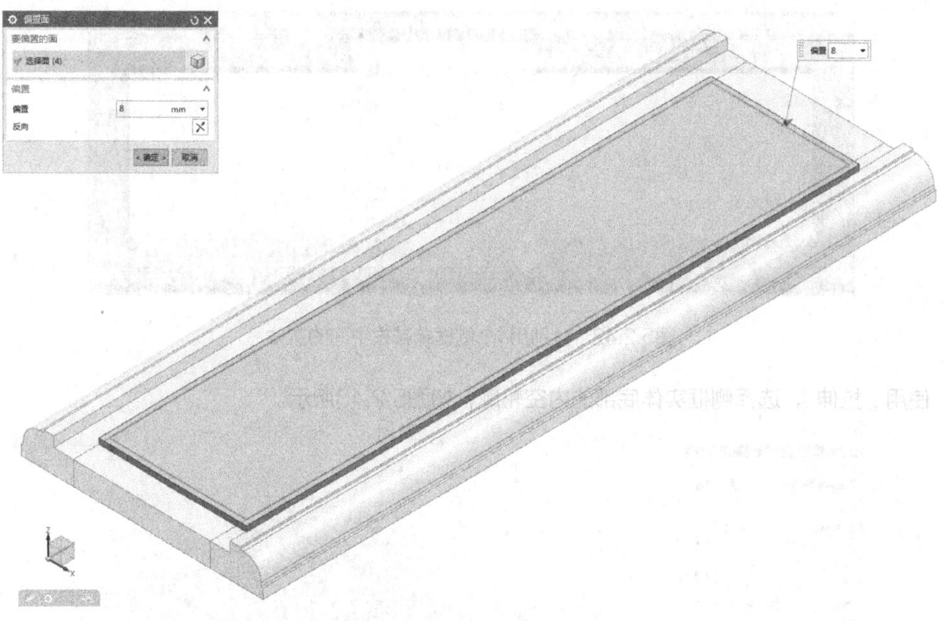

图5.2.39　偏置上步实体的外侧四边（向外延长8mm）

使用〖倒斜角〗，选择上步实体的底面的4个边，如图5.2.40所示。

图5.2.40　倒斜角（〖横截面〗为〖对称〗，〖距离〗为8mm）

使用〖边倒圆〗，选择上步实体的4个角点，如图5.2.41所示。

图5.2.41　边倒圆（倒圆半径R10）

使用〖组合下拉菜单〗-〖减去〗，如图5.2.42所示。

图5.2.42　分别用4个侧框条减去中间的实体

使用〖拉伸〗，选择侧框实体底部的内空轮廓，如图5.2.43所示。

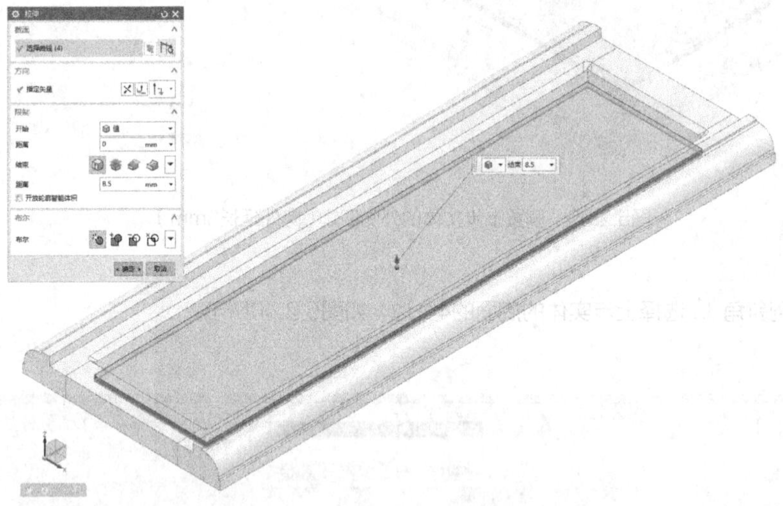

图5.2.43　拉伸侧框实体底部的内空轮廓（向上拉伸8.5mm）

使用〖拉伸〗，选择上步实体的顶面轮廓，如图5.2.44所示。

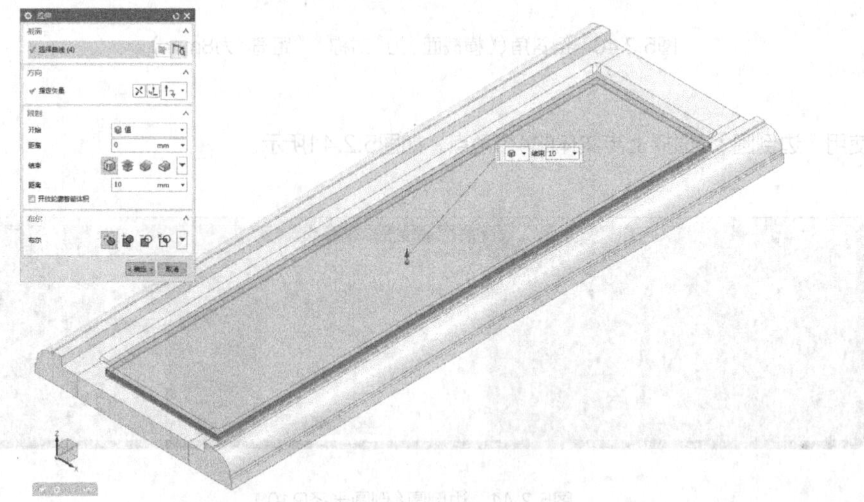

图5.2.44　拉伸上步实体的顶面轮廓（向上拉伸10mm）

使用〖偏置面〗，选择上步实体的外侧四边，如图5.2.45所示。

图5.2.45　偏置上步实体的外侧四边（向外延长8mm）

使用〖组合下拉菜单〗-〖减去〗，如图5.2.46所示。

图5.2.46　分别用4个边框减去中间的芯板并勾选〖保存工具〗

使用〖偏置面〗，同时选择2层芯板的4个侧边，如图5.2.47所示。

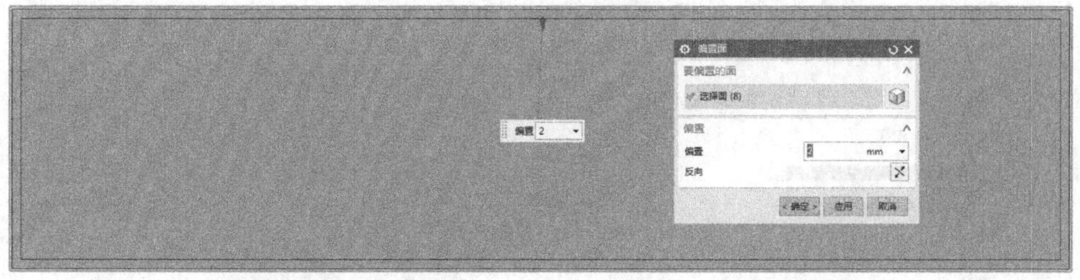

图5.2.47　偏置2层芯板的4个侧边（向内缩进2mm。然后将两个实体进行〖合并〗）

使用〖偏置面〗，同时选择两个长侧条的拉槽的端面，如图5.2.48所示。

图5.2.48　偏置两个长侧条的拉槽的端面（向外偏置50mm，将槽贯通）

使用〖拉伸〗，选择拉槽的截面，如图5.2.49所示。

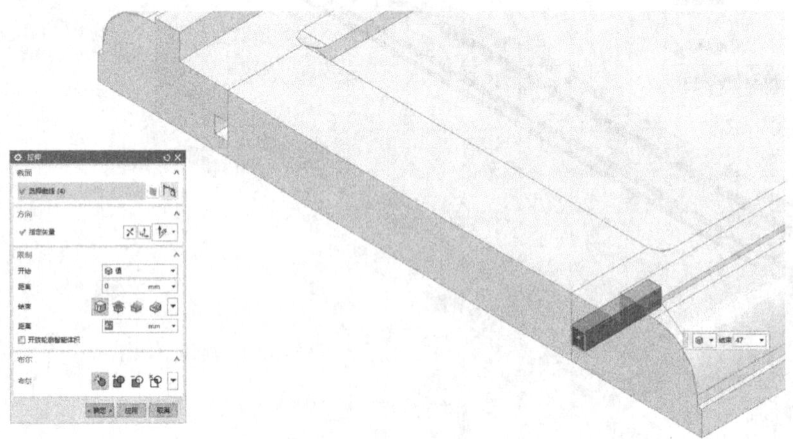

图5.2.49　拉伸拉槽的截面（向内拉伸47mm）

使用〖偏置面〗，选择上步实体的右侧面，如图5.2.50所示。

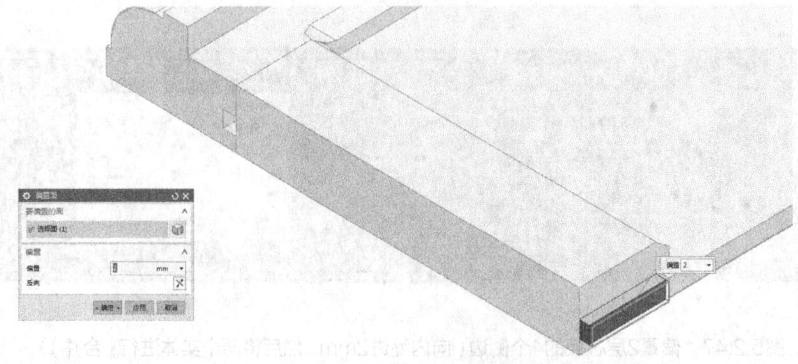

图5.2.50　偏置上步实体的右侧面（向内缩进2mm）

使用〖变换〗-〖通过一平面镜像〗，如图5.2.51所示。

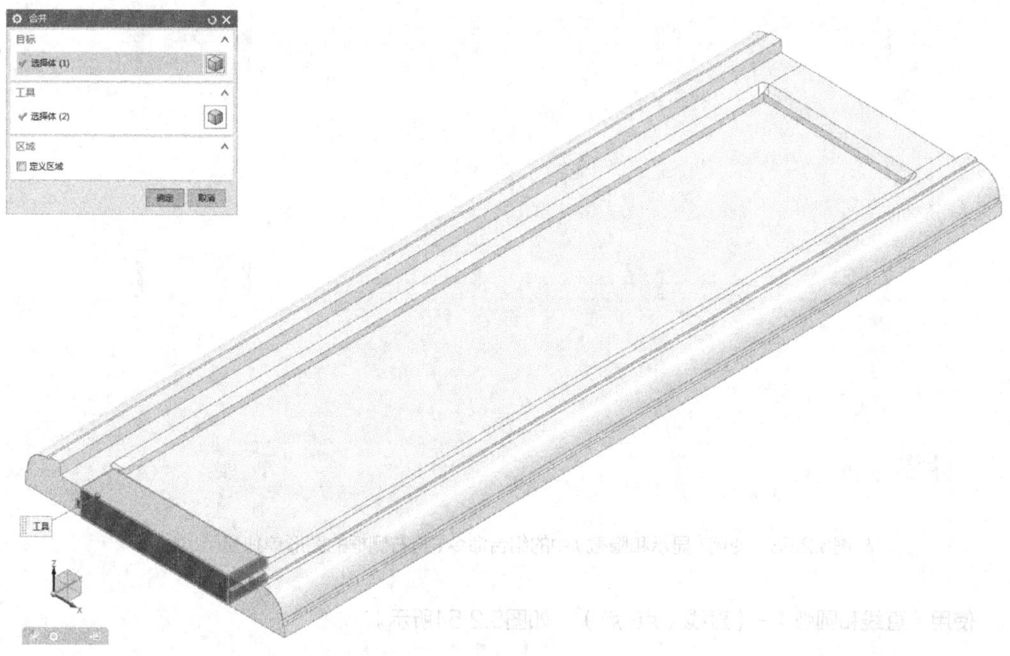

图5.2.51　使用〖通过一平面镜像〗命令（将上步的实体镜像两次后，分别和短框条进行〖合并〗）

使用〖偏置面〗，选择芯板的底平面，如图5.2.52所示。

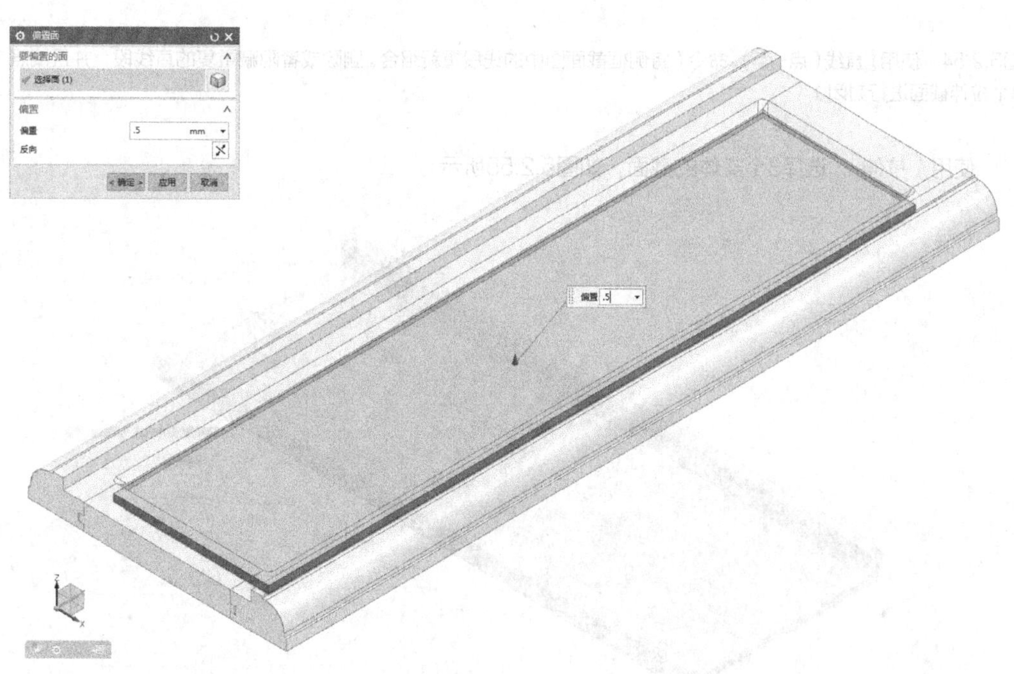

图5.2.52　偏置芯板的底平面（向上偏置0.5mm）

使用〖显示和隐藏〗中的组合命令，如图5.2.53所示。

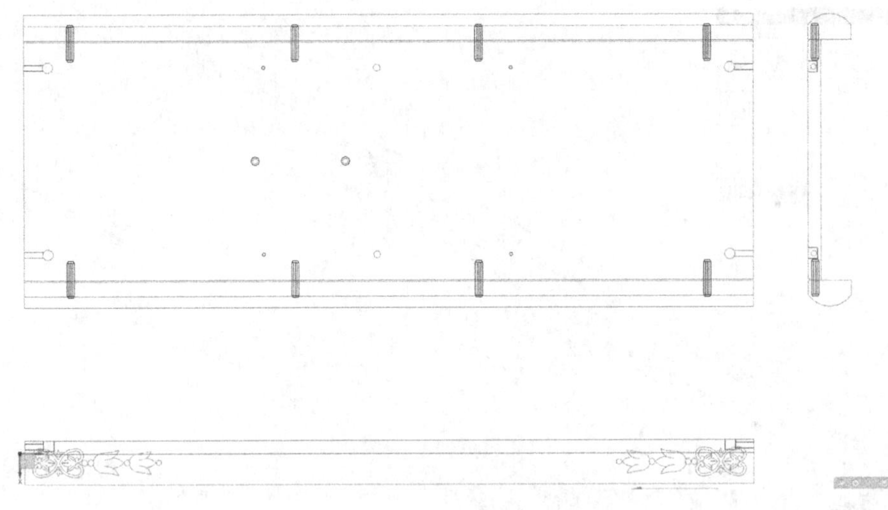

图5.2.53 使用〖显示和隐藏〗中的组合命令（将右侧框的图形单独显示）

使用〖直线和圆弧〗-〖直线（点-点）〗，如图5.2.54所示。

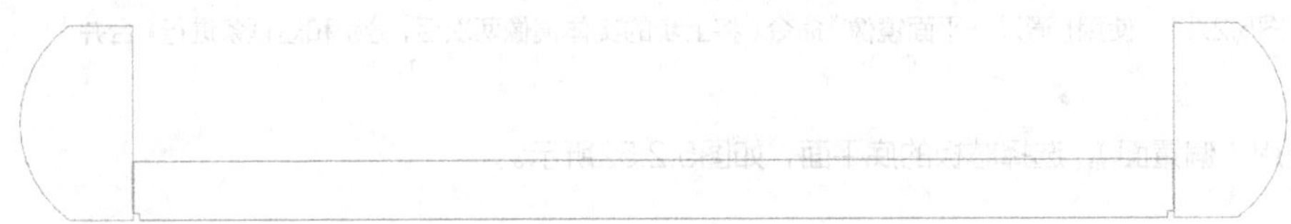

图5.2.54 使用〖直线（点-点）〗命令（将侧框截面图中的线段重新组合。删除或者隐藏重复的直线段，并且按照3个拉伸截面进行封闭）

使用〖拉伸〗，选择3个实体的截面，如图5.2.55所示。

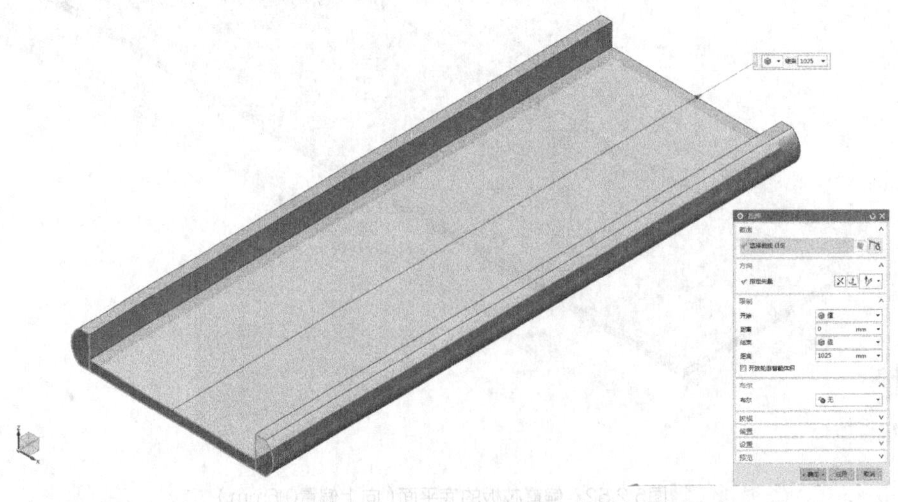

图5.2.55 拉伸3个实体的截面（〖拉伸〗距离为1025mm。拉伸前先将视图旋转90°）

使用〖显示和隐藏〗中的组合命令，如图5.2.56所示。

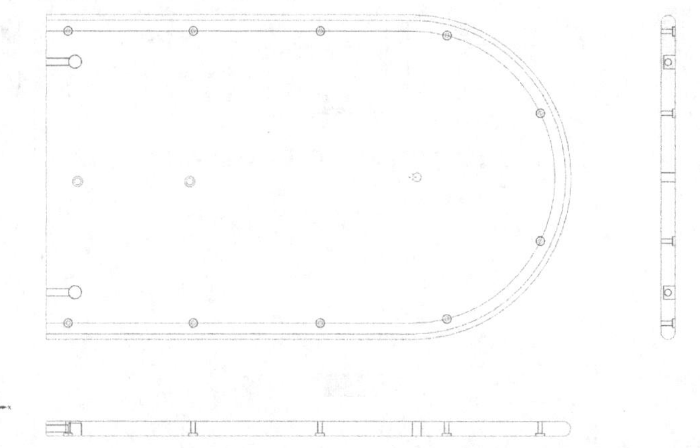

图5.2.56　使用〖显示和隐藏〗中的组合命令（将托板的图形单独显示）

使用〖拉伸〗，选择托板的外形轮廓，如图5.2.57所示。

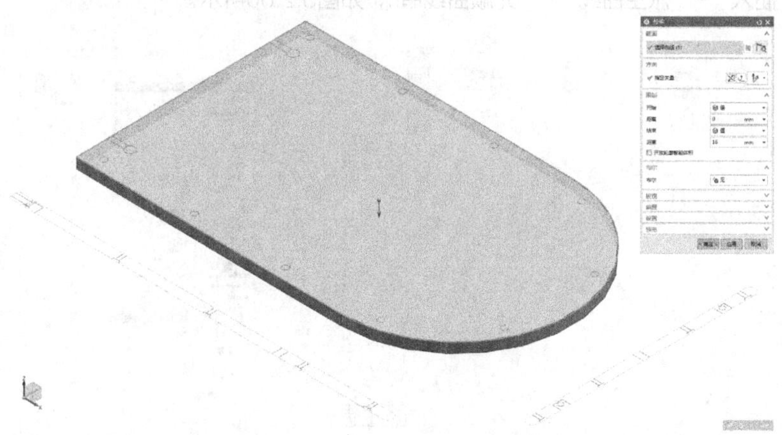

图5.2.57　拉伸托板的外形轮廓（〖拉伸〗距离为16mm）

使用〖边倒圆〗，选择圆弧边和两侧边，如图5.2.58所示。

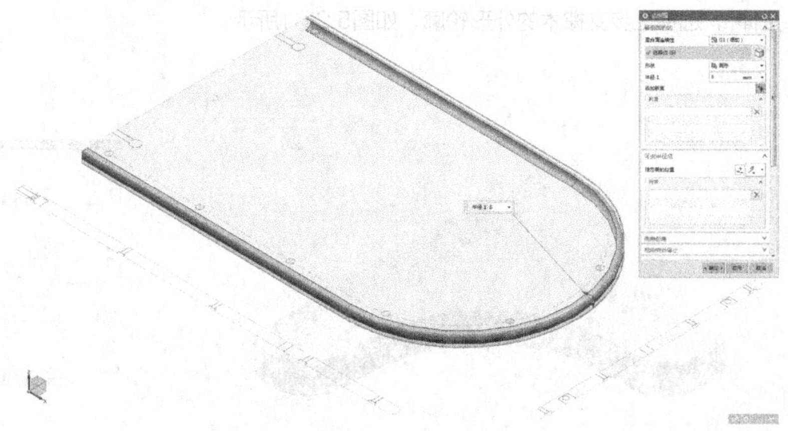

图5.2.58　边倒圆（倒圆半径R8）

使用〖显示和隐藏〗中的组合命令，如图5.2.59所示。

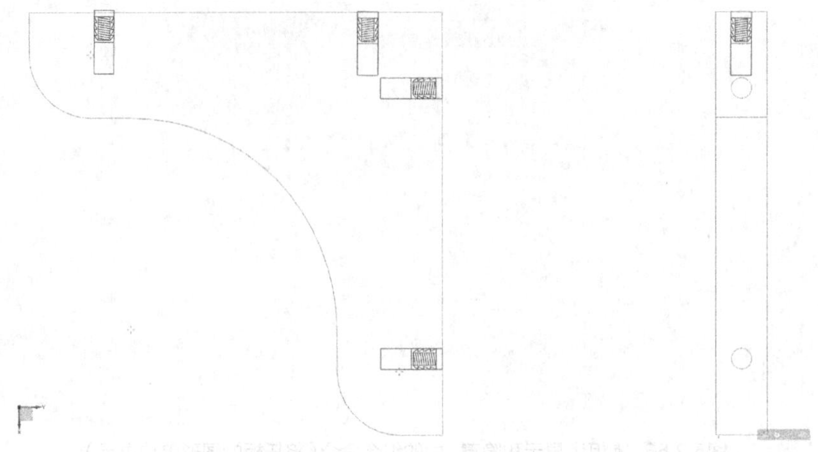

图5.2.59　使用〖显示和隐藏〗中的组合命令（将支撑木的图形单独显示）

使用〖插入〗-〖派生曲线〗-〖光顺曲线串〗，如图5.2.60所示。

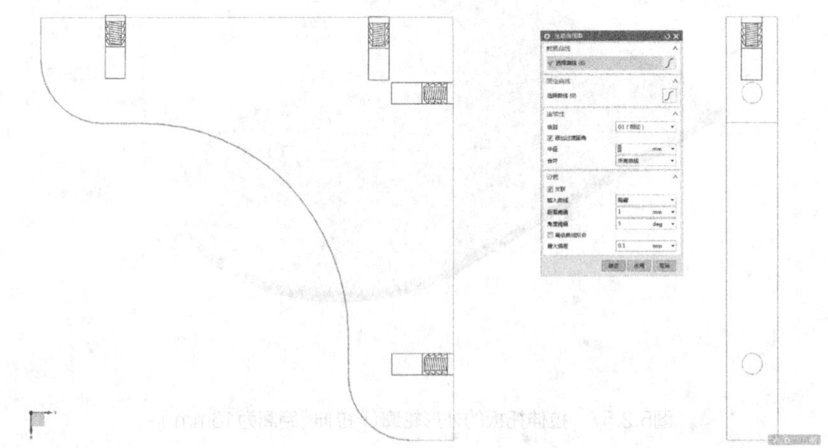

图5.2.60　使用〖光顺曲线串〗命令（选择视图中除直线以外的圆弧线段合并为一个整体）

使用〖拉伸〗，选择上步支撑木的外形轮廓，如图5.2.61所示。

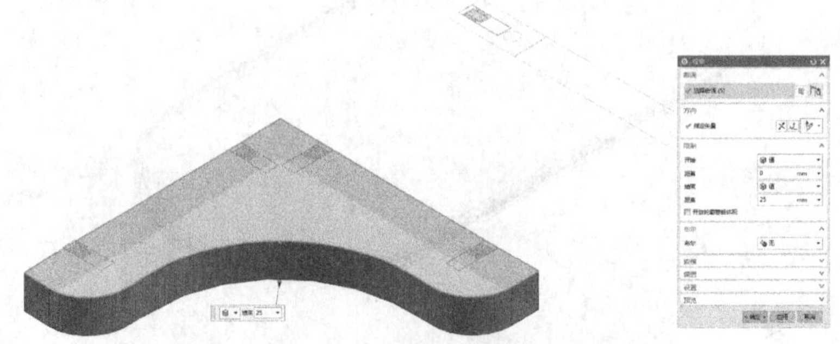

图5.2.61　拉伸支撑木的外形轮廓（向下拉伸25mm）

使用〖显示和隐藏〗中的组合命令，如图5.2.62所示。

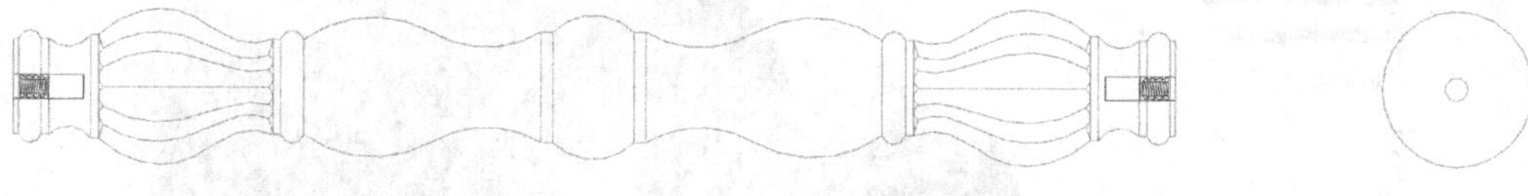

图5.2.62　使用〖显示和隐藏〗中的组合命令（将支圆柱的图形单独显示）

使用〖插入〗-〖派生曲线〗-〖光顺曲线串〗，如图5.2.63所示。

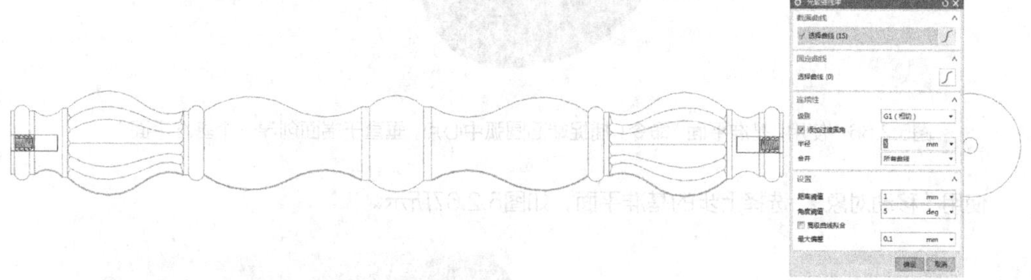

图5.2.63　使用〖光顺曲线串〗命令（选择视图中不连续的线段合并为一个整体）

使用〖直线和圆弧〗-〖直线（点-点）〗，如图5.2.64所示。

图5.2.64　使用〖直线（点-点）〗命令（隐藏多余的线段，绘制一个封闭的旋转截面）

使用〖特征〗工具条下的〖旋转〗命令，如图5.2.65所示。

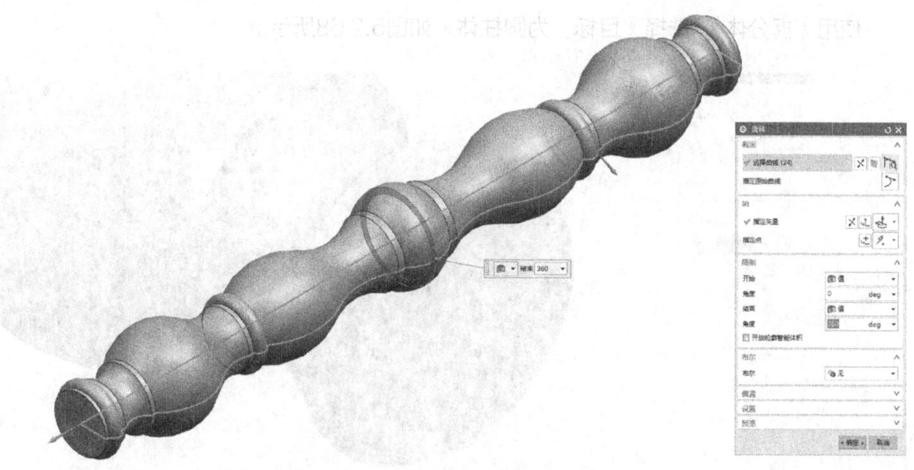

图5.2.65　使用〖旋转〗命令（旋转出圆柱的实体模型）

使用〖特征〗-〖基准/点下拉菜单〗-〖基准平面〗，如图5.2.66所示。

图5.2.66　使用〖基准平面〗命令（捕捉端面圆弧中心点，垂直于端面创建一个基准平面）

使用〖移动对象〗，选择上步的基准平面，如图5.2.67所示。

图5.2.67　移动上步的基准平面（设置〖运动〗-〖角度〗输入30，〖非关联副本数〗为5）

使用〖拆分体〗，选择〖目标〗为圆柱体，如图5.2.68所示。

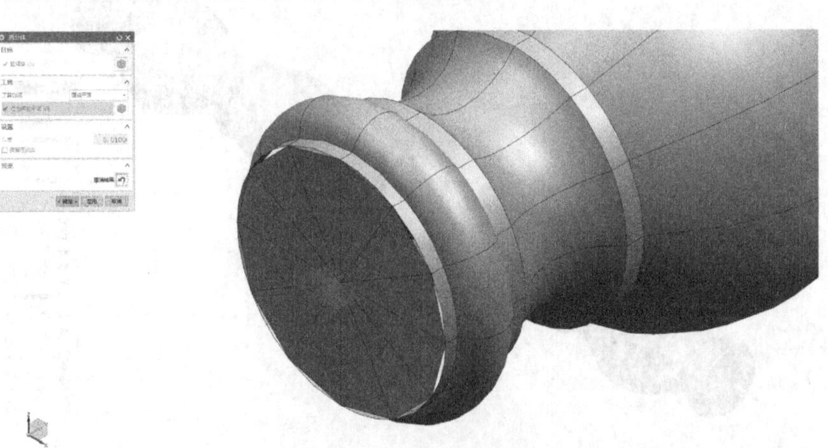

图5.2.68　拆分实体（拆分面为上步创建的所有基本平面）

使用〖边倒圆〗，选择图中两节实体上的拆分线，如图5.2.69所示。

图5.2.69　边倒圆（倒圆半径R2）

此处有一个小技巧，我们不需要逐一选择需要倒圆的边，而是一次性地进行框选，然后再按住键盘上的“Shift”键“减选”掉多余的线段，就可以得到想要的线段。

使用〖组合下拉菜单〗-〖合并〗，如图5.2.70所示。

图5.2.70　将拆分的圆柱合并为一个整体

使用〖显示和隐藏〗中的组合命令，如图5.2.71所示。

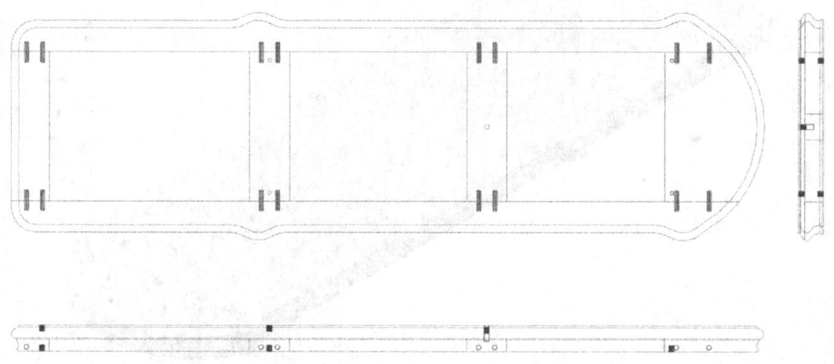

图5.2.71　使用〖显示和隐藏〗中的组合命令（将面板的图形单独显示）

先将面板尾部的圆弧曲线进行隐藏，双击将线段延长，如图5.2.72所示。

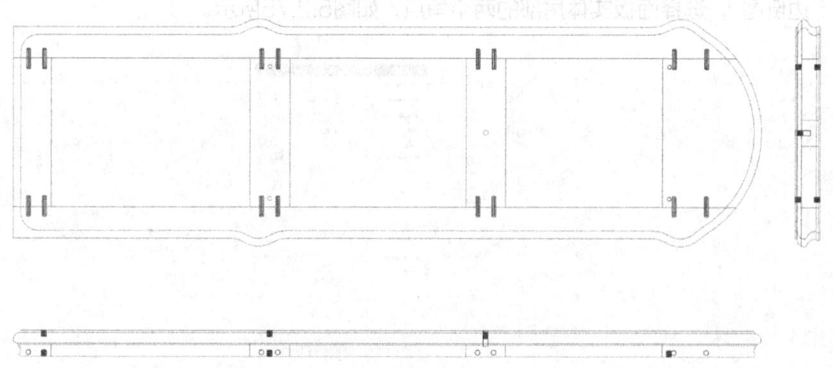

图5.2.72　延长线段（使用〖编辑曲线〗-〖分割曲线〗在交点处进行打断）

使用〖插入〗-〖派生曲线〗-〖光顺曲线串〗，如图5.2.73所示。

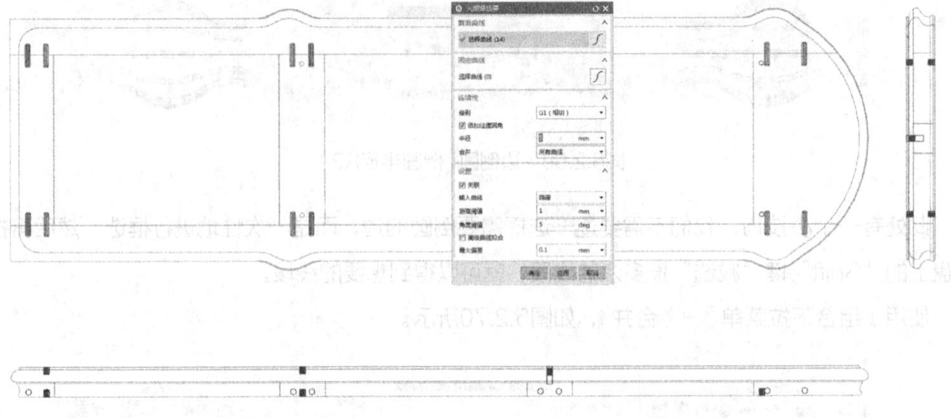

图5.2.73　使用〖光顺曲线串〗命令（选择视图中除直线以外的圆弧线段合并为一个整体）

使用〖拉伸〗，选择面板的外形轮廓，如图5.2.74所示。

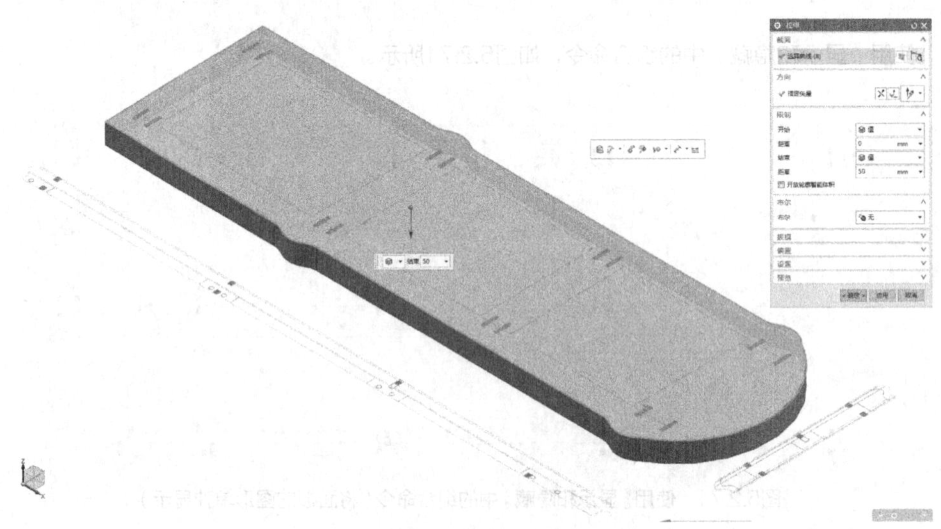

图5.2.74　拉伸面板的外部轮廓（向下拉伸50mm）

使用〖边倒圆〗，选择面板实体尾部的两个角点，如图5.2.75所示。

图5.2.75　边倒圆（倒圆半径R50）

使用〖拆分体〗，选择〖新建平面〗，如图5.2.76所示。

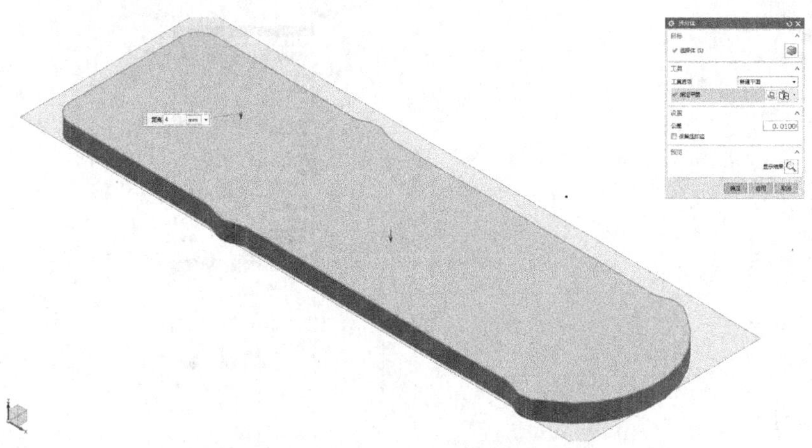

图5.2.76　拆分实体（以顶面为基准向下偏置4mm将面板进行拆分）

使用〖偏置面〗，选择第1层实体的外侧边，如图5.2.77所示。

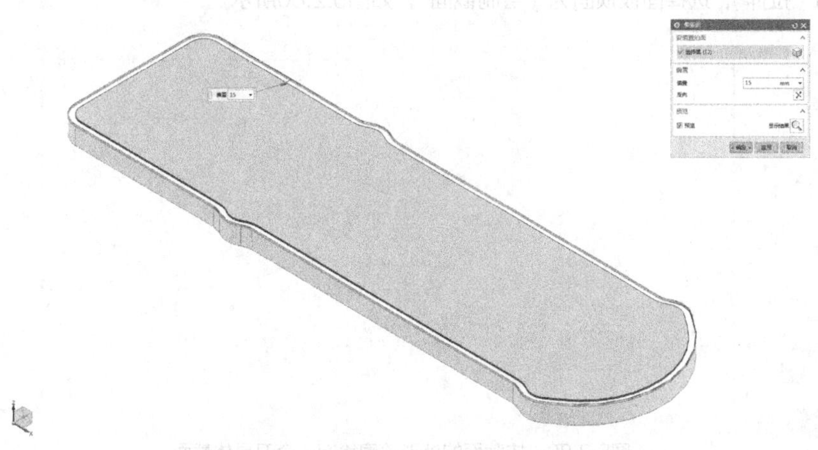

图5.2.77　偏置第1层实体的外侧边（向内缩进15mm）

使用〖组合下拉菜单〗-〖合并〗，如图5.2.78所示。

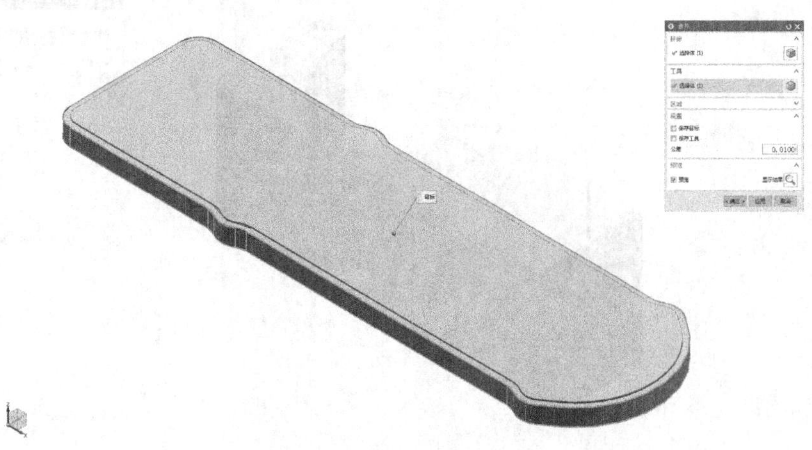

图5.2.78　将两层实体求和

使用〖插入〗-〖派生曲线〗-〖光顺曲线串〗，如图5.2.79所示。

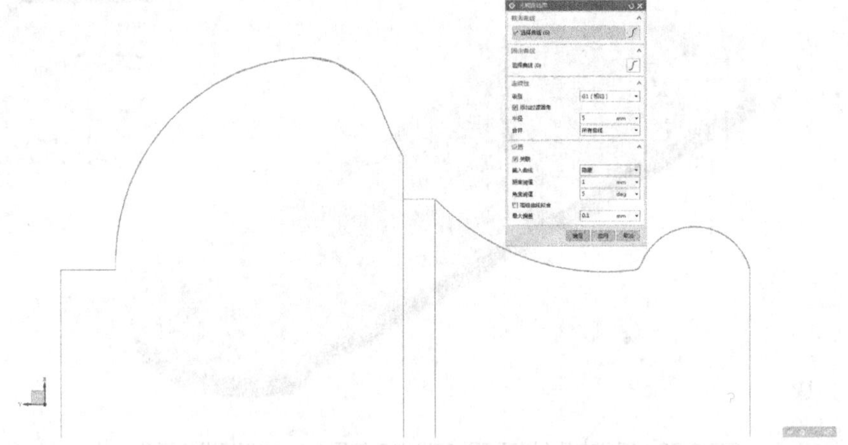

图5.2.79 使用〖光顺曲线串〗命令（选择面板刀型轮廓中除直线以外的圆弧线段合并为一个整体）

使用〖拉伸〗，选择面板顶面为〖绘制截面〗，如图5.2.80所示。

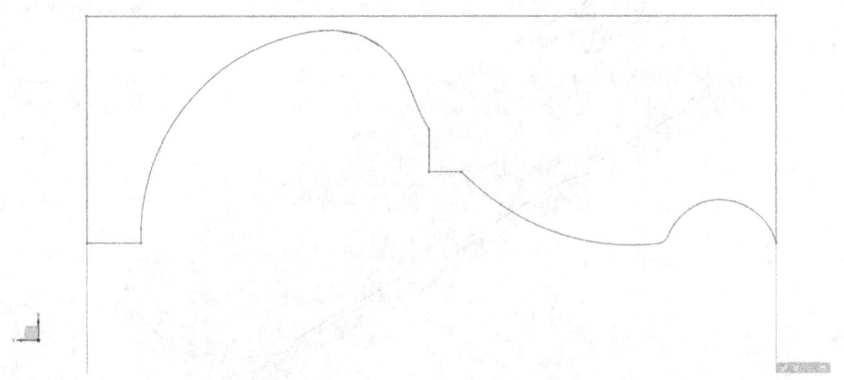

图5.2.80 按截面的外形轮廓绘制一个刀具体截面

点击〖完成草图〗，回到拉伸界面，如图5.2.81所示。

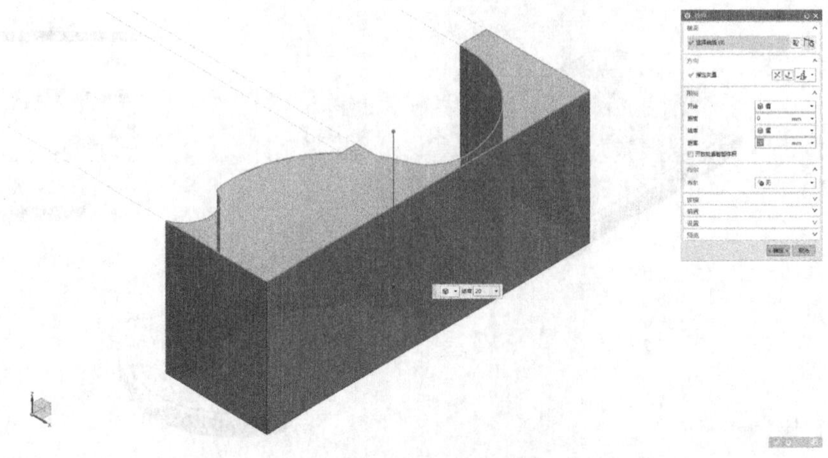

图5.2.81 回到拉伸界面（向下拉伸20mm）

使用〖移动对象〗，将刀具体定位到面板尾部，如图5.2.82所示。

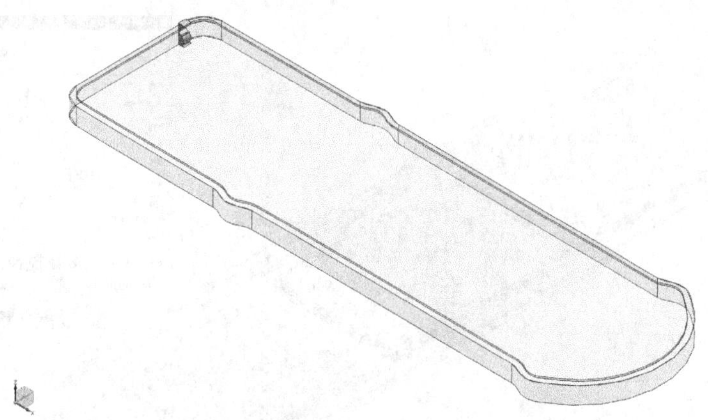

图5.2.82　移动刀具体（定位点为面板尾部圆弧和直线的相切点）

使用〖插入〗-〖扫掠〗-〖沿引导线扫掠〗，如图5.2.83所示。

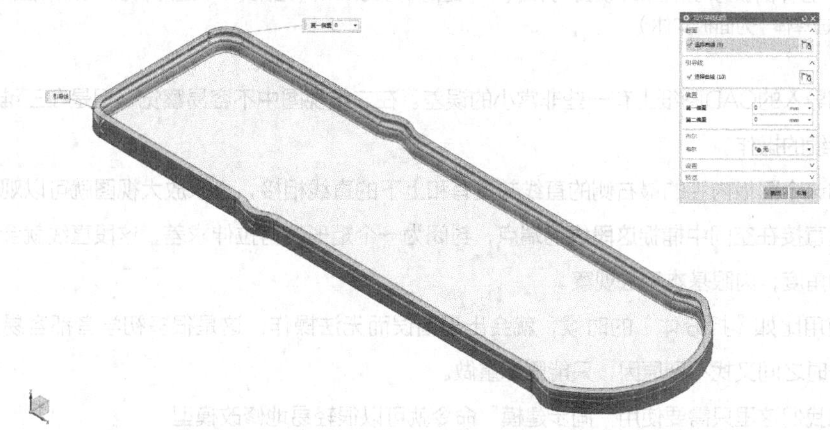

图5.2.83　使用〖沿引导线扫掠〗命令（选择〖截面〗为刀具体的截面轮廓，〖引导线〗依次选择面板的最大外形轮廓线。〖布尔〗设置为〖无〗）

使用〖组合下拉菜单〗-〖减去〗，如图5.2.84所示。

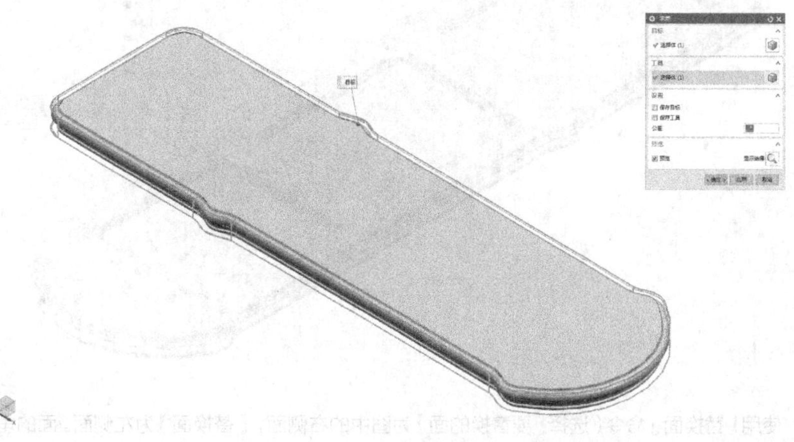

图5.2.84　使用〖减去〗命令（选择〖目标〗面板，〖工具〗为扫掠体。〖公差〗设置为0.1）

使用〖拉伸〗，选择面板的内空轮廓，如图5.2.85所示。

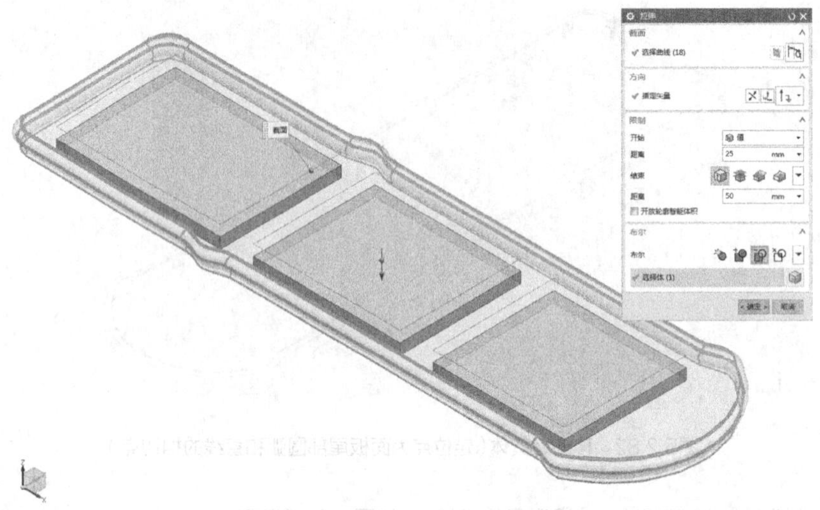

图5.2.85　拉伸面板的内空轮廓（设置〖开始〗-〖距离〗为25mm，〖结束〗-〖距离〗为50mm，在〖布尔〗中选择求差。〖选择体〗为面板实体）

我们导入的CAD图纸上有一些非常小的误差。在二维视图中不容易察觉，但是在三维模型中就会影响后续的操作。

比如这个面板内腔的最右侧的直线并没有和上下的直线相接，大家放大视图就可以观察到。如果我们是直接在空间中捕捉这段线的端点，封闭为一个矩形的再拉伸求差，这段直线就会形成一个非常小的角度，肉眼基本无法观察。

再使用比如〖拆分体〗的时候，就会出现错误而无法操作。这是很多初学者都容易遇到的问题，而一时之间又找不到原因，只能删掉重做。

所以我们这里只需要使用“同步建模”命令就可以很轻易地修改模型。

使用〖同步建模〗-〖替换面〗，如图5.2.86所示。

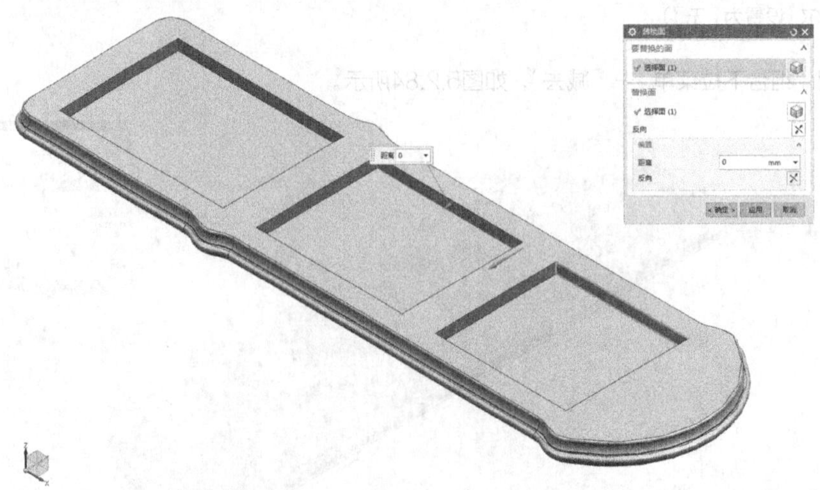

图5.2.86　使用〖替换面〗命令（选择〖要替换的面〗为图中的右侧面，〖替换面〗为左侧面。面的角度就被修正。使用相同的方法完成另外一边）

使用〖拆分体〗，选择〖新建平面〗，如图5.2.87所示。

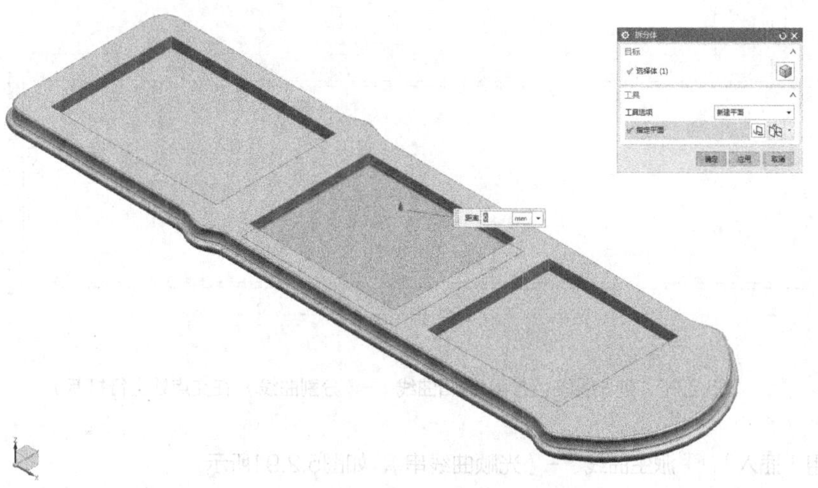

图5.2.87　拆分实体（选择面板内空的底面为拆分面）

使用〖拆分体〗，选择〖新建平面〗，如图5.2.88所示。

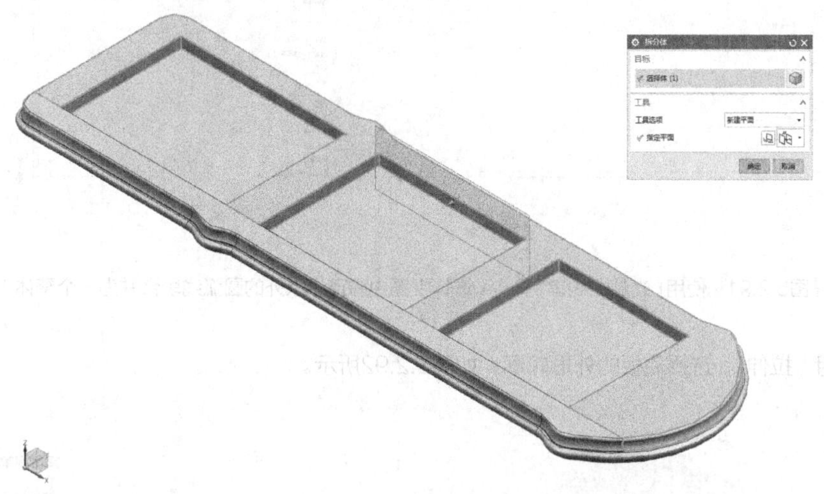

图5.2.88　拆分实体（依次选择面板内空的两个长侧面为拆分面）

使用〖显示和隐藏〗中的组合命令，如图5.2.89所示。

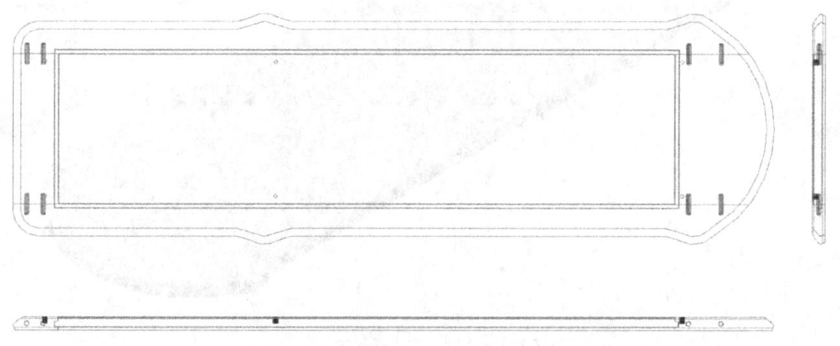

图5.2.89　使用〖显示和隐藏〗中的组合命令（将底板的图形单独显示）

双击面板尾部的圆弧曲线的相切直线，将线段延长，如图5.2.90所示。

图5.2.90　延长线段（使用〖编辑曲线〗-〖分割曲线〗，在交点处进行打断）

使用〖插入〗-〖派生曲线〗-〖光顺曲线串〗，如图5.2.91所示。

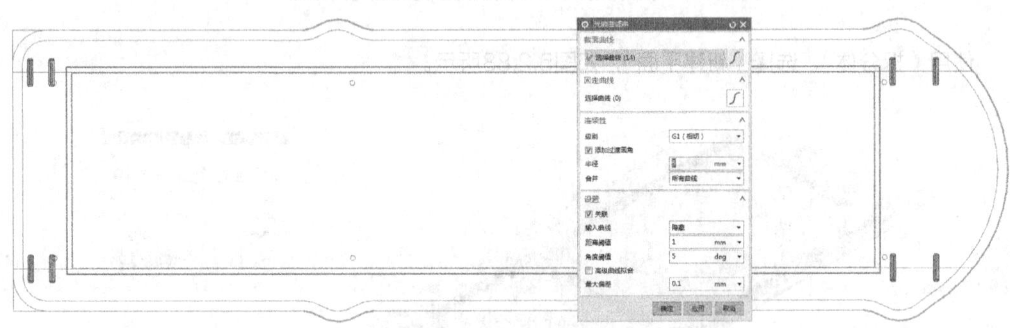

图5.2.91　使用〖光顺曲线串〗命令（选择视图中除直线以外的圆弧线段合并为一个整体）

使用〖拉伸〗，选择底板的外形轮廓，如图5.2.92所示。

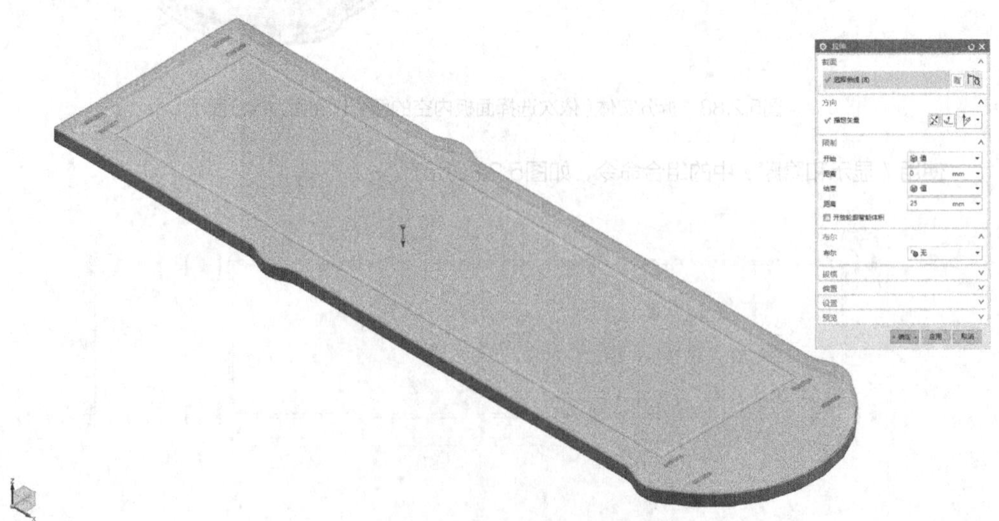

图5.2.92　拉伸底板的外形轮廓（向下拉伸25mm）

使用〖边倒圆〗，选择底板实体尾部的两个角点，如图5.2.93所示。

图5.2.93　边倒圆（倒圆半径R50）

使用〖拆分体〗，选择〖新建平面〗，如图5.2.94所示。

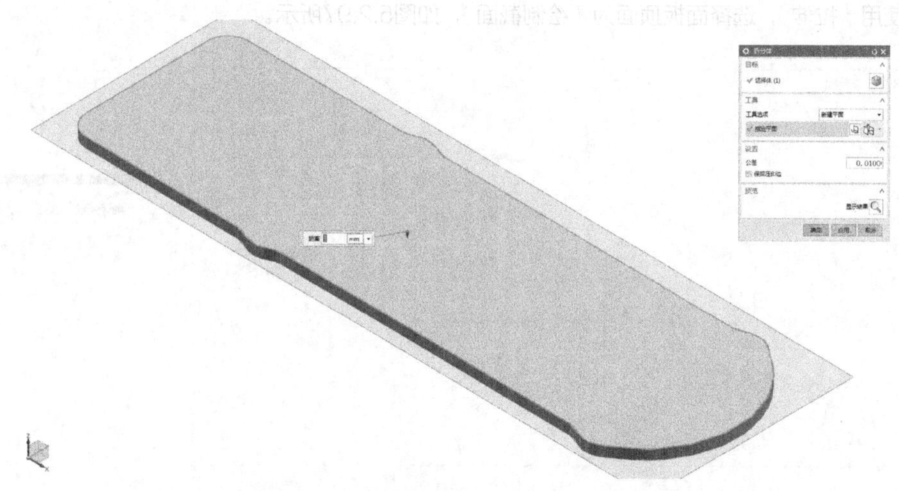

图5.2.94　拆分实体（以顶面为基准向下偏置3mm将底板进行拆分）

使用〖偏置面〗，选择第1层实体的外侧边，如图5.2.95所示。

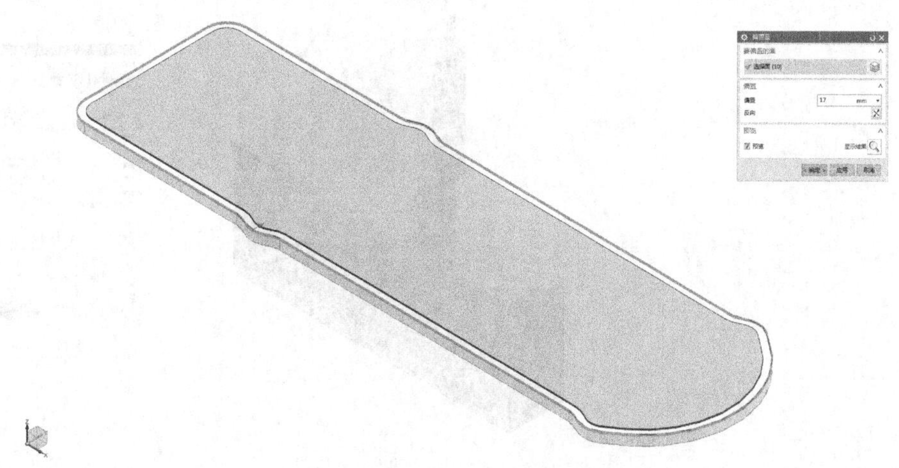

图5.2.95　偏置第1层实体的外侧边（向内缩进17mm）

使用〖插入〗-〖派生曲线〗-〖光顺曲线串〗，如图5.2.96所示。

图5.2.96　使用〖光顺曲线串〗命令（选择底板刀型轮廓中除直线以外的圆弧线段合并为一个整体）

使用〖拉伸〗，选择面板顶面为〖绘制截面〗，如图5.2.97所示。

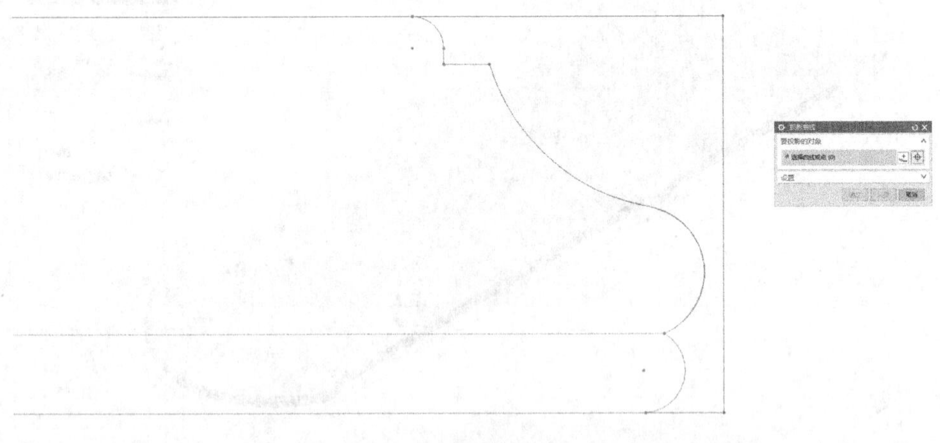

图5.2.97　选择绘制截面（按截面的外形轮廓绘制一个刀具体截面）

点击〖完成草图〗，回到拉伸界面，如图5.2.98所示。

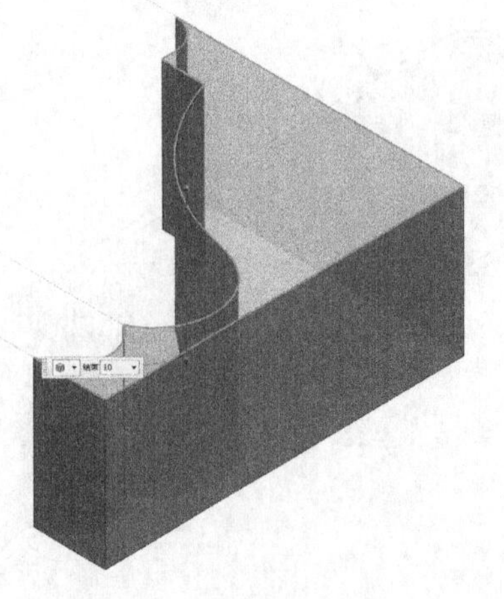

图5.2.98　回到拉伸界面（向下拉伸20mm）

使用〖移动对象〗，将刀具体定位到底板尾部，如图5.2.99所示。

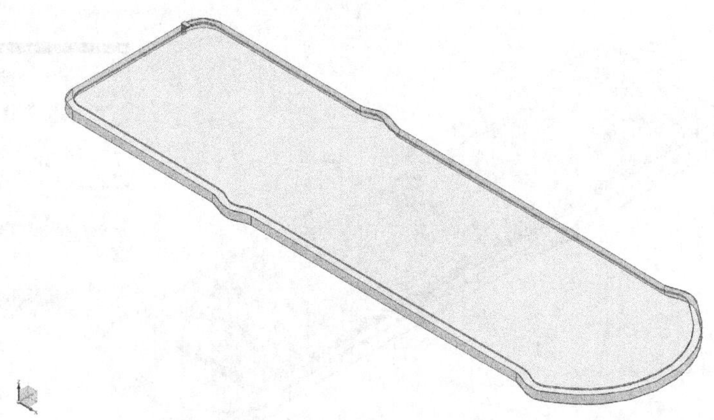

图5.2.99　移动刀具体（定位点为底板尾部圆弧和直线的相切点）

使用〖插入〗-〖扫掠〗-〖沿引导线扫掠〗，如图5.2.100所示。

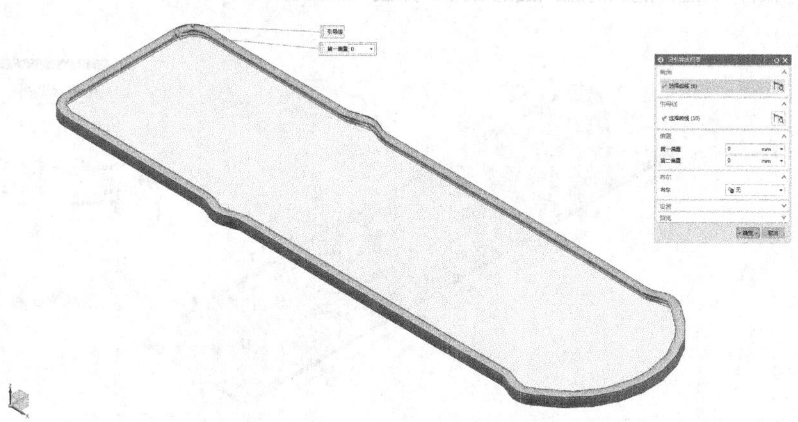

图5.2.100　使用〖沿引导线扫掠〗命令（选择〖截面〗为刀具体的截面轮廓，〖引导线〗依次选择底板的最大外形轮廓线。〖布尔〗设置为〖无〗）

使用〖组合下拉菜单〗-〖减去〗，如图5.2.101所示。

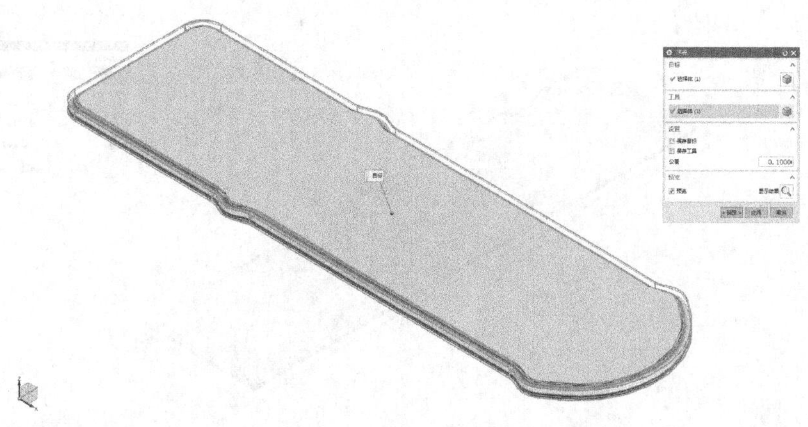

图5.2.101　使用〖减去〗命令（选择〖目标〗底板，〖工具〗为扫掠体。〖公差〗设置为0.1）

使用〖拉伸〗，选择底板的内腔轮廓线，如图5.2.102所示。

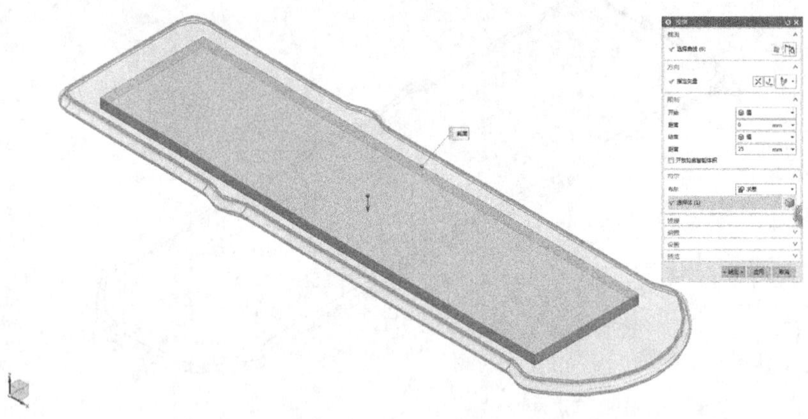

图5.2.102　拉伸底板的内腔轮廓线（向下拉伸25mm，〖布尔〗选择和底板〖求差〗）

使用〖拉伸〗，选择底板内腔顶面的外形，如图5.2.103所示。

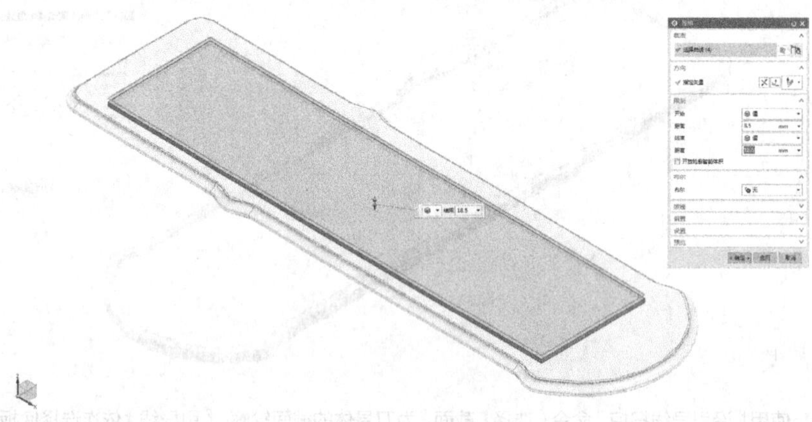

图5.2.103　拉伸底板内腔顶面的外形（设置〖开始〗-〖距离〗为8.5mm，〖结束〗-〖距离〗为18.5mm）

使用〖偏置面〗，选择上步实体的4个侧面，如图5.2.104所示。

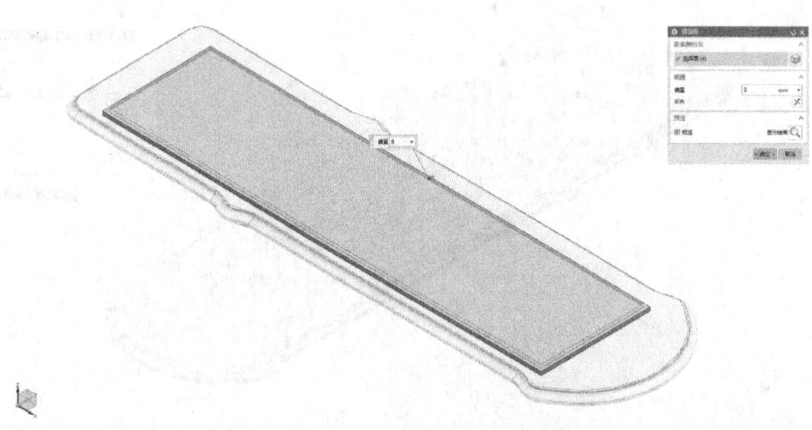

图5.2.104　偏置上步实体的4个侧面（向外延伸8mm）

使用〖组合下拉菜单〗-〖求差〗，如图5.2.105所示。

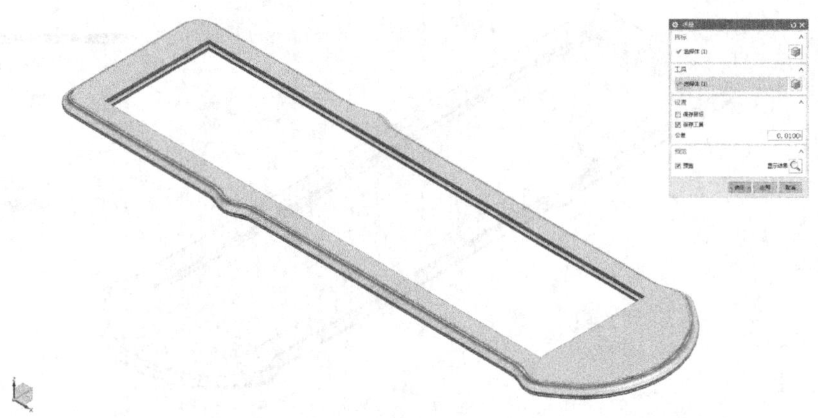

图5.2.105　使用〖求差〗命令（〖目标〗选择底板，〖工具〗选择上步的实体，勾选〖保存工具〗）

使用〖拉伸〗，选择底板内腔顶面的外形，如图5.2.106所示。

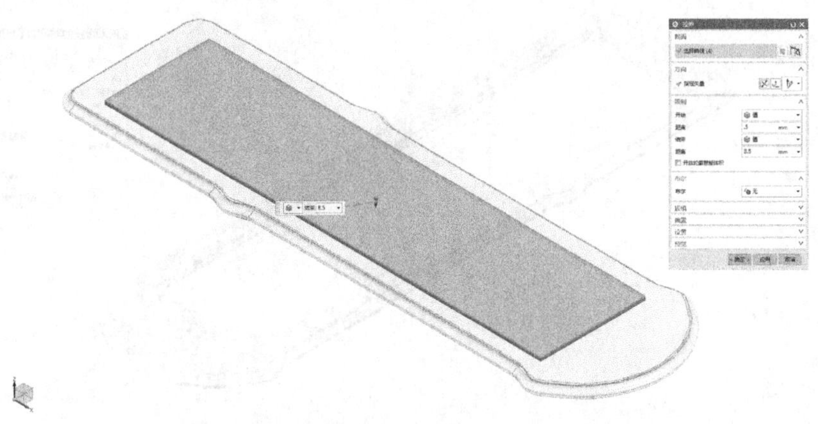

图5.2.106　拉伸底板内腔顶面的外形（设置〖开始〗-〖距离〗为0.5mm，〖结束〗-〖距离〗为8.5mm）

使用〖偏置面〗，同时选择2层芯板4个侧面，如图5.2.107所示。

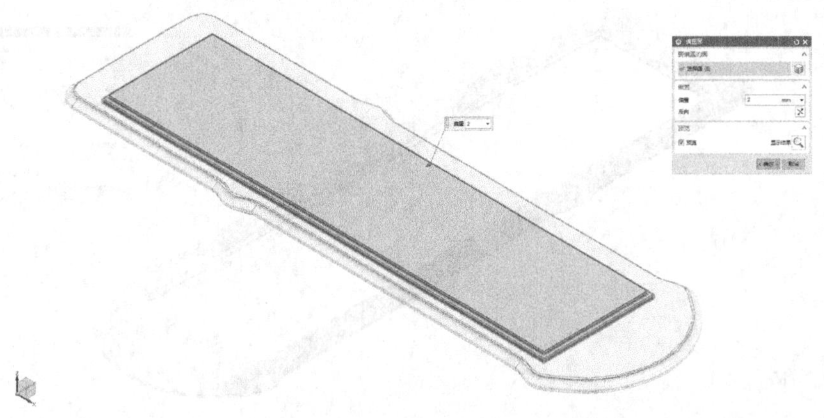

图5.2.107　偏置2层芯板的4个侧面（向内缩进2mm，然后将两个实体〖合并〗）

使用〖拆分体〗，以布尔的槽为基准平面，如图5.2.108所示。

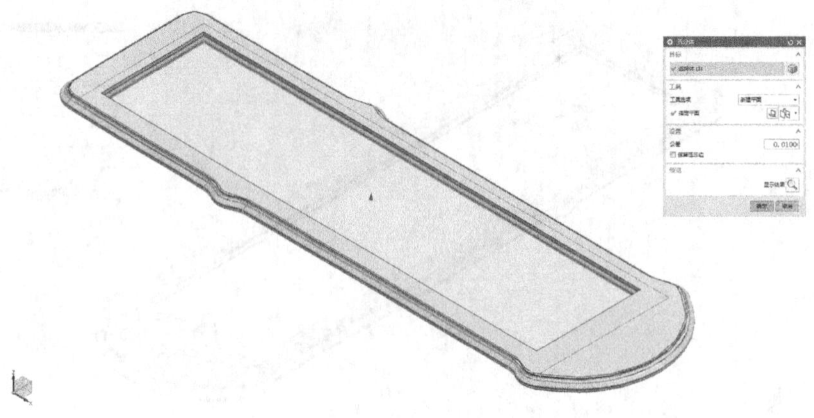

图5.2.108　拆分实体（将底板拆分为3层）

使用〖拆分体〗，同时选择顶层和底层的实体，如图5.2.109所示。

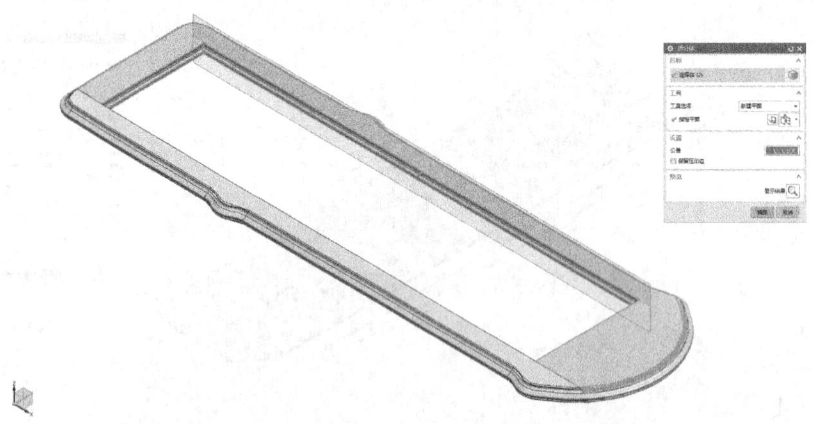

图5.2.109　拆分实体（分别选择内腔的两个长侧面为拆分平面）

使用〖拆分体〗，选择中层的实体，如图5.2.110所示。

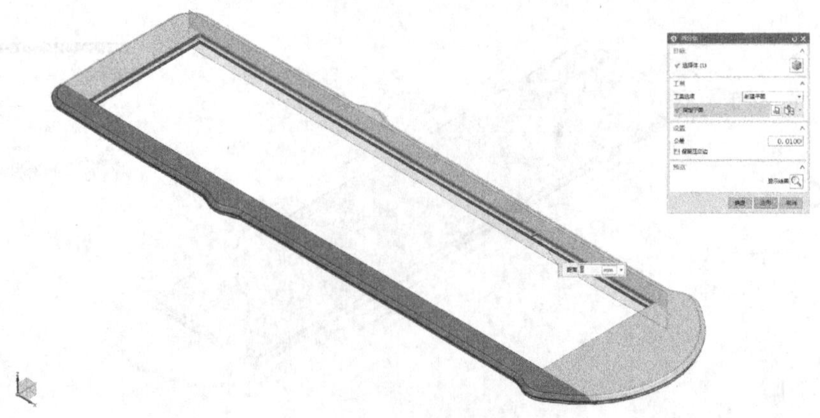

图5.2.110　拆分实体（分别选择内腔的两个长侧面为拆分平面）

使用〖组合下拉菜单〗-〖合并〗，如图5.2.111所示。

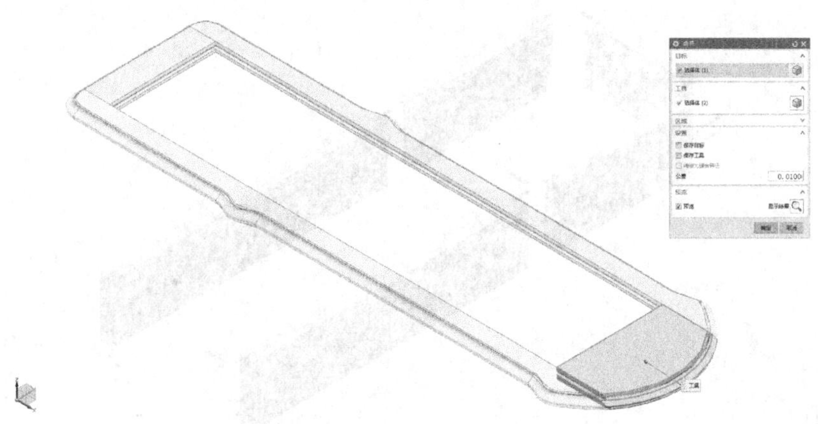

图5.2.111　按图分别将4框求和

使用〖显示和隐藏〗中的组合命令，如图5.2.112所示。

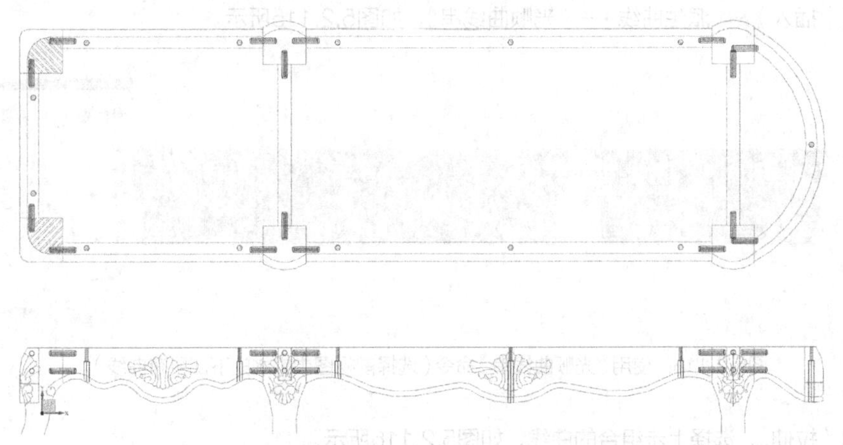

图5.2.112　使用〖显示和隐藏〗中的组合命令（将底框图形单独显示）

使用〖拉伸〗，选择图中立水的截面外形，如图5.2.113所示。

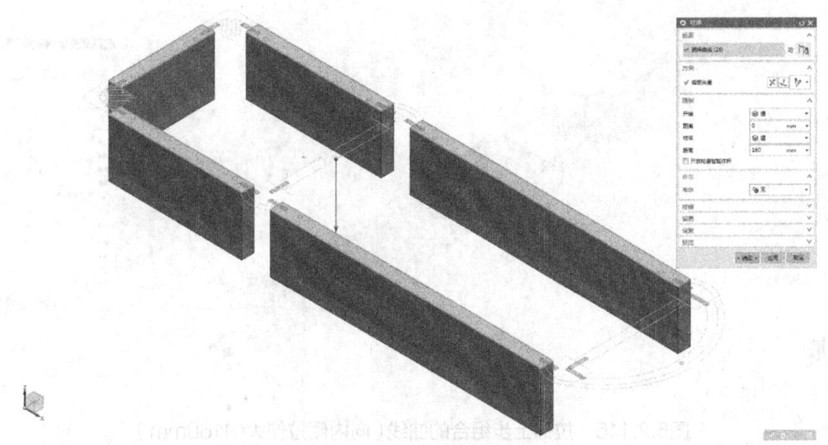

图5.2.113　拉伸立水的截面外形（向下拉伸160mm）

使用〖移动对象〗，选择前视图，如图5.2.114所示。

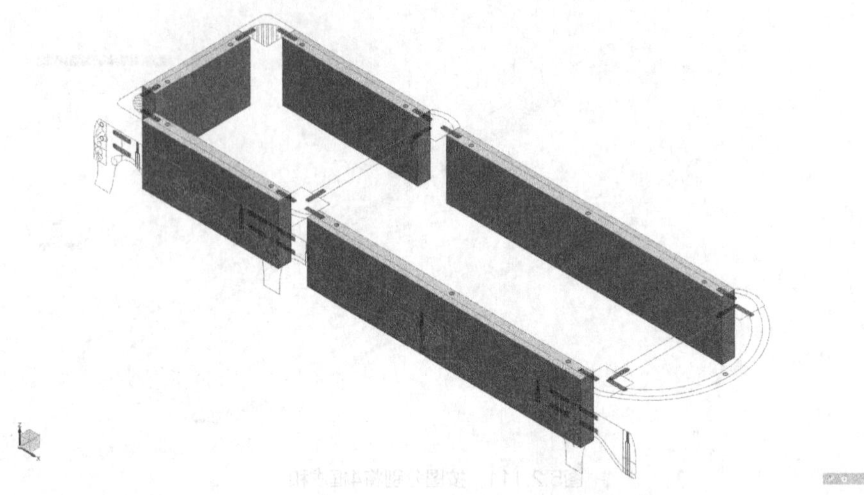

图5.2.114　移动前视图（将二维图形和三维模型进行拟合对齐）

使用〖插入〗-〖派生曲线〗-〖光顺曲线串〗，如图5.2.115所示。

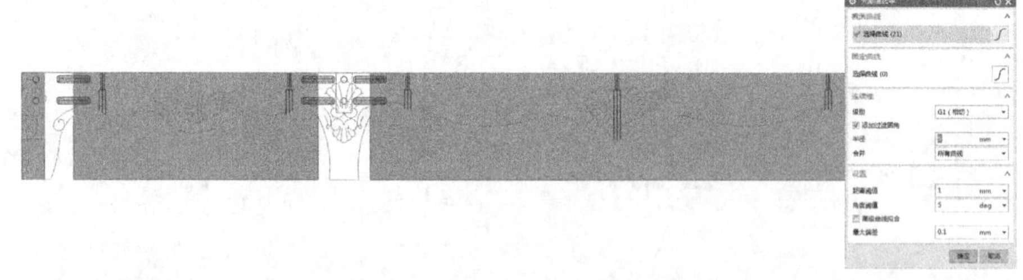

图5.2.115　使用〖光顺曲线串〗命令（选择前视图中立水的下部所有曲线）

使用〖拉伸〗，选择上步组合的曲线，如图5.2.116所示。

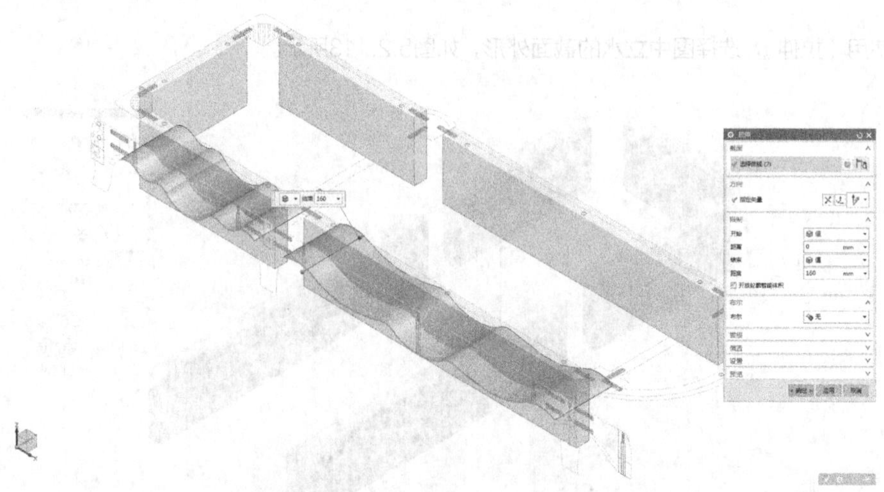

图5.2.116　拉伸上步组合的曲线（向内侧拉伸大约160mm）

使用〖同步建模〗-〖替换面〗，如图5.2.117所示。

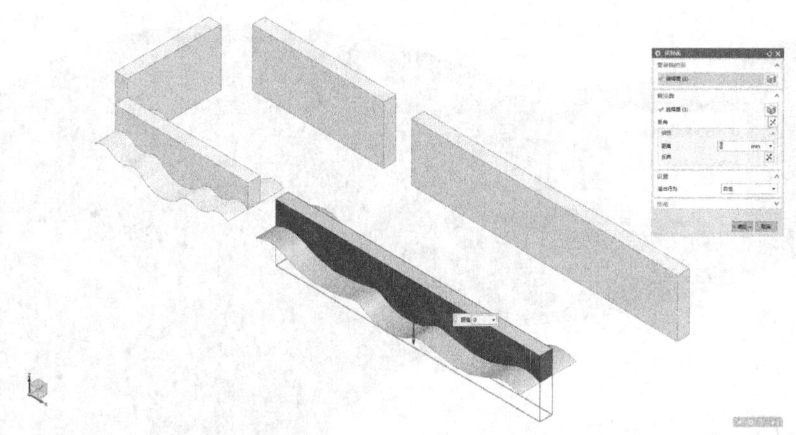

图5.2.117　使用〖替换面〗命令（〖要替换的面〗为立水的底面，〖替换面〗为上步拉伸的曲面。依次替换出2个立水的下部造型）

使用〖插入〗-〖派生曲线〗-〖光顺曲线串〗，如图5.2.118所示。

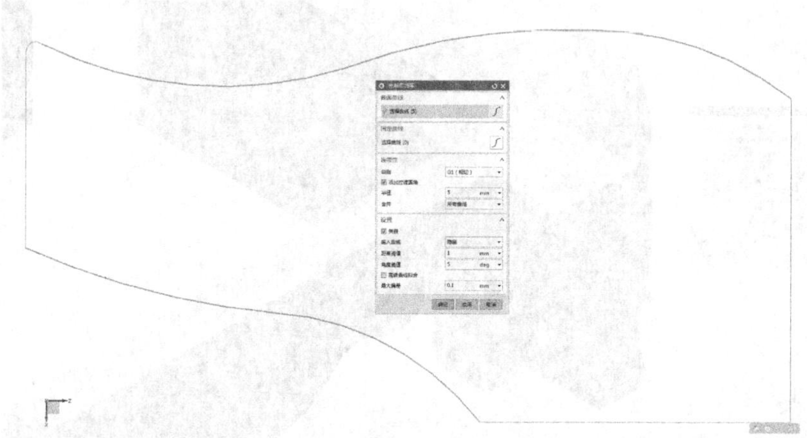

图5.2.118　使用〖光顺曲线串〗命令（选择轮廓中除直线和左上圆角以外的圆弧线段合并为一个整体）

使用〖拉伸〗，选择上步的外形轮廓，如图5.2.119所示。

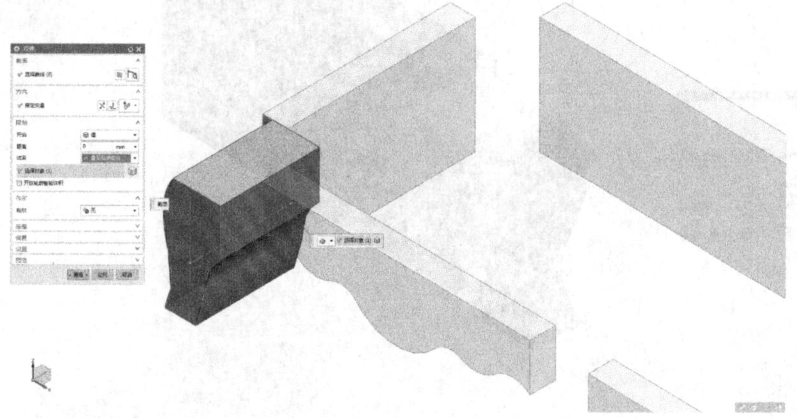

图5.2.119　拉伸上步的外形轮廓（设置〖直至延伸部分〗为尾立水的前端）

使用〖同步建模〗-〖删除面〗，如图5.2.120所示。

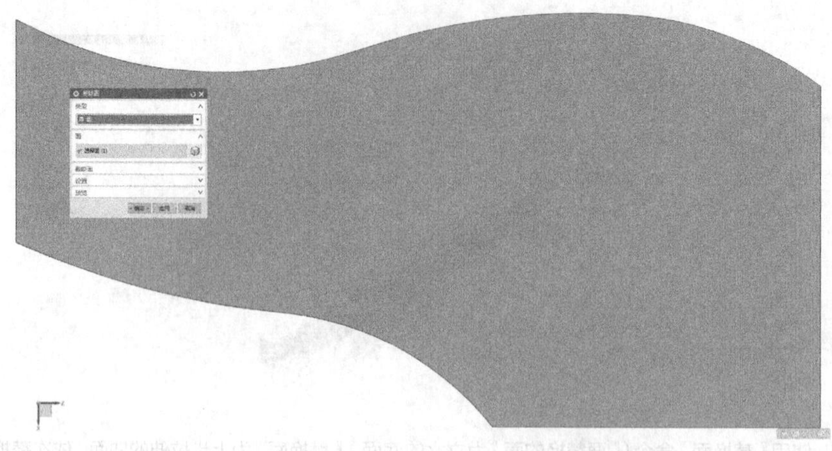

图5.2.120　使用〖删除面〗命令（选择左上角的圆弧将其删除）

使用〖变换〗-〖通过一平面镜像〗，如图5.2.121所示。

图5.2.121　使用〖通过一平面镜像〗命令（将脚柱以两个立水的夹角面为镜像平面进行复制）

使用〖组合下拉菜单〗-〖求交〗，如图5.2.122所示。

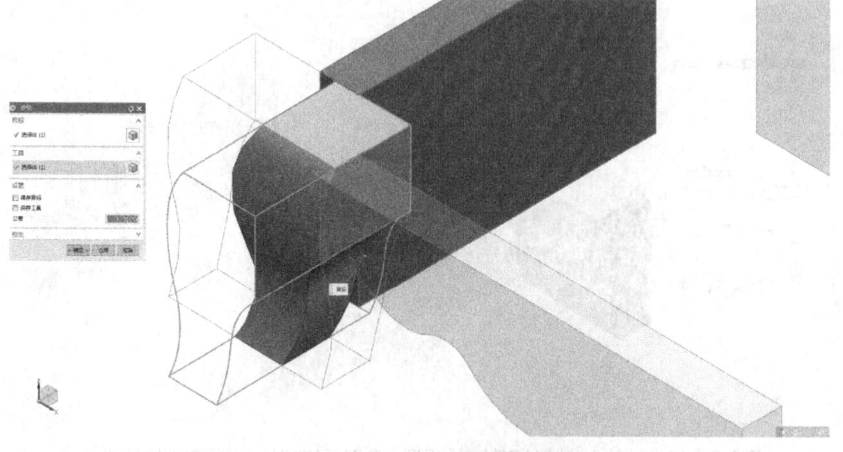

图5.2.122　选择两个实体相交出脚柱的外形

使用〖拉伸〗，选择脚柱的脊线，如图5.2.123所示。

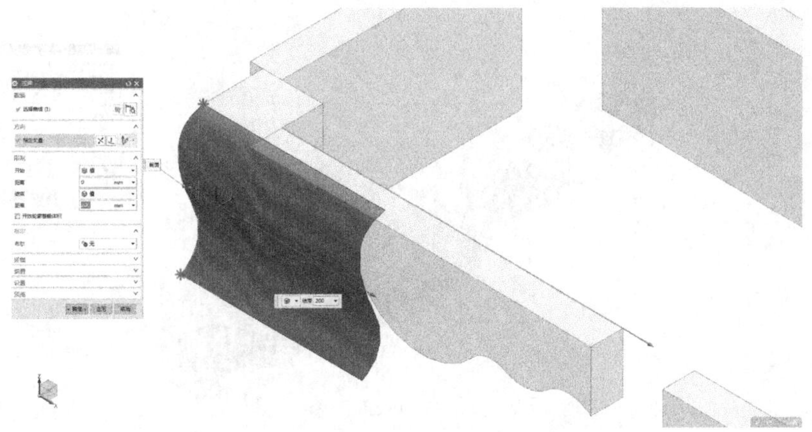

图5.2.123　拉伸脚柱的脊线（〖指定矢量〗为立水的长边，距离200mm）

使用〖同步建模〗-〖替换面〗，如图5.2.124所示。

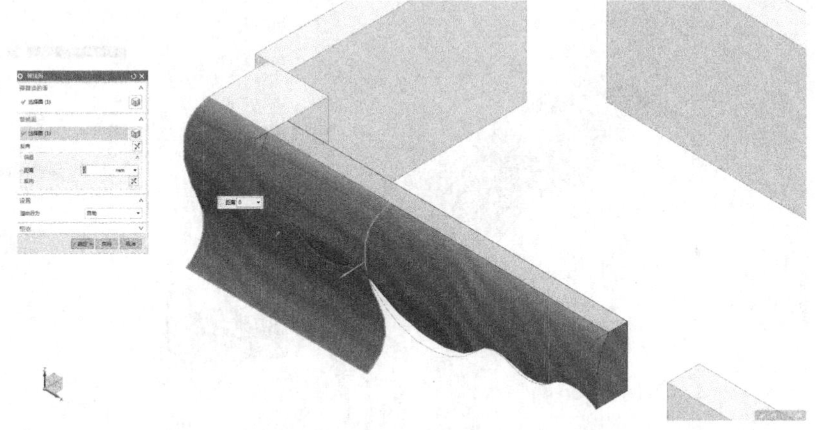

图5.2.124　使用〖替换面〗命令（〖要替换的面〗为短立水的前面，〖替换面〗为曲面）

继续使用〖同步建模〗-〖替换面〗，如图5.2.125所示。

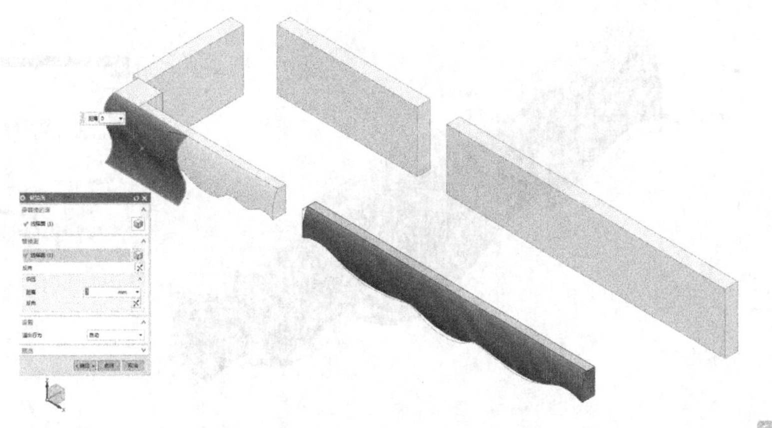

图5.2.125　继续使用〖替换面〗命令（〖要替换的面〗为长立水的前面，〖替换面〗为曲面）

使用〖偏置曲面〗，选择短立水的底部曲面，如图5.2.126所示。

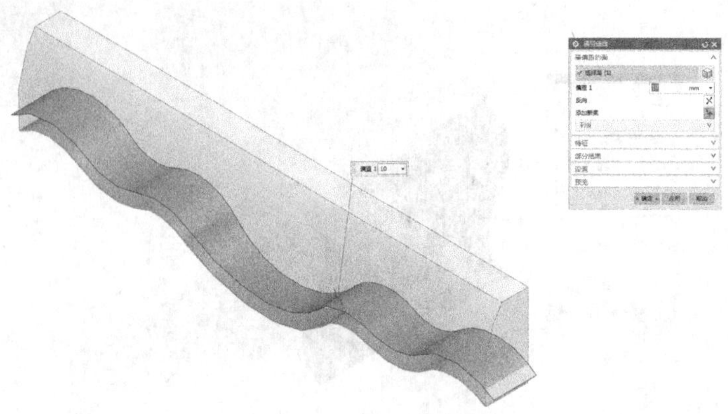

图5.2.126 偏置短立水的底部曲面（向上偏置10mm）

使用〖插入〗-〖修剪〗-〖延伸片体〗，如图5.2.127所示。

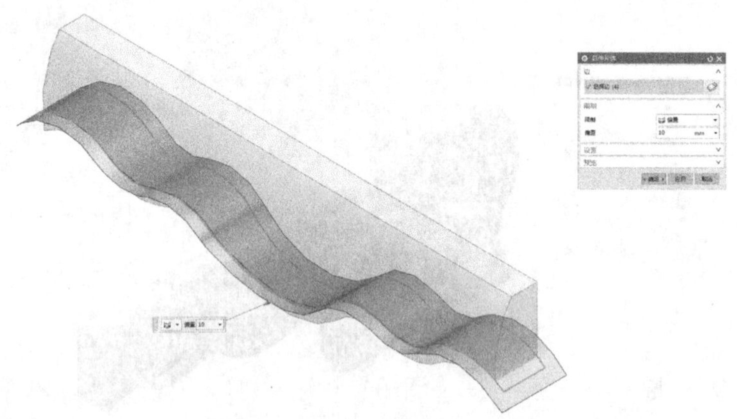

图5.2.127 使用〖延伸片体〗命令（曲面4边全部延长10mm）

使用〖拆分体〗，选择〖面或平面〗，如图5.2.128所示。

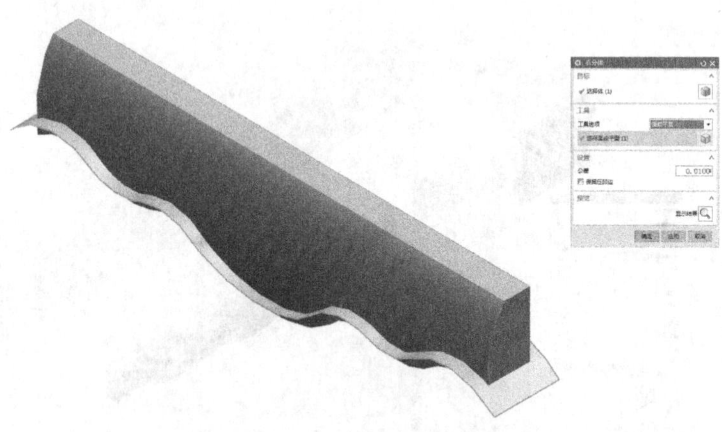

图5.2.128 拆分实体（选择上步的曲面将立水进行拆分）

使用〖边倒圆〗，选择短立水图中的3条边，如图5.2.129所示。

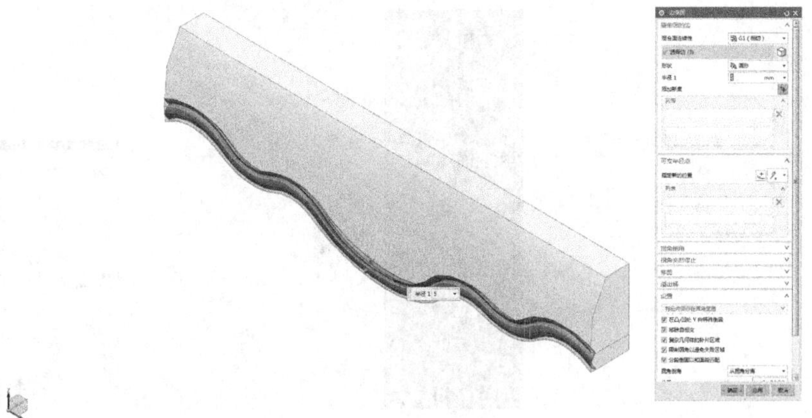

图5.2.129　边倒圆（倒圆半径R5）

使用〖边倒圆〗，选择脚柱的脊线，如图5.2.130所示。

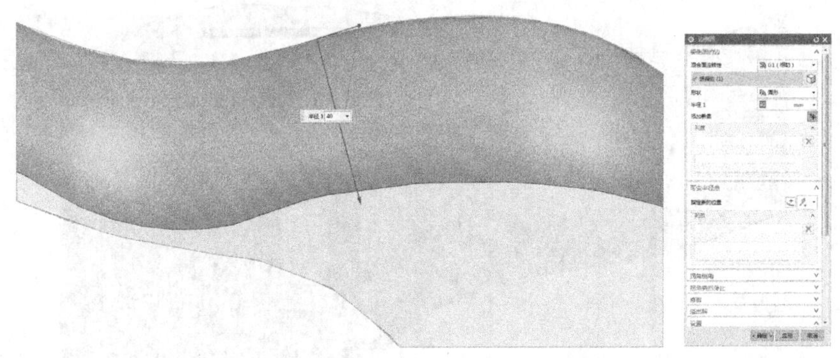

图5.2.130　边倒圆（倒圆半径R40）

使用〖拉伸〗，选择脚柱背面平面为〖绘制截面〗，如图5.2.131所示。

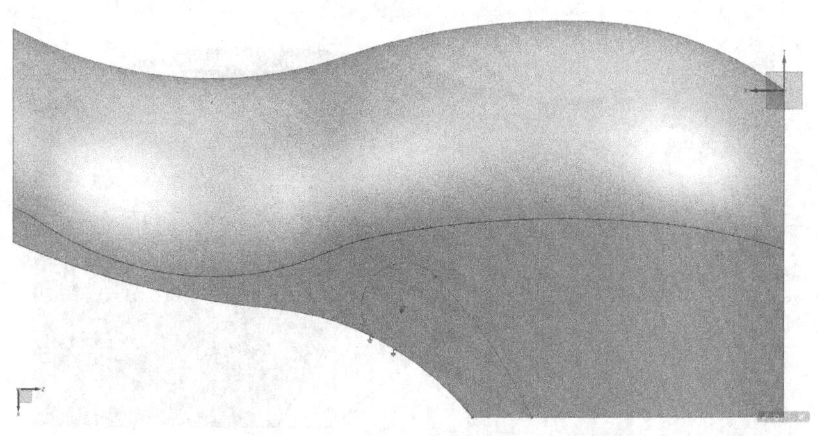

图5.2.131　选择绘制截面（参考原有线段绘制图中的截面，具体操作请参考视频教程）

点击〖完成草图〗，回到拉伸界面，如图5.2.132所示。

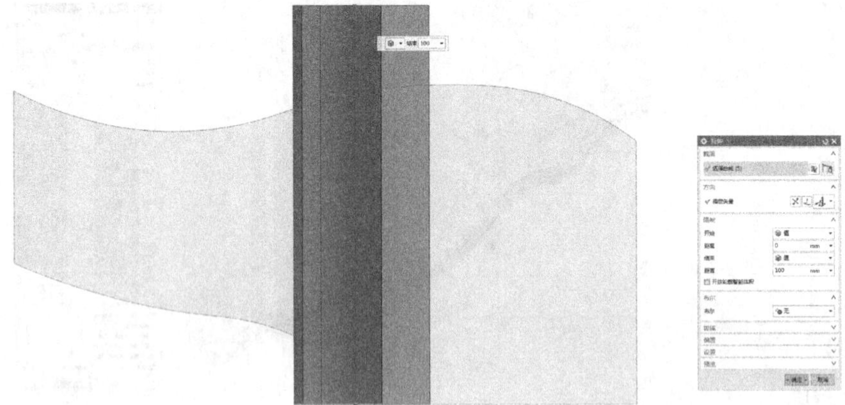

图5.2.132　回到拉伸面（向上拉伸100mm）

点击〖组合下拉菜单〗-〖求交〗，如图5.2.133所示。

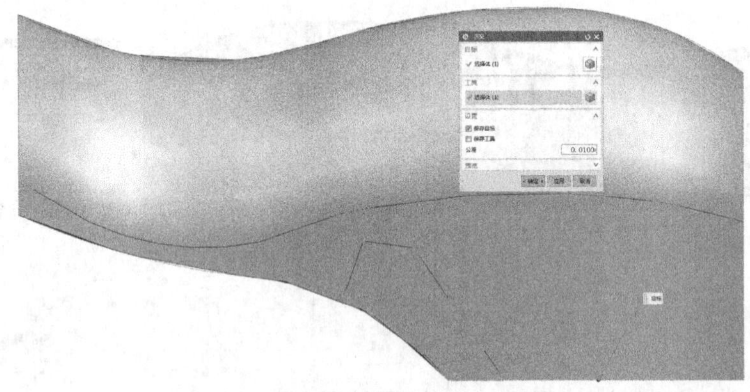

图5.2.133　使用〖求交〗命令（〖目标〗选择脚柱体，〖工具〗选择小实体，勾选〖保存目标〗）

点击〖组合下拉菜单〗-〖减去〗，如图5.2.134所示。

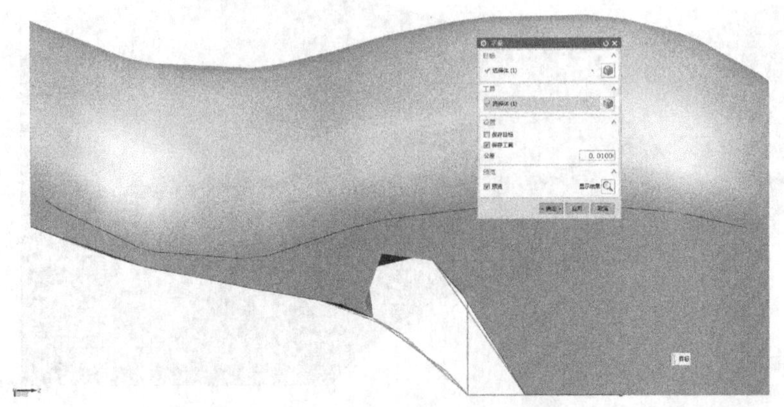

图5.2.134　使用〖减去〗命令（〖目标〗选择脚柱体，〖工具〗选择小实体，勾选〖保存工具〗）

点击〖边倒圆〗，选择脚柱缺口的外形，如图5.2.135所示。

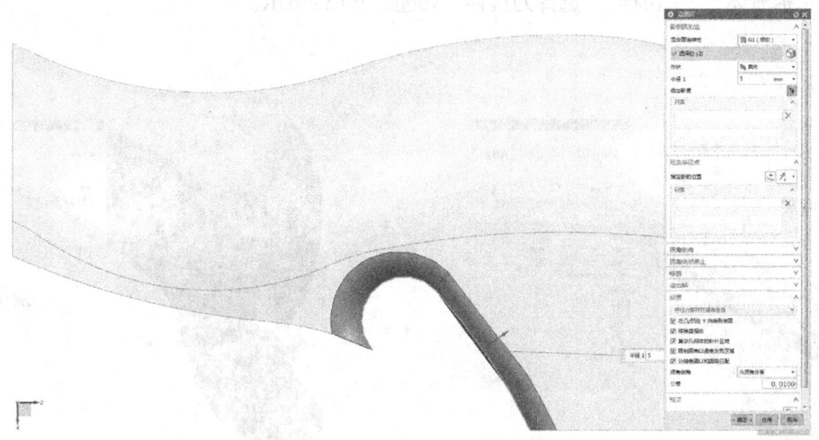

图5.2.135　边倒圆（倒圆半径R5）

点击〖边倒圆〗，选择刀具体的一侧边，如图5.2.136所示。

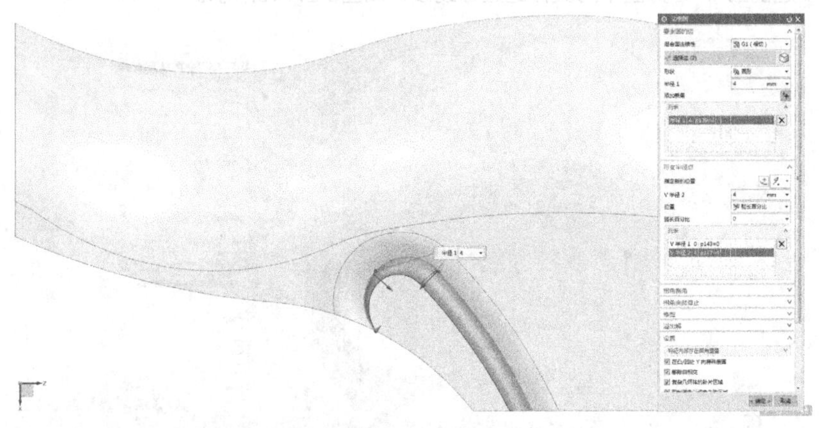

图5.2.136　边倒圆（按图中参数倒可变半径圆角）

使用〖拉伸〗，选择脚柱背面平面〖绘制截面〗，如图5.2.137所示。

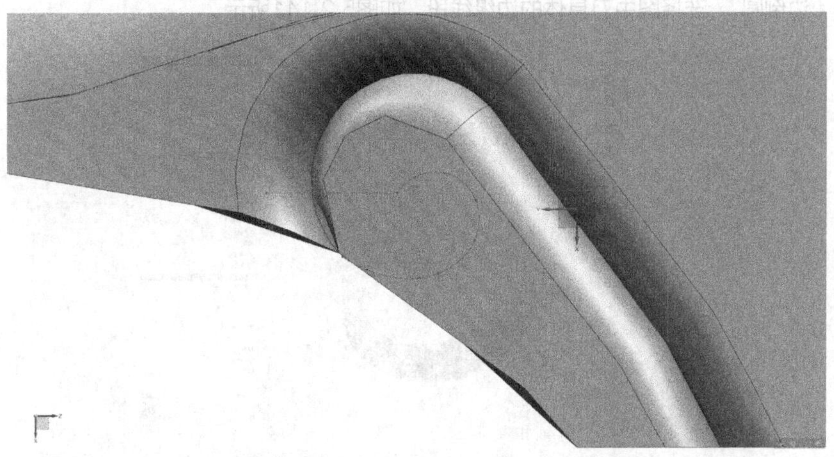

图5.2.137　选择绘制截面（绘制图中的两段线，具体操作请参考视频教程）

点击〖完成草图〗，回到拉伸界面，如图5.2.138所示。

点击〖拆分体〗-〖目标〗，选择刀具体，如图5.2.139所示。

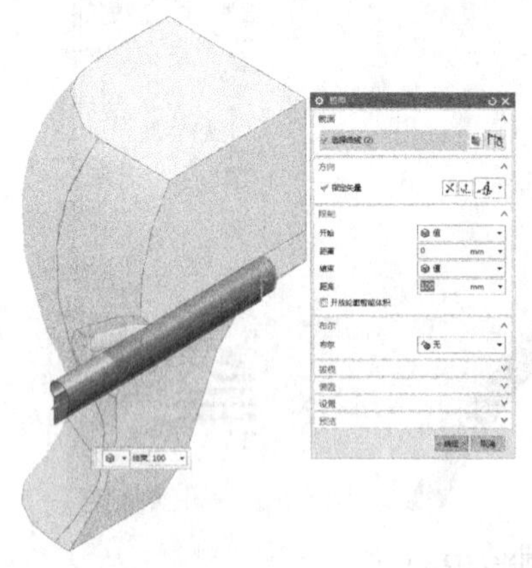

图5.2.138　回到拉伸界面（向外拉伸100mm）

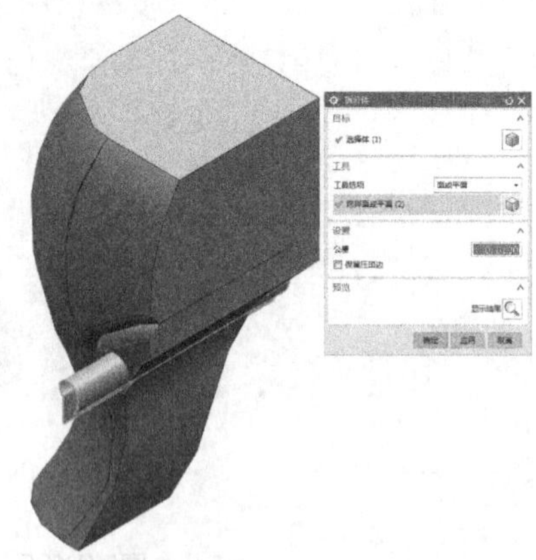

图5.2.139　拆分实体（〖工具〗选择上步曲面）

点击〖边倒圆〗，选择图中刀具体的边缘线段，如图5.2.140所示。

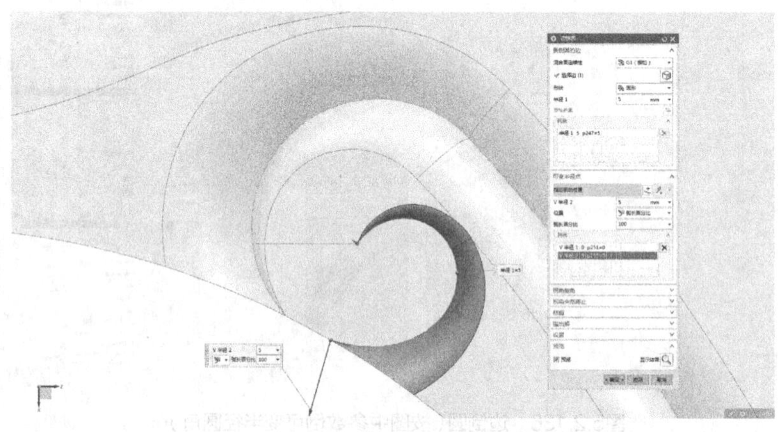

图5.2.140　边倒圆（按图中参数倒可变半径圆角）

点击〖边倒圆〗，选择图中刀具体的边缘线段，如图5.2.141所示。

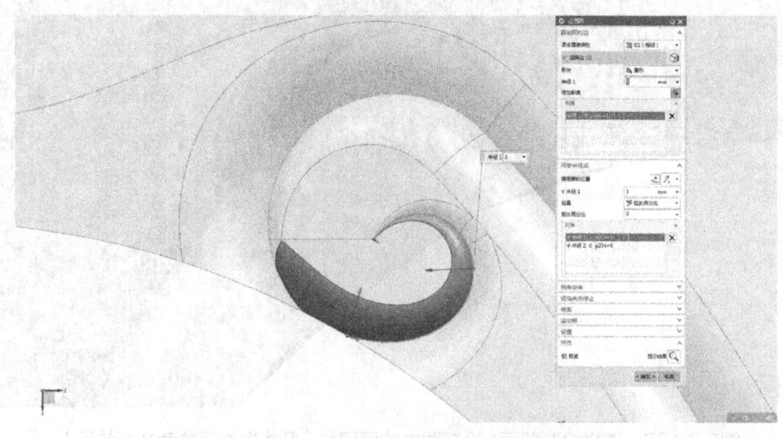

图5.2.141　边倒圆（按图中参数倒可变半径圆角）

点击〖组合下拉菜单〗-〖合并〗，如图5.2.142所示。

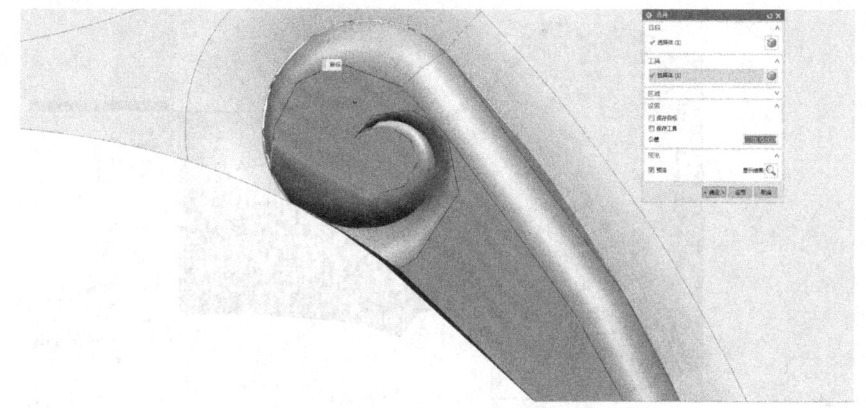

图5.2.142　将拆分的刀具体合并为一个实体

点击〖边倒圆〗，选择图中刀具体的边缘线段，如图5.2.143所示。

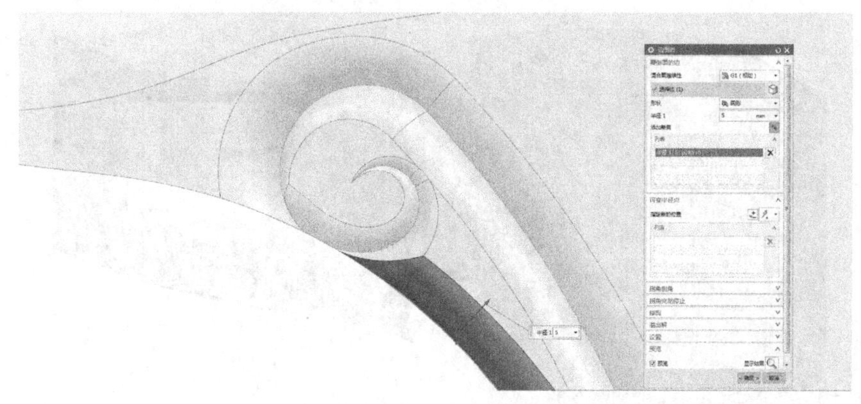

图5.2.143　边倒圆（倒圆半径R5）

点击〖同步建模〗-〖镜像面〗，如图5.2.144所示。

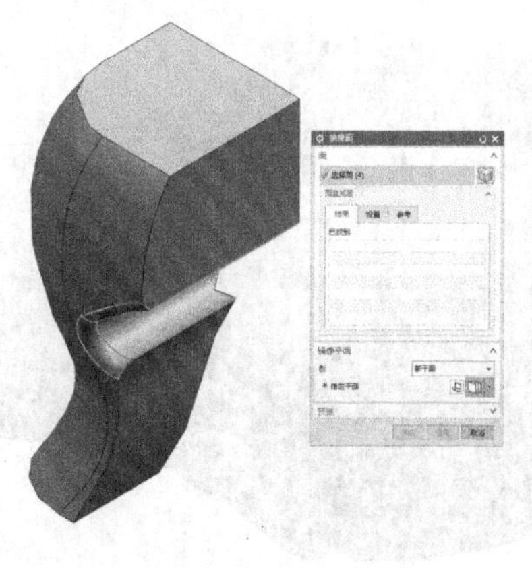

图5.2.144　使用〖镜像面〗命令（选择脚柱缺口中的所有面）

设置〖镜像平面〗-〖指定平面〗，如图5.2.145所示。

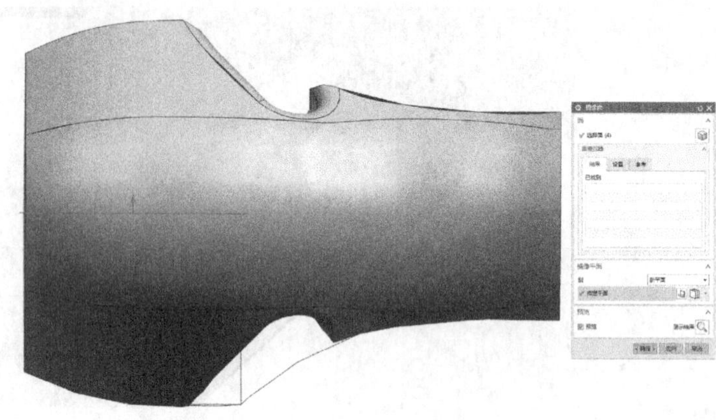

图5.2.145　使用〖指定平面〗命令（创建脚柱的夹角中分面为镜像平面）

设置〖同步建模〗-〖删除面〗，如图5.2.146所示。

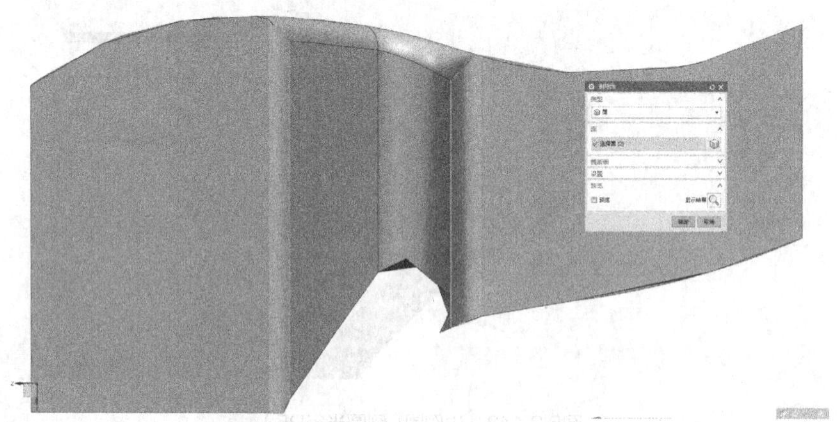

图5.2.146　使用〖删除面〗命令（删除另外一侧中的两个圆弧）

使用〖变换〗-〖通过一平面镜像〗，如图5.2.147所示。

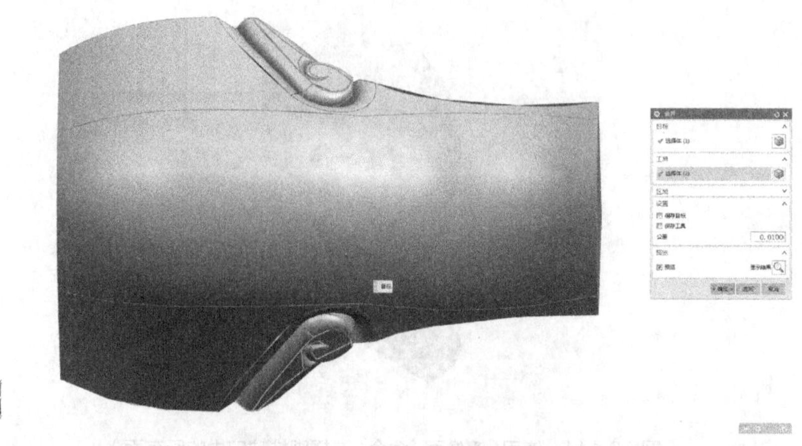

图5.2.147　使用〖通过一平面镜像〗命令（将刀具体镜像复制到另一侧，然后将3个实体〖合并〗）

使用〖拉伸〗，选择中脚最大截面轮廓，如图5.2.148所示。

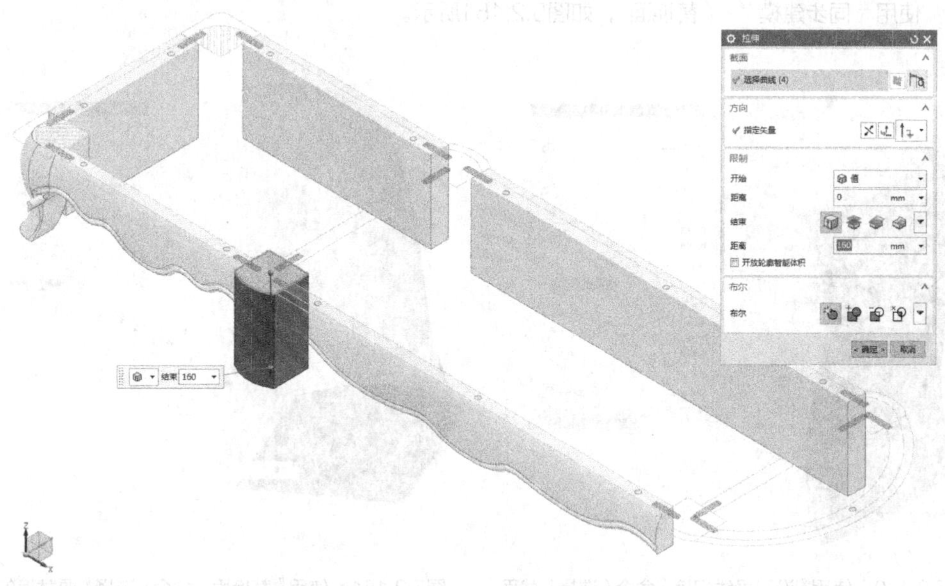

图5.2.148　拉伸中脚最大截面轮廓（向下拉伸160mm）

使用〖同步建模〗-〖替换面〗，如图5.2.149所示。

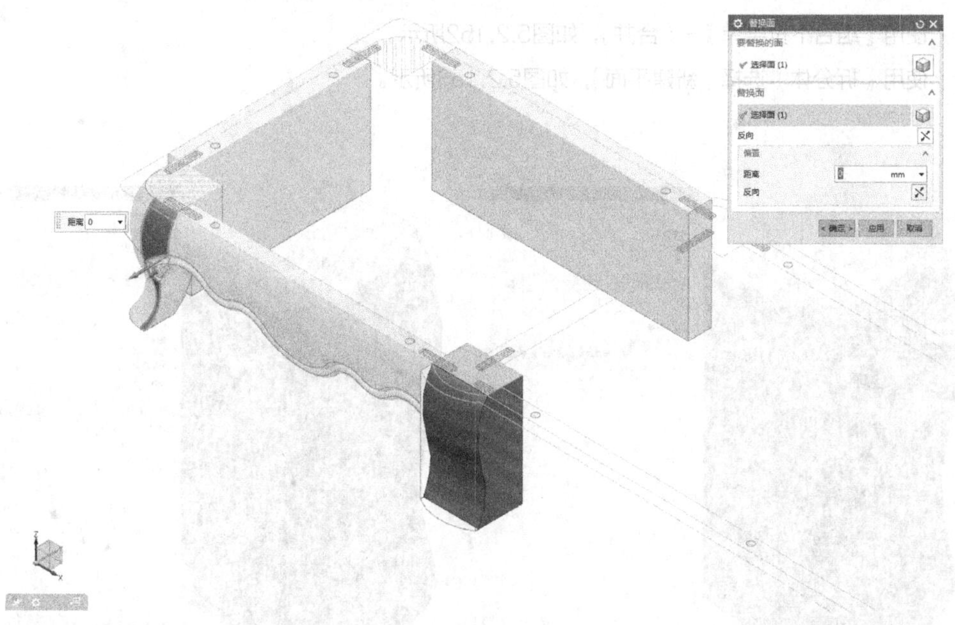

图5.2.149　使用〖替换面〗命令（选择〖要替换的面〗为中脚的前端圆弧面，〖替换面〗为左侧脚柱的侧边曲面）

其实要熟练使用〖同步建模〗，更多的是要改变自己的建模思路。如果是在其他软件中构建中脚柱的曲面，传统的思路一般是绘制截面，然后通过扫掠，最后进行布尔。而使用〖替换面〗，参照原有曲面的形状就可以将现有的曲面进行变形。而我们很容易被自己的习惯所支配，比如在上步使用〖替换面〗的时候，我就多使用了一步〖拉伸〗曲面。因为〖替换面〗可以直接选择实体的面，所以再拉伸出一个曲面就是多余的步骤。

使用〖插入〗-〖扫掠〗-〖沿引导线扫掠〗，如图5.2.150所示。

使用〖同步建模〗-〖替换面〗，如图5.2.151所示。

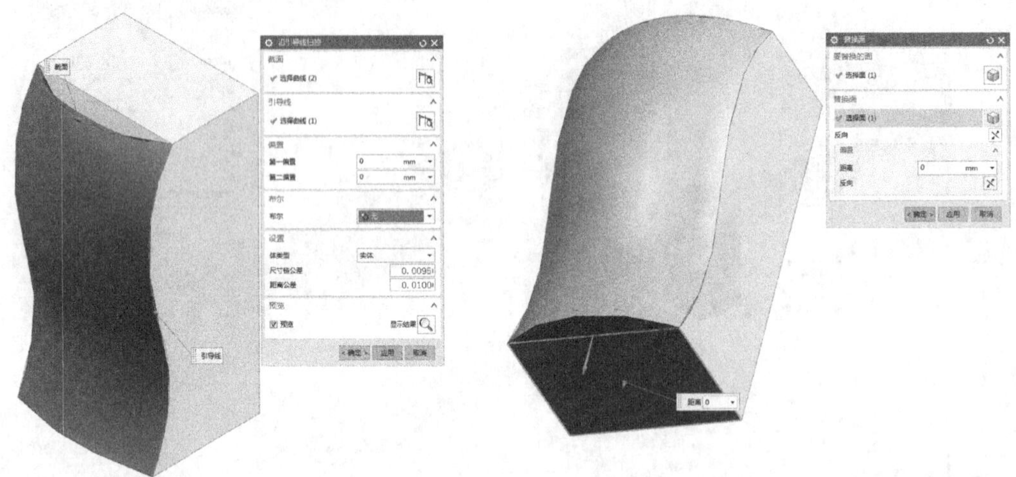

图5.2.150 使用〖沿引导线扫掠〗命令（选择〖截面〗为顶部的圆弧和直线组成的封闭线段，〖引导线〗为中脚柱的侧面轮廓曲线）

图5.2.151 使用〖替换面〗命令（选择〖要替换的面〗为扫掠体的底面，〖替换面〗为脚柱的底面）

使用〖组合下拉菜单〗-〖合并〗，如图5.2.152所示。

使用〖拆分体〗选择〖新建平面〗，如图5.2.153所示。

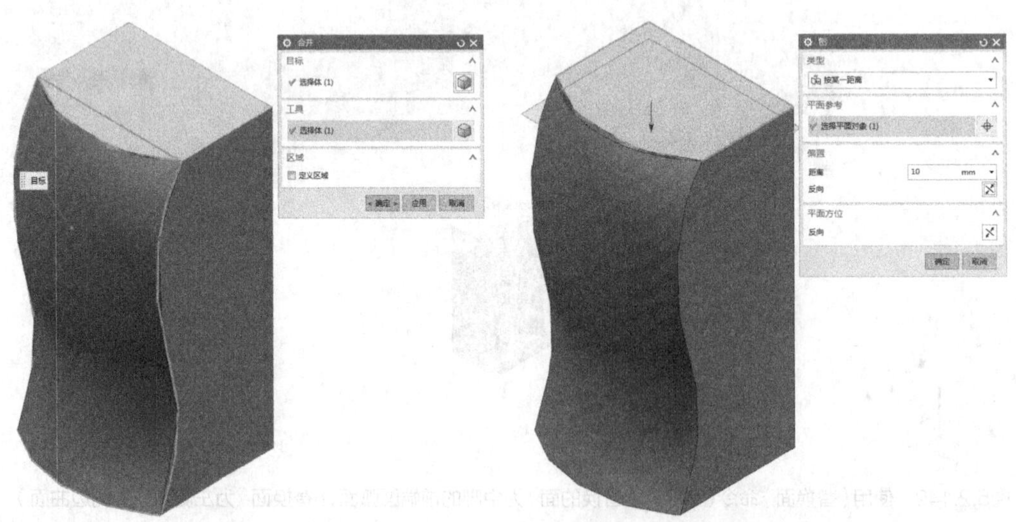

图5.2.152 将扫掠体和脚柱进行求和

图5.2.153 拆分实体（沿顶面向下偏置10mm创建平面，将脚柱进行拆分）

我们在利用原有的曲线构建扫掠体的时候，起始部分的曲面没有光顺过渡。

我们可以将“畸形”的部分进行“截肢”，然后再重新“生长”出平滑的实体。

使用〖编辑〗-〖特征〗-〖移除参数〗，如图5.2.154所示。

使用〖偏置面〗，选择脚柱的顶平面，如图5.2.155所示。

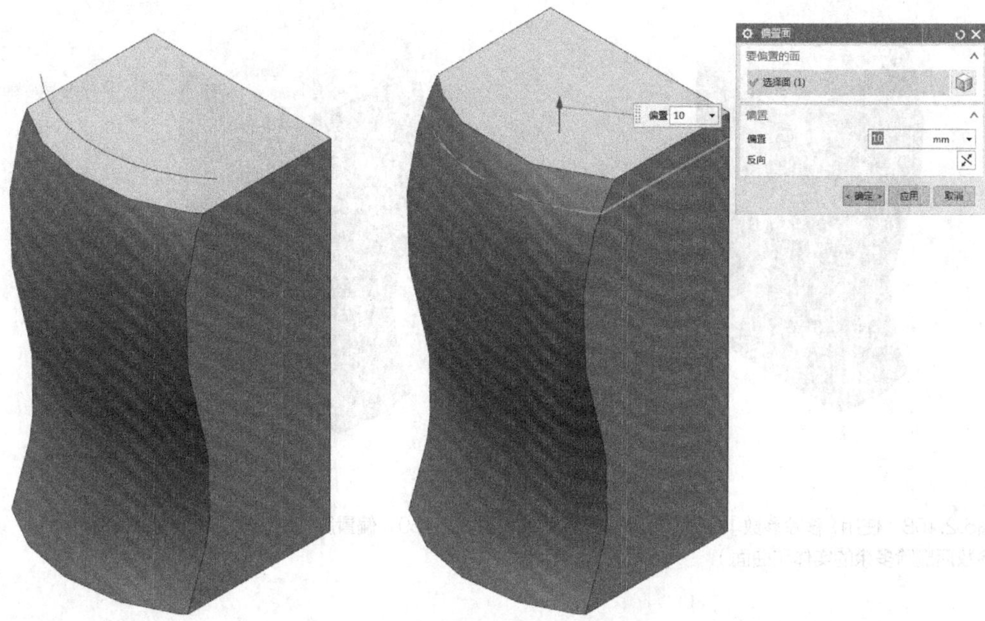

图5.2.154　使用〖移除参数〗命令（去参数后删除上部实体）

图5.2.155　偏置脚柱的顶平面（向上偏置10mm）

使用〖拉伸〗，选择中脚柱视图上的两条圆弧曲线，如图5.2.156所示。

使用〖拆分体〗，选择〖面或平面〗，如图5.2.157所示。

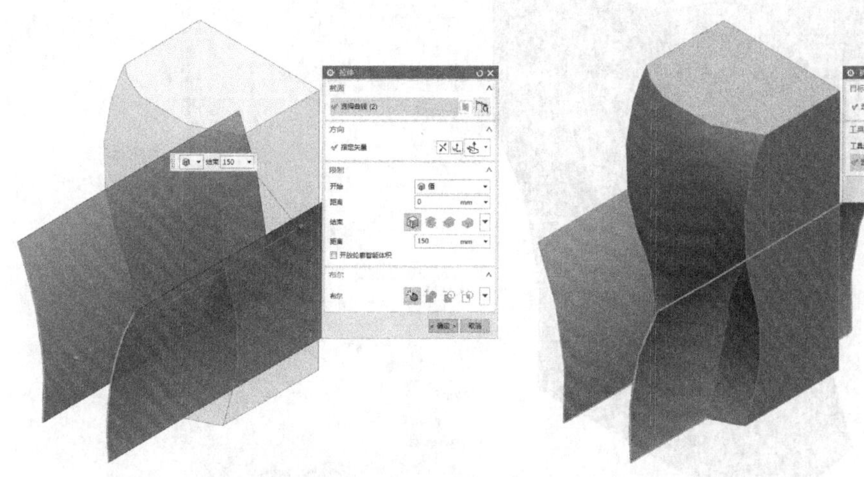

图5.2.156　拉伸中脚柱视图上的两条圆弧曲线（向内侧拉伸约150mm，贯通脚柱实体即可）

图5.2.157　拆分实体（〖目标〗选择脚柱实体，〖工具〗选择上步的两个曲面）

使用〖编辑〗-〖特征〗-〖移除参数〗，如图5.2.158所示。

使用〖偏置面〗，选择脚柱前端曲面，如图5.2.159所示。

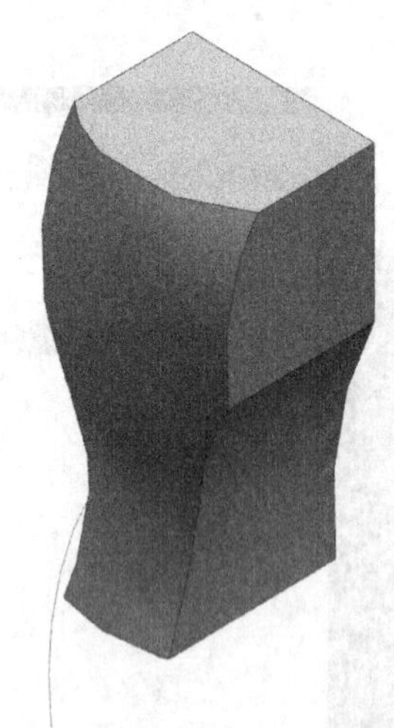

图5.2.158 使用〖移除参数〗命令（将脚柱去参数后删除多余的实体和曲面）

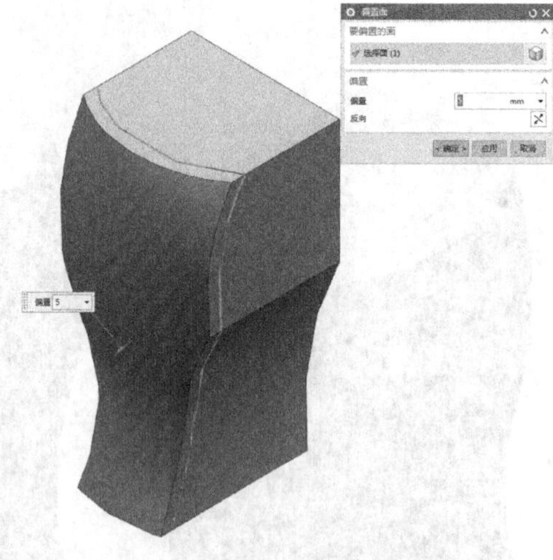

图5.2.159 偏置脚柱的前端曲面（向外偏置5mm）

使用〖边倒圆〗，选择脚柱前端的四条边，如图5.2.160所示。

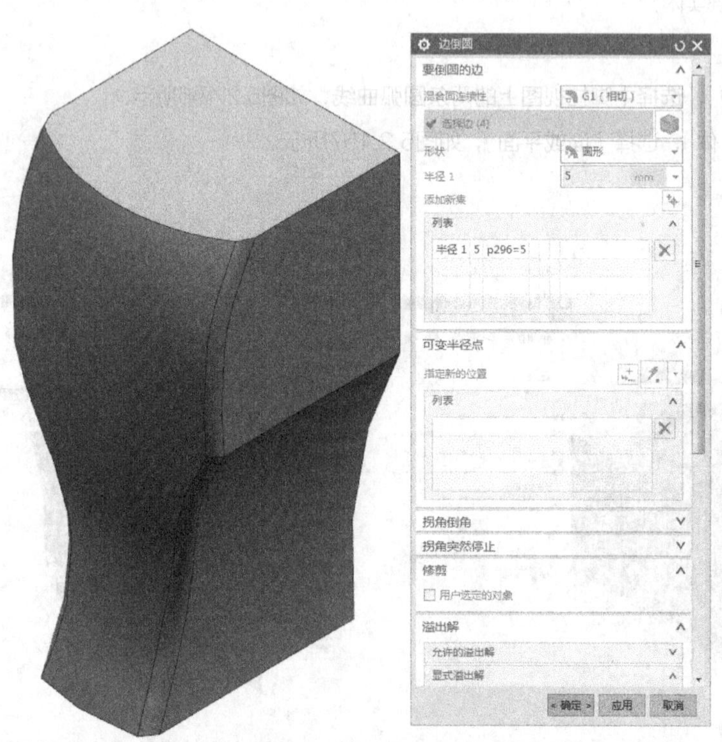

图5.2.160 边倒圆（倒圆半径R5）

使用〖编辑〗-〖变换〗-〖通过一平面镜像〗，如图5.2.161所示。

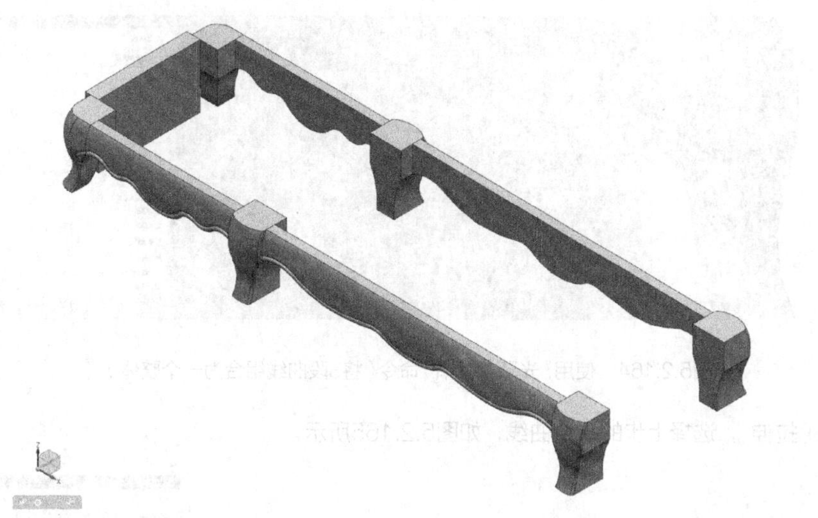

图5.2.161　使用〖通过一平面镜像〗命令（将脚柱和立水进行镜像复制）

使用〖拉伸〗，选择尾部底座的尾部平面为草图平面，如图5.2.162所示。

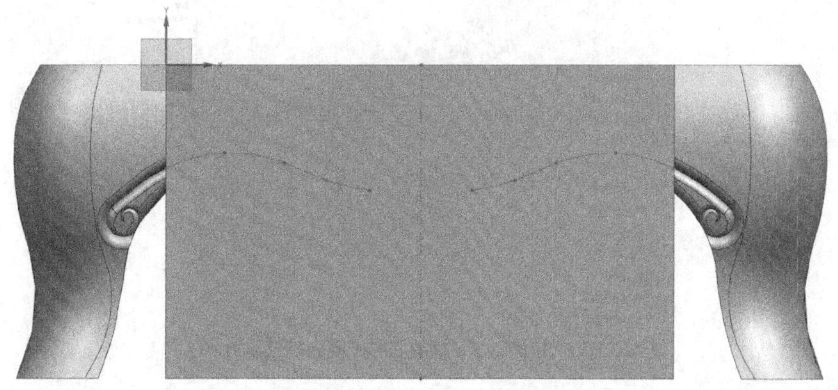

图5.2.162　选择草图平面（参照两侧脚柱的雕花，绘制两段对称样条线。完成草图后回到拉伸界面，点击下面的〖取消〗，弹出对话框选择〖是〗，保存草图）

使用〖插入〗　〖派生曲线〗-〖桥接〗，如图5.2.163所示。

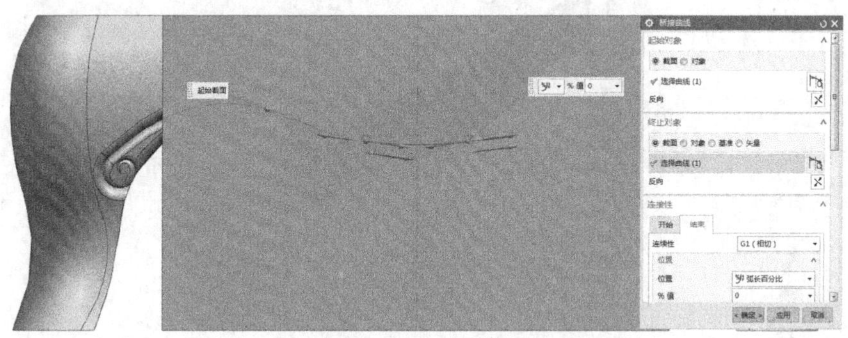

图5.2.163　将两段样条曲线进行连接

使用〖插入〗-〖派生曲线〗-〖光顺曲线串〗，如图5.2.164所示。

图5.2.164　使用〖光顺曲线串〗命令（将3段曲线组合为一个整体）

使用〖拉伸〗，选择上步的组合曲线，如图5.2.165所示。

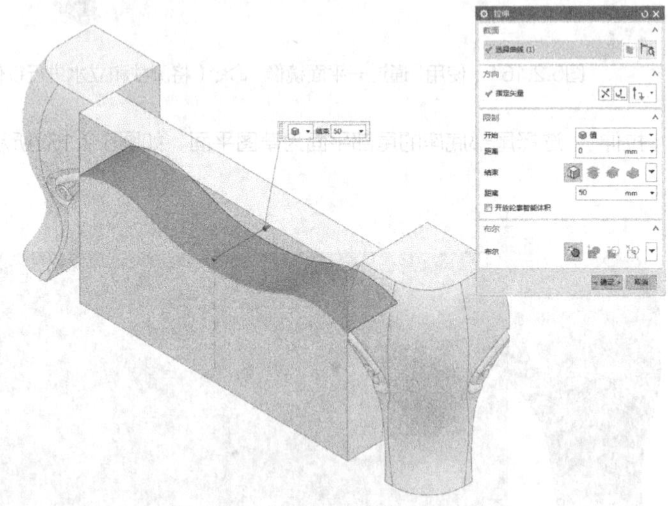

图5.2.165　拉伸上步的组合曲线（向内拉伸50mm）

使用〖同步建模〗-〖替换面〗，如图5.2.166所示。

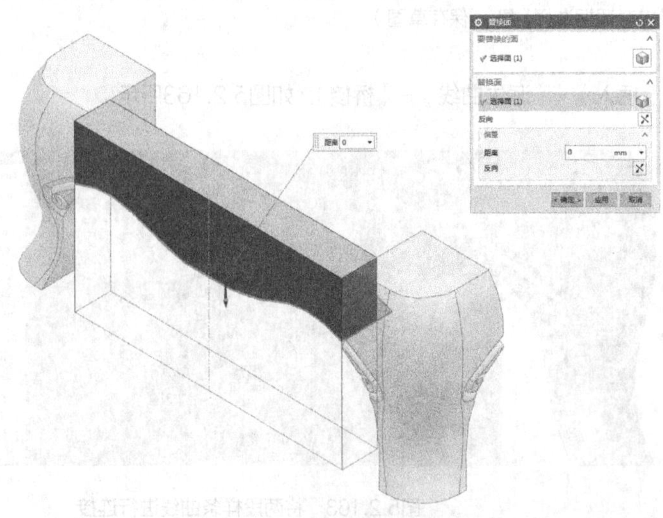

图5.2.166　使用〖替换面〗命令（选择〖要替换的面〗为立水底面，〖替换面〗为上步的曲面）

使用〖偏置面〗，选择立水的下部曲面，如图5.2.167所示。

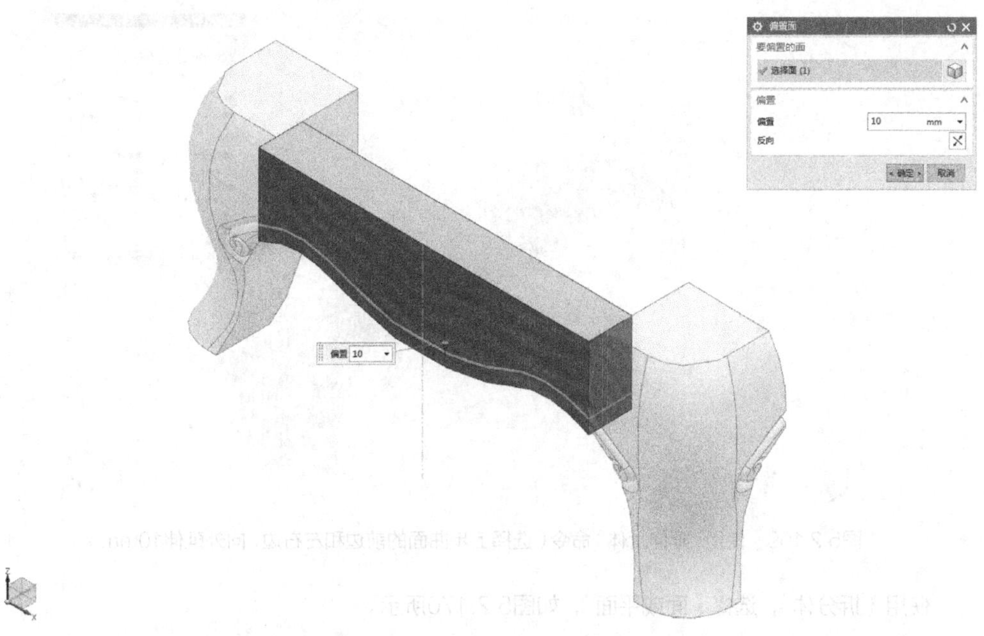

图5.2.167　偏置立水的下部曲面（向下偏置10mm）

使用〖同步建模〗-〖替换面〗，如图5.2.168所示。

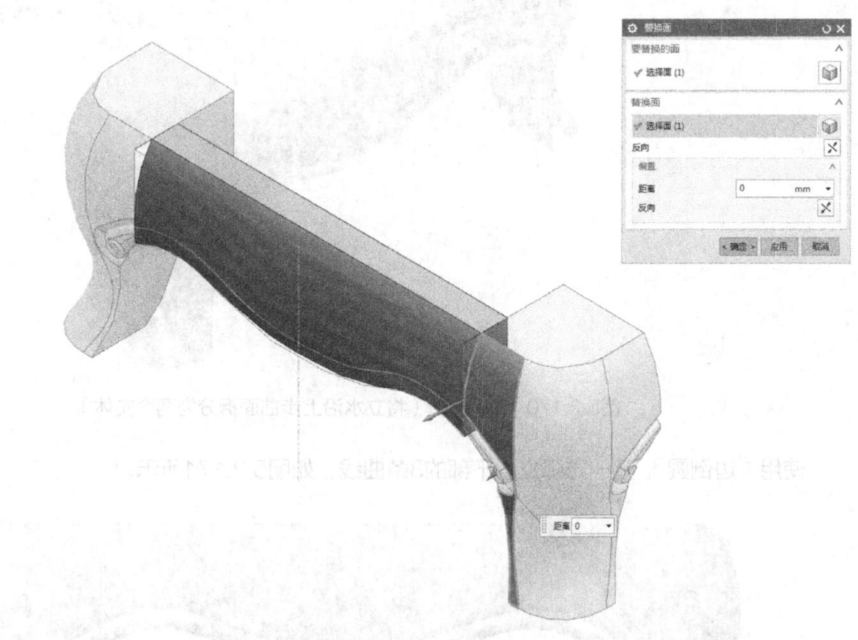

图5.2.168　使用〖替换面〗命令（选择〖要替换的面〗为立水前面，〖替换面〗为脚柱的侧面）

〖同步建模〗中的〖替换面〗是一个非常强大的命令，就以此处来说，虽然我们选择的面并不完整，但依然能达到我们想要的设计意图，而不需要再像上面一样去拉伸出一个曲面。所以大家要灵活运用〖同步建模〗这个模块，才能最大程度地提高工作效率。

使用〖插入〗-〖修剪〗-〖延伸片体〗，如图5.2.169所示。

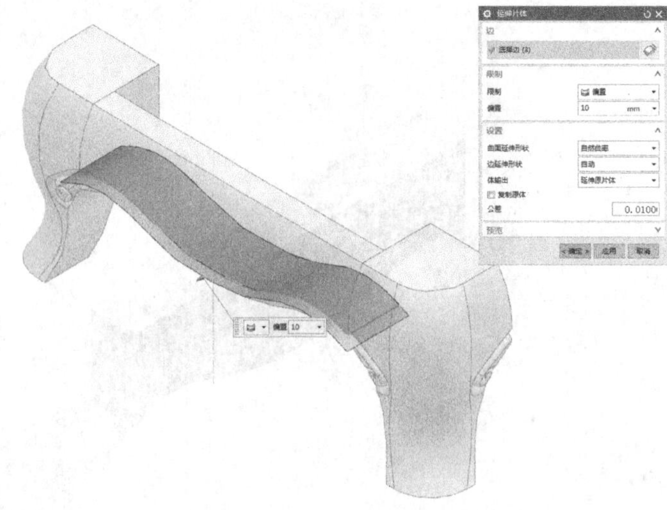

图5.2.169　使用〖延伸片体〗命令（选择上步曲面的前边和左右边，向外延伸10mm）

使用〖拆分体〗，选择〖面或平面〗，如图5.2.170所示。

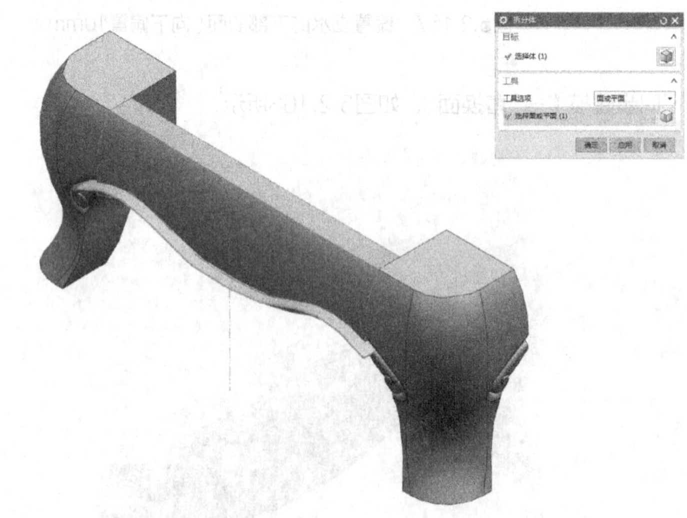

图5.2.170　拆分实体（将立水沿上步曲面拆分为两个实体）

使用〖边倒圆〗，逐一选择立水下部的3条曲线，如图5.2.171所示。

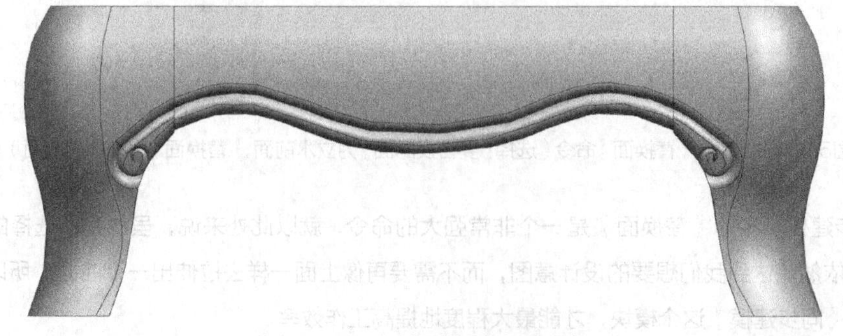

图5.2.171　边倒圆（倒圆半径R5）

使用〖拉伸〗，选择前立水的最大外形截面，如图5.2.172所示。

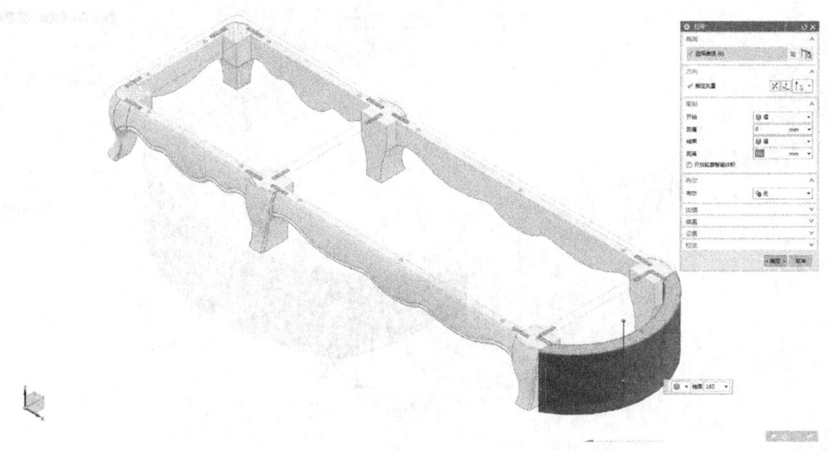

图5.2.172　拉伸前立水的最大外形截面（向下拉伸160mm）

使用〖插入〗-〖派生曲线〗-〖光顺曲线串〗，如图5.2.173所示。

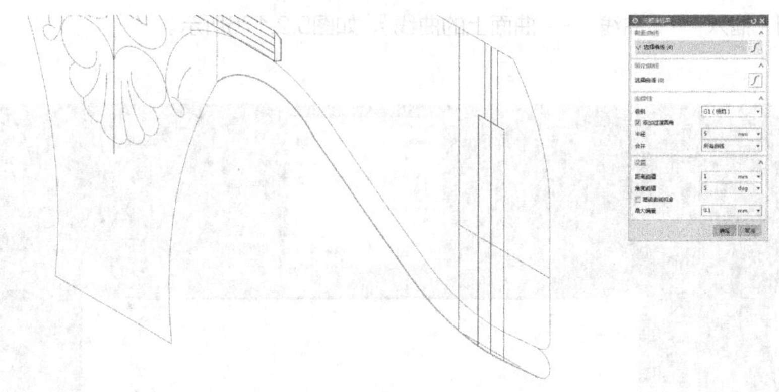

图5.2.173　使用〖光顺曲线串〗命令（将前立水的下部轮廓线组合为一个整体）

使用〖拉伸〗，选择上步组合的曲线，如图5.2.174所示。

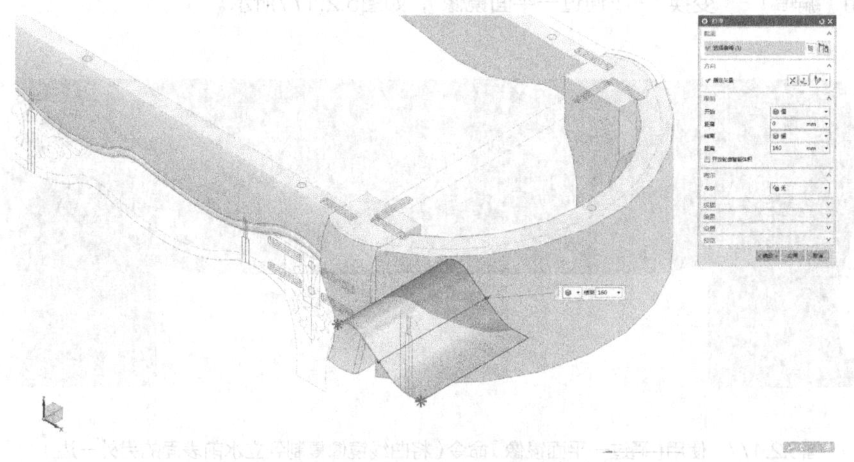

图5.2.174　拉伸上步组合的曲线（向内侧拉伸约160mm）

使用〖同步建模〗-〖替换面〗，如图5.2.175所示。

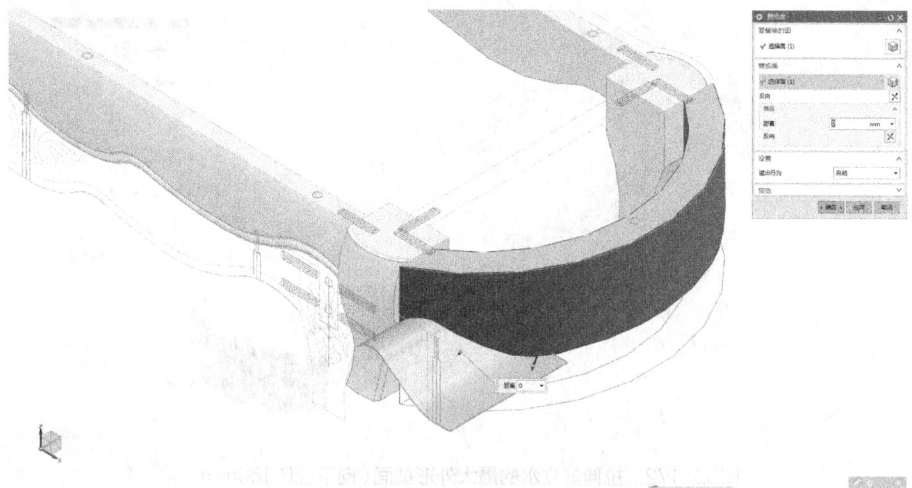

图5.2.175　使用〖替换面〗命令（选择〖要替换的面〗为前立水底面，〖替换面〗为上步的曲面）

使用〖插入〗-〖曲线〗-〖曲面上的曲线〗，如图5.2.176所示。

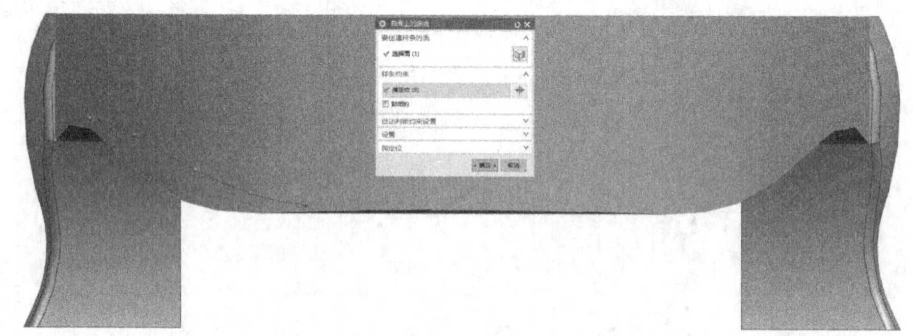

图5.2.176　使用〖曲面上的曲线〗命令（参照现有外形，在立水前表面的左边绘制如图所示的样条线）

使用〖编辑〗-〖变换〗-〖通过一平面镜像〗，如图5.2.177所示。

图5.2.177　使用〖通过一平面镜像〗命令（将曲线镜像复制到立水前表面的另外一边）

使用〖插入〗-〖派生曲线〗-〖桥接〗，如图5.2.178所示。

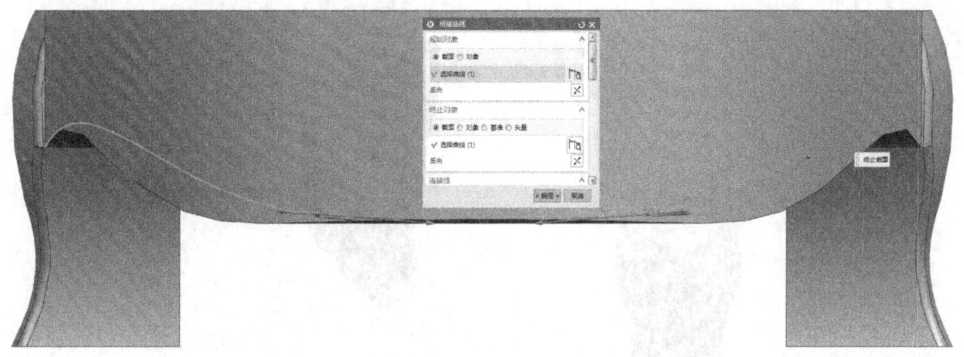

图5.2.178　将两段样条曲线进行连接

使用〖插入〗-〖派生曲线〗-〖光顺曲线串〗，如图5.2.179所示。

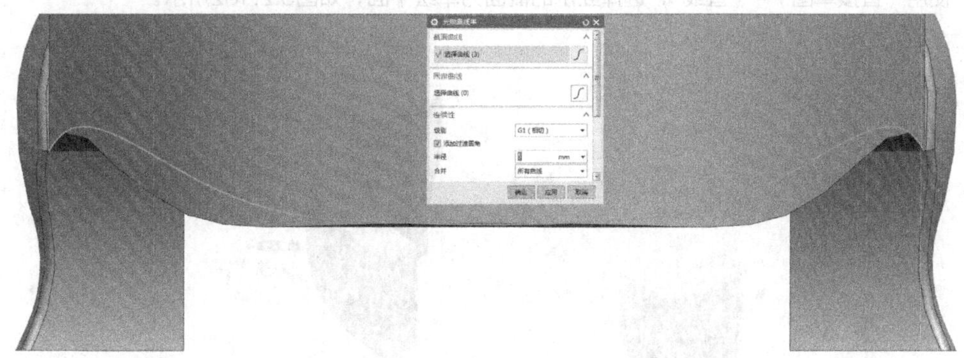

图5.2.179　使用〖光顺曲线串〗命令（将3段曲线组合为一个整体）

我们后面的步骤要将这个前立水进行拆分，但是立水的表面上依附有样条曲线，如果直接拆分实体，肯定会影响实体表面的样条。所以我们要先将所有的部件进行〖移除参数〗。

使用〖拆分体〗，选择〖新建平面〗，如图5.2.180所示。

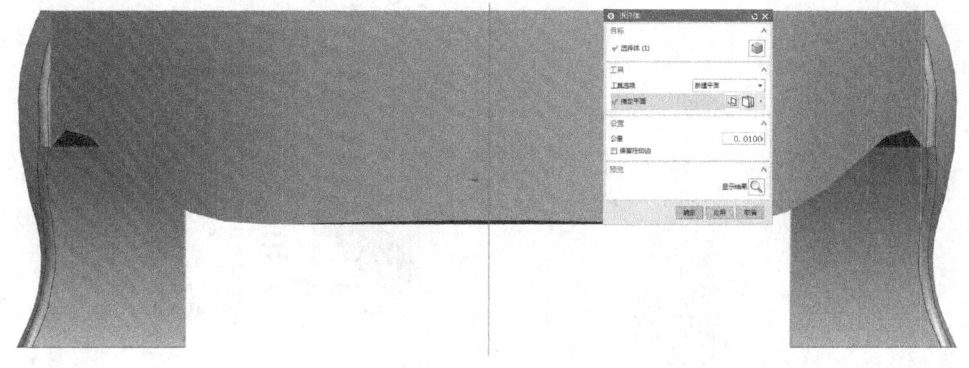

图5.2.180　拆分实体（创建实体的中分面为拆分平面）

使用〖编辑曲线〗-〖分割曲线〗，如图5.2.181所示。

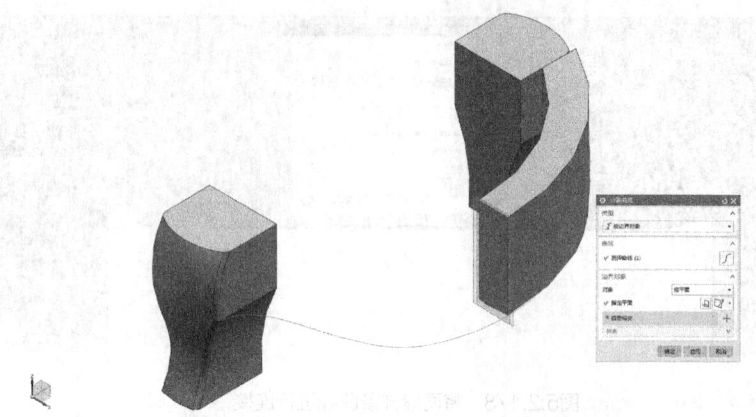

图5.2.181　使用〖分割曲线〗命令（设置〖边界对象〗为按平面，选择前立水的截面平面）

使用〖直接草图〗-〖直线〗，选择立水的截面为草绘平面，如图5.2.182所示。

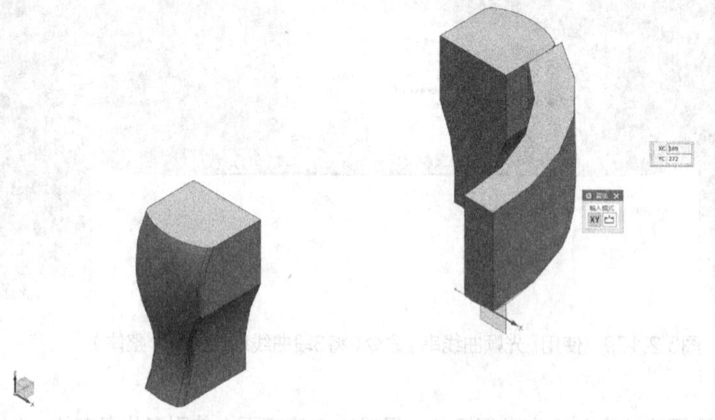

图5.2.182　选择草绘平面（捕捉样条线的端点为直线的起始点，绘制一条平行线）

使用〖插入〗-〖扫掠〗-〖沿引导线扫掠〗，如图5.2.183所示。

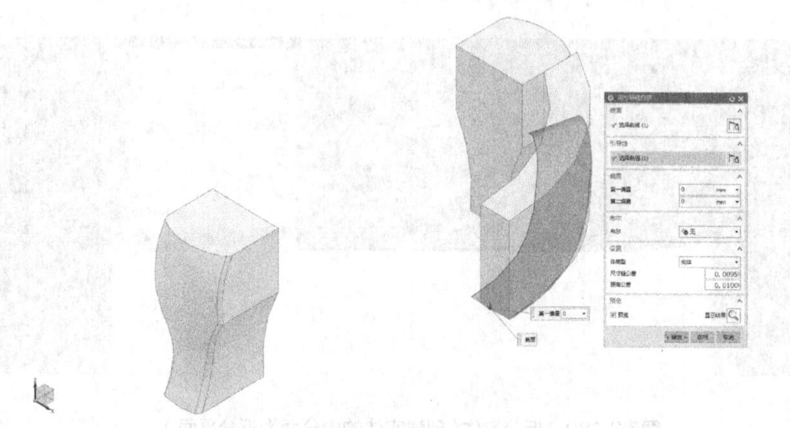

图5.2.183　使用〖沿引导线扫掠〗命令（选择〖截面〗为上步的直线，〖引导线〗为立水下部轮廓线）

使用〖同步建模〗-〖替换面〗，如图5.2.184所示。

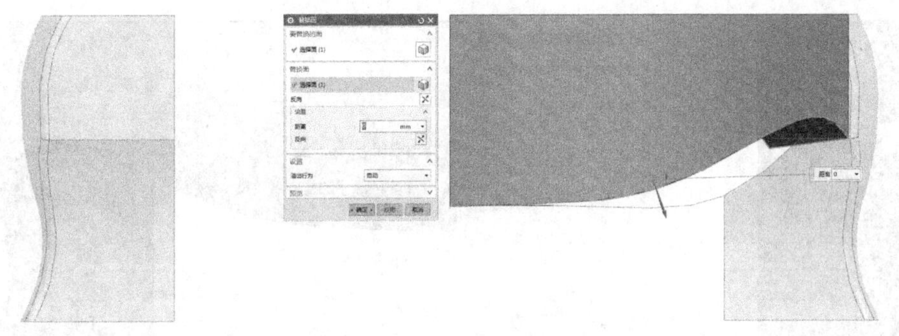

图5.2.184　使用〖替换面〗命令（选择〖要替换的面〗为前立水底面，〖替换面〗为上步的曲面）

参照前面脚柱的外形轮廓，拉伸出一个刀具体，如图5.2.185所示。

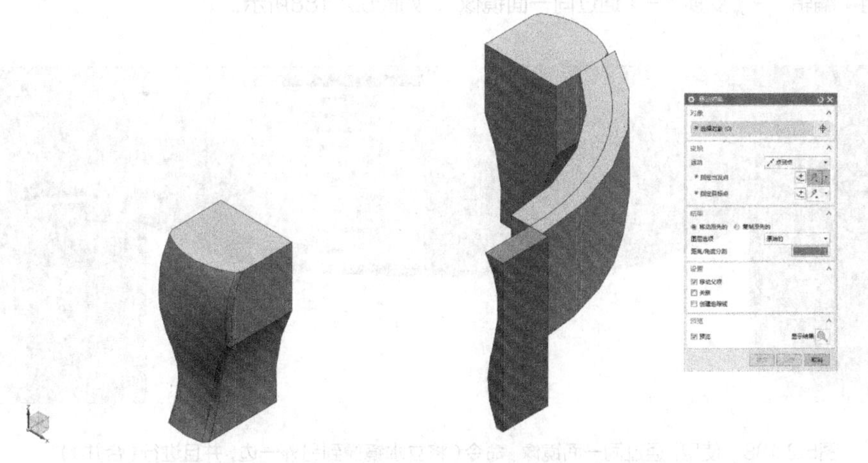

图5.2.185　拉伸出一个刀具体（参照原有曲线，将刀具体定位到立水的截面上）

使用〖插入〗-〖扫掠〗-〖沿引导线扫掠〗，如图5.2.186所示。

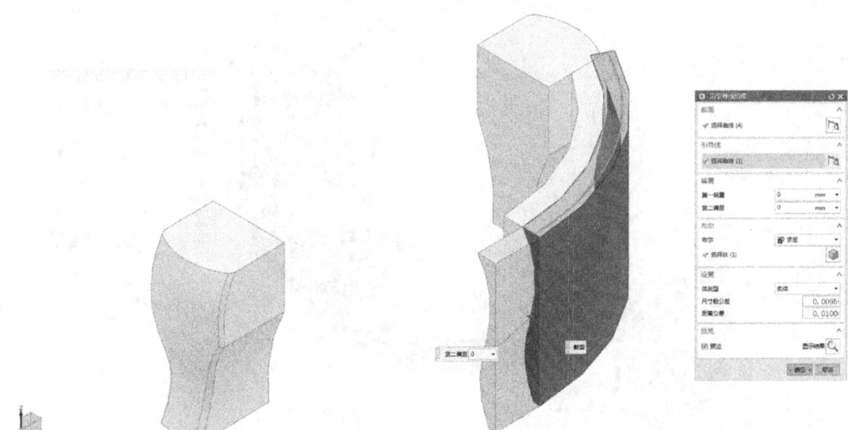

图5.2.186　使用〖沿引导线扫掠〗命令（选择〖截面〗为刀具体的截面外形，〖引导线〗为立水下部轮廓线。〖布尔〗中设置为和立水的实体〖求差〗）

使用〖同步建模〗-〖删除面〗，如图5.2.187所示。

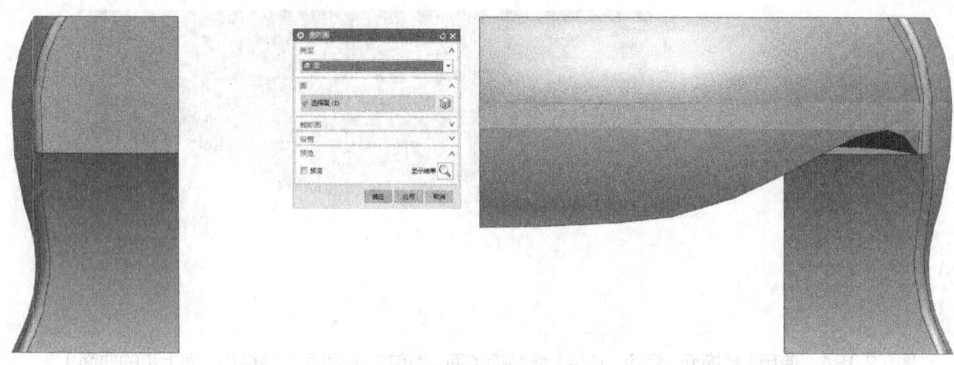

图5.2.187　使用〖删除面〗命令（选择没有布尔到破面）

使用〖编辑〗-〖变换〗-〖通过同一面镜像〗，如图5.2.188所示。

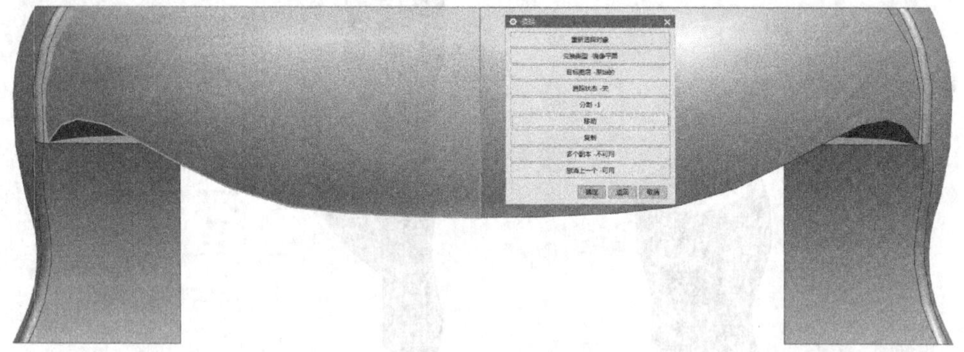

图5.2.188　使用〖通过同一面镜像〗命令（将立水镜像到另外一边，并且进行〖合并〗）

使用〖偏置面〗，选择立水的底部曲面，如图5.2.189所示。

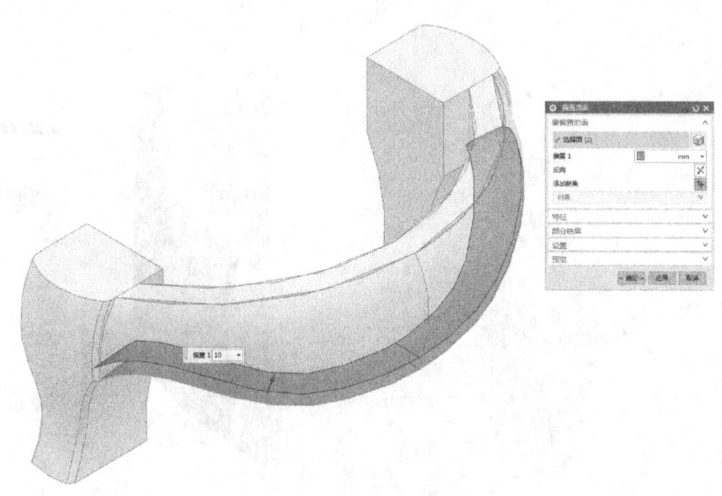

图5.2.189　偏置立水的底部曲面（向上偏置10mm）

使用〖插入〗-〖修剪〗-〖延伸片体〗，如图5.2.190所示。

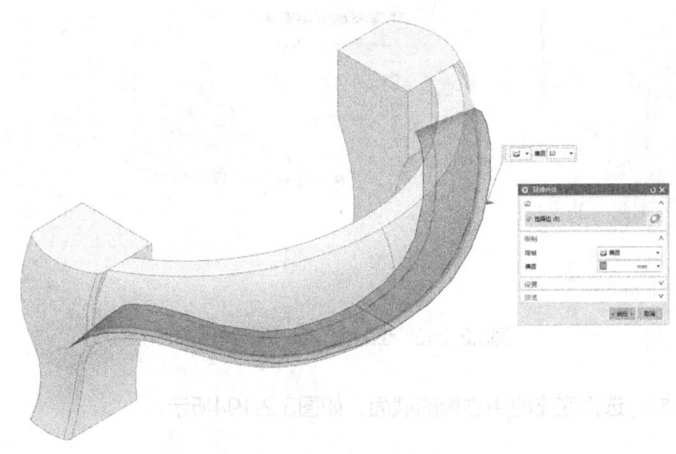

图5.2.190　使用〖延伸片体〗命令（将上步曲线四边延伸10mm）

使用〖拆分体〗，选择〖面或平面〗，如图5.2.191所示。

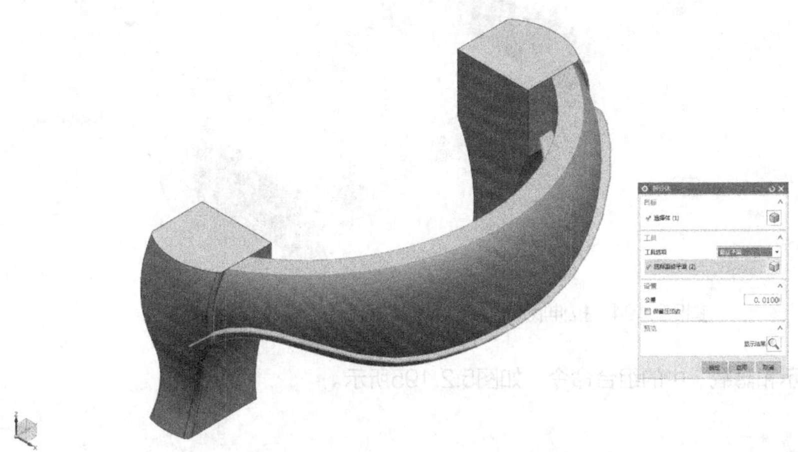

图5.2.191　拆分实体（选择〖目标〗为立水实体，〖工具〗为上步的曲面）

使用〖边倒圆〗，依次选择立水的下部轮廓边，如图5.2.192所示。

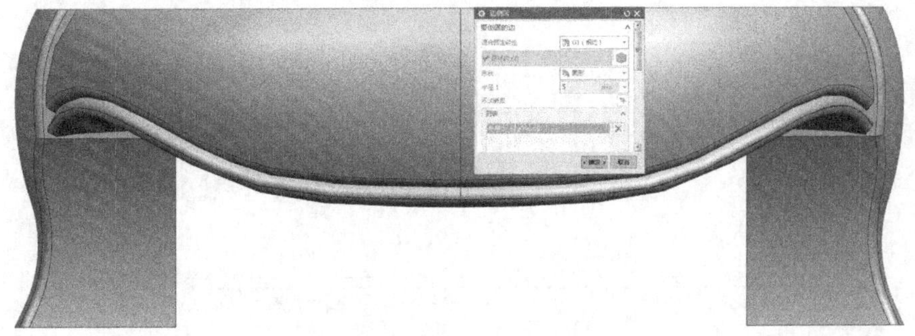

图5.2.192　边倒圆（倒圆半径R5，然后将立水的实体进行〖合并〗）

使用〖倒斜角〗，依次选择立水和脚柱相邻的边，如图5.2.193所示。

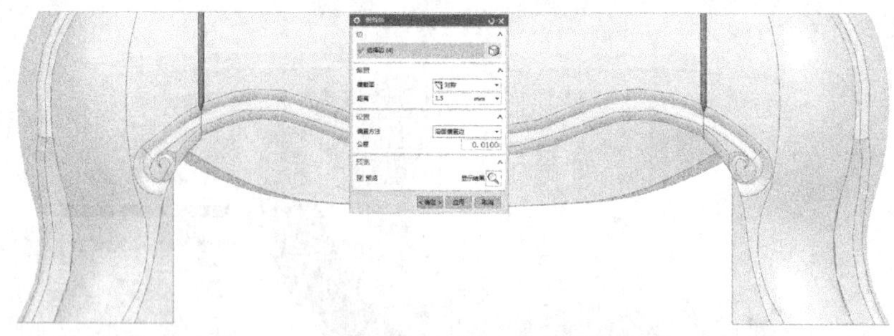

图5.2.193　倒斜角（倒对称斜角1.5mm）

使用〖拉伸〗，选择底座的中立板的截面，如图5.2.194所示。

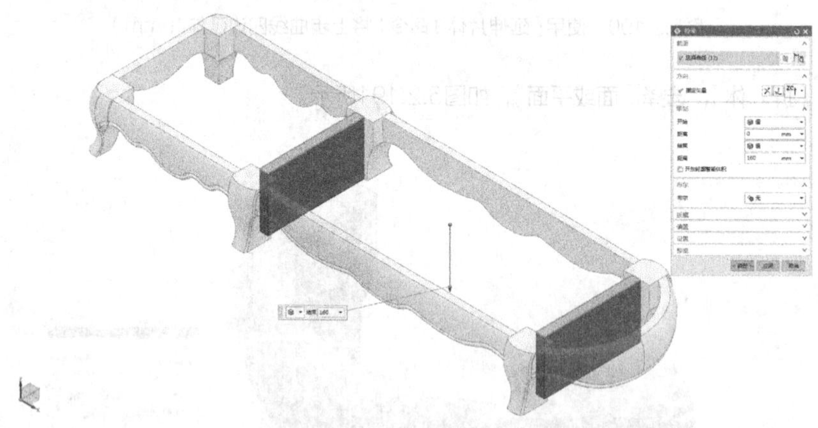

图5.2.194　拉伸底座的中立板的截面（向下拉伸160mm）

使用〖显示和隐藏〗中的组合命令，如图5.2.195所示。

图5.2.195　使用〖显示和隐藏〗中的组合命令（将下侧框的二维图形单独显示）

这个部件是餐边柜的下侧框，其结构和我们前面制作的上侧框是一样的，只是其长度短了360mm。我们此处可以利用前面已经完成的模型用〖同步建模〗来进行尺寸的修改。

使用〖移动对象〗，选择前面制作的上侧框，如图5.2.196所示。

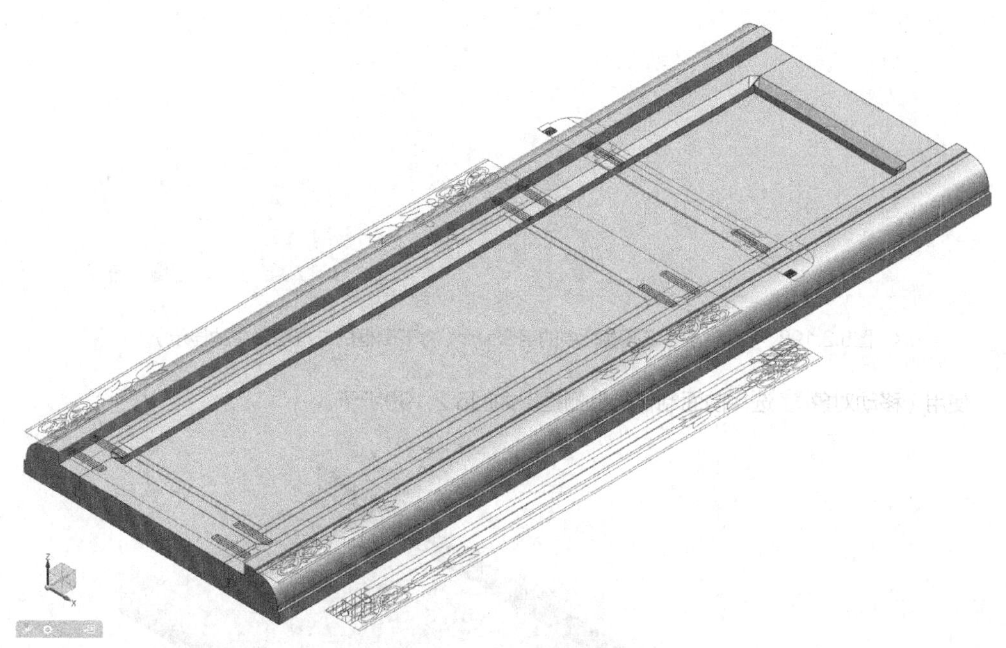

图5.2.196　移动前面制作的上侧框（将其和下侧框二维视图下部进行拟合对齐）

使用〖同步建模〗-〖移动面〗，框选实体前端的所有面，如图5.2.197所示。

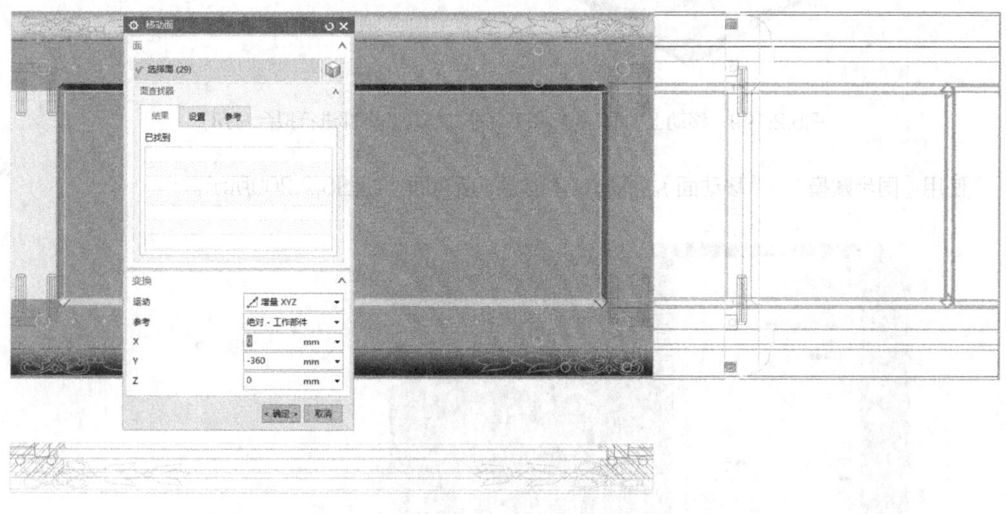

图5.2.197　移动实体前端的所有面（〖运动〗设置为〖增量XYZ〗，Y值输入“-360”）

使用〖显示和隐藏〗中的组合命令，如图5.2.198所示。

图5.2.198　使用〖显示和隐藏〗中的组合命令（将下侧框的二维图形单独显示）

使用〖移动对象〗，选择前面制作的上侧框，如图5.2.199所示。

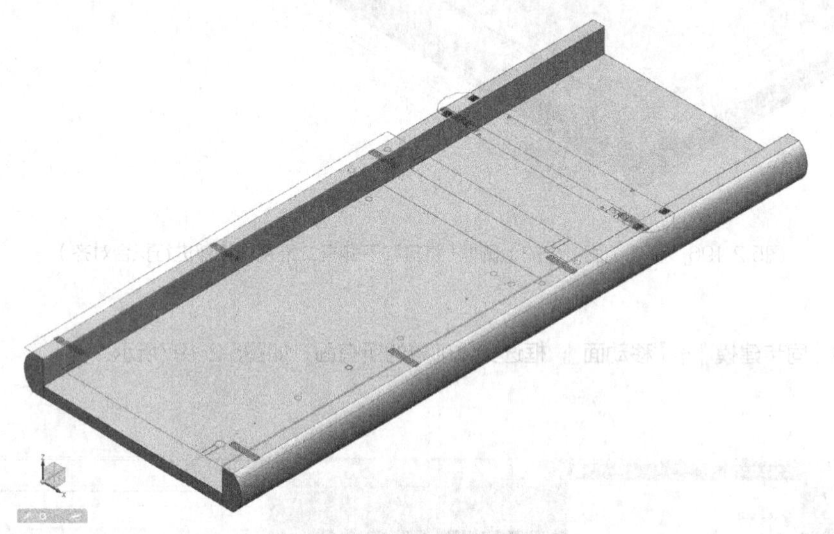

图5.2.199　移动上侧框（将其和下侧框二维视图下部进行拟合对齐）

使用〖同步建模〗-〖移动面〗，框选实体前端的所有面，如图5.2.200所示。

图5.2.200　移动实体前端的所有面（〖运动〗设置为〖增量XYZ〗，Y值输入“-360”）

使用〖拉伸〗，选择滑轨加厚条的外形轮廓，如图5.2.201所示。

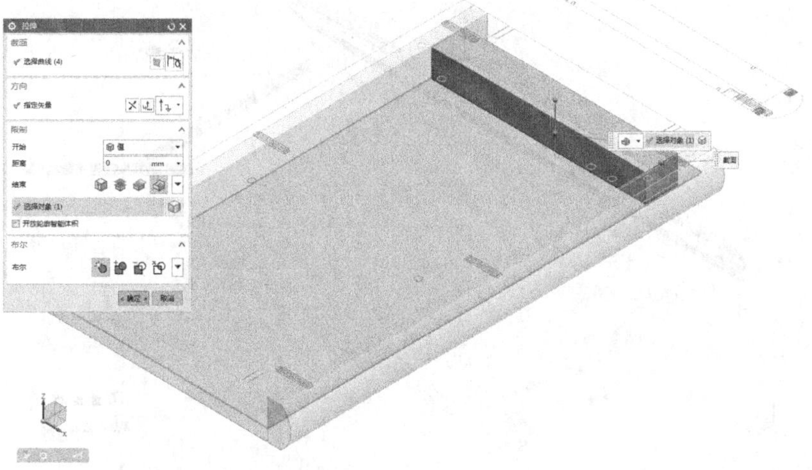

图5.2.201　拉伸滑轨加厚条的外形轮廓（使用〖直至延伸部分〗，选择侧板内侧面）

使用〖同步建模〗-〖替换面〗，如图5.2.202所示。

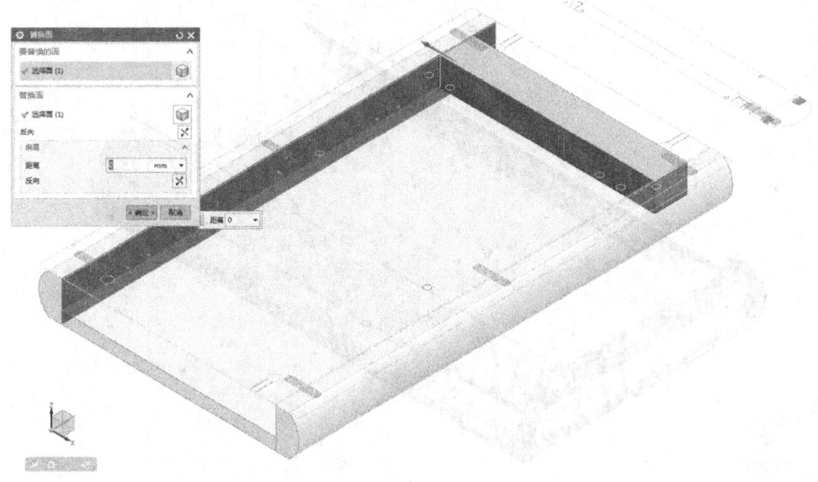

图5.2.202　使用〖替换面〗命令（分别选择加厚条的两个端面，将其加长并且和两侧边贴合）

将侧框〖移除参数〗后使用〖移动对象〗，如图5.2.203所示。

图5.2.203　移动侧框（将其定位到半圆框的截面视图下）

使用〖拉伸〗，选择半圆框的长侧条截面，如图5.2.204所示。

图5.2.204　拉伸半圆框的长侧条截面（使用〖直至延伸部分〗，选择另一边的端面结束）

使用〖变换〗-〖通过一平面镜像〗，如图5.2.205所示。

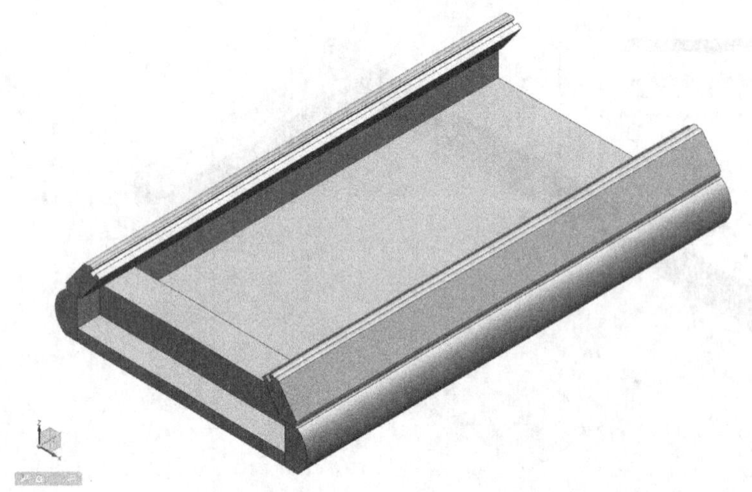

图5.2.205　使用〖通过一平面镜像〗命令（将长侧条镜像复制到另外一边）

使用〖拉伸〗，选择侧框的端面进入草绘模式，如图5.2.206所示。

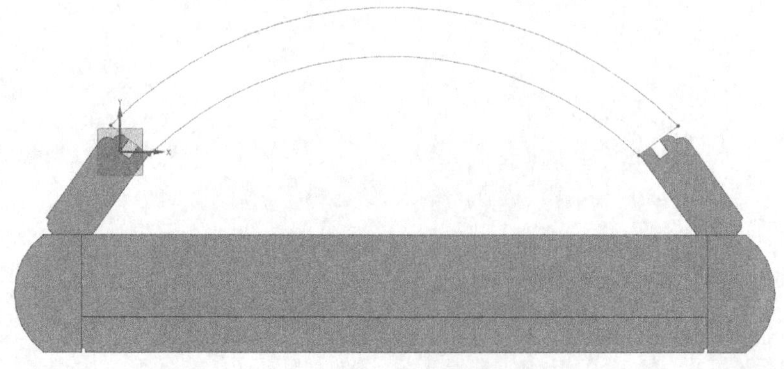

图5.2.206　进入草绘模式（参考原有图形重新绘制圆弧条的截面，具体操作参考视频）

点击〖完成草图〗，后回到拉伸界面，如图5.2.207所示。

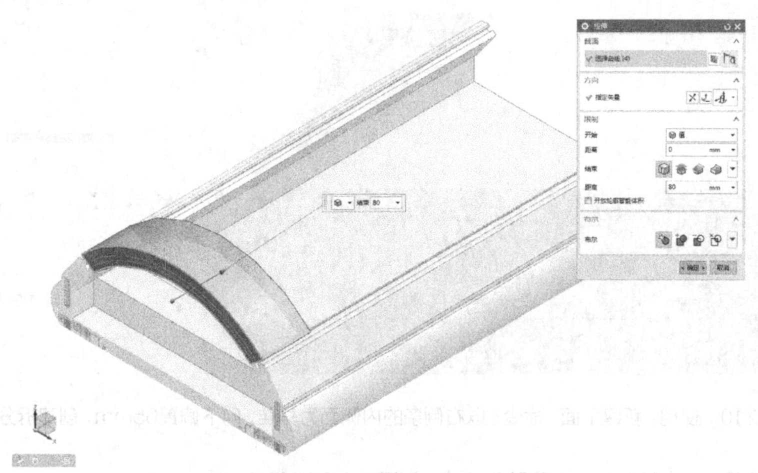

图5.2.207　回到拉伸界面（设置拉伸距离为80mm）

使用〖变换〗-〖通过一平面镜像〗，如图5.2.208所示。

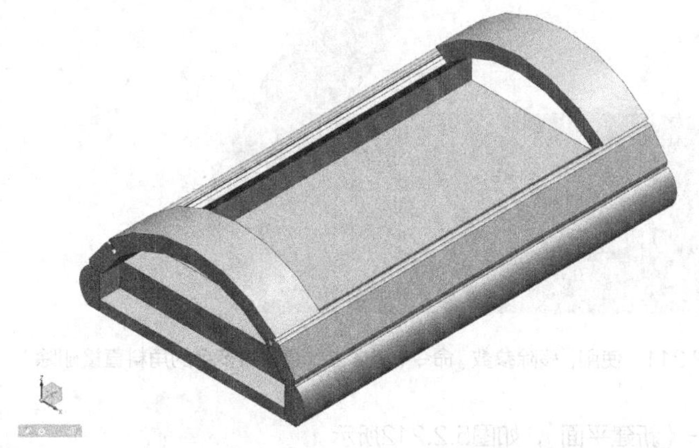

图5.2.208　使用〖通过一平面镜像〗命令（将圆侧条镜像复制到另外一边）

使用〖同步建模〗-〖删除面〗，如图5.2.209所示。

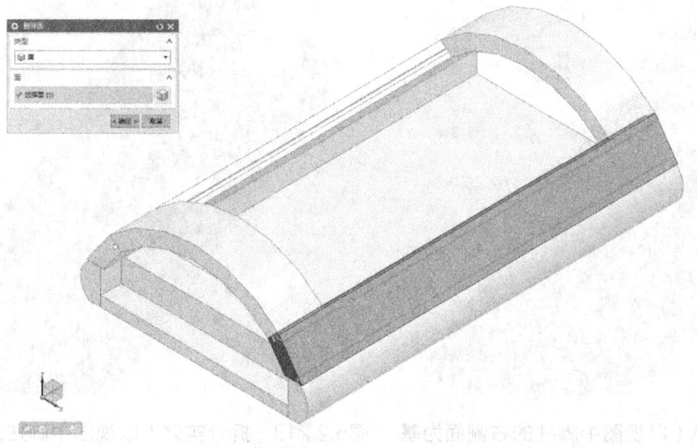

图5.2.209　使用〖删除面〗命令（将长侧条上刀形特征全部删除）

使用〖拆分体〗-〖新建平面〗，选择〖目标〗为右侧条，如图5.2.210所示。

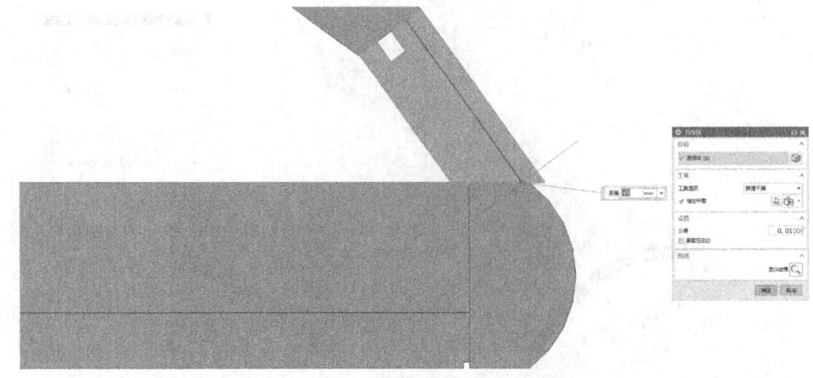

图5.2.210　使用〖新建平面〗命令（以右侧条的内侧面为基准，向下偏置65mm，创建拆分平面）

使用〖编辑〗-〖特征〗-〖移除参数〗，如图5.2.211所示。

图5.2.211　使用〖移除参数〗命令（实体去参数后将多余的角料直接删除）

使用〖拆分体〗-〖新建平面〗，如图5.2.212所示。

使用〖拆分体〗-〖新建平面〗，如图5.2.213所示。

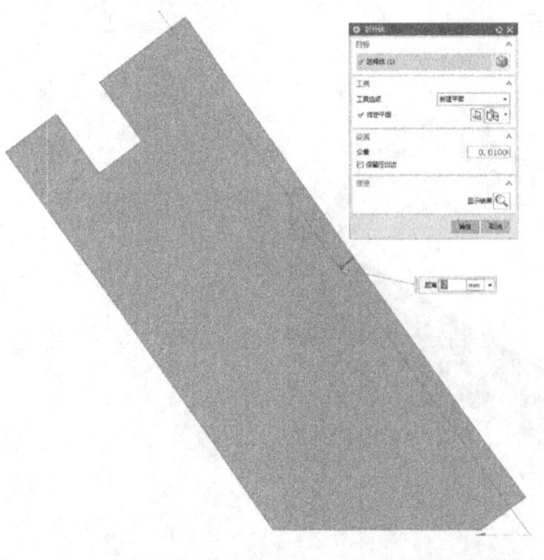

图5.2.212　拆分实体（以视图中脚柱的右侧面为基准，向内偏置2mm创建拆分平面）

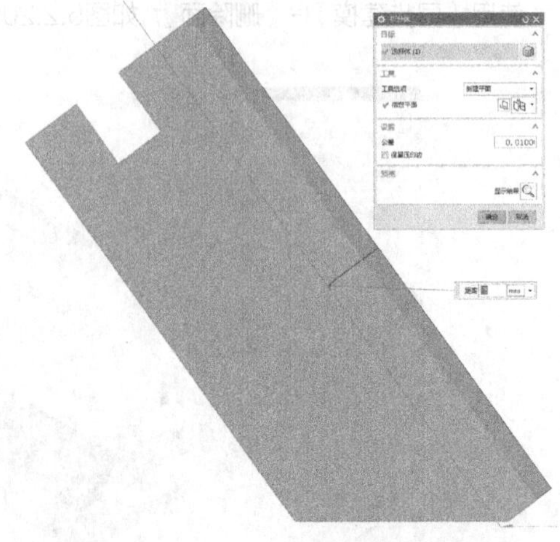

图5.2.213　拆分实体（以视图中脚柱的右侧面为基准，向内偏置7mm创建拆分平面）

使用〖偏置面〗，选择图中第1层实体的3条边，如图5.2.214所示。

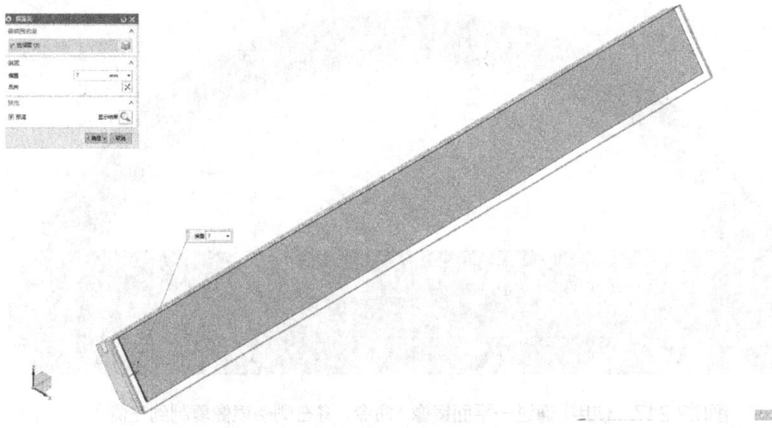

图5.2.214　偏置第1层实体的3条边（向内缩进7mm）

使用〖偏置面〗，选择图中第2层实体的3条边，如图5.2.215所示。

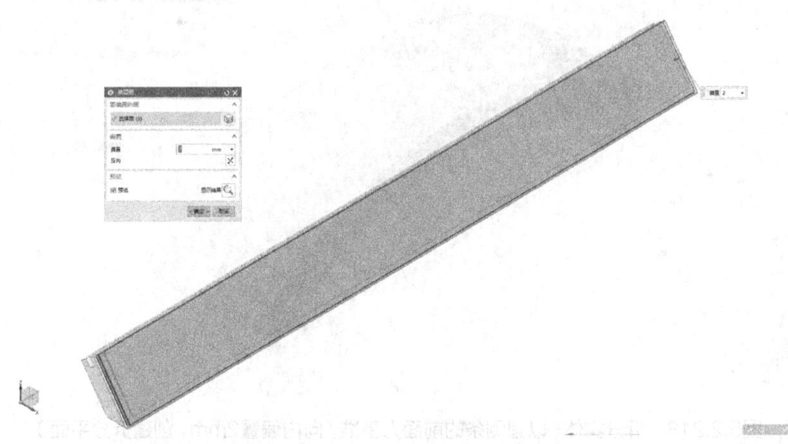

图5.2.215　偏置第2层实体的3条边（向内缩进2mm）

使用〖边倒圆〗，选择图中第2层实体的3条边，如图5.2.216所示。

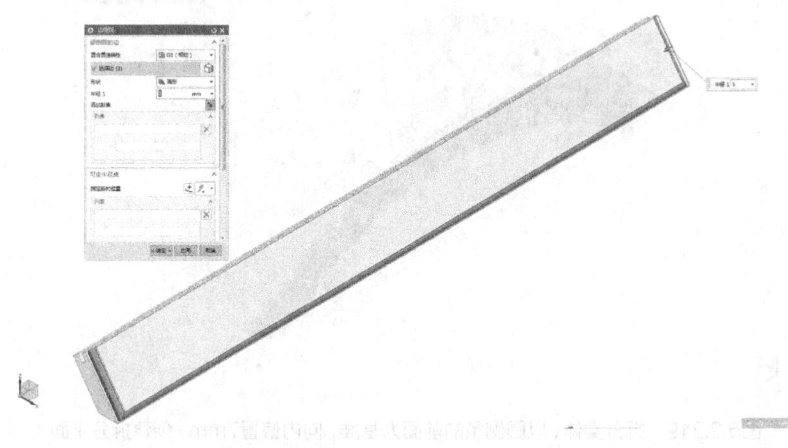

图5.2.216　边倒圆（倒圆半径R5。然后将3层实体进行〖合并〗）

使用〖编辑〗-〖变换〗-〖通过一平面镜像〗，如图5.2.217所示。

图5.2.217　使用〖通过一平面镜像〗命令（将右侧条镜像复制到左侧）

使用〖拆分体〗-〖新建平面〗，选择〖目标〗为半圆侧条，如图5.2.218所示。

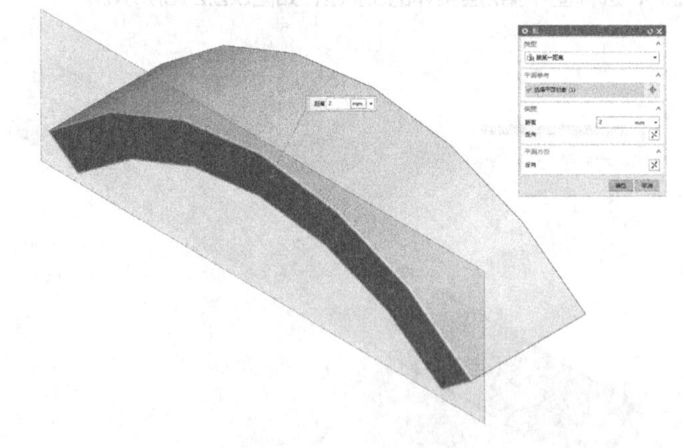

图5.2.218　拆分实体（以圆侧条的前面为基准，向内偏置2mm，创建拆分平面）

使用〖拆分体〗-〖新建平面〗，选择〖目标〗为半圆侧条，如图5.2.219所示。

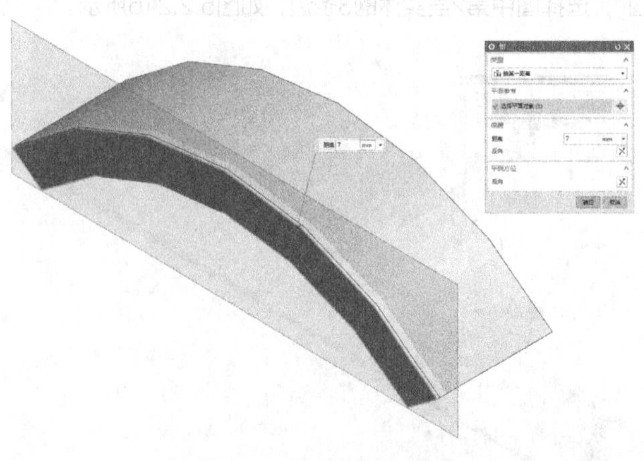

图5.2.219　拆分实体（以圆侧条的前面为基准，向内偏置7mm，创建拆分平面）

使用〖偏置面〗，选择图中第1层上圆弧边，如图5.2.220所示。

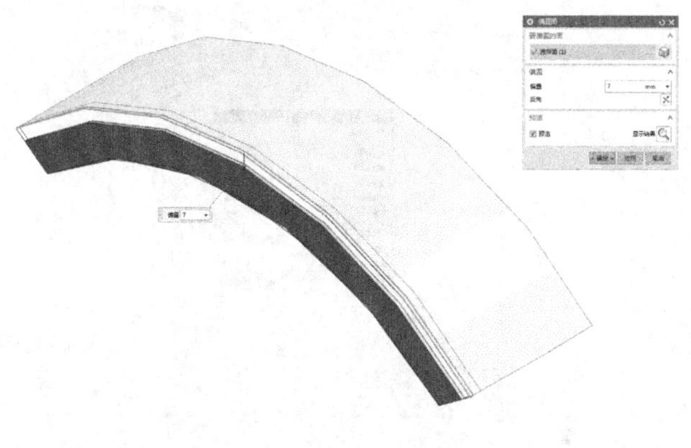

图5.2.220　偏置第1层上圆弧边（向内缩进7mm）

使用〖偏置面〗，选择图中第2层上圆弧边，如图5.2.221所示。

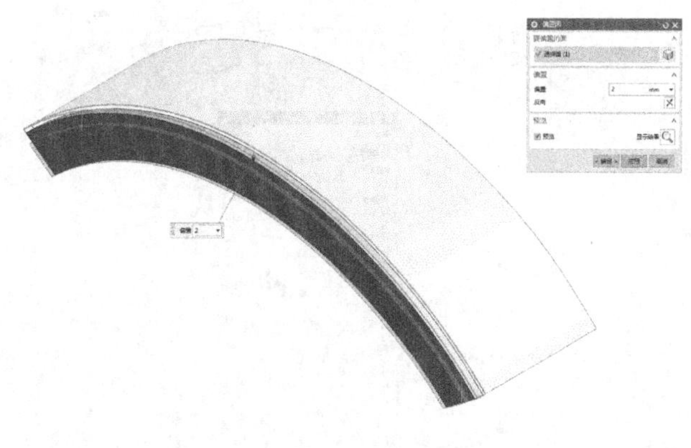

图5.2.221　偏置第2层上圆弧边（向内缩进2mm）

使用〖边倒圆〗，选择图中第2层实体圆弧边，如图5.2.222所示。

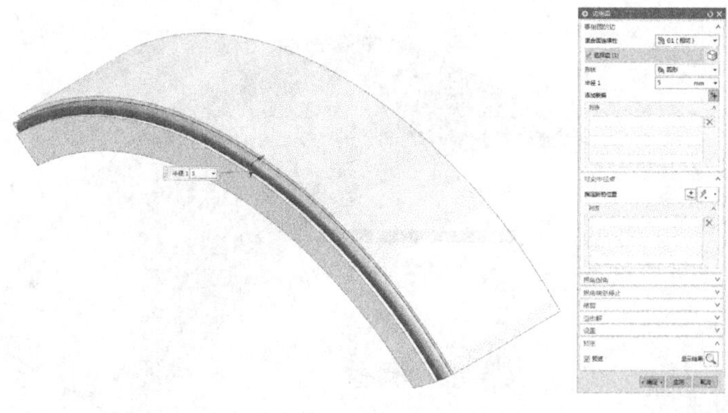

图5.2.222　边倒圆（倒圆半径R5。然后将3层实体进行〖合并〗）

使用〖特征〗-〖偏置曲面〗，选择半圆侧条的内侧曲面，如图5.2.223所示。

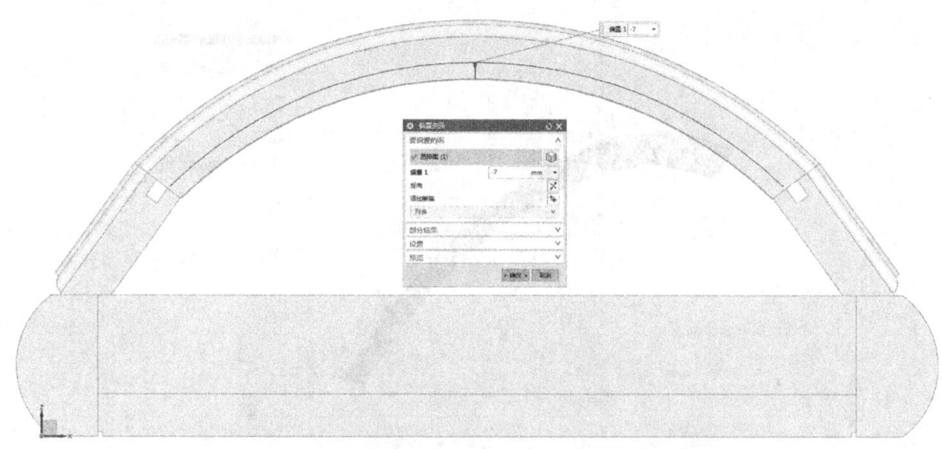

图5.2.223　偏置半圆侧条的内侧曲面（向上偏置7mm）

使用〖特征〗-〖偏置曲面〗，选择半圆侧条的内侧曲面，如图5.2.224所示。

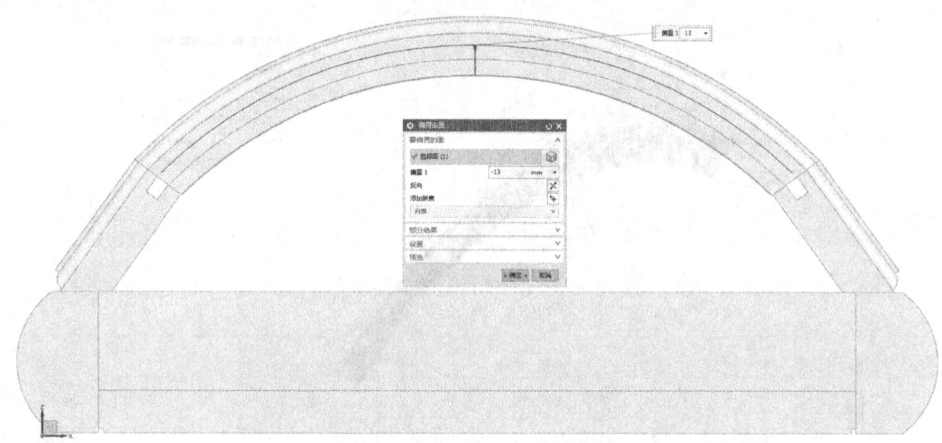

图5.2.224　偏置半圆侧条的内侧曲面（向上偏置13mm）

使用〖插入〗-〖修剪〗-〖延伸片体〗，如图5.2.225所示。

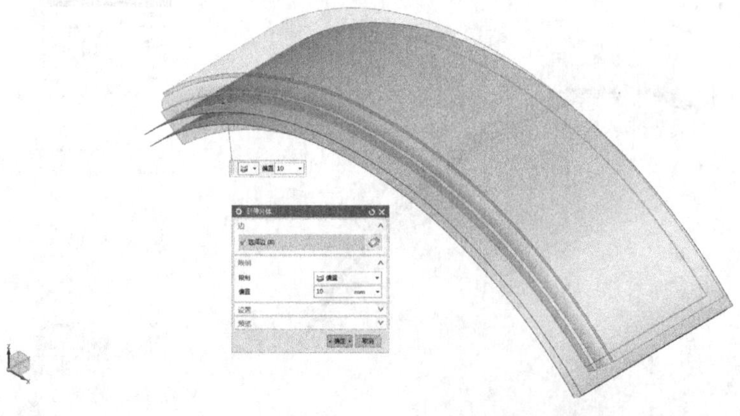

图5.2.225　使用〖延伸片体〗命令（将上步的两个曲面的所有边全部向外延伸10mm）

使用〖拆分体〗-〖面或平面〗，选择〖目标〗为半圆侧条，如图5.2.226所示。

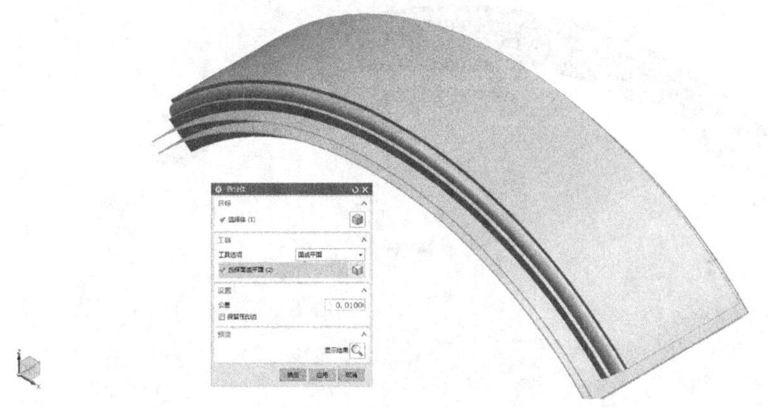

图5.2.226　拆分实体(〖工具〗选择为上步的两个曲面，将实体拆分为3层)

使用〖偏置面〗，选择中间实体的两侧端面，如图5.2.227所示。

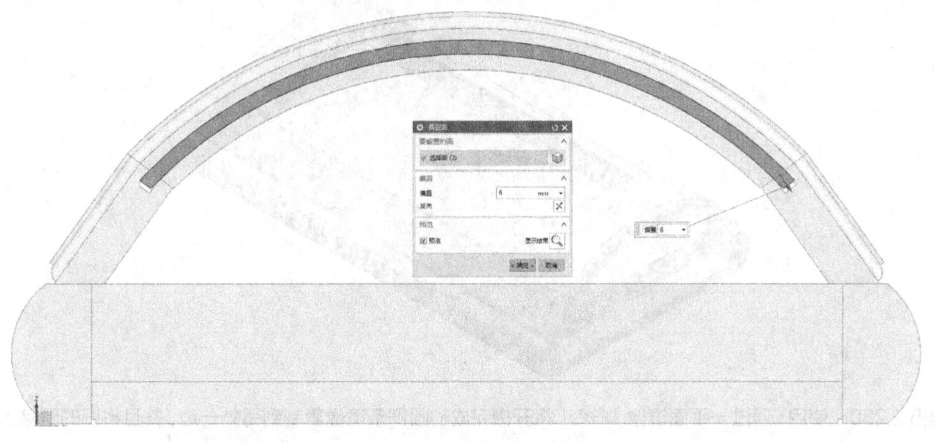

图5.2.227　偏置中间实体的两侧端面(向外延长6mm)

使用〖偏置面〗，选择中间实体的后端面，如图5.2.228所示。

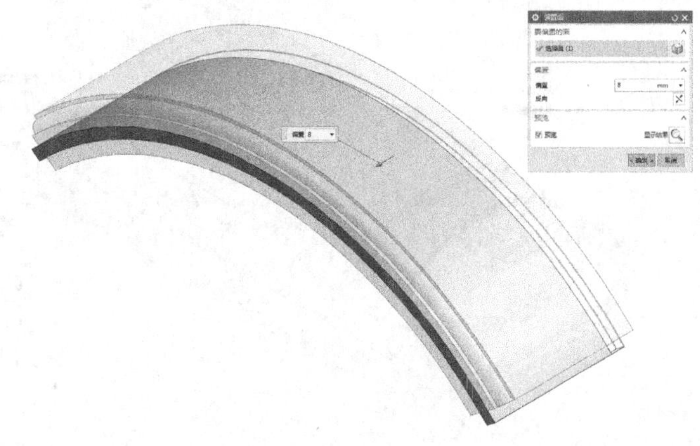

图5.2.228　偏置中间实体的后端面(向内缩进8mm。然后将3层实体〖合并〗)

使用〖同步建模〗-〖替换面〗，如图5.2.229所示。

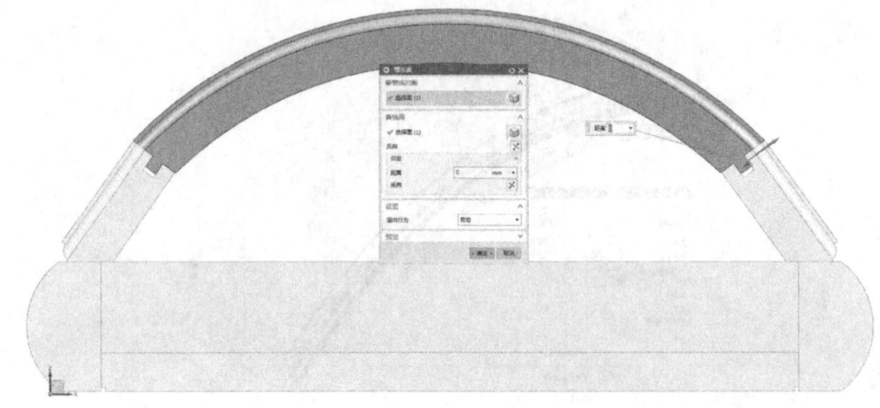

图5.2.229 使用〖替换面〗命令（将圆侧条的榫头和两侧的槽贴合）

使用〖变换〗-〖通过一平面镜像〗，如图5.2.230所示。

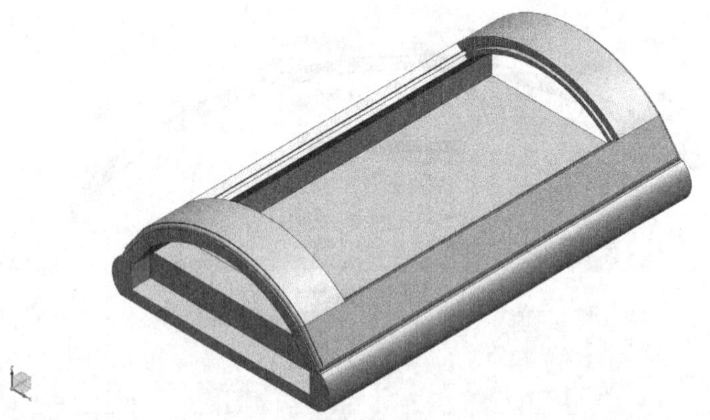

图5.2.230 使用〖通过一平面镜像〗命令（将开槽完成的圆侧条镜像复制到另外一边，并且将旧的删除）

使用〖拉伸〗，选择圆侧条内侧的第1层端面截面，如图5.2.231所示。

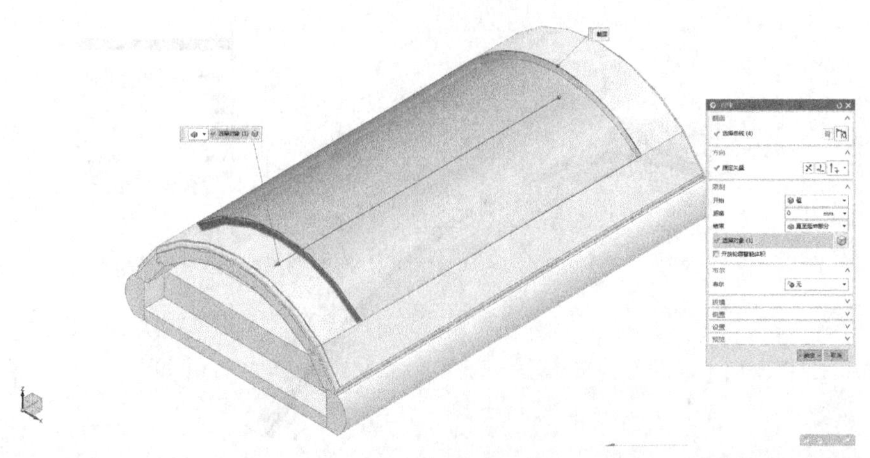

图5.2.231 拉伸圆侧条内侧的第1层端面截面（使用〖直至延伸部分〗，选择另一边的端面为结束面）

使用〖偏置面〗，选择上步实体的底部弧面，如图5.2.232所示。

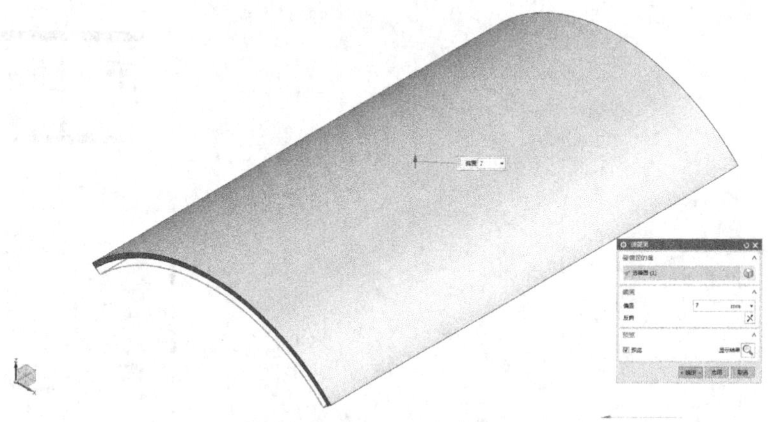

图5.2.232　偏置上步实体的底部弧面（向上缩进7mm）

使用〖偏置面〗，选择上步实体的前后两端面，如图5.2.233所示。

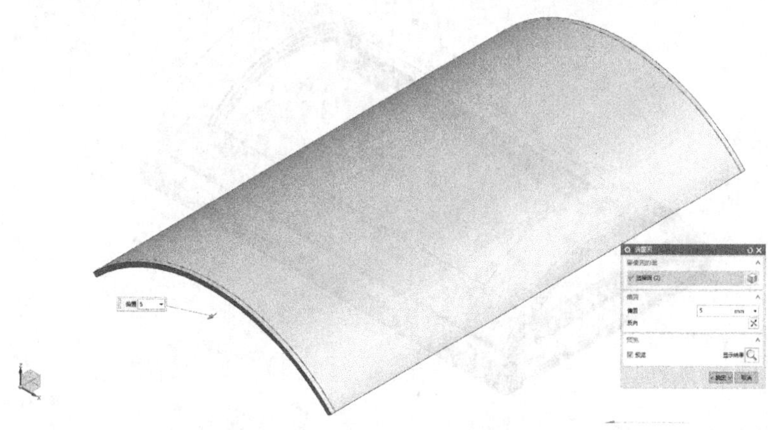

图5.2.233　偏置上步实体的前后两端面（向外延伸5mm）

使用〖同步建模〗-〖拉出面〗，如图5.2.234所示。

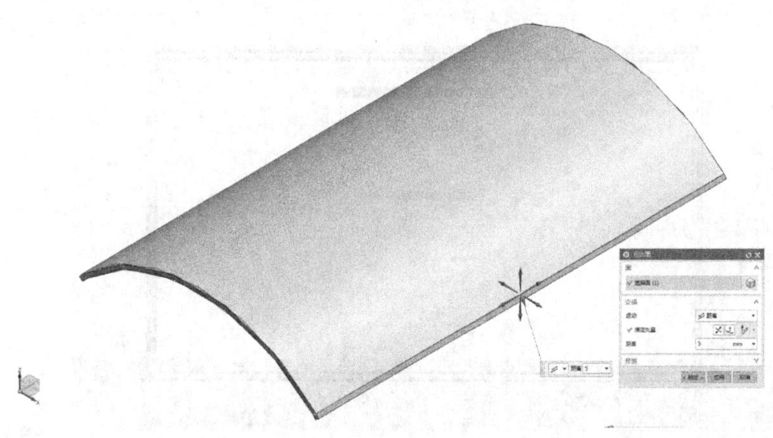

图5.2.234　使用〖拉出面〗命令（依次选择左右两侧长边面，沿平面法向各拉出5mm）

使用〖边倒圆〗，选择实体的4个角点，如图5.2.235所示。

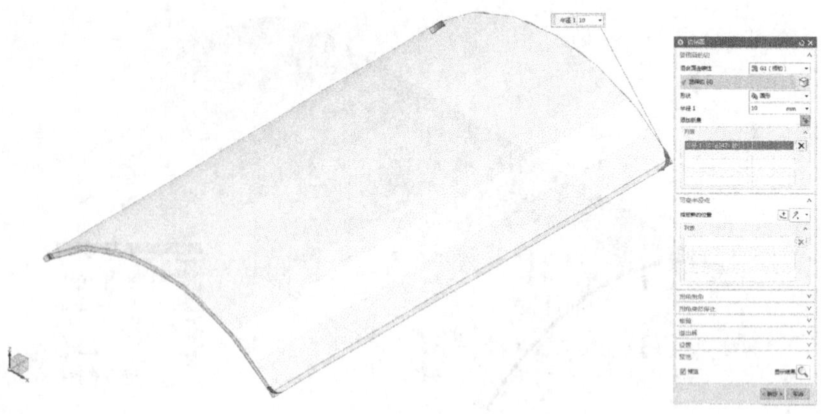

图5.2.235　边倒圆（倒圆半径R10）

使用〖组合下拉菜单〗-〖减去〗，如图5.2.236所示。

图5.2.236　使用〖减去〗命令（分别选择〖目标〗为4根侧框并和实体求差，勾选〖保存工具〗）

使用〖边倒圆〗，逐一选择两层相交的轮廓线，如图5.2.237所示。

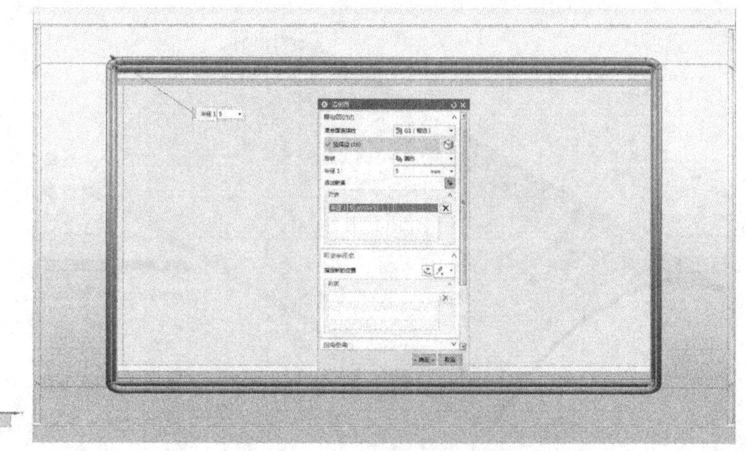

图5.2.237　边倒圆（倒圆半径R5）

使用〖同步建模〗-〖删除面〗，如图5.2.238所示。

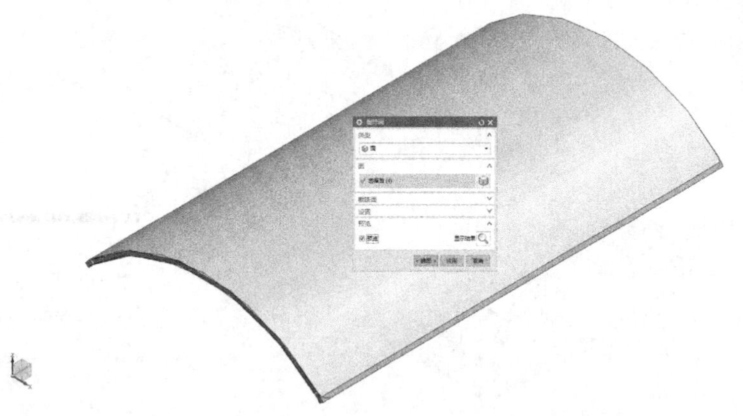

图5.2.238　使用〖删除面〗命令（选择4个角点的倒圆进行删除）

使用〖同步建模〗-〖替换面〗，如图5.2.239所示。

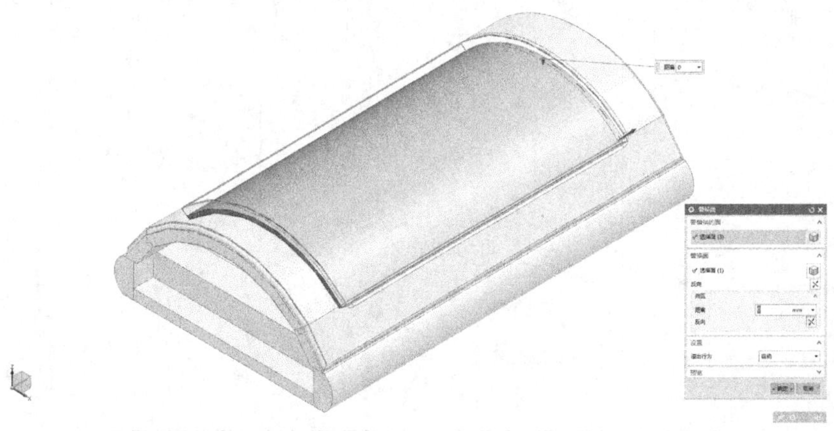

图5.2.239　使用〖替换面〗命令（依次选择〖要替换的面〗为芯板的下表面和上表面，〖替换面〗为圆侧条的开槽的下表面和上表面）

使用〖偏置面〗，同时选择芯板的上下面，如图5.2.240所示。

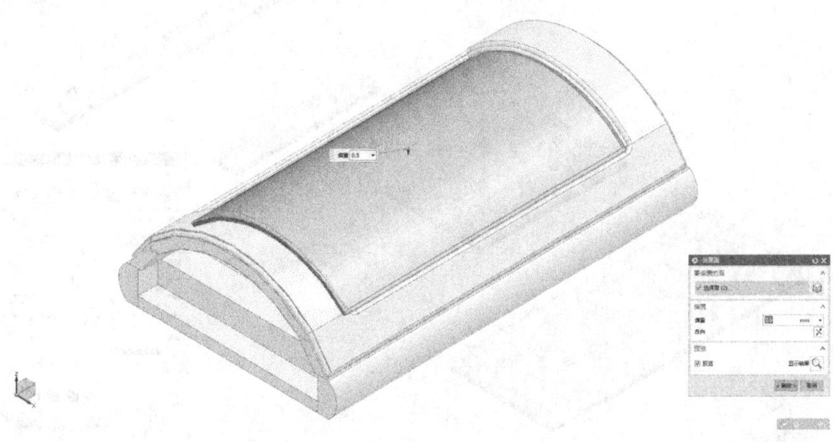

图5.2.240　偏置芯板的上下面（向内缩进0.5mm）

使用〖倒斜角〗，选择侧框相交的边缘，如图5.2.241所示。

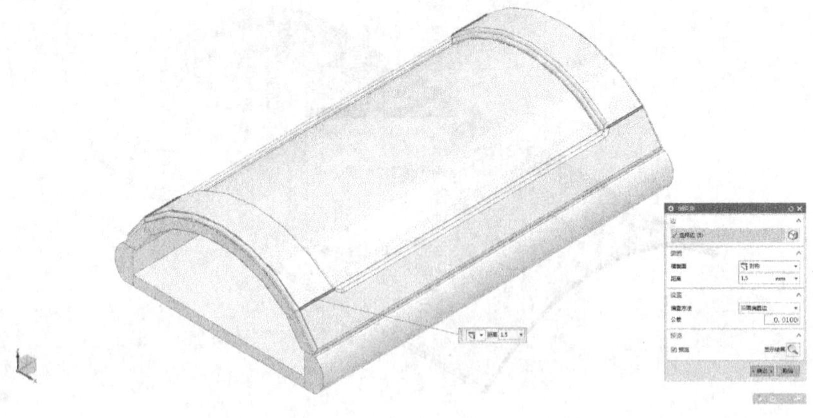

图5.2.241　倒斜角（对称倒角1.5mm）

使用〖编辑〗-〖显示和隐藏〗，如图5.2.242所示。

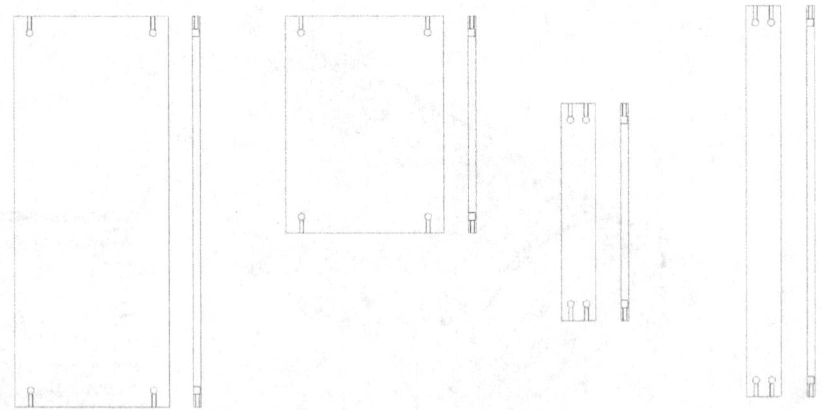

图5.2.242　使用〖显示和隐藏〗命令（将层板和拉条的视图单独显示）

使用〖拉伸〗，选择层板和拉条的外形轮廓，如图5.2.243所示。

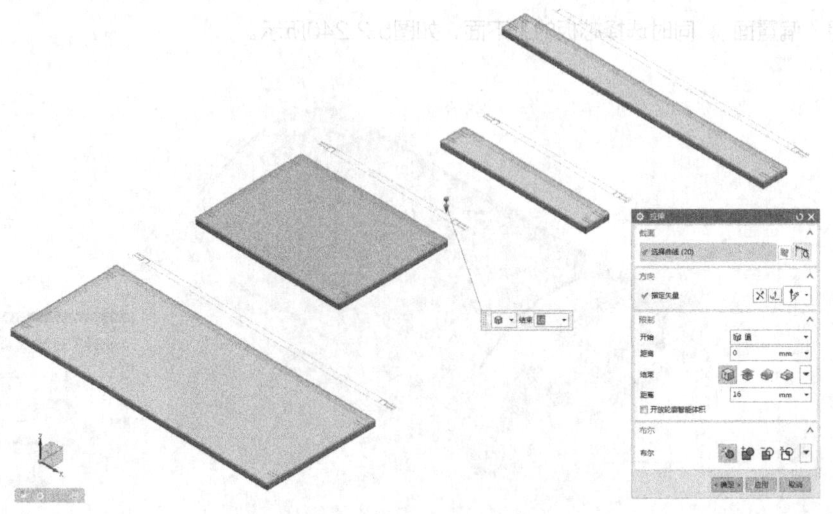

图5.2.243　拉伸层板和拉条的外形轮廓（向下拉伸16mm）

使用〖编辑〗-〖显示和隐藏〗，如图5.2.244所示。

图5.2.244　使用〖显示和隐藏〗命令（将层板和拉条的视图单独显示）

使用〖拉伸〗，选择长假抽的外形轮廓，如图5.2.245所示。

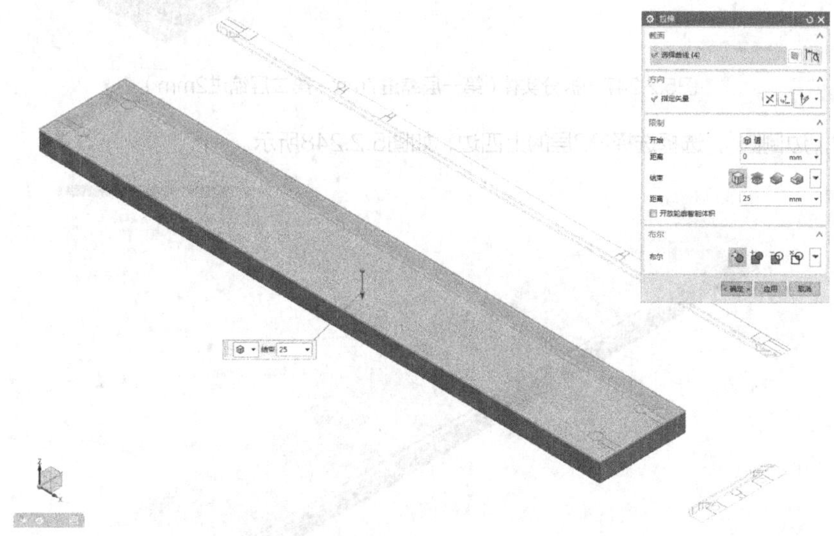

图5.2.245　拉伸长假抽的外形轮廓（向下拉伸25mm）

使用〖拆分体〗，将长假抽拆分为3层，如图5.2.246所示。

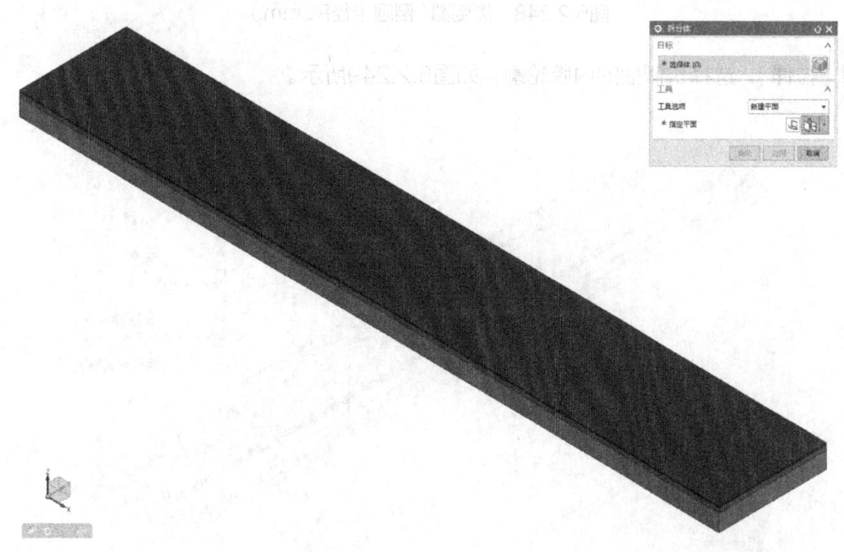

图5.2.246　拆分实体（第1层厚度为2mm，第2层厚度为5mm）

使用〖拆分体〗，分别选择选择第1、2层的四边，如图5.2.247所示。

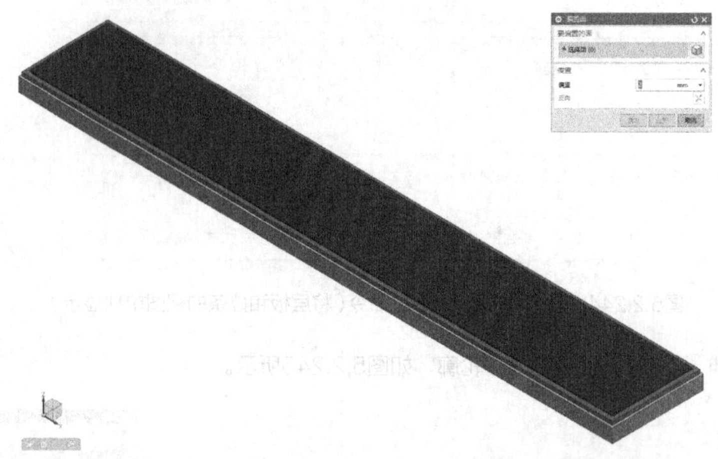

图5.2.247　拆分实体（第一层缩进7mm，第二层缩进2mm）

使用〖边倒圆〗，选择选择第2层的上四边，如图5.2.248所示。

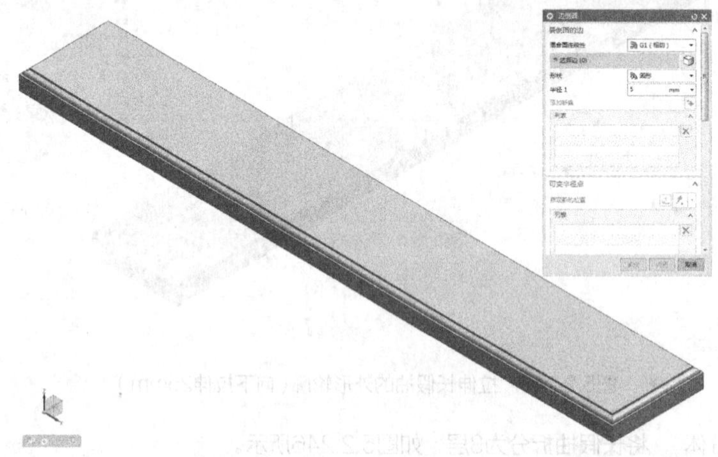

图5.2.248　边倒圆（倒圆半径R5mm）

使用〖拉伸〗，选择长假抽的内腔轮廓，如图5.2.249所示。

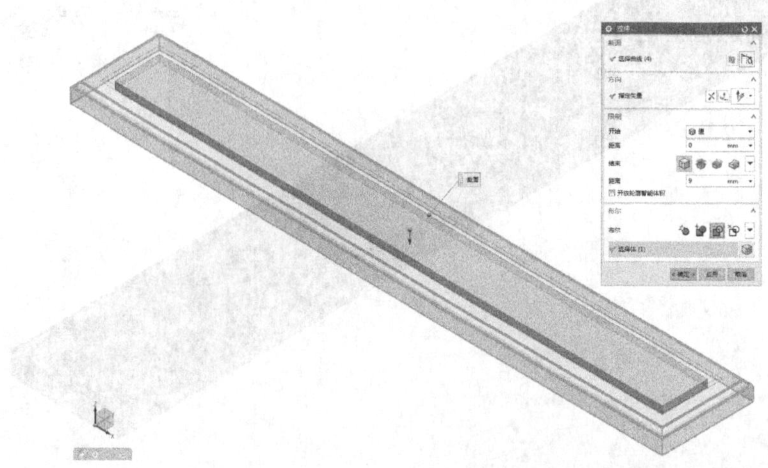

图5.2.249　拉伸长假抽的内腔轮廓（向下拉伸9mm并且选择〖布尔〗为〖求差〗）

使用〖拉伸〗，选择长假抽的内腔轮廓的第2层曲线，如图5.2.250所示。

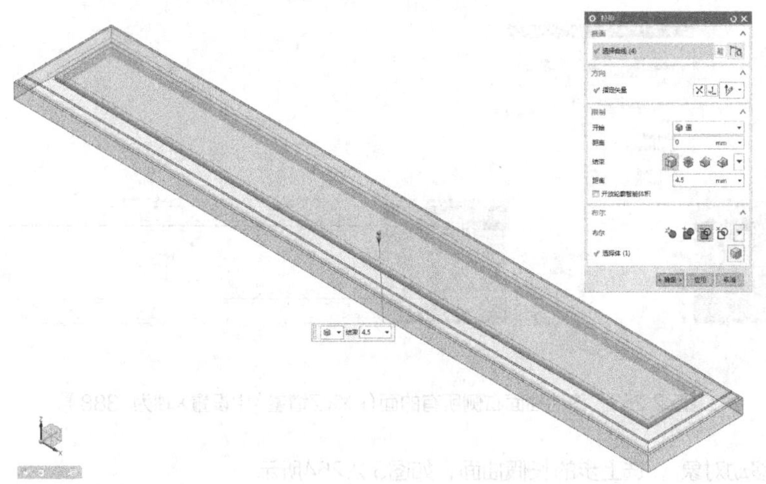

图5.2.250　拉伸长假抽的内腔轮廓的第2层曲线（向下拉伸9mm并且选择〖布尔〗为〖求差〗）

使用〖边倒圆〗，选择2层实体的四边，如图5.2.251所示。

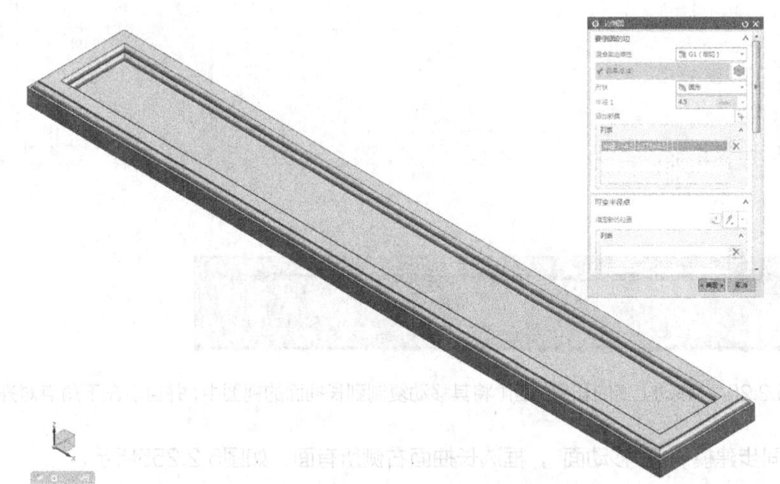

图5.2.251　边倒圆（倒圆半径R4.5mm）

使用〖移动对象〗，选上步的长假抽面，如图5.2.252所示。

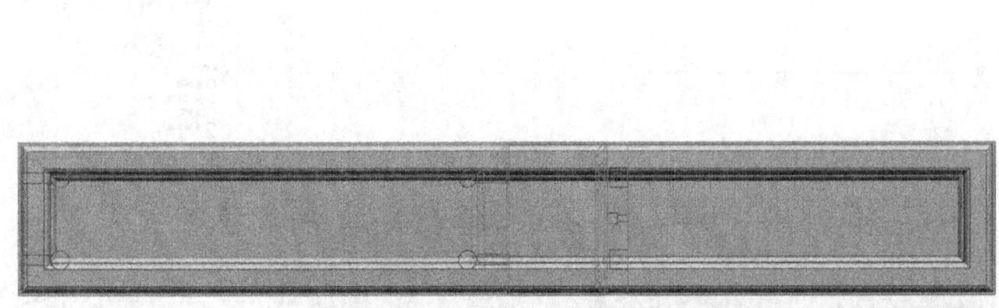

图5.2.252　移动上步的长假抽面（将其移动复制到短假抽的视图中，并且以左下角点对齐）

使用〖同步建模〗-〖移动面〗，框选抽面右侧所有面，如图5.2.253所示。

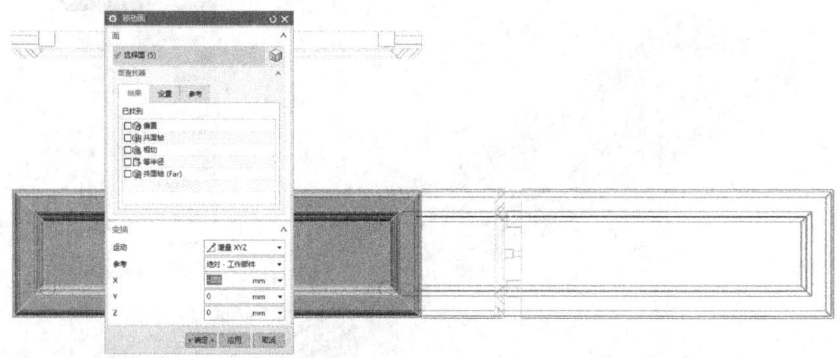

图5.2.253　移动抽面右侧所有的面（〖XYZ增量〗中设置X轴为-388）

使用〖移动对象〗，选上步的长假抽面，如图5.2.254所示。

图5.2.254　移动上步的长假抽面（将其移动复制到长抽面的视图中，并且以左下角点对齐）

使用〖同步建模〗-〖移动面〗，框选长抽面右侧所有面，如图5.2.255所示。

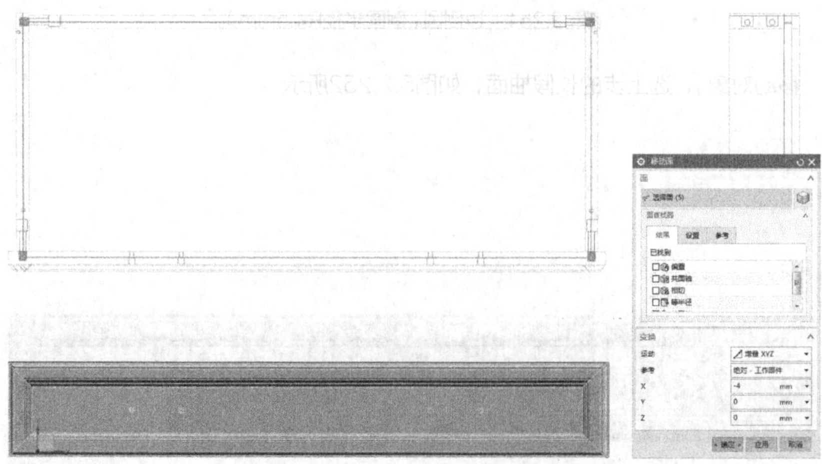

图5.2.255　移动长抽面右侧所有的面（〖XYZ增量〗中设置X轴为-4）

继续框选长抽面上部的所有面，如图5.2.256所示。

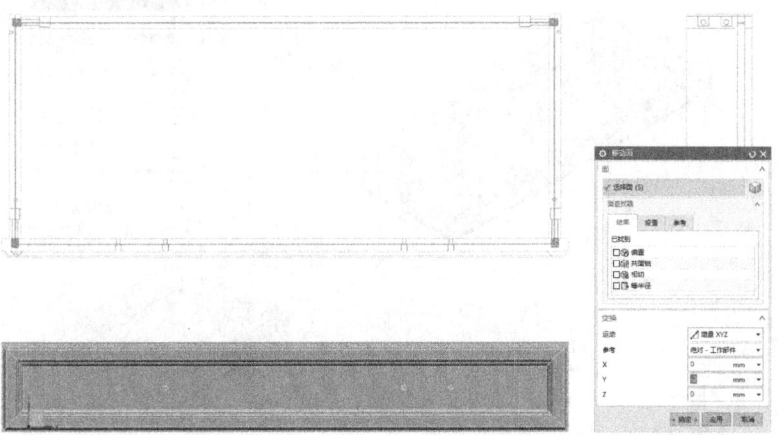

图5.2.256 继续移动长轴面上部的所有面(〖XYZ增量〗中设置Y轴为-2。使用相同的方法制作短抽面)

使用〖移动对象〗，选择两个抽面，如图5.2.257所示。

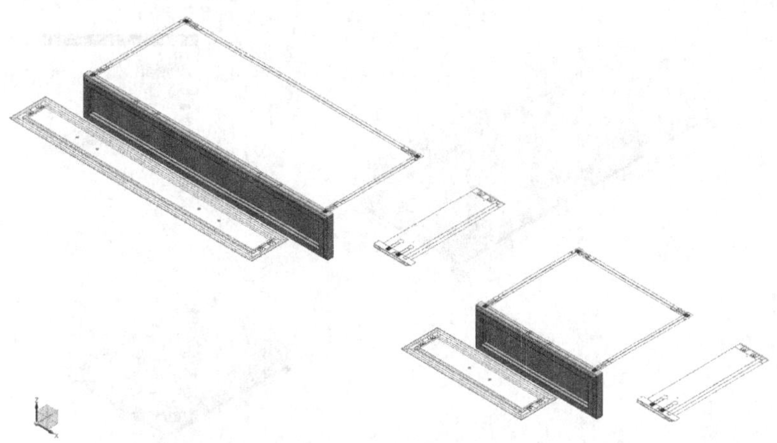

图5.2.257 移动两个抽面(将其拟合对齐定位到抽屉的三视图中)

使用〖拉伸〗，同时选择抽侧和抽尾的截面轮廓，如图5.2.258所示。

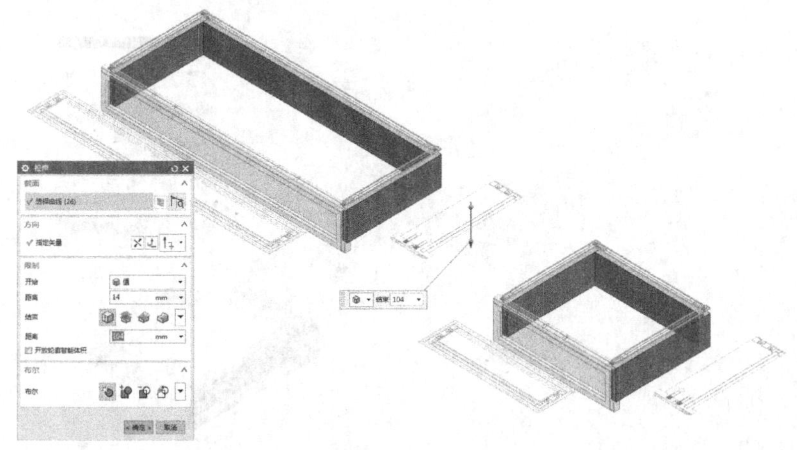

图5.2.258 拉伸抽侧和抽尾的截面轮廓(向下拉伸，〖开始〗〖值〗为14，〖结束〗〖值〗为104)

使用〖拉伸〗，同时选择抽屉的内腔轮廓，如图5.2.259所示。

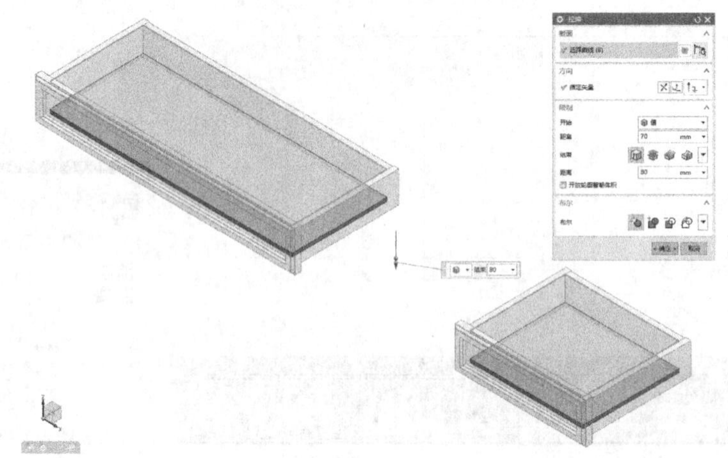

图5.2.259　拉伸抽屉的内腔轮廓（向下拉伸，〖开始〗〖值〗为70，〖结束〗〖值〗为80）

使用〖偏置面〗，同时选择两个抽底板的四边，如图5.2.260所示。

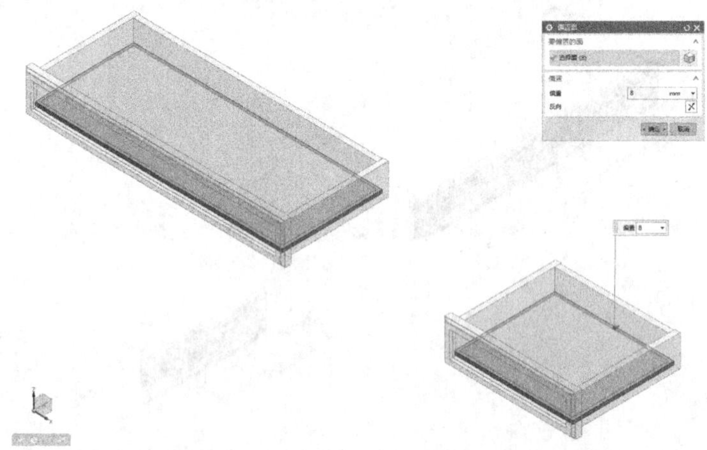

图5.2.260　偏置两个抽底板的四边（向外延伸8mm）

使用〖组合下拉菜单〗-〖减去〗，如图5.2.261所示。

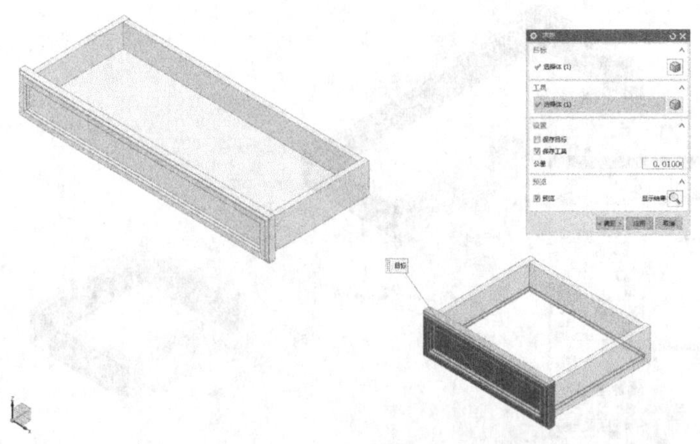

图5.2.261　使用〖减去〗命令（分别用四周的实体和抽底板求差，布尔出拉槽）

使用〖偏置面〗，同时选择两个抽底板的四边，如图5.2.262所示。

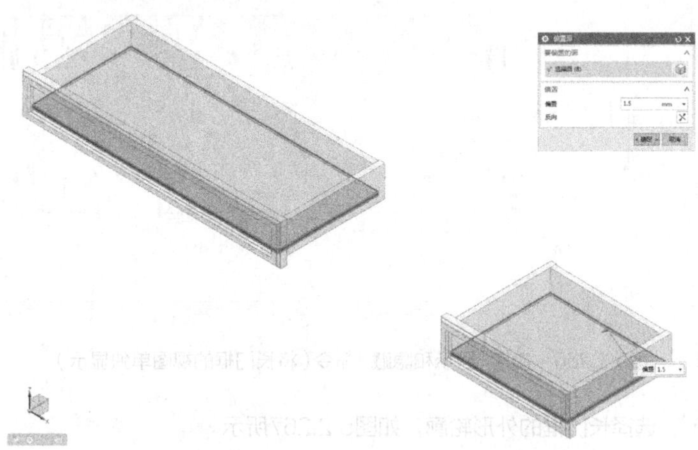

图5.2.262　偏置两个抽底板的四边（向内缩进1.5mm）

使用〖偏置面〗，同时选择4个抽侧拉槽的端面，如图5.2.263所示。

图5.2.263　偏置4个抽侧拉槽的端面（向外侧拖动将拉槽贯穿）

使用〖偏置面〗，同时抽面拉槽的两个端面，如图5.2.264所示。

图5.2.264　偏置抽面拉槽的两个端面（向外侧拖动将拉槽贯穿）

使用〖边倒圆〗，选择拉槽的4个角点，如图5.2.265所示。

图5.2.265　边倒圆（倒圆半径R5mm）

使用〖编辑〗-〖显示和隐藏〗，如图5.2.266所示。

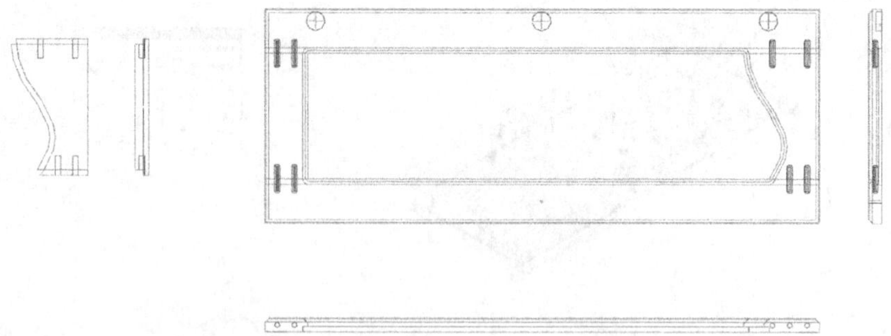

图5.2.266　使用〖显示和隐藏〗命令（将长门框的视图单独显示）

使用〖拉伸〗，选择长门框的外形轮廓，如图5.2.267所示。

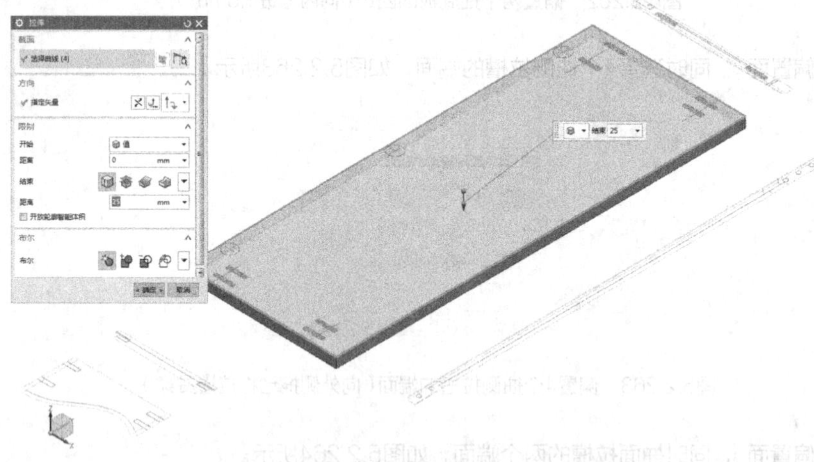

图5.2.267　拉伸长门框的外形轮廓（向下拉伸25mm）

使用〖拆分体〗，将长门框实体拆分为3层，如图5.2.268所示。

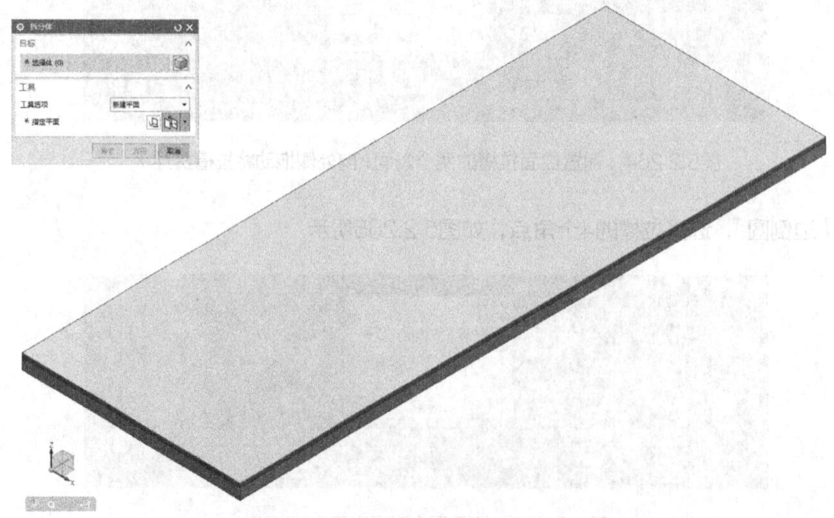

图5.2.268　拆分实体（第1层厚度为2mm，第2层厚度为5mm）

使用〖偏置面〗，分别选择上两层实体的4边，如图5.2.269所示。

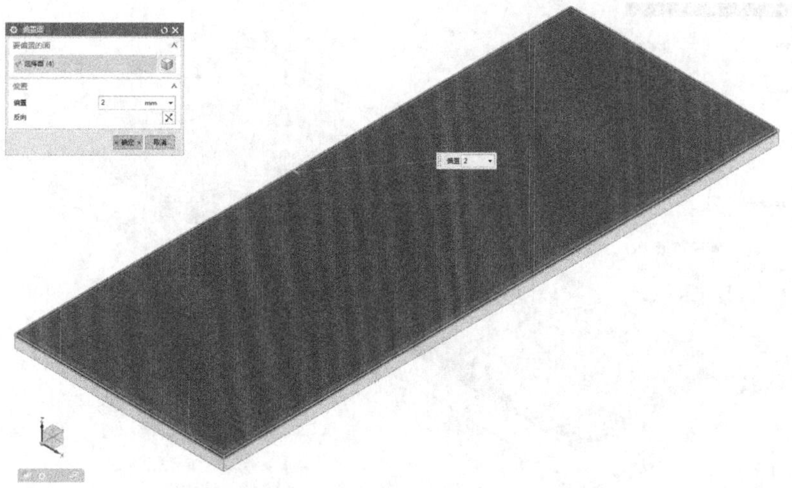

图5.2.269　偏置上两层实体的4边（第1层向内缩进7mm，第2层向内缩进2mm）

使用〖边倒圆〗，选择第2层实体的上4边，如图5.2.270所示。

图5.2.270　边倒圆（倒圆半径R5，然后将3层实体进行〖合并〗）

使用〖插入〗-〖派生曲线〗-〖光顺曲线串〗，如图5.2.271所示。

图5.2.271　使用〖光顺曲线串〗命令（将门框内腔的顶部轮廓曲线进行合并）

使用〖拉伸〗，选择门框的内腔轮廓，如图5.2.272所示。

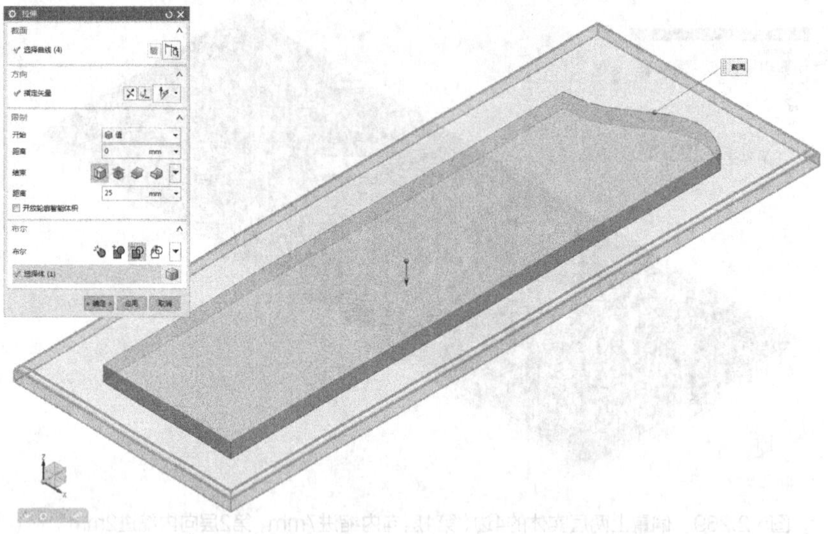

图5.2.272 拉伸门框的内腔轮廓（向下拉伸25mm，〖布尔〗选择和门框〖求差〗）

使用〖拉伸〗，选择门框的内腔轮廓，如图5.2.273所示。

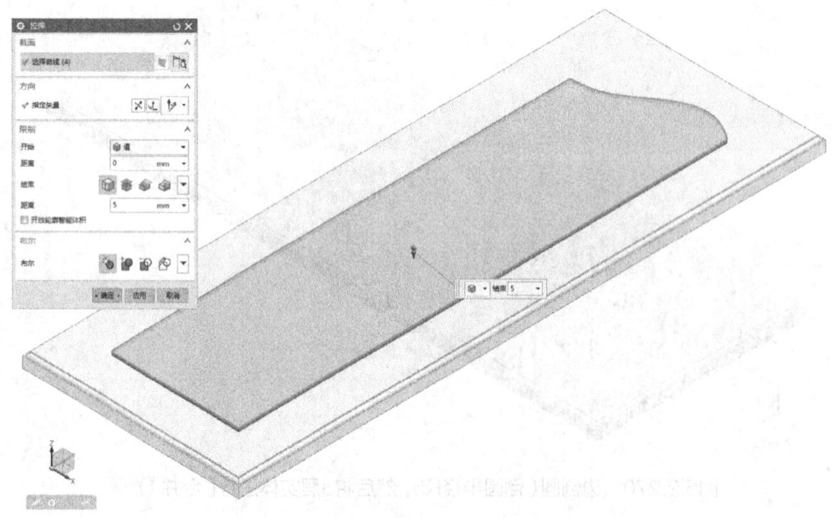

图5.2.273 拉伸门框的内腔轮廓（向下拉伸5mm）

使用〖偏置面〗，分别选择上步实体的外形轮廓，如图5.2.274所示。

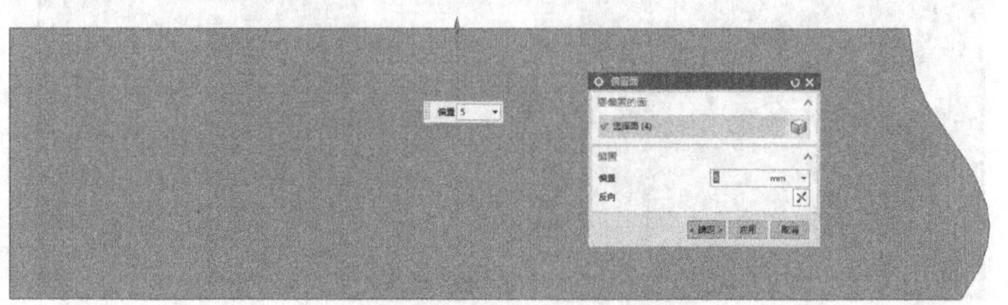

图5.2.274 偏置上步实体的外形轮廓（向外延伸5mm）

使用〖边倒圆〗，选择上步实体的四个角点，如图5.2.275所示。

图5.2.275　边倒圆（倒圆半径R5mm）

使用〖组合下拉菜单〗-〖减去〗，如图5.2.276所示。

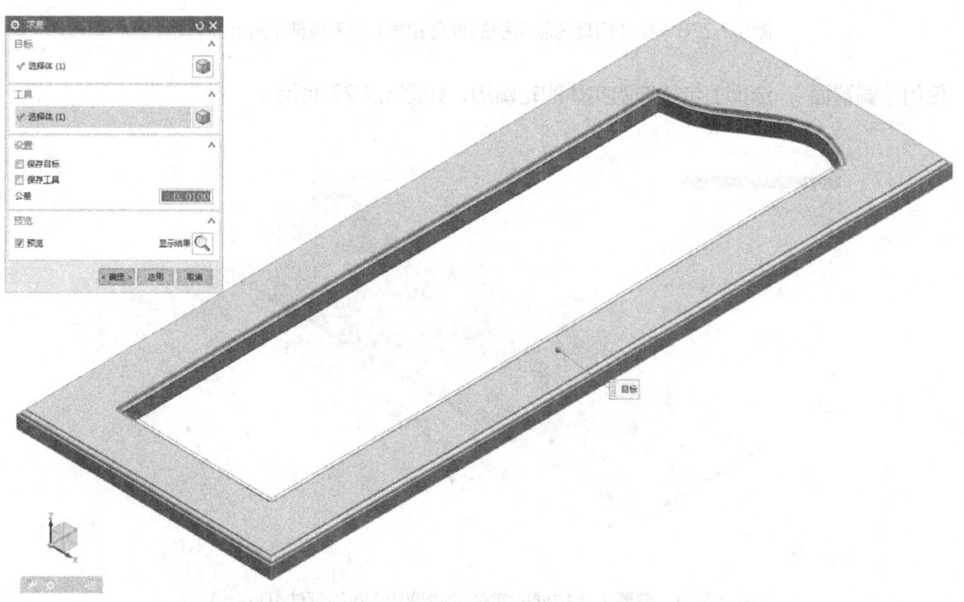

图5.2.276　使用〖减去〗命令（〖目标〗选择门框，〖工具〗选择上步的实体）

使用〖边倒圆〗，选择门框内腔两层槽的四周顶边，如图5.2.277所示。

图5.2.277　边倒圆（倒圆半径R5mm）

使用〖拉伸〗，选择门框的内腔背板的外形轮廓，如图5.2.278所示。

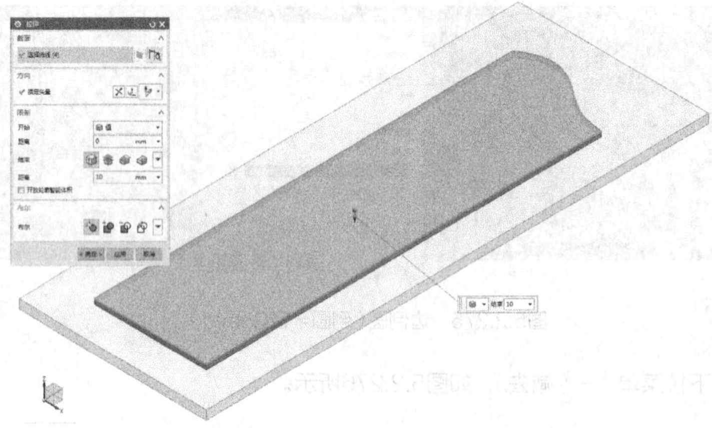

图5.2.278　拉伸门框内腔背板的外形轮廓（向下拉伸10mm）

使用〖偏置面〗，选择上步拉伸的实体的轮廓边，如图5.2.279所示。

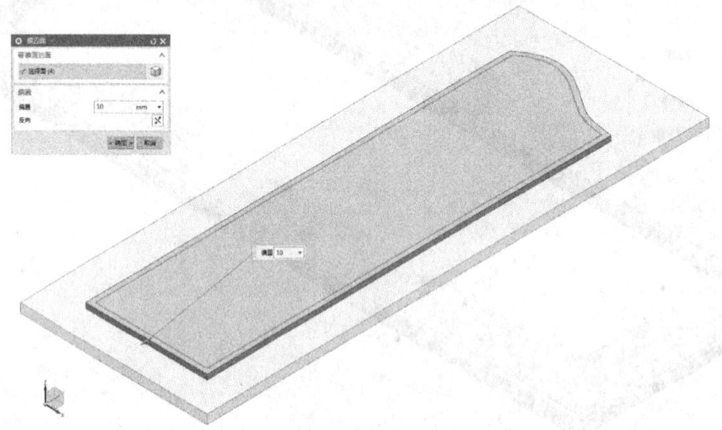

图5.2.279　偏置上步拉伸的实体的轮廓边（向外延伸10mm）

使用〖组合下拉菜单〗-〖减去〗，如图5.2.280所示。

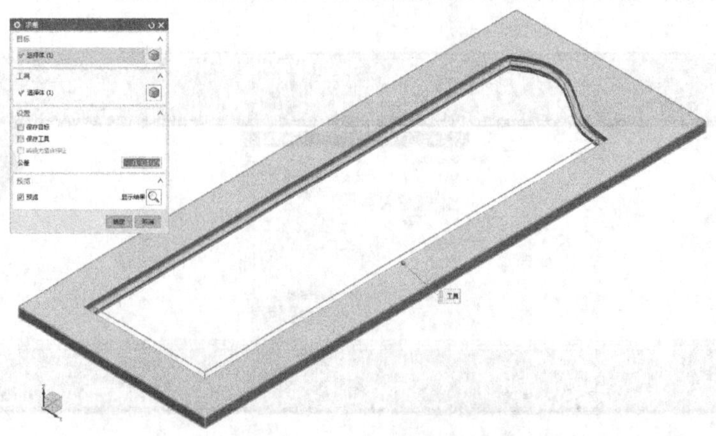

图5.2.280　使用〖减去〗命令（〖目标〗选择门框，〖工具〗选择上步的实体）

使用〖拆分体〗，选择〖新建平面〗，如图5.2.281所示。

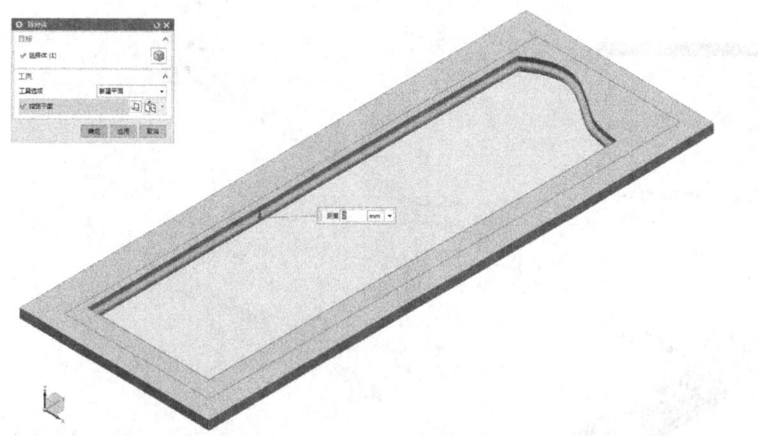

图5.2.281　拆分实体（选择内腔的底面为拆分平面，将门框拆分为两层）

使用〖拆分体〗，选择〖新建平面〗，如图5.2.282所示。

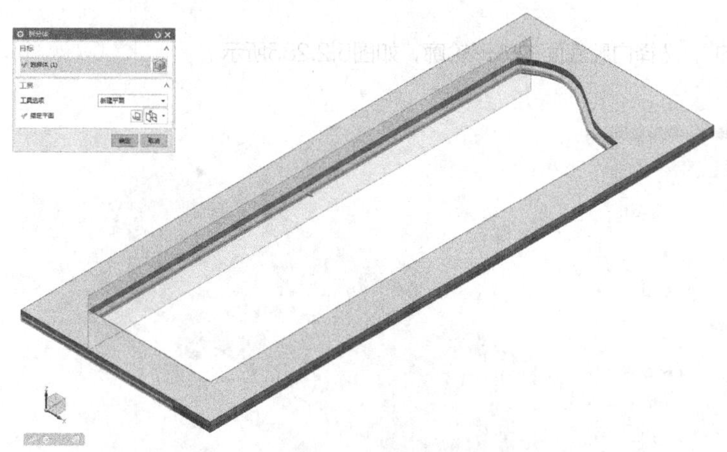

图5.2.282　拆分实体（分别选择下层实体的内腔两长边）

继续使用〖拆分体〗，选择〖新建平面〗，如图5.2.283所示。

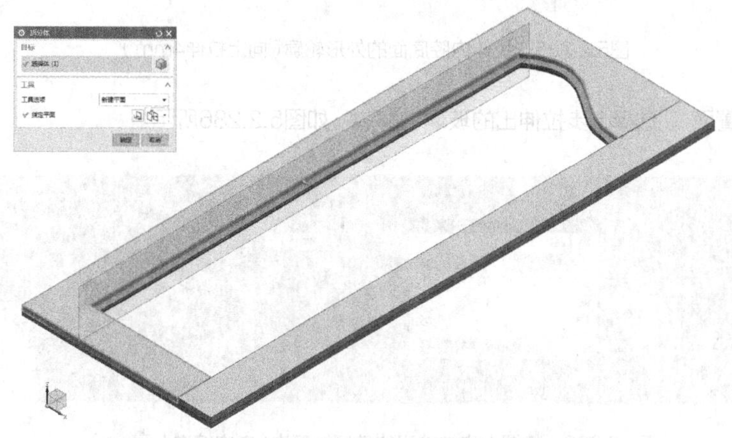

图5.2.283　拆分实体（分别选择上层实体的内腔两长边）

使用〖组合下拉菜单〗-〖合并〗，如图5.2.284所示。

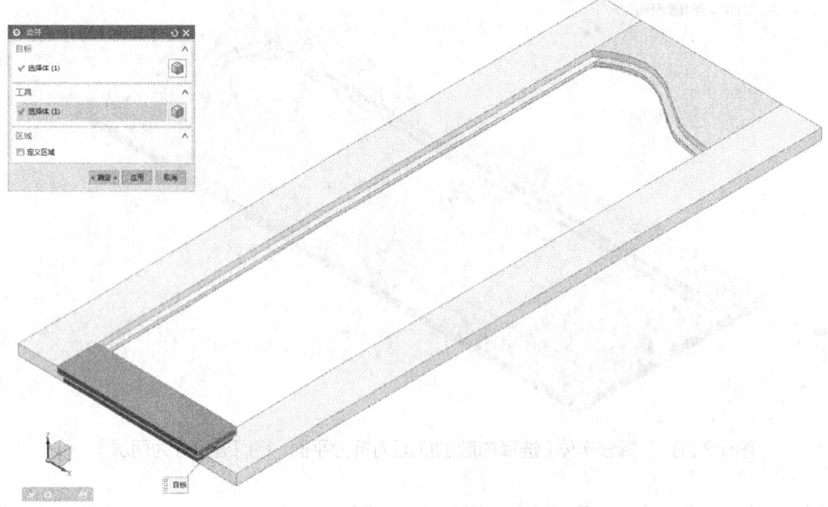

图5.2.284　使用〖合并〗命令（参照图中颜色，将门框部件重新组合）

使用〖拉伸〗，选择内腔底面的外形轮廓，如图5.2.285所示。

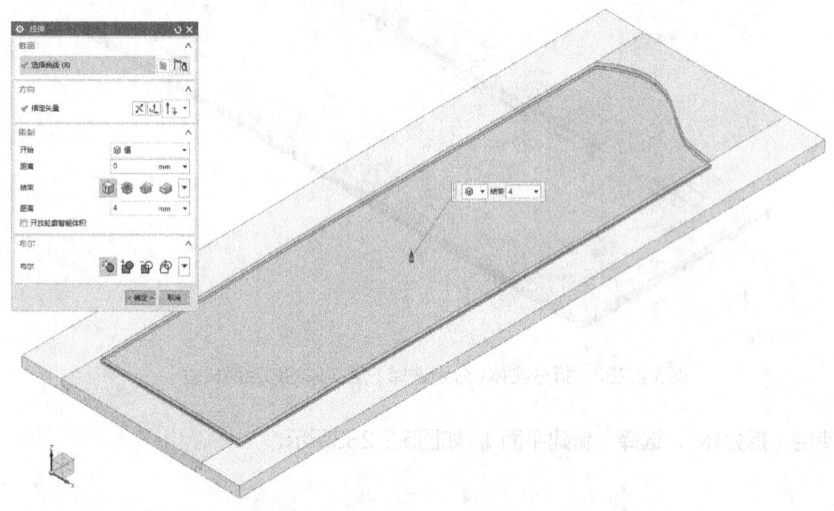

图5.2.285　拉伸内腔底面的外形轮廓（向上拉伸4mm）

使用〖偏置面〗，选择上步拉伸出的玻璃轮廓边，如图5.2.286所示。

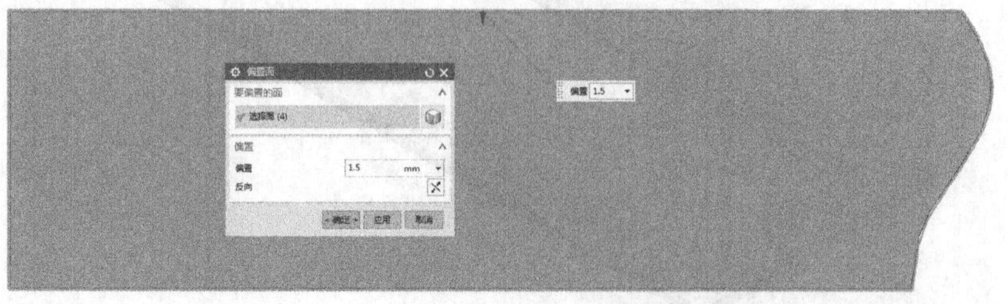

图5.2.286　偏置上步拉伸出的玻璃轮廓边（向内缩进1.5mm）

长门框和短门框的刀型和结构是一样的，我们可以利用已经完成的长门框来制作短门框。先使用〖移动对象〗，将长门框复制出来，如图5.2.287所示。

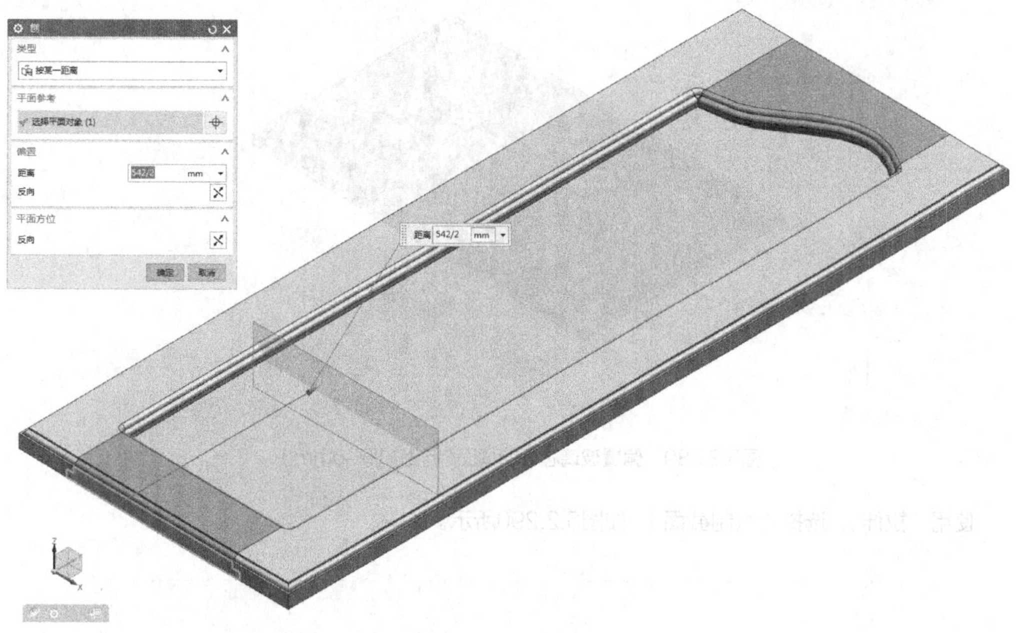

图5.2.287　将长门框复制出来（然后使用〖拆分体〗，以下端面为基准平面，向上偏置542/2mm，创建拆分平面，将两个长侧条和玻璃进行拆分，然后使用〖移除参数〗，最后将上部的实体直接删除）

使用〖编辑〗-〖变换〗-〖通过一平面镜像〗，如图5.2.288所示。

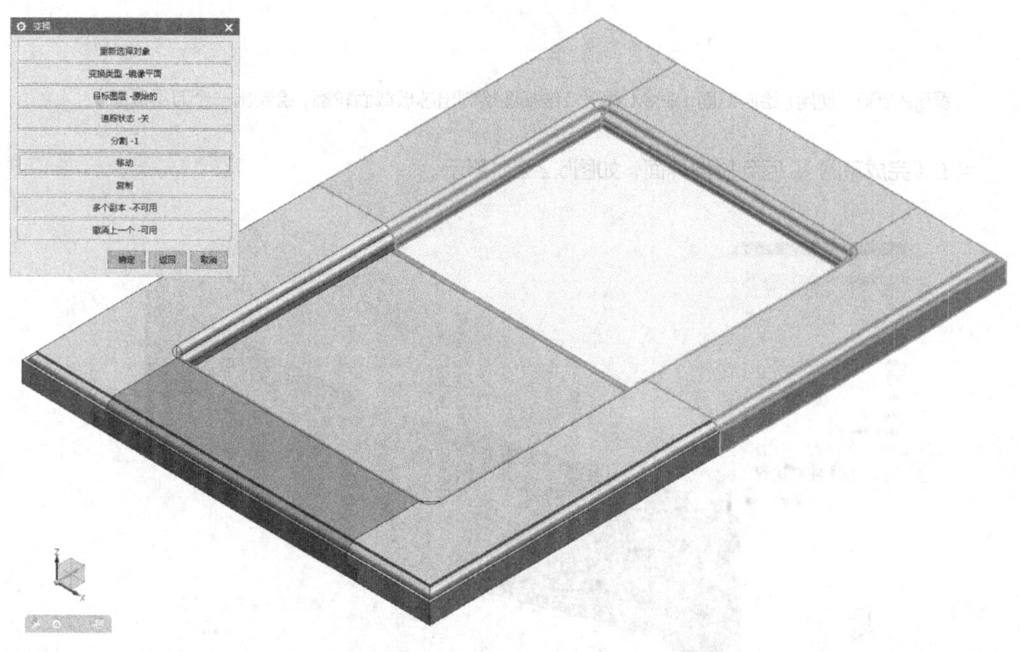

图5.2.288　使用〖通过一平面镜像〗命令（选择所有门框的下部实体，以上端面为镜像面，将实体进行镜像复制，最后分别将两根长门框和玻璃进行镜像）

使用〖偏置面〗，选择玻璃芯板的顶面，如图5.2.289所示。

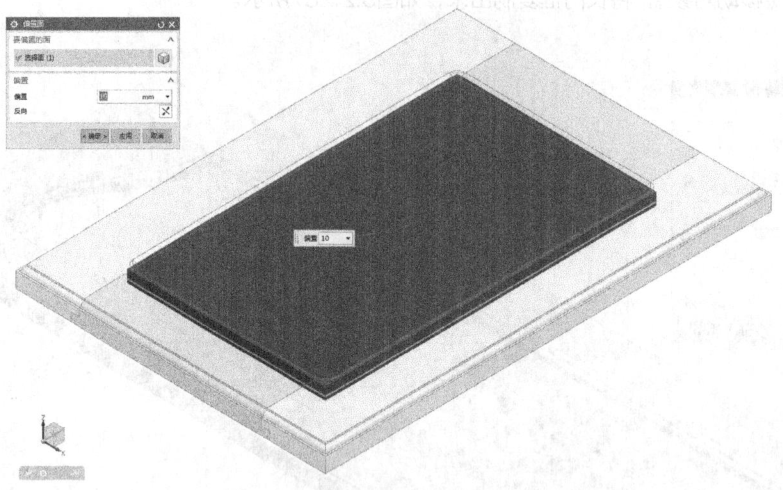

图5.2.289　偏置玻璃芯板的顶面（向上加厚10mm）

使用〖拉伸〗，选择〖绘制截面〗，如图5.2.290所示。

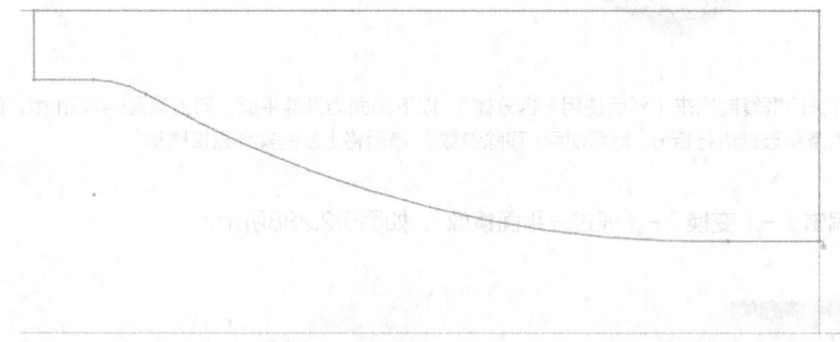

图5.2.290　使用〖绘制截面〗命令（参考二维视图绘制出芯板截面轮廓，绘制出一个刀具截面）

点击〖完成草图〗，回到拉伸界面，如图5.2.291所示。

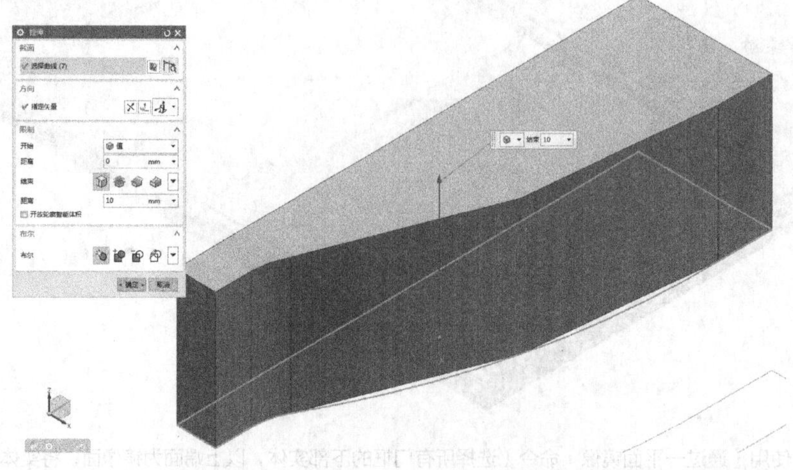

图5.2.291　回到拉伸界面（向上拉伸10mm）

使用〖移动对象〗，分别将刀具体复制定位到芯板的四边，如图5.2.292所示。

图5.2.292　将刀具体复制定位到芯板的四边（使用〖偏置面〗，调整刀具体的长度）

使用〖组合下拉菜单〗-〖减去〗，如图5.2.293所示。

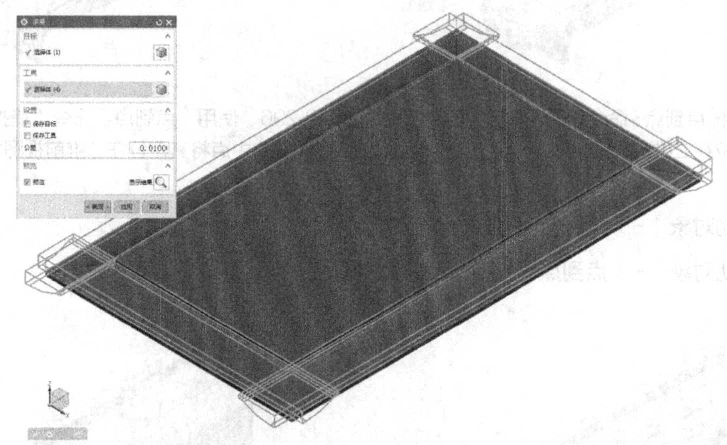

图5.2.293　使用〖减去〗命令（〖目标〗选择为芯板，〖工具〗选择为四周的刀具体）

使用〖特征〗-〖倒斜角〗，如图5.2.294所示。

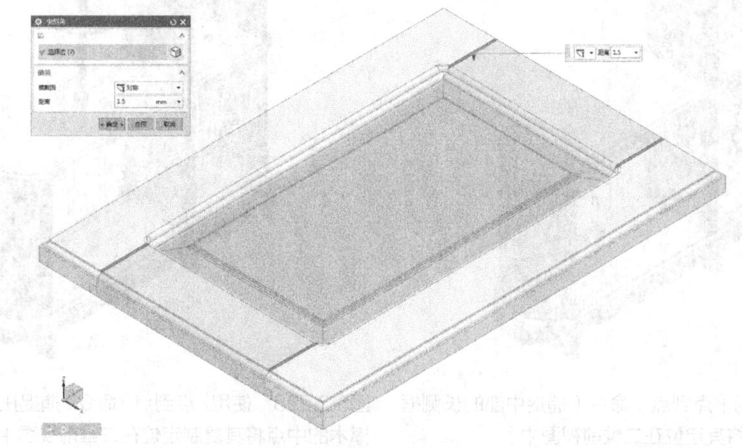

图5.2.294　倒斜角（选择侧条两边接缝处，对称倒斜角1.5mm。长侧板也是如此）

使用〖移动对象〗-〖点到点〗，如图5.2.295所示。

使用〖移动对象〗-〖点到点〗，如图5.2.296所示。

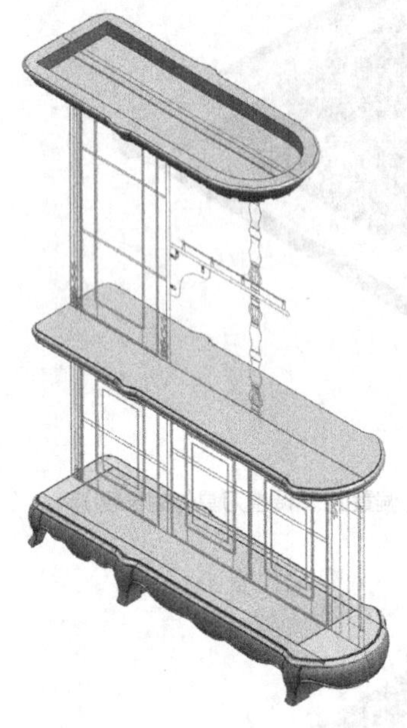

图5.2.295 使用〖点到点〗命令（捕捉顶板、面板、底框的中点将其定位在二维前视图中）

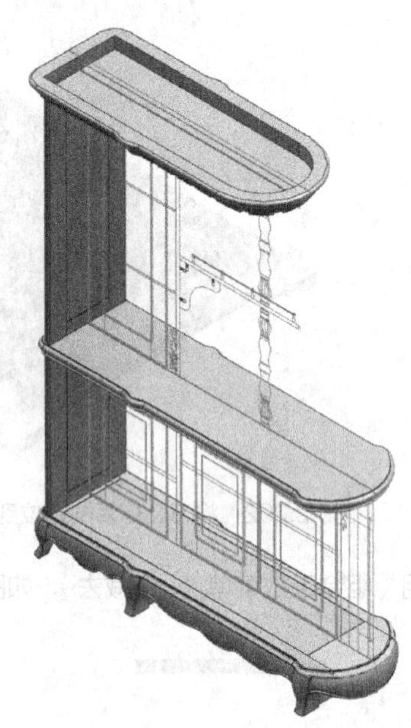

图5.2.296 使用〖点到点〗命令（捕捉左边的长侧框和短侧框的中点将其定位在二维前视图中）

使用〖移动对象〗-〖点到点〗，如图5.2.297所示。

使用〖移动对象〗-〖点到点〗，如图5.2.298所示。

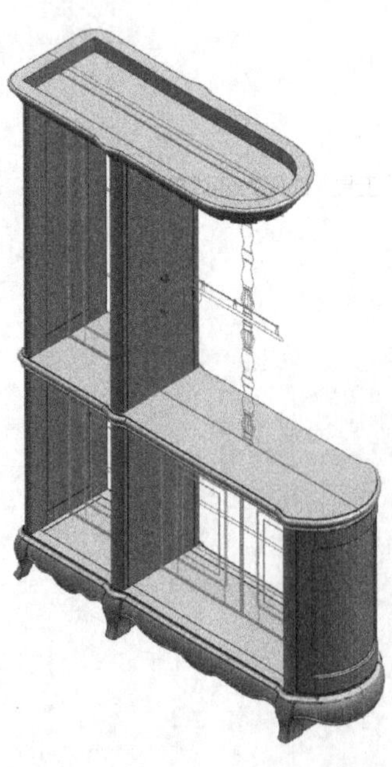

图5.2.297 使用〖点到点〗命令（捕捉中部的长侧框和半圆框的中点将其定位在二维前视图中）

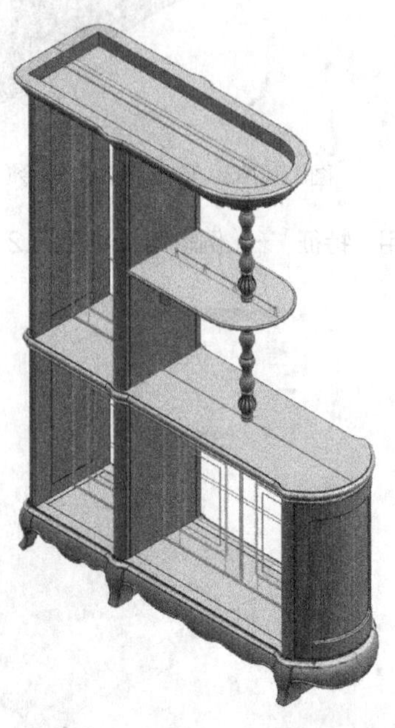

图5.2.298 使用〖点到点〗命令（捕捉托板、圆柱和支撑木的中点将其复制定位在二维前视图中）

使用〖移动对象〗-〖点到点〗，如图5.2.299所示。

使用〖拉伸〗，选择上部玻璃的截面外形，如图5.2.300所示。

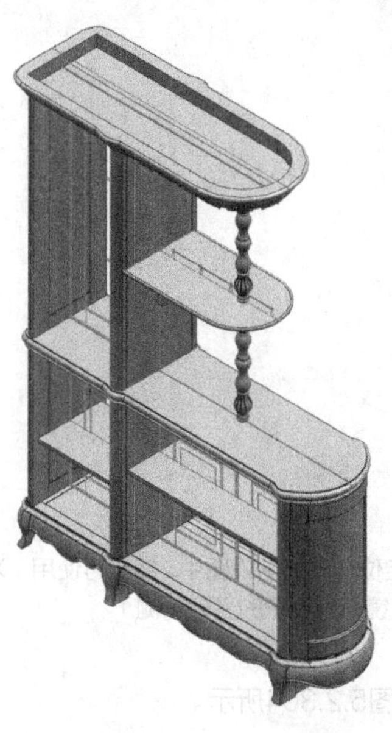

图5.2.299 使用〖点到点〗命令（捕捉所有的层板的中点将其复制定位在二维前视图中）

图5.2.300 拉伸上部玻璃的截面外形（〖开始〗和〖结束〗都选择〖直至延伸部分〗，分别选择下部侧板的两端面确定玻璃隔板的宽度，然后使用〖Ctrl+J〗以半透明显示）

使用〖移动对象〗-〖点到点〗，如图5.2.301所示。

使用〖移动对象〗-〖点到点〗，如图5.2.302所示。

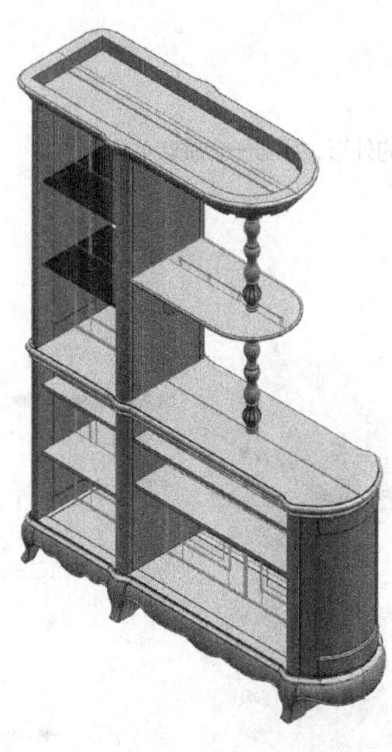

图5.2.301 使用〖点到点〗命令（捕捉长拉条和短拉条的端点将其定位在二维前视图中。然后再使用〖XYZ增量〗设置其与层板的一侧对齐）

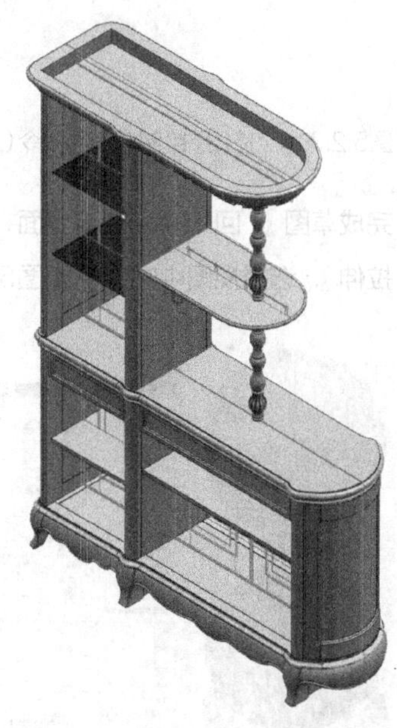

图5.2.302 使用〖点到点〗命令（捕捉两个假抽面和两组抽盒的端点将其定位在二维前视图中。然后再使用〖XYZ增量〗设置抽面的内侧与拉条的外侧对齐）

使用〖移动对象〗-〖点到点〗，如图5.2.303所示。

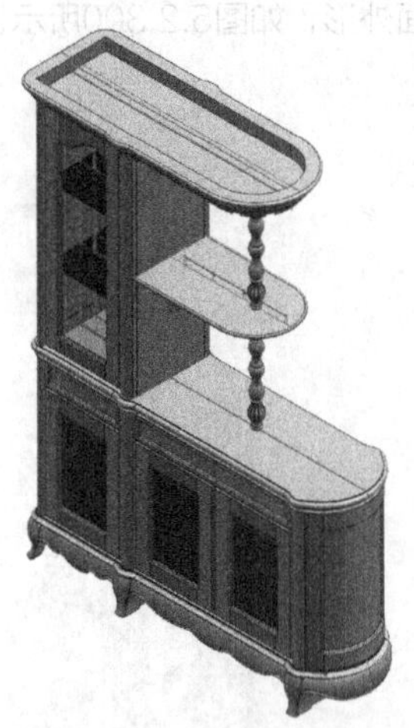

图5.2.303 使用〖点到点〗命令（捕捉上门框和下门框的端点将其定位在二维前视图中。然后再使用〖XYZ增量〗设置其与抽面对齐。最后使用〖变换〗-〖通过一平面镜像〗将门框镜像到柜子的另外一侧）

使用〖特征〗工具条上的〖旋转〗，选择〖绘制截面〗，如图5.2.304所示。

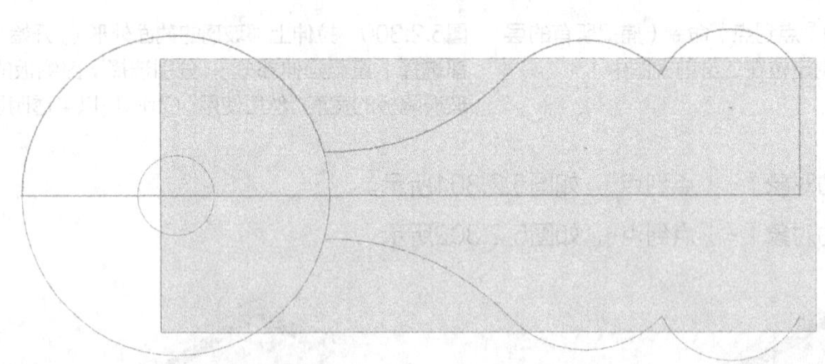

图5.2.304 使用〖绘制截面〗命令（参照托板上金属葫芦的外形，绘制一个旋转截面）

点击〖完成草图〗，回到〖旋转〗界面，如图5.2.305所示。

点击〖拉伸〗，选择视图中的圆，如图5.2.306所示。

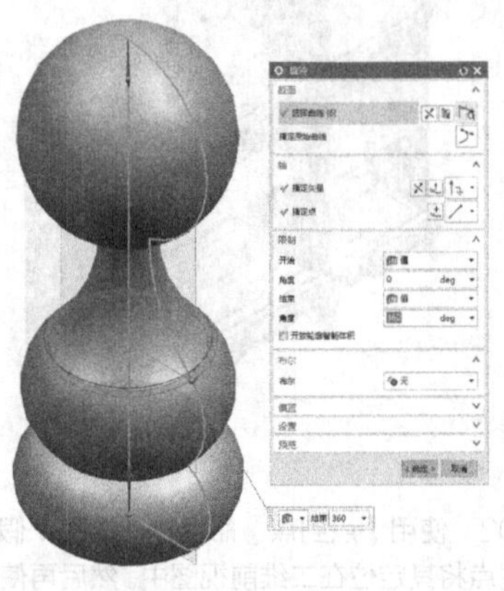

图5.2.305 回到〖旋转〗界面（〖指定矢量〗为中心线）

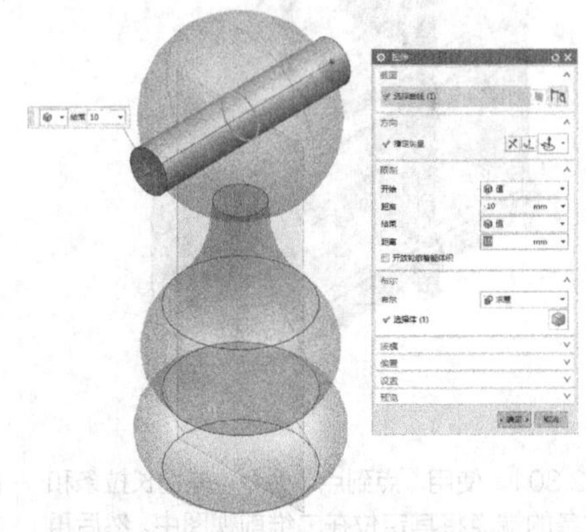

图5.2.306 拉伸视图中的圆（对称拉伸10mm）

使用〖拉伸〗，选择〖绘制截面〗，如图5.2.307所示。

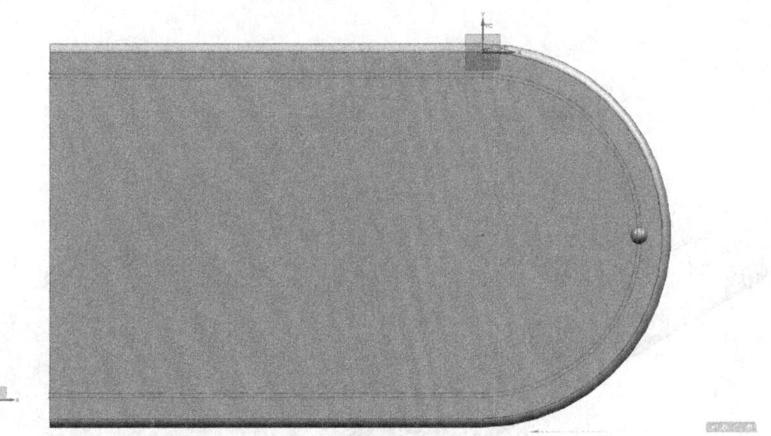

图5.2.307　使用〖绘制截面〗命令（在托板的表面参照金属葫芦的位置绘制一个U形的截面）

点击〖完成草图〗，回到拉伸界面，如图5.2.308所示。

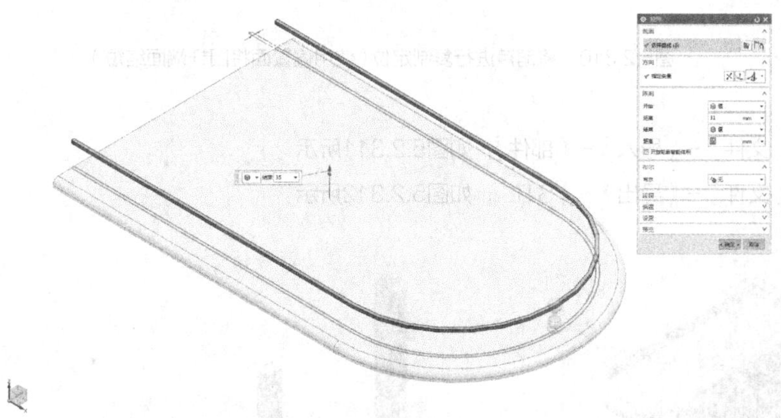

图5.2.308　回到拉伸界面（向上设置〖开始〗〖距离〗为31，〖结束〗〖距离〗距离为35）

选择〖边倒圆〗，选择U形实体的4边，如图5.2.309所示。

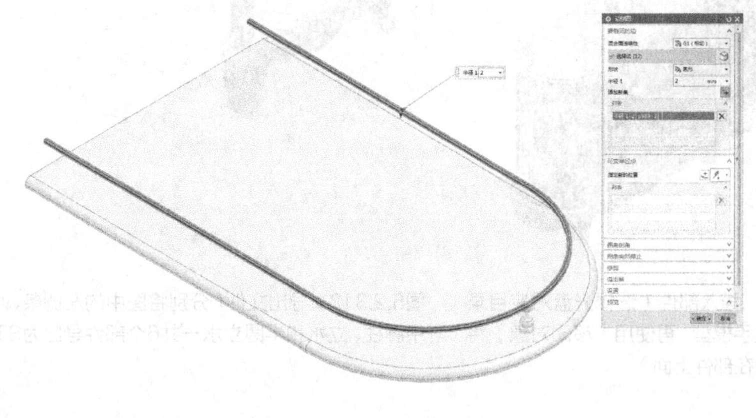

图5.2.309　边倒圆（倒圆半径R2mm）

使用〖移动对象〗，将葫芦进行复制定位，如图5.2.310所示。

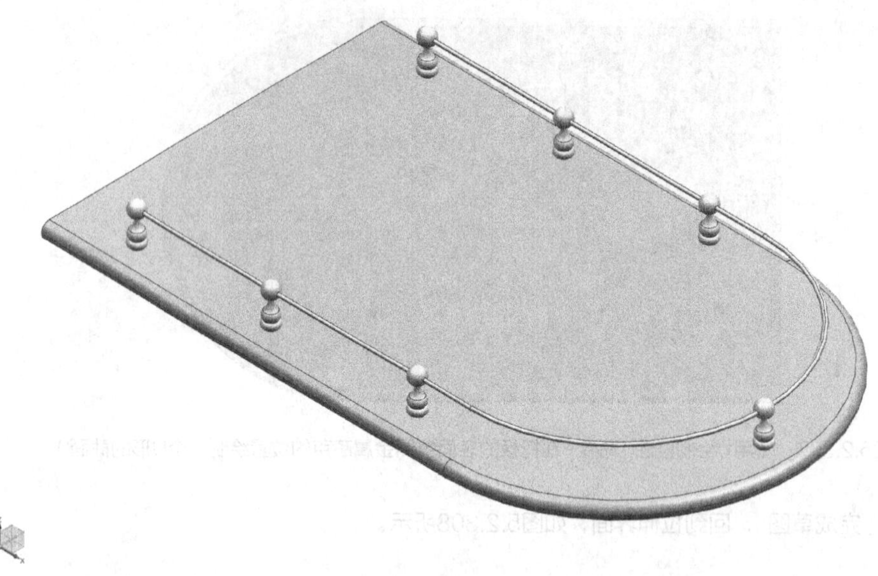

图5.2.310　将葫芦进行复制定位（使用偏置面将围杆端面缩短）

使用〖文件〗-〖导入〗-〖部件〗，如图5.2.311所示。

使用〖文件〗-〖导出〗-〖STL〗，如图5.2.312所示。

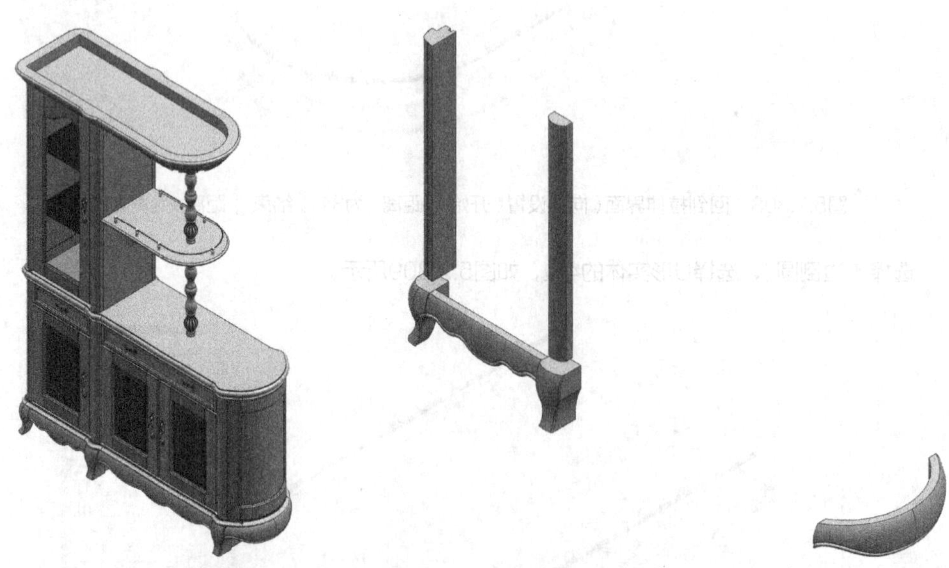

图5.2.311　导入部件（选择光盘对应目录下的两个拉手模型。再使用〖移动对象〗将其定位复制在部件上面）

图5.2.312　导出文件（分别将图中的左侧条、中侧条、外脚柱、中脚柱、立水和半圆立水一共6个部件导出为STL格式保存）

5.3 用 JDSoft 制作平面浮雕

启动JDSoft，导入光盘目录下的“长浮雕”灰度图文件，如图5.3.1所示。

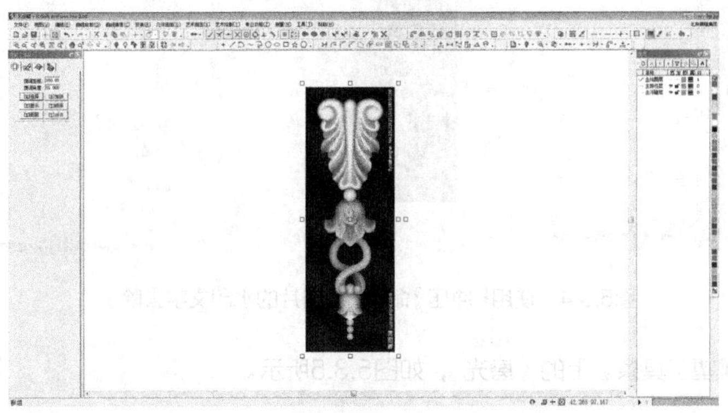

图5.3.1 启动JDSoft并导入文件（控制角点将图片的宽度大约拖动到50mm左右）

选择〖艺术曲面〗-〖图像纹理〗-〖位图转网格〗，如图5.3.2所示。

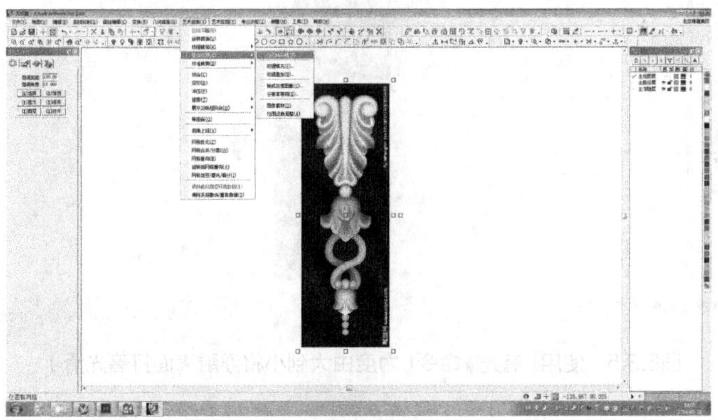

图5.3.2 使用〖位图转网格〗命令（然后点击图片）

在〖颜色意义〗中默认选择〖白色最高〗，如图5.3.3所示。

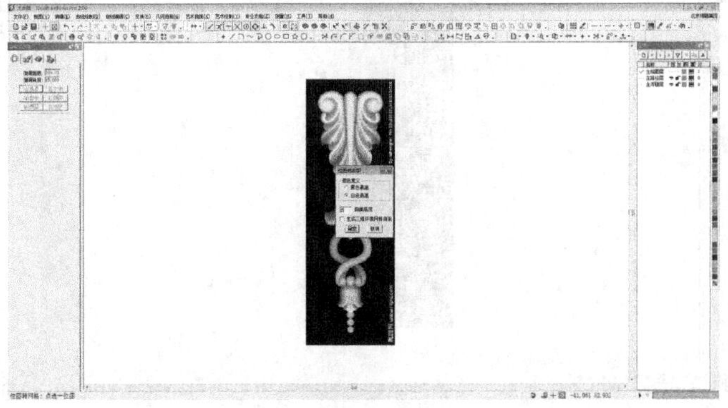

图5.3.3 在〖颜色意义〗中默认选择〖白色最高〗（〖曲面高度〗中输入值为2）

使用〖虚拟雕塑工具条〗上的〖冲压〗，如图5.3.4所示。

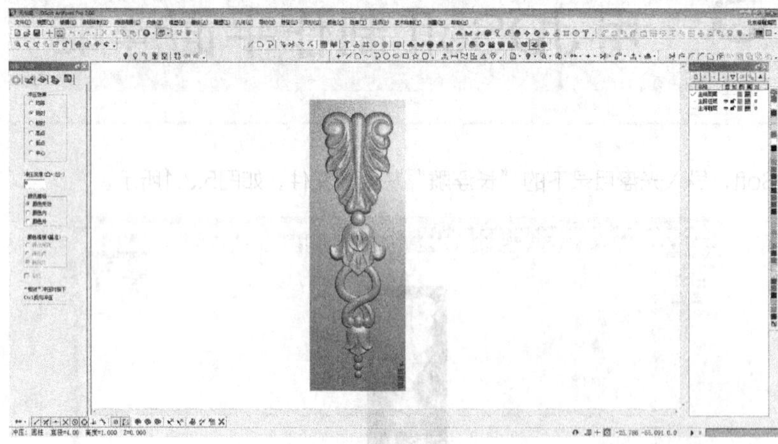

图5.3.4　使用〖冲压〗命令（将图片的水印文字去除）

使用〖虚拟雕塑工具条〗上的〖磨光〗，如图5.3.5所示。

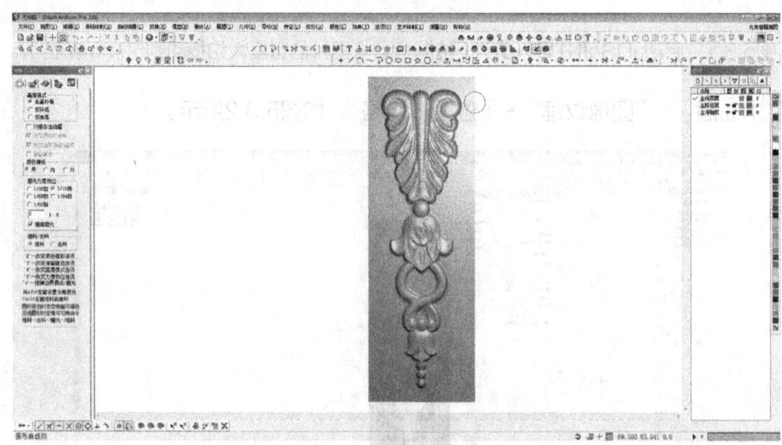

图5.3.5　使用〖磨光〗命令（力度由大到小将浮雕表面打磨光滑）

使用〖文件〗-〖输出〗-〖输出可见模型〗，如图5.3.6所示。

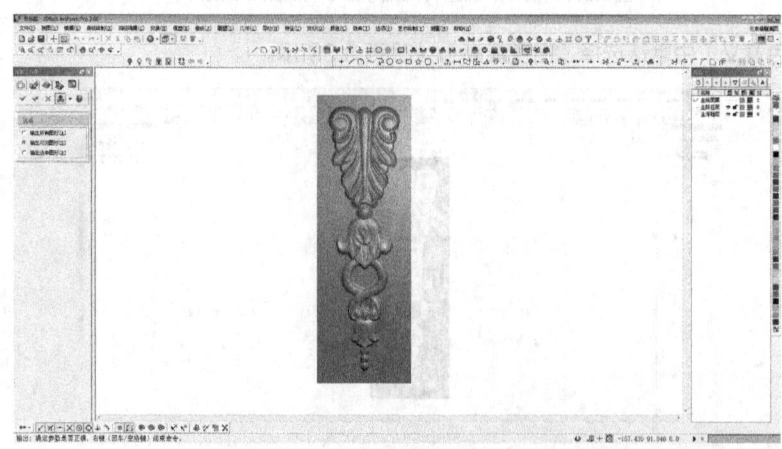

图5.3.6　输出可见模型（点击绿色“勾”图标进行确定）

设置文件的保存目录和名称，如图5.3.7所示。

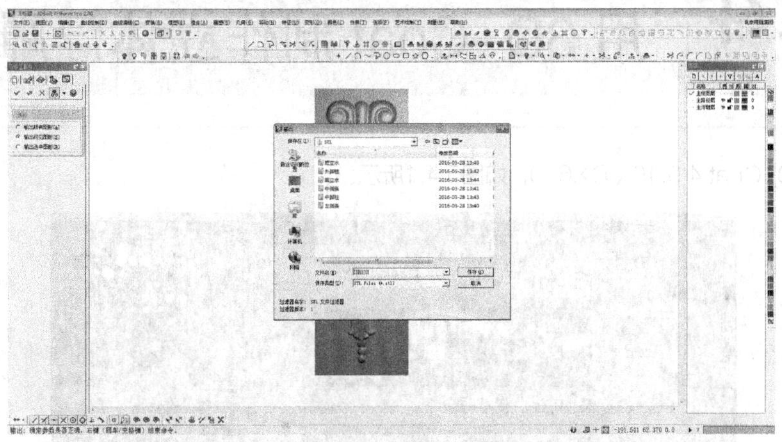

图5.3.7　设置文件的保存目录和名称（保存类型选择“STL　Files（*.stl）”　）

使用相同的步骤输出“立水浮雕”的STL文件，如图5.3.8所示。

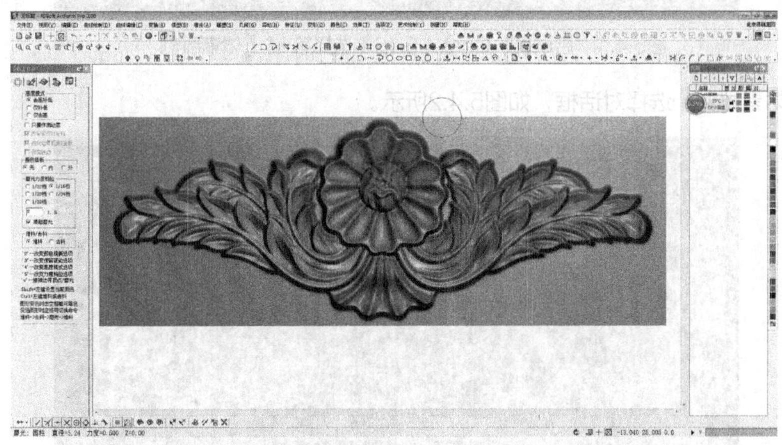

图5.3.8　输出文件（设置浮雕的高度约为70mm，高度为5）

使用相同的步骤输出“脚柱浮雕”的STL文件，如图5.3.9所示。

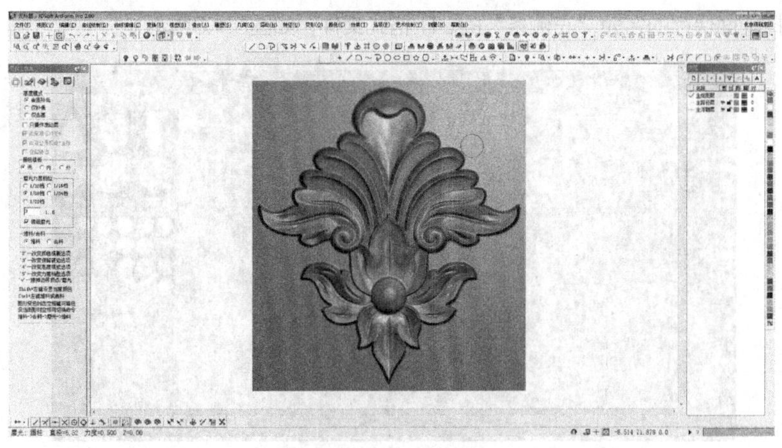

图5.3.9　输出文件（设置浮雕的宽度约为70mm，高度为5）

5.4 用 3D-Coat 制作立体浮雕

启动3D-Coat 4.5.16（DX64），如图5.4.1所示。

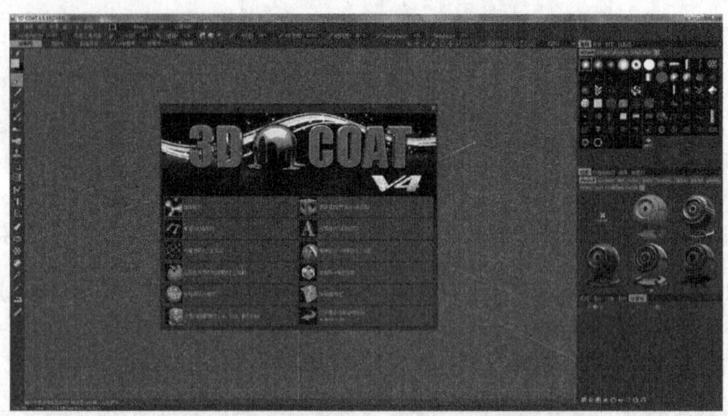

图5.4.1 启动3D-Coat 4.5.16（选择第1个〖体素雕刻〗）

进入〖体素雕刻〗选择对话框，如图5.4.2所示。

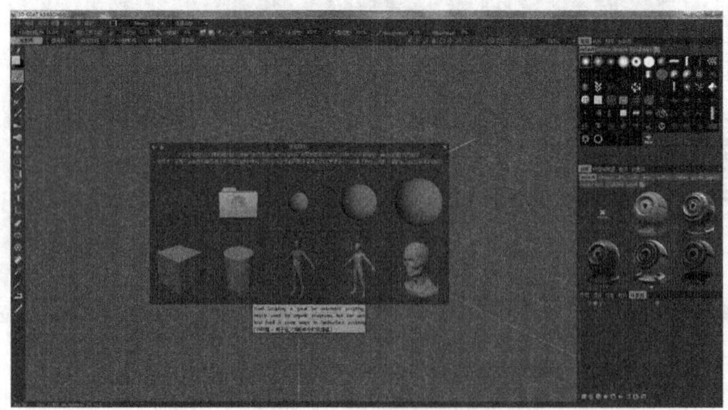

图5.4.2 进入〖体素雕刻〗对话框（选择第二个文件夹的图标）

直接选择前面保存的名为“左侧条”的STL格式文件，如图5.4.3所示。

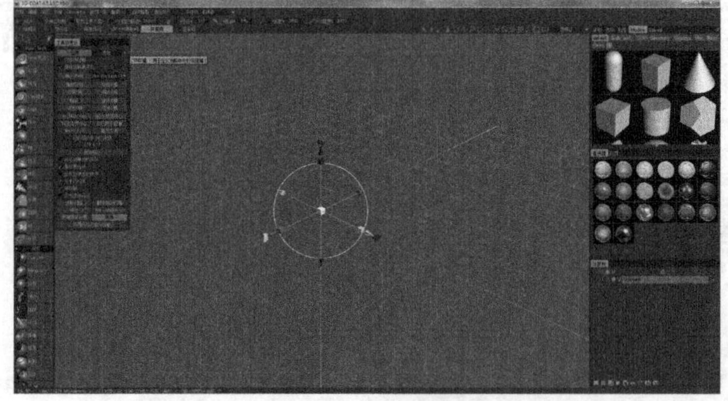

图5.4.3 选择文件（按图中设置，点击〖应用〗）

系统弹出“这是您第一次试着合并对象到场景中……”，如图5.4.4所示。

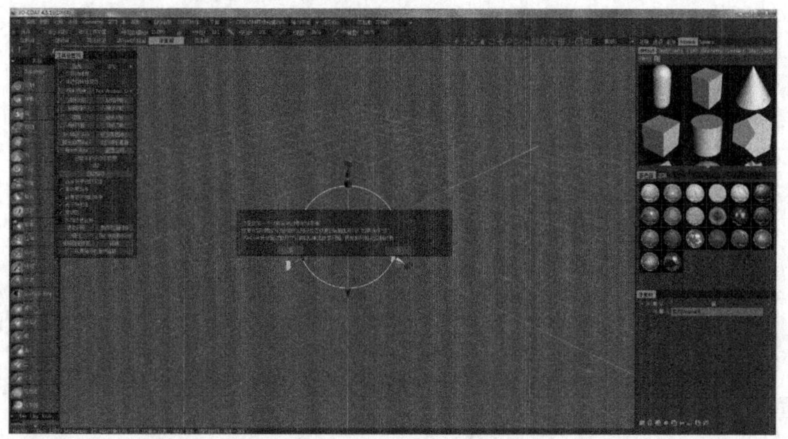

图5.4.4　系统弹出“这是您第一次试着合并对象到场景中……”（此处选择〖否〗）

点击〖体素树〗中〖根〗目录下〖Volume4〗前面的〖S〗，如图5.4.5所示。

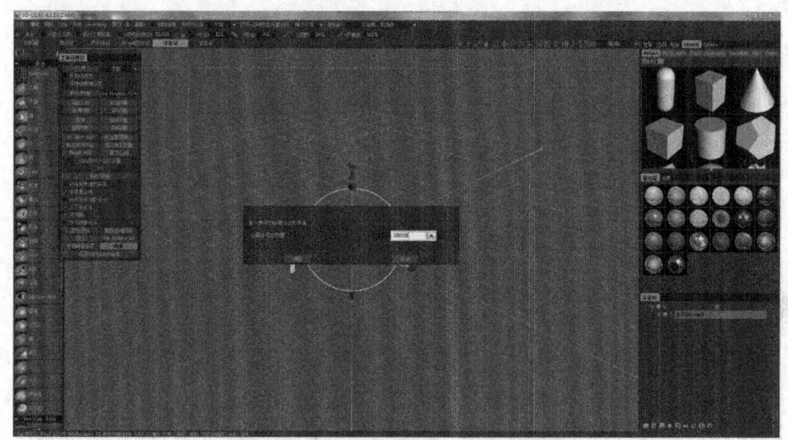

图5.4.5　点击〖S〗（〖必需多边形数量〗后面输入2000000）

用右键点击〖体素树〗中〖根〗目录下〖Volume4〗，如图5.4.6所示。

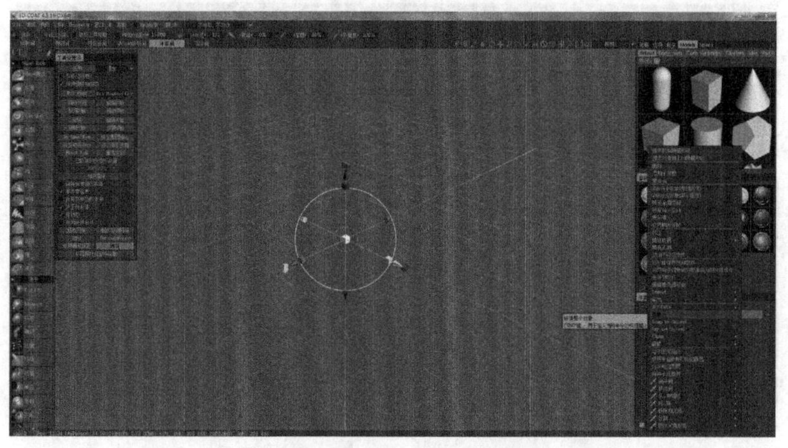

图5.4.6　用右键点击〖Volume4〗（选择〖转换〗）

首先点击〖转至边界中心〗，如图5.4.7所示。

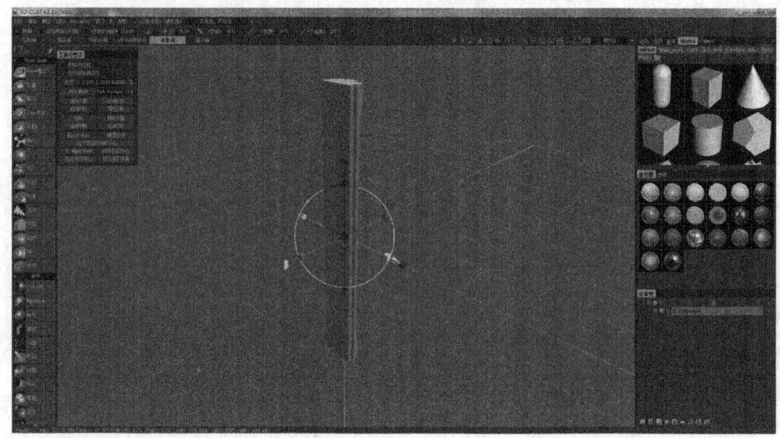

图5.4.7 点击〖转至边界中心〗(然后在〖位置〗中输入坐标为“0,0,0”)

使用〖文件〗-〖导入〗-〖导入用于体素操作的网格〗，如图5.4.8所示。

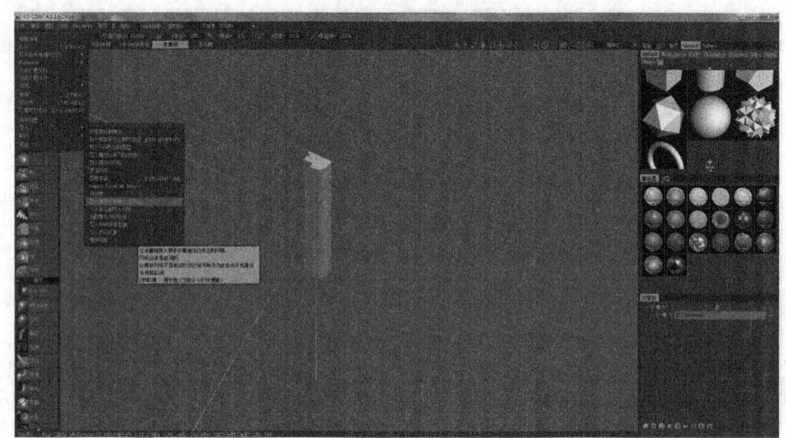

图5.4.8 导入文件(选择上步导出的名为“长浮雕”的STL格式)

此处必须要勾选〖非体素合并〗，然后点击〖重置空间〗，如图5.4.9所示。

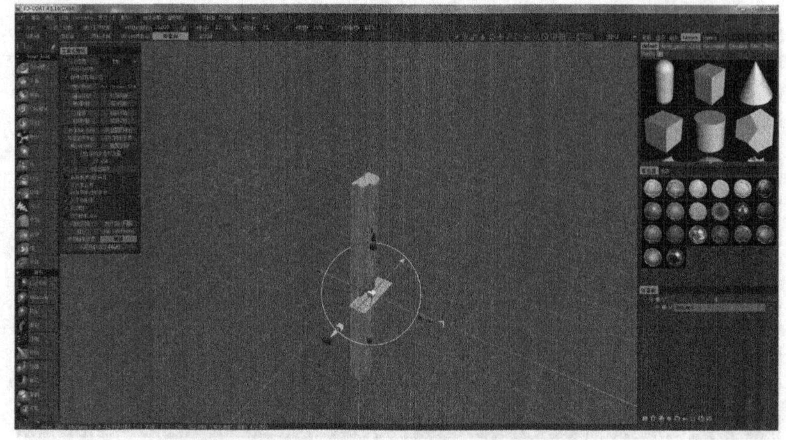

图5.4.9 点击〖重置空间〗(点击〖转至边界中心〗)

点击〖应用〗，模型就会在右下方〖体素树〗〖根〗中显示，如图5.4.10所示。

图5.4.10　显示模型（此时的模型显示为〖S〗模式，〖表面对象代理〗）

点击模型名称前的〖S〗符号，切换为〖体素对象代理〗，如图5.4.11所示。

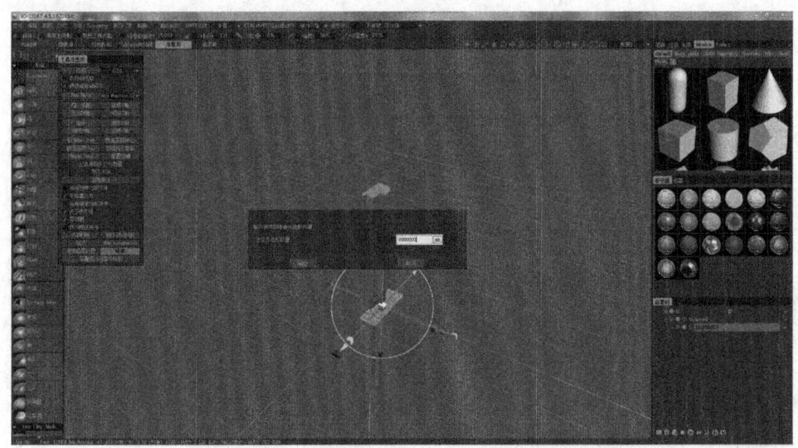

图5.4.11　将模型切换为〖体素对象代理〗（输入〖必需多边形数量〗为8000000，点击〖确定〗）

用右键在〖体素树〗的〖根〗目录中点击雕花模型的名称，如图5.4.12所示。

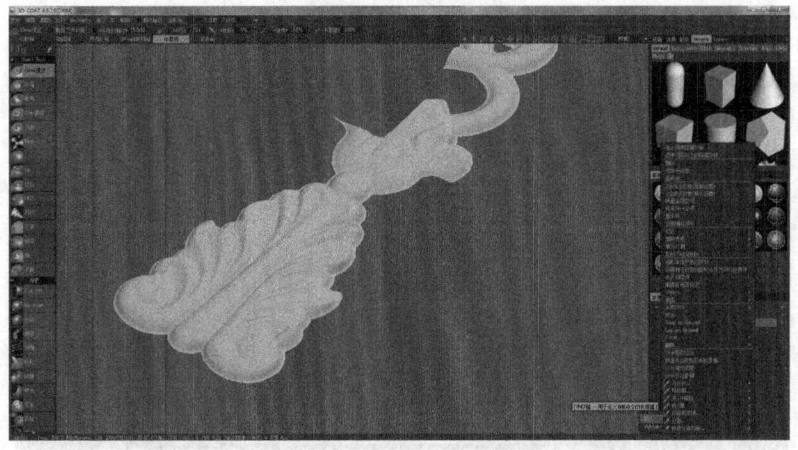

图5.4.12　用右键在〖体素树〗的〖根〗目录中点击雕花模型的名称（选择〖更改父类选择〗为〖根〗，然后将左侧框模型隐藏）

用右键点击雕花模型的名称，选择〖转换〗，如图5.4.13所示。

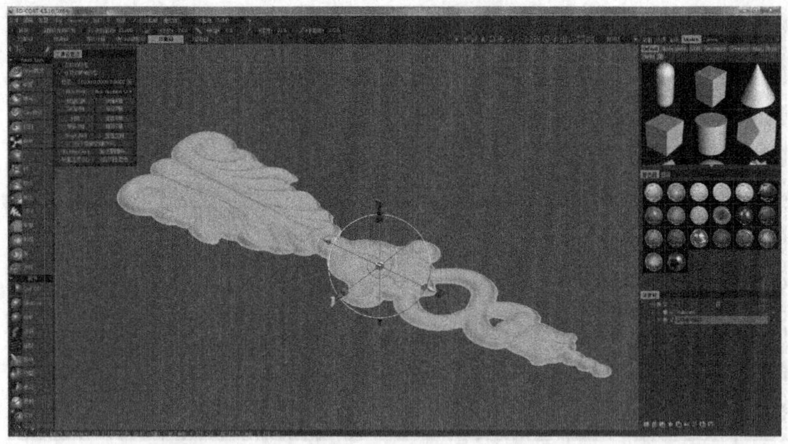

图5.4.13　使用〖转换〗命令（点击〖转至边界中心〗，然后在〖位置〗中输入坐标为“0,0,0”）

选择〖对称〗-〖对称 [S]〗，如图5.4.14所示。

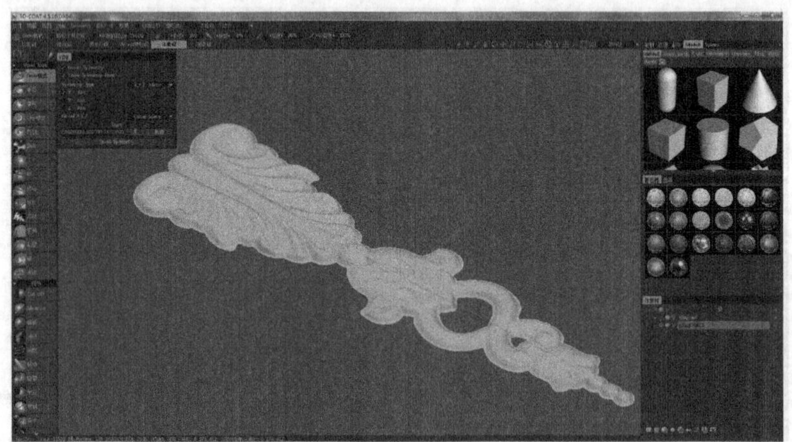

图5.4.14　使用〖对称 [S]〗命令（勾选〖X-Axis〗，创建一个镜像平面）

选择左侧〖Vaxel Tools〗工具条中的〖平滑〗命令，如图5.4.15所示。

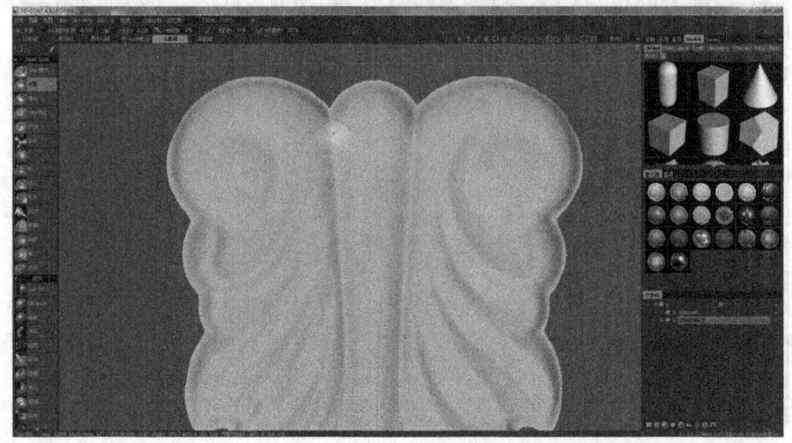

图5.4.15　使用〖平滑〗命令（将浮雕表面打磨光滑，此处要注意控制笔刷的大小和力度）

用右键点击雕花模型的名称，选择〖转换〗，如图5.4.16所示。

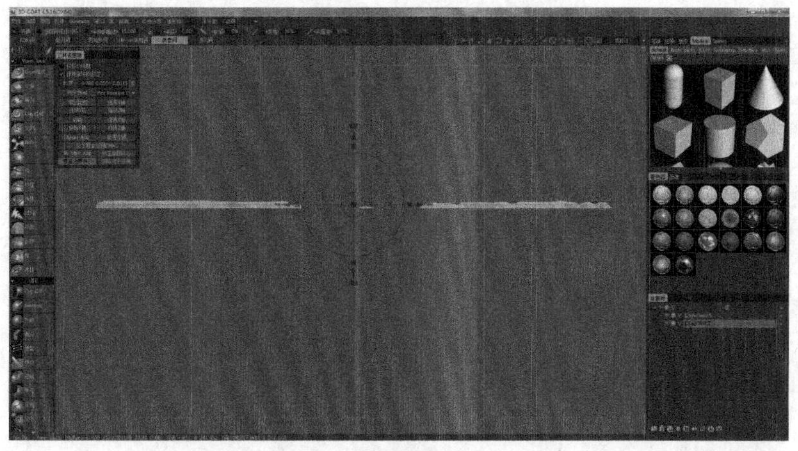

图5.4.16　使用〖转换〗命令（点击〖转至边界中心〗，将控制坐标系按视图摆正）

拖动控制坐标系Y轴的圆锥箭头，如图5.4.17所示。

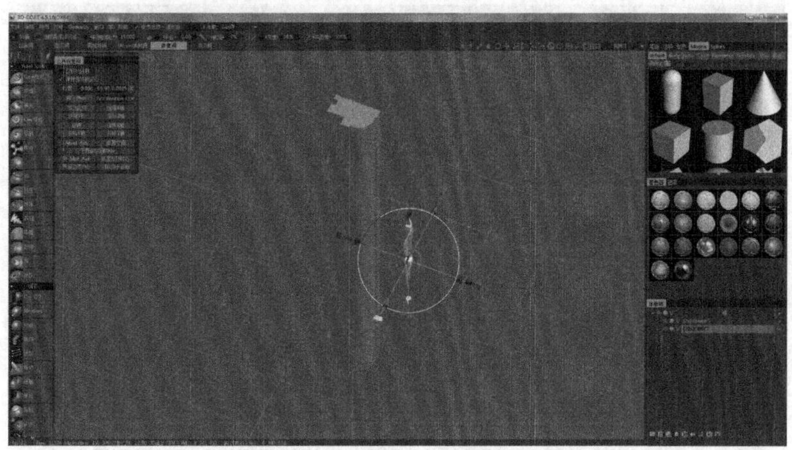

图5.4.17　拖动Y轴的圆锥箭头（使浮雕模型沿Y轴移动，和左侧条模型保持距离）

用右键点击左侧条模型的名称，选择〖转换〗，如图5.4.18所示。

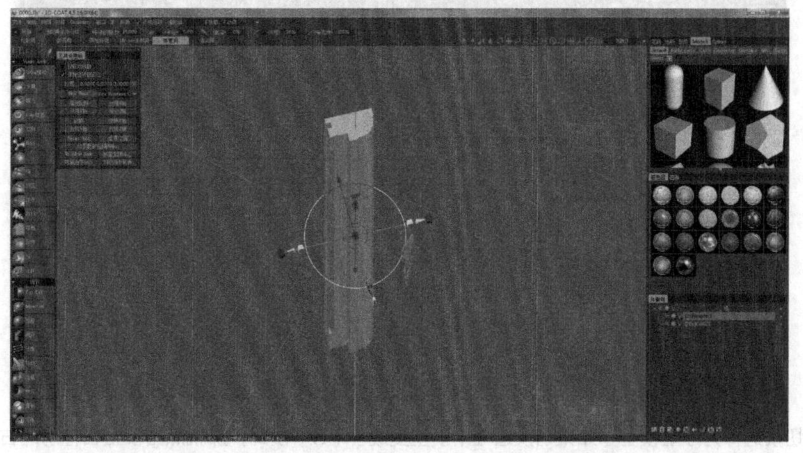

图5.4.18　使用〖转换〗命令（按照键盘上的“Ctrl”键拖动扇形体进行45° 旋转）

点击小键盘上的数字键将视图找正，如图5.4.19所示。

图5.4.19　将视图找正（右键点击左侧条模型的名称，选择〖转换〗）

拖动控制坐标系上的圆锥箭头，如图5.4.20所示。

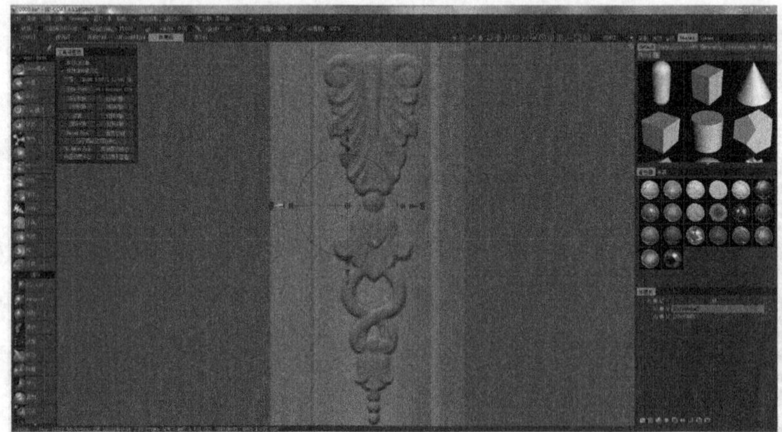

图5.4.20　拖动控制坐标系上的圆锥箭头（大概将中间的圆弧面和浮雕模型居中对齐）

在体素树中切换选择为浮雕模型，如图5.4.21所示。

图5.4.21　切换选择为浮雕模型（如果切换过程中模型变成了〖S〗模式，那就点击模型名称前的右转小箭头符号，切换为〖V〗-〖体素对象代理〗）

选择左侧〖调节〗工具条中的〖调姿〗命令，如图5.4.22所示。

图5.4.22　使用〖调姿〗命令(〖调换〗模式中选择为〖环〗，按照图中从左向右拖动)

模型表面以红、黄、绿三色显示过渡区域，如图5.4.23所示。

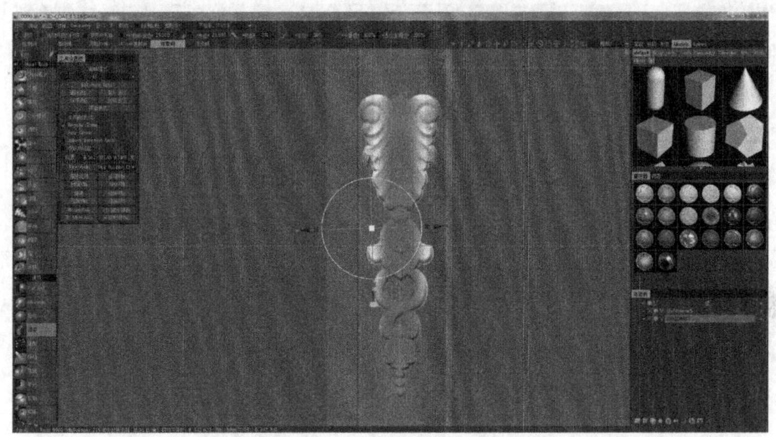

图5.4.23　以红、黄、绿三色显示过渡区域(勾选〖仅移动线框〗，〖位置〗中输入值为0,0,0)

切换视图，拖动控制坐标系上的圆锥箭头，如图5.4.24所示。

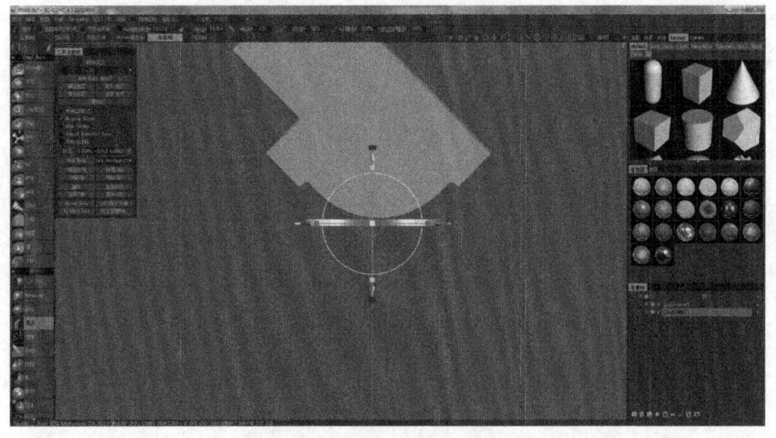

图5.4.24　拖动控制坐标系上的圆锥箭头(沿Y轴运动，将其定位在模型上)

拖动控制坐标系上的圆锥箭头，如图5.4.25所示。

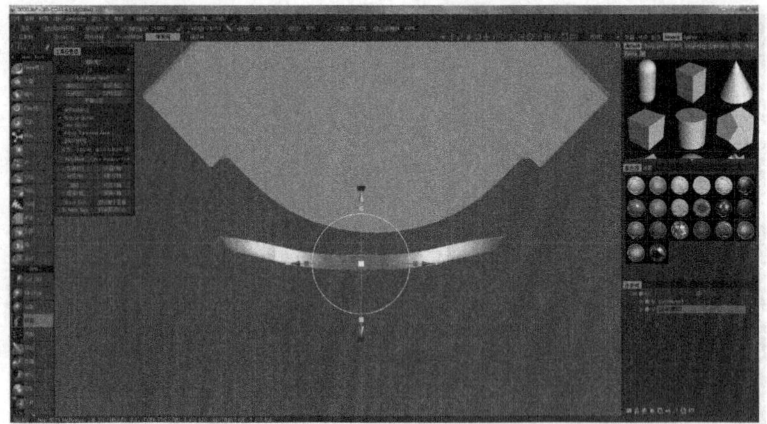

图5.4.25　拖动控制坐标系上的圆锥箭头（参考左侧条的圆弧，将浮雕整体变形）

选择左侧〖调节〗工具条中的〖调姿〗命令，如图5.4.26所示。

图5.4.26　使用〖调姿〗命令（〖调换〗模式中选择为〖线〗，按照图中从左向右拖动）

模型表面以红、黄、绿三色显示过渡区域，如图5.4.27所示。

图5.4.27　以红、黄、绿三色显示过渡区域（勾选〖仅移动线框〗）

切换视图，拖动控制坐标系上的圆锥箭头，如图5.4.28所示。

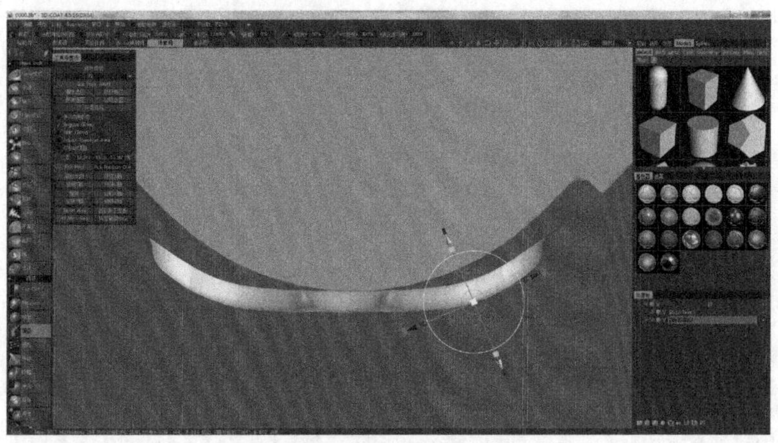

图5.4.28　拖动控制坐标系上的圆锥箭头（将控制坐标系摆放在合适的位置，再取消勾选〖仅移动线框〗）

然后拖动和旋转坐标系对模型进行变形，如图5.4.29所示。

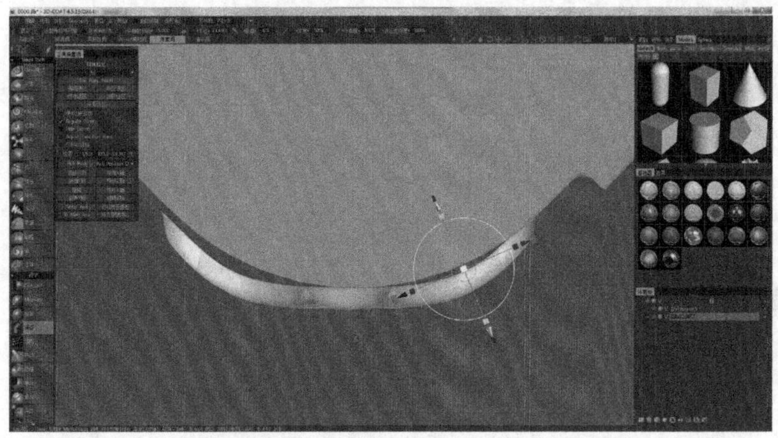

图5.4.29　拖动和旋转坐标系对模型进行变形（多次重复上面的步骤）

使浮雕变形，和左侧条的圆弧面基本吻合，如图5.4.30所示。

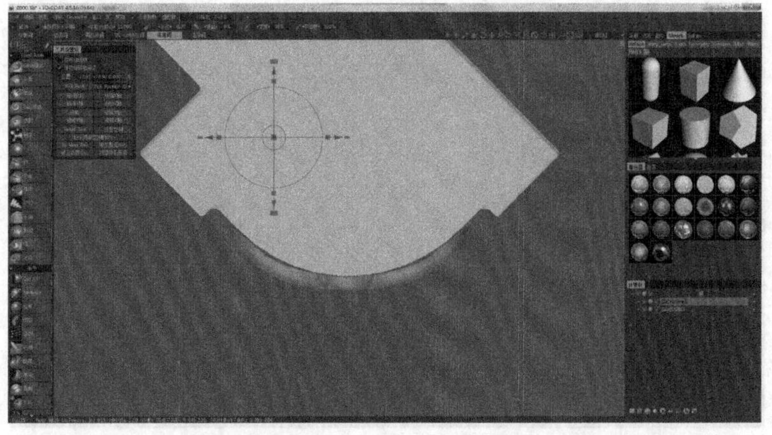

图5.4.30　使浮雕和左侧条的圆弧面基本吻合（具体操作请参考视频）

选择左侧〖Vaxel Tools〗工具条中的〖平滑〗命令，如图5.4.31所示。

图5.4.31　使用〖平滑〗命令（再次将浮雕进行修整）

点击右下角的〖克隆并对细节做2倍细节处理〗，如图5.4.32所示。

图5.4.32　使用〖克隆并对细节做2倍细节处理〗命令（将浮雕模型的面数减少，划分为多个等级作为参考）

点击右下角的〖克隆并对细节做2倍细节处理〗，如图5.4.33所示。

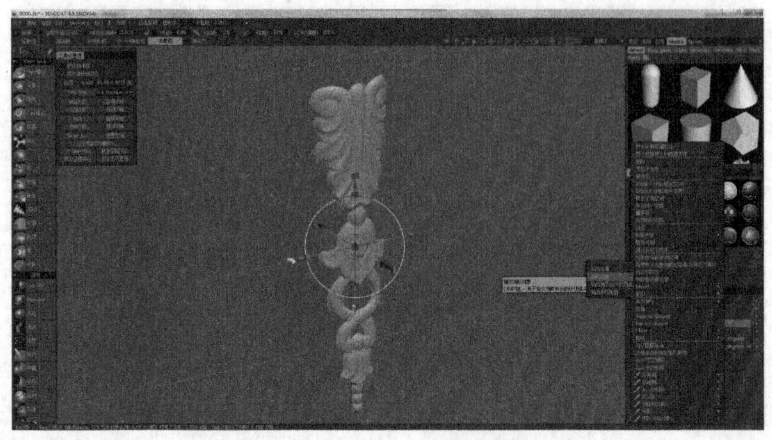

图5.4.33　使用〖克隆并对细节做2倍细节处理〗（选择一个失真较少，面数也较少的模型，右键选择〖输出对象〗）

设置文件的保存路径，并且输入文件名，如图5.4.34所示。

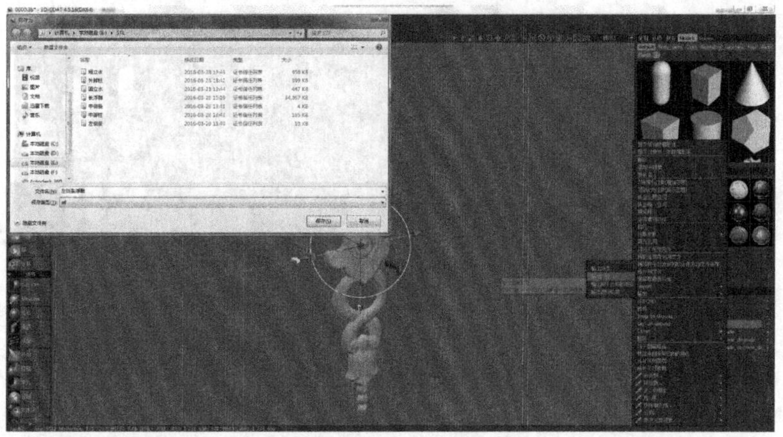

图5.4.34 设置文件的保存路径并输入文件名（设置文件的〖保存类型〗为“STL”）

系统弹出“您要简化此网格?……”对话框，如图5.4.35所示。

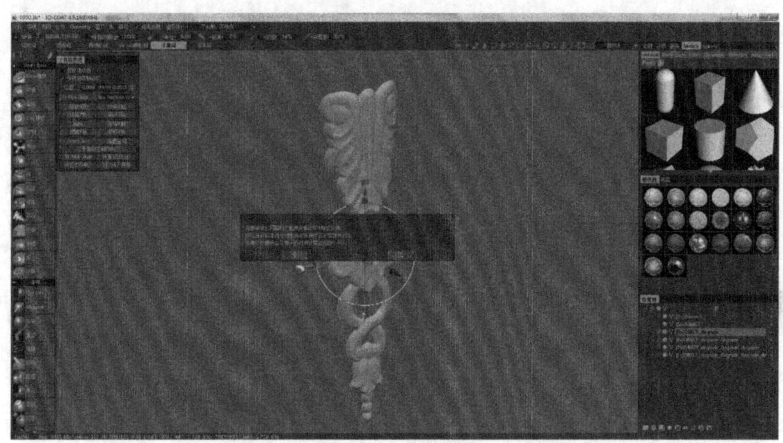

图5.4.35 系统弹出“您要简化此网格?……”对话框（点击〖是〗）

系统弹出“缩小工具允许您在输出前……”对话框，如图5.4.36所示。

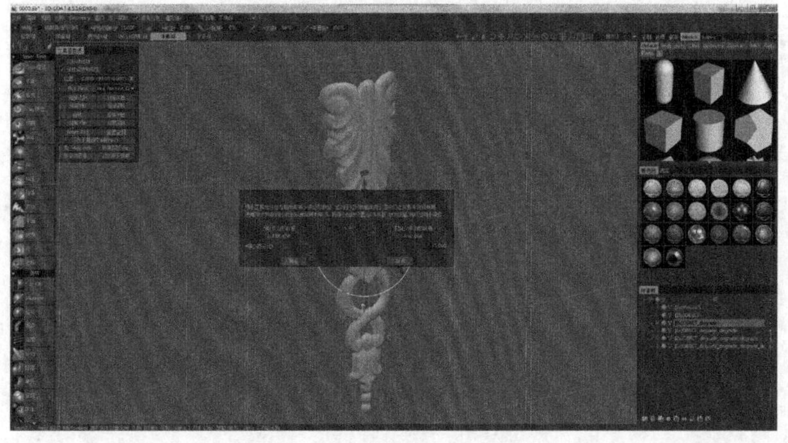

图5.4.36 系统弹出“缩小工具允许您在输出前……”对话框（点击〖确定〗，完成导出）

启动3D-Coat，分别导入中侧条和上步完成的长浮雕，如图5.4.37所示。

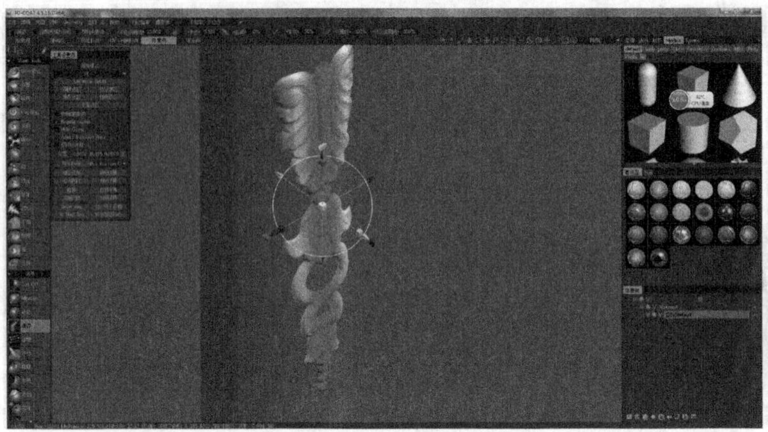

图5.4.37 启动3D-Coat并导入部件（参照前面的方法完成浮雕的变形）

启动3D-Coat，分别导入短立水和立水浮雕，如图5.4.38所示。

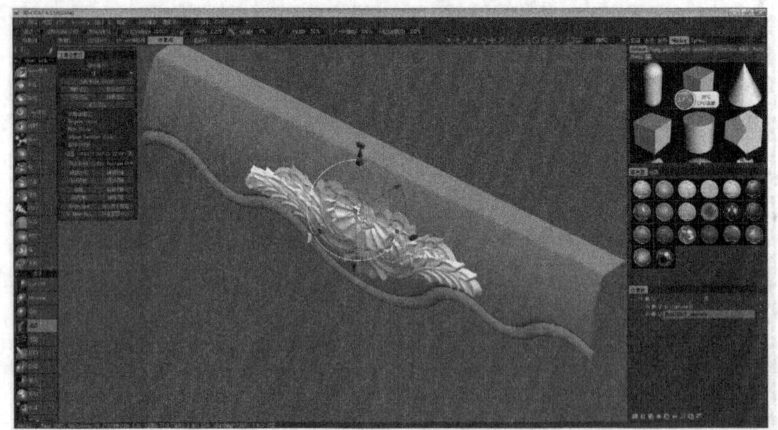

图5.4.38 启动3D-Coat并导入部件（参照前面的方法完成浮雕的变形）

启动3D-Coat，分别导入半圆立水和上步完成的立水浮雕，如图5.4.39所示。

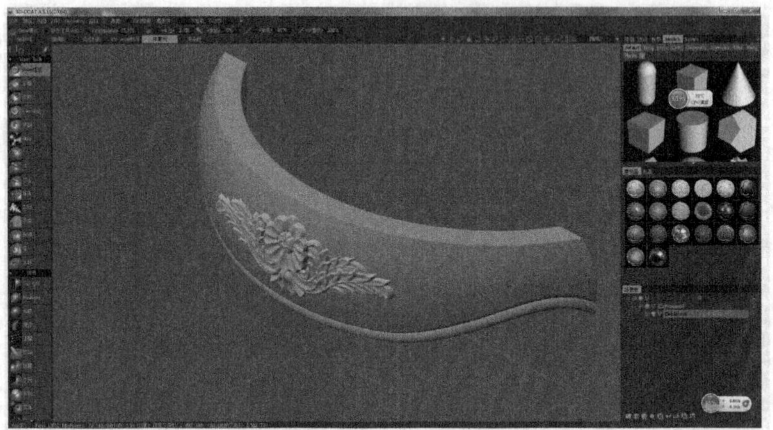

图5.4.39 启动3D-Coat并导入部件（参照前面的方法完成浮雕的变形）

启动3D-Coat，分别导入中脚柱和脚柱浮雕，如图5.4.40所示。

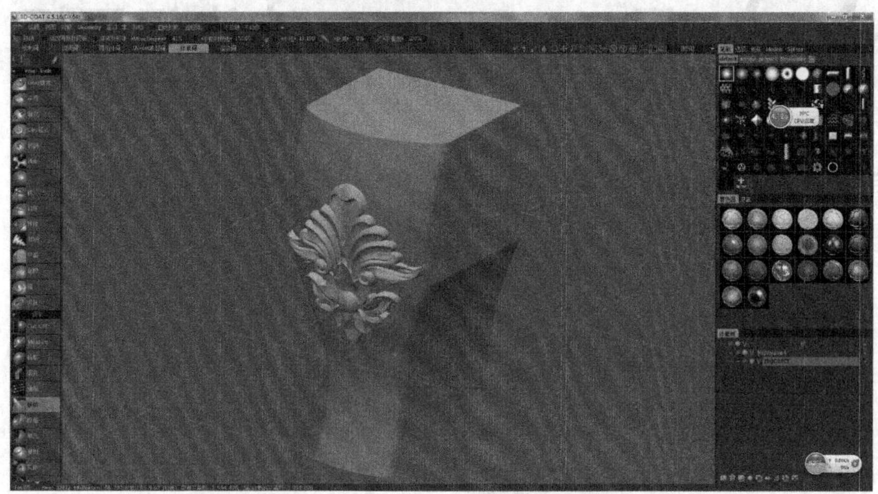

图5.4.40　启动3D-Coat并导入部件（参照前面的方法完成浮雕的变形）

启动3D-Coat，分别导入左侧脚柱和上步完成的脚柱浮雕，如图5.4.41所示。

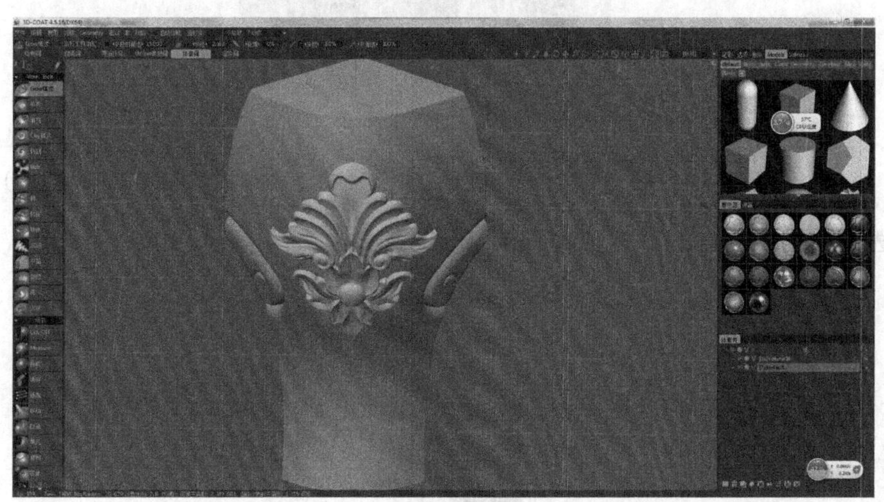

图5.4.41　启动3D-Coat并导入部件（参照前面的方法完成浮雕的变形）

为了保证浮雕的显示和加工精度，我们此处导出的模型都是面数非常高的“高模”，相对来说这种模型也是非常占空间的。所以我们在保证模型不失真的情况下要尽量减少模型的面数。

即便这样我们后续将所有STL模型文件导入到UG之后，也会形成非常大的文件占用空间，而在大的场景渲染中是不允许有这么大的文件导入的。

正如我前面的内容所说，大场景的模型是先将“高模”展开UV，制作凹凸反射贴图，然后再降低“高模”的面数，制作出“低模”，再导入到场景中，并且在“低模”上添加UV贴图，就能使“低模”渲染出“高模”的细节效果。

而我们此处并不是渲染太大的场景，只是单一的产品渲染。所以KeyShot应该能够胜任我们后续的操作。

5.5 用 KeyShot6.0 渲染间厅柜

启动UG，打开上面的“间厅柜”文件，如图5.5.1所示。

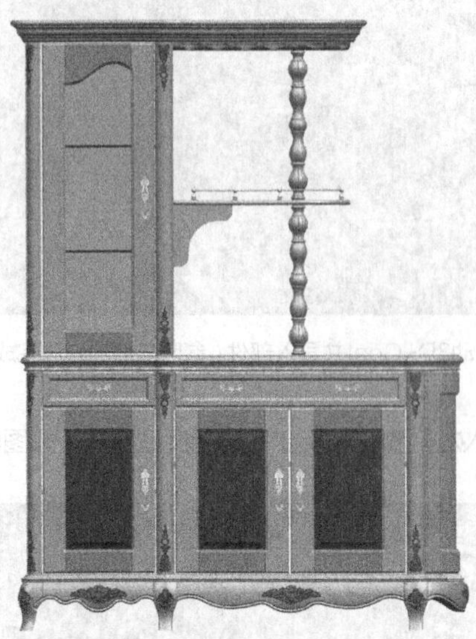

图5.5.1　启动UG并打开文件（导入所有的浮雕文件，然后使用〖移动对象〗将其定位在模型上）

选择〖文件〗-〖导出〗-〖部件〗，如图5.5.2所示。

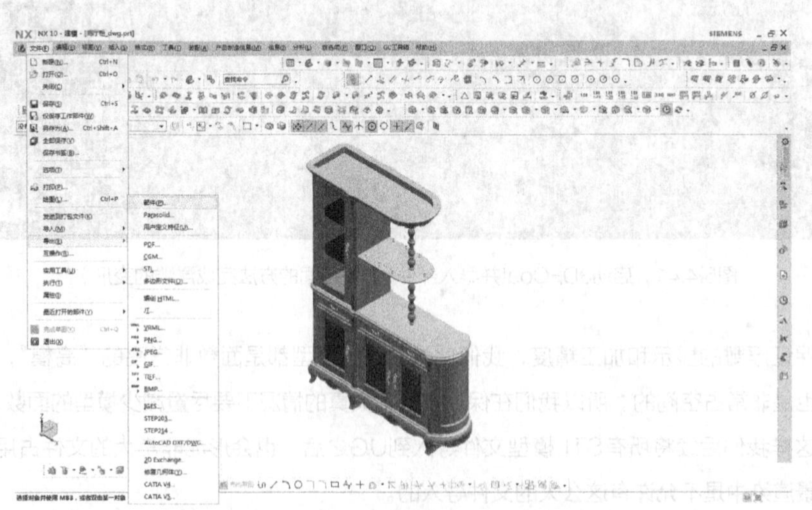

图5.5.2　导出部件（框选所有的实体和小平面体模型，然后设置目录保存）

高面数的小平面体是非常占用空间和运行内存的，我们此处用UG导出部件以及后面用KeyShot导入部件都会非常缓慢。完成整个操作，视电脑的配置大概需要几分钟到十几分钟不等。所以大家在此期间要耐心等待，不要随便关闭进程或者重启电脑。

启动KeyShot6.0，选择〖文件〗-〖导入〗，如图5.5.3所示。

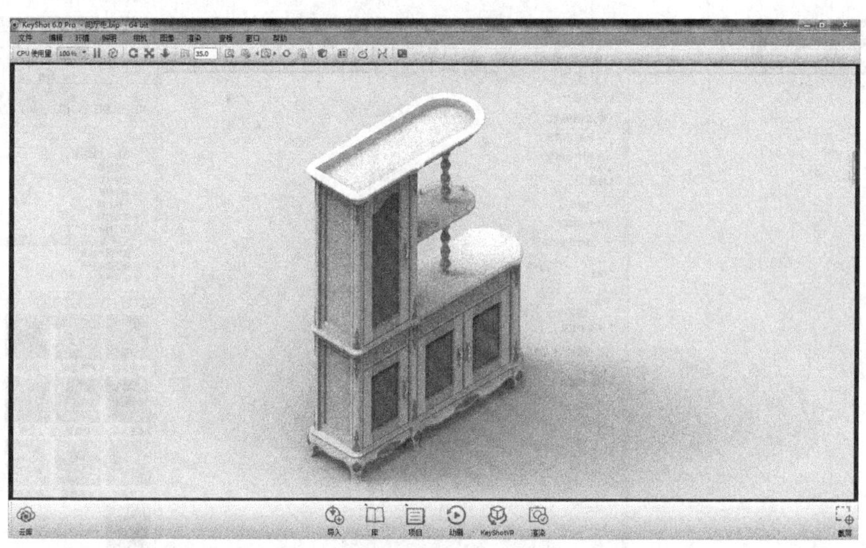

图5.5.3　启动KeyShot6.0并导入文件（选择上步导出的UG部件，将其导入）

使用屏幕下方的〖库〗，将模型赋予材质，如图5.5.4所示。

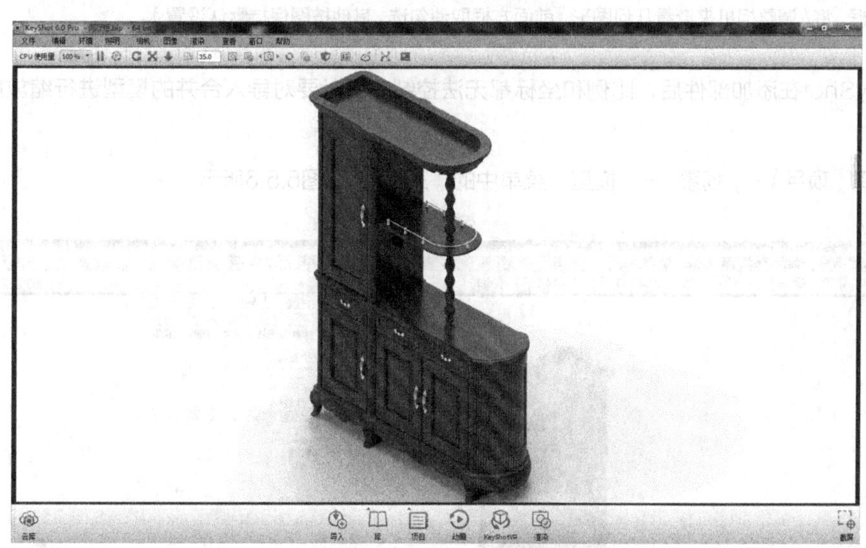

图5.5.4　将模型赋予材质（本书的木纹材质是KeyShot自带材质库中的〖重颗粒木材〗。上门框中的透明材质为通玻，拉手和围杆是黄金材质）

如果这样直接渲染的话，模型感觉太过单调。我们需要在柜体上添加一些装饰品以及摆件以起到点缀的作用，使整体看起来更加美观。

而这种3DMAX格式的模型，网上可以任意下载。我们只需要在3DMAX中将模型另存为FBX或者3DS等格式就可以直接导入到KeyShot中。

由于篇幅关系，我已经下载好文件供大家使用。大家可以直接打开光盘对应目录下的“MAX”文件夹找到这些模型。

使用〖文件〗-〖导入〗，如图5.5.5所示。

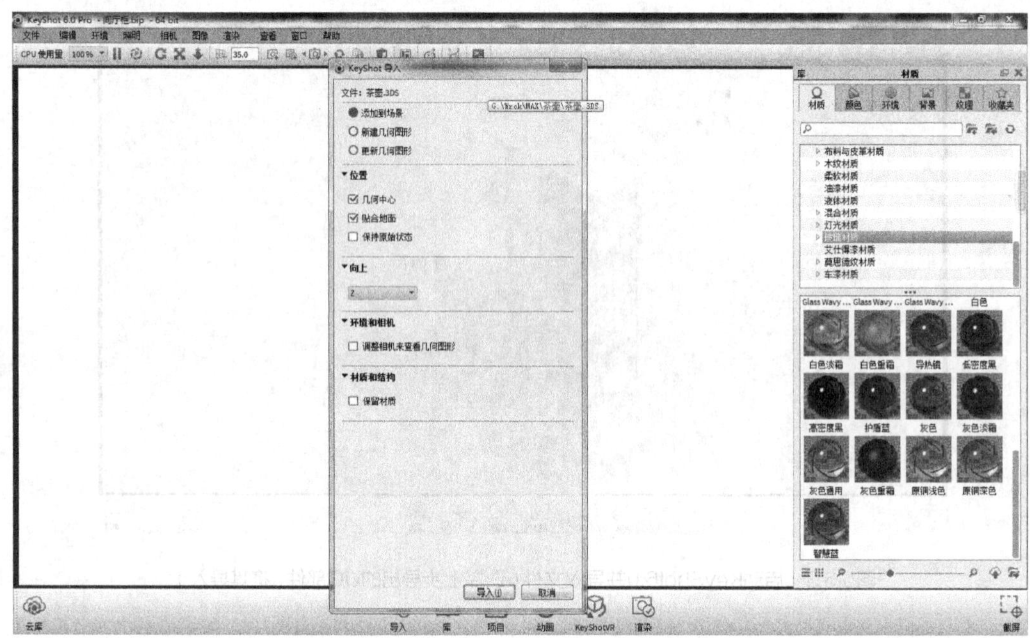

图5.5.5　导入文件（打开光盘对应目录下的“MAX”文件夹，找到“茶壶”的3DS文件。系统弹出〖KeyShot导入〗对话框。将〖调整相机来查看几何图形〗前面方框取消勾选。其他按图保持默认设置）

KeyShot在添加部件后，比例和坐标都无法控制，所以要对导入合并的模型进行缩放旋转等步骤。

选择〖项目〗-〖场景〗-〖模型〗菜单中的〖茶壶〗，如图5.5.6所示。

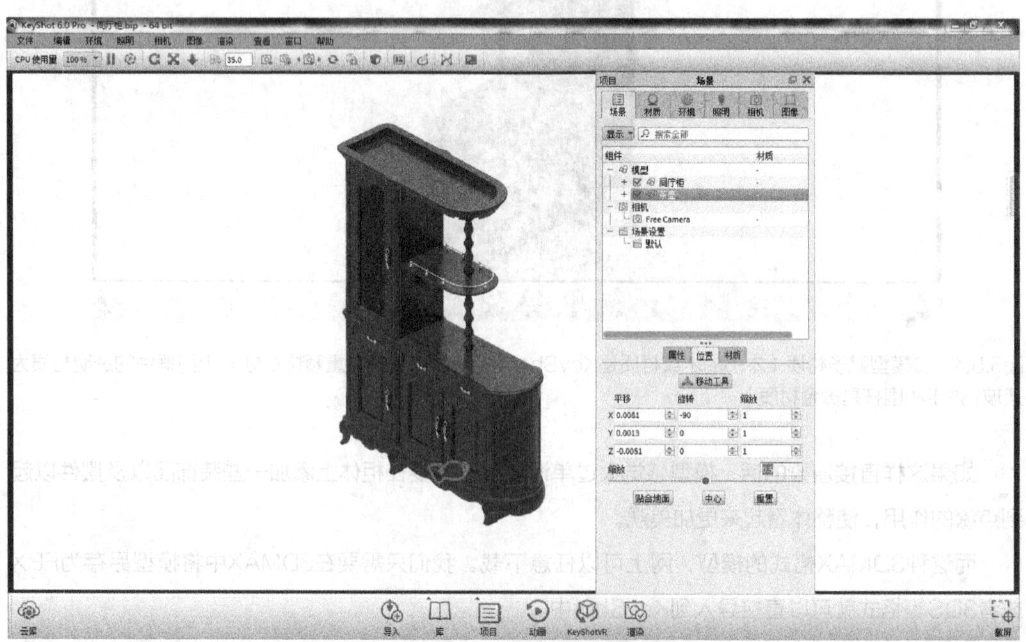

图5.5.6　添加茶壶（在下部的〖位置〗中依次点击〖贴合地面〗-〖中心〗，〖缩放〗中输入比例为0.5。将物体以合适的大小摆放在视图中心）

使用〖位置〗下的〖移动工具〗，如图5.5.7所示。

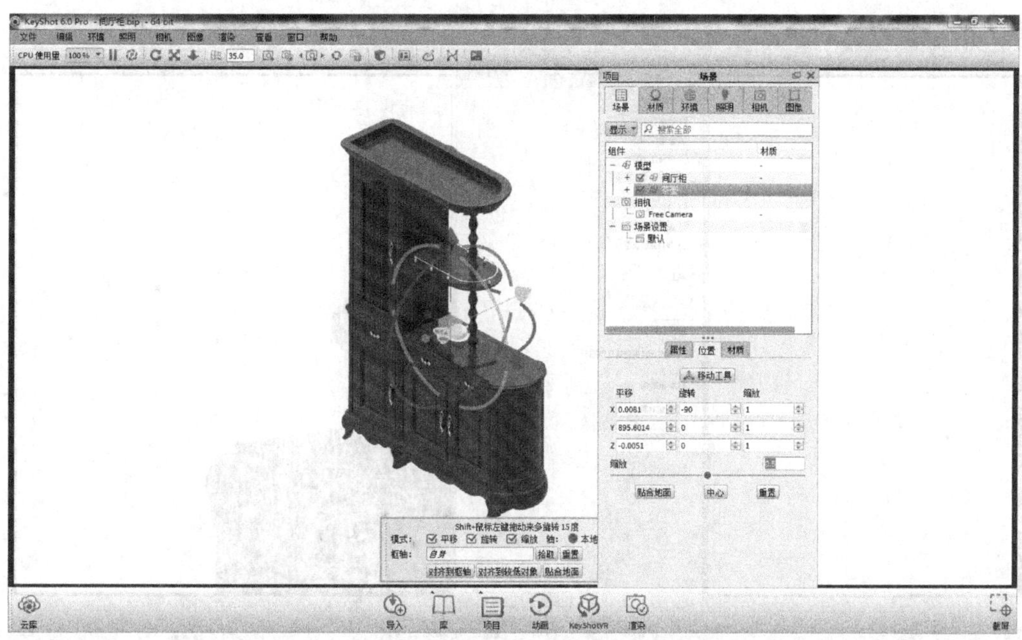

图5.5.7　移动茶壶（拖动坐标系上的箭头，将茶壶进行移动。将其摆放到左门框内的第二层玻璃隔板之上）

如果电脑配置较低，直接拖动坐标会非常缓慢，不能精确控制尺寸。大家可以直接输入坐标值来进行移动。

用右键点击部件，将部分部件进行隐藏，以方便观察，如图5.5.8所示。

图5.5.8　隐藏部分部件（选择〖库〗，在〖材质〗中找到〖瓷器〗材质，将其赋予到茶壶的模型上。找到〖夏敦埃酒〗材质将其赋予在茶杯内的液体模型上）

继续使用〖文件〗-〖导入〗，如图5.5.9所示。

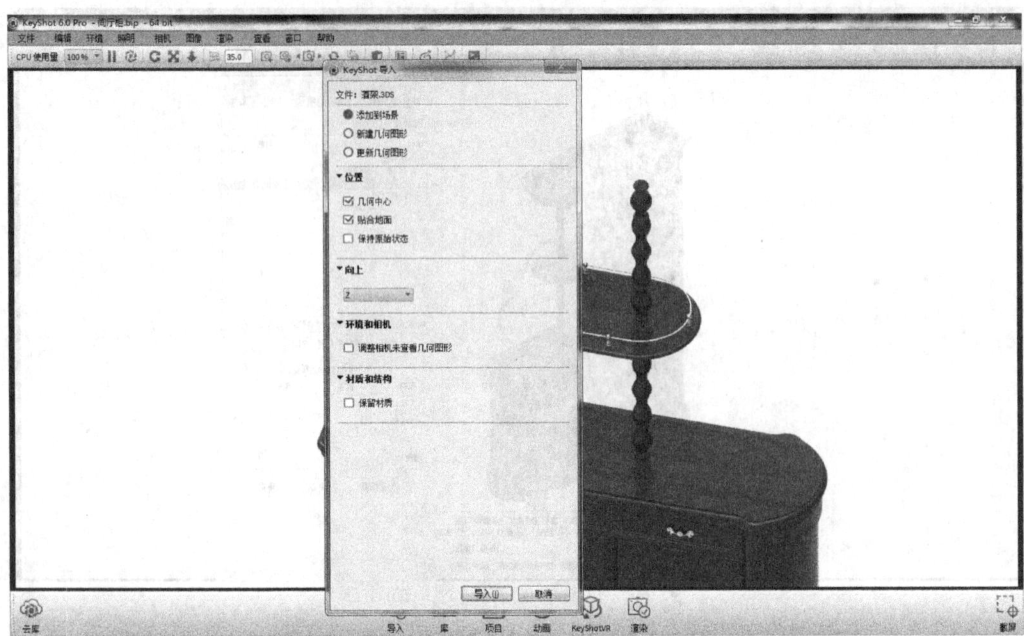

图5.5.9　继续导入文件（打开光盘对应目录下的"MAX"文件夹，找到"酒架"的3DS文件。系统弹出〖KeyShot导入〗对话框。将〖调整相机来查看几何图形〗前面方框取消勾选。其他按图保持默认设置）

选择〖项目〗-〖场景〗-〖模型〗菜单中的〖酒架〗，如图5.5.10所示。

图5.5.10　添加酒架（在下部的〖位置〗中依次点击〖贴合地面〗-〖中心〗，〖缩放〗中输入比例为1。将物体以合适的大小摆放在视图中心。然后使用〖移动工具〗将酒架摆放在台面上）

选择〖库〗，将酒瓶和酒架赋予材质，如图5.5.11所示。

图5.5.11 将酒瓶和酒架赋予材质（用右键点击酒瓶上的商标模型，用右键选择〖编辑材质〗，在〖材质类型〗中选择〖纹理〗。双击〖漫反射〗，找到酒架模型同一目录下的商标贴图。设置〖缩放比例〗为35，取消勾选〖重复〗和〖双面〗。使用〖映射工具〗可以拖动控制图片在模型中的位置）

继续使用〖文件〗-〖导入〗，如图5.5.12所示。

图5.5.12 继续导入文件（打开光盘对应目录下的“MAX”文件夹，找到“瓶罐”的3DS文件。系统弹出〖KeyShot导入〗对话框。将〖调整相机来查看几何图形〗前面方框取消勾选。其他按图保持默认设置）

选择〖项目〗-〖场景〗-〖模型〗菜单中的〖瓶罐〗，如图5.5.13所示。

图5.5.13　添加瓶罐（在下部的〖位置〗中依次点击〖贴合地面〗-〖中心〗，〖缩放〗中输入比例为1。将物体以合适的大小摆放在视图中心。然后使用〖移动工具〗将瓶罐摆放在托盘上）

选择〖库〗，找到〖油漆材质〗中的〖橙色金属漆〗，如图5.5.14所示。

图5.5.14　将瓶罐赋予油漆材质（将材质球直接拖动到瓶罐的模型上）

用右键在酒杯架上点击，在弹出的对话框中选择〖仅显示〗，如图5.5.15所示。

图5.5.15　将酒杯架上以外的部件全部隐藏

继续使用〖文件〗-〖导入〗，如图5.5.16所示。

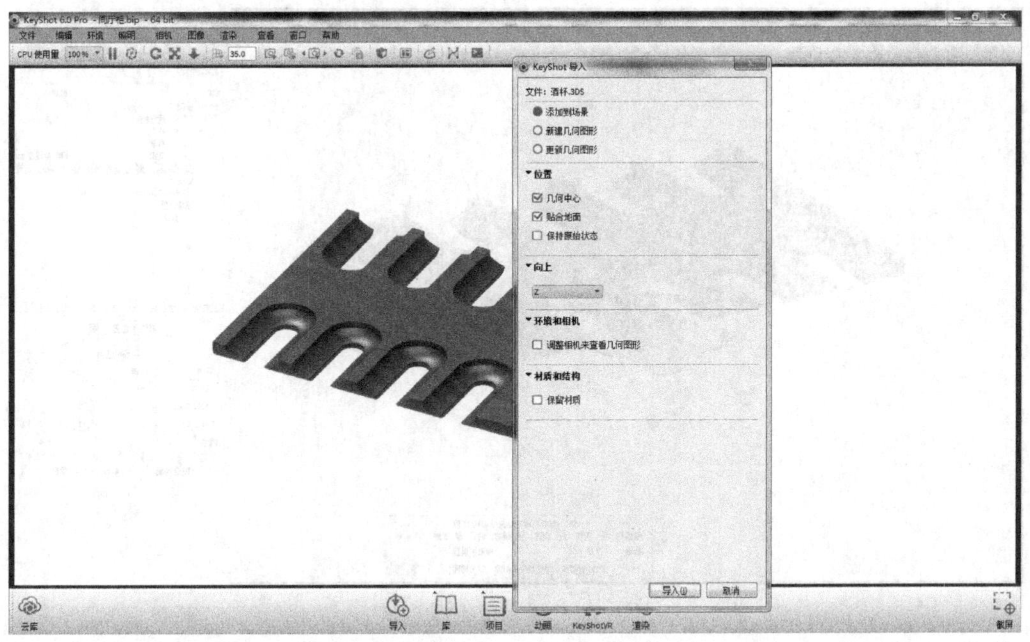

图5.5.16　继续导入文件（打开光盘对应目录下的“MAX”文件夹，找到“酒杯”的3DS文件。系统弹出〖KeyShot导入〗对话框。将〖调整相机来查看几何图形〗前面方框取消勾选。其他按图保持默认设置）

选择〖项目〗-〖场景〗-〖模型〗菜单中的〖酒杯〗，如图5.5.17所示。

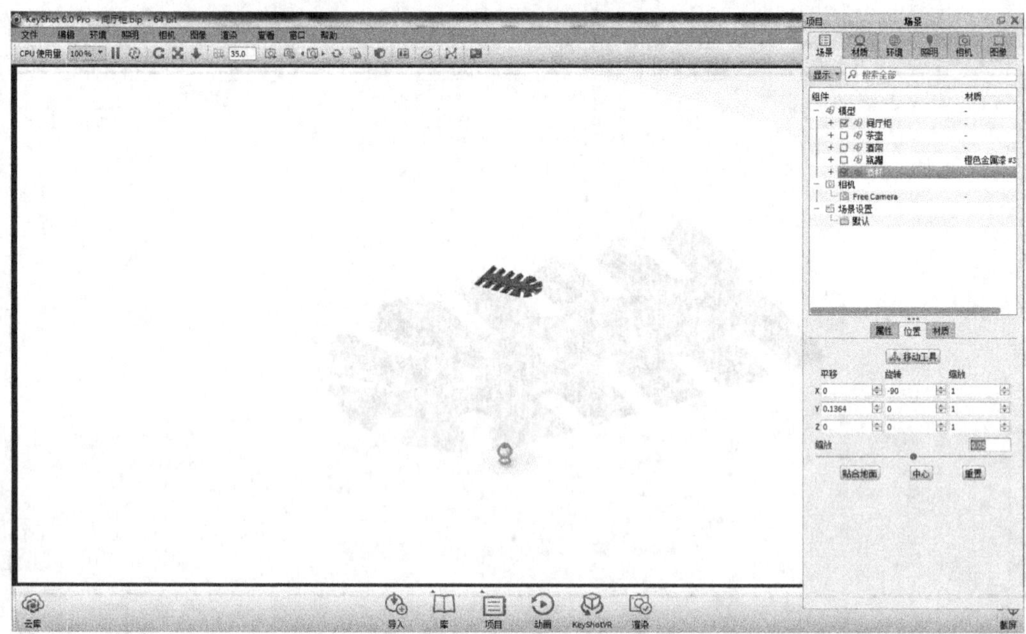

图5.5.17 添加酒杯（在下部的〖位置〗中依次点击〖贴合地面〗-〖中心〗，〖缩放〗中输入比例为0.05。将物体以合适的大小摆放在视图中心。然后使用〖移动工具〗将酒架摆放在酒杯架附近）

选择〖位置〗下的〖移动工具〗，如图5.5.18所示。

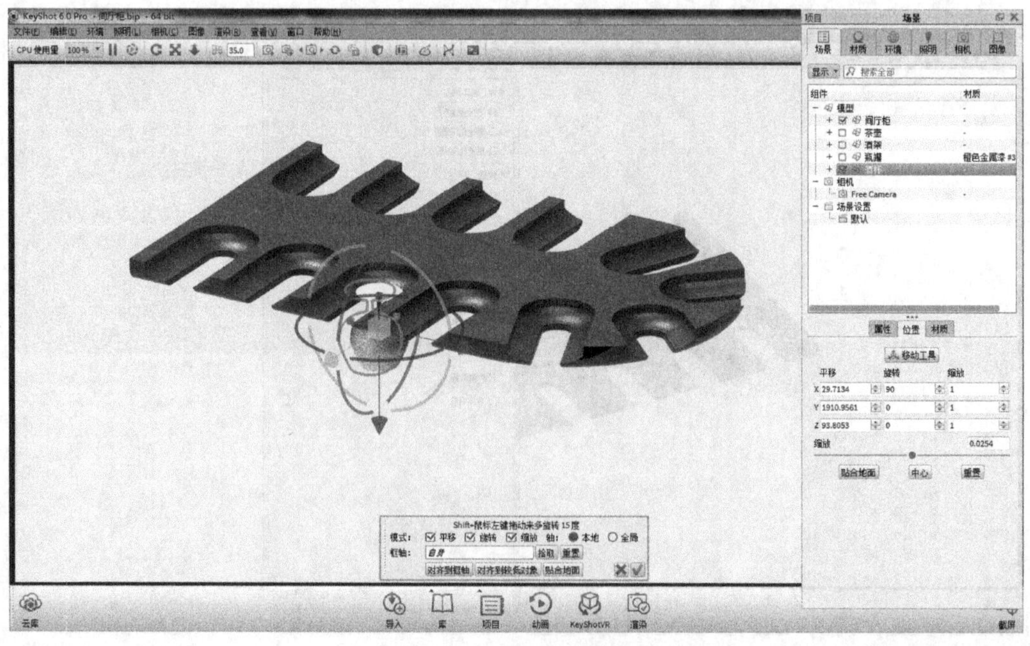

图5.5.18 使用〖移动工具〗命令（再次设置〖缩放〗比例，使酒杯大小和酒杯架比例协调。继续使用〖移动工具〗将酒杯旋转倒挂在酒杯架的开槽内）

选择〖项目〗-〖场景〗-〖模型〗，用右键点击酒杯的模型，如图5.5.19所示。

图5.5.19　用右键点击酒杯的模型（选择〖复制〗，然后将酒杯架复制多个，并且安装在酒杯架的槽内）

在模型空间的任意位置点击右键，选择〖显示所有部件〗，如图5.5.20所示。

图5.5.20　显示所有部件（将所有部件显示，模型以前视图摆正，完成渲染）

本书的实例教程到此就全部讲解完成，由于实木家具结构复杂，本书只是挑选几个简单的案例来进行教学。

如果本书销量可观，我还会继续写欧式实木家具的设计教程，到时候就会涉及椅子、床、沙发等多个经典案例。还会重点讲解如何使用3D-Coat来配合UG高效地制作软包和浮雕。

所以请大家多多支持本书，遇到问题可以直接在视频教程中找到我的QQ联系我，在此谢谢大家。

CHAPTER 06

第6章 常见木材的种类

6.1 红木

所谓“红木”，从一开始，就不是某一特定树种的家具，而是明清以来对稀有硬木优质家具的统称，如图6.1.1所示。

黄花梨：为我国特有珍稀树种。木材有光泽，具辛辣滋味；纹理斜而交错，结构细而匀，耐腐，耐久性强、材质硬重、强度高。

紫檀：产于亚热带地区，如印度等东南亚地区。我国云南两广等地有少量出产。木材有光泽，具有香气，久露空气后变紫红褐色，纹理交错，结构致密、耐腐、耐久性强，材质硬重细腻。

花梨木：分布于全球热带地区，主要产地为东南亚及南美、非洲。我国海南、云南及两广地区已有引种栽培。材色较均匀，由浅黄至暗红褐色，可见深色条纹，有光泽，具稍微或显著轻香气，纹理交错、结构细而匀（南美、非洲略粗）、耐磨、耐久强、硬重、强度高，通常浮于水。东南亚产的花梨木中是泰国最优，缅甸次之。

酸枝木：生长于热带、亚热带地区，主要产地为东南亚国家。木材材色不均匀，心材橙色，浅红褐色至黑褐色，深色条纹明显。木材有光泽，具酸味或酸香味，纹理斜而交错，密度高、含油腻，坚硬耐磨。

鸡翅木：分布于全球亚热带地区，主要产地为东南亚和南美，因为有类似“鸡翅”的纹理而得名。纹理交错、不清楚，颜色突兀，木材本身无香气，生长年轮不明显。

综上所述：“红木”家具的特点如下。

优点：

1）颜色较深，多体现出古香古色的风格，用于传统家具。

2）木质较重，给人感觉质量不错。

3）一般木材本身都有自身所散发出的香味，尤其是檀木。

4）材质较硬，强度高，耐磨，耐久性好。

缺点：

1）因为产量较少，所以很难有优质树种，质量参差不齐。

2）纹路与年轮不清楚，视觉效果不够清新。

3）材质较重，不容易搬运。

4）材质较硬，加工难度高，而且容易出现开裂的现象。

5）材质比较油腻，高温下容易返油。

图6.1.1 红木家具

6.2 橡木

橡木属麻栎，属山毛榉科，树心呈黄褐至红褐，生长轮明显，略成波状，质重且硬，我国北至吉林、辽宁，南至海南、云南都有分布，但优质材并不多见，优等橡木仍需要从国外进口，优良用材每立方米达近万元，这也是橡木家具价格高的重要原因，橡树果实如图6.2.1所示。

橡木家具的特性如下。

优点：

1）具有比较鲜明的山形木纹，并且触摸表面有着良好的质感。

2）档次较高，适合制作欧式家具。

缺点：

1）优质树种比较少，假如采用进口，价格较高。

2）由于橡木质地硬沉，水分脱净比较难，未脱净水制作的家具，过一年半载才开始变形。

3）市场上以橡胶木代替橡木的现象，普遍存在，假如顾客专业知识不足，直接影响着消费者的利益。

图6.2.1 橡树果实

6.3 橡胶木

橡胶木原产于巴西、马来西亚、泰国等地。国内产于云南、海南及沿海一带，是乳胶的原料。橡胶木颜色呈浅黄褐色，年轮明显，轮界为深色带，管孔甚少。木质结构粗且均匀。纹理斜，木质较硬，橡胶树如图6.3.1所示。

优点：切面光滑，易胶粘，油漆涂装性能好。

缺点：橡胶木有异味，因含糖分多，易变色、腐朽和虫蛀。不容易干燥，不耐磨，易开裂，容易弯曲变形，木材加工易，而板材加工易变形。

图6.3.1　橡胶树采集橡胶

6.4 水曲柳

水曲柳主要产于东北、华北等地，别名东北梣，呈黄白色（边材）或褐色略黄（心材）。年轮明显但不均匀，木质结构粗，纹理直，花纹漂亮，有光泽，硬度较大。水曲柳具有弹性、韧性好，耐磨，耐湿等特点。但干燥困难，易翘曲。加工性能好，但应防止撕裂。切面光滑，油漆、胶粘性能好，古水曲柳树如图6.4.1所示。

图6.4.1　古水曲柳树

6.5 栎木

栎木俗称柞木。它重、硬、生长缓慢，心边材区分明显。纹理直或斜，耐水耐腐蚀性强，加工难度高，但切面光滑，耐磨损，胶接要求高，油漆着色、涂饰性能良好。国内的家具厂商多采用柞木作为原材料，栎树的树叶和果实如图6.5.1所示。

栎木的缺点：

1）生长缓慢，生长周期长（上百年），优质树种较少。

2）胶接要求很高，容易在接缝处开裂。

3）加工难度高，存在较多的加工缺陷。

橡树与栎树其实不是同一种植物，如果没有仔细查找资料和对比，一般情况下很难区分出橡树与栎树的区别，因为无论是树木本身的树干，或者是植物本身的果实，都存在很大的相似度，甚至有时候两者看起来像一样的，虽然两者的树木品种属性都是一样的，但是从本质上二者也还是不一样的。

图6.5.1 栎树的树叶和果实

6.6 胡桃木

胡桃属木材中较优质的一种，主要产自北美和欧洲。国产的胡桃木，颜色较浅。黑胡桃呈浅黑褐色带紫色，弦切面为漂亮的大抛物线花纹（大山纹）。黑胡桃非常昂贵，做家具通常用木皮，极少用实木，胡桃树果实如图6.6.1所示。

图6.6.1 胡桃树果实

6.7 樱桃木

进口樱桃木主要产自欧洲和北美，木材呈浅黄褐色，纹理雅致，弦切面为中等的抛物线花纹，间有小圈纹。樱桃木也是高档木材，做家具也是通常用木皮，很少用实木，樱桃树叶子和果实如图6.7.1所示。

图6.7.1 樱桃树叶子和果实

6.8 枫木

枫木分软枫和硬枫两种，属温带木材，产于长江流域以南直至台湾，国外产于美国东部。木材呈灰褐至灰红色，年轮不明显，管孔多而小，分布均匀。枫木纹理交错，结构甚细而均匀，质轻而较硬，花纹图案优良。容易加工，切面欠光滑，干燥时易翘曲。油漆涂装性能好，胶合性强。枫树树叶如图6.8.1所示。

图6.8.1 枫树树叶

6.9 桦木

桦木年轮略明显，纹理直且明显，材质结构细腻而柔和光滑，质地较软或适中。桦木富有弹性，干燥时易开裂翘曲，不耐磨。加工性能好，切面光滑，油漆和胶合性能好。常用于雕花部件，现在较少用。易分特征是多“水线”（黑线）。桦木属中档木材，实木和木皮都常见。桦木产于东北华北，木质细腻淡白微黄，纤维抗剪力差，易“齐茬断”。其根部及节结处多花纹。古人常用其做门芯等装饰。其树皮柔韧漂亮。蒲人对此极有感情，常镶嵌刀鞘弓背等处。唯其木多汁，成材后多变形，故绝少见全部用桦木制成的桌椅，白桦林如图6.9.1所示。

图6.9.1 白桦林

6.10 榉木

榉木重、坚固，抗冲击，蒸汽下易于弯曲，可以制作造型，钉子性能好，但是易于开裂。榉木为江南特有的木材，纹理清楚，木材质地均匀，色调柔和，流畅。榉木比多数硬木都重，在窑炉干燥和加工时容易出现裂纹，榉树叶子和果实如图6.10.1所示。

图6.10.1　榉树叶子和果实

6.11 松木

松木是一种针叶植物（常见的针叶植物有松木、杉木、柏木），它具有松香味、色淡黄、疖疤多、对大气温度反应快、容易胀大、极难自然风干等特性，故需经人工处理，如烘干、脱脂去除有机化合物，漂白统一树色，中和树性，使之不易变形。新西兰松（智利）：色泽淡黄，纹理通直，干燥容易，变形小，力学强度中等，加工性能好，适宜制作家具和各种木制品。

松树叶子和果实如图6.11.1所示。

阿根廷松：颜色偏黄，密度比较大，容易开裂，色差比较明显。

巴西松（乌拉圭）：颜色淡黄，纹理清楚，力学强度中等，适宜制作家具和各种木制品。

俄罗斯松：与东北松是同一产品，只是因为国界的不同而已，所以假如说是采用俄罗斯松，根本没有必要进口。

东北松的种类如下。

红松：生长年限长一些，纹理比较细密，颜色偏红。

白松：生长年限短一些，纹理比较粗。白松包括很多类，樟子松、鱼鳞松、冷沙松都是东北松，樟子松易变色，而冷沙松是其中质量最差的一种松木，根本没有多少的用处。

图6.11.1　松树叶子和果实

6.12 鹅掌木

国内鹅掌木产于长江流域以南各省区，国外鹅掌木产于美国东部及南部各州。边材呈黄白色，心材呈灰黄褐色或草绿色。年轮略明显，轮间呈浅色线，管孔大小一致，分布均匀。纹理交错成一块板，结构甚细而均匀，有光泽，鹅掌木叶子和花如图6.12.1所示。

鹅掌木易加工，刨削面光滑，干燥快而不开裂，宜用作雕花件，油漆和胶合性好。

图6.12.1　鹅掌木叶子和花

6.13 杨木

我国北方常用的木材，其质细软，性稳，价廉易得。常作为榆木家具的附料和大漆家具的胎骨在古家具上使用。这里所说的杨木亦称“小叶杨”，常有缎子般的光泽，故亦称“缎杨”，不是20世纪中才引进的那种苏联杨、大叶杨、胡杨等。杨木常有“骚味”，比桦木轻软。桦木则有微香，常有极细褐黑色的水浸线。这是二者的差别，小叶杨如图6.13.1所示。

图6.13.1 小叶杨

6.14 杜木

杜木亦称“杜梨木”，色呈土灰黄色，木质细腻无华，横竖纹理差别不大，适于雕刻。旧时多用此木雕刻木板和图章等。曾见山西商号所用微雕商标雕版，方寸之内人物、舟车，山川、屋宇等精致之极，并有数百蝇头小字于其上，令人叹为观止。此版即杜木镌成，杜梨树叶子和果实如图6.14.1所示。

图6.14.1 杜梨树叶子和果实

6.15 柏木

柏木有香味可以入药，柏子可以安神补心。每当人们步入葱郁的柏林，望其九曲多姿的枝干，吸入那沁人心脾的幽香，联想到这些千年古木耐寒长青的品性，极易给人心灵以净化。由此可知，古人用柏木做家具时的情境。柏木色黄、质细、气馥、耐水，多节疤，故民间多用其做“柏木筲”。上好的棺木也用柏木，取其耐腐。北京大堡台出土的古代王者墓葬内闻名的“黄肠题凑”即为上千根柏木方整洁堆叠而成的围障。可取香气而防腐，由此可见其在木植中级别之高，古蜀道翠云廊千年柏树如图6.15.1所示。

图6.15.1　古蜀道翠云廊千年柏树

6.16 樟木

樟木在我国江南各省都有，而台湾福建盛产。树径较大，材幅宽，花纹美，尤其是有着浓烈的香味，可使诸虫远避。我国的樟木箱名扬中外，其中有衣箱、躺箱（朝服箱）、顶箱柜等诸品种。唯桌椅几案类北京居多。旧木器行内将樟木依形态分为数种，如红樟、虎皮樟、黄樟、花梨樟、豆瓣樟、白樟、船板樟等，香樟树叶子和果实如图6.16.1所示。

图6.16.1　香樟树叶子和果实

6.17 核桃木

山西吕梁、太行二山盛产核桃。核桃木为晋做家具的上乘用材，该木经水磨烫蜡后，会有硬木般的光泽，其质细腻无性，易于雕刻，色泽灰淡柔和。其制品明清都有，大都为上乘之作，可用可藏。其木质特点只有细密似针尖状棕眼并有浅黄细丝般的年轮。其重量与榆木等。核桃树叶子和果实如图6.17.1所示。

民间称不结果之核桃木为楸，楸木棕眼排列平淡无华，色暗质松软少光泽，但其收缩性小，正可做门芯桌面芯等用。楸木常与高丽木、核桃木搭配使用。楸木比核桃木重量轻、色深、质松、棕眼大而分散，是区别要点。

图6.17.1　核桃树叶子和果实

6.18 楠木

楠木是一种极高档的木材，其色浅橙黄略灰，纹理淡雅文静，质地温润柔和，无收缩性，遇雨有阵阵幽香。南方诸省均产，唯四川产为最好。明代宫廷曾大量伐用，现北京故宫及京城上乘古建筑多为楠木构筑。楠木不腐不蛀，有幽香，皇家藏书楼、金漆宝座、室内装修等多为楠木制作，如文渊阁、乐寿堂、太和殿、长陵等重要建筑都有楠木装修及家具，并常与紫檀配合使用。可惜今人多不识之，常以拜物心理视之，觉得质不坚不重，色不深不亮，故而弃之。行内人视其质地有如下称呼：金丝楠、豆瓣楠、香楠、龙胆楠。另外，在山西等地民间，常称红木黄梨等硬木为“南木”，原意应为自南方的木材，乍听起来却极易与此“楠木”混同，不可不知，金丝楠木家具如图6.18.1所示。

图6.18.1　金丝楠木家具